高等学校教材

电路理论

——高级篇

颜秋容

高等教育出版社·北京

内容简介

本套教材分为《电路理论——基础篇》和《电路理论——高级篇》。

《电路理论——基础篇》共13章，包含：电路模型与基本定律，电阻电路等效变换，电路分析方程，电路定理，含运算放大器的电路，非线性电阻电路，电容、电感及动态电路，一阶电路的暂态分析，二阶电路的暂态分析，正弦稳态分析，正弦稳态电路的功率，三相正弦稳态电路，含磁耦合的电路。

《电路理论——高级篇》共8章，包含：正弦稳态电路的频率响应、周期性非正弦稳态电路、二端口网络、暂态过程的复频域分析法、暂态过程的状态变量分析法、电路的计算机辅助分析基础、均匀传输线的正弦稳态分析、均匀传输线的暂态分析。

本套教材主要面向电气、电子、信息、自动化等工程专业教育，将基础理论、思维方法与工程应用三者结合。适合于讨论式、翻转课堂和传统课堂教学模式。全书有270道例题，285道紧随例题的目标检测题，588道按节内容综合运用的习题，116道按章内容综合运用的检测题，48个拓展与应用问题。采用提出问题、展开分析、归纳总结、例题应用、目标检测、综合检测、工程应用的教学思路，对知识合理分层，既不失去其逻辑性与完整性，又便于根据不同层次的对象选取教学内容。

本书特别适合作为高等学校电路理论课程教材，也非常适合自学，还是高校教师、相关工程技术人员不错的参考书。

图书在版编目(CIP)数据

电路理论. 高级篇/颜秋容主编. --北京：高等教育出版社，2018.9(2023.12重印)
ISBN 978-7-04-050594-8

Ⅰ.①电… Ⅱ.①颜… Ⅲ.①电路理论-高等学校-教材 Ⅳ.①TM13

中国版本图书馆CIP数据核字(2018)第207686号

策划编辑 王勇莉　责任编辑 王勇莉　封面设计 李卫青　版式设计 马敬茹
插图绘制 杜晓丹　责任校对 吕红颖　责任印制 田　甜

出版发行 高等教育出版社
社　　址 北京市西城区德外大街4号
邮政编码 100120
印　　刷 中煤(北京)印务有限公司
开　　本 787mm×1092mm 1/16
印　　张 19
字　　数 440千字
购书热线 010-58581118
咨询电话 400-810-0598
网　　址 http://www.hep.edu.cn
　　　　 http://www.hep.com.cn
网上订购 http://www.hepmall.com.cn
　　　　 http://www.hepmall.com
　　　　 http://www.hepmall.cn
版　　次 2018年9月第1版
印　　次 2023年12月第8次印刷
定　　价 38.10元

物 料 号 50594-00

前　言

电路理论是电气、电子、信息、自动化类工程专业重要的基础理论。工程技术人才的专业素养主要体现于学习能力、思维能力、解决工程问题的能力。本套教材主要面向电气、电子、信息、自动化等工程专业教育，将基础理论、思维方法、工程应用三者结合。便于开展讨论式教学、翻转课堂教学，有利于建构系统的理论体系、形成科学的思维方法、培养解决复杂工程问题的能力。

1. 特色

➢ 先有全局，再看细节。每章的第 1 节为概述，承上启下，提出新问题，分析问题的背景，明确学习目标，指出学习难点。

➢ 内容论述兼顾思维方法和知识掌握效率。对知识合理分层，既不失逻辑性与完整性，又便于根据不同层次的对象选取内容。用恰当的逻辑主线，章内按三级标题分层次展开与引申。

- 用色彩、边框突出重点和不能忽视的细节。
- 用花边框总结概念、归纳方法。
- 用逻辑主线引导思维。
- 用归纳和总结提升知识掌握效果。
- 用步骤化方式降低学习难度。

➢ 对学习效果进行层次化检测。全书贯彻"提出问题、展开分析、归纳总结、例题应用、目标检测、综合检测、工程应用"的教学思路。

- 知识点由问题引出，知识应用由例题示范，紧随例题的目标检测题（附答案）起着模仿知识运用的作用。
- 习题分为按节内容综合运用与按章内容综合检测。本套教材共有 270 道例题、285 道目标检测题、588 道按节内容综合运用习题、116 道按章内容综合检测习题、48 个拓展与应用问题。
- 许多例题与习题设计成多问形式，用逐步追问的方式引导分析复杂问题，并培养结果正确性自我验证习惯。
- 知识运用由模仿例题开始，由按节内容综合运用习题加深理解，由按章内容综合检测习题训练灵活运用，由拓展与应用问题引导创新。

➢ 满足工程专业培养目标中解决复杂工程问题能力培养的要求。每章末有 1～7 个拓展与应用问题，内容贴近工程实际、题材广泛。从最简单的安全用电，到复杂的脉冲反射法电缆故障测距原理。一些拓展与应用问题来自于作者的科学研究项目，它们既能展示电路理论的应用，又能体现解决工程问题的方法。

➢ 特别针对讨论式、翻转课堂教学模式。讨论式教学、翻转课堂教学，是把课堂变为对学生自主学习效果检验的场所，它有效地将学习主动权转移到学生。此时，建构知识体系、提升思维能力的任务必须由教材来承担。本套教材力求用符合逻辑的知识分层与分步、恰当的总结与归纳、递进式的效果检测、引导式的综合运用来配合教学方法改革，消除因知识碎片化、学习方式零散化导致的知识掌握不系统、综合运用不足、逻辑思维能力提升不够等隐忧。从精品课程建设、到精品资源共享课程建设，再到 MOOC 建设，这些改革的重点是教学方式与手段，虽然知识的呈现形式变得丰富多样，但经过多年各类教学资源的建设与使用，作者还是认为教材是知识的核心载体，具有不可替代的地位。教材是串起碎片化知识与零散化学习方式的主线，教学视频和课件等是围绕主线的辅助手段。掌握理论知识、培养思维方式、学习工程问题解决方法三者结合则是教学的目标。

➢ 用简单、直接的方式，将常用的数学知识融入与之相关的内容中。对线性代数方程组求解、一阶和二阶微分方程求解、三角函数运算、傅里叶级数、拉普拉斯变换等数学知识，从应用的角度进行论述，不仅为不具备或没有掌握好这些知识的读者提供方便，也会逐渐提高读者用数学语言严密阐述工程问题的意识和能力。

2. 内容体系

➢ 本套教材分为《电路理论——基础篇》和《电路理论——高级篇》，基础篇可以单独使用。具体内容如下表。

《电路理论——基础篇》	电阻电路	第 1 章 电路模型与基本定律 第 2 章 电阻电路等效变换 第 3 章 电路分析方程 第 4 章 电路定理 第 5 章 含运算放大器的电路 第 6 章 非线性电阻电路
	暂态电路	第 7 章 电容、电感及动态电路 第 8 章 一阶电路的暂态分析 第 9 章 二阶电路的暂态分析
	正弦稳态电路	第 10 章 正弦稳态分析 第 11 章 正弦稳态电路的功率 第 12 章 三相正弦稳态电路 第 13 章 含磁耦合的电路
《电路理论——高级篇》	复杂电路	第 14 章 正弦稳态电路的频率响应 第 15 章 周期性非正弦稳态电路 第 16 章 二端口网络 第 17 章 暂态过程的复频域分析法 第 18 章 暂态过程的状态变量分析法 第 19 章 电路的计算机辅助分析基础
	分布参数电路	第 20 章 均匀传输线的正弦稳态分析 第 21 章 均匀传输线的暂态分析

- 每章以“概述”开始，以“拓展与应用”结束。拓展意指基于本章内容的拓展学习，应用则指知识的工程应用，具有综合性。少量打 * 号的内容有一定的难度，它们能对优秀学生起引导作用，与后续内容没有太紧密的联系，可以取舍。
- 对相关内容设计逻辑主线。例如：
  - 设计从串并联、到桥式电路对称、再到桥式电路平衡、最后到星-三角变换的从简单到复杂的逻辑主线，不断提出问题又解决问题，兼顾学习兴趣、思维方法与学习效率。
  - 用含耦合电感电路的分析方法为主线，将电压-电流关系运用、映射阻抗、去耦等效串起来，三种方法用于同一例题，将这些知识有机地联系到一起。
  - 在讨论特勒根定理与互易定理时，设计从功率守恒、到似功率守恒、再到线性电阻二端口网络的似功率守恒的从一般到特殊的逻辑主线，使得理解与应用互易定理较为容易。
- 在第 1 章阐明非线性元件的概念，第 6 章介绍非线性电阻电路的分析方法。因此去掉第 6 章的内容，不影响对非线性元件概念的建立与认识，包括分析含理想二极管的电路。
- 图论的概念与运用集中在第 19 章。去掉第 19 章内容不会对其他内容的学习带来影响。19.1 节至 19.3 节是比较容易理解的基础内容，学习该章其他节的内容则要具备较好的电路理论和数学基础。学习第 19 章时，可以组织学习小组开展电路分析程序设计。
- 将冲激响应的概念与冲激响应的计算方法分离。建立冲激响应的概念是必需的，用时域方法计算冲激响应则可以取舍。如果对冲激响应只要求有概念，则可舍去 7.5 节中“跳变换路”部分、关于冲激响应计算的 8.7 节和 9.6 节。

3. 预备知识

- 《电路理论——基础篇》以微积分、电磁学为基础，涉及的数学知识包括：微分与积分计算、线性微分方程求解、线性代数方程组求解、复数及三角函数运算、矩阵与行列式的概念。相关的电磁学知识包括：麦克斯韦尔方程，电荷、电压、电流、电场、磁场等概念。
- 《电路理论——高级篇》除了上述数学和物理基础外，需要完整地学习了《电路理论——基础篇》，还需要积分变换、偏微分方程的知识，最好还掌握了计算机程序设计基础。

4. 使用方法

本套教材能满足多种层次的教学要求，内容选取建议如下表。“拓展与应用”的知识综合度较高，可以灵活掌握。舍去 7.5 节可以降低暂态分析的起点和难度。

层次	适用对象	参考学时	建议教学内容
基础	非电类专业	40～60 学时	内容：1—13 章，不包含打 * 的内容。 1.2.4、3.6、4.7、4.8、第 6 章、7.5、8.7、9.6、9.7、10.6、11.6 等内容可取舍。 舍去以上内容后，第 5 章、8.5、9.4、10.5.6 等内容还可取舍。
中级	电子、信息与自动化专业	60～90 学时	内容：1—16 章。 3.6、4.7、4.8、7.5、8.6、8.7、9.6、9.7、10.5.4、10.6、13.6.3、14.3.4、14.4、15.5 等内容可取舍。
高级	电气专业	90～110 学时	内容：1—21 章。 19.4.3、19.4.4、19.4.5、19.5、19.6、21.3.2 等内容可取舍。

5. 致谢

大连理工大学陈希有教授全面审读了书稿,提出了许多宝贵意见,陈希有教授严谨的治学态度与很高的专业水准给我留下深刻印象。写作过程中,与电磁场理论和变压器相关问题,得到过华中科技大学陈德智教授、周理兵教授颇有意义的启发。在三十多年的教学生涯中,电路理论教学楷模、老前辈陈崇源教授给予过颇多指点。与我共同承担电路理论教学与教改的同事谭丹、曹娟、袁芳、李妍、石晶,对电路理论教学内容与方法提出过诸多宝贵意见。谨在此向各位表示衷心感谢!

本书不妥与错误之处,恳请读者批评指正。联系方式:yan_qiurong@ sina. com。

颜秋容

2017 年 4 月于华中科技大学

目　　录

第 14 章　正弦稳态电路的频率响应 …… 1
14.1 概述 …… 1
14.2 传递函数与频率响应 …… 3
14.3 谐振电路 …… 6
14.4 滤波器 …… 21
14.5 拓展与应用 …… 35
习题 14 …… 38
第 15 章　周期性非正弦稳态电路 …… 43
15.1 概述 …… 43
15.2 周期函数的傅里叶级数与频谱 …… 44
15.3 对称性对傅里叶级数的影响 …… 50
15.4 周期性非正弦稳态电路分析 …… 55
*15.5 对称三相非正弦稳态电路 …… 67
15.6 拓展与应用 …… 75
习题 15 …… 78
第 16 章　二端口网络 …… 82
16.1 概述 …… 82
16.2 二端口网络的端口特性方程 …… 83
16.3 二端口网络的参数 …… 88
16.4 二端口网络的电路模型 …… 108
16.5 二端口网络的相互连接 …… 111
16.6 拓展与应用 …… 115
习题 16 …… 117
第 17 章　暂态过程的复频域分析法 …… 123
17.1 概述 …… 123
17.2 拉普拉斯变换 …… 123
17.3 复频域分析法 …… 135
17.4 传递函数 …… 143
17.5 拓展与应用 …… 149
习题 17 …… 151
第 18 章　暂态过程的状态变量分析法 …… 156
18.1 概述 …… 156
18.2 状态变量 …… 157
18.3 状态方程 …… 158
18.4 状态方程的复频域解法 …… 163
18.5 拓展与应用 …… 166
习题 18 …… 169
第 19 章　电路的计算机辅助分析基础 …… 172
19.1 概述 …… 172
19.2 电路的拓扑结构 …… 173
19.3 拓扑结构的矩阵表示 …… 176
19.4 稳态电路分析模型 …… 186
*19.5 暂态过程分析模型 …… 197
*19.6 灵敏度分析模型 …… 199
19.7 拓展与应用 …… 209
习题 19 …… 217
第 20 章　均匀传输线的正弦稳态分析 …… 223
20.1 概述 …… 223
20.2 均匀传输线 …… 223
20.3 均匀传输线的正弦稳态响应 …… 227
20.4 传播特性 …… 235

20.5 电压和电流有效值分布规律 … 246
20.6 无损耗均匀传输线 ………… 249
20.7 正弦稳态均匀传输线的电路模型 ………………………… 254
20.8 拓展与应用 ………………… 256
习题 20 ……………………………… 257
第 21 章 均匀传输线的暂态分析 …… 260
21.1 概述 ……………………………… 260
21.2 无损耗线方程的复频域解 … 260
21.3 无损耗线上的发出波 ……… 266
21.4 无损耗线上的反射与透射 … 274
21.5 拓展与应用 ………………… 287
习题 21 ……………………………… 290
主要参考文献 …………………………… 293

第 14 章

正弦稳态电路的频率响应

14.1 概述

电感、电容的阻抗与电源频率相关，因而正弦稳态电路的电压、电流会随电源频率的改变而改变。对于正弦稳态响应随电源频率改变这一现象，需要考虑如下三个问题。

1. 电源频率如何影响正弦稳态电路的响应？
2. 用什么手段来描述电源频率对正弦稳态响应的影响？
3. 分析电源频率对正弦稳态响应的影响有何意义？

图 14-1-1 所示正弦稳态电路中，输出电压相量 $\dot{U}_o$ 为

$$\dot{U}_o(\omega)=\frac{-j\dfrac{1}{\omega C}}{R-j\dfrac{1}{\omega C}}\times\dot{U}_s(\omega)=\frac{1}{1+j\omega CR}\times\dot{U}_s(\omega) \tag{14-1-1}$$

若 $\dot{U}_s(\omega)=U_s\angle\phi_s$，则

$$\dot{U}_o(\omega)=\frac{U_s}{\sqrt{1+(\omega CR)^2}}\angle[\phi_s-\arctan(\omega CR)] \tag{14-1-2}$$

式(14-1-2)表明：电源的有效值 U_s 和初相位 ϕ_s 不变，输出电压的有效值

$$U_o(\omega)=\frac{U_s}{\sqrt{1+(\omega CR)^2}}$$

和初相位

$$\phi_o(\omega)=\phi_s-\arctan(\omega CR)$$

均随角频率 ω 而改变。$\omega\to 0$ 时，$U_o(\omega)\to U_s$，$\phi_o(\omega)\to\phi_s$；而 $\omega\to\infty$ 时，$U_o(\omega)\to 0$，$\phi_o(\omega)\to\phi_s-90°$。

正弦稳态电路的频率响应

是指正弦稳态电路的行为随电源频率的变化规律。

我们已看到了图 14-1-1 所示电路中电源角频率对输出电压的影响，用什么方法来描述这种影响呢？将式(14-1-1)写成

$$\frac{\dot{U}_o(\omega)}{\dot{U}_s(\omega)}=\frac{-j\dfrac{1}{\omega C}}{R-j\dfrac{1}{\omega C}}=\frac{1}{1+j\omega CR}=\frac{1}{\sqrt{1+(\omega CR)^2}}\angle[-\arctan(\omega CR)] \tag{14-1-3}$$

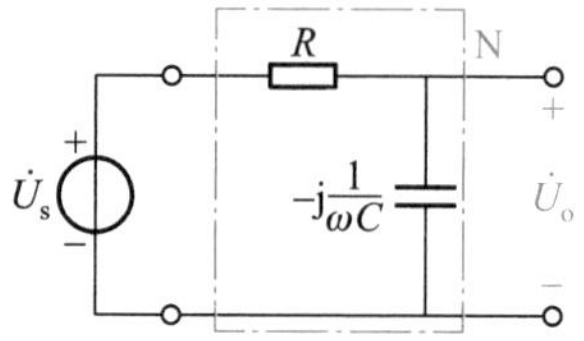

图 14-1-1 单输入、单输出网络

式中，$\dfrac{1}{\sqrt{1+(\omega CR)^2}}=\dfrac{U_o(\omega)}{U_s}$反映输出电压和电源电压有效值之比随角频率的变化，$-\arctan(\omega CR)$反映输出电压和电源电压初相位之差随角频率的变化。称$H(\omega)=\dfrac{\dot{U}_o(\omega)}{\dot{U}_s(\omega)}$为传递函数，$|H(\omega)|=\dfrac{1}{\sqrt{1+(\omega CR)^2}}$为幅频响应，$\angle H(\omega)=-\arctan(\omega CR)$为相频响应。用幅频响应和相频响应来描述电路的频率响应。

> 正弦稳态电路频率响应的描述方法
>
> 用输出相量和输入相量之比值来描述。
>
> 比值的模反映输出正弦量幅值随输入量频率的变化规律。
>
> 比值的相位反映输出正弦量初相随输入量频率的变化规律。

在通信、电子、控制等领域，研究电路的频率响应是非常有意义的。例如：对滤波器的频率响应进行分析，可以知道什么频率范围的信号可以通过滤波器。图 14-1-1 所示电路中，如果电压源是由多个正弦电压叠加而成，即

$$u_s=\sum_{k=1}^{\infty}\sqrt{2}U_{sk}\cos(k\omega t+\phi_{sk}) \tag{14-1-4}$$

将 u_s 视为无穷多个频率不同的正弦电压源串联，用叠加定理来计算 u_o。$\sqrt{2}U_{sk}\cos(k\omega t+\phi_{sk})$单独作用时，依据式(14-1-3)，有

$$\frac{U_{ok}}{U_{sk}}=|H(k\omega)|=\frac{1}{\sqrt{1+(k\omega CR)^2}} \tag{14-1-5}$$

可知：k 越大，$\dfrac{U_{ok}}{U_{sk}}$越小；$k\to\infty$ 时，$\dfrac{U_{ok}}{U_{sk}}\to 0$。这表明图 14-1-1 所示电路对 u_s 中的低频部分幅值衰减率小，而对高频部分幅值衰减率大。我们说该电路通低频、阻高频，称为低通滤波器。

本章首先介绍传递函数，学会用传递函数来描述频率响应；然后详细分析 *RLC* 谐振电路的频率响应；最后讨论滤波器。

目标 1 理解频率响应的意义，学会用传递函数分析电路的频率响应。

目标 2 理解谐振现象及其特点。

目标 3 理解滤波的含义，掌握滤波器的基本参数，学会简单滤波器设计。

难点 理解什么是频率响应，如何描述电路的频率响应，如何应用频率响应。

14.2 传递函数与频率响应

14.2.1 传递函数

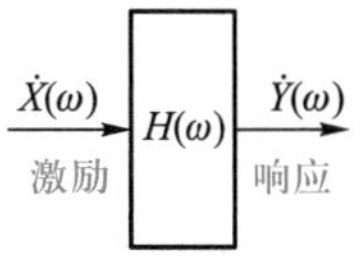

图 14-2-1 线性非时变正弦稳态电路

前面分析已知,图 14-1-1 所示电路的频率响应由式(14-1-3)来描述,式(14-1-3)被称为传递函数(transfer function),或称为网络函数(network function)。图 14-2-1 所示正弦稳态下的线性非时变电路,一个端口加激励相量 $\dot{X}(\omega)$,在另一个端口产生响应相量 $\dot{Y}(\omega)$,传递函数定义为

$$H(\omega)=\frac{\dot{Y}(\omega)}{\dot{X}(\omega)} \tag{14-2-1}$$

由于激励相量 $\dot{X}(\omega)$ 可以是电压源或电流源,响应相量 $\dot{Y}(\omega)$ 可以是端口电压或电流,传递函数有以下 4 种类型:

电压增益 $H(\omega)=\dfrac{\dot{U}_o(\omega)}{\dot{U}_i(\omega)}$ (激励为电压源,响应为电压)

电流增益 $H(\omega)=\dfrac{\dot{I}_o(\omega)}{\dot{I}_i(\omega)}$ (激励为电流源,响应为电流)

转移阻抗 $H(\omega)=\dfrac{\dot{U}_o(\omega)}{\dot{I}_i(\omega)}$ (激励为电流源,响应为电压)

转移导纳 $H(\omega)=\dfrac{\dot{I}_o(\omega)}{\dot{U}_i(\omega)}$ (激励为电压源,响应为电流)

正弦稳态电路的传递函数 $H(\omega)$

是正弦稳态响应相量 $\dot{Y}(\omega)$ 和激励相量 $\dot{X}(\omega)$ 之比。

$$H(\omega)=\frac{\dot{Y}(\omega)}{\dot{X}(\omega)}$$

14.2.2 频率响应

正弦稳态电路中,响应随激励角频率的变化规律,称为频率响应(frequency response),用传递函数 $H(\omega)$ 来描述。通常将 $H(\omega)$ 写成极坐标形式,即

$$H(\omega)=|H(\omega)|\angle\varphi(\omega) \tag{14-2-2}$$

$|H(\omega)|$ 表征响应幅值随激励角频率的变化规律,称为幅频响应(amplitude response);$\varphi(\omega)$ 表征响应相位随激励角频率的变化规律,称为相频响应(phase response)。

图 14-2-2(a)所示正弦稳态电路,$\dot{U}_s$ 为激励,$\dot{U}_C$ 为响应,传递函数为

$$H_C(\omega)=\frac{\dot{U}_C}{\dot{U}_s}=\frac{1}{1+\mathrm{j}\omega RC}=(1+\omega^2R^2C^2)^{-\frac{1}{2}}\angle -\arctan\omega RC$$

幅频响应

$$|H_C(\omega)|=(1+\omega^2R^2C^2)^{-\frac{1}{2}}$$

相频响应

$$\varphi_C(\omega)=-\arctan\omega RC$$

由幅频响应得

$$|H_C(0)|=1,\quad |H_C(\infty)|=0,\quad \left|H_C\left(\frac{1}{RC}\right)\right|=\frac{1}{\sqrt{2}}=0.707$$

由相频响应得

$$\varphi_C(0)=0,\quad \varphi_C(\infty)=-90°,\quad \varphi_C\left(\frac{1}{RC}\right)=-45°$$

由此定性画出图 14-2-2(b)所示幅频响应曲线、图 14-2-2(c)所示相频响应曲线。由幅频响应曲线可知,以电容上的电压为响应时,电路对高频信号有抑制作用,为低通滤波器。

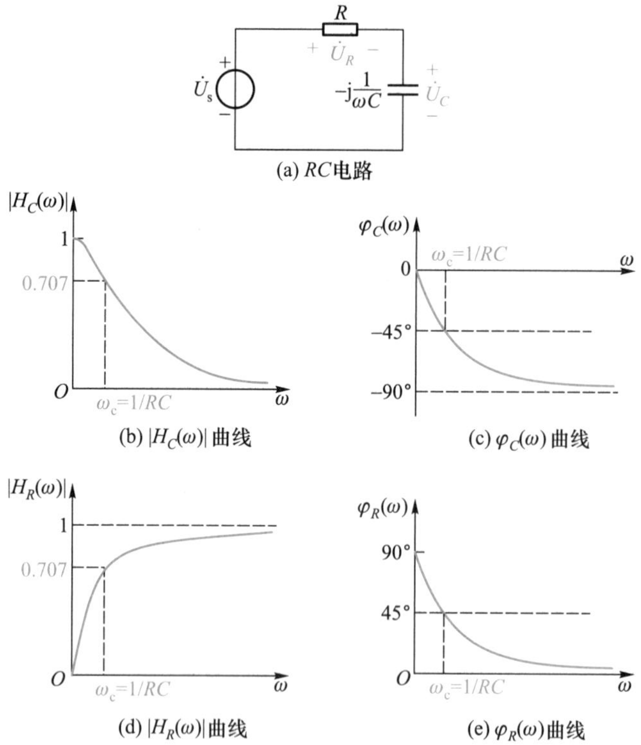

(a) RC电路

(b) $|H_C(\omega)|$ 曲线

(c) $\varphi_C(\omega)$ 曲线

(d) $|H_R(\omega)|$ 曲线

(e) $\varphi_R(\omega)$ 曲线

图 14-2-2 RC 电路的频率响应曲线

图 14-2-2(a)所示电路,若以 $\dot{U}_R$ 为响应,传递函数为

$$H_R(\omega)=\frac{\dot{U}_R}{\dot{U}_s}=\frac{R}{R+\frac{1}{\mathrm{j}\omega C}}=\frac{\mathrm{j}\omega RC}{1+\mathrm{j}\omega RC}=\frac{\omega RC}{\sqrt{1+(\omega RC)^2}}\angle(90°-\arctan\omega RC)$$

幅频响应 $|H_R(\omega)|=\dfrac{\omega RC}{\sqrt{1+(\omega RC)^2}}$，易得：$|H_R(0)|=0$，$|H_R(\infty)|=1$，$\left|H_R\left(\dfrac{1}{RC}\right)\right|=\dfrac{1}{\sqrt{2}}$，幅频响应曲线如图 14-2-2(d)所示。相频响应 $\varphi_R(\omega)=90°-\arctan\omega RC$，易得：$\varphi_R(0)=90°$，$\varphi_R(\infty)=0°$，$\varphi_R\left(\dfrac{1}{RC}\right)=45°$，相频响应曲线如图 14-2-2(e)所示。由幅频响应曲线可知，以电阻上的电压为响应时，电路对低频信号有抑制作用，为高通滤波器。

目标 1 检测：理解频率响应的意义，学会用传递函数分析电路的频率响应

测 14-1　确定测 14-1 图所示电路的电压增益 $\dot{U}_o/\dot{U}_s$，并定性画出频率响应曲线，从频率响应曲线说明电路对信号频率如何选择。

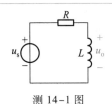

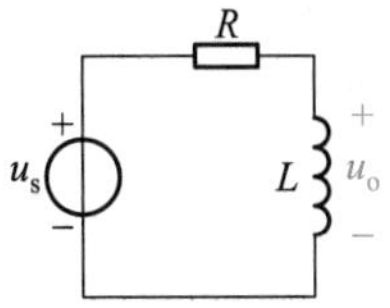

测 14-1 图

答案：$\dfrac{\dot{U}_o}{\dot{U}_s}=\dfrac{j\omega L}{R+j\omega L}$，$\omega_c=\dfrac{R}{L}$，对低频信号有抑制作用。

例 14-2-1　确定图 14-2-3(a)所示电路的电流增益 $\dot{I}_o/\dot{I}_s$。

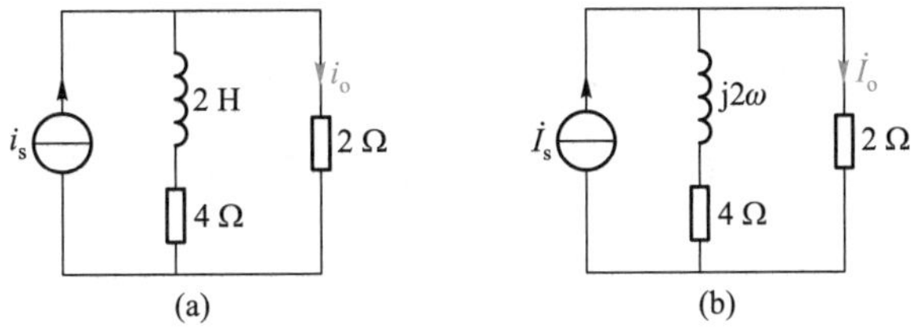

图 14-2-3　例 14-2-1 图

解：图 14-2-3(a)的相量模型如图 14-2-3(b)所示，由分流关系得

$$\dot{I}_o=\frac{4+j2\omega}{4+j2\omega+2}\dot{I}_s=\frac{(6+\omega^2)+j\omega}{9+\omega^2}\dot{I}_s$$

因此

$$H(\omega)=\frac{\dot{I}_o}{\dot{I}_s}=\frac{(6+\omega^2)+j\omega}{9+\omega^2}=\frac{\sqrt{(6+\omega^2)^2+\omega^2}}{9+\omega^2}\angle\arctan\frac{\omega}{6+\omega^2}$$

目标 1 检测：理解频率响应的意义，学会用传递函数分析电路的频率响应

测 14-2　确定测 14-2 图所示电路的电压增益 $\dot{U}_o/\dot{U}_s$。

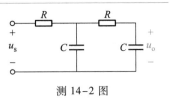

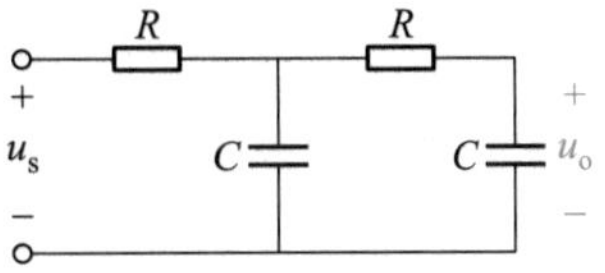

测 14-2 图

答案：$\dfrac{\dot{U}_o}{\dot{U}_s}=\dfrac{1}{1-R^2C^2\omega^2+j3RC\omega}$。

14.3 谐振电路

含电感和电容元件的无源一端口网络，当其端口等效阻抗（或导纳）呈现纯电阻性质时，称电路处于谐振状态(resonance)。

最简单的谐振电路为 *RLC* 串联谐振电路(series resonance)和 *RLC* 并联谐振电路(parallel resonance)。本节分析这两种谐振电路的频率响应，以及电路在谐振状态下的特点。

> 谐振电路的频率响应是电路工作状态随电源的频率变化规律的完整描述，谐振状态是频率响应曲线上一个特殊的点。

14.3.1 *RLC* 串联谐振电路

图 14-3-1 所示的 *RLC* 串联电路，电源端等效阻抗为

$$Z(\omega)=R+\mathrm{j}\left(\omega L-\frac{1}{\omega C}\right) \tag{14-3-1}$$

当输入电压 $\dot{U}_s(\omega)$ 的角频率 ω 使得 $Z(\omega)=R$ 时，电路工作于谐振状态，此时

$$\mathrm{Im}[Z(\omega)]=\omega L-\frac{1}{\omega C}=0$$

满足上式的频率称为谐振频率（准确地说是角频率，为了简单就称频率了），用 ω_0 表示，有

$$\boxed{\omega_0=\frac{1}{\sqrt{LC}}} \tag{14-3-2}$$

由于 $\omega_0=2\pi f_0$，故

$$f_0=\frac{1}{2\pi\sqrt{LC}}$$

图 14-3-1 所示电路工作于谐振状态时，具有以下特点：

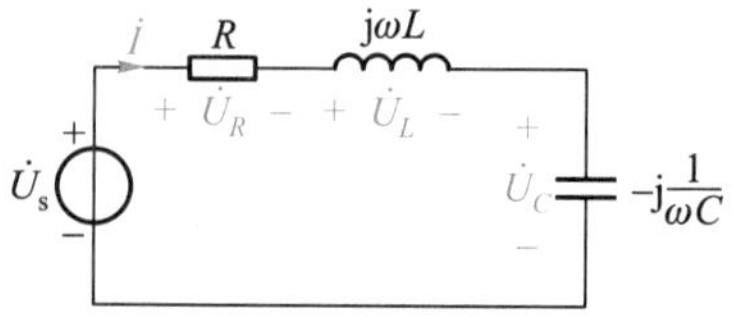

图 14-3-1 *RLC* 串联谐振电路

(1) 谐振时端口阻抗呈阻性，且模值达到最小。由式(14-3-1)得，端口阻抗模为

$$|Z(\omega)|=\sqrt{R^2+\left(\omega L-\frac{1}{\omega C}\right)^2}$$

当 $\omega=\omega_0$ 时，$|Z(\omega_0)|$ 是 $|Z(\omega)|$ 的最小值，即

$$Z(\omega_0)=R=|Z(\omega)|_{\min}$$

(2) 在激励 $\dot{U}_s(\omega)$ 的幅值不变条件下，谐振时端口电流 $\dot{I}(\omega)$ 的幅值达到最大。图 14-3-1 中，端口电流为

$$\dot{I}(\omega)=\frac{\dot{U}_s(\omega)}{Z(\omega)}$$

由于$|Z(\omega_0)|=R=|Z(\omega)|_{\min}$,故

$$|\dot{I}(\omega_0)|=\frac{U_s}{R}=|\dot{I}(\omega)|_{\max}$$

(3) 谐振时端口电流与电压同相位。因为谐振时有

$$\dot{I}(\omega_0)=\frac{\dot{U}_s}{R}$$

(4) 谐振时电感和电容串联总电压等于零,相当于短路。谐振时有

$$\dot{U}_L(\omega_0)=\mathrm{j}\omega_0L\dot{I}(\omega_0)=\mathrm{j}\omega_0L\times\frac{\dot{U}_s}{R}=\mathrm{j}\frac{\omega_0L}{R}\dot{U}_s \tag{14-3-3}$$

$$\dot{U}_C(\omega_0)=\frac{1}{\mathrm{j}\omega_0C}\dot{I}(\omega_0)=\frac{1}{\mathrm{j}\omega_0C}\times\frac{\dot{U}_s}{R}=-\mathrm{j}\frac{1}{\omega_0CR}\dot{U}_s \tag{14-3-4}$$

且$\omega_0L=\dfrac{1}{\omega_0C}$,因此

$$\dot{U}_L(\omega_0)+\dot{U}_C(\omega_0)=0$$

(5) 谐振时电感和电容上可能出现过电压。由式(14-3-3)和式(14-3-4)可知,若令

$$Q=\frac{\omega_0L}{R}=\frac{1}{\omega_0CR}=\frac{1}{R}\sqrt{\frac{L}{C}} \tag{14-3-5}$$

则电感和电容上电压有效值为

$$U_L(\omega_0)=U_C(\omega_0)=QU_s \tag{14-3-6}$$

Q 为电路的品质因数(quality factor)。当 $Q\gg1$ 时,则 $U_L(\omega_0)=U_C(\omega_0)\gg U_s$,电感和电容的电压远高于电源电压,在电力系统中称为过电压现象。串联谐振对电力系统设备带来过电压危害,但在电信系统中,串联谐振对弱信号起放大作用。

(6) 谐振时电路与电源没有交换功率。谐振时,电路只吸收有功功率,电路内部电容的电场能量与电感的磁场能量形成周期性振荡。假设 $u_s=\sqrt{2}U_s\cos\omega_0t$ V,电感存储的磁场能量

$$w_L(\omega_0)=\frac{1}{2}Li^2(\omega_0)=\frac{1}{2}L\times\left(\frac{\sqrt{2}U_s\cos\omega_0t}{R}\right)^2=L\left(\frac{U_s}{R}\right)^2\cos^2\omega_0t$$

电容存储的电场能量

$$w_C(\omega_0)=\frac{1}{2}Cu_C^2(\omega_0)$$

又由式(14-3-4)得

$$u_C(\omega_0)=\frac{\sqrt{2}U_s}{\omega_0CR}\cos(\omega_0t-90^\circ)=\frac{\sqrt{2}U_s}{\omega_0CR}\sin\omega_0t$$

将 $u_C(\omega_0)$的表达式和 $\omega_0=\dfrac{1}{\sqrt{LC}}$代入 $w_C(\omega_0)$得

$$w_C(\omega_0)=\frac{1}{2}C\times\left(\frac{\sqrt{2}U_s}{\omega_0CR}\sin\omega_0t\right)^2=L\times\left(\frac{U_s}{R}\right)^2\sin^2\omega_0t$$

电路的总储能

$$w(\omega_0)=w_C(\omega_0)+w_L(\omega_0)=L\times\left(\frac{U_s}{R}\right)^2$$

显然，$w(\omega_0)$ 为常数，表明电路与外界没有能量交换，而内部的磁场能量与电场能量则相互完全转换。电路在一个周期 $T_0\left(=\frac{2\pi}{\omega_0}\right)$ 内消耗的能量为

$$w_R(w_0)=\int_0^{T_0}i^2(\omega_0)R\mathrm{d}t=\int_0^{T_0}\left(\frac{\sqrt{2}U_s\cos\omega_0 t}{R}\right)^2R\mathrm{d}t=\frac{U_s^2}{R}\int_0^{T_0}(1+\cos 2\omega_0 t)\mathrm{d}t$$

$$=\frac{U_s^2}{R}\times T_0=\frac{U_s^2}{R}\times\frac{2\pi}{\omega_0}$$

电路存储的能量与电路在一周期内消耗的能量之比为

$$\frac{w(\omega_0)}{w_R(\omega_0)}=\frac{L\times\left(\frac{U_s}{R}\right)^2}{\frac{U_s^2}{R}\times\frac{2\pi}{\omega_0}}=\frac{\omega_0 L}{R}\times\frac{1}{2\pi}=\frac{Q}{2\pi} \tag{14-3-7}$$

可见，品质因数反映了谐振时电路存储的能量与一个周期内消耗的能量之比值。

(7) 品质因数是谐振电路的重要参数。*RLC* 串联电路的品质因数是谐振时的感抗(或容抗)与电阻的比值；也是谐振时电感电压(或电容电压)与电源电压的大小之比值；还是谐振时存储于电路中的能量与电路在一周期内消耗的能量之比的 2π 倍。

$$\boxed{Q=\frac{\omega_0 L}{R}=\frac{1}{\omega_0 CR}=\frac{U_L(\omega_0)}{U_s(\omega_0)}=\frac{U_C(\omega_0)}{U_s(\omega_0)}=2\pi\frac{w(\omega_0)}{w_R(\omega_0)}}$$

例 14-3-1 图 14-3-2 所示电路中，电源电压有效值为 10 V，角频率为 10^4 rad/s，调节电容量 C 使电流表的读数达到最大，为 0.1 A，此时电压表的读数为 600 V。确定 R、L、C 的值，以及电路的品质因数。

解：电流表读数最大，表明电路处于串联谐振状态，因此 $\omega_0=10^4$ rad/s。谐振时，L、C 串联相当于短路，电阻的电压等于电源电压，此时电流表读数为 0.1 A，故

$$\frac{U_s}{R}=\frac{10}{R}=0.1\ \text{A}$$

$$R=100\ \Omega$$

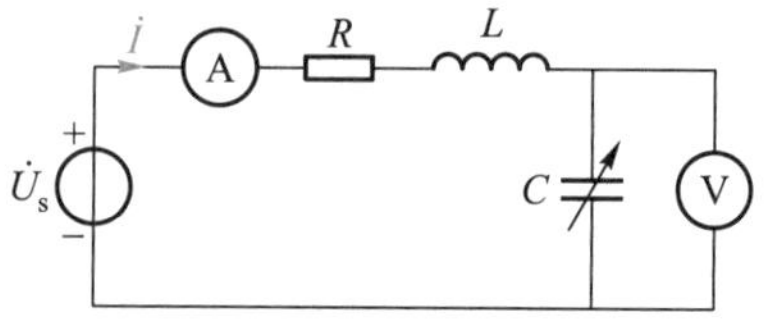

图 14-3-2 例 14-3-1 图

谐振时，电感、电容的电压是电源电压的 Q 倍，此时电压表的读数为 600 V，故

$$U_C=QU_s=10Q=600\ \text{V}$$

$$Q=60$$

而

$$Q=\frac{\omega_0 L}{R}=\frac{1}{\omega_0 CR}$$

故

$$\omega_0 L=QR=60\times100\ \Omega,\quad \omega_0 C=\frac{1}{QR}=\frac{1}{60\times100}\ \text{S}$$

将 $\omega_0=10^4$ rad/s 代入上面的式子中,得

$$L=0.6\ \text{H},\quad C=0.017\ \mu\text{F}$$

目标 2 检测:理解谐振现象及其特点

测 14-3 R、L、C 串联电路由 79.58 kHz、有效值为 10 V 的正弦电压源供电,$R=100\ \Omega$、$C=4\ \mu$F。电路的电流与电压源的电压同相。问:(1)L 取何值?(2)电路的品质因数为多少?(3)电容、电感的电压有效值为多少?(4)电压源输出的有功功率是多少?

答案:$L=1$ mH,$Q=5$,$U_C=U_L=50$ V,$P_s=1$ W。

14.3.2 *RLC* 串联电路的频率响应

用传递函数 $H_R(\omega)=\dfrac{\dot U_R(\omega)}{\dot U_s(\omega)}$、$H_L(\omega)=\dfrac{\dot U_L(\omega)}{\dot U_s(\omega)}$和 $H_C(\omega)=\dfrac{\dot U_C(\omega)}{\dot U_s(\omega)}$来表征以 $\dot U_R$、$\dot U_L$和 $\dot U_C$为输出的频率响应。下面逐一分析它们的幅频响应。

(1) $|H_R(\omega)|$分析

$$|H_R(\omega)|=\left|\frac{\dot U_R(\omega)}{\dot U_s(\omega)}\right|=\frac{R}{\left|R+\mathrm{j}\left(\omega L-\dfrac{1}{\omega C}\right)\right|}=\frac{R}{\sqrt{R^2+\left(\omega L-\dfrac{1}{\omega C}\right)^2}}=\frac{1}{\sqrt{1+\left(\dfrac{\omega L}{R}-\dfrac{1}{R\omega C}\right)^2}}$$

$$=\frac{1}{\sqrt{1+\left(\dfrac{\omega_0 L}{R}\dfrac{\omega}{\omega_0}-\dfrac{1}{R\omega_0 C}\dfrac{\omega_0}{\omega}\right)^2}}=\frac{1}{\sqrt{1+Q^2\left(\dfrac{\omega}{\omega_0}-\dfrac{\omega_0}{\omega}\right)^2}}$$

为了表达简便,令 $\eta=\omega/\omega_0$,上式写为

$$|H_R(\eta)|=\frac{1}{\sqrt{1+Q^2\left(\eta-\dfrac{1}{\eta}\right)^2}}\tag{14-3-8}$$

显然有

$$|H_R(0)|=0\qquad |H_R(\infty)|=0$$

且当 $\eta=1$(即 $\omega=\omega_0$)时

$$|H_R(1)|=|H_R(\eta)|_{\max}=1$$

由 $|H_R(0)|=0$、$|H_R(\infty)|=0$、$|H_R(1)|=|H_R(\eta)|_{\max}=1$ 可知,$|H_R(\eta)|$为具有正尖峰的曲线。定性画出式(14-3-8)对应的曲线,如图 14-3-3(a)所示,在 $\eta=1$ 附近,输出电压幅值接近于输入电压幅值,而远离 $\eta=1$ 时,输出电压幅值接近于零,电路对输入信号具有频率选择性,它选择 $\eta=1$ 附近频率的信号输出,我们说它具有带通滤波作用。图 14-3-3(b)为不同 Q 值下$|H_R(\eta)|$的曲线,Q 值越大,曲线越尖,电路对信号频率的选择性越好,当 $Q\geqslant 10$ 时,$\eta=1$ 近似位于 η_{c1}和 η_{c2}的中心。

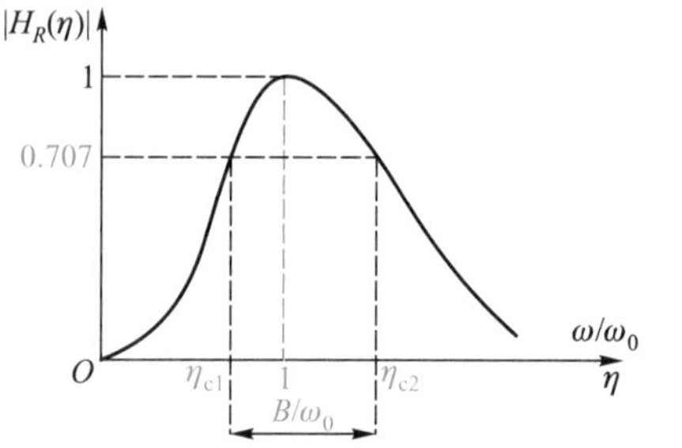

(a) $|H_R(\eta)|$曲线

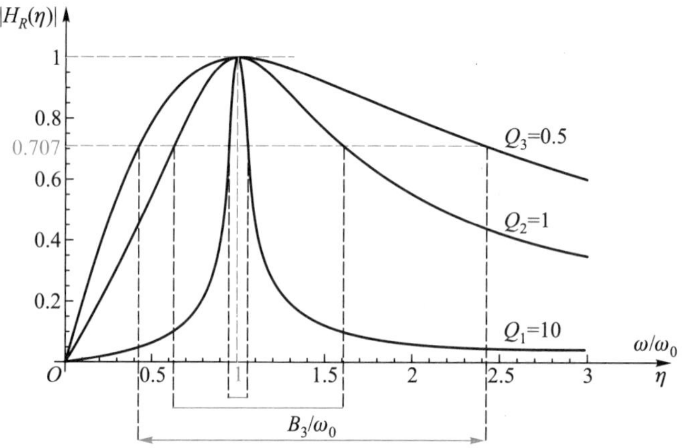

(b) 不同Q值下的$|H_R(\eta)|$曲线

图 14-3-3 *RLC* 串联电路 $\dot{U}_R(\omega)$的幅频响应曲线

下面通过分析电路消耗的有功功率,来确定电路选择 $\eta=1$ 附近多大频率范围内的信号输出。电路消耗的有功功率随频率变化,为

$$P(\omega)=\frac{U_R^2(\omega)}{R}$$

由于 $U_R(\omega_0)=U_R(\omega)\big|_{\max}=U_s$,故在谐振点电路消耗的有功功率最大,为

$$P(\omega_0)=P(\omega)\big|_{\max}=\frac{U_R^2(\omega_0)}{R}=\frac{U_s^2}{R}$$

而频率偏离 ω_0 时,电路消耗的有功功率下降。当 ω 对应于 η_{c1}、η_{c2},即 $\omega_{c1}=\eta_{c1}\omega_0$、$\omega_{c2}=\eta_{c2}\omega_0$ 时

$$U_R(\omega_{c1,c2})=\frac{U_s}{\sqrt{2}}=0.707U_s$$

电路消耗的有功功率

$$P(\omega_{c1,c2})=\frac{U_R^2(\omega_{c1,c2})}{R}=\frac{U_s^2}{2R}=\frac{1}{2}P(\omega_0) \tag{14-3-9}$$

可见,$P(\omega_{c1,c2})$是最大功率 $P(\omega_0)$的一半,因此称 ω_{c1} 和 ω_{c2} 为半功率频率(half-power frequencies)。由式(14-3-8)得

$$|H_R(\eta_{c1,c2})|=\frac{1}{\sqrt{1+Q^2\left(\eta_{c1,c2}-\dfrac{1}{\eta_{c1,c2}}\right)^2}}=\frac{\sqrt{2}}{2}\text{①} \tag{14-3-10}$$

即

$$\sqrt{1+Q^2\left(\eta_{c1,c2}-\frac{1}{\eta_{c1,c2}}\right)^2}=\sqrt{2}$$

化简得

$$Q^2\left(\eta_{c1,c2}-\frac{1}{\eta_{c1,c2}}\right)^2=1$$

由于 $\eta_{c1}<1$、$\eta_{c2}>1$，上式变为两个方程，即

$$\begin{cases}Q\left(\dfrac{1}{\eta_{c1}}-\eta_{c1}\right)=1\\[2ex] Q\left(\eta_{c2}-\dfrac{1}{\eta_{c2}}\right)=1\end{cases}$$

考虑到 η_{c1} 和 η_{c2} 均为正，从以上两个方程分别解得

$$\eta_{c1}=-\frac{1}{2Q}+\sqrt{\left(\frac{1}{2Q}\right)^2+1}\qquad \eta_{c2}=\frac{1}{2Q}+\sqrt{\left(\frac{1}{2Q}\right)^2+1} \tag{14-3-11}$$

半功率频率为

$$\boxed{\omega_{c1}=\eta_{c1}\omega_0=-\frac{R}{2L}+\sqrt{\left(\frac{R}{2L}\right)^2+\frac{1}{LC}}\qquad \omega_{c2}=\eta_{c2}\omega_0=\frac{R}{2L}+\sqrt{\left(\frac{R}{2L}\right)^2+\frac{1}{LC}}} \tag{14-3-12}$$

工程上认为，当电路消耗的有功功率下降一半时，电路产生的物理效应（如：发声、发光等）就可以忽略。因此，ω_{c1}、ω_{c2} 之间的频率就是电路允许通过的频率，称为通带。由式（14-3-11）和式（14-3-12）得，带宽（bandwidth）B 为

$$\boxed{B=\omega_{c2}-\omega_{c1}=(\eta_{c2}-\eta_{c1})\omega_0=\frac{\omega_0}{Q}} \tag{14-3-13}$$

式（14-3-13）表明：Q 越大，电路的带宽 B 越窄，图 14-3-3 中的曲线越尖，对信号频率的选择性越好。故 ω_{c1}、ω_{c2} 也称为截止频率（cut-off frequencies）。

当电路的 Q 较大时，则$\left(\dfrac{1}{2Q}\right)^2\ll 1$；如当 $Q=10$ 时，$\left(\dfrac{1}{2Q}\right)^2=0.002\,5$；此时，由式（14-3-11）得，$\eta_{c1}\approx 1-\dfrac{1}{2Q}$，$\eta_{c2}\approx 1+\dfrac{1}{2Q}$，因此

$$\boxed{\omega_{c1}\approx\left(1-\frac{1}{2Q}\right)\omega_0\qquad \omega_{c2}\approx\left(1+\frac{1}{2Q}\right)\omega_0} \tag{14-3-14}$$

ω_0 近似为 ω_{c1} 和 ω_{c2} 的中心点，因此 ω_0 也称为中心频率。$Q\geqslant 10$ 的电路为高 Q 电路。

综上所述，若以 RLC 串联电路的电阻电压为输出，电路具有带通滤波作用。ω_0、Q、ω_{c1}、ω_{c2}、

① 在由此式求解 η_{c1}、η_{c2} 的过程中，请注意 R、L、C 均为正参数。

B 是带通滤波器的 5 个重要指标，它们之间的关系归纳如下。

RLC 串联谐振电路	
谐振频率 中心频率	$\omega_0=\dfrac{1}{\sqrt{LC}}$
品质因数	$Q=\dfrac{\omega_0 L}{R}=\dfrac{1}{\omega_0 CR}=\dfrac{1}{R}\sqrt{\dfrac{L}{C}}=\dfrac{U_L(\omega_0)}{U_s(\omega_0)}=\dfrac{U_C(\omega_0)}{U_s(\omega_0)}=2\pi\dfrac{w(\omega_0)}{w_R(\omega_0)}$
半功率频率 即截止频率	$\omega_{c1}=\left[-\dfrac{1}{2Q}+\sqrt{\left(\dfrac{1}{2Q}\right)^2+1}\right]\omega_0=-\dfrac{R}{2L}+\sqrt{\left(\dfrac{R}{2L}\right)^2+\dfrac{1}{LC}}\overset{Q\geqslant 10}{\approx}\omega_0-\dfrac{B}{2}$ $\omega_{c2}=\left[\dfrac{1}{2Q}+\sqrt{\left(\dfrac{1}{2Q}\right)^2+1}\right]\omega_0=\dfrac{R}{2L}+\sqrt{\left(\dfrac{R}{2L}\right)^2+\dfrac{1}{LC}}\overset{Q\geqslant 10}{\approx}\omega_0+\dfrac{B}{2}$
带宽	$B=\omega_{c2}-\omega_{c1}=\dfrac{\omega_0}{Q}=\dfrac{R}{L}$

例 14-3-2 图 14-3-4 所示 RLC 串联电路中，$r_L=10\ \Omega$，$L=16\ \text{mH}$，$C=25\ \text{nF}$，$R=70\ \Omega$。确定：(1) 谐振频率 ω_0；(2) 品质因数 Q；(3) 带宽 B；(4) 半功率频率 ω_{c1}、ω_{c2}；(5) 若输入电压有效值为 10 V，计算输入电压频率为 ω_0、ω_{c1}、ω_{c2}、$0.9\omega_0$、$1.1\omega_0$ 时的输出电压有效值和 R 吸收的功率；(6) 分析 r_L 的存在对 (1) ~ (4) 结果的影响。

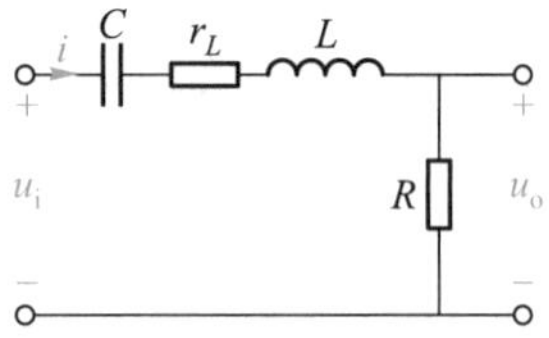

图 14-3-4 例 14-3-2 图

解：(1) 谐振频率

$$\omega_0=\frac{1}{\sqrt{LC}}=\frac{1}{\sqrt{16\times10^{-3}\times25\times10^{-9}}}\ \text{rad/s}=50\ \text{krad/s}$$

(2) 品质因数

$$Q=\frac{\omega_0 L}{R+r_L}=\frac{50\times10^3\times16\times10^{-3}}{70+10}=\frac{800}{80}=10$$

(3) 带宽

$$B=\frac{\omega_0}{Q}=\frac{50\times10^3}{10}\ \text{rad/s}=5\ \text{krad/s}$$

(4) 半功率频率

$$\begin{aligned}\omega_{c1,c2}&=\mp\frac{R+r_L}{2L}+\sqrt{\left(\frac{R+r_L}{2L}\right)^2+\frac{1}{LC}}=\mp\frac{70+10}{2\times16\times10^{-3}}+\sqrt{\left(\frac{70+10}{2\times16\times10^{-3}}\right)^2+\frac{1}{16\times10^{-3}\times25\times10^{-9}}}\\&=\mp\frac{5}{2}\times10^3+\sqrt{\frac{25}{4}\times10^6+2\ 500\times10^6}\end{aligned}$$

$$\approx\left(\mp\frac{5}{2}\times10^3+50\times10^3\right)\ \text{rad/s}$$

$$\omega_{c1}\approx47.5\ \text{krad/s},\quad \omega_{c2}\approx52.5\ \text{krad/s}$$

这里，由于 $Q\geqslant10$，可以采用近似算法计算 ω_{c1}、ω_{c2}。即

$$\omega_{c1}\approx\omega_0-\frac{B}{2}=\left(50-\frac{5}{2}\right)\ \text{krad/s}=47.5\ \text{krad/s},\quad \omega_{c2}\approx\omega_0+\frac{B}{2}=\left(50+\frac{5}{2}\right)\ \text{krad/s}=52.5\ \text{krad/s}$$

（5）输入电压有效值为 10 V 时，输出电压有效值与 R 吸收的功率为

$$U_o(\omega_0)=U_i\frac{R}{R+r_L}=10\times\frac{70}{70+10}\ \text{V}=8.75\ \text{V}$$

$$P_o(\omega_0)=\frac{8.75^2}{70}=1.094\ \text{W}$$

$$U_o(\omega_{c1})=U_o(\omega_{c2})=U_o(\omega_0)\times0.707=8.75\times0.707\ \text{V}=6.19\ \text{V}$$

$$P_o(\omega_{c1})=P_o(\omega_{c2})=0.5\times P_o(\omega_0)=0.547\ \text{W}$$

$$U_o(0.9\omega_0)=I(0.9\omega_0)\times R=\frac{U_i}{\sqrt{(R+r_L)^2+\left(0.9\omega_0L-\dfrac{1}{0.9\omega_0C}\right)^2}}\times R=\frac{10\times70}{\sqrt{80^2+\left(0.9\times800-\dfrac{800}{0.9}\right)^2}}\ \text{V}$$

$$=3.75\ \text{V}$$

$$P_o(0.9\omega_0)=\frac{3.75^2}{70}\ \text{W}=0.201\ \text{W}$$

$$U_o(1.1\omega_0)=I(1.1\omega_0)\times R=\frac{U_i}{\sqrt{(R+r_L)^2+\left(1.1\omega_0L-\dfrac{1}{1.1\omega_0C}\right)^2}}\times R=\frac{10\times70}{\sqrt{80^2+\left(1.1\times800-\dfrac{800}{1.1}\right)^2}}\ \text{V}$$

$$=4.06\ \text{V}$$

$$P_o(1.1\omega_0)=\frac{4.06^2}{70}\ \text{W}=0.235\ \text{W}$$

（6）r_L 的存在，不影响谐振频率 ω_0，但降低了品质因数 Q，扩大了带宽 B，使半功率频率 ω_{c1} 下降、ω_{c2} 上升，电路的选择性变差。

目标 2 检测：理解谐振现象及其特点

测 14-4 图 14-3-4 所示 RLC 串联电路中，线圈内阻 $r_L=5\ \text{k}\Omega$，线圈电感 $L=312.5\ \text{mH}$，电容 $C=1.25\ \text{pF}$，负载电阻 $R=20\ \text{k}\Omega$。确定：(1)谐振频率 ω_0；(2)品质因数 Q；(3)带宽 B；(4)半功率频率 ω_{c1}、ω_{c2}；(5)若输入电压有效值为 10 V，计算输入电压频率为 ω_0、ω_{c1}、ω_{c2}、$0.9\omega_0$、$1.1\omega_0$ 时的输出电压有效值和 R 吸收的功率；(6)分析 r_L 的存在对(1)～(4)结果的影响。

答案：(1) $\omega_0=1\ 600\ \text{krad/s}$；(2) $Q=20$；(3) $B=80\ \text{krad/s}$；(4)半功率频率 $\omega_{c1}=1\ 560\ \text{krad/s}$、$\omega_{c2}=1\ 640\ \text{krad/s}$；(5) $U_o(\omega_0)=8\ \text{V}$、$P_o(\omega_0)=3.2\ \text{mW}$，$U_o(\omega_{c1,c2})=5.66\ \text{V}$、$P_o(\omega_{c1,c2})=1.6\ \text{mW}$，$U_o(0.9\omega_0)=1.84\ \text{V}$、$P_o(0.9\omega_0)=0.17\ \text{mW}$，$U_o(1.1\omega_0)=2.03\ \text{V}$、$P_o(1.1\omega_0)=0.21\ \text{mW}$。

例 14-3-3 用 $C=20\ \text{nF}$ 的电容设计 RLC 串联电路，使谐振频率 $\omega_0=20\ \text{krad/s}$，品质因数

$Q=20$。计算:带宽 B,半功率频率 ω_{c1}、ω_{c2},以及 R、L 的值。

解:带宽

$$B=\frac{\omega_0}{Q}=\frac{20}{20}\ \text{krad/s}=1\ \text{krad/s}$$

由于 $Q\geqslant 10$,半功率频率为

$$\omega_{c1}\approx\omega_0-\frac{B}{2}=\left(20-\frac{1}{2}\right)\ \text{krad/s}=19.5\ \text{krad/s},\quad \omega_{c2}\approx\omega_0+\frac{B}{2}=\left(20+\frac{1}{2}\right)\ \text{krad/s}=20.5\ \text{krad/s}$$

由已知条件得

$$\frac{1}{\omega_0 C}=\frac{1}{20\times10^3\times20\times10^{-9}}\ \Omega=2\ 500\ \Omega$$

因此 $\omega_0 L=\dfrac{1}{\omega_0 C}=2\ 500\ \Omega$,故

$$L=\frac{2\ 500}{20\times10^3}\ \text{H}=125\ \text{mH}$$

由 $Q=\dfrac{\omega_0 L}{R}$ 得

$$R=\frac{\omega_0 L}{Q}=\frac{2\ 500}{20}\ \Omega=125\ \Omega$$

目标 2 检测:理解谐振现象及其特点

测 14-5 用 $L=100$ mH 的电感设计 RLC 串联电路,使谐振频率 $\omega_0=100$ krad/s,品质因数 $Q=5$。计算:带宽 B,半功率频率 ω_{c1}、ω_{c2},以及 R、C。

答案:$B=20$ krad/s,$\omega_{c1}=90.5$ krad/s,$\omega_{c2}=110.5$ krad/s,$R=2$ kΩ,$C=1$ nF。

(2) * $|H_L(\omega)|$ 和 $|H_C(\omega)|$ 分析

下面来分析 $H_L(\omega)=\dfrac{\dot{U}_L(\omega)}{\dot{U}_s(\omega)}$ 和 $H_C(\omega)=\dfrac{\dot{U}_C(\omega)}{\dot{U}_s(\omega)}$ 的幅频响应。将它们分别表示为

$$|H_L(\eta)|=\frac{\omega L}{\sqrt{R^2+\left(\omega L-\dfrac{1}{\omega C}\right)^2}}=\frac{\eta Q}{\sqrt{1+Q^2\left(\eta-\dfrac{1}{\eta}\right)^2}} \tag{14-3-15}$$

$$|H_C(\eta)|=\frac{\dfrac{1}{\omega C}}{\sqrt{R^2+\left(\omega L-\dfrac{1}{\omega C}\right)^2}}=\frac{\dfrac{Q}{\eta}}{\sqrt{1+Q^2\left(\eta-\dfrac{1}{\eta}\right)^2}} \tag{14-3-16}$$

为了定性画出 $|H_L(\eta)|$、$|H_C(\eta)|$ 曲线,先由 $\dfrac{\mathrm{d}|H_L(\eta)|}{\mathrm{d}\eta}=0$ 和 $\dfrac{\mathrm{d}|H_C(\eta)|}{\mathrm{d}\eta}=0$ 获得到 $|H_L(\eta)|$ 和 $|H_C(\eta)|$ 的最大值对应的坐标 η_{Lm} 和 η_{Cm}。通过运算得

$$\eta_{Lm}=\frac{\sqrt{2}\,Q}{\sqrt{2Q^2-1}}\qquad \eta_{Cm}=\frac{\sqrt{2Q^2-1}}{\sqrt{2}\,Q}\quad (Q>0.5\sqrt{2}) \tag{14-3-17}$$

显然,仅当 $Q>0.5\sqrt{2}$ 时,η_{Lm} 和 η_{Cm} 有意义,即存在最大值,且 $\eta_{Lm}>1$、$\eta_{Cm}<1$。将 η_{Lm}、η_{Cm} 分别代入式(14-3-15)、式(14-3-16)得

$$|H_L(\eta)|_{\max}=|H_C(\eta)|_{\max}=\frac{Q}{\sqrt{1-\dfrac{1}{4Q^2}}}\quad (Q>0.5\sqrt{2}) \tag{14-3-18}$$

由式(14-3-15)和式(14-3-16)还可得到

$$|H_L(1)|=|H_C(1)|=Q$$
$$\lim_{\eta\to 0}|H_L(\eta)|=\lim_{\eta\to\infty}|H_C(\eta)|=0$$
$$\lim_{\eta\to\infty}|H_L(\eta)|=\lim_{\eta\to 0}|H_C(\eta)|=1$$

根据以上数据,定性画出在 $Q>0.5\sqrt{2}$ 下的 $|H_L(\eta)|$、$|H_C(\eta)|$ 曲线,如图 14-3-5(a)所示。且由式(14-3-18)得

$$\lim_{Q\to\infty}|H_L(\eta_{Lm})|=\lim_{Q\to\infty}|H_C(\eta_{Cm})|=\lim_{Q\to\infty}\frac{Q}{\sqrt{1-\dfrac{1}{4Q^2}}}=Q \tag{14-3-19}$$

式(14-3-19)表明:当电路的品质因数增大时,图 14-3-5(a)的两个峰值在横坐标方向上向谐振点靠拢,在纵坐标方向上趋近于 Q。当 $Q=10$ 时,$\eta_{Cm}=0.997$,$|H(\eta_{Cm})|=10.0125$。工程上,近似认为当 $Q\geqslant 10$ 时,U_C 和 U_L 的最大值均出现在谐振频率处,且等于电源电压的 Q 倍,如图 14-3-5(b)。

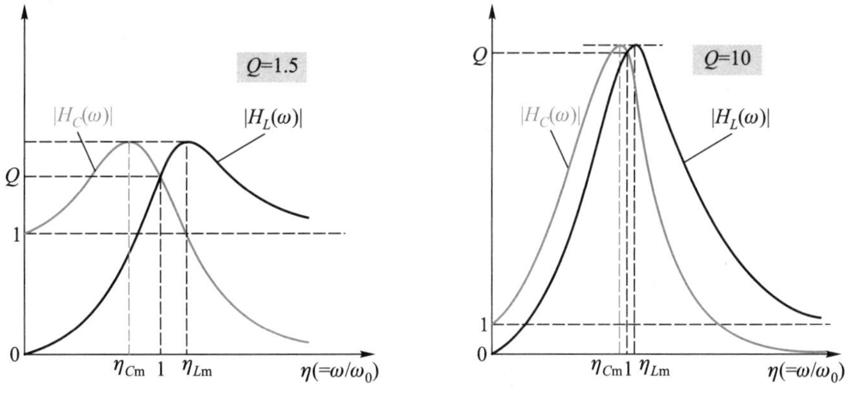

(a) Q=1.5　　(b) Q=10

图 14-3-5　RLC 串联电路 $\dot{U}_L(\omega)$、$\dot{U}_C(\omega)$ 的幅频响应曲线

14.3.3 *RLC* 并联谐振电路

图 14-3-6 所示 RLC 并联电路,电源端口等效导纳为

$$Y(\omega)=G+\mathrm{j}\left(\omega C-\frac{1}{\omega L}\right) \tag{14-3-20}$$

当 $\mathrm{Im}[Y(\omega)]=0$ 时,电路处于并联谐振状态。谐振时电源频率为 ω_0,则

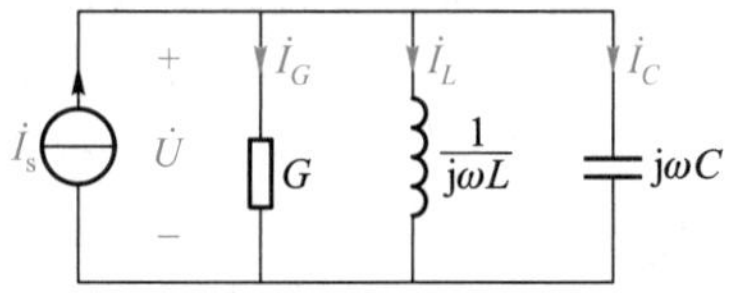

图 14-3-6　RLC 并联谐振电路

$$\omega_0 C=\frac{1}{\omega_0 L}$$

谐振频率

$$\boxed{\omega_0=\frac{1}{\sqrt{LC}}} \tag{14-3-21}$$

RLC 并联电路在谐振状态下,具有与 RLC 串联电路谐振状态相对偶的特点,简述如下。

(1) 谐振时端口导纳呈阻性,且模值最小。即

$$Y(\omega_0)=|Y(\omega)|_{\min}=G \tag{14-3-22}$$

(2) 谐振时端口电压幅值达最大值。因为,端口电压为 $\dot{U}(\omega)=\dot{I}_s/Y(\omega)$,谐振时端口导纳模值最小,所以,在激励 $\dot{I}_s(\omega)$ 的幅值不变的条件下,谐振时端口电压有效值

$$U(\omega_0)=[U(\omega)]_{\max}=I_s/G \tag{14-3-23}$$

(3) 谐振时端口电压与电流同相位。即

$$\dot{U}(\omega_0)=\dot{I}_s/G \tag{14-3-24}$$

(4) 谐振时电感与电容并联后的总电流为零,电感与电容并联等效于开路。有

$$\dot{I}_L(\omega_0)=\frac{\dot{U}(\omega_0)}{\mathrm{j}\omega_0 L}=\frac{\dot{I}_s/G}{\mathrm{j}\omega_0 L}=-\mathrm{j}\frac{1}{G\omega_0 L}\dot{I}_s=-\mathrm{j}Q\dot{I}_s \tag{14-3-25}$$

$$\dot{I}_C(\omega_0)=\mathrm{j}\omega_0 C\dot{U}(\omega_0)=\mathrm{j}\omega_0 C\frac{\dot{I}_s}{G}=\mathrm{j}\frac{\omega_0 C}{G}\dot{I}_s=\mathrm{j}Q\dot{I}_s \tag{14-3-26}$$

显然

$$\dot{I}_L(\omega_0)+\dot{I}_C(\omega_0)=0 \tag{14-3-27}$$

式(14-3-25)和式(14-3-26)中,Q 为 RLC 并联谐振电路的品质因数。$I_L(\omega_0)$ 与 $I_C(\omega_0)$ 均等于电流源电流有效值的 Q 倍,当 $Q\gg 1$ 时,电感和电容中出现远大于电流源的电流,称为过电流现象。

(5) 并联谐振电路的 Q 可写为

$$Q=\frac{B_L(\omega_0)}{G}=\frac{B_C(\omega_0)}{G}=\frac{1}{G\omega_0 L}=\frac{\omega_0 C}{G}=\frac{1}{G}\sqrt{\frac{C}{L}} \tag{14-3-28}$$

对照 RLC 串联谐振电路的品质因数 $Q=\frac{1}{R}\sqrt{\frac{L}{C}}$ 可知,将 RLC 串联谐振电路的表达式中的 R、L、C 分别替换为 G、C、L,就得到 RLC 并联谐振电路中的表达式。

(6) 若以 $\dot{I}_C(\omega)$ 为输出,$\dot{I}_s(\omega)$ 为输入,幅频响应 $|H_C(\omega)|=\left|\frac{\dot{I}_C(\omega)}{\dot{I}_s(\omega)}\right|$ 的曲线亦如图 14-3-3 所示,电路具有带通滤波作用,半功率频率还是

$$\omega_{c1}=\eta_{c1}\omega_0=\left[-\frac{1}{2Q}+\sqrt{\left(\frac{1}{2Q}\right)^2+1}\right]\omega_0 \qquad \omega_{c2}=\eta_{c2}\omega_0=\omega_0\left[\frac{1}{2Q}+\sqrt{\left(\frac{1}{2Q}\right)^2+1}\right] \tag{14-3-29}$$

且仍有

$$\omega_0^2=\omega_{c1}\omega_{c2}$$

$$B=\omega_0/Q$$

应用与串联谐振电路的对偶关系,RLC 并联谐振电路的半功率频率为

$$\omega_{c1}=-\frac{G}{2C}+\sqrt{\left(\frac{G}{2C}\right)^2+\frac{1}{LC}}\qquad \omega_{c2}=\frac{G}{2C}+\sqrt{\left(\frac{G}{2C}\right)^2+\frac{1}{LC}}\tag{14-3-30}$$

RLC 并联谐振电路也有 5 个重要指标：ω_0、Q、ω_{c1}、ω_{c2}、B，它们之间的关系归纳如下。

RLC 并联谐振电路	
谐振频率 中心频率	$\omega_0=\dfrac{1}{\sqrt{LC}}$
品质因数	$Q=\dfrac{\omega_0 C}{G}=\dfrac{1}{\omega_0 LG}=\dfrac{1}{G}\sqrt{\dfrac{C}{L}}=\dfrac{I_L(\omega_0)}{I_s(\omega_0)}=\dfrac{I_C(\omega_0)}{I_s(\omega_0)}=2\pi\dfrac{w(\omega_0)}{w_G(\omega_0)}$
半功率频率 即截止频率	$\omega_{c1}=\left[-\dfrac{1}{2Q}+\sqrt{\left(\dfrac{1}{2Q}\right)^2+1}\right]\omega_0=-\dfrac{G}{2C}+\sqrt{\left(\dfrac{G}{2C}\right)^2+\dfrac{1}{LC}}\overset{Q\geq 10}{\approx}\omega_0-\dfrac{B}{2}$ $\omega_{c2}=\left[\dfrac{1}{2Q}+\sqrt{\left(\dfrac{1}{2Q}\right)^2+1}\right]\omega_0=\dfrac{G}{2C}+\sqrt{\left(\dfrac{G}{2C}\right)^2+\dfrac{1}{LC}}\overset{Q\geq 10}{\approx}\omega_0+\dfrac{B}{2}$
通带	$B=\omega_{c2}-\omega_{c1}=\dfrac{\omega_0}{Q}=\dfrac{G}{C}$

例 14-3-4 图 14-3-7(a)所示电路中，将 RLC 并联谐振电路接到一有内阻的信号源上。已知：信号源的电压有效值为 $U_s=10\ \text{V}$，内阻 $R_s=100\ \text{k}\Omega$，RLC 并联电路的品质因数 $Q=100$，谐振角频率 $\omega_0=10^7\ \text{rad/s}$，且电路谐振时信号源输出最大功率。试确定：(1) R、L、C 的值以及谐振时信号源输出的功率；(2)电路的带宽和半功率频率。

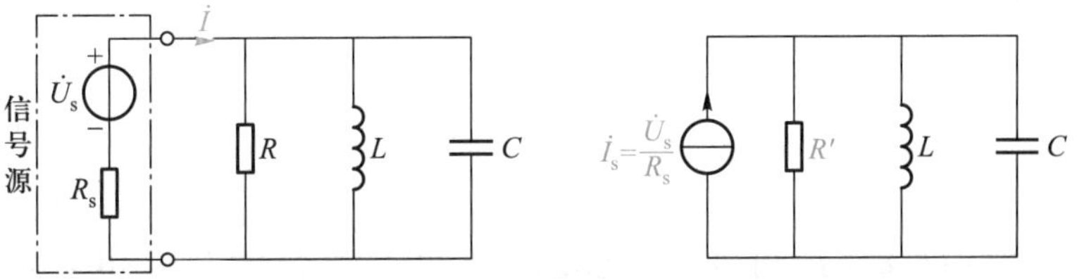

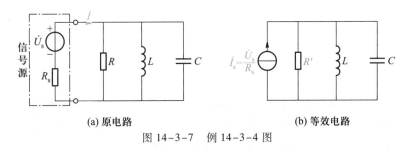

(a) 原电路　　(b) 等效电路

图 14-3-7 例 14-3-4 图

解：(1) 电路处于谐振状态时，RLC 并联电路的等效阻抗为 R。根据最大功率传输条件，当 $R=R_s$ 时，信号源输出的功率最大，因此

$$R=R_s=100\ \text{k}\Omega$$

由 RLC 并联电路的品质因数

$$Q=\frac{\omega_0 C}{G}=\frac{1}{\omega_0 LG}$$

得

$$C=\frac{Q}{R\omega_0}=\frac{100}{100\times10^3\times10^7}\text{ F}=100\text{ pF},\quad L=\frac{R}{Q\omega_0}=\frac{100\times10^3}{100\times10^7}\text{ H}=0.1\text{ mH}$$

信号源输出的最大功率为

$$P_{\max}=[I(\omega_0)]^2\times R=\left(\frac{U_s}{R_s+R}\right)^2\times R=\left(\frac{U_s}{2R_s}\right)^2\times R_s=\left(\frac{10}{2\times100\times10^3}\right)^2\times100\times10^3\text{ W}=0.25\text{ mW}$$

(2)将信号源等效为诺顿支路,如图 14-3-7(b)所示,等效电阻

$$R'=R_s /\!/ R=\frac{RR_s}{R_s+R}=\frac{R}{2}$$

图 14-3-7(b)所示电路为标准的 RLC 并联谐振电路,套用 RLC 并联谐振电路的各指标表达式,得到等效电路的品质因数

$$Q'=\frac{\omega_0C}{G'}=\frac{\omega_0C}{\frac{2}{R}}=\frac{10^7\times10^{-10}}{\frac{2}{100\times10^3}}=50$$

等效电路的带宽

$$B'=\frac{\omega_0}{Q'}=\frac{10^7}{50}=2\times10^5\text{ rad/s}$$

由于 $Q'>10$,因此等效电路的半功率频率用近似计算式,有

$$\omega'_{c1}\approx\omega_0-\frac{B'}{2}=99\times10^5\text{ rad/s},\quad \omega'_{c2}\approx\omega_0+\frac{B'}{2}=101\times10^5\text{ rad/s}$$

由上面的结果可知,信号源的内阻会影响电路除谐振频率 ω_0 以外的其他指标,它降低了电路的品质因数,增大了电路的带宽,即降低了电路对频率的选择性。

目标 2 检测:理解谐振现象及其特点

测 14-6 计算测 14-6 图所示 RLC 并联谐振电路的 ω_0、Q、B、ω_{c1} 和 ω_{c2},并分别计算电源频率为 ω_0、ω_{c1} 和 ω_{c2}时电源提供的功率。

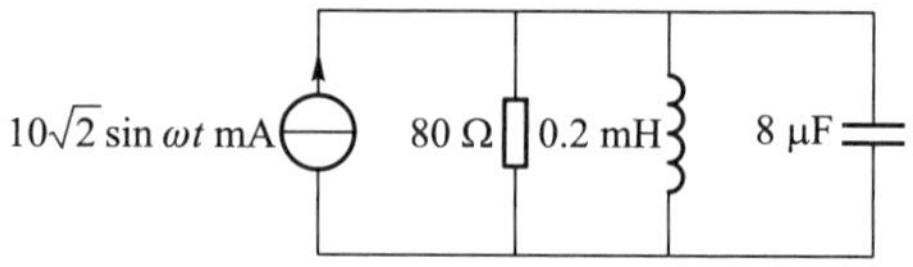

测 14-6 图

答案:25 krad/s,16,1.563 krad/s,24.219 krad/s,25.781 krad/s,8.0 mW,4.0 mW。

例 14-3-5 图 14-3-8(a)所示正弦稳态电路中,电压源的有效值为 10 V、频率为 ω,输出为 u。(1)证明该电路为 RLC 并联谐振电路;(2)证明以电压 u 为输出时,电路具有带通滤波功能;(3)取 $C=20$ nF,使谐振频率 $\omega_0=20$ krad/s,品质因数 $Q=20$,计算:带宽 B,半功率频率 ω_{c1}、ω_{c2},以及 R、L 的值;(4)在(3)的参数下,计算电流 i 的有效值 $I(\omega_0)$、$I(\omega_{c1})$、$I(\omega_{c2})$。

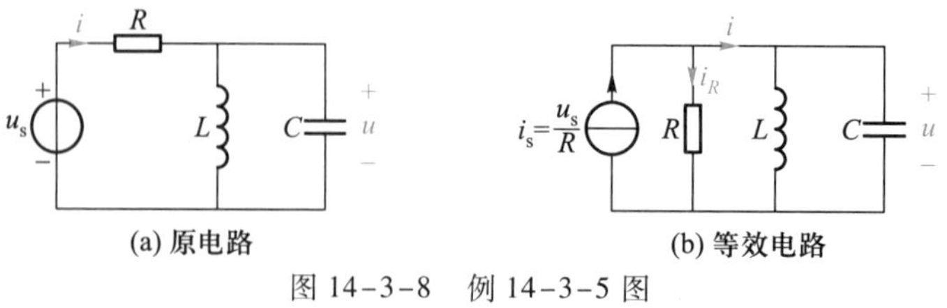

图 14-3-8 例 14-3-5 图

解:(1) 图 14-3-8(a)所示电路可等效为图 14-3-8(b)所示电路。R 不随 ω 而改变,故 i_s 的幅值不变,图 14-3-8(b)为 RLC 并联谐振电路。

(2) 图 14-3-8(a)中的传递函数 $H_u(\omega)=\dfrac{\dot{U}}{\dot{U}_s}$等价于图 14-3-8(b)中的传递函数 $H_i(\omega)=\dfrac{\dot{I}_R}{\dot{I}_s}$。因为

$$H_i(\omega)=\frac{\dot{I}_R}{\dot{I}_s}=\frac{\dot{I}_R\times R}{\dot{I}_s\times R}=\frac{\dot{U}}{\dot{U}_s}=H_u(\omega)$$

图 14-3-8(b)的$|H_i(\omega)|$与图 14-3-8(a)的$|H_u(\omega)|$曲线相同。因此,图 14-3-8(a)所示电路具有带通滤波功能。

(3) RLC 并联谐振电路中,$\omega_0=\dfrac{1}{\sqrt{LC}}$,将 $\omega_0=20\ \text{krad/s}$、$C=20\ \text{nF}$ 代入,得

$$20\times10^3=\frac{1}{\sqrt{L\times20\times10^{-9}}}$$

解得 $L=125\ \text{mH}$。

由 $Q=\dfrac{\omega_0 C}{R^{-1}}$得

$$20=20\times10^3\times20\times10^{-9}R$$

解得 $R=50\ \text{k}\Omega$。

带宽为

$$B=\frac{\omega_0}{Q}=\frac{20}{20}=1\ \text{krad/s}$$

因 $Q\geqslant10$,故半功率频率为

$$\omega_{c1}\approx\omega_0-\frac{B}{2}=\left(20-\frac{1}{2}\right)\ \text{krad/s}=19.5\ \text{krad/s},\quad \omega_{c2}\approx\omega_0+\frac{B}{2}=\left(20+\frac{1}{2}\right)\ \text{krad/s}=20.5\ \text{krad/s}$$

(4) 谐振时,电感和电容并联等效于开路,因此,$I(\omega_0)=0$。由于

$$I_R(\omega_0)=I_s=\frac{U_s}{R}=\frac{10}{50\times10^3}\ \text{A}=0.2\ \text{mA}$$

因此

$$I_R(\omega_{c1})=I_R(\omega_{c2})=0.707I_R(\omega_0)=0.141\ 4\ \text{mA}$$

$\dot{I}_R(\omega_{c1})$和 $\dot{I}(\omega_{c1})$正交,且 $\dot{I}_s=\dot{I}_R(\omega_{c1})+\dot{I}(\omega_{c1})$,它们构成直角三角形,因此

$$I(\omega_{c1})=\sqrt{I_s^2-I_R(\omega_{c1})^2}=\sqrt{0.2^2-0.141\ 4^2}\ \text{mA}=0.141\ 4\ \text{mA}$$

同理可得

$$I(\omega_{c2})=0.141\ 4\ \text{mA}$$

目标 2 检测:理解谐振现象及其特点

测 14-7 用 $L=100$ mH 的电感设计 RLC 并联电路,使谐振频率 $\omega_0=100$ krad/s,品质因数 $Q=5$。计算:带宽 B,半功率频率 ω_{c1}、ω_{c2},以及 R、C。

答案:$B=20$ krad/s,$\omega_{c1}=90.5$ krad/s,$\omega_{c2}=110.5$ krad/s,$R=50$ kΩ,$C=1$ nF。

*14.3.4 其他谐振电路

并联谐振电路中的电感要用线圈来实现,线圈的电路模型为电感与电阻串联,电阻通常不可忽略。虽然电容器也会采用电容和电阻并联模型,但代表介质损耗的并联电阻远大于容抗,通常近似为无穷大。因此,工程中用线圈和电容器构成的并联谐振电路,其电路模型如图 14-3-9(a)所示,也就是说,实际中并不存在图 14-3-6 所示 RLC 并联谐振电路。

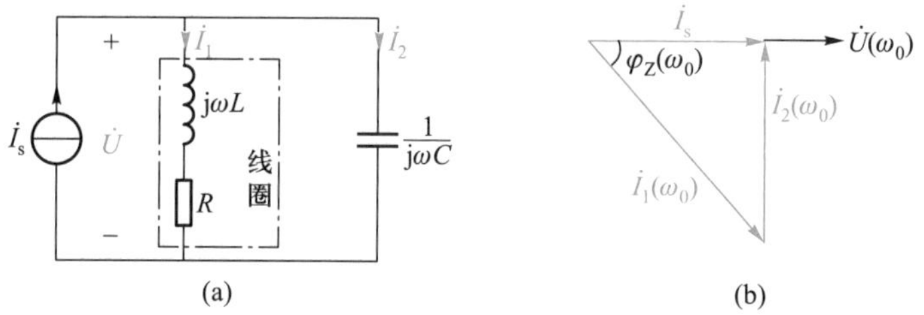

图 14-3-9 实际并联谐振电路

分析图 14-3-9(a)所示电路时,先将线圈支路等效为 R 与 L 并联,变为 RLC 并联谐振电路。电路的等效导纳

$$Y(\omega)=\frac{1}{R+j\omega L}+j\omega C=\frac{R}{R^2+\omega^2L^2}-j\frac{\omega L}{R^2+\omega^2L^2}+j\omega C=G(\omega)+j[B_C(\omega)-B_L(\omega)]$$

谐振时,$\mathrm{Im}[Y(\omega_0)]=0$,即

$$\omega_0C=\frac{\omega_0L}{R^2+\omega_0^2L^2}$$

电路的谐振频率

$$\omega_0=\frac{1}{\sqrt{LC}}\sqrt{1-\frac{R^2C}{L}} \tag{14-3-31}$$

显然,仅当$\frac{R^2C}{L}<1$ 时 ω_0 为实数,即当 $R<\sqrt{\frac{L}{C}}$时,图 14-3-9(a)所示电路才有工作于谐振状态的可能性。当图 14-3-9(a)所示电路谐振时,按照 RLC 并联谐振电路的各指标表达式,不难得到以下结论。

(1) 电路的品质因数

$$Q=\frac{B_L(\omega_0)}{G(\omega_0)}=\frac{\dfrac{\omega_0L}{R^2+\omega_0^2L^2}}{\dfrac{R}{R^2+\omega_0^2L^2}}=\frac{\omega_0L}{R}=\frac{\sqrt{\dfrac{L}{C}-R^2}}{R} \tag{14-3-32}$$

（2）线圈电流为等效电路中的电阻电流和电感电流之相量和。电路谐振时，等效电路中的电阻电流有效值为 I_s、电感电流有效值为 QI_s。由于电阻电流相量与电感电流相量相位相差 90°，相量图如图 14-3-9(b)所示，图中 $\varphi_z(\omega_0)$ 为线圈在谐振频率下的阻抗角。因此谐振时线圈电流

$$I_1(\omega_0)=\sqrt{I_s^2+(QI_s)^2}=\sqrt{1+Q^2}\,I_s=\frac{1}{R}\sqrt{\frac{L}{C}}I_s \tag{14-3-33}$$

（3）谐振时电容电流

$$I_2(\omega_0)=QI_s \tag{14-3-34}$$

（4）谐振时输入导纳

$$Y(\omega_0)=\frac{R}{R^2+\omega_0^2L^2}=\frac{RC}{L} \tag{14-3-35}$$

可证明 $Y(\omega_0)$ 不是 $|Y(\omega)|$ 的最小值①，因此，图 14-3-9(a)所示电路谐振时端口电压也不是端口电压的最大值。

目标 2 检测：理解谐振现象及其特点

测 14-8 计算测 14-8 图所示电路的谐振频率 ω_0、品质因数 Q 及谐振时各电流有效值。

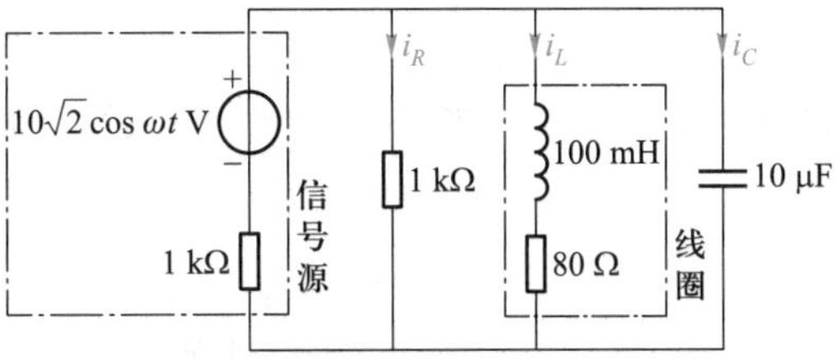

测 14-8 图

答案：$\omega_0=600$ rad/s，$Q=0.6$，$I_R(\omega_0)=1$ mA，$I_L(\omega_0)=10$ mA，$I_C(\omega_0)=6$ mA。

14.4 滤波器

滤波器(filter)是对输入信号频率具有选择功能的电路，广泛应用于通信领域，如电话、电视及卫星设备。根据其处理信号方式的不同，滤波器分为模拟滤波器和数字滤波器，前者利用模拟电路直接对模拟信号进行滤波，后者利用离散时间系统对数字信号(时域离散、幅度量化的信号)进行滤波，数字滤波器可以用软件实现。在此仅介绍模拟滤波器。

根据滤波器所用电路器件不同，模拟滤波器又分为无源滤波器(passive filter)和有源滤波器(active filter)，无源滤波器由无源器件构成，有源滤波器的电路中则包含运算放大器等有源器件。

无论哪一类滤波器，都可设计为选择低频信号输出的低通滤波器(lowpass filter)、选择高频

① $|Y(\omega)|$ 的最小值出现在 $\omega^2=-\frac{R^2}{L^2}+\sqrt{\frac{1}{L^2C^2}\left(1+\frac{2R^2C}{L}\right)}$ 处。

信号输出的高通滤波器(highpass filter)、选择某一频率范围内的信号输出的带通滤波器(bandpass filter)、阻止某一频率范围内的信号输出的带阻滤波器(bandstop filter)。

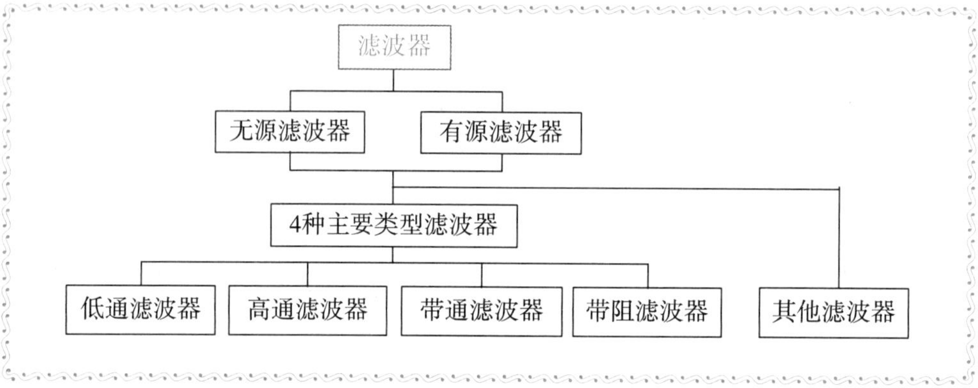

理想的低通滤波器、高通滤波器、带通滤波器和带阻滤波器的幅频响应曲线与相频响应曲线如图 14-4-1(a)、(b)、(c)和(d)所示,ω_c、ω_{c1}、ω_{c2}为截止频率。允许通过的信号角频率范围为通带,阻止通过的信号角频率范围为阻带。在通带内,输出正弦信号与输入正弦信号的幅值之比恒等于 1,相位之差随信号角频率线性变化;在阻带内,输出正弦信号的幅值恒等于 0。

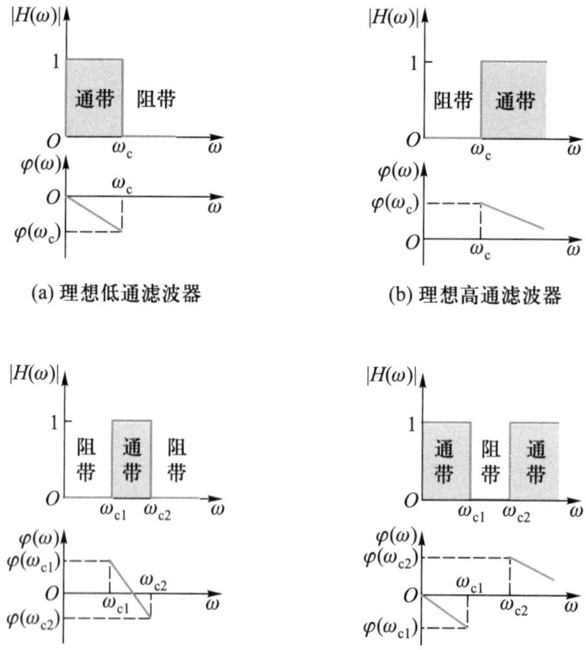

(a) 理想低通滤波器　(b) 理想高通滤波器

(c) 理想带通滤波器　(d) 理想带阻滤波器

图 14-4-1　4 种理想滤波器的幅频响应、相频响应

14.4.1 无源滤波器

无源滤波器由无源元件 R、L、C 构成,形式多样,但它们的频率响应与理想滤波器的频率响应总有一定差距。

（1）无源低通、高通滤波器

图 14-4-2(a)所示 RC 电路是一种典型的无源低通滤波器，传递函数为

$$H_C(\omega)=\frac{\dot{U}_C}{\dot{U}_s}=\frac{\frac{1}{j\omega C}}{R+\frac{1}{j\omega C}}=\frac{1}{1+j\omega RC} \tag{14-4-1}$$

幅频响应为

$$|H_C(\omega)|=\frac{1}{\sqrt{1+(\omega RC)^2}} \tag{14-4-2}$$

由 $|H_C(0)|=1=|H_C(\omega)|_{max}$、$|H_C(\infty)|=0$ 可知，它为低通滤波器。其截止频率 ω_c 满足

$$|H_C(\omega_c)|=0.707|H_C(\omega)|_{max} \tag{14-4-3}$$

因此 $\omega_c=\frac{1}{RC}$。$H_C(\omega)$的幅频响应和相频响应曲线见图 14-2-2(b)和图 14-2-2(c)。

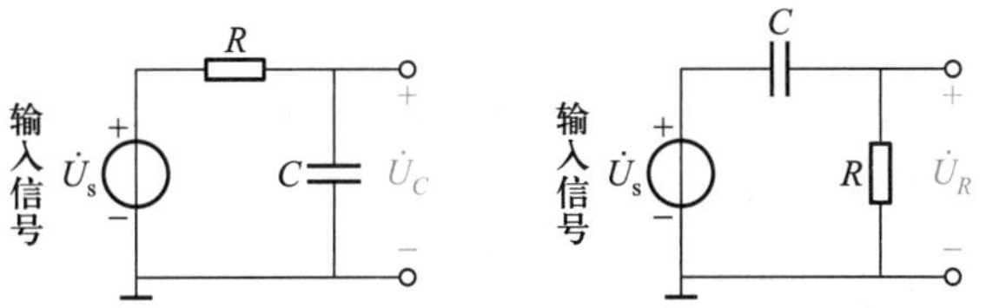

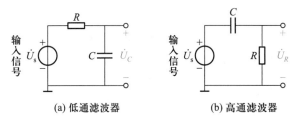

(a) 低通滤波器　　(b) 高通滤波器

图 14-4-2　一种典型的低通滤波器和高通滤波器

图 14-4-2(b)所示 RC 电路则是一种典型的无源高通滤波器，传递函数为

$$H_R(\omega)=\frac{\dot{U}_R}{\dot{U}_s}=\frac{R}{R+\frac{1}{j\omega C}}=\frac{j\omega RC}{1+j\omega RC} \tag{14-4-4}$$

幅频响应

$$|H_R(\omega)|=\frac{\omega RC}{\sqrt{1+(\omega RC)^2}} \tag{14-4-5}$$

由于 $|H_R(0)|=0$、$|H_R(\infty)|=1=|H_R(\omega)|_{max}$，故为高通滤波器。其截止频率 ω_c 满足

$$|H_R(\omega_c)|=0.707|H_R(\omega)|_{max}=0.707 \tag{14-4-6}$$

因此 $\omega_c=\frac{1}{RC}$。$H_R(\omega)$的幅频响应和相频响应曲线见图 14-2-2(d)和图 14-2-2(e)。

例 14-4-1　图 14-4-3 所示 RL 电路既可以作为无源高通滤波器，也可以作为无源低通滤波器。(1)以 u_o 为输出时，用频率响应说明电路为何种类型的滤波器？(2)以 u_o 为输出，若 $L=100$ mH，确定 R 的值，使滤波器的截止频率为 $f_c=10$ Hz。

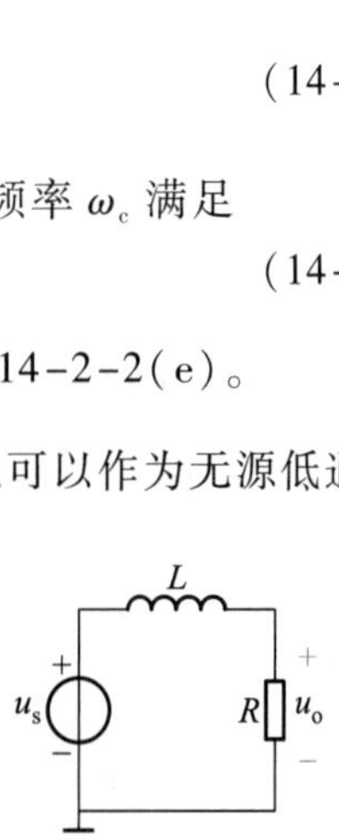

图 14-4-3　例 14-4-1 图

解：(1) 图 14-4-3 所示电路的传递函数为

$$H(\omega)=\frac{\dot{U}_o}{\dot{U}_s}=\frac{R}{R+j\omega L}$$

幅频响应为

$$|H(\omega)|=\frac{R}{\sqrt{R^2+(\omega L)^2}}$$

易得：$|H(0)|=1=|H(\omega)|_{\max}$，$|H(\infty)|=0$。由此可知它为低通滤波器。

（2）截止频率 ω_c 满足

$$|H(\omega_c)|=0.707|H(0)|=0.707$$

当 $L=100\ \text{mH}$、$\omega_c=2\pi f_c=20\pi\text{rad/s}$ 时，上式为

$$|H(\omega_c)|=\frac{R}{\sqrt{R^2+(\omega_c L)^2}}=\frac{R}{\sqrt{R^2+(20\pi\times0.1)^2}}=0.707$$

解得

$$R=6.28\ \Omega$$

图 14-4-3 所示电路，将电感与电阻位置对调，就是无源高通滤波器。

目标 3 检测：掌握滤波器的基本参数，学会简单滤波器设计

测 14-9 用 $C=1\ \mu\text{F}$ 的电容设计 RC 无源高通滤波器，使截止频率 $\omega_c=1\ \text{krad/s}$。画出电路，写出幅频响应表达式，确定电阻 R 的值。

答案：$|H(\omega)|=\dfrac{1}{\sqrt{1+\left(\dfrac{1}{\omega RC}\right)^2}}$，$R=1\ \text{k}\Omega$。

（2）无源带通、带阻滤波器

图 14-4-4(a)所示 RLC 串联电路为一种典型的无源带通滤波器。其传递函数为

$$H_R(\omega)=\frac{\dot{U}_R}{\dot{U}_s}=\frac{R}{R+\text{j}\left(\omega L-\dfrac{1}{\omega C}\right)} \qquad (14-4-7)$$

幅频响应

$$|H_R(\omega)|=\frac{R}{\sqrt{R^2+\left(\omega L-\dfrac{1}{\omega C}\right)^2}} \qquad (14-4-8)$$

$|H_R(\omega)|$具有以下特征：

$$|H_R(0)|=0,\quad |H_R(\infty)|=0,\quad |H_R(\omega)|_{\max}=1=|H_R(\omega_0)|,\quad \omega_0=\frac{1}{\sqrt{LC}}$$

截止频率满足

$$|H_R(\omega_{c1,c2})|=0.707|H_R(\omega)|_{\max}=0.707 \qquad (14-4-9)$$

截止频率 ω_{c1}、ω_{c2}的表达式参见式(14-3-12)。电路的谐振频率 $\omega_0=\dfrac{1}{\sqrt{LC}}$也就是通带的中心频率。$H_R(\omega)$的幅频响应曲线参见图 14-3-3(b)。

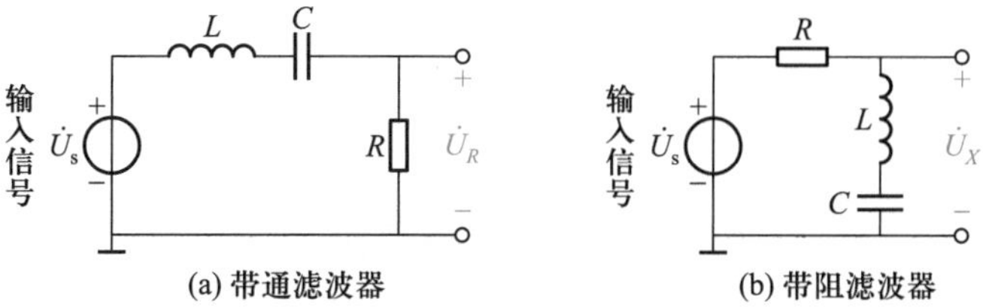

图 14-4-4　一种带通滤波器和带阻滤波器

图 14-4-4(b)所示 *RLC* 串联电路，输出为 $\dot U_X$，是无源带阻滤波器。传递函数为

$$H_X(\omega)=\frac{\dot U_X}{\dot U_s}=\frac{j\left(\omega L-\frac{1}{\omega C}\right)}{R+j\left(\omega L-\frac{1}{\omega C}\right)} \tag{14-4-10}$$

幅频响应

$$|H_X(\omega)|=\frac{\left|\omega L-\frac{1}{\omega C}\right|}{\sqrt{R^2+\left(\omega L-\frac{1}{\omega C}\right)^2}}=\frac{\left|\frac{\omega}{\omega_0}\omega_0 L-\frac{\omega_0}{\omega}\frac{1}{\omega_0 C}\right|}{\sqrt{R^2+\left(\frac{\omega}{\omega_0}\omega_0 L-\frac{\omega_0}{\omega}\frac{1}{\omega_0 C}\right)^2}} \tag{14-4-11}$$

考虑到电路谐振时 $\omega_0 L=\frac{1}{\omega_0 C}=RQ$，且令 $\frac{\omega}{\omega_0}=\eta$，式(14-4-11)中有

$$\frac{\omega}{\omega_0}\omega_0 L-\frac{\omega_0}{\omega}\frac{1}{\omega_0 C}=RQ\left(\frac{\omega}{\omega_0}-\frac{\omega_0}{\omega}\right)=RQ\left(\eta-\frac{1}{\eta}\right)$$

于是，式(14-4-11)写为

$$|H_X(\eta)|=\frac{Q\left|\eta-\frac{1}{\eta}\right|}{\sqrt{1+Q^2\left(\eta-\frac{1}{\eta}\right)^2}} \tag{14-4-12}$$

$|H_X(\eta)|$ 具有如下特征：

$$|H_X(0)|=1,\quad |H_X(\infty)|=1,\quad |H_X(\eta)|_{\max}=|H_X(0)|=|H_X(\infty)|=1,\quad H_X(1)=0$$

截止频率满足

$$|H_X(\eta_{c1,c2})|=0.707|H_X(\eta)|_{\max}=0.707 \tag{14-4-13}$$

解得

$$\eta_{c1}=-\frac{1}{2Q}+\sqrt{\left(\frac{1}{2Q}\right)^2+1}\qquad \eta_{c2}=\frac{1}{2Q}+\sqrt{\left(\frac{1}{2Q}\right)^2+1} \tag{14-4-14}$$

考虑到 $\frac{\omega}{\omega_0}=\eta$，截止频率

$$\omega_{c1}=\eta_{c1}\omega_0=-\frac{R}{2L}+\sqrt{\left(\frac{R}{2L}\right)^2+\frac{1}{LC}}\qquad \omega_{c2}=\eta_{c2}\omega_0=\frac{R}{2L}+\sqrt{\left(\frac{R}{2L}\right)^2+\frac{1}{LC}} \tag{14-4-15}$$

$|H_X(\eta)|$ 的曲线如图 14-4-5 所示。电路的谐振频率 $\omega_0=\frac{1}{\sqrt{LC}}$ 为中心频率。带宽

$$B=\frac{\omega_0}{Q} \tag{14-4-16}$$

当 $Q\geqslant 10$ 时，有

$$\omega_{c1}\approx\omega_0-\frac{B}{2} \qquad \omega_{c2}\approx\omega_0+\frac{B}{2} \tag{14-4-17}$$

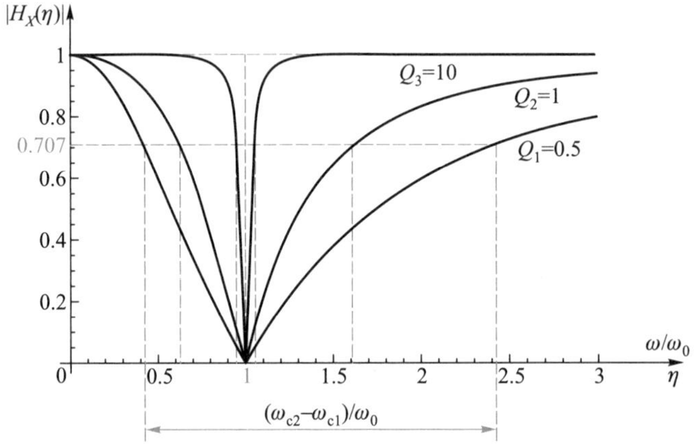

图 14-4-5　带阻滤波器的幅频响应

例 14-4-2　设计图 14-4-4(b)所示带阻滤波器，使其中心频率为 750 Hz，带宽为 250 Hz。取 $C=100$ nF，确定 R、L 以及 ω_{c1}、ω_{c2}的值。

解：依题意，$\omega_0=2\pi\times750$ rad/s $=1\ 500\pi$ rad/s，$B=2\pi\times250$ rad/s $=500\pi$ rad/s。电路的品质因数

$$Q=\frac{\omega_0}{B}=\frac{1\ 500\pi}{500\pi}=3$$

由 $Q=\dfrac{X_C(\omega_0)}{R}=\dfrac{1}{\omega_0 CR}$得

$$R=\frac{1}{Q\omega_0 C}=\frac{1}{3\times1\ 500\pi\times100\times10^{-9}}\ \Omega=707.35\ \Omega$$

由 $X_L(\omega_0)=X_C(\omega_0)$得

$$L=\frac{1}{\omega_0^2 C}=\frac{1}{(1\ 500\pi)^2\times100\times10^{-9}}\ \text{H}=0.45\ \text{H}$$

截止频率

$\omega_{c1}=\eta_{c1}\omega_0=\left(-\dfrac{1}{2Q}+\sqrt{\left(\dfrac{1}{2Q}\right)^2+1}\right)\omega_0=\left(-\dfrac{1}{6}+\sqrt{\left(\dfrac{1}{6}\right)^2+1}\right)\times1\ 500\pi$ rad/s $=3\ 991.99$ rad/s（对应于 635.34 Hz）

$\omega_{c2}=\eta_{c2}\omega_0=\left(\dfrac{1}{2Q}+\sqrt{\left(\dfrac{1}{2Q}\right)^2+1}\right)\omega_0=\left(\dfrac{1}{6}+\sqrt{\left(\dfrac{1}{6}\right)^2+1}\right)\times1\ 500\pi$ rad/s $=5\ 562.79$ rad/s（对应于 885.35 Hz）

目标 3 检测:掌握滤波器的基本参数,学会简单滤波器设计

测 14-10 用 $L=200$ mH 的电感设计中心频率为 1 kHz、带宽为 100 Hz 的 RLC 串联带阻滤波器。确定 R、C 以及 ω_{c1}、ω_{c2} 的值。

答案:$R=20\ \Omega$,$C=5\ \mu\text{F}$,$\omega_{c1}=5\ 969.0$ rad/s,$\omega_{c2}=6\ 597.3$ rad/s。

14.4.2 有源滤波器

无源滤波器存在以下不足:

- 其频率响应与负载有关,负载的变化会影响滤波特性;
- 幅频响应的最大值为 1,对信号不具有放大能力;
- 电感元件不易在集成芯片上实现,用线圈实现时,体积大,成本高。

有源滤波器可克服以上缺点,因而被广泛用于信号处理领域。但有源滤波器不能用于高电压、大电流的场合,其工作稳定性和可靠性也逊色于无源滤波器。

(1) 一阶有源低通滤波器

为了使频率响应不受负载的影响,在无源滤波器与负载之间加电压跟随器。如图 14-4-6(a)所示电路为有源低通滤波器,其传递函数仍为式(14-4-1)。

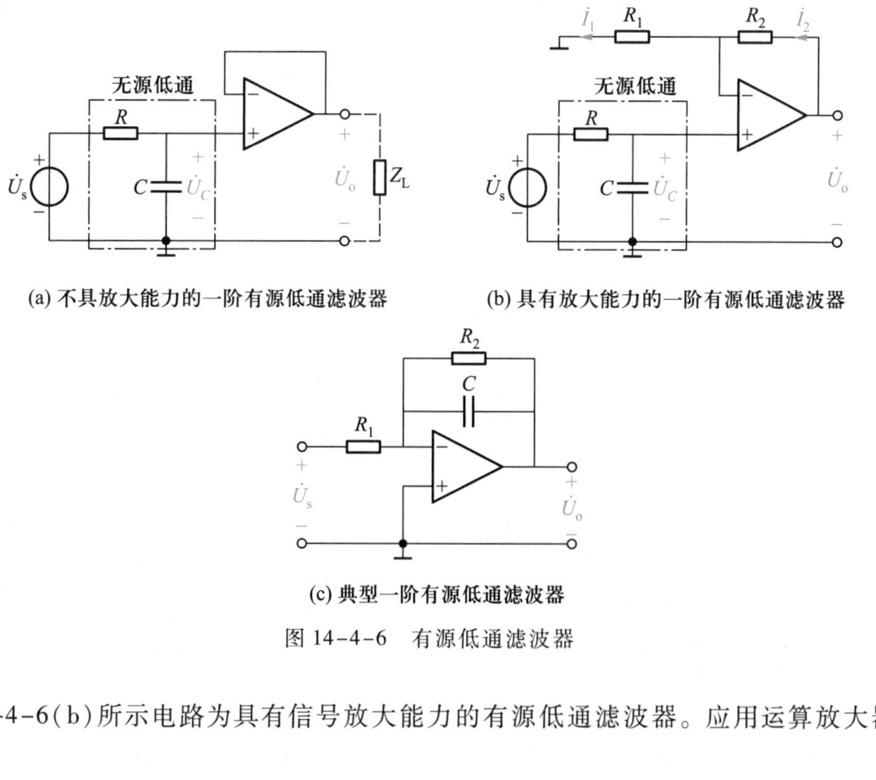

(a) 不具放大能力的一阶有源低通滤波器

(b) 具有放大能力的一阶有源低通滤波器

(c) 典型一阶有源低通滤波器

图 14-4-6 有源低通滤波器

图 14-4-6(b)所示电路为具有信号放大能力的有源低通滤波器。应用运算放大器的虚断路特性,得

$$\dot{U}_C=\frac{\frac{1}{\mathrm{j}\omega C}}{R+\frac{1}{\mathrm{j}\omega C}}\dot{U}_s=\frac{1}{1+\mathrm{j}\omega RC}\dot{U}_s$$

应用运算放大器的虚短路特性，R_1 中的电流 $\dot{I}_1=\dot{U}_C/R_1$。再应用虚断路特性，R_2 中的电流 $\dot{I}_2=\dot{I}_1$。因此，输出电压

$$\dot{U}_o=R_2\dot{I}_2+R_1\dot{I}_1=(R_1+R_2)\dot{I}_1=\frac{R_1+R_2}{R_1}\dot{U}_C=\left(1+\frac{R_2}{R_1}\right)\frac{1}{1+\mathrm{j}\omega RC}\dot{U}_s$$

传递函数为

$$H(\omega)=\frac{\dot{U}_o}{\dot{U}_s}=\left(1+\frac{R_2}{R_1}\right)\frac{1}{1+\mathrm{j}\omega RC}$$

幅频响应为

$$|H(\omega)|=\left(1+\frac{R_2}{R_1}\right)\frac{1}{\sqrt{1+(\omega RC)^2}}=\left(1+\frac{R_2}{R_1}\right)\frac{1}{\sqrt{1+(\omega/\omega_c)^2}} \tag{14-4-18}$$

将上式与无源低通滤波器的幅频响应式(14-4-2)对照，图 14-4-6(b)所示电路为在通带有放大倍数$\left(1+\frac{R_2}{R_1}\right)$的有源低通滤波器，其截止频率仍为 $\omega_c=\frac{1}{RC}$。

图 14-4-6(c)所示电路为典型一阶有源低通滤波器，不难得到其传递函数为

$$H(\omega)=-\frac{R_2}{R_1}\frac{1}{1+\mathrm{j}\omega R_2C} \tag{14-4-19}$$

截止频率 $\omega_c=\frac{1}{R_2C}$。比较图 14-4-6(b)和图 14-4-6(c)两种一阶有源低通滤波器：前者具有同相比例放大功能，放大倍数大于 1；后者具有反相比例放大功能，放大倍数可大于 1，也可小于或等于 1；后者少用一个电阻。

(2) 一阶有源高通滤波器

将图 14-4-6(b)中点画线框内无源低通滤波器的 R 与 C 对调，如图 14-4-7(a)所示，变为有源高通滤波器。用分析图 14-4-6(b)相同的方法分析图 14-4-7(a)，得到有源高通滤波器的幅频响应

$$|H(\omega)|=\left(1+\frac{R_2}{R_1}\right)\frac{\omega RC}{\sqrt{1+(\omega RC)^2}}=\left(1+\frac{R_2}{R_1}\right)\frac{\omega/\omega_c}{\sqrt{1+(\omega/\omega_c)^2}} \tag{14-4-20}$$

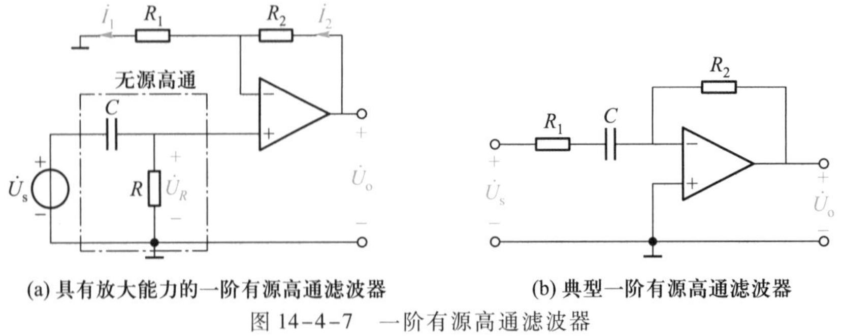

图 14-4-7 一阶有源高通滤波器

图 14-4-7(b)为典型一阶有源高通滤波器,不难得到电路的传递函数

$$H(\omega)=-\frac{R_2}{R_1}\frac{\mathrm{j}\omega R_1 C}{1+\mathrm{j}\omega R_1 C} \tag{14-4-21}$$

截止频率 $\omega_c=\frac{1}{R_1 C}$。

(3) 高阶有源低通滤波器

图 14-4-6(b)所示电路中的无源低通滤波器部分为一个 RC 环节,称该电路为一阶有源低通滤波器。一阶滤波器的幅频响应曲线的过渡带较宽,与理想情况相比差别较大。增加无源低通滤波器的 RC 环节个数,可以减小过渡带的宽度。图 14-4-8 所示电路为二阶有源低通滤波器。由戴维南定理(或其他电路分析方法)得

$$\dot{U}_C=\frac{\dot{U}_s}{1+\mathrm{j}3\omega RC+(\mathrm{j}\omega RC)^2}$$

传递函数

$$H(\omega)=\frac{\dot{U}_o}{\dot{U}_s}=\left(1+\frac{R_2}{R_1}\right)\frac{1}{1+\mathrm{j}3\omega RC+(\mathrm{j}\omega RC)^2}$$

幅频响应

$$|H(\omega)|=\left(1+\frac{R_2}{R_1}\right)\frac{1}{\sqrt{[1-(\omega RC)^2]^2+(3\omega RC)^2}} \tag{14-4-22}$$

一阶有源低通滤波器的截止频率 $\omega_c=\frac{1}{RC}$,将其代入式(14-4-22)得,二阶有源低通滤波器的幅频响应

$$|H(\omega)|=\left(1+\frac{R_2}{R_1}\right)\frac{1}{\sqrt{[1-(\omega/\omega_c)^2]^2+9(\omega/\omega_c)^2}} \tag{14-4-23}$$

且有

$$|H(0)|=1+\frac{R_2}{R_1}=|H(\omega)|_{\max},\ |H(\infty)|=0$$

这里,用 ω_c' 表示二阶有源低通滤波器的截止频率,ω_c' 满足

$$|H(\omega_c')|=|H(\omega)|_{\max}/\sqrt{2}$$

即

$$\left(1+\frac{R_2}{R_1}\right)\frac{1}{\sqrt{[1-(\omega_c'/\omega_c)^2]^2+9(\omega_c'/\omega_c)^2}}=\frac{1}{\sqrt{2}}\left(1+\frac{R_2}{R_1}\right)$$

解得二阶有源低通滤波器的截止频率

$$\omega_c'=0.374\ 3\omega_c \tag{14-4-24}$$

在参数相同且 $R_1=R_2$ 的条件下,一阶有源低通滤波器的幅频响应式(14-4-18)和二阶有源低通滤波器的幅频响应式(14-4-23)的曲线如图 14-4-9 所示。二阶有源低通滤波器在过渡带的衰减速率大于一阶有源低通滤波器,因而过渡带范围变小。

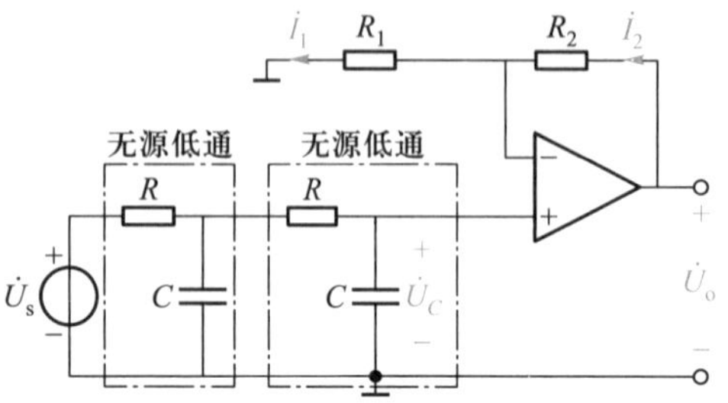

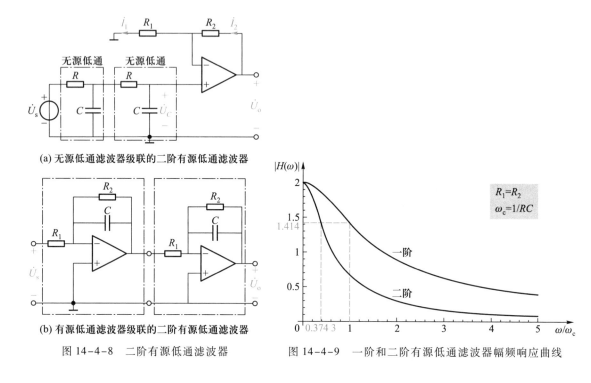

(a) 无源低通滤波器级联的二阶有源低通滤波器

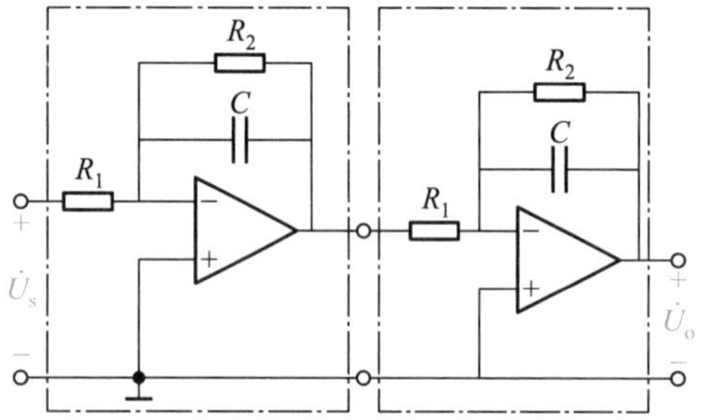

(b) 有源低通滤波器级联的二阶有源低通滤波器

图 14-4-8 二阶有源低通滤波器

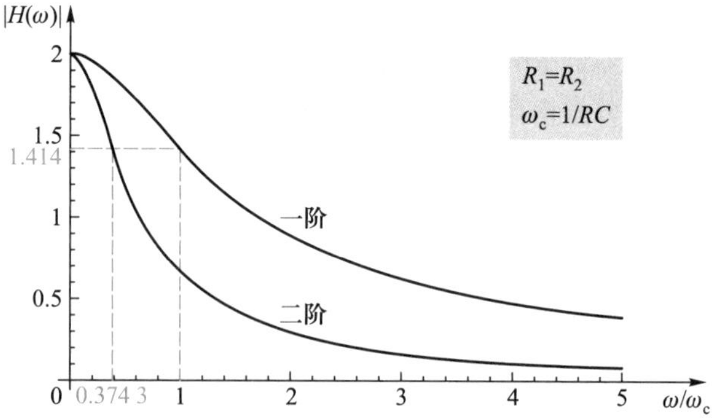

图 14-4-9 一阶和二阶有源低通滤波器幅频响应曲线

另一种实现高阶滤波器的方法是将两个一阶有源滤波器级联。例如:用两个图 14-4-6(c)所示有源低通滤波器级联,得到图 14-4-8(b)所示二阶有源低通滤波器。无论是采用无源低通滤波器级联还是有源低通滤波器级联,形成的高阶低通滤波器的幅频响应仍然与理想滤波器幅频响应相差较大。高阶巴特沃思(Butterworth)滤波器的幅频响应更接近于理想滤波器,高阶滤波器通常采用巴特沃思滤波器。

目标 3 检测:掌握滤波器的基本参数,学会简单滤波器设计

测 14-11 利用 0.2 μF 的电容,设计一个截止频率为 500 Hz、增益为 4、电路为图 14-4-6(c)所示的有源低通滤波器。

答案:$R_1=397.5\ \Omega$,$R_2=1\ 591.5\ \Omega$。

测 14-12 利用一个 0.1 μF 的电容,设计一个截止频率为 2 000 Hz、增益为 5、电路为图 14-4-7(b)所示的有源高通滤波器。

答案:$R_1=795.8\ \Omega$,$R_2=3\ 978.9\ \Omega$。

(4) 有源带通滤波器

由于有源滤波器的特性不受负载影响,因而可以将有源滤波器级联,构成有源带通滤波器。图 14-4-10 为有源带通滤波器框图,ω_{cL}、ω_{cH}分别为有源低通滤波器、有源高通滤波器的截止频

率，且 $\omega_{cL}>\omega_{cH}$。有源带通滤波器的传递函数为有源低通滤波器传递函数 $H_L(\omega)$ 和有源高通滤波器传递函数 $H_H(\omega)$ 之积。

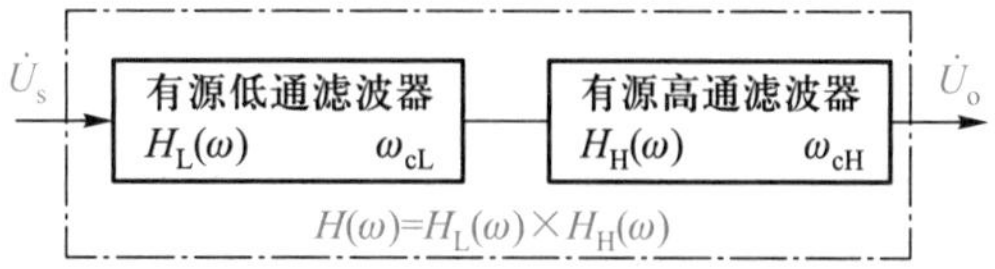

图 14-4-10 有源带通滤波器方框图

图 14-4-11 所示即为有源低通滤波器和有源高通滤波器级联构成的有源带通滤波器。由前面的分析已知：$\omega_{cL}=\dfrac{1}{RC_1}$，$\omega_{cH}=\dfrac{1}{RC_2}$，且 $\omega_{cL}>\omega_{cH}$。电路的传递函数

$$H(\omega)=\frac{\dot U_o}{\dot U_s}=H_L(\omega)\times H_H(\omega)=\left(1+\frac{R_2}{R_1}\right)\frac{1}{1+j\omega RC_1}\times\left(1+\frac{R_2}{R_1}\right)\frac{j\omega RC_2}{1+j\omega RC_2}$$

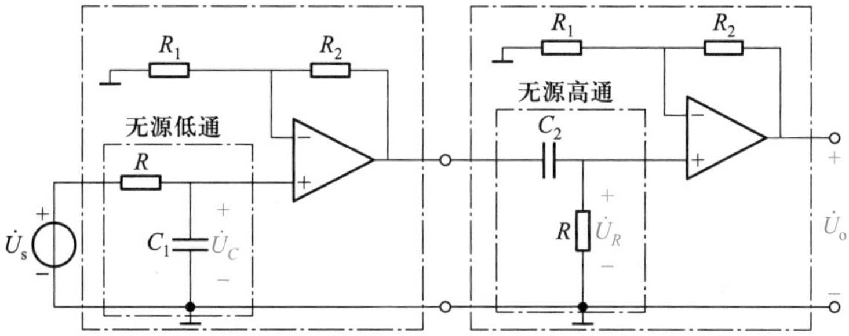

图 14-4-11 有源带通滤波器

将 $\dfrac{1}{RC_1}$、$\dfrac{1}{RC_2}$ 分别用 ω_{cL}、ω_{cH} 表示，有源带通滤波器的幅频响应为

$$|H(\omega)|=\left(1+\frac{R_2}{R_1}\right)^2\frac{\omega/\omega_{cH}}{\sqrt{[1+(\omega/\omega_{cL})^2][1+(\omega/\omega_{cH})^2]}} \tag{14-4-25}$$

当取 $R_1=R_2$、$\omega_{cL}=1.5\omega_{cH}$ 时，式(14-4-25)的曲线如图 14-4-12(a)所示，图中：中心频率 $\omega_0=\sqrt{\omega_{cH}\omega_{cL}}=1.225\omega_{cH}$，$|H(\omega)|_{max}=|H(\omega_0)|=2.4$，截止频率 $\omega_{c1}=0.5\omega_{cH}$，$\omega_{c2}=3\omega_{cH}$，带宽 $B=\omega_{c2}-\omega_{c1}=2.5\omega_{cH}$。截止频率是由 $|H(\omega_{c1,c2})|=0.707|H(\omega)|_{max}$ 确定的。

图 14-4-12(b)给出了 ω_{cL}/ω_{cH} 分别等于 1.1、1.5、2、10、20 时式(14-4-25)的曲线，显然 ω_{cL}/ω_{cH} 越小，带通滤波器的选择性越好。

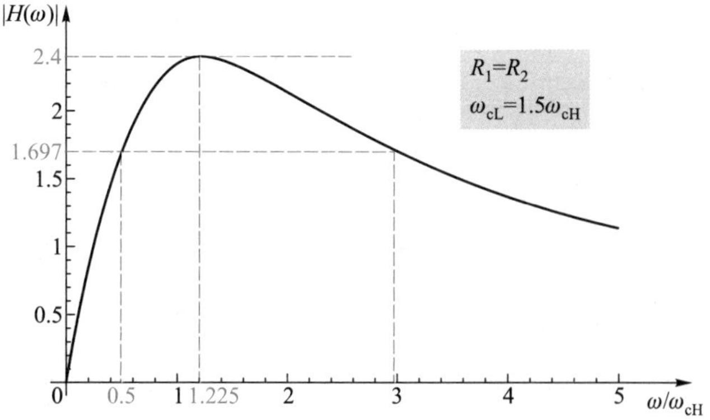

(a) $R_1=R_2$、$\omega_{cL}=1.5\omega_{cH}$ 下的曲线

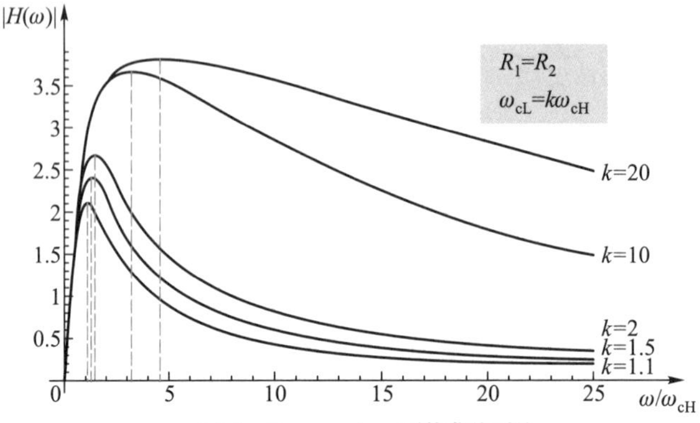

(b) $R_1=R_2$、$\omega_{cL}=k\omega_{cH}$下的曲线对比

图 14-4-12　图 14-4-11 所示有源带通滤波器的幅频响应曲线

（5）有源带阻滤波器

将有源滤波器并联构成带阻滤波器。图 14-4-13 为有源低通滤波器和有源高通滤波器并联，并进行求和放大的框图，ω_{cL}、ω_{cH}分别为有源低通滤波器、有源高通滤波器的截止频率，且$\omega_{cL}<\omega_{cH}$。有源带阻滤波器的传递函数为有源低通滤波器传递函数 $H_L(\omega)$和有源高通滤波器传递函数 $H_H(\omega)$之和，再乘以求和放大器的放大倍数 A_u。

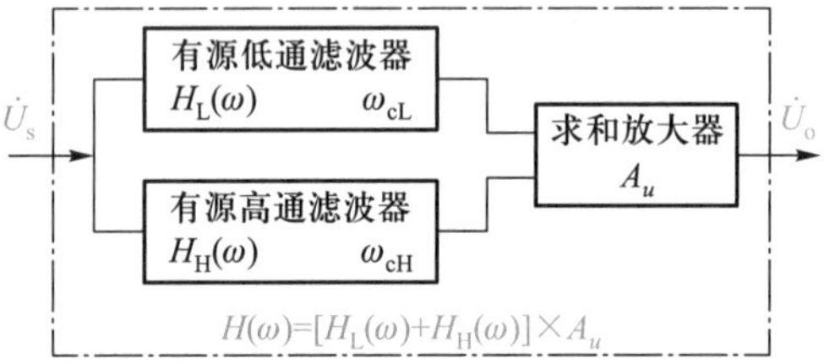

图 14-4-13　有源带阻滤波器方框图

图 14-4-14 所示为有源低通滤波器和有源高通滤波器并联构成的有源带阻滤波器。已知：$\omega_{cL}=\dfrac{1}{RC_1}$，$\omega_{cH}=\dfrac{1}{RC_2}$，且 $\omega_{cL}<\omega_{cH}$。有源带阻滤波器的传递函数

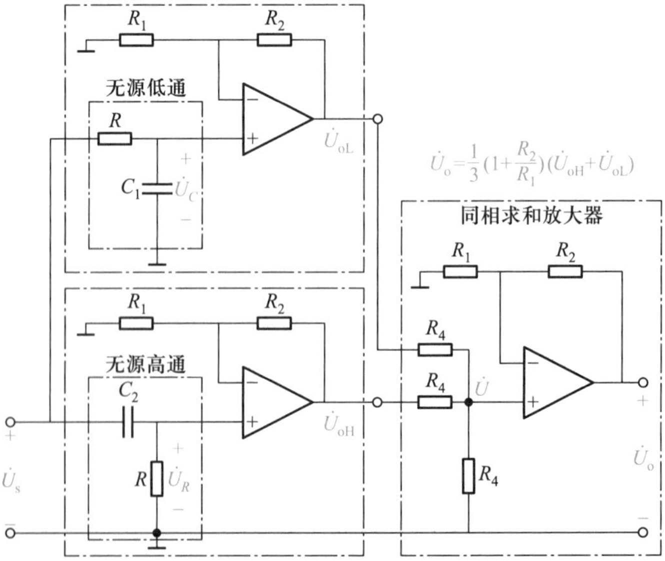

图 14-4-14　有源带阻滤波器

$$H(\omega)=\frac{\dot{U}_o}{\dot{U}_s}=[H_L(\omega)+H_H(\omega)]A_u=\left[\left(1+\frac{R_2}{R_1}\right)\frac{1}{1+j\omega RC_1}+\left(1+\frac{R_2}{R_1}\right)\frac{j\omega RC_2}{1+j\omega RC_2}\right]\times\frac{1}{3}\left(1+\frac{R_2}{R_1}\right)$$

$$=\frac{1}{3}\left(1+\frac{R_2}{R_1}\right)^2\left(\frac{1}{1+j\frac{\omega}{\omega_{cL}}}+\frac{j\frac{\omega}{\omega_{cH}}}{1+j\frac{\omega}{\omega_{cH}}}\right)=\frac{1}{3}\left(1+\frac{R_2}{R_1}\right)^2\frac{1+j\frac{2\omega}{\omega_{cH}}-\frac{\omega^2}{\omega_{cL}\omega_{cH}}}{\left(1+j\frac{\omega}{\omega_{cL}}\right)\left(1+j\frac{\omega}{\omega_{cH}}\right)}$$

有源带阻滤波器的幅频响应为

$$|H(\omega)|=\frac{1}{3}\left(1+\frac{R_2}{R_1}\right)^2\sqrt{\frac{[1-\omega^2/(\omega_{cL}\omega_{cH})]^2+4(\omega/\omega_{cH})^2}{[1+(\omega/\omega_{cL})^2][1+(\omega/\omega_{cH})^2]}} \tag{14-4-26}$$

当取 $R_2=2R_1$、$\omega_{cH}=20\omega_{cL}$时，式(14-4-26)的曲线如图 14-4-15(a)所示。图中：中心频率 $\omega_0=\sqrt{\omega_{cH}\omega_{cL}}=4.472\omega_{cL}$，$|H(\omega)|_{max}=|H(0)|=|H(\infty)|=3$，截止频率 $\omega_{c1}=0.919\omega_{cL}$、$\omega_{c2}=21.729\omega_{cL}$，阻带 $B=\omega_{c2}-\omega_{c1}=20.81\omega_{cL}$。截止频率由 $|H(\omega_{c1,c2})|=0.707|H(\omega)|_{max}$ 确定。

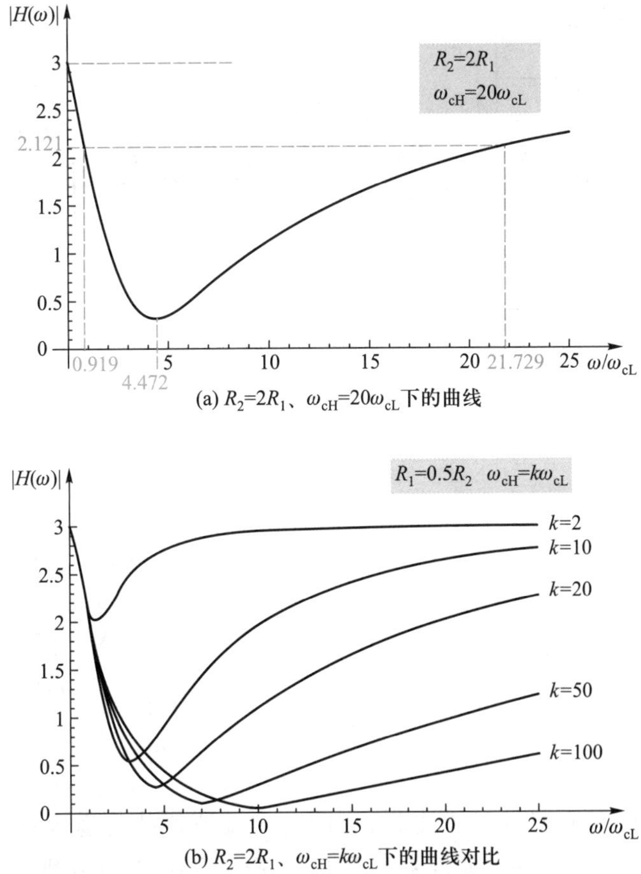

(a) $R_2=2R_1$、$\omega_{cH}=20\omega_{cL}$下的曲线

(b) $R_2=2R_1$、$\omega_{cH}=k\omega_{cL}$下的曲线对比

图 14-4-15 图 14-4-14 所示有源带阻滤波器的幅频响应曲线

图 14-4-15(b)给出了 ω_{cH}/ω_{cL} 分别等于 2、10、20、50、100 时式(14-4-26)的曲线，显然 ω_{cH}/ω_{cL} 越小，带阻滤波器的频率选择性越好。但可以证明，当 $\omega_{cH}/\omega_{cL}<1.828$ 时，由 $|H(\omega_{c1,c2})|=0.707|H(\omega)|_{max}$ 确定截止频率无解，因此必须有 $\omega_{cH}/\omega_{cL}>1.828$。

将图 14-4-12 所示由有源滤波器级联构成的有源带通滤波器的幅频响应曲线，与图 14-3-3 所示由 *RLC* 串联电路实现的带通滤波器的幅频响应曲线进行对比，前者带宽较宽，属于低 *Q* 值带通滤波器。同样，将图 14-4-15 所示由有源滤波器并联构成的有源带阻滤波器的幅频响应曲线，与图 14-4-4(b)所示由 *RLC* 串联电路实现的带阻滤波器的幅频响应曲线进行对比，前者阻带较宽，亦属于低 *Q* 值带阻滤波器。因此，通过简单有源滤波器级联、并联构成的有源带通滤波器、带阻滤波器，只能应用于对品质因数要求极低的系统。

目标 3 检测：掌握滤波器的基本参数，学会简单滤波器设计

测 14-13 测 14-13 图为有源带通滤波器。(1)确定滤波器的传递函数；(2)确定滤波器的幅频响应；(3)若 $\omega_{cL}=k\omega_{cH}$，推导滤波器的截止频率表达式；(4)分析 C_1 和 C_2 应满足什么关系？

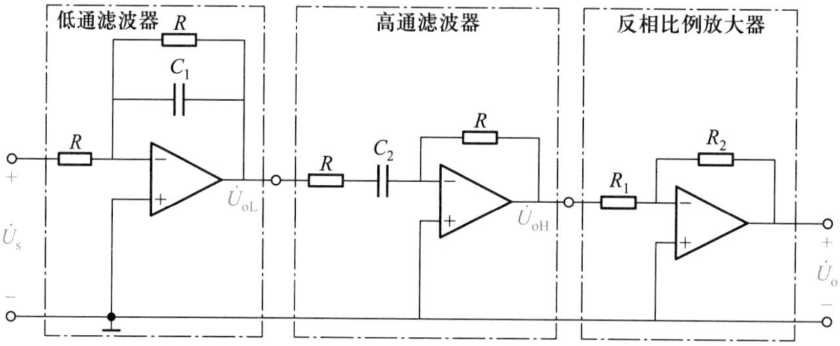

测 14-13 图

答案：(1) $H(\omega)=-\dfrac{R_2}{R_1}\times\dfrac{1}{1+j\omega RC_1}\times\dfrac{j\omega RC_2}{1+j\omega RC_2}$；

(2) $|H(\omega)|=\dfrac{R_2}{R_1}\dfrac{\omega/\omega_{cH}}{\sqrt{[1+(\omega/\omega_{cL})^2][1+(\omega/\omega_{cH})^2]}}$；

(3) $\left(\dfrac{\omega_c}{\omega_{cH}}\right)^2=\dfrac{(k^2+4k+1)\pm(k+1)\sqrt{k^2+6k+1}}{2}$；

(4) $C_2>C_1$。

测 14-14 测 14-14 图为有源带阻滤波器。(1)确定滤波器的传递函数；(2)确定滤波器的幅频响应；(3)若 $\omega_{cH}=k\omega_{cL}$，推导滤波器的截止频率表达式；(4)分析 C_1 和 C_2 应满足什么关系？

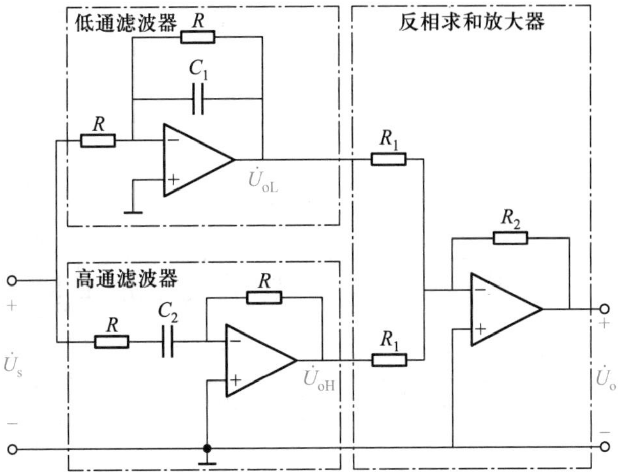

测 14-14 图

答案：(1) $H(\omega)=\frac{R_2}{R_1}\left(\frac{1}{1+j\omega RC_1}+\frac{j\omega RC_2}{1+j\omega RC_2}\right)$；

(2) $|H(\omega)|=\frac{R_2}{R_1}\sqrt{\frac{[1-\omega^2/(\omega_{cL}\omega_{cH})]^2+4(\omega/\omega_{cH})^2}{[1+(\omega/\omega_{cL})^2][1+(\omega/\omega_{cH})^2]}}$；

(3) $\left(\frac{\omega_c}{\omega_{cL}}\right)^2=\frac{(k^2+4k-7)\pm\sqrt{(k^2+2k-7)(k^2+6k-7)}}{2}$；

(4) $C_1>C_2$。

14.5 拓展与应用

14.5.1 音频信号音量控制

人耳能听到的音频信号的频率范围为 20 Hz～20 kHz。音频信号中包含多种频率的正弦信号，20 Hz～500 Hz 为低音部分，500 Hz～3 kHz 为中音部分，3 kHz～20 kHz 为高音部分。一般质量的音响系统都实现了高、中低音音量独立控制功能。如何实现高音、中低音音量独立控制呢？

图 14-5-1(a)为高音、中低音音量控制框图，低通滤波器、高通滤波器的截止频率 $f_{cL}=f_{cH}=3$ kHz。3 kHz 以下的信号通过低通滤波器、放大器送到扬声器；3 kHz 以上的信号通过高通滤波器、放大器送到扬声器。两部分信号的放大倍数独立调节，便于音效控制。

图 14-5-1(b)为高音、中低音音量控制电路，低通、高通滤波器的幅频响应分别为

$$|H_L(\omega)|=\left(1+\frac{R_2}{R_1}\right)\frac{1}{\sqrt{1+(\omega/\omega_{cL})^2}}$$

$$|H_H(\omega)|=\left(1+\frac{R_3}{R_4}\right)\frac{\omega/\omega_{cH}}{\sqrt{1+(\omega/\omega_{cH})^2}}$$

低通滤波器的放大倍数由 R_2 调节，高通滤波器的放大倍数由 R_4 调节。低通滤波器的截止频率 ω_{cL}、高通滤波器的截止频率 ω_{cH} 满足

$$\omega_{cL}=\omega_{cH}=\frac{1}{RC}=2\pi\times3\times10^{3}\ \mathrm{rad/s}$$

图 14-5-1(c)为幅频响应曲线。

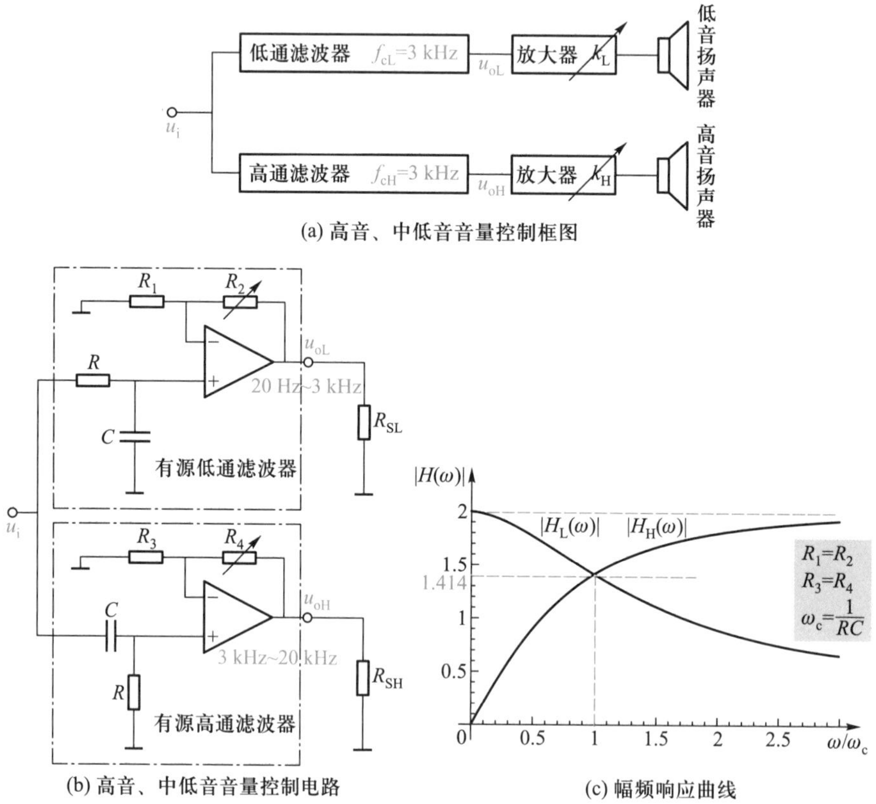

图 14-5-1 高音、中低音音量控制

14.5.2 按键电话

使用按键电话拨号时，系统如何识别所拨号码呢？图 14-5-2(b)为图 14-5-2(a)所示按键电话键盘布局图，按键分为 4 行 3 列，每个按键分别对应于两个频率，按下一个按键，电话机向通信系统发出与该按键对应的两个频率的正弦波，如按下按键“5”，770 Hz 和 1 336 Hz 的正弦波叠加到一起发送到系统，系统对接收到的信号进行解码，从而得知按键号码。

图 14-5-2(c)为系统解码原理框图。系统将接收到的按键信号分别送到允许低频组信号通过的低通滤波器和允许高频组信号通过的高通滤波器。7 个带通滤波器的中心频率和图 14-5-2(b)中按键产生的 7 个正弦波频率一一对应，通过设定带通滤波器的截止频率，使每个带通滤波器只能选择 7 个正弦波中的一个频率通过。如：按下键“5”所发送的 770 Hz 正弦波只能通过低通滤波器，而 1 336 Hz 正弦波只能通过高通滤波器；通过低通滤波器的 770 Hz 正弦波只被“带通滤波器 2”选择输出，通过高通滤波器的 1 336 Hz 正弦波只被“带通滤波器 6”选择

输出,其他带通滤波器输出为零;系统检查到“带通滤波器 2”和“带通滤波器 6”有输出,由此判定按键为“5”。

(a) 电话机(图片来源: item.jd.com)

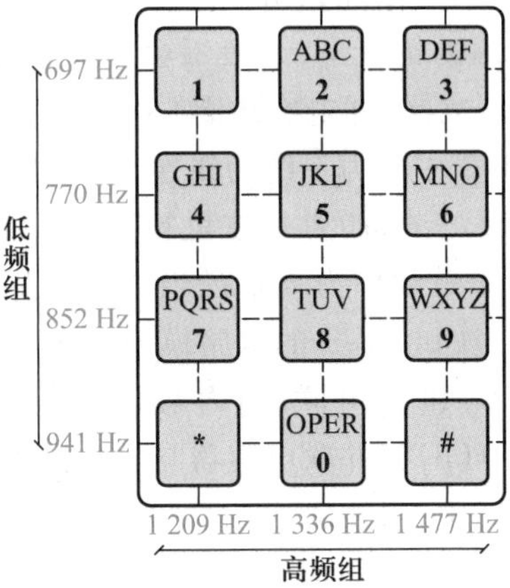

(b) 电话按键对应的高、低频率

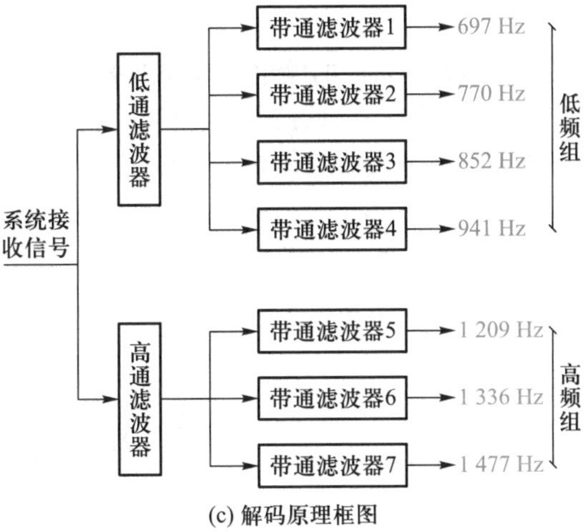

(c) 解码原理框图

图 14-5-2　按键电话号码发送与解码

*14.5.3 电力系统无功与谐波综合补偿

本书 10.6 节讨论了功率因数校正问题。在感性负载上并联电容提高负载侧的总功率因数,以减少电源向负载输送的无功功率,从而降低线路损耗、提高电源容量利用率。这是电力系统无功补偿的基本原理。

电力系统中,频率高于 50 Hz 的电压和电流称为谐波电压和谐波电流。当电力系统中存在谐波电压、谐波电流时,如果直接在感性负载上并联电容器实施无功补偿,谐波电压、谐波电流会对补偿电容器的安全工作构成威胁。

电力系统存在两类谐波源。发电机提供的电压除 50 Hz 正弦波外,还叠加少量 150 Hz(3 次谐波)、250 Hz(5 次谐波)、350 Hz(7 次谐波)等频率的正弦波,为电力系统的谐波电压源。一些非线性负载,如电力电子变换器,即使工作在 50 Hz 标准正弦电压下,也会产生频率高于 50 Hz

的谐波电流，为电力系统的谐波电流源。谐波电流源是电力系统谐波的主要来源。

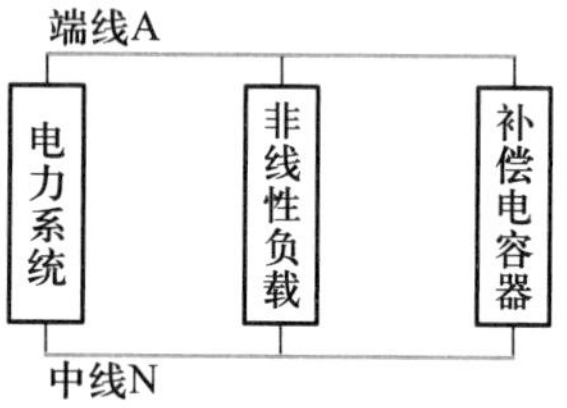

图 14-5-3 电力系统无功补偿单相电路示意图

图 14-5-3 为电力系统无功补偿单相电路示意图。在电力系统中存在谐波电流源的情况下，一般不会直接并联电容器进行补偿，而是将电容器与电抗器(即电感线圈)串联后，再并联到负载上。

假定图 14-5-3 中电力系统为线性，谐波来源于非线性负载，即只存在谐波电流源。设 ω_0 为基波角频率(50 Hz 对应的角频率)，非线性负载产生的角频率为 $n\omega_0$ 的谐波电流用电流源替代。n 次谐波单独作用时，图 14-5-3 的电路模型为图 14-5-4 所示，电力系统内不含 n 次谐波电源，故电力系统等效为 R_p 和 L_p 并联(电力系统呈感性)。图 14-5-4(a)为直接并联电容器补偿的电路模型，图 14-5-4(b)为并联电容器与电抗器串联支路补偿的电路模型。

图 14-5-4(a)中，当补偿电容 C 和系统等效电感 L_p 在 $n\omega_0$ 的频率下并联谐振时，电容 C 承受 n 次谐波过电流，即 $I_C(n\omega_0)=QI_h(n\omega_0)$，且在端线 A、中线 N 之间产生最大的谐波电压。由于系统等效电阻 R_p 大，因而并联谐振的品质因数 Q 也大，电容 C 承受的 n 次谐波过电流会导致补偿电容器因过流而损坏。

图 14-5-4(b)中，让电容 C 和 L 在 $n\omega_0$ 的频率下串联谐振，即 $n\omega_0=1/\sqrt{LC}$，此时，补偿支路总阻抗为 R，R 较感抗 $n\omega_0L_p$ 和 R_p 均小很多，谐波电流源绝大部分流过补偿支路，且在 A、N 之间形成的谐波电压很小。补偿支路对于基波 ω_0 呈容性，基波下，补偿支路的容性无功抵消系统的感性无功，起到无功补偿作用。可见，补偿支路为 $n\omega_0$ 次谐波电流源提供了阻抗很小的通路，兼具滤波器作用，抑制了谐波电流源在 A、N 之间形成谐波电压。

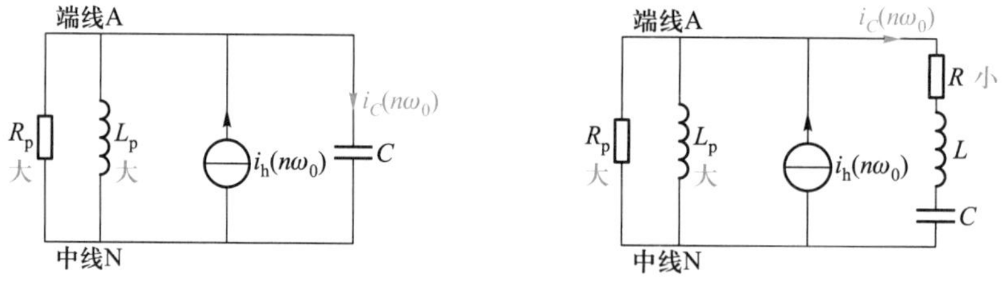

(a) 直接并联电容器补偿　　(b) 并联电容器与电抗器串联支路补偿

图 14-5-4 谐波电流源对补偿电容的影响

习题 14

传递函数与频率响应(14.2 节)

14-1 确定题 14-1 图所示电路的传递函数 $H(\omega)=\dot{U}_o/\dot{U}_s$。

14-2 求题 14-2 图所示电路的传递函数 $H(\omega)=\dot{U}_2/\dot{U}_1$。

14-3 题 14-3 图所示电路具有移相功能。输出电压 $\dot{U}$ 的幅值恒定，而 $\dot{U}$ 与 $\dot{U}_s$的相位差随参数 R_0 和 C 的值变化。(1)确定电路的幅频响应与相频响应；(2)要使 $\dot{U}$ 超前 $\dot{U}_s$ 90°，确定角频率 ω、参数 R_0、C 之间应满足的关系。

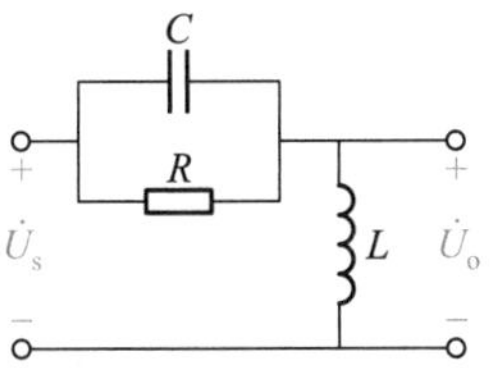

题 14-1 图

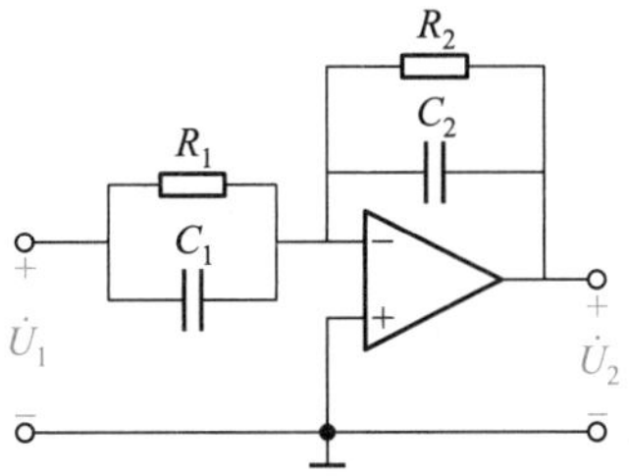

题 14-2 图

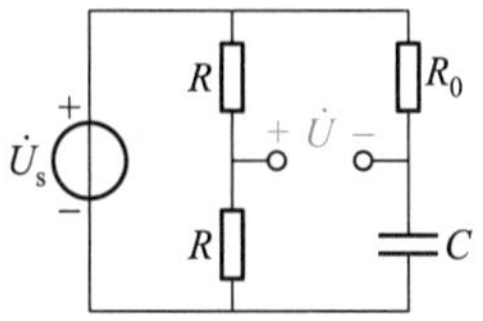

题 14-3 图

谐振电路(14.3 节)

14-4 题 14-4 图所示各电路的谐振频率是否唯一？确定各电路的谐振角频率。

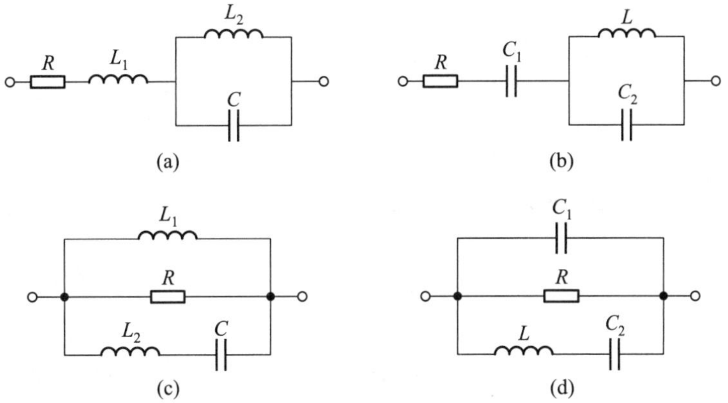

题 14-4 图

14-5 在 RLC 串联谐振电路中，$R=50\ \Omega$、$L=400\ \text{mH}$、$C=0.254\ \mu\text{F}$，电源电压有效值 $U_s=10\ \text{V}$。(1)求电路的谐振频率、品质因数、带宽、半功率频率以及谐振时电路的电流和各元件电压的大小、总的电磁储能；(2)如果在电容 C 两端并入一个电阻 R_1，调节电源频率使电路能重新达到谐振，求 R_1 的取值范围。

14-6 (1)设计一个 RLC 串联谐振电路，使其 $\omega_0=5\ \text{krad/s}$、$Q=80$、谐振时的输入阻抗为10 Ω；(2)确定该电路的带宽与半功率频率。

14-7 在 RLC 并联谐振电路中，$R=5\ \text{k}\Omega$、$L=40\ \text{mH}$、$C=1\ \mu\text{F}$。确定电路的谐振频率 ω_0、品质因数 Q、带宽 B、半功率频率 ω_{c1} 和 ω_{c2} 以及电路谐振时的输入导纳。

14-8 (1)设计一个 RLC 并联谐振电路，使其 $\omega_0=200\ \text{krad/s}$、$Q=100$、谐振时的输入导纳为 2.5×10^{-4} S；(2)确定该电路的带宽与半功率频率。

14-9 题 14-9 图所示电路的谐振频率 $f_0=100\ \text{kHz}$，谐振时电路的输入阻抗 $Z_0=100\ \text{k}\Omega$，品质因数 $Q=100$。(1)求元件参数 R、L、C；(2)若在电容上并联 200 kΩ 电阻，电路的品质因数 Q 将变成多少？

14-10 题 14-10 图所示电路中，$u_s=10\sqrt{2}\cos\omega t$ V。确定电路的谐振频率 ω_0、品质因数 Q 和谐振时电容上的电压有效值 U_{C0}。

14-11 题 14-11 图所示电路处于谐振状态时，$U=100$ V、$I_1=I_2=10$ A。求电阻 R 及谐振时的感抗和容抗。

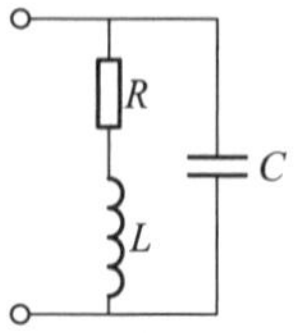

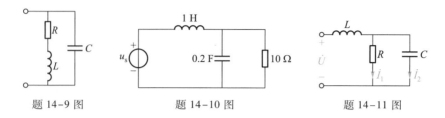

题 14-9 图

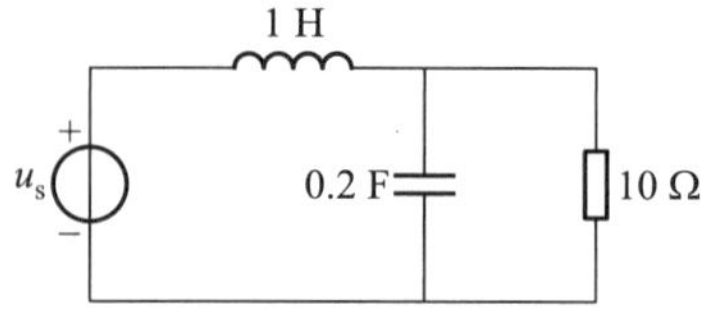

题 14-10 图

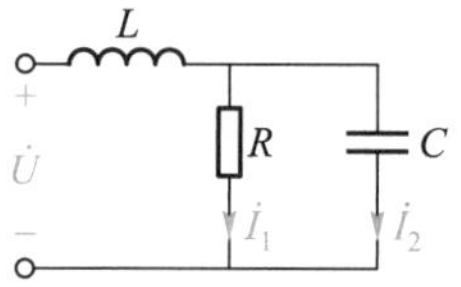

题 14-11 图

14-12 题 14-12 图所示电路中，$\dot{U}_s=200\angle 0°$ V。求电压表和电流表的读数。

14-13 题 14-13 图所示电路处于谐振状态，电流表 A_1 和 A_2 的读数分别为 12 A 和 15 A，功率表的读数为 1 350 W。求 R、X_L 和 X_C。

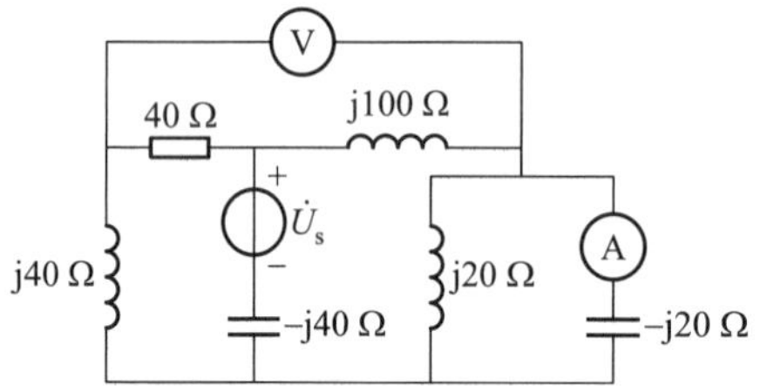

题 14-12 图

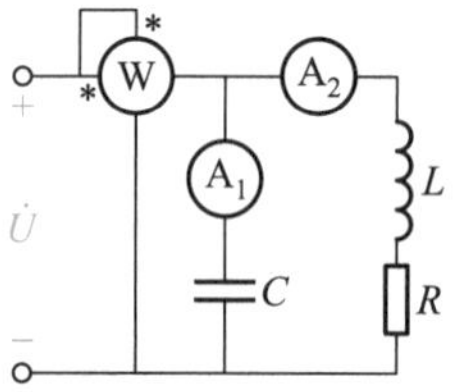

题 14-13 图

滤波器（**14.4** 节）

14-14 确定题 14-14 图所示电路的传递函数 $H(\omega)=\dot{U}_o/\dot{U}_s$，说明该电路是何种滤波器，并确定其截止频率。

14-15 题 14-15 图所示电路中，$\dot{U}_o$为输出。该电路是何种滤波器？确定其截止频率。

14-16 题 14-16 图所示电路是以 $\dot{U}_o$为输出的带阻滤波器。确定其阻带的中心频率和带宽。

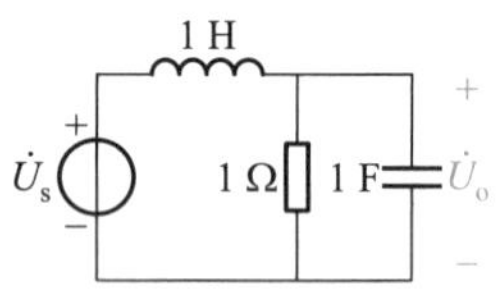

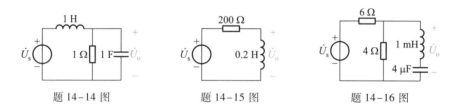

题 14-14 图

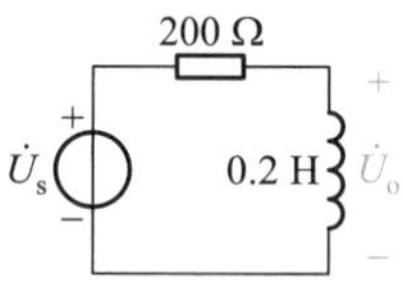

题 14-15 图

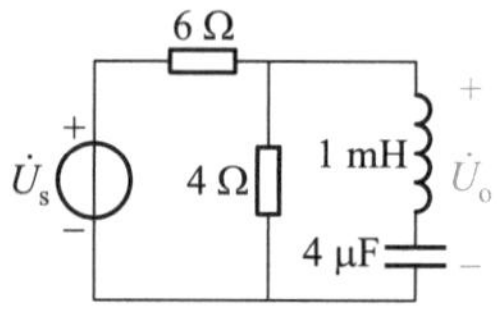

题 14-16 图

14-17 题 14-17 图所示电路中，$\dot{U}_o$为输出。证明该电路为一带通滤波器，并求其通带的中心频率与带宽。

14-18 确定题 14-18 图所示电路为何种滤波器，并求截止频率、通带增益最大值。

14-19 确定题 14-19 图所示电路为何种滤波器，并求截止频率、通带增益最大值。

14-20 确定题 14-20 图所示电路为何种滤波器，并求截止频率、通带增益最大值。

14-21 确定题 14-21 图所示电路的传递函数，说明为何种滤波器，并求截止频率、通带增益最大值。

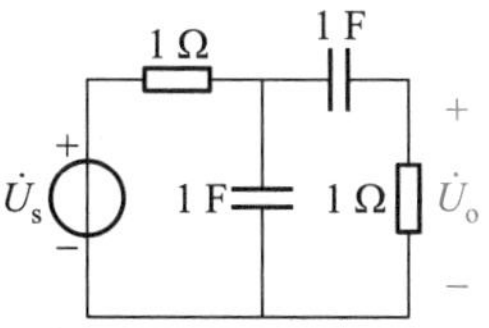

题 14-17 图

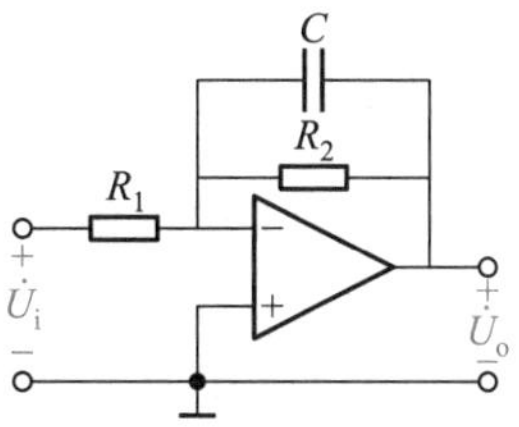

题 14-18 图

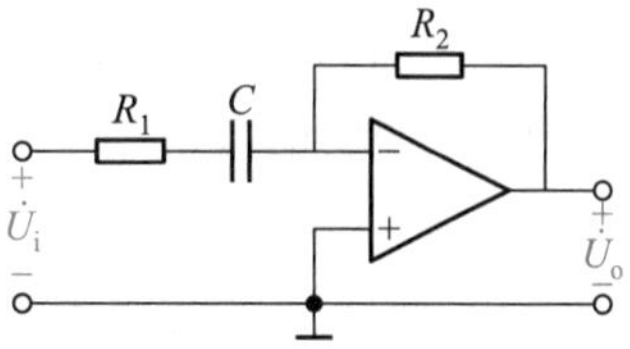

题 14-19 图

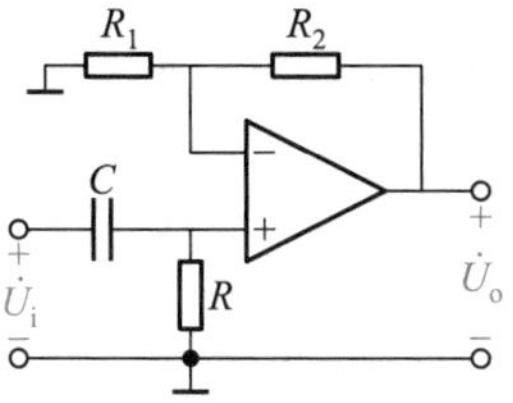

题 14-20 图

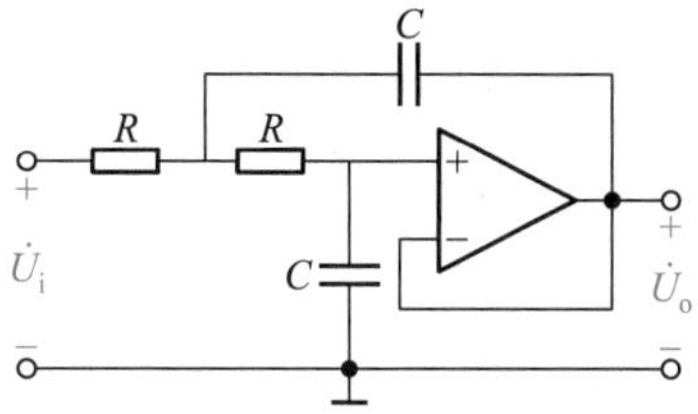

题 14-21 图

▶ 综合检测

14-22 题 14-22 图所示稳态电路中，$u_s=\sqrt{2}U\cos\omega t$ V，调整电感 L，使 i 与 u_s 同相。(1)写出 L 的表达式；(2)计算电流 i 的有效值；(3)计算电阻消耗的有功功率，此功率是否为调节电感 L 过程中电阻消耗的最大功率？(4)计算电路的品质因数、电感上电压有效值；(5)计算电容上电流有效值。

14-23 (1)求题 14-23 图所示电路(R_L 接入前)的传递函数 $H(\omega)=\dot{U}_o/\dot{U}_s$；(2)通过定性分析，确定该电路为何种滤波器；(3)确定截止频率 ω_c 的表达式；(4)令 $L=5$ mH，选择 R 的值，使之成为截止频率为 15 kHz 的滤波器；(5)若让滤波器带上 $R_L=R$ 的负载，再求带负载后的传递函数，与不带负载时对照，分析 R_L 如何影响滤波器的性能(截止频率 ω_c、通带增益 $|H(\omega)|$ 的最大值)；(6)你能从(5)的计算中得出什么结论？

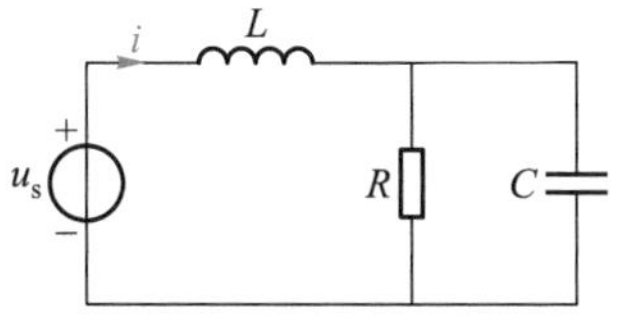

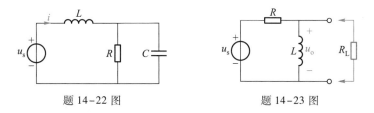

题 14-22 图

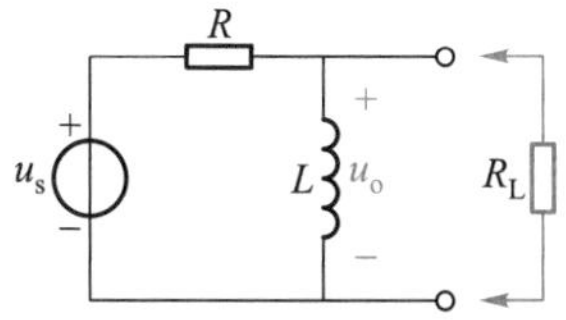

题 14-23 图

14-24 用一个 50 nF 的电容设计一个截止频率为 500 Hz 的 RC 串联低通滤波器。(1)确定截止频率 ω_c；(2)画出电路，标出输出电压，分别确定 $H(\omega)$、$|H(\omega)|$ 的最大值、电阻 R 的值；(3)若让滤波器带上 $R_L=R$ 的负载(负载并联于输出端口)，再求带负载后的传递函数 $H'(\omega)$，计算通带增益的最大值、截止频率 ω_c'；(4)如果截止频率的允许误差为 10%，该滤波器所带电阻负载的最低阻值为多少？

14-25 (1)求题 14-25 图所示电路的传递函数 $H(\omega)=\dot{U}_o/\dot{U}_s$；(2)通过定性分析，说明该电路为带通滤波器；(3)确定中心频率(谐振频率)ω_0；(4)确定截止频率 ω_{c1}、ω_{c2}；(5)确定带宽 B 和品

质因数 $Q(=\omega_0/B)$；(6)若要设计中心频率为 5 kHz、带宽为 200 Hz 的滤波器，先选定电容 $C=5\ \mu\text{F}$，确定 R、L 的值；(7)定性分析 R 增大对带通滤波器性能(ω_0、ω_{c1}、ω_{c2}、B、Q 共 5 个指标体现带通滤波器性能)的影响；(8)在(6)得到的参数下，设电源 $u_s=10\sqrt{2}\cos(\omega_0 t)$ mV，计算电感和电容上的电流有效值。

14-26 题 14-26 图所示电路处于谐振状态，端口电压 $U=150$ V，电压表 V_1 的读数为102 V、V_2 的读数为 72V，功率表 W 的读数为 1 500 W。求 R_1、R_2、X_L 和 X_C。

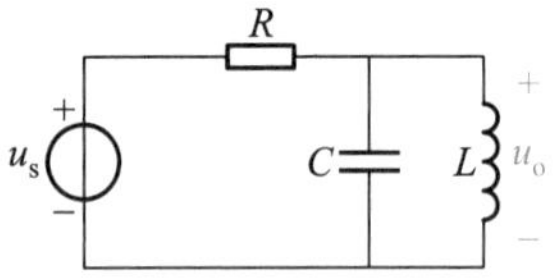

题 14-25 图

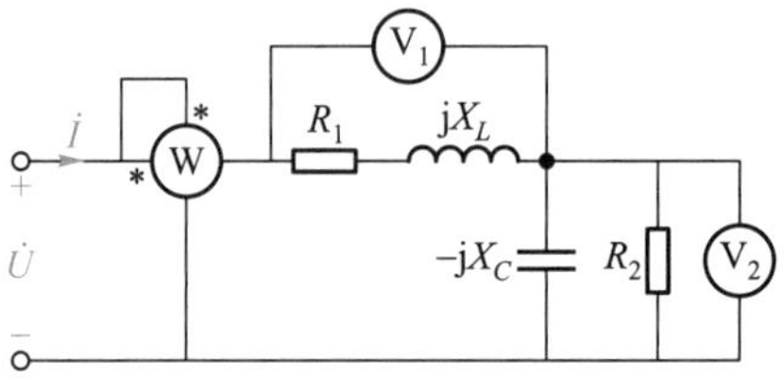

题 14-26 图

习题 14 参考答案

第 15 章

周期性非正弦稳态电路

15.1 概述

我们已经能够计算线性非时变电路的两类稳态响应:一类是直流电源激励下的稳态响应,即直流稳态响应;另一类是正弦电源激励下的稳态响应,即正弦稳态响应。工程中常会遇到既非直流也非正弦的电源,这种电源可分为两类:一类呈周期性非正弦形式,例如图 15-1-1(a)所示方波电压源;另一类呈非周期形式,例如图 15-1-1(b)所示三角脉冲电压源。当图 15-1-1(a)所示方波电压源作用于图 15-1-1(c)所示 RC 电路时,会形成周期性的且为非正弦的稳态响应。当图 15-1-1(b)所示三角脉冲电压源作用于图 15-1-1(c)所示 RC 电路时,稳态响应为零。本章探讨线性非时变电路在周期性非正弦电源激励下的稳态响应,称为周期性非正弦稳态响应。

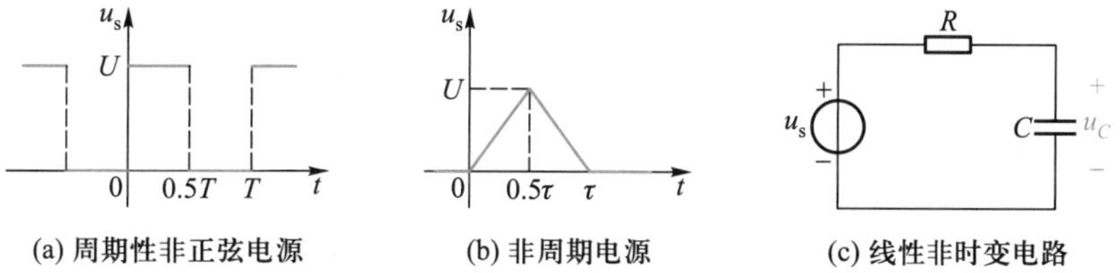

(a) 周期性非正弦电源　(b) 非周期电源　(c) 线性非时变电路

图 15-1-1　非正弦电源

如何计算图 15-1-1(c)所示 RC 电路在图 15-1-1(a)所示方波电压源作用下的稳态响应 u_C 呢?在电路是一阶、激励是方波的特殊情况下,我们在 8.3.3 小节用三要素法得到了稳态响应 u_C,但这种思路不能拓展到任意动态电路和任意周期性非正弦电源。

本章将引入数学中的傅里叶级数(Fourier series)来解决上述问题。将周期性非正弦函数分解为常数和不同频率的正弦函数之和。图 15-1-1(a)所示方波电压源分解为

$$u_s = U_0 + \sum_{k=1}^{\infty} U_k \cos(k\omega_0 t + \phi_k)$$

即是将周期性非正弦电压源分解为直流电压源、不同频率的正弦电压源串联,图 15-1-1(c)所示电路变为图 15-1-2 所示电路。在电路为线性非时变的条件下,应用叠加定理计算图 15-1-2 所示电路,分别计算各电压源单独作用下的稳态响应,叠加得到周期性非正弦稳态响应。

傅里叶级数是无穷级数,要计算无穷多个正弦稳态电路才能精确求得图 15-1-2 的稳态

响应，这是不可能的。只能取电压源 u_s 的有限项，这将导致计算结果存在误差。借助傅里叶级数来分析周期性非正弦稳态响应，是一种近似计算方法，它不能获得稳态响应的精确函数，也就不能得到稳态响应的精确波形。工程应用中，根据精度要求来选定 u_s 的项数。

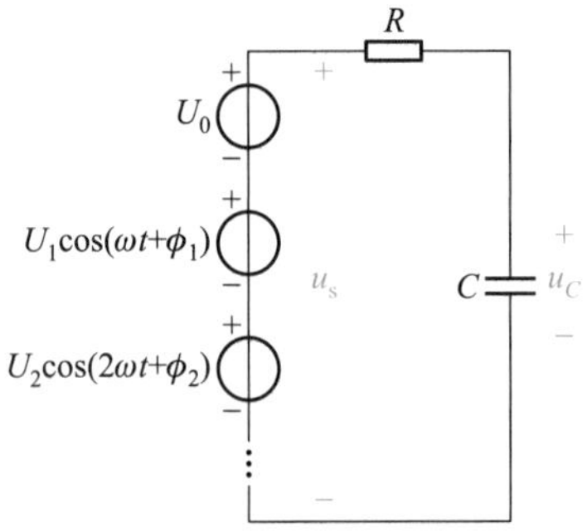

图 15-1-2 周期性非正弦电压源分解成傅里叶级数

本章的讨论从周期性非正弦函数的傅里叶级数开始，然后用叠加定理计算周期性非正弦稳态响应，最后讨论非正弦电量有效值、非正弦电路有功功率的近似计算方法。

目标 1 计算周期函数的傅里叶级数。

目标 2 利用傅里叶级数和叠加定理计算周期性非正弦稳态响应。

目标 3 计算与估算周期性非正弦电量的有效值和电路的平均功率。

目标 4 分析对称三相电路中的谐波。

难点 对称三相电路中的谐波分析。

15.2 周期函数的傅里叶级数与频谱

15.2.1 傅里叶级数

满足狄利克雷条件(Dirichlet conditions)的周期性非正弦函数，可以分解为无穷多项不同频率的正弦函数之和。狄利克雷条件是充分条件，电工领域常见函数一般都满足该条件。设周期性非正弦函数为

$$f(t)=f(t+nT) \tag{15-2-1}$$

T 为函数的周期（角频率 $\omega_0=2\pi/T$），如果 $f(t)$ 满足：

(1) $f(t)$ 处处单值；

(2) $f(t)$ 在一个周期内只有有限个不连续点；

(3) $f(t)$ 在一个周期内只有有限个极值点；

(4) 对任意 t_0，积分 $\int_{t_0}^{t_0+T}|f(t)|\mathrm{d}t<\infty$。

则 $f(t)$ 可以展开成下面的无穷级数：

$$\boxed{f(t)=a_0+\sum_{k=1}^{\infty}(a_k\cos k\omega_0 t+b_k\sin k\omega_0 t)} \tag{15-2-2}$$

级数中的系数计算公式为

$$\begin{cases} a_0 = \dfrac{1}{T}\displaystyle\int_{t_0}^{t_0+T} f(t)\mathrm{d}t \\ a_k = \dfrac{2}{T}\displaystyle\int_{t_0}^{t_0+T} f(t)\cos k\omega_0 t\mathrm{d}t \\ b_k = \dfrac{2}{T}\displaystyle\int_{t_0}^{t_0+T} f(t)\sin k\omega_0 t\mathrm{d}t \end{cases} \tag{15-2-3}$$

式(15-2-2)中，$a_k\cos k\omega_0 t+b_k\sin k\omega_0 t$ 为同频率的三角函数之和，可写为 $A_k\cos(k\omega_0 t+\phi_k)$，式(15-2-2)变为

$$f(t)=a_0+\sum_{k=1}^{\infty}A_k\cos(k\omega_0 t+\phi_k) \tag{15-2-4}$$

由

$$\begin{aligned} a_k\cos k\omega_0 t+b_k\sin k\omega_0 t &= A_k\cos(k\omega_0 t+\phi_k) \\ &= A_k\cos k\omega_0 t\cos\phi_k - A_k\sin k\omega_0 t\sin\phi_k \end{aligned}$$

得

$$a_k=A_k\cos\phi_k,\quad b_k=-A_k\sin\phi_k$$

因此

$$A_k=\sqrt{a_k^2+b_k^2}\qquad \phi_k=-\arctan\frac{b_k}{a_k} \tag{15-2-5}$$

或写成更好记忆的形式

$$A_k\angle\phi_k=a_k-\mathrm{j}b_k \tag{15-2-6}$$

综上所述，对满足狄利克雷条件的周期性非正弦函数，先由式(15-2-3)计算傅里叶级数的系数 a_0、a_k、b_k($k=1\sim\infty$)，再由式(15-2-5)或式(15-2-6)计算 A_k、ϕ_k($k=1\sim\infty$)，然后写出式(15-2-4)的级数。

式(15-2-3)是利用三角函数的对称性和正交性获得的。三角函数的对称性体现为

$$\int_{t_0}^{t_0+T}\cos m\omega_0 t\mathrm{d}t=0 \tag{15-2-7}$$

$$\int_{t_0}^{t_0+T}\sin m\omega_0 t\mathrm{d}t=0 \tag{15-2-8}$$

三角函数的正交性体现为

$$\int_{t_0}^{t_0+T}\cos m\omega_0 t\sin n\omega_0 t\mathrm{d}t=0 \tag{15-2-9}$$

$$\int_{t_0}^{t_0+T}\cos m\omega_0 t\cos n\omega_0 t\mathrm{d}t=\begin{cases}0, & m\neq n\\ \dfrac{T}{2}, & m=n\end{cases} \tag{15-2-10}$$

$$\int_{t_0}^{t_0+T}\sin m\omega_0 t\sin n\omega_0 t\mathrm{d}t=\begin{cases}0, & m\neq n\\ \dfrac{T}{2}, & m=n\end{cases} \tag{15-2-11}$$

m、n 为任意正整数。应用式(15-2-7)、式(15-2-8)导出 a_0。有

$$\frac{1}{T}\int_{t_0}^{t_0+T}f(t)\mathrm{d}t=\frac{1}{T}\int_{t_0}^{t_0+T}\left[a_0+\sum_{k=1}^{\infty}(a_k\cos k\omega_0 t+b_k\sin k\omega_0 t)\right]\mathrm{d}t$$

$$=\underbrace{\frac{1}{T}\int_{t_0}^{t_0+T}a_0\mathrm{d}t}_{=a_0}+\frac{1}{T}\sum_{k=1}^{\infty}\int_{t_0}^{t_0+T}a_k\cos k\omega_0t\mathrm{d}t+\frac{1}{T}\sum_{k=1}^{\infty}\int_{t_0}^{t_0+T}b_k\sin k\omega_0t\mathrm{d}t$$

应用式(15-2-7)、式(15-2-9)、式(15-2-10)导出 a_k。有

$$\begin{aligned}\frac{2}{T}\int_{t_0}^{t_0+T}f(t)\cos m\omega_0t\mathrm{d}t&=\frac{2}{T}\int_{t_0}^{t_0+T}\left[a_0+\sum_{k=1}^{\infty}(a_k\cos k\omega_0t+b_k\sin k\omega_0t)\right]\cos m\omega_0t\mathrm{d}t\\&=\frac{2}{T}\int_{t_0}^{t_0+T}a_0\cos m\omega_0t\mathrm{d}t+\underline{\frac{2}{T}\sum_{k=1}^{\infty}\int_{t_0}^{t_0+T}a_k\cos k\omega_0t\cos m\omega_0t\mathrm{d}t}\\&\quad+\frac{2}{T}\sum_{k=1}^{\infty}\int_{t_0}^{t_0+T}b_k\sin k\omega_0t\cos m\omega_0t\mathrm{d}t\\&=\frac{2}{T}\int_{t_0}^{t_0+T}a_k\cos k\omega_0t\cos k\omega_0t\mathrm{d}t\quad(m=k)\\&=a_k\end{aligned}$$

应用式(15-2-8)、式(15-2-9)、式(15-2-11)导出 b_k。有

$$\begin{aligned}\frac{2}{T}\int_{t_0}^{t_0+T}f(t)\sin m\omega_0t\mathrm{d}t&=\frac{2}{T}\int_{t_0}^{t_0+T}\left[a_0+\sum_{k=1}^{\infty}(a_k\cos k\omega_0t+b_k\sin k\omega_0t)\right]\sin m\omega_0t\mathrm{d}t\\&=\frac{2}{T}\int_{t_0}^{t_0+T}a_0\sin m\omega_0t\mathrm{d}t+\frac{2}{T}\sum_{k=1}^{\infty}\int_{t_0}^{t_0+T}a_k\cos k\omega_0t\sin m\omega_0t\mathrm{d}t\\&\quad\underline{+\frac{2}{T}\sum_{k=1}^{\infty}\int_{t_0}^{t_0+T}b_k\sin k\omega_0t\sin m\omega_0t\mathrm{d}t}\\&=\frac{2}{T}\int_{t_0}^{t_0+T}b_k\sin k\omega_0t\sin k\omega_0t\mathrm{d}t\quad(m=k)\\&=b_k\end{aligned}$$

15.2.2 频谱

非正弦周期电压或电流展开成式(15-2-4)所示"幅值-相位"形式,每个频率只对应于1项:

- a_0 为直流;
- $k=1$ 的项 $A_1\cos(\omega_0t+\phi_1)$ 为基波(fundamental);
- $k\neq1$ 的项 $A_k\cos(k\omega_0t+\phi_k)$ 为 k 次谐波(harmonics);
- A_k 为各正弦分量的幅值,ϕ_k 为各正弦分量的初相。

以 ω 为坐标横轴,将各 $k\omega_0$ 下的 A_k 用垂直于横轴的线段表示,称为幅值频谱(amplitude spectrum),将各 $k\omega_0$ 下的 ϕ_k 用垂直于横轴的线段表示,称为相位频谱(phase spectrum),具体见例15-2-1。幅值频谱、相位频谱分别体现谐波分量幅值、初相随频率的变化趋势。

例15-2-1 求图15-1-1(a)所示方波的傅里叶级数,并画出其幅值频谱、相位频谱。

解:将图15-1-1(a)所示方波的傅里叶级数写为

$$u_s=a_0+\sum_{k=1}^{\infty}(a_k\cos k\omega_0t+b_k\sin k\omega_0t)$$

且 $\omega_0T=2\pi$。由式(15-2-3)计算傅里叶级数的系数,取 $t_0=0$ 计算最为方便。有

$$a_0=\frac{1}{T}\int_0^T u_s\mathrm{d}t=\frac{1}{T}\int_0^{\frac{T}{2}}U\mathrm{d}t=\frac{U}{2}$$

$$a_k=\frac{2}{T}\int_0^T u_s\cos k\omega_0 t\mathrm{d}t=\frac{2}{T}\int_0^{\frac{T}{2}}U\cos k\omega_0 t\mathrm{d}t=\frac{2U}{k\omega_0 T}\int_0^{\frac{T}{2}}\cos k\omega_0 t\mathrm{d}(k\omega_0 t)$$

$$=\frac{2U}{k\omega_0 T}\sin\frac{k\omega_0 T}{2}=\frac{U}{k\pi}\sin k\pi=0$$

$$b_k=\frac{2}{T}\int_0^T u_s\sin k\omega_0 t\ \mathrm{d}t=\frac{2}{T}\int_0^{\frac{T}{2}}U\sin k\omega_0 t\mathrm{d}t=\frac{2U}{k\omega_0 T}\int_0^{\frac{T}{2}}\sin k\omega_0 t\mathrm{d}(k\omega_0 t)$$

$$=-\frac{2U}{k\omega_0 T}\left(\cos\frac{k\omega_0 T}{2}-1\right)$$

$$=-\frac{U}{k\pi}(\cos k\pi-1)=\frac{U}{k\pi}[1-(-1)^k]$$

因此

$$u_s=\frac{U}{2}+\frac{U}{\pi}\sum_{k=1}^{\infty}\frac{1}{k}[1-(-1)^k]\sin k\omega_0 t=\frac{U}{2}+\frac{2U}{\pi}\sum_{k=1,3,5}^{\infty}\frac{1}{k}\sin k\omega_0 t$$

$$=\frac{U}{2}+\frac{2U}{\pi}\sin\omega_0 t+\frac{2U}{3\pi}\sin 3\omega_0 t+\frac{2U}{5\pi}\sin 5\omega_0 t+\cdots$$

由式(15-2-5)计算 A_k、ϕ_k，得到“幅值-相位”形式的傅里叶级数

$$u_s=a_0+\sum_{k=1}^{\infty}A_k\cos(k\omega_0 t+\phi_k)$$

其中

$$A_k=\sqrt{a_k^2+b_k^2}=\frac{U}{k\pi}\sqrt{[1-(-1)^k]^2}=\begin{cases}\dfrac{2U}{k\pi}, & k=1,3,5,\cdots\\ 0, & k=2,4,6,\cdots\end{cases}$$

$$\phi_k=-\arctan\frac{b_k}{a_k}=\begin{cases}-90^\circ, & k=1,3,5,\cdots\\ 0^\circ, & k=2,4,6,\cdots\end{cases}$$

由“幅值-相位”形式的傅里叶级数画出图 15-1-1(a)所示方波的幅值频谱和相位频谱，如图 15-2-1 所示。幅值频谱表明方波只含奇次谐波，谐波幅值随谐波次数增大而下降，相位频谱表明各次谐波初相相同。

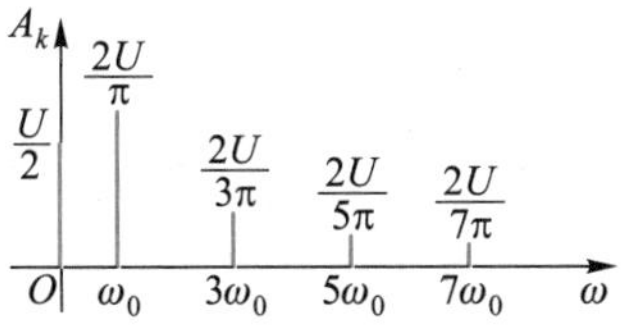

(a) 幅值频谱

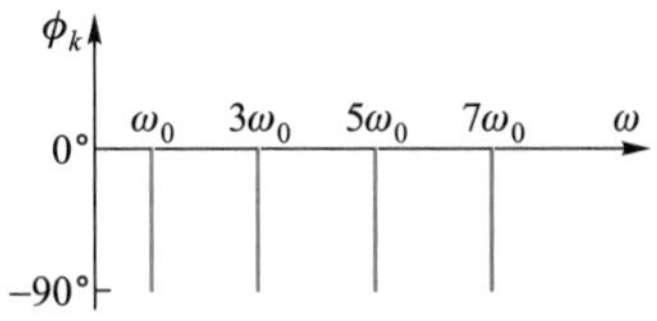

(b) 相位频谱

图 15-2-1 图 15-1-1(a)所示方波的频谱

傅里叶级数表明，需要无穷多项不同频率的三角函数叠加才能精确表示一个周期性非正弦函数。但是，从方波幅值频谱来看，谐波的幅值随谐波次数的增高而快速衰减，这一特点使得工程上可以只取前面若干次谐波叠加，来近似表示周期性非正弦函数。图 15-2-2 展示了图 15-1-1(a)所示方波在幅值 $U=1$ V、周期 $T=2$ s 的情况下，取前有限项之和的波形。随着叠加谐波项数

的增多，有限项之和的波形逐渐趋近于原波形，且波动部分超过原波形值的百分比趋于 9%，这一现象称为吉布斯现象（Gibbs phenomenon）。

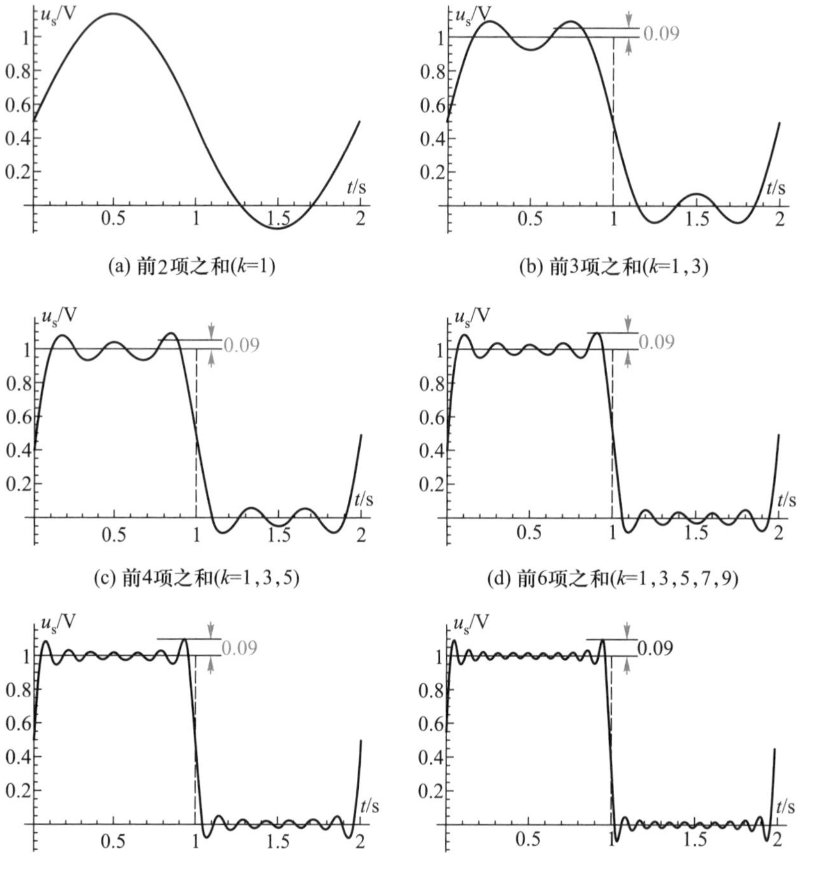

(a) 前2项之和(k=1) (b) 前3项之和(k=1,3)

(c) 前4项之和(k=1,3,5) (d) 前6项之和(k=1,3,5,7,9)

(e) 前8项之和(k=1,3,5,7,9,11,13) (f) 前12项之和(k=1,3,5,7,9,11,13,15,17,19,21)

图 15-2-2 图 15-1-1(a)所示方波的近似波形

目标 1 检测：计算周期函数的傅里叶级数

测 15-1 确定测 15-1 图所示方波的傅里叶级数，并画出其幅值频谱、相位频谱。

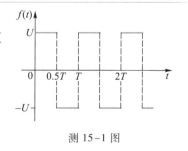

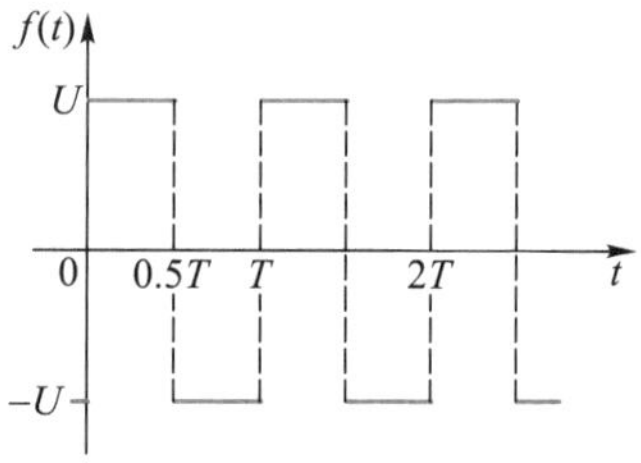

测 15-1 图

答案：$f(t)=\dfrac{4U}{\pi}\sum\limits_{k=1,3,5}^{\infty}\dfrac{1}{k}\sin k\omega_0 t$，$\omega_0 T=2\pi$。

例 15-2-2 确定图 15-2-3(a)所示锯齿波的傅里叶级数,并画出其幅值频谱、相位频谱。

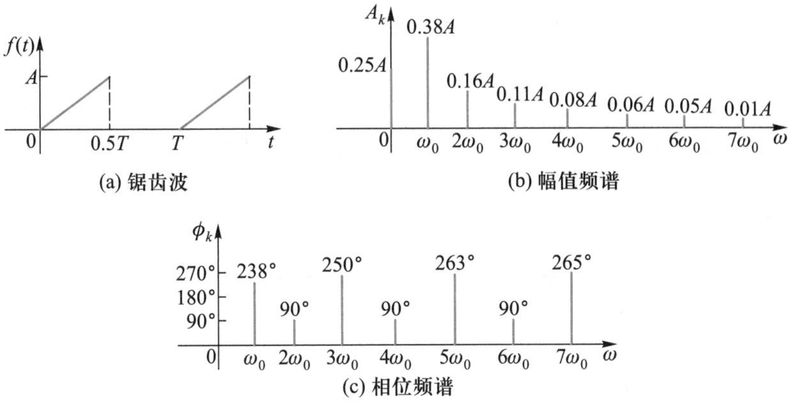

图 15-2-3 例 15-2-2 图

解:图 15-2-3(a)所示波形的分段函数为

$$f(t)=\begin{cases}\dfrac{2A}{T}t, & 0<t<\dfrac{T}{2}\\[2mm] 0, & \dfrac{T}{2}<t<T\end{cases}$$

将其傅里叶级数写为

$$f(t)=a_0+\sum_{k=1}^{\infty}(a_k\cos k\omega_0 t+b_k\sin k\omega_0 t)$$

且 $\omega_0 T=2\pi$。由式(15-2-3)计算系数,取 $t_0=0$,有

$$a_0=\frac{1}{T}\int_0^T f(t)\,\mathrm{d}t=\frac{1}{T}\int_0^{\frac{T}{2}}\frac{2A}{T}t\mathrm{d}t=\frac{1}{T}\frac{2A}{T}\frac{t^2}{2}\bigg|_0^{\frac{T}{2}}=\frac{A}{4}$$

$$a_k=\frac{2}{T}\int_0^T f(t)\cos k\omega_0 t\mathrm{d}t=\frac{2}{T}\int_0^{\frac{T}{2}}\frac{2A}{T}t\cos k\omega_0 t\mathrm{d}t=\frac{2}{T}\frac{2A}{T}\frac{1}{k\omega_0}\left(t\sin k\omega_0 t+\frac{1}{k\omega_0}\cos k\omega_0 t\right)\bigg|_0^{\frac{T}{2}}$$

$$=\frac{A}{k\pi}\sin k\pi+\frac{A}{k^2\pi^2}(\cos k\pi-1)=\frac{A}{k^2\pi^2}[(-1)^k-1]$$

$$b_k=\frac{2}{T}\int_0^T f(t)\sin k\omega_0 t\mathrm{d}t=\frac{2}{T}\int_0^{\frac{T}{2}}\frac{2A}{T}t\sin k\omega_0 t\mathrm{d}t=\frac{2}{T}\frac{2A}{T}\frac{1}{k\omega_0}\left(-t\cos k\omega_0 t+\frac{1}{k\omega_0}\sin k\omega_0 t\right)\bigg|_0^{\frac{T}{2}}$$

$$=-\frac{A}{k\pi}\cos k\pi+\frac{A}{k^2\pi^2}\sin k\pi=-\frac{A}{k\pi}(-1)^k=\frac{A}{k\pi}(-1)^{k+1}$$

因此

$$f(t)=\frac{A}{4}+\sum_{k=1}^{\infty}\left\{\frac{A[(-1)^k-1]}{k^2\pi^2}\cos k\omega_0 t+\frac{A(-1)^{k+1}}{k\pi}\sin k\omega_0 t\right\}$$

由式(15-2-6)计算 A_k、ϕ_k,得到 $f(t)=a_0+\sum\limits_{k=1}^{\infty}A_k\cos(k\omega_0 t+\phi_k)$ 形式的傅里叶级数。对于奇

次谐波，有

$$a_k=\frac{-2A}{k^2\pi^2}\ ,\quad b_k=\frac{A}{k\pi}\quad (k=1,3,5,\cdots)$$

因此

$$A_k\angle\phi_k=a_k-\mathrm{j}b_k=\frac{-2A}{k^2\pi^2}-\mathrm{j}\frac{A}{k\pi}=\frac{A}{k^2\pi^2}\sqrt{4+k^2\pi^2}\angle\left(180°+\arctan\frac{k\pi}{2}\right)\quad (k=1,3,5,\cdots)$$

对于偶次谐波，有

$$a_k=0\ ,\quad b_k=-\frac{A}{k\pi}\quad (k=2,4,6,\cdots)$$

因此

$$A_k\angle\phi_k=a_k-\mathrm{j}b_k=0+\mathrm{j}\frac{A}{k\pi}=\frac{A}{k\pi}\angle 90°\quad (k=2,4,6,\cdots)$$

由 A_k、ϕ_k 画出幅值频谱、相位频谱，如图 15-2-3(b)、(c)所示。幅值频谱表明谐波的幅值随谐波次数的增高而快速衰减。

目标 1 检测：计算周期函数的傅里叶级数

测 15-2　求测 15-2 图所示锯齿波的傅里叶级数，并画出其幅值频谱、相位频谱。

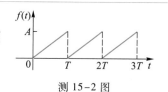

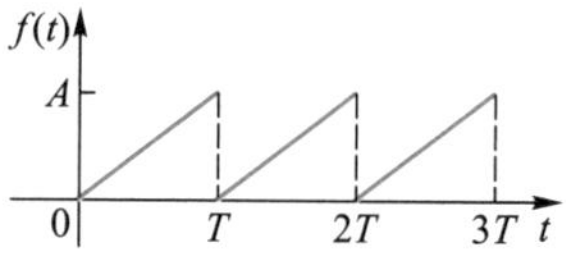

测 15-2 图

答案：$f(t)=\frac{A}{2}-\frac{A}{\pi}\sum_{k=1}^{\infty}\frac{1}{k}\sin k\omega_0 t,\quad \omega_0 T=2\pi$。

15.3 对称性对傅里叶级数的影响

在例 15-2-1 中，计算方波的傅里叶级数系数时，经过一番积分运算得到 $a_k=0$。$a_k=0$ 是函数对称性的体现，通过直观判断就可以得出，无须费时的积分运算。因此，掌握函数对称性对傅里叶级数系数的影响，可减小计算工作量。函数有以下 3 种对称性：奇函数对称、偶函数对称和半波对称。

15.3.1 奇函数对称与偶函数对称

周期为 T 的函数 $f(t)$，如果

$$\boxed{f(t)=-f(-t)}\tag{15-3-1}$$

则 $f(t)$ 为奇函数对称(odd-function symmetry)，例如图 15-3-1(a)所示方波。如果

$$\boxed{f(t)=f(-t)} \tag{15-3-2}$$

则 $f(t)$ 为偶函数对称(even-function symmetry),例如图 15-3-1(b)所示方波。奇函数对称、偶函数对称性质与波形的坐标原点位置相关。

数学上,函数运算满足以下规则:

函数运算规则一

奇函数+奇函数=奇函数

偶函数+偶函数=偶函数

由此得:奇函数的傅里叶级数的每一项必须是奇函数;偶函数的傅里叶级数的每一项必须是偶函数。显然,常数 a_0、$a_k\cos k\omega_0 t$ 是偶函数,$b_k\sin k\omega_0 t$ 是奇函数。因此,奇函数的傅里叶级数只有 $b_k\sin k\omega_0 t$ 项,偶函数傅里叶级数只有 a_0 项和 $a_k\cos k\omega_0 t$ 项。

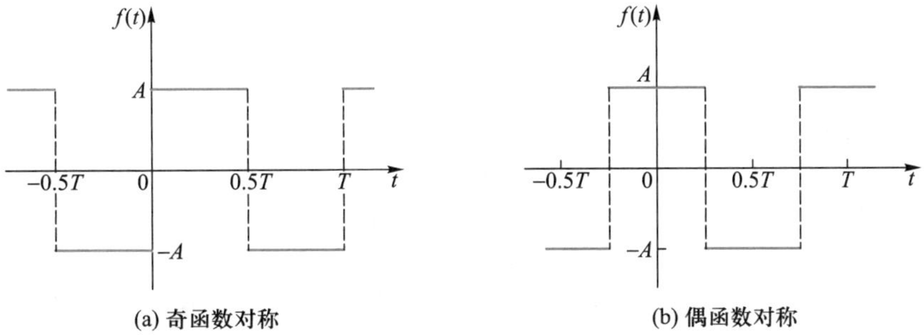

图 15-3-1　奇函数对称与偶函数对称

函数运算还满足以下规则:

函数运算规则二

奇函数×奇函数=偶函数

偶函数×偶函数=偶函数

奇函数×偶函数=奇函数

由此,如果 $f(t)$ 是奇函数,则 $f(t)\cos k\omega_0 t$ 是奇函数、$f(t)\sin k\omega_0 t$ 是偶函数。奇函数在一个周期内的积分结果为零,偶函数在一个周内的积分结果为在半个周期内积分结果的两倍。即有

$$\int_{t_0}^{t_0+T} f(t)\cos k\omega_0 t\mathrm{d}t=\int_{-\frac{T}{2}}^{\frac{T}{2}} f(t)\cos k\omega_0 t\mathrm{d}t=0$$

$$\int_{t_0}^{t_0+T} f(t)\sin k\omega_0 t\mathrm{d}t=\int_{-\frac{T}{2}}^{\frac{T}{2}} f(t)\sin k\omega_0 t\mathrm{d}t=2\int_{0}^{\frac{T}{2}} f(t)\sin k\omega_0 t\mathrm{d}t$$

同理,如果 $f(t)$ 是偶函数,则 $f(t)\cos k\omega_0 t$ 是偶函数、$f(t)\sin k\omega_0 t$ 是奇函数。有

$$\int_{t_0}^{t_0+T} f(t)\cos k\omega_0 t\mathrm{d}t=\int_{-\frac{T}{2}}^{\frac{T}{2}} f(t)\cos k\omega_0 t\mathrm{d}t=2\int_{0}^{\frac{T}{2}} f(t)\cos k\omega_0 t\mathrm{d}t$$

$$\int_{t_0}^{t_0+T} f(t)\sin k\omega_0 t\mathrm{d}t=\int_{-\frac{T}{2}}^{\frac{T}{2}} f(t)\sin k\omega_0 t\mathrm{d}t=0$$

综上所述，由式(15-2-3)计算傅里叶级数的系数时，有以下简化的表达式。
奇函数的傅里叶级数系数为

$$f(t)=-f(-t):\begin{cases}a_0=0\\ a_k=0\\ b_k=\dfrac{2}{T}\displaystyle\int_{t_0}^{t_0+T}f(t)\sin k\omega_0 t\mathrm{d}t=\dfrac{4}{T}\int_0^{\frac{T}{2}}f(t)\sin k\omega_0 t\mathrm{d}t\end{cases} \tag{15-3-3}$$

偶函数的傅里叶级数系数为

$$f(t)=f(-t):\begin{cases}a_0=\dfrac{1}{T}\displaystyle\int_{t_0}^{t_0+T}f(t)\mathrm{d}t=\dfrac{2}{T}\int_0^{\frac{T}{2}}f(t)\mathrm{d}t\\ a_k=\dfrac{2}{T}\displaystyle\int_{t_0}^{t_0+T}f(t)\cos k\omega_0 t\mathrm{d}t=\dfrac{4}{T}\int_0^{\frac{T}{2}}f(t)\cos k\omega_0 t\mathrm{d}t\\ b_k=0\end{cases} \tag{15-3-4}$$

15.3.2 半波对称

周期为 T 的函数 $f(t)$，如果

$$f\left(t+\frac{T}{2}\right)=-f(t) \tag{15-3-5}$$

则 $f(t)$ 为半波对称(half-wave symmetry)函数。图 15-3-1 所示方波均为半波对称函数，它们在一个周期 T 内，前半个周期、后半个周期的波形互为镜像。显然，半波对称性质与纵轴位置无关。

如果周期为 T 的函数 $f(t)$ 为半波对称函数，则其傅里叶级数的每一项都要满足：在时间 T 内，前 $0.5T$ 内的波形与后 $0.5T$ 内的波形互为镜像。而 $a_k\cos k\omega_0 t$、$b_k\sin k\omega_0 t$ 只有当 k 为奇数时才满足上述条件。以 $b_k\sin k\omega_0 t$ 为例，用图 15-3-2 加以说明。图 15-3-2 中，$k=1$、$k=3$ 两种情况下，前 $0.5T$ 内的波形与后 $0.5T$ 内的波形互为镜像，而 $k=2$、$k=4$ 两种情况下，前 $0.5T$ 内的波形与后 $0.5T$ 内的波形完全相同。

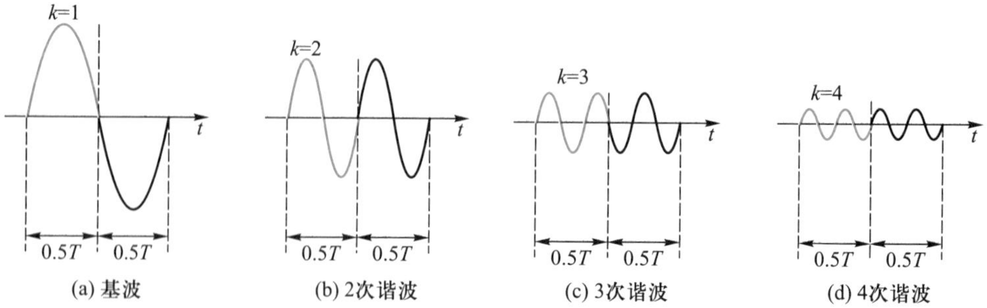

图 15-3-2 谐波的半波对称性分析

因此，半波对称函数的傅里叶级数只含奇次谐波，傅里叶级数系数为

$$f\left(t\pm\frac{T}{2}\right)=-f(t):\begin{cases}a_0=0\\ a_k=\begin{cases}\dfrac{2}{T}\displaystyle\int_{t_0}^{t_0+T}f(t)\cos k\omega_0t\mathrm{d}t=\dfrac{4}{T}\displaystyle\int_{t_0}^{t_0+\frac{T}{2}}f(t)\cos k\omega_0t\mathrm{d}t, & k=1,3,5,\cdots\\ 0, & k=2,4,6,\cdots\end{cases}\\ b_k=\begin{cases}\dfrac{2}{T}\displaystyle\int_{t_0}^{t_0+T}f(t)\sin k\omega_0t\mathrm{d}t=\dfrac{4}{T}\displaystyle\int_{t_0}^{t_0+\frac{T}{2}}f(t)\sin k\omega_0t\mathrm{d}t, & k=1,3,5,\cdots\\ 0, & k=2,4,6,\cdots\end{cases}\end{cases}$$

(15-3-6)

例 15-3-1 计算图 15-3-3 所示三角波的傅里叶级数，并画出其幅值频谱、相位频谱。

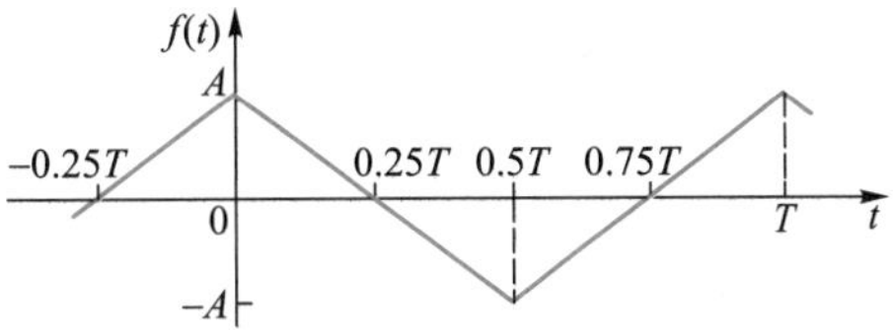

图 15-3-3 例 15-3-1 图

解：由图 15-3-3 所示波形可知，函数 $f(t)$ 为偶函数，且具有半波对称性。令 $\omega_0T=2\pi$，由式(15-3-4)和式(15-3-6)确定傅里叶级数系数。$f(t)$ 为偶函数，由式(15-3-4)得

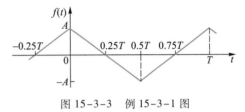

$$b_k=0$$

$f(t)$ 具有半波对称性，由式(15-3-6)得

$$a_0=0$$

$$a_k=\begin{cases}\dfrac{4}{T}\displaystyle\int_{t_0}^{t_0+\frac{T}{2}}f(t)\cos k\omega_0t\mathrm{d}t, & k=1,3,5,\cdots\\ 0, & k=2,4,6,\cdots\end{cases}$$

$f(t)$ 的分段函数式为

$$f(t)=\begin{cases}A-\dfrac{4A}{T}t, & 0<t<\dfrac{T}{2}\\ -3A+\dfrac{4A}{T}t, & \dfrac{T}{2}<t<T\end{cases}$$

为方便计算 a_k，取 $t_0=0$。k 为奇数时

$$\begin{aligned}a_k&=\frac{4}{T}\int_0^{\frac{T}{2}}\left[A-\frac{4A}{T}t\right]\cos k\omega_0t\mathrm{d}t=\frac{4}{T}\left(-\frac{4A}{T}\right)\int_0^{\frac{T}{2}}t\cos k\omega_0t\mathrm{d}t\\&=-\frac{4}{T}\frac{4A}{T}\frac{1}{k\omega_0}\left(t\sin k\omega_0t+\frac{\cos k\omega_0t}{k\omega_0}\right)\Bigg|_0^{\frac{T}{2}}=\frac{4A}{k^2\pi^2}(1-\cos k\pi)=\frac{4A}{k^2\pi^2}[1-(-1)^k]\\&=\frac{8A}{k^2\pi^2}\quad(k=1,3,5,\cdots)\end{aligned}$$

傅里叶级数为

$$f(t)=\frac{8A}{\pi^2}\sum_{k=1,3,5,}^{\infty}\frac{1}{k^2}\cos k\omega_0t$$

其幅值频谱和相位频谱为

$$A_k=\begin{cases}\dfrac{8A}{\pi^2k^2}, & k=1,3,5,\cdots\\ 0, & k=2,4,6,\cdots\end{cases},\quad \phi_k=0$$

目标 1 检测:计算周期函数的傅里叶级数

测 15-3 计算测 15-3 图所示波形的傅里叶级数,并画出其幅值频谱、相位频谱。

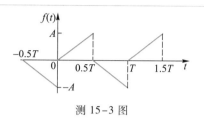

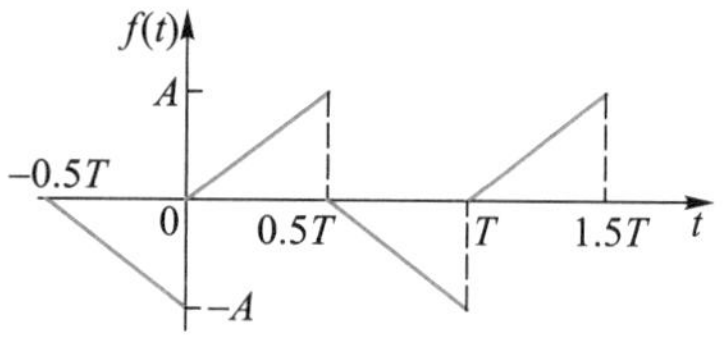

测 15-3 图

答案:$f(t)=\sum_{k=1,3,5,}^{\infty}\left(-\frac{4A}{k^{2}\pi^{2}}\cos k\omega_0 t+\frac{2A}{k\pi}\sin k\omega_0 t\right)$,$\omega_0 T=2\pi$,

$A_k\angle\phi_k=\frac{2A\sqrt{4+k^{2}\pi^{2}}}{k^{2}\pi^{2}}\Big/\left(180°+\arctan\frac{k\pi}{2}\right)$ $(k=1,3,5,\cdots)$。

表 15-3-1 列出了工程中常用的周期性非正弦函数的波形、对称性和傅里叶级数。函数的奇、偶对称性与波形的坐标原点有关,而半波对称性与波形的纵轴位置无关,可以对波形进行适当的坐标轴平移来获得对称性。例如,表 15-3-1 的第 2 个波形没有对称性,但将坐标横轴平移,变为 $g(t)=f(t)-0.5A$,$g(t)$ 和表 15-3-1 的第 1 个波形相似,为奇函数且半波对称,将 $g(t)$ 展开成傅里叶级数后,由 $f(t)=g(t)+0.5A$ 得到 $f(t)$ 的傅里叶级数。类似情况还有表 15-3-1 的第 5 个波形,通过坐标横轴平移,变成半波对称的偶函数,这也正好说明了其展开式只含奇次谐波。

表 15-3-1 常用周期性非正弦函数的傅里叶级数

名称	周期性非正弦波形	对称性	傅里叶级数($\omega_0 T=2\pi$)
方波	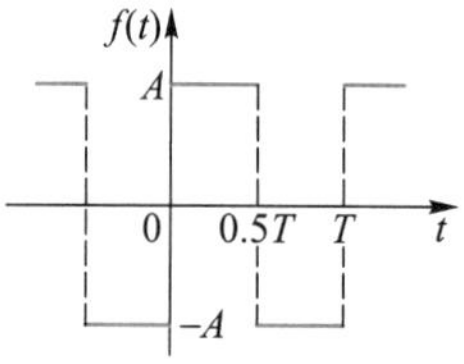	奇函数 半波对称	$f(t)=\frac{4A}{\pi}\sum_{k=1}^{\infty}\frac{1}{2k-1}\sin(2k-1)\omega_0 t$
正方波	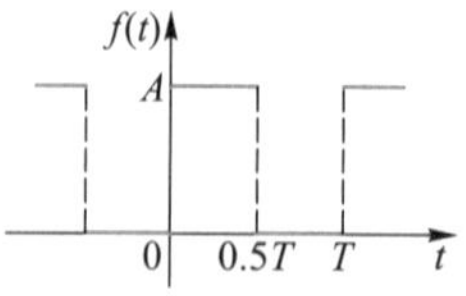		$f(t)=\frac{A}{2}+\frac{2A}{\pi}\sum_{k=1}^{\infty}\frac{1}{2k-1}\sin(2k-1)\omega_0 t$
脉冲波	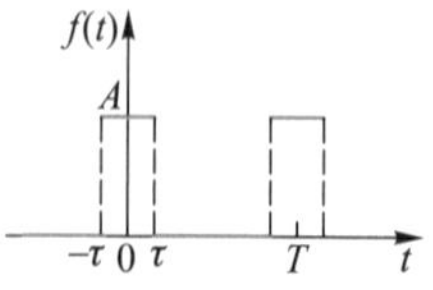	偶函数	$f(t)=\frac{A\tau}{T}+\frac{2A}{T}\sum_{k=1}^{\infty}\frac{1}{k}\sin\frac{k\pi\tau}{T}\cos k\omega_0 t$

续表

名称	周期性非正弦波形	对称性	傅里叶级数($\omega_0 T=2\pi$)
锯齿波	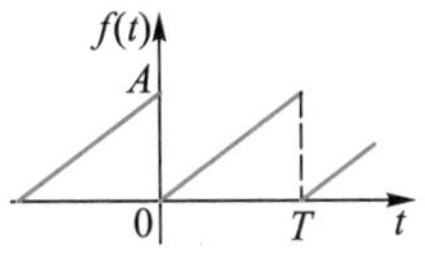		$f(t)=\frac{A}{2}-\frac{A}{\pi}\sum_{k=1}^{\infty}\frac{1}{k}\sin k\omega_0 t$
正三角波	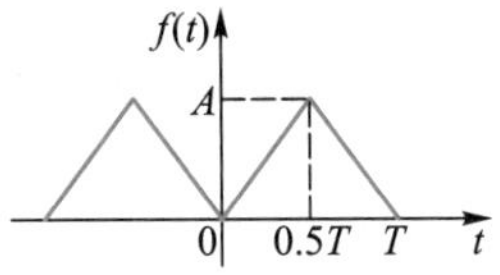	偶函数	$f(t)=\frac{A}{2}-\frac{4A}{\pi^2}\sum_{k=1}^{\infty}\frac{1}{(2k+1)^2}\cos(2k-1)\omega_0 t$
三角波	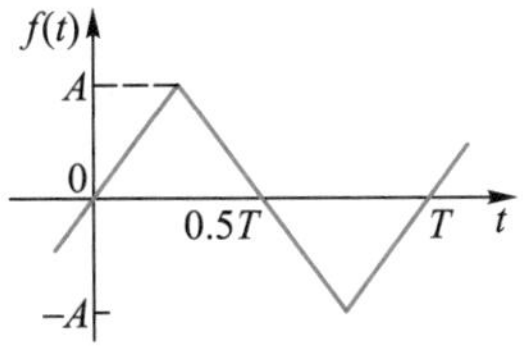	奇函数 半波对称	$f(t)=\frac{8A}{\pi^2}\sum_{k=1}^{\infty}\frac{1}{(2k-1)^2}\sin\frac{(2k-1)\pi}{2}\sin(2k-1)\omega_0 t$
正弦半波整流波形	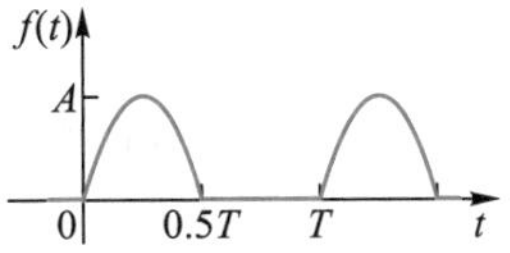		$f(t)=\frac{A}{\pi}+\frac{A}{2}\sin\omega_0 t-\frac{2A}{\pi}\sum_{k=1}^{\infty}\frac{1}{4k^2-1}\cos 2k\omega_0 t$
正弦全波整流波形	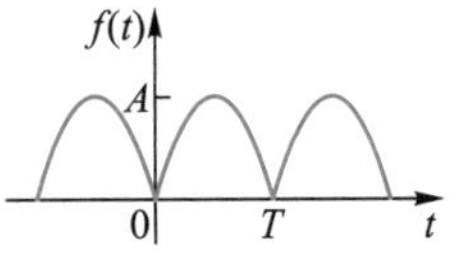	偶函数	$f(t)=\frac{2A}{\pi}-\frac{4A}{\pi}\sum_{k=1}^{\infty}\frac{1}{4k^2-1}\cos k\omega_0 t$

15.4 周期性非正弦稳态电路分析

回到线性非时变电路在周期性非正弦电源激励下的稳态响应问题，计算周期性非正弦稳态电路的步骤如下。

非正弦稳态响应计算步骤

1. 将周期性非正弦电源函数展开成“幅值–相位”形式的傅里叶级数；
2. 应用叠加定理，计算傅里叶级数每一项单独激励下的响应(电压或电流)；
3. 将各项响应的瞬时表达式相加；
4. 估算电压、电流有效值，电路的平均功率。

15.4.1 电压、电流瞬时值计算

图 15-4-1(a)中,周期为 T 的非正弦电压源 u_s 作用于线性非时变无源网络 N,计算稳态电流 i。u_s 的基波角频率为 $\omega_0=2\pi/T$,其"幅值-相位"形式的傅里叶级数为

$$u_s=U_0+\sum_{k=1}^{\infty}\sqrt{2}U_k\cos(k\omega_0t+\phi_k) \tag{15-4-1}$$

U_0 为 u_s 的直流分量,U_k、ϕ_k 为 k 次谐波的有效值、初相。将 u_s 视为无穷多个不同频率的电压源串联,如图 15-4-1(b)所示,由于 N 为线性网络,可以应用叠加定理,且串联电压源的频率不同,网络 N 中电感、电容的阻抗要随频率变化,只能应用叠加定理。因此,稳态电流 i 可用图 15-4-1(c)所示电路来计算。

图 15-4-1(c)中,u_s 的直流分量 U_0 单独激励下,电流 i 的直流分量

$$I_0=\frac{U_0}{Z_{in}(\omega=0)} \tag{15-4-2}$$

$Z_{in}(\omega=0)$为网络 N 在 $\omega=0$ 下的输入阻抗,此时,N 内的电感相当于短路、电容相当于开路。u_s 的基波分量单独激励时要用相量法分析,u_s 的基波分量用相量表示为 $U_1\angle\phi_1$,此时,N 内的电感阻抗为 $j\omega_0L$、电容阻抗为 $1/j\omega_0C$,网络 N 的输入阻抗为 $Z_{in}(\omega_0)$,电流 i 的基波分量相量

$$\dot{I}_1=\frac{U_1\angle\phi_1}{Z_{in}(\omega_0)}=I_1\angle\theta_1 \tag{15-4-3}$$

依此类推,u_s 的 k 次谐波用相量表示为 $U_k\angle\phi_k$,N 内的电感阻抗为 $jk\omega_0L$、电容阻抗为 $1/jk\omega_0C$,网络 N 的输入阻抗为 $Z_{in}(k\omega_0)$,电流 i 的 k 次谐波分量相量

$$\dot{I}_k=\frac{U_k\angle\phi_k}{Z_{in}(k\omega_0)}=I_k\angle\theta_k \tag{15-4-4}$$

将电流 i 的各分量叠加得到稳态响应。由于 i 的各分量对应不同的频率,因此,不能将 i 的各分量相量相加,而要将 i 的各分量时域函数相加。相量 $\dot{I}_k=I_k\angle\theta_k$对应的时域函数为 $\sqrt{2}I_k\cos(k\omega_0t+\theta_k)$,因此

$$i=I_0+\sum_{k=1}^{\infty}\sqrt{2}I_k\cos(k\omega_0t+\theta_k) \tag{15-4-5}$$

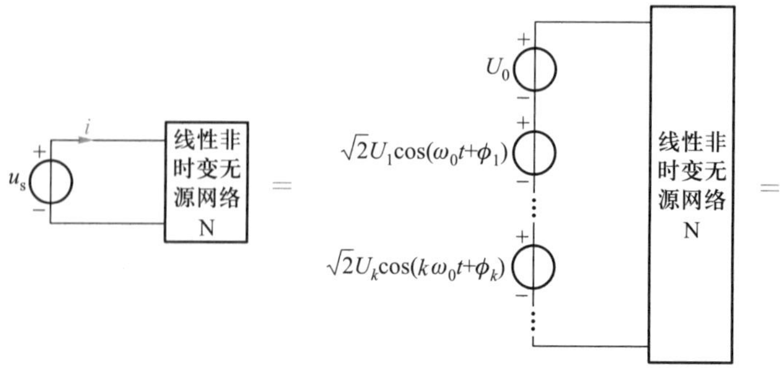

(a) 周期性非正弦电源激励的电路　　(b) 非正弦电源展开成傅里叶级数

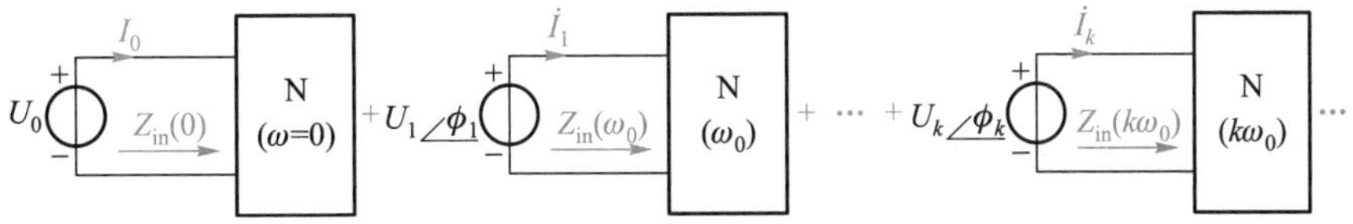

(c) 应用叠加定理

图 15-4-1　用叠加定理计算非正弦稳态响应

例 15-4-1　图 15-4-2(a)所示方波作用于图 15-4-2(b)所示 RC 电路,计算稳态响应 u_C。

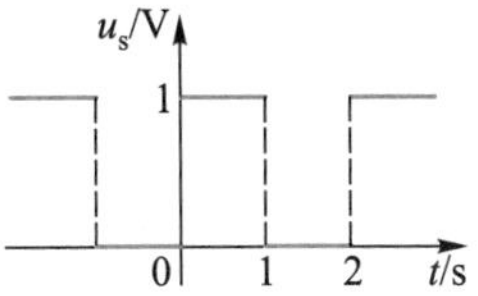

(a) 方波

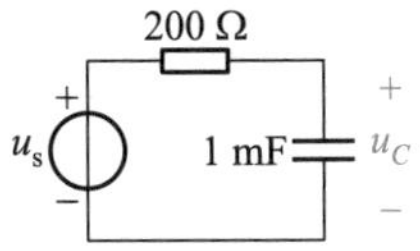

(b) 电路

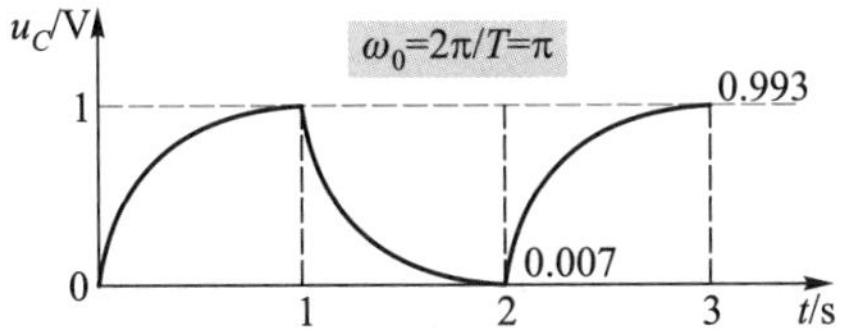

(c) 稳态响应精确波形

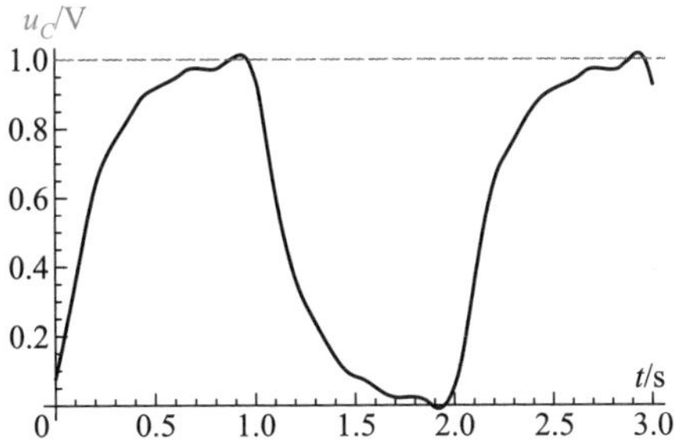

(d) 前5项之和的近似波形

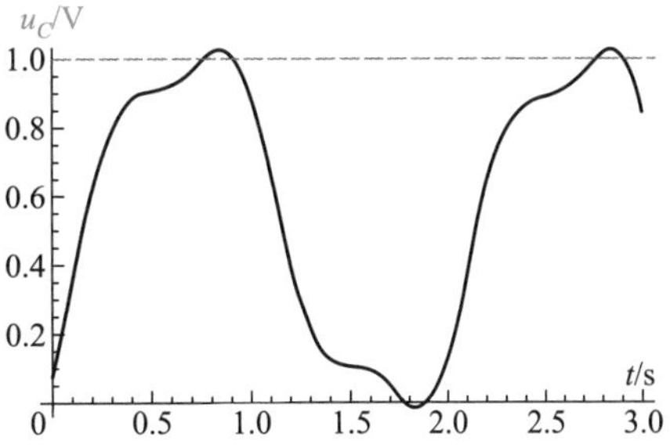

(e) 前3项之和的近似波形

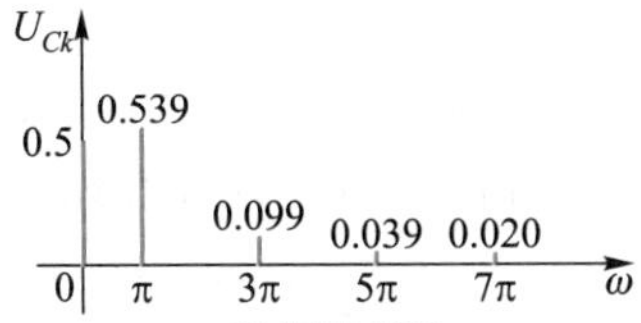

(f) 幅值频谱

图 15-4-2　RC 电路在方波激励下的稳态响应

解: 图 15-4-2(a)所示方波的基波角频率 $\omega_0=2\pi/T=\pi$,傅里叶级数为

$$u_s=\frac{1}{2}+\frac{2}{\pi}\sum_{k=1}^{\infty}\frac{1}{2k-1}\sin(2k-1)\pi t$$

直流分量单独激励时

$$U_{C0}=U_{s0}=0.5\ \text{V}$$

第(2k−1)次谐波分量单独激励时

$$\dot{U}_{C(2k-1)}=\frac{\dfrac{1}{\mathrm{j}(2k-1)\omega_0 C}}{R+\dfrac{1}{\mathrm{j}(2k-1)\omega_0 C}}\dot{U}_{s(2k-1)}=\frac{1}{1+\mathrm{j}(2k-1)\omega_0 RC}\dot{U}_{s(2k-1)}=\frac{1}{1+\mathrm{j}(2k-1)\pi RC}\,\frac{2}{(2k-1)\pi}\angle 0^\circ$$

$$=\frac{2}{(2k-1)\pi\sqrt{1+(2k-1)^2(\pi RC)^2}}\angle -\arctan(2k-1)\pi RC$$

将 $\pi RC=\pi\times200\times0.001=0.2\pi$ 代入，得

$$\dot{U}_{C(2k-1)}=\frac{2}{(2k-1)\pi\sqrt{1+0.04(2k-1)^2\pi^2}}\angle -\arctan 0.2(2k-1)\pi$$

将相量转换为正弦函数（注意：上面使用的是最大值相量，且为 sin 函数），得

$$u_{C(2k-1)}=\frac{2}{(2k-1)\pi\sqrt{1+0.04(2k-1)^2\pi^2}}\sin[(2k-1)\pi t-\arctan 0.2(2k-1)\pi]$$

稳态响应

$$u_C=\frac{1}{2}+\sum_{k=1}^{\infty}\frac{2}{(2k-1)\pi\sqrt{1+0.04(2k-1)^2\pi^2}}\sin[(2k-1)\pi t-\arctan 0.2(2k-1)\pi]\ \text{V}$$

已求得稳态响应 u_C 的无穷级数表达式，但从这个表达式无法预知 u_C 的波形。在 8.3.3 小节，用三要素法获得了 RC 电路的方波响应，稳态波形如图 15-4-2(c)所示。

具体计算 $k=1、2、3、4$ 时的各次谐波，并将 u_C 的前 5 项相加。有

$$\dot{U}_{C1}=\frac{2}{\pi\sqrt{1+0.04\pi^2}}\angle -\arctan 0.2\pi=0.539\angle -32.1^\circ\ \text{V}$$

$$\dot{U}_{C3}=\frac{2}{3\pi\sqrt{1+9\times0.04\pi^2}}\angle -\arctan 0.6\pi=0.099\angle -62.1^\circ\ \text{V}$$

$$\dot{U}_{C5}=\frac{2}{5\pi\sqrt{1+0.04\times25\pi^2}}\angle -\arctan \pi=0.039\angle -72.3^\circ\ \text{V}$$

$$\dot{U}_{C7}=\frac{2}{7\pi\sqrt{1+0.04\times49\pi^2}}\angle -\arctan 1.4\pi=0.020\angle -77.2^\circ\ \text{V}$$

$$u_C=0.5+0.539\sin(\pi t-32.1^\circ)+0.099\sin(3\pi t-62.1^\circ)$$
$$+0.039\sin(5\pi t-72.3^\circ)+0.020\sin(7\pi t-77.2^\circ)\ \text{V}$$

u_C 前 5 项相加的波形如图 15-4-2(d)所示，比较接近图 15-4-2(c)。而前 3 项相加的波形如图 15-4-2(e)所示，与图 15-4-2(c)有较明显的差距。u_C 前 5 项的幅值频谱如图 15-4-2(f)所示。

图 15-4-2(b)为低通滤波电路，其截止频率 $\omega_c=1/RC=5$，u_s 的基波频率 $\omega_0=\pi$ 在截止频率以下，因此，直流分量无衰减、基波分量衰减小（由 0.637 衰减到 0.539），而 3 次谐波（由 0.212 衰减到 0.099）及 3 次以上谐波频率大于截止频率，衰减严重。

目标 2 检测:利用傅里叶级数和叠加定理计算周期性非正弦稳态响应

测 15-4 测 15-4 图所示稳态电路中的电源波形如图 15-4-2(a)所示,计算电压 u_o,并分析作为近似计算应该取哪些项。

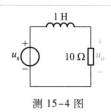

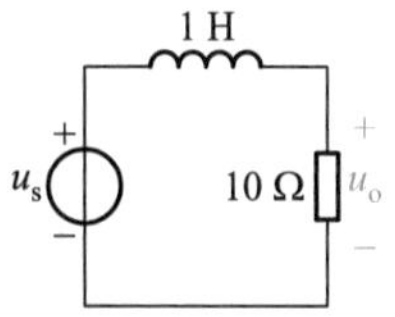

测 15-4 图

答案:$u_o=\frac{1}{2}+\sum_{k=1}^{\infty}\frac{2}{(2k-1)\pi\sqrt{1+0.01(2k-1)^2\pi^2}}\sin[(2k-1)\pi t-\arctan 0.1(2k-1)\pi]$ V,前 5 项。

15.4.2 有效值与平均功率

(1) 有效值

我们已经习惯了用有效值来表征一个正弦电量的大小,这里也将用有效值来表征周期性非正弦电量的大小。有效值是周期电量在效应上等效的直流电量值。在第 10 章已提出:周期为 T 的电量 u,其有效值为

$$\boxed{U=\sqrt{\frac{1}{T}\int_{t_0}^{t_0+T}u^2\mathrm{d}t}}\qquad(\text{均方根},\mathrm{rms})\qquad(15\text{-}4\text{-}6)$$

如果已知 u 的函数(或分段函数)或 u 的波形,通过积分容易得到有效值 U。但是,如果已知 u 的傅里叶级数,如

$$u=U_0+\sum_{k=1}^{\infty}\sqrt{2}U_k\cos(k\omega_0t+\phi_k)$$

如何计算它的有效值 U 呢?

下面,由 $U=\sqrt{\frac{1}{T}\int_{t_0}^{t_0+T}u^2\mathrm{d}t}$ 来推导有效值的计算式。有

$$U=\sqrt{\frac{1}{T}\int_{t_0}^{t_0+T}\left[U_0+\sum_{k=1}^{\infty}\sqrt{2}U_k\cos(k\omega_0t+\phi_k)\right]^2\mathrm{d}t}\qquad(15\text{-}4\text{-}7)$$

由 $(a+b+c)^2=a(a+b+c)+b(a+b+c)+c(a+b+c)=a^2+b^2+c^2+3ab+3bc+3ca$ 可知,根号下包含 4 种类型的项,

第 1 项:$\frac{1}{T}\int_{t_0}^{t_0+T}U_0^2\mathrm{d}t=U_0^2$

第 2 项:$\frac{1}{T}\int_{t_0}^{t_0+T}U_0\sum_{k=1}^{\infty}\sqrt{2}U_k\cos(k\omega_0t+\phi_k)\mathrm{d}t=0$

第 3 项:$\frac{1}{T}\int_{t_0}^{t_0+T}\sum_{k=1}^{\infty}[\sqrt{2}U_k\cos(k\omega_0t+\phi_k)]^2\mathrm{d}t=\sum_{k=1}^{\infty}\frac{1}{T}\int_{t_0}^{t_0+T}[\sqrt{2}U_k\cos(k\omega_0t+\phi_k)]^2\mathrm{d}t=\sum_{k=1}^{\infty}U_k^2$

第 4 项:$\frac{1}{T}\int_{t_0}^{t_0+T}\sum_{k=1}^{\infty}\sum_{m=1}^{\infty}[\sqrt{2}U_k\cos(k\omega_0t+\phi_k)\times\sqrt{2}U_m\cos(m\omega_0t+\phi_m)]\mathrm{d}t=0\quad(k\neq m)$

由三角函数的性质(见式(15-2-7)、式(15-2-10))可知,第 2 项、第 4 项结果为零。第 3 项是正弦函数有效值平方的表达式。因此,式(15-4-7)写为

$$U=\sqrt{U_0^2+\sum_{k=1}^{\infty}U_k^2} \tag{15-4-8}$$

式(15-4-8)表明,周期性非正弦函数的有效值的平方等于直流分量和各次谐波有效值的平方和,有效值与谐波初相位无关。但是,通过傅里叶级数计算有效值,须计算无穷级数,通常只能取前面若干项,获得近似有效值。

周期性非正弦电量的有效值(均方根,rms)

有效值的含义:有效值是周期电量在效应上等效的直流电量值

通过函数或波形计算有效值:$U=\sqrt{\dfrac{1}{T}\int_{t_0}^{t_0+T}u^2\,\mathrm{d}t}$　$I=\sqrt{\dfrac{1}{T}\int_{t_0}^{t_0+T}i^2\,\mathrm{d}t}$

通过傅里叶级数计算有效值:$U=\sqrt{U_0^2+\sum\limits_{k=1}^{\infty}U_k^2}$　$I=\sqrt{I_0^2+\sum\limits_{k=1}^{\infty}I_k^2}$

U_0、I_0 为直流分量,U_k、I_k 为 k 次谐波有效值。

例 15-4-2 计算图 15-4-2(a)所示方波的精确有效值和用傅里叶级数前 5 项计算的近似有效值。

解:对波形积分计算精确有效值。有

$$U_s=\sqrt{\frac{1}{T}\int_{t_0}^{t_0+T}u_s^2\,\mathrm{d}t}=\sqrt{\frac{1}{T}\int_0^T u_s^2\,\mathrm{d}t}=\sqrt{\frac{1}{2}\int_0^1 1^2\,\mathrm{d}t}=\frac{1}{\sqrt{2}}=0.707\ \mathrm{V}$$

u_s 的傅里叶级数为

$$u_s=\frac{1}{2}+\frac{2}{\pi}\sum_{k=1}^{\infty}\frac{1}{2k-1}\sin(2k-1)\pi t$$

直流分量为

$$U_{s0}=0.5\ \mathrm{V}$$

前 4 次谐波有效值为

$$U_{s1}=\frac{2}{\pi\sqrt{2}}=0.450\ \mathrm{V},\quad U_{s3}=\frac{2}{3\pi\sqrt{2}}=0.150\ \mathrm{V},\quad U_{s5}=\frac{2}{5\pi\sqrt{2}}=0.090\ \mathrm{V},\quad U_{s7}=\frac{2}{7\pi\sqrt{2}}=0.064\ \mathrm{V}$$

用前 5 项计算的近似有效值为

$$U_s\approx\sqrt{U_{s0}^2+U_{s1}^2+U_{s3}^2+U_{s5}^2+U_{s7}^2}=\sqrt{0.5^2+0.450^2+0.150^2+0.090^2+0.064^2}=0.698\ \mathrm{V}$$

近似有效值的相对误差

$$\gamma=\frac{0.698-0.707}{0.707}\times100\%=-1.3\%$$

目标 3 检测:计算与估算周期性非正弦电量的有效值

测 15-5 计算测 15-5 图所示方波的精确有效值和由傅里叶级数前 5 项计算的近似有效值,并计算相对误差。

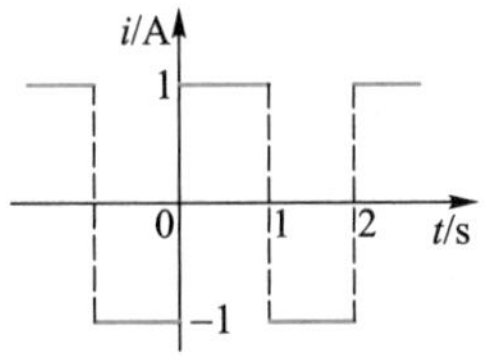

测 15-5 图

答案：$I=1$ A，$I\approx0.979\,6$ A，−2.1%。

---

(2) 平均功率

第 11 章引入平均功率(也称有功功率)来表征正弦稳态电路的功率。在此，再用平均功率来表征非正弦稳态电路的功率。图 15-4-3(a)所示非正弦电路，如果已知端口电压 u、电流 i 的函数或波形，网络 N 吸收的平均功率的精确计算式为

$$\boxed{P=\frac{1}{T}\int_{t_0}^{t_0+T}ui\mathrm{d}t} \tag{15-4-9}$$

T 为 u 和 i 的周期。如果已知的是端口电压 u、电流 i 的傅里叶级数，如

$$u=U_0+\sum_{k=1}^{\infty}\sqrt{2}U_k\cos(k\omega_0t+\phi_{uk})$$

$$i=I_0+\sum_{k=1}^{\infty}\sqrt{2}I_k\cos(k\omega_0t+\phi_{ik})$$

式(15-4-9)则为

$$P=\frac{1}{T}\int_{t_0}^{t_0+T}\left[U_0+\sum_{k=1}^{\infty}\sqrt{2}U_k\cos(k\omega_0t+\phi_{uk})\right]\left[I_0+\sum_{k=1}^{\infty}\sqrt{2}I_k\cos(k\omega_0t+\phi_{ik})\right]\mathrm{d}t \tag{15-4-10}$$

式(15-4-10)包含 4 种类型的项，

第 1 项：$\frac{1}{T}\int_{t_0}^{t_0+T}U_0I_0\mathrm{d}t=U_0I_0$

第 2 项：$\frac{1}{T}\int_{t_0}^{t_0+T}\left[U_0\sum_{k=1}^{\infty}\sqrt{2}I_k\cos(k\omega_0t+\phi_{ik})\right]\mathrm{d}t=0$ 和 $\frac{1}{T}\int_{t_0}^{t_0+T}\left[I_0\sum_{k=1}^{\infty}\sqrt{2}U_k\cos(k\omega_0t+\phi_{uk})\right]\mathrm{d}t=0$

第 3 项：$\frac{1}{T}\int_{t_0}^{t_0+T}\sum_{k=1}^{\infty}\left[\sqrt{2}U_k\cos(k\omega_0t+\phi_{uk})\right]\left[\sqrt{2}I_k\cos(k\omega_0t+\phi_{ik})\right]\mathrm{d}t=\sum_{k=1}^{\infty}U_kI_k\cos(\phi_{uk}-\phi_{ik})$

第 4 项：$\frac{1}{T}\int_{t_0}^{t_0+T}\sum_{k=1}^{\infty}\sum_{m=1}^{\infty}\left[\sqrt{2}U_k\cos(k\omega_0t+\phi_{uk})\times\sqrt{2}I_m\cos(m\omega_0t+\phi_{im})\right]\mathrm{d}t=0\quad(k\neq m)$

第 3 项是计算正弦稳态电路平均功率的表达式。因此，式(15-4-10)写为

$$\boxed{P=U_0I_0+\sum_{k=1}^{\infty}U_kI_k\cos(\phi_{uk}-\phi_{ik})=P_0+\sum_{k=1}^{\infty}P_k} \tag{15-4-11}$$

式(15-4-11)表明，周期性非正弦稳态电路的平均功率等于直流分量功率和各次谐波分量平均功率之和。直流分量功率、基波分量平均功率、k 次谐波分量的平均功率的含义如图 15-4-3(b)所示。周期性非正弦稳态电路的平均功率可以叠加。平均功率与谐波初相位相关，因此，电

压和电流的傅里叶级数形式必须完全一致,包括采用的三角函数和各项前的运算符号,详见后面的例题。

值得一提的是,正弦稳态电路中还有无功功率的概念。如果直接将正弦稳态电路的无功功率概念引入非正弦稳态电路,存在一些无法解释的问题,因此,必须另行定义非正弦稳态电路的无功功率,这已超出了本书的范围。

(a) 非正弦稳态电路   (b) 直流功率、基波平均功率、k 次谐波平均功率之和

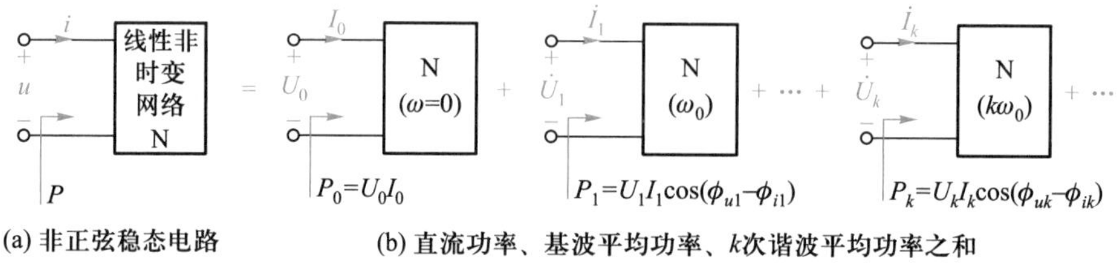

图 15-4-3 非正弦电路的平均功率

周期性非正弦稳态电路的平均功率

平均功率的含义:瞬时功率的平均值

由函数或波形计算平均功率:$P = \dfrac{1}{T}\displaystyle\int_{t_0}^{t_0+T} ui\,\mathrm{d}t$

由傅里叶级数计算平均功率:$P = U_0 I_0 + \displaystyle\sum_{k=1}^{\infty} U_k I_k \cos(\phi_{uk} - \phi_{ik}) = P_0 + \sum_{k=1}^{\infty} P_k$

U_0、I_0 为直流分量,U_k、I_k 为 k 次谐波有效值。

有效值为 U 的周期性非正弦电压 u 加在电阻 R 上,R 吸收的平均功率为

$$P_R = \frac{1}{T}\int_{t_0}^{t_0+T} u \times \frac{u}{R}\,\mathrm{d}t = \frac{1}{R}\left(\frac{1}{T}\int_{t_0}^{t_0+T} u^2\,\mathrm{d}t\right) = \frac{1}{R}U^2 = \frac{U_0^2}{R} + \sum_{k=1}^{\infty}\frac{U_k^2}{R} = P_0 + \sum_{k=1}^{\infty} P_k \quad (15\text{-}4\text{-}12)$$

同样,有效值为 I 的周期性非正弦电流 i 流过电阻 R,R 吸收的平均功率为

$$P_R = RI^2 = RI_0^2 + \sum_{k=1}^{\infty} RI_k^2 = P_0 + \sum_{k=1}^{\infty} P_k \quad (15\text{-}4\text{-}13)$$

为什么周期性非正弦稳态电路的平均功率可以叠加呢?而在叠加定理应用于直流电阻电路计算时,功率是不能叠加的。两者差别何在?用图 15-4-4 来说明。

用叠加定理计算电阻 R_2 上的电流 i_2,再通过 i_2 计算电阻 R_2 消耗的平均功率,这种方法总是正确的。对图 15-4-4 所示电路应用叠加定理,得

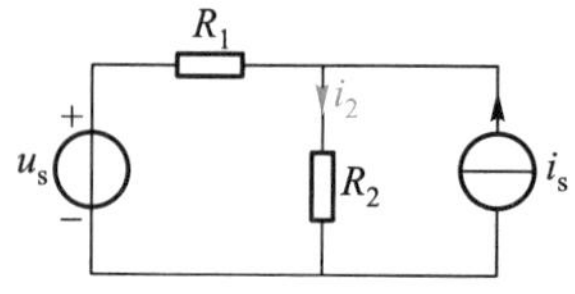

图 15-4-4 平均功率是否符合叠加关系说明

$$i_2 = i_2' + i_2'' = \frac{1}{R_1 + R_2} u_s + \frac{R_1}{R_1 + R_2} i_s \quad (15\text{-}4\text{-}14)$$

电阻 R_2 消耗的瞬时功率

$$\begin{aligned}
p_2 &= R_2 i_2^2 = R_2 (i_2' + i_2'')^2 \\
&= (R_2 i_2') i_2' + (R_2 i_2') i_2'' + (R_2 i_2'') i_2' + (R_2 i_2'') i_2'' \\
&= u_2' i_2' + u_2' i_2'' + u_2'' i_2' + u_2'' i_2''
\end{aligned} \quad (15\text{-}4\text{-}15)$$

当图 15-4-5 中的电源均为直流电源时，即 $u_s=U_s$、$i_s=I_s$，电阻 R_2 消耗的平均功率

$$P_2=p_2=u_2'i_2'+u_2'i_2''+u_2''i_2'+u_2''i_2'' \tag{15-4-16}$$

式(15-4-16)中：

第 1 项为 u_s 单独作用下 R_2 消耗的平均功率；

第 4 项为 i_s 单独作用下 R_2 消耗的平均功率；

第 2 项为 u_s 单独作用下 R_2 上的电压与 i_s 单独作用下 R_2 上的电流构成的平均功率；

第 3 项为 i_s 单独作用下 R_2 上的电压与 u_s 单独作用下 R_2 上的电流构成的平均功率；

R_2 消耗的平均功率为 4 项之和，而不是两项之和，不符合叠加关系。

但是，当图 15-4-4 中的电压源为直流、电流源为正弦时，即 $u_s=U_s$、$i_s=\sqrt{2}I_s\cos(\omega t)$，电阻 R_2 消耗的平均功率(注意是平均功率)

$$P_2=\frac{1}{T}\int_0^T p_2\,\mathrm{d}t=\frac{1}{T}\int_0^T(u_2'i_2'+u_2'i_2''+u_2''i_2'+u_2''i_2'')\,\mathrm{d}t \tag{15-4-17}$$

式(15-4-17)中：

中间两项积分结果为零；

第 1 项积分结果为 u_s 单独作用下 R_2 消耗的平均功率；

第 4 项积分结果为 i_s 单独作用下 R_2 消耗的平均功率；

R_2 消耗的平均功率为两项之和，符合叠加关系。

以上分析表明：当电路中的独立电源频率相同时，平均功率不符合叠加关系；当电路中的独立电源频率不同时，平均功率符合叠加关系。周期性非正弦稳态电路属于后者。

例 15-4-3 电路和电压源波形如图 15-4-5 所示。(1)取电压源的前 3 项谐波，计算近似的电阻电压有效值和平均功率；(2)计算精确的电阻电压有效值和平均功率；(3)计算近似值的相对误差。

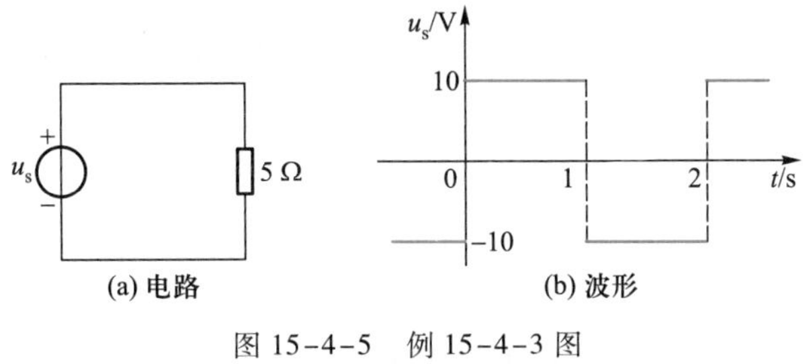

图 15-4-5 例 15-4-3 图

解：(1) u_s 的傅里叶级数为

$$u_s=\frac{40}{\pi}\sum_{k=1}^{\infty}\frac{1}{2k-1}\sin(2k-1)\pi t$$

前 3 项谐波为

$$u_{s1}=\frac{40}{\pi}\sin\pi t\ \mathrm{V},\quad u_{s3}=\frac{40}{3\pi}\sin 3\pi t\ \mathrm{V},\quad u_{s5}=\frac{40}{5\pi}\sin 5\pi t\ \mathrm{V}$$

取 u_s 的前 3 项谐波，电阻电压的近似有效值为

$$U_s \approx \sqrt{\left(\frac{40}{\sqrt{2}\pi}\right)^2+\left(\frac{40}{3\sqrt{2}\pi}\right)^2+\left(\frac{40}{5\sqrt{2}\pi}\right)^2}\ \text{V}=9.66\ \text{V}$$

电阻的 1、3、5 次谐波平均功率分别为

$$P_1=\frac{1}{5}\left(\frac{40}{\sqrt{2}\pi}\right)^2\ \text{W}=16.2\ \text{W},\quad P_3=\frac{1}{5}\left(\frac{40}{3\sqrt{2}\pi}\right)^2\ \text{W}=1.8\ \text{W},\quad P_5=\frac{1}{5}\left(\frac{40}{5\sqrt{2}\pi}\right)^2\ \text{W}=0.65\ \text{W}$$

电阻消耗的平均功率的近似值为

$$P\approx P_1+P_3+P_5=18.65\ \text{W}$$

（2）电阻电压的精确有效值为

$$U_s=\sqrt{\frac{1}{T}\int_0^T u_s^2 \mathrm{d}t}=\sqrt{\frac{1}{2}\int_0^2 10^2 \mathrm{d}t}\ \text{V}=10\ \text{V}$$

电阻的瞬时功率为

$$p=\frac{u_s^2}{R}$$

电阻消耗的平均功率的精确值为

$$P=\frac{1}{T}\int_0^T p\mathrm{d}t=\frac{1}{T}\int_0^T\left(\frac{u_s^2}{R}\right)\mathrm{d}t=\frac{1}{R}\left(\frac{1}{T}\int_0^T u_s^2\mathrm{d}t\right)=\frac{1}{R}U_s^2=\frac{10^2}{5}\ \text{W}=20\ \text{W}$$

（3）平均功率相对误差

$$\gamma_P=\frac{18.65-20}{20}=-6.8\%$$

电压有效值相对误差

$$\gamma_u=\frac{9.66-10}{10}=-3.4\%$$

目标 3 检测：计算与估算周期性非正弦电量的有效值和电路的平均功率

测 15-6 对例 15-4-3 取电压源的前 5 项谐波，估算电阻电压有效值和电阻的平均功率，计算估算误差。

答案：19.18 W、9.80 V；-4.1%、-2.0%。

例 15-4-4 （1）电流 $i=2+10\cos(t+30°)-6\sin(3t+120°)$ A 流过 10 Ω 电阻，计算电阻吸收的平均功率；（2）若将（1）中电流改为 $i=2+10\cos(t+30°)-6\sin(t+120°)$ A，再计算电阻吸收的平均功率；（3）若一端口网络的端口电压、电流（关联参考方向下）为

$$u=30+200\sin 100\pi t+60\cos(300\pi t-30°)\ \text{V},\ i=5\cos(100\pi t-30°)-2\sin(300\pi t-60°)\ \text{A}$$

计算一端口网络吸收的平均功率。

解：（1）电流 i 的每一项对应的频率不同，平均功率满足叠加关系。由式（15-4-12）得

$$P_R=RI^2=10\left[2^2+\left(\frac{10}{\sqrt{2}}\right)^2+\left(\frac{6}{\sqrt{2}}\right)^2\right]\ \text{W}=720\ \text{W}$$

在计算 i 的有效值时，没有考虑 i 的基波和 3 次谐波函数不同、基波和 3 次谐波前的运算符

号不同。这是因为：如果将基波和 3 次谐波变换成统一的函数（如 cos 函数）和运算符号（如+号），只改变基波和 3 次谐波的初相，不改变幅值，而有效值与初相无关。

（2）电流 i 的两项正弦频率相同，必须合并成一项，才能应用前述计算有效值、平均功率的表达式。因此，将电流写为

$$i=2+10\cos(t+30°)+6\cos(t+120°+90°)=2+10\cos(t+30°)+6\cos(t-150°)$$

用相量法计算 $10\cos(t+30°)+6\cos(t-150°)$，对应的相量运算为

$$10\underline{/30°}+6\underline{/-150°}=(5\sqrt{3}+\mathrm{j}5)+(-3\sqrt{3}-\mathrm{j}3)=2\sqrt{3}+\mathrm{j}2=4\underline{/30°}$$

因此

$$10\cos(t+30°)+6\cos(t-150°)=4\cos(t+30°)$$

电流 i 写为频率不同的两项之和，即

$$i=2+4\cos(t+30°)\ \mathrm{A}$$

电阻吸收的平均功率为

$$P_R=RI^2=10\left[2^2+\left(\frac{4}{\sqrt{2}}\right)^2\right]\ \mathrm{W}=120\ \mathrm{W}$$

（3）平均功率与电压、电流各项谐波的初相位相关。因此，必须将电压、电流的傅里叶级数写成统一形式。在此，电压、电流各次谐波全用 cos 函数，谐波前全用“+”号。即

$$u=30+200\sin 100\pi t+60\cos(300\pi t-30°)=30+200\cos(100\pi t-90°)+60\cos(300\pi t-30°)\ \mathrm{V}$$

$$i=5\cos(100\pi t-30°)-2\sin(300\pi t-60°)=5\cos(100\pi t-30°)+2\cos(300\pi t-60°+90°)\ \mathrm{A}$$

由式（15-4-11）计算网络吸收的平均功率，得

$$\begin{aligned}P&=U_0I_0+U_1I_1\cos(\phi_{u1}-\phi_{i1})+U_3I_3\cos(\phi_{u3}-\phi_{i3})\\&=30\times0+\frac{200\times5}{2}\cos(-90°+30°)\ \mathrm{W}+\frac{60\times2}{2}\cos(-30°-30°)\ \mathrm{W}\\&=280\ \mathrm{W}\end{aligned}$$

目标 3 检测：计算与估算周期性非正弦电量的有效值和电路的平均功率

测 15-7 一端口网络的端口电压、电流（关联参考方向）为：

（1）$u=80+120\cos\pi t+60\cos(3\pi t-30°)\ \mathrm{V}$，$i=5\cos(\pi t+30°)+2\cos(3\pi t-60°)\ \mathrm{A}$；

（2）$u=80+120\cos\pi t-60\cos(3\pi t-30°)\ \mathrm{V}$，$i=5\cos(\pi t+30°)+2\cos(3\pi t-60°)\ \mathrm{A}$；

（3）$u=80+120\cos\pi t+60\sin(3\pi t-30°)\ \mathrm{V}$，$i=5\cos(\pi t+30°)+2\cos(3\pi t-60°)\ \mathrm{A}$；

（4）$u=80+120\cos\pi t+60\cos(\pi t-30°)\ \mathrm{V}$，$i=5\cos(\pi t+30°)+2\cos(\pi t-60°)\ \mathrm{A}$；

计算网络吸收的平均功率。

答案：（1）$180\sqrt{3}$ W；（2）$120\sqrt{3}$ W；（3）289.8 W；（4）447.2 W。

例 15-4-5 图 15-4-6 所示稳态电路中，$i_s=[5+10\cos(10t-20°)-5\sin(30t+60°)]$ A，$L_1=L_2=2$ H，$M=0.5$ H。假定电表测得电量的有效值，计算各表的读数。

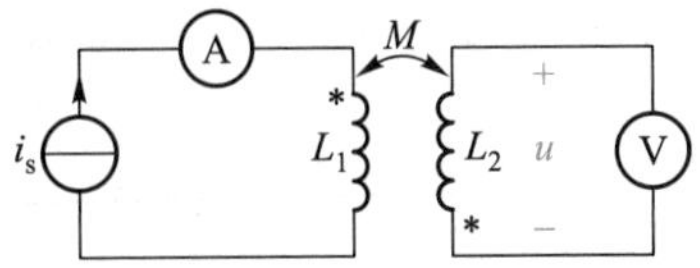

图 15-4-6 例 15-4-5 图

解：电流 i_s 的每一项对应的频率不同，应用叠加定理计算电压 u。直流分量 $i_{s0}=5$ A 单独激励时，有

$$u_0=0$$

基波分量 $\dot{I}_{s1}=10\angle -20^\circ$ A 单独激励时，有

$$\dot{U}_1=-j\omega M\dot{I}_{s1}=-j10\times 0.5\times 10\angle -20^\circ\ V=50\angle -110^\circ\ V$$

3 次谐波分量 $\dot{I}_{s3}=5\angle 60^\circ$ A 单独激励时，有

$$\dot{U}_3=-j3\omega M\dot{I}_{s3}=-j30\times 0.5\times 5\angle 60^\circ\ V=75\angle -30^\circ\ V$$

按照 i_s 的形式写出电压 u 的表达式，即

$$u=[50\cos(10t-110^\circ)-75\sin(30t-30^\circ)]\ V$$

电压表、电流表测得 u、i_s 的有效值，因此

$$U=\sqrt{(50^2+75^2)/2}=63.7\ V（为电压表读数）$$

$$I_s=\sqrt{5^2+(10^2+5^2)/2}=9.4\ A（为电流表读数）$$

有效值与谐波初相无关，因此，在本例计算过程中，不必将 i_s 的各项谐波统一成相同的三角函数，也不必将各项谐波前的符号统一成“+”号。因为这些都只影响谐波的初相。但在写出 u 的表达式时，各项谐波的三角函数、各项谐波前的符号必须与 i_s 表达式的情形一致。

目标 3 检测：计算与估算周期性非正弦电量的有效值和电路的平均功率

测 15-8　测 15-8 图所示稳态电路中，$u_s=80+120\cos 100t-60\sin(300t-30^\circ)$ V。计算电流 i、电压源提供的平均功率。

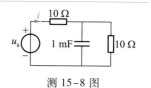

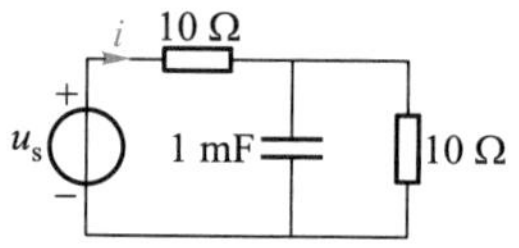

测 15-8 图

答案：$i=[4+7.59\cos(100t+18.4^\circ)-5.26\sin(300t-14.7^\circ)]$ A，904.3 W。

例 15-4-6　图 15-4-7 所示稳态电路中，$u_s=(300\sqrt{2}\sin\omega t+200\sqrt{2}\sin 3\omega t)$，$R=50\ \Omega$，$\omega L_1=60\ \Omega$，$\omega L_2=50\ \Omega$，$\omega M=40\ \Omega$，$\omega L_3=20\ \Omega$，且电感 L_3 的电流中不含基波。计算电流 $i(t)$、各表的读数。假定电流表的读数为有效值、瓦特表的读数为平均功率。

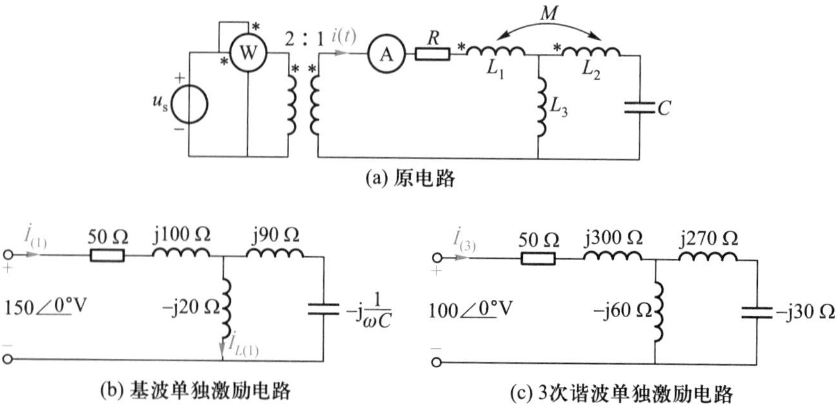

图 15-4-7　例 15-4-6 图

解：耦合电感经去耦等效后，基波单独激励电路如图 15-4-7(b)所示。当 j90 Ω 与 $-\mathrm{j}\dfrac{1}{\omega C}$串联等效阻抗为零时，相当于短路，导致 $\dot{I}_{L(1)}=0$。因此，$\dfrac{1}{\omega C}=90\ \Omega$，端口等效阻抗

$$Z_{(1)}=(50+\mathrm{j}100)\ \Omega$$

$$\dot{I}_{(1)}=\frac{150\angle 0^\circ}{Z_{(1)}}=\frac{150\angle 0^\circ}{50+\mathrm{j}100}\ \mathrm{A}=1.34\angle -63.4^\circ\ \mathrm{A}$$

耦合电感经去耦等效后，3 次谐波单独激励电路如图 15-4-7(c)所示。端口等效阻抗

$$Z_{(3)}=50+\mathrm{j}300+\frac{-\mathrm{j}240\times \mathrm{j}60}{\mathrm{j}240-\mathrm{j}60}=(50+\mathrm{j}220)\ \Omega$$

因此

$$\dot{I}_{(3)}=\frac{100\angle 0^\circ}{Z_{(3)}}=\frac{100\angle 0^\circ}{50+\mathrm{j}220}\ \mathrm{A}=0.44\angle -77.2^\circ\ \mathrm{A}$$

由此

$$i(t)=[1.34\sqrt{2}\sin(\omega t-63.4^\circ)+0.44\sqrt{2}\sin(3\omega t-77.2^\circ)]\ \mathrm{A}$$

电流表的读数为电流 $i(t)$的有效值，即为

$$I=\sqrt{1.34^2+0.44^2}\ \mathrm{A}=1.41\ \mathrm{A}$$

变压器、耦合电感、电感、电容均不消耗有功功率，功率表的读数就是电阻消耗的有功功率，为

$$P=50I^2=50\times 1.41^2\ \mathrm{W}=99.5\ \mathrm{W}$$

目标 3 检测：计算与估算周期性非正弦电量的有效值和电路的平均功率

测 15-9 测 15-9 图所示稳态电路中，$u_s=[3+20\cos 2t-6\sin 4t]$ V。计算：$i(t)$、$i(t)$的有效值、电压源提供的有功功率。

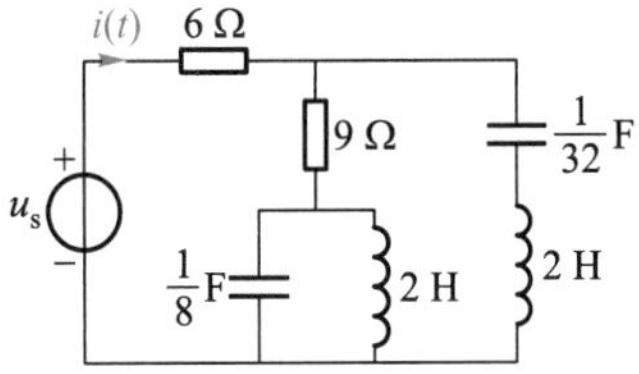

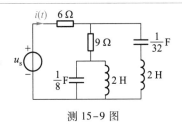

测 15-9 图

答案：$[0.2+1.49\cos(2t+63.4^\circ)-\sin 4t]$ A、1.28 A、10.27 W。

*15.5 对称三相非正弦稳态电路

电力系统中的三相发电机提供的电压并不是标准的正弦波，而与图 15-5-1(a)所示梯形波轻微相似。图中梯形波为奇函数且半波对称。因此，电网电压除了 50 Hz 正弦波外，还有其他奇次谐波分量，这些谐波统称为电网电压的高次谐波。

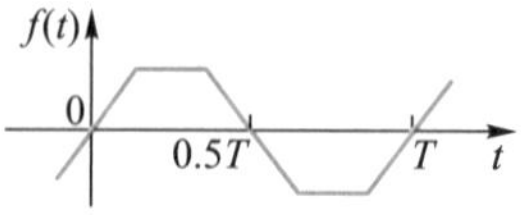

(a) 梯形波

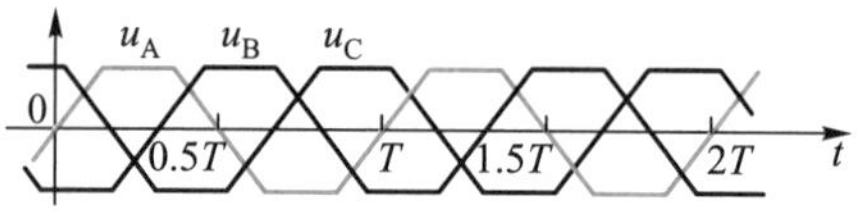

(b) 对称三相电压

图 15-5-1 梯形波

15.5.1 对称三相非正弦电压源的谐波

当对称三相电路的电压源为周期性非正弦波形时,三相电压源在时间上彼此滞后三分之一周期。例如,图 15-5-1(b)所示波形,有

$$u_A=f(t),\quad u_B=f\left(t-\frac{T}{3}\right),\quad u_C=f\left(t-\frac{2T}{3}\right) \tag{15-5-1}$$

考虑到发电机电压具有半波对称性,仅含奇次谐波,因此可设 A 相电源 u_A 的傅里叶级数为

$$u_A=\sum_{k=1,3,5}^{\infty}\sqrt{2}U_k\cos(k\omega_0 t+\phi_k) \tag{15-5-2}$$

B、C 相电源 u_B、u_C 的傅里叶级数则为

$$u_B=\sum_{k=1,3,5}^{\infty}\sqrt{2}U_k\cos\left[k\omega_0\left(t-\frac{T}{3}\right)+\phi_k\right]=\sum_{k=1}^{\infty}\sqrt{2}U_k\cos\left(k\omega_0 t-k\frac{2\pi}{3}+\phi_k\right) \tag{15-5-3}$$

$$u_C=\sum_{k=1,3,5}^{\infty}\sqrt{2}U_k\cos\left[k\omega_0\left(t-\frac{2T}{3}\right)+\phi_k\right]=\sum_{k=1}^{\infty}\sqrt{2}U_k\cos\left(k\omega_0 t-k\frac{4\pi}{3}+\phi_k\right) \tag{15-5-4}$$

应用叠加定理分析此类对称三相电路时,u_A、u_B、u_C 中的同次谐波一起作用于电路,但 u_A、u_B、u_C 的对称规律会因谐波次数不同而不同,分成以下 3 类对称三相电压源。

(1) 正序对称三相电压源

当 $k=1, 7, 13, \cdots$(即 $k=6n+1, n=0, 1, 2, \cdots$)时,$u_A$、$u_B$、$u_C$ 的初相位分别为

$$\text{A 相}:\phi_k$$

$$\text{B 相}:-(6n+1)\frac{2\pi}{3}+\phi_k=-4n\pi-\frac{2\pi}{3}+\phi_k$$

$$\text{C 相}:-(6n+1)\frac{4\pi}{3}+\phi_k=-8n\pi-\frac{4\pi}{3}+\phi_k$$

u_A、u_B、u_C 依次滞后 $2\pi/3$,构成正序对称三相电压源,如图 15-5-2(a)所示。

(2) 零序对称三相电压源

当 $k=3, 9, 15, \cdots$(即 $k=6n+3, n=0, 1, 2, \cdots$)时,$u_A$、$u_B$、$u_C$ 的初相位分别为

$$\text{A 相}:\phi_k$$

$$\text{B 相}:-(6n+3)\frac{2\pi}{3}+\phi_k=-4n\pi-2\pi+\phi_k$$

$$\text{C 相}:-(6n+3)\frac{4\pi}{3}+\phi_k=-8n\pi-4\pi+\phi_k$$

u_A、u_B、u_C 同相位,构成零序对称三相电压源,如图 15-5-2(b)所示。

(3) 负序对称三相电压源

当 $k=5, 11, 17, \cdots$(即 $k=6n+5, n=0, 1, 2, \cdots$)时,$u_A$、$u_B$、$u_C$ 的初相位分别为

A 相：ϕ_k

B 相：$-(6n+5)\dfrac{2\pi}{3}+\phi_k=-4n\pi-4\pi+\dfrac{2\pi}{3}+\phi_k$

C 相：$-(6n+5)\dfrac{4\pi}{3}+\phi_k=-8n\pi-8\pi+\dfrac{4\pi}{3}+\phi_k$

u_A、u_B、u_C 依次超前 $2\pi/3$，构成负序对称三相电压源，如图 15-5-2(c)所示。

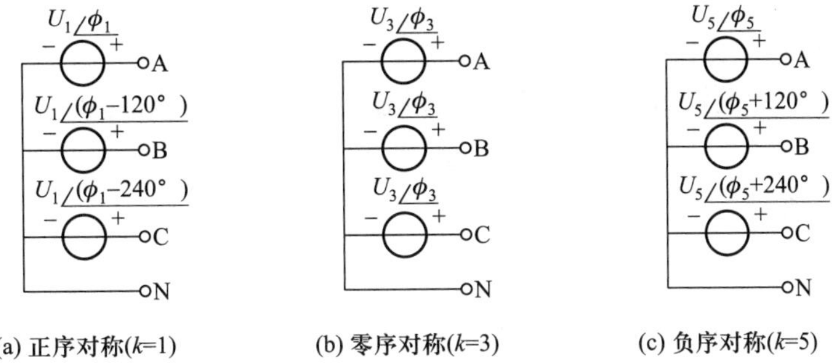

图 15-5-2 正序、零序、负序对称三相电压源

15.5.2 对称三相非正弦稳态电路计算

对称三相非正弦稳态电路可分解为不同频率的对称三相正弦稳态电路的叠加。相叠加的对称三相正弦稳态电路中包含 3 类对称三相电路。一类电路由正序三相正弦电压源激励，称为正序电路；另一类电路由负序三相正弦电压源激励，称为负序电路；还有一类电路由零序三相正弦电压源激励，称为零序电路。正序电路、负序电路的计算，均采用第 13 章提出的分相计算法。零序电路的计算相对复杂一些，它与三相电路的结构相关，下面对零序电路展开讨论。

(1)零序电路计算

图 15-5-3(a)所示 Y_N-Y_n 接（四线制）电路中，三相电压源为零序电压源，由于

$$\dot U_{Ak}=\dot U_{Bk}=\dot U_{Ck}\quad(k=6n+3)$$

因此，零序电流

$$\dot I_{Ak}=\dot I_{Bk}=\dot I_{Ck}=\frac{1}{3}\dot I_{Nk}$$

计算零序电流有两种方法。方法 1：将中线阻抗 Z_{Nk} 视为 3 个 $3Z_{Nk}$ 阻抗并联，分出 A 相来计算，如图 15-5-3(b)所示，则

$$\dot I_{Ak}=\frac{\dot U_{Ak}}{Z_{sk}+Z_{Lk}+3Z_{Nk}}\left(=\dot I_{Bk}=\dot I_{Ck}=\frac{1}{3}\dot I_{Nk}\right)$$

方法 2：将 3 条端线并联（即将 A、B、C 短接，3 个电压源的“+”端子短接，因为他们是等位点），等效成图 15-5-3(c)所示电路，则

$$\dot I_{Nk}=\frac{\dot U_{Ak}}{\dfrac{Z_{sk}+Z_{Lk}}{3}+Z_{Nk}}\left(=3\dot I_{Ak}=3\dot I_{Bk}=3\dot I_{Ck}\right)$$

图 15-5-3(d)所示 Y/Y 接(三线制)电路中,三相电压源还是零序电压源,此时

$$\dot{I}_{Ak}=\dot{I}_{Bk}=\dot{I}_{Ck}$$

节点 n 的 KCL 方程为

$$\dot{I}_{Ak}+\dot{I}_{Bk}+\dot{I}_{Ck}=0$$

可得

$$\dot{I}_{Ak}=\dot{I}_{Bk}=\dot{I}_{Ck}=0$$

表明三线制下,零序电流为零。中线是形成零序电流的必要条件。

图 15-5-3(e)所示电源 Δ 接的电路中,三相电压源为零序电源,仍然有

$$\dot{I}_{Ak}=\dot{I}_{Bk}=\dot{I}_{Ck}$$

再由节点 n 的 KCL 得

$$\dot{I}_{Ak}=\dot{I}_{Bk}=\dot{I}_{Ck}=0$$

但是,Δ 电源内存在零序环流。由于 $\dot{I}_{Ak}=\dot{I}_{Bk}=\dot{I}_{Ck}=0$,在 Δ 电源内应用 KVL,可得

$$\dot{I}_{mk}=\frac{\dot{U}_{Ak}+\dot{U}_{Bk}+\dot{U}_{Ck}}{3Z_{sk}}=\frac{\dot{U}_{Ak}}{Z_{sk}}$$

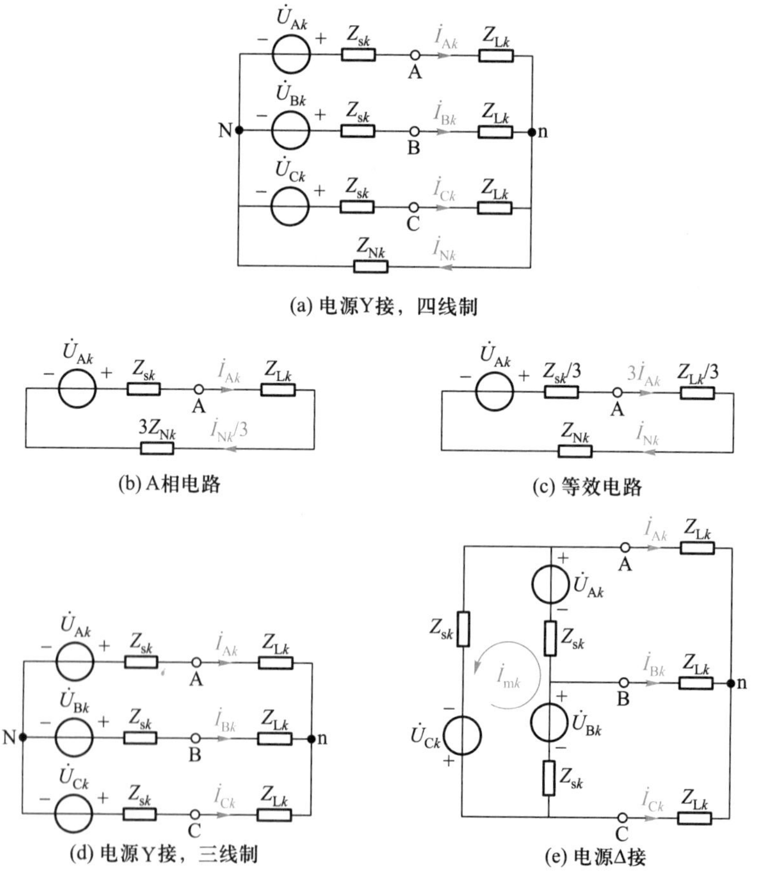

图 15-5-3 对称三相零序电路的计算($k=6n+3$)

(2) 零序电压、电流的分布特征

从上述分析不难得出,零序电路分析与电压源连接方式相关,而与负载连接方式无关。对称三相电路中零序电压、电流分量具有如下分布特征:

a. Y_N-Y_n 联结下,线电流中含有零序分量,因而负载电压、电流均含有零序分量。此时,除线电压外,其他电量均含零序分量。

b. Y-Y、Y-Δ 联结下,线电流中不含零序分量,负载电压、电流也就不含零序分量。此时,零序分量存在于电源相电压、电源与负载中性点之间的电压。

c. Δ-Y、Δ-Δ 联结下,仅在 Δ 电压源内部存在零序环流,其他电量均无零序分量,包括电源相电压在内。

d. 无论三线制还是四线制连接,线电压中总没有零序分量。这是因为,线电压为两个相电压之差,零序分量相消。线电压中不含零序分量,而相电压中可能含有零序分量,导致线电压有效值 U_l 和相电压有效值 U_p 的关系由 $U_l=\sqrt{3}U_p$ 变为

$$\boxed{U_l \leqslant \sqrt{3}U_p} \tag{15-5-5}$$

e. 中线电流、中性点之间的电压全是零序分量,没有正序和负序分量。

例 15-5-1 对称三相非正弦稳态电路如图 15-5-4(a)所示,三相电源 A 相电压为

$$u_A = 225\sqrt{2}\sin 100\pi t - 25\sqrt{2}\sin 300\pi t + 9\sqrt{2}\sin 500\pi t \text{ V}$$

计算:(1)i_A、i_B、i_C、i_N;(2)I_A、I_N;(3)U_{AB}、U_{AN}、U_{An};(4)三相电源提供的平均功率。

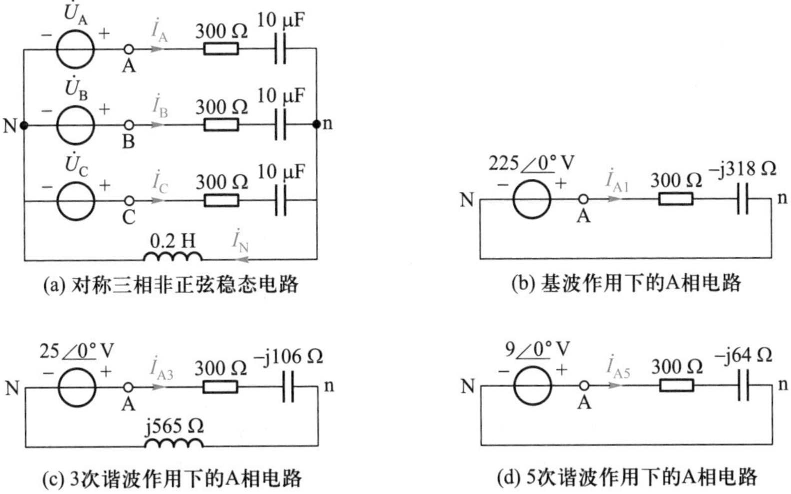

图 15-5-4 例 15-5-1 电路

解:应用叠加定理计算。对称三相电压源包含基波、3 次谐波和 5 次谐波。在基波频率下,电容的容抗

$$X_{C1} = \frac{1}{\omega_0 C} = \frac{1}{100\pi \times 10 \times 10^{-6}}\ \Omega = 318\ \Omega \qquad (\omega_0 = 100\pi)$$

在 3 次、5 次谐波频率下,容抗

$$X_{C3} = X_{C1}/3 = 106\Omega, \quad X_{C5} = X_{C1}/5 = 64\ \Omega$$

中线上的电感只在 3 次谐波(零序)电路中起作用,3 次谐波频率下电感的感抗

$$X_{L3}=3\omega_0 L=3\times100\pi\times0.2\ \Omega=188.5\ \Omega$$

基波单独作用时为正序对称三相电路,N、n 是等位点,A 相电路如图 15-5-4(b)所示,由此

$$\dot{I}_{A1}=\frac{225\angle0^\circ}{300-j318}\ A=0.515\angle46.7^\circ\ A$$

3 次谐波单独作用时为零序对称三相电路,零序电路中要保留中线阻抗,A 相电路如图 15-5-4(c)所示(中线阻抗为 $j3X_{L3}$),由此

$$\dot{I}_{A3}=\frac{25\angle0^\circ}{300-j106+j565}\ A=0.046\angle-56.8^\circ\ A$$

5 次谐波单独作用时为负序对称三相电路,N、n 还是等位点,A 相电路如图 15-5-4(d)所示,由此

$$\dot{I}_{A5}=\frac{9\angle0^\circ}{300-j64}\ A=0.029\angle12.0^\circ\ A$$

(1) 按照对称关系和 u_A 的形式写出电流

$$i_A=0.515\sqrt{2}\sin(100\pi t+46.7^\circ)-0.046\sqrt{2}\sin(300\pi t-56.8^\circ)+0.029\sqrt{2}\sin(500\pi t+12.0^\circ)\ A$$

$$i_B=0.515\sqrt{2}\sin(100\pi t-73.3^\circ)-0.046\sqrt{2}\sin(300\pi t-56.8^\circ)+0.029\sqrt{2}\sin(500\pi t+132.0^\circ)\ A$$

$$i_C=0.515\sqrt{2}\sin(100\pi t+166.7^\circ)-0.046\sqrt{2}\sin(300\pi t-56.8^\circ)+0.029\sqrt{2}\sin(500\pi t-108.0^\circ)\ A$$

$$i_N=3i_{A3}=0.138\sqrt{2}\sin(300\pi t-56.8^\circ)\ A$$

(2) 计算电流有效值

$$I_A=\sqrt{0.515^2+0.046^2+0.029^2}\ A=0.518\ A$$

$$I_N=0.138\ A$$

(3) 计算电压有效值(注意线电压中不含零序分量)

$$U_{AB}=\sqrt{U_{AB1}^2+U_{AB5}^2}=\sqrt{3}\sqrt{U_{AN1}^2+U_{AN5}^2}=\sqrt{3}\sqrt{225^2+9^2}\ V=390\ V$$

$$U_{AN}=\sqrt{U_{AN1}^2+U_{AN3}^2+U_{AN5}^2}=\sqrt{225^2+25^2+9^2}\ V=226.6\ V$$

$$\begin{aligned}U_{An}&=\sqrt{U_{An1}^2+U_{An3}^2+U_{An5}^2}=\sqrt{(I_{A1}|Z_{L1}|)^2+(I_{A3}|Z_{L3}|)^2+(I_{A5}|Z_{L5}|)^2}\\&=\sqrt{(0.515|300-j318|)^2+(0.046|300-j106|)^2+(0.029|300-j64|)^2}\ V\\&=225.8\ V\end{aligned}$$

(4) 电源提供的平均功率就是 300Ω 电阻消耗的平均功率,因此

$$P=3\times300I_A^2=3\times300\times0.518^2\ W=241.5\ W$$

或者,将图 15-5-4(b)、(c)、(d)三个电路中电压源提供的平均功率相加,得到 A 相电压源提供的平均功率,再乘 3 倍得到三相总平均功率。因此

$$P=3(P_{A1}+P_{A3}+P_{A5})=3(300I_{A1}^2+300I_{A3}^2+300I_{A5}^2)=3\times300\times0.518^2\ W=241.5\ W$$

目标 4 检测:分析对称三相电路中的谐波

测 15-10 对称三相非正弦稳态电路如测 15-10 图所示,$\omega_0L=10\ \Omega$,$R=30\ \Omega$,$R_N=4\ \Omega$,三相电源 A 相电压为 $u_A=200\sqrt{2}\sin\omega_0t+50\sqrt{2}\sin3\omega_0t$ V。计算:(1)i_A、i_B、i_N;(2)I_A、I_N;(3)U_{AB}、U_{AN}、U_{An};(4)电源提供的平均功率;(5)若 $R_N=\infty$,再计算(1)~(4)。

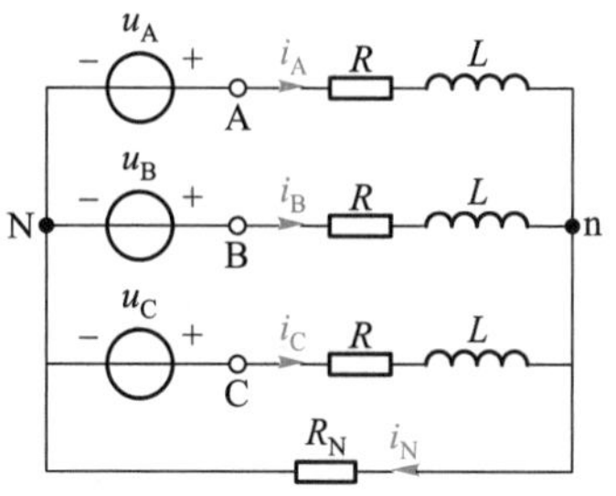

测 15-10 图

答案:(1) $i_A = 6.32\sqrt{2}\sin(\omega_0 t - 18.4°) + 0.97\sqrt{2}\sin(3\omega_0 t - 35.5°)$ A

$i_B = 6.32\sqrt{2}\sin(\omega_0 t - 138.4°) + 0.97\sqrt{2}\sin(3\omega_0 t - 35.5°)$ A、$i_N = 2.91\sqrt{2}\sin(3\omega_0 t - 35.5°)$ A;

(2) $I_A = 6.39$ A,$I_N = 2.91$ A;(3) $U_{AB} = 346.4$ V、$U_{AN} = 206.2$ V、$U_{An} = 204.2$ V;(4)3713.3 W。

---

* 例 15-5-2 对称三相非正弦稳态电路如图 15-5-5(a)所示,$R_N = 4\ \Omega$,表 A_N 的读数为 15 A,表 V_3 的读数为 520 V,表 W_N 的读数为 1500 W。计算:(1)其他各表的读数;(2)三相电源提供的有功功率。

(a) 对称三相非正弦稳态电路　　　(b) 3次谐波单独作用的电路

(c) 基波单独作用的电路

图 15-5-5　例 15-5-2 电路

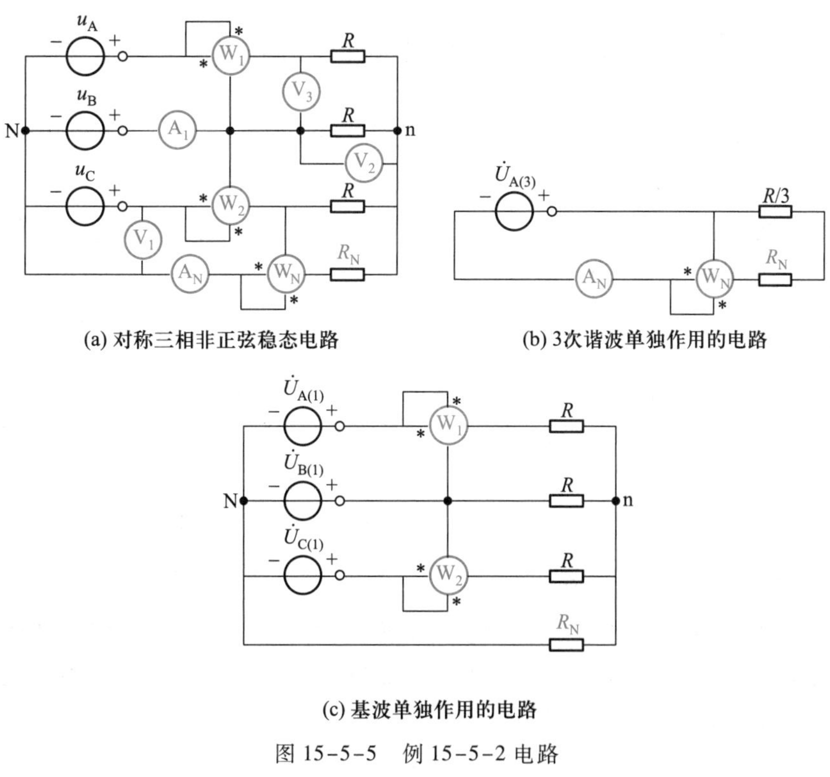

解:(1)先由已知条件确定电路的参数,包括:电阻 R、电压源的基波有效值 $U_{A(1)}$ 和 3 次谐波有效值 $U_{A(3)}$,再对电路进行分析,求得各仪表的读数。电压源的基波为正序对称三相电压、3 次谐波为零序对称三相电压。

线电压中不含零序分量,因此,表 V_3 的读数为基波线电压,故

$$U_{A(1)}=520/\sqrt{3}=300\ \text{V}$$

中线电流只有零序分量,表 A_N 的读数为零序电流,3 次谐波单独作用的电路如图 15-5-5(b)所示,因此

$$I_{AN}=15\ \text{A}=\frac{U_{A(3)}}{R_N+(R/3)}$$

表 W_N 的读数为零序功率。因为,W_N 表的电流线圈只有零序电流,电压线圈有正序和零序电压,零序电流和零序电压构成平均功率,正序电压对 W_N 表的读数没有影响。W_N 表的读数为三相电阻 R、中线电阻 R_N 消耗的零序功率之和,如图 15-5-5(b)所示。因此

$$P_{WN}=1\ 500=\frac{U_{A(3)}^2}{R_N+(R/3)}$$

由以上两式解得

$$R=8\ \Omega,\quad U_{A(3)}=100\ \text{V}$$

电路参数和电压源参数已经确定,电压表 V_1 的读数为电压源相电压有效值,即

$$U_{V1}=\sqrt{U_{A(1)}^2+U_{A(3)}^2}=\sqrt{300^2+100^2}\ \text{V}=316.4\ \text{V}$$

电流表 A_1 的读数为线电流有效值,包含基波和 3 次谐波,即

$$I_{A1}=\sqrt{\left(\frac{U_{A(1)}}{R}\right)^2+\left(\frac{I_{AN}}{3}\right)^2}=\sqrt{\left(\frac{300}{8}\right)^2+\left(\frac{15}{3}\right)^2}\ \text{A}=37.9\ \text{A}$$

表 V_2 的读数为 R 的电压有效值,包含基波和 3 次谐波,即

$$U_{V2}=I_{A1}\times R=37.9\times 8\ \text{V}=303.2\ \text{V}$$

功率表 W_1、W_2 的电压线圈只有基波(正序)电压,测得基波单独作用下负载的功率,如图 15-5-5(c)所示,中线基波电流为零,因此,W_1、W_2 表构成两瓦特表法,读数之和为三相负载的基波功率,且因负载功率因数为 1,W_1、W_2 表读数相等。因此

$$P_{W1}=P_{W2}=\frac{1}{2}\left(3\times\frac{U_{A(1)}^2}{R}\right)=\frac{1}{2}\left(3\times\frac{300^2}{8}\right)\ \text{W}=16\ 875\ \text{W}$$

(2)电压源提供的有功功率等于负载消耗的基波功率、3 次谐波功率之和。负载消耗的基波功率由 W_1、W_2 表测得,负载和中线电阻消耗的 3 次谐波功率由 W_N 表测得。电压源提供的有功功率为

$$P=P_{W1}+P_{W2}+P_{WN}=(16\ 875\times 2+1\ 500)\ \text{W}=35\ 250\ \text{W}$$

目标 4 检测:分析对称三相电路中的谐波

测 15-11 三个负载电阻 R,分别联结成 Y 形和 Δ 形,由对称三相电压源供电。联结成 Δ 形时,负载消耗的功率为 12 000 W;联结成 Y 形时,负载消耗的功率为 4 750 W,此时中线阻抗为零、中线电流为 15 A。求三相电压源的线电压、相电压。

答案:200 V、125.9 V。

15.6 拓展与应用

我们已将傅里叶级数应用于周期性非正弦稳态电路分析中。傅里叶级数有着广泛的工程应用,尤其是在通信领域和信号处理领域。这里介绍傅里叶级数在滤波器设计中的应用。在第14章讨论了模拟滤波器的原理,周期性非正弦函数输入到滤波器,频率落在滤波器通带内的谐波幅值衰减小,而落在通带外的谐波幅值衰减大。

15.6.1 低通滤波器应用

利用低通滤波器获得非正弦周期信号中的直流分量和基波分量。假定无源低通滤波器的传递函数为 $H(\omega)$、截止频率为 ω_c,则有:$H(0)=1$,$H(\omega_c)=1/\sqrt{2}$。当低通滤波器的输入电压为

$$u_i=U_0+\sum_{k=1}^{\infty}\sqrt{2}\,U_k\cos(k\omega_0 t+\phi_k)$$

时,若使 $\omega_c \ll \omega_0$,则滤波器的输出主要为直流分量,即

$$u_o=H(0)\,U_0=U_0$$

若使 $\omega_0<\omega_c<2\omega_0$,则滤波器的输出主要为直流分量和基波分量,其直流分量为 U_0,基波分量有效值为

$$H(\omega_0)\times U_1>\frac{U_1}{\sqrt{2}}$$

例如,采用 RC 低通滤波器提取图 15-6-1(a)所示三角波的基波分量,如图 15-6-1(b)所示,取 $R=100\ \Omega$,选择 C 的值。u_i 的周期 $T=20$ ms,基波频率

$$\omega_0=2\pi/T=100\pi\ \text{rad/s}$$

低通滤波器的截止频率 $\omega_c=\dfrac{1}{RC}$,当 $\omega_0<\omega_c<2\omega$ 时,低通滤波器输出电压 u_o 主要为基波分量,因此

$$100\pi<\frac{1}{RC}<200\pi,\quad 15.92\ \mu\text{F}<C<31.83\ \mu\text{F}$$

取 $C=30\ \mu$F(为了计算方便,取 30 μF,实际电容器只有 33 μF 的)。此参数下,低通滤波器的传递函数为

$$H(\omega)=\frac{1}{1+\text{j}\omega RC}=\frac{1}{1+\text{j}3\times10^{-3}\omega}$$

因此

$$H(\omega_0)=\frac{1}{1+\text{j}3\times10^{-3}\times100\pi}=\frac{1}{1+\text{j}0.9425}=0.728\underline{/-43.3^\circ}$$

$$H(3\omega_0)=\frac{1}{1+\text{j}3\times10^{-3}\times300\pi}=\frac{1}{1+\text{j}2.8275}=0.333\underline{/-70.5^\circ}$$

$$H(5\omega_0)=\frac{1}{1+\text{j}3\times10^{-3}\times500\pi}=\frac{1}{1+\text{j}4.7125}=0.208\underline{/-78.0^\circ}$$

查表 15-3-1 得到三角波的傅里叶级数,为

$$u_i=\frac{80}{\pi^2}\left(\sin\ \omega_0 t-\frac{1}{9}\sin\ 3\omega_0 t+\frac{1}{25}\sin\ 5\omega_0 t-\cdots\right)\ \text{V}$$

输出电压 u_o 的基波分量幅值为

$$U_{o1m}=U_{i1m}\times|H(\omega_0)|=\frac{80}{\pi^2}\times 0.728\ \text{V}=5.901\ \text{V}$$

u_o 的 3 次谐波分量幅值为

$$U_{o3m}=U_{i3m}\times|H(3\omega_0)|=\frac{80}{\pi^2}\times\frac{1}{9}\times 0.333\ \text{V}=0.300\ \text{V}$$

u_o 的 5 次谐波分量幅值为

$$U_{o5m}=U_{i5m}\times|H(5\omega_0)|=\frac{80}{\pi^2}\times\frac{1}{25}\times 0.208\ \text{V}=0.067\ \text{V}$$

由 u_o 的前 3 项计算 u_o 的有效值

$$U_o=\sqrt{\frac{1}{2}(U_{o1m}^2+U_{o3m}^2+U_{o5m}^2)}=\sqrt{\frac{1}{2}(5.901^2+0.300^2+0.067^2)}\ \text{V}=4.178\ \text{V}$$

u_o 的基波有效值

$$U_{o1}=\frac{U_{o1m}}{\sqrt{2}}=\frac{5.901}{\sqrt{2}}\ \text{V}=4.173\ \text{V}$$

$$\frac{U_{o1}}{U_o}=\frac{4.173}{4.178}=0.999$$

U_{o1} 与 U_o 非常接近,u_o 中剩下的 3 次、5 次谐波分量相对于基波分量而言很小。而 u_i 中,由前 3 项计算的有效值为

$$U_i=\sqrt{\frac{1}{2}(U_{i1m}^2+U_{i3m}^2+U_{i5m}^2)}=\frac{80}{\pi^2}\sqrt{\frac{1}{2}\times\left(\frac{1}{1^2}+\frac{1}{9^2}+\frac{1}{25^2}\right)}\ \text{V}=5.771\ \text{V}$$

u_i 的基波有效值为

$$U_{i1}=\frac{U_{i1m}}{\sqrt{2}}=\frac{80}{\pi^2\sqrt{2}}\ \text{V}=5.732\ \text{V}$$

$$\frac{U_{i1}}{U_i}=\frac{5.732}{5.771}=0.993$$

u_i 中的 3 次、5 次谐波分量占比较 u_o 的大,低通滤波器抑制了 3 次及其以上谐波。

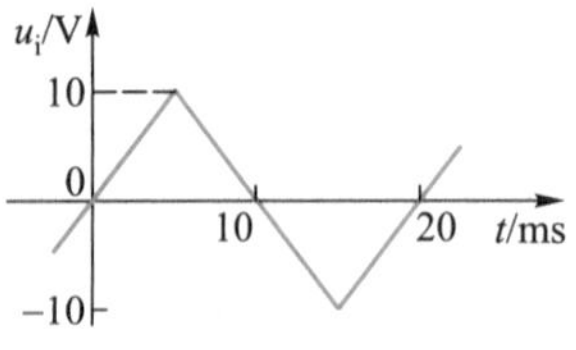

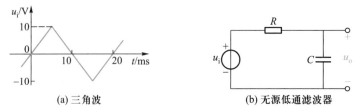

(a) 三角波

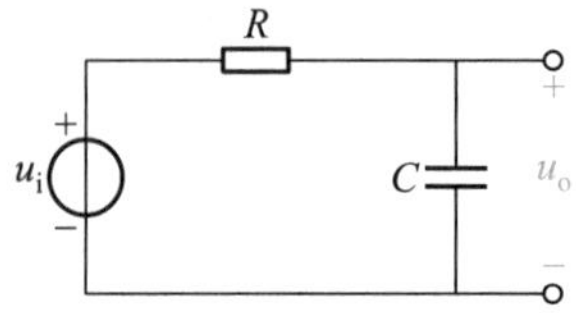

(b) 无源低通滤波器

图 15-6-1 无源低通滤波器应用

15.6.2 带通滤波器应用

利用带通滤波器获得非正弦周期信号中的某一次谐波分量。假定无源带通滤波器的传递函

数为 $H(\omega)$、中心频率为 ω_c（ω_0 已用来表示基波频率了，故在此暂用 ω_c 表示中心频率）、截止频率为 ω_{c1} 和 ω_{c2}（$\omega_{c2}>\omega_{c1}$），则有：$H(\omega_c)=1$，$H(\omega_{c1,c2})=1/\sqrt{2}$。当带通滤波器的输入电压为

$$u_i=U_0+\sum_{k=1}^{\infty}\sqrt{2}U_k\cos(k\omega_0 t+\phi_k)$$

时，若使 $\omega_c=n\omega_0$，且 $\omega_{c1}>(n-1)\omega_0$、$\omega_{c2}<(n+1)\omega_0$，则滤波器的输出主要为 n 次谐波分量，近似为频率为 $n\omega_0$ 的正弦波，其有效值为

$$|H(n\omega_0)|U_n=|H(\omega_c)|U_n=U_n$$

带通滤波器对 n 次谐波分量幅值没有衰减。

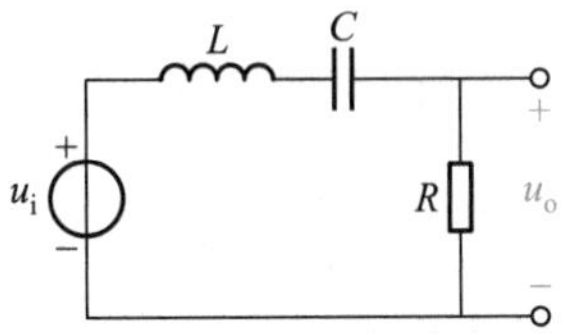

图 15-6-2 无源带通滤波器应用

例如，采用 *RLC* 串联带通滤波器提取图 15-6-1(a)所示三角波的第 5 次波分量，如图 15-6-2 所示，取 $C=1\ \mu F$，选择 L、R 的值。基波频率 $\omega_0=100\pi$ rad/s，要提取第 5 次波分量，带通滤波器满足：中心频率 $\omega_c=5\omega_0=500\pi$ rad/s，截止频率 $\omega_{c1}>4\omega_0$、$\omega_{c2}<6\omega_0$，带宽 $B<2\omega_0$。取 $B=0.2\omega_0$，则

$$Q=\frac{\omega_c}{B}=\frac{5\omega_0}{B}=\frac{5\omega_0}{0.2\omega_0}=25,\quad \omega_c=\frac{1}{\sqrt{LC}}=5\omega_0=500\pi\ \text{rad/s}$$

解得 $L=0.405$ H。又由

$$Q=\frac{\omega_c L}{R}=\frac{5\omega_0 L}{R}=\frac{500\pi L}{R}=25$$

解得 $R=25.4\ \Omega$。由此，带通滤波器的幅频响应为

$$|H(\omega)|=\frac{1}{\sqrt{1+Q^2\left(\frac{\omega}{\omega_c}-\frac{\omega_c}{\omega}\right)^2}}=\frac{1}{\sqrt{1+Q^2\left(\frac{\omega}{5\omega_0}-\frac{5\omega_0}{\omega}\right)^2}}=\frac{1}{\sqrt{1+25^2\left(\frac{\omega}{5\omega_0}-\frac{5\omega_0}{\omega}\right)^2}}$$

由此

$$|H(\omega_0)|=\frac{1}{\sqrt{1+25^2\left(\frac{\omega_0}{5\omega_0}-\frac{5\omega_0}{\omega_0}\right)^2}}=0.008$$

$$|H(3\omega_0)|=\frac{1}{\sqrt{1+25^2\left(\frac{3\omega_0}{5\omega_0}-\frac{5\omega_0}{3\omega_0}\right)^2}}=0.037$$

$$H(5\omega_0)=1$$

$$|H(7\omega_0)|=\frac{1}{\sqrt{1+25^2\left(\frac{7\omega_0}{5\omega_0}-\frac{5\omega_0}{7\omega_0}\right)^2}}=0.058$$

输出电压 u_o 的基波分量幅值为

$$U_{o1m}=U_{i1m}\times|H(\omega_0)|=\frac{80}{\pi^2}\times 0.008\ \text{V}=0.065\ \text{V}$$

u_o 的 3 次谐波分量幅值为

$$U_{o3m}=U_{i3m}\times|H(3\omega_0)|=\frac{80}{\pi^2}\times\frac{1}{9}\times 0.037\ \text{V}=0.033\ \text{V}$$

u_o 的 5 次谐波分量幅值为

$$U_{o5m}=U_{i5m}\times|H(5\omega_0)|=\frac{80}{25\pi^2}\times 1\ \text{V}=0.324\ \text{V}$$

u_o 的 7 次谐波分量幅值为

$$U_{o7m}=U_{i7m}\times|H(7\omega_0)|=\frac{80}{\pi^2}\times\frac{1}{49}\times 0.058\ \text{V}=0.010\ \text{V}$$

由 u_o 的前 4 项计算 u_o 的有效值

$$U_o=\sqrt{\frac{1}{2}(U_{o1m}^2+U_{o3m}^2+U_{o5m}^2+U_{o7m}^2)}=\sqrt{\frac{1}{2}(0.065^2+0.033^2+0.324^2+0.010^2)}\ \text{V}=0.235\ \text{V}$$

u_o 的 5 次谐波有效值为

$$U_{o5}=\frac{U_{o5m}}{\sqrt{2}}=\frac{0.324}{\sqrt{2}}\ \text{V}=0.229\ \text{V}$$

$$\frac{U_{o5}}{U_o}=\frac{0.229}{0.235}=0.974$$

由于 u_i 的基波分量幅值显著大于谐波分量幅值，尽管带通滤波器严重抑制了基波分量输出，但 u_o 中的基波分量幅值依然较大，必要时可再用高通滤波器滤除基波分量。

习题 15

周期函数的傅里叶级数与频谱（15.2 节）

15-1 确定以下函数是否为周期函数，若为周期函数，确定其周期，并得出规律性的结论。(1) $f(t)=2\sin\pi t+3\cos 4\pi t$；(2) $f(t)=2\sin\pi t+3\cos 4t$；(3) $f(t)=(\sin 2t)\times(\cos 3t)$；(4) $f(t)=\sin^2 t$。

15-2 函数 $f(t)=t, 0<t<1\text{s}$，且 $f(t)=f(t+n)$（n 为整数）。确定：(1) 周期 T、角频率 ω_0 和频率 f_0；(2) 傅里叶级数的系数 a_0、a_k、b_k 及傅里叶级数；(3) 幅值频谱和相位频谱。

15-3 对题 15-3 图所示波形，计算：(1) 傅里叶级数的系数 a_0、a_k、b_k；(2) 傅里叶级数的系数 A_k、ϕ_k；(3) 画出幅值频谱图和相位频谱图。

对称性对傅里叶级数的影响（15.3 节）

15-4 题 15-4 图所示波形具有何种对称性？利用对称性确定其傅里叶级数。

15-5 题 15-5 图所示波形具有何种对称性？利用对称性确定其傅里叶级数。

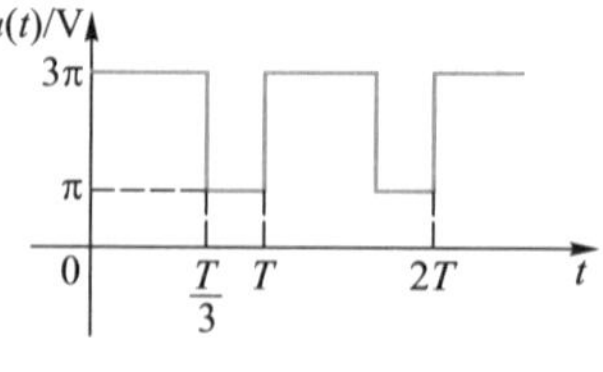

题 15-3 图

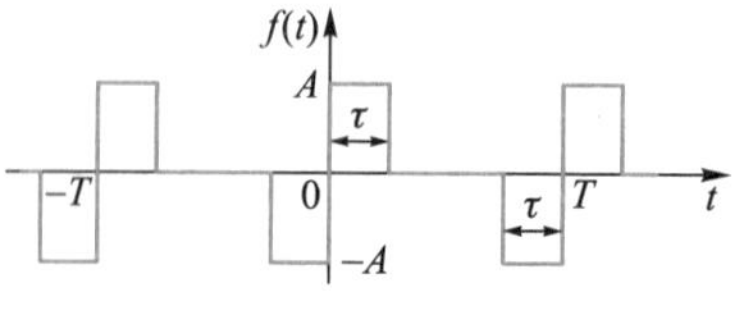

题 15-4 图

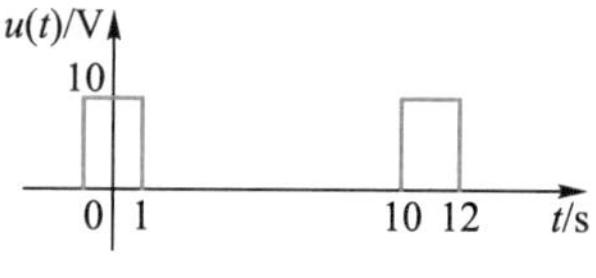

题 15-5 图

15-6 题 15-6 图所示波形具有何种对称性？利用对称性确定其傅里叶级数。

周期性非正弦稳态电路分析（15.4 节）

15-7 题 15-7 图所示正弦稳态电路中，电流源 $i_s=2+10\cos t-\sin(3t+30°)$ A。计算：(1) 电压 u；(2) 电压 u 的有效值；(3) 20 Ω、10 Ω 电阻吸收的平均功率；(4) 电流源提供的平均功率。

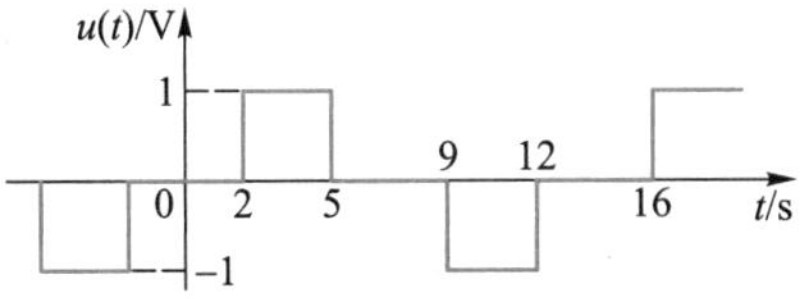

题 15-6 图

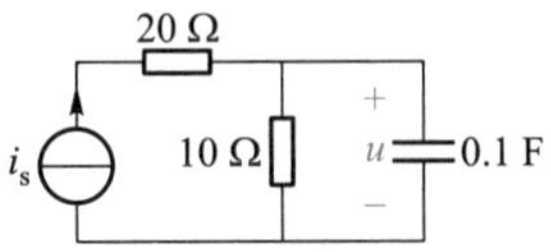

题 15-7 图

15-8 题 15-8 图所示正弦稳态电路中，电流源 $i_s=1+3\cos t+2\sin(3t+30°)$ A。计算：(1) 电流 i 和电压 u；(2) i 和 u 的有效值；(3) 2 Ω 电阻吸收的平均功率；(4) 电流源提供的平均功率。

15-9 题 15-9 图所示稳态电路中，电压源 $u_s=2+10\cos t+6\sin(3t+30°)$ V。计算：(1) 电流 i 和电压 u；(2) i 和 u 的有效值；(3) 电压源提供的平均功率。

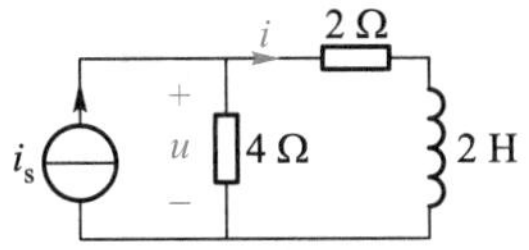

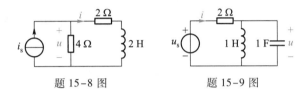

题 15-8 图

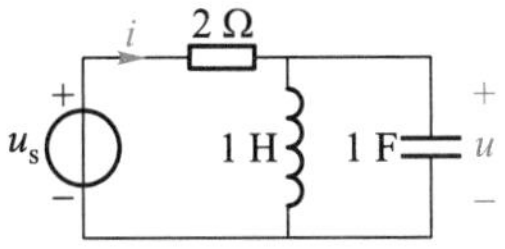

题 15-9 图

15-10 关联参考方向下，稳态线性非时变一端口网络的端口电压和电流为 u 和 i，且 $u=5+50\sqrt{2}\sin 314t+10\sqrt{2}\sin(942t+20°)$ V。在以下 3 种 i 的情况下，计算：(1) i 和 u 的有效值；(2) 端口吸收的各次谐波有功功率；(3) 端口吸收的有功均功率。

第 1 种情况：$i=2+5\sqrt{2}\sin(314t+30°)+2\sqrt{2}\sin(942t-40°)$ A

第 2 种情况：$i=2+5\sqrt{2}\cos(314t+30°)-2\sqrt{2}\sin(942t-40°)$ A

第 3 种情况：$i=2-2\sqrt{2}\cos(942t-40°)$ A

15-11 题 15-11 图所示稳态电路中，$u=50+300\sqrt{2}\cos(\omega t-30°)$ V，$i_1=10+10\sqrt{2}\cos(\omega t-30°)$ A，$i_2=10\sqrt{2}\cos(\omega t-90°)$ A。计算：(1) i 的有效值；(2) 电路吸收的总功率。

15-12 题 15-12 图 (a) 所示稳态电路中，电压源的波形如图 (b) 所示。计算：(1) ω_0、$\omega_0 L$、$1/\omega_0 C$；(2) u_s 的前 5 项；(3) u_o 的前 5 项；(4) u_o 的近似有效值；(5) 你认为 u_o 取哪几项合适。

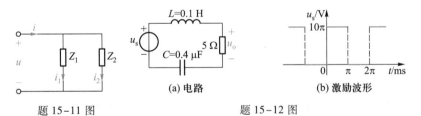

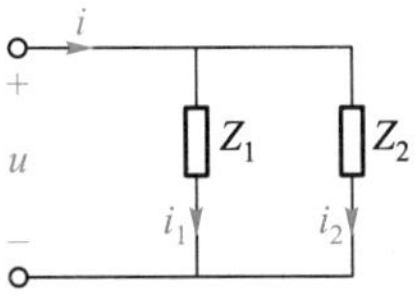

题 15-11 图

(a) 电路　(b) 激励波形

题 15-12 图

15-13 蓄电池的电动势 $E=50$ V、内阻 $r=0.5$ Ω，该蓄电池与电动势 $e_s=190\cos(314t+40°)$ V、内阻抗为 $Z_s=R+jX_L=(0.6+j0.8)$ Ω 的交流发电机串联，为 $R=10$ Ω、$C=159$ μF 串联的负载供电。(1) 求发电机提供的电流、电容两端的电压；(2) 若电容可承受的最大电压为 220 V，稳态工作条件下，电容有无被击穿的危险？

15-14 题 15-14 图所示电路中，$R=40$ Ω、$\omega L_1=30$ Ω、$\omega L_2=60$ Ω、$\omega M=30$ Ω、$\frac{1}{\omega C}=60$ Ω，$u_s=(10+20\sin\omega t+5\sin 2\omega t)$ V。求电流表、功率表的读数。

15-15 题 15-15 图所示电路中，$u_s=12\cos t+4\sin 3t$ V，$i_s=\sin 3t$ A。求：(1) 电流 i 和电压 u；(2) 各电源提供的有功功率；(3) 若 $i_s=\cos 3t$ A，再回答(1)、(2)两问。

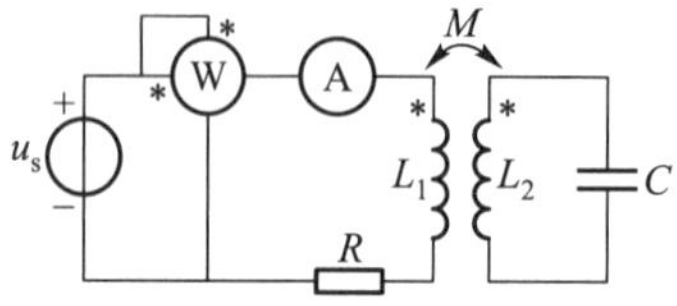

题 15-14 图

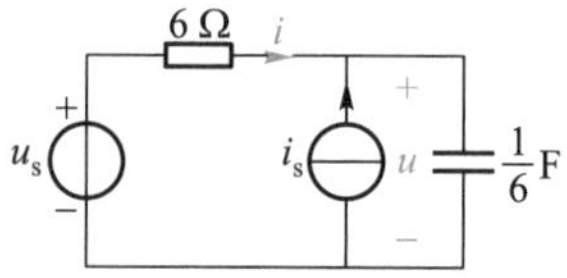

题 15-15 图

对称三相非正弦稳态电路(15.5 节)

15-16 题 15-16 图所示对称三相电路中，$u_A=\frac{8U_m}{\pi^2}\left(\sin \omega_0 t+\frac{1}{6}\sin 3\omega_0 t+\frac{1}{35}\sin 5\omega_0 t\right)$ V，$U_m=380$ V、$\omega_0=314$ rad/s，$Z=R+j\omega_0 L=(3+j6)$ Ω，$Z_N=R_N+j\omega_0 L_N=(1+j2)$ Ω。求中线电流和负载相电流的有效值。

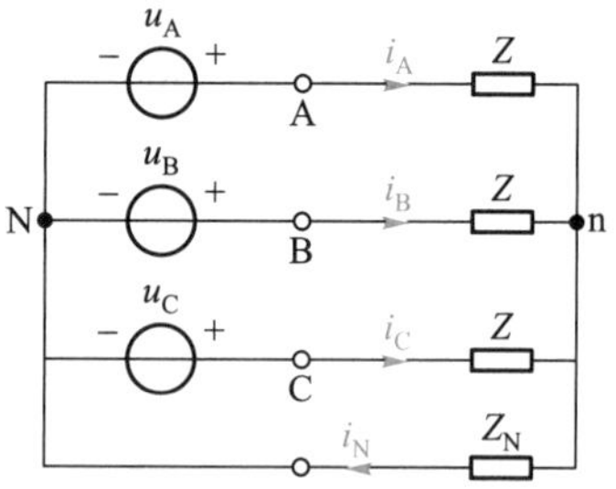

题 15-16 图

综合检测

15-17 题 15-17 图(a)所示 RC 低通滤波电路中，输入电压如图(b)所示。(1) 输入电压波形具有何种对称性？(2) 利用对称性计算输入电压的傅里叶级数；(3) 计算输出电压的前 3 项；(4) 写出输出电压的无穷级数表达式；(5) 假定 $\omega_0 RC\gg 1$，ω_0 为输入电压基波频率，分析输出电压的无穷级数表达式如何反映滤波器的低通特性。(6) 由输出电压的无穷级数表达式可知，当 $\omega_0 RC\to\infty$ 时，输出电压的幅值按 $1/k^2$ 衰减(k 为谐波次数)，即第 2 项幅值为第 1 项幅值的 $1/3^2$，显然，$\omega_0 RC=\infty$ 不可实现，若要求第 2 项幅值为第 1 项幅值的 1/8，$\omega_0 RC$ 取何值？此时，第 3 项、第 4 项幅值为第 1 项幅值的百分之多少？(7) 通过本题分析，总结在何种条件下，可以用前几项来近似稳态响应。

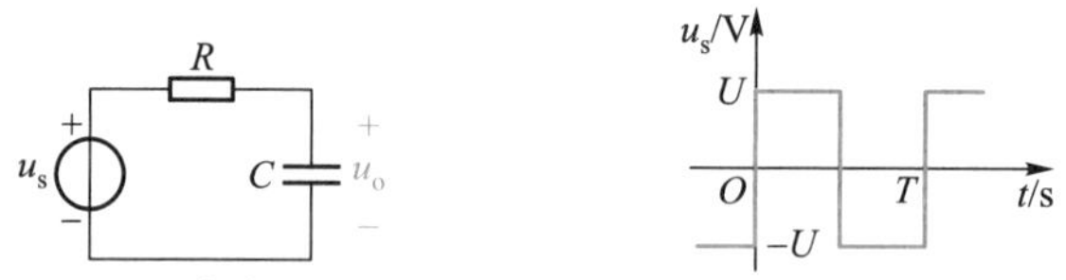

(a) 电路　(b) 波形

题 15-17 图

15-18 题 15-18 图中，$U=210\pi$ V，$T=0.2\pi$ ms。(1) 计算输入电压的基波频率 ω_0(rad/s)；(2) 计算稳态输出电压的前 5 项；(3) 分析各项幅值分布情况，定性估计第 5 项以后各项幅值的变化趋势；(4) 解释为什么输出电压中有一项占主导(指幅值最大)。(5) 你认为本题应该用前几项来近似比较合理？

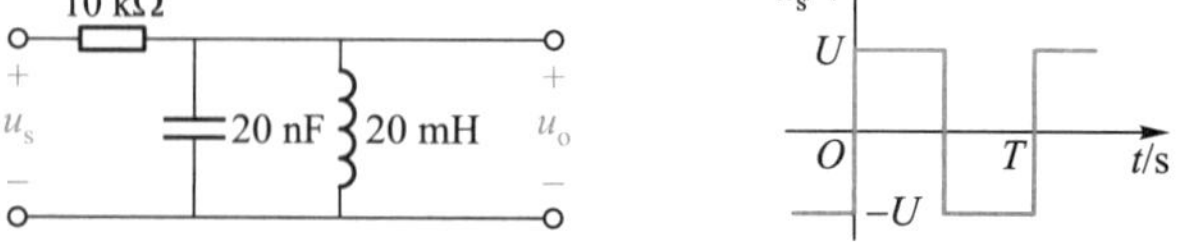

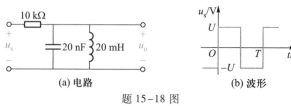

(a) 电路　(b) 波形

题 15-18 图

15-19 当表达某个电量为无穷级数时，通常只能通过有限项来估计该电量的有效值。对题 15-19 图所示波形：(1) 用傅里叶级数的前 3 项估算出 u_s 的有效值；(2) 前 3 项估算出的有效值与准确值之间的相对误差为多少？(3) 若将该电压加到一个 10 Ω 的电阻上，由前 3 项估算出电阻消耗的平均功率。(4) 计算前 3 项估算出电阻消耗的平均功率与精确功率的相对误差。

15-20 题 15-20 图所示稳态电路中，电流源 $i_s=(1+2\sqrt{2}\sin t)$ A，瓦特表的读数为 50 W（平均功率），电压表的读数为 22.5 V（有效值）。求 R 和 L 的值。忽略瓦特表和电压表对电路的影响。

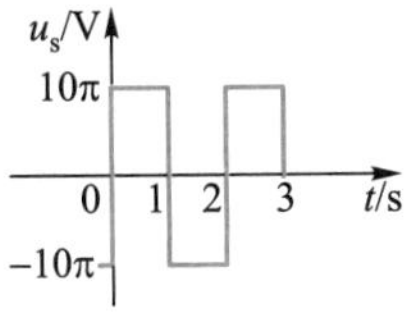

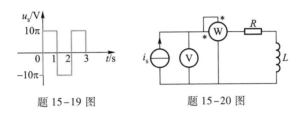

题 15-19 图

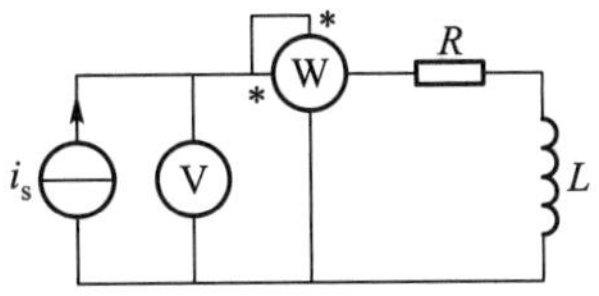

题 15-20 图

15-21 稳态电路如题 15-21 图所示，$i_s=(\sqrt{2}\cos 100t)$ A，$u_s=(10+50\sqrt{2}\sin 100t+20\sqrt{2}\cos 300t)$ V。求 u_R 的有效值和 u_s 提供的平均功率。

15-22 题 15-22 图所示对称三相电路中，$u_A=(180\sin\omega_0 t+120\sin 3\omega_0 t+80\sin 5\omega_0 t)$ V，$Z=R+\mathrm{j}\omega_0 L=(4+\mathrm{j}1)$ Ω。求：(1) 开关断开时的稳态电压 u_{nN}；(2) 开关闭合时的稳态电流 i_N；(3) 上述两种情况下的稳态电压 u_{AB}、u_{BC}、u_{CA}；(4) 上述两种情况下的稳态电流 i_A。

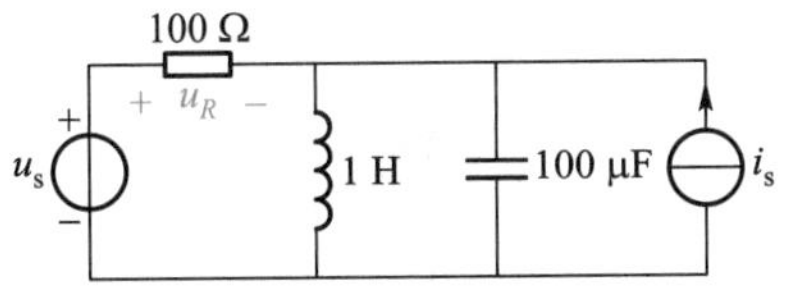

题 15-21 图

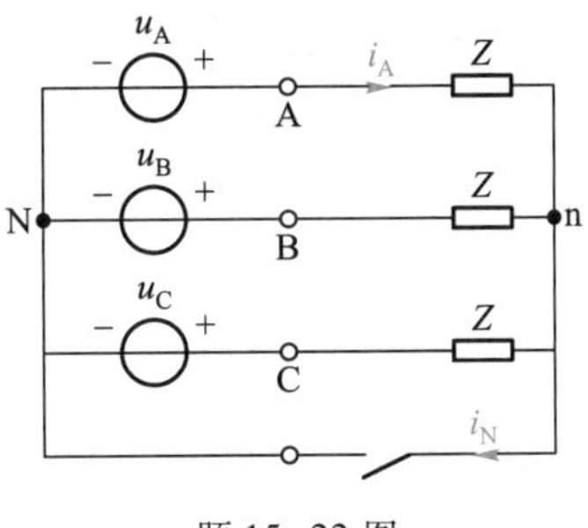

题 15-22 图

▶ 习题 15 参考答案

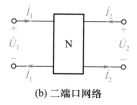

第16章 二端口网络

16.1 概述

电网络[①]中，若从一个端子流入的电流总等于从另一个端子流出的电流，这两个端子就成为一个端口(port)。图16-1-1中，(a)为一端口网络，(b)为二端口网络。图16-1-2为三端子的二端口网络，两个端口有一个公共端子，称(a)为Π形网络，称(b)为T形网络。图16-1-3为四端子的三端口网络，三个端口公共一个端子。

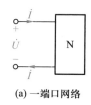

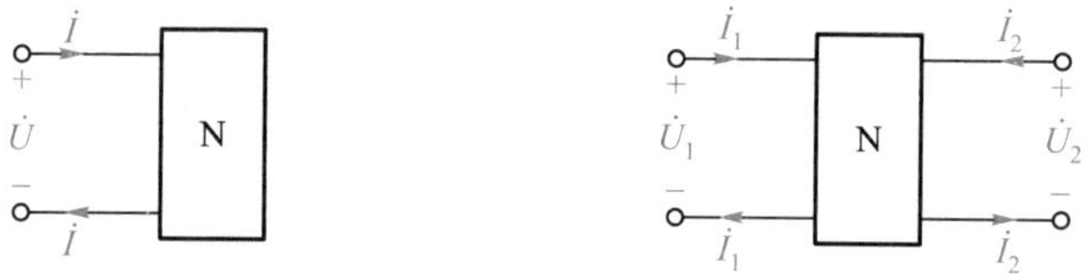

(a) 一端口网络　　(b) 二端口网络

图16-1-1　端口的概念

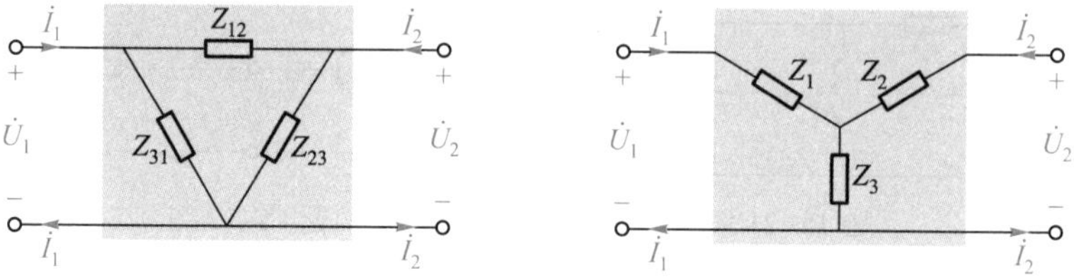

(a) Π形二端口网络(Δ形网络)　　(b) T形二端口网络(Y形网络)

图16-1-2　三端子的二端口网络

> 端口：从一个端子流入的电流总等于从另一个端子流出的电流。
> 二端口网络：具有两个端口和外部相连的网络。

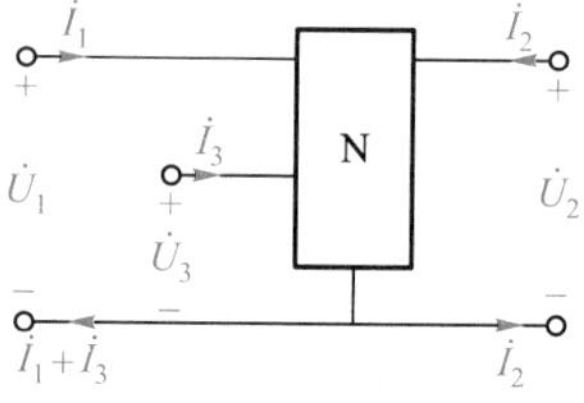

图16-1-3　四端子的三端口网络

二端口网络大量出现在通信网络、控制系统、电力系统中，信号(或电能)从一个端口输入、另一个端口输出。有时，我们只关心输入端口、输出端口的电压、电流，而不必了解二

① 电路和电网络两个名词可以通用，通常把复杂一点的电路称为电网络或网络。

端口网络内部的情况,将二端口网络视为一个"黑盒子"来分析。有时,输入信号(或电能)要经过多个二端口网络传输,才供给负载,网络由多个"黑盒子"连接而成。

包含这些"黑盒子"的电路如何分析呢?首先,要解决二端口网络端口特性如何描述的问题,端口特性就是端口电压、电流满足的方程,这些方程中包含多个参数。然后,要研究端口特性方程中参数的物理含义,并得出参数的确定方法。最后,才能应用二端口网络的端口特性方程或参数去分析电路。

目标 1　掌握二端口网络的端口特性方程。
目标 2　掌握二端口网络各参数的计算或测量方法及相互转换。
目标 3　掌握含二端口网络电路的分析。
目标 4　掌握二端口网络的电路模型。
目标 5　掌握二端口网络的连接及其应用。

难点　二端口网络的学习方法,含二端口网络电路的分析思路。

16.2 二端口网络的端口特性方程

将二端口网络和一端口网络进行对比,由此来理解二端口网络的端口特性方程。

(1) 含源一端口网络

当只计算某个复杂网络中的一条支路的电压或电流时,常常将这条支路以外的其他部分视为一个含独立电源的一端口网络 N(含源一端口网络),并将 N 用最简单的电路等效,如图 16-2-1 所示。这样处理,就是将 N 用一个与其有相同端口特性的简单一端口网络等效。只要写出一端口网络的端口特性方程,即

(a) 含源一端口网络　　(b) 含源一端口网络的等效电路

图 16-2-1　含源一端口网络及其等效电路

$$\dot U=\dot U_{oc}+Z_{eq}\dot I \tag{16-2-1}$$

再结合端口支路的电压-电流关系

$$\dot U=Z(-\dot I) \tag{16-2-2}$$

就可以解得 $\dot U$ 和 $\dot I$。式(16-2-1)是线性含源一端口网络的端口特性方程。

(2) 含源二端口网络

将上述思路引申到二端口网络。如果要计算复杂网络的两条支路的电压、电流,可将网络

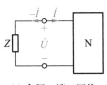

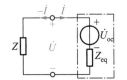

的其他部分视为一个含独立电源的二端口网络 N(含源二端口网络),如图 16-2-2 所示。分析这类问题时,也可以将 N 用一个具有相同端口特性方程的简单二端口网络等效,或将 N 的端口特性方程与两条支路的电压-电流关系结合,来求得 $\dot{U}_1$、$\dot{U}_2$、$\dot{I}_1$、$\dot{I}_2$。显然,二端口网络 N 的端口特性方程必须是关于 $\dot{U}_1$、$\dot{U}_2$、$\dot{I}_1$、$\dot{I}_2$的两个方程,这两个方程与端口所接支路的电压-电流关系$\dot{U}_1=Z_1(-\dot{I}_1)$、$\dot{U}_2=Z_2(-\dot{I}_2)$一起,解得 $\dot{U}_1$、$\dot{U}_2$、$\dot{I}_1$、$\dot{I}_2$。

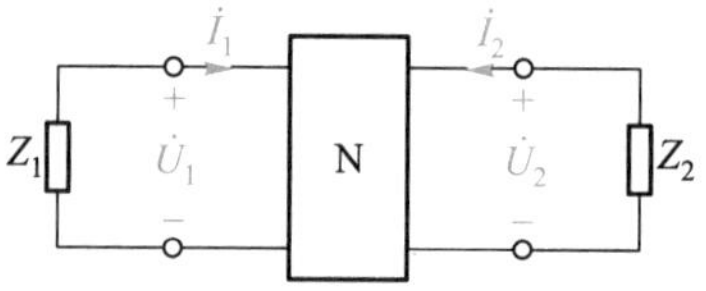

图 16-2-2　含源二端口网络

根据戴维南定理与诺顿定理,线性含源一端口网络可等效为图 16-2-3 所示戴维南支路或诺顿支路。图 16-2-3 中,N_0 为原一端口网络 N 内部独立电源置零(将电压源短路、电流源开路)所得的一端口网络;$\dot{U}_{oc}$为端口开路时的电压;$\dot{I}_{sc}$为端口短路时的电流。

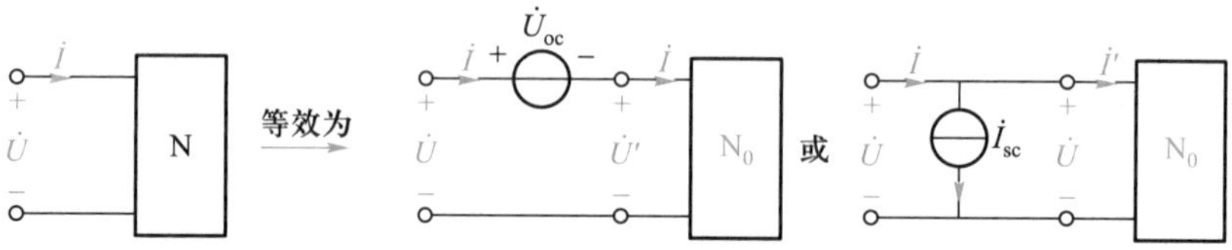

图 16-2-3　线性含源一端口网络的等效电路

引申到二端口网络,线性含源二端口网络可等效为图 16-2-4 所示两种电路。图 16-2-4 中,N_0 为原二端口网络 N 内部的独立电源置零后,所得的二端口网络;$\dot{U}_{1oc}$、$\dot{U}_{2oc}$为 N 的两个端口均开路时的电压;$\dot{I}_{1sc}$、$\dot{I}_{2sc}$为 N 的两个端口均短路时的电流;且有

$$
\begin{cases}\dot{U}_1=\dot{U}_{1oc}+\dot{U}_1'\\ \dot{U}_2=\dot{U}_{2oc}+\dot{U}_2'\end{cases} \tag{16-2-3}
$$

或

$$
\begin{cases}\dot{I}_1=\dot{I}_{1sc}+\dot{I}_1'\\ \dot{I}_2=\dot{I}_{2sc}+\dot{I}_2'\end{cases} \tag{16-2-4}
$$

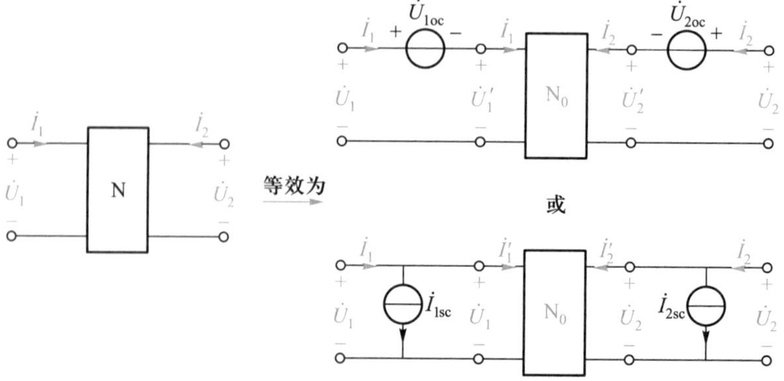

图 16-2-4　线性含源二端口网络的等效电路

式(16-2-3)表明:必须确定 $\dot{U}_1'$、$\dot{U}_2'$、$\dot{I}_1$、$\dot{I}_2$这 4 个变量的关系;式(16-2-4)表明:必须确定 $\dot{I}_1'$、$\dot{I}_2'$、$\dot{U}_1$、$\dot{U}_2$这 4 个变量的关系。因此,需要重点研究不含独立电源的二端口网络的端口特性方程。

不含独立电源的二端口网络称为松弛二端口网络(dead network)。通信网络、控制系统、电力系统中的二端口网络,通常是松弛二端口网络。本章以后涉及的二端口网络,在没有特别说明时,均指松弛二端口网络。

(3) 线性松弛二端口网络的端口特性方程

还是从一端口网络引申到二端口网络。图 16-2-5(a)所示线性松弛一端口网络的端口特性方程为

$$\dot{U}=Z\dot{I} \quad 或 \quad \dot{I}=Y\dot{U} \tag{16-2-5}$$

Z、Y 分别为一端口网络的输入阻抗、输入导纳。式(16-2-5)说明 $\dot{U}$、$\dot{I}$ 受端口特性方程约束,只有一个是独立变量。

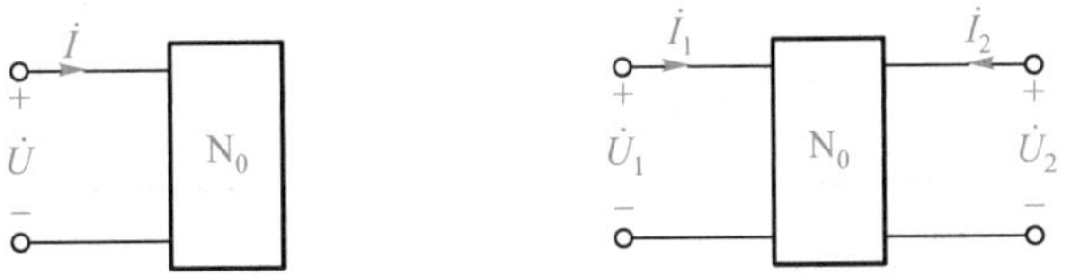

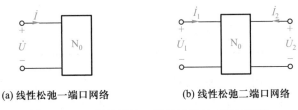

(a) 线性松弛一端口网络　　(b) 线性松弛二端口网络

图 16-2-5　线性松弛一端口网络与二端口网络

类似地,图 16-2-5(b)所示线性松弛二端口网络的 4 个端口变量中,只有两个是独立变量,它们构成二元一次方程组。在 4 个端口变量中,任选 2 个为自变量,另外 2 个为因变量,得到一组端口特性方程,于是,共有 6 组端口特性方程,列于表 16-2-1 中。

式(16-2-5)和式(16-2-6)所示线性松弛一端口网络的端口特性方程中,参数 Z 或 Y 有明确的物理含义,Z 为等效阻抗,Y 为等效导纳。表 16-2-1 所示线性松弛二端口网络的 6 组端口特性方程中,每组方程均有 4 个参数,这些参数的物理含义是什么,如何获得这些参数,如何应用这些参数去分析问题,就是本章要讨论的问题。

表 16-2-1　线性松弛二端口网络的端口特性方程

名称	自变量	方程	自变量特点
阻抗参数方程 (Z 参数方程)	$\dot{I}_1$、$\dot{I}_2$	$\begin{cases}\dot{U}_1=Z_{11}\dot{I}_1+Z_{12}\dot{I}_2\\ \dot{U}_2=Z_{21}\dot{I}_1+Z_{22}\dot{I}_2\end{cases}$ $\begin{bmatrix}\dot{U}_1\\ \dot{U}_2\end{bmatrix}=\begin{bmatrix}Z_{11} & Z_{12}\\ Z_{21} & Z_{22}\end{bmatrix}\begin{bmatrix}\dot{I}_1\\ \dot{I}_2\end{bmatrix}$	同类型变量; 位于不同端口。
导纳参数方程 (Y 参数方程)	$\dot{U}_1$、$\dot{U}_2$	$\begin{cases}\dot{I}_1=Y_{11}\dot{U}_1+Y_{12}\dot{U}_2\\ \dot{I}_2=Y_{21}\dot{U}_1+Y_{22}\dot{U}_2\end{cases}$ $\begin{bmatrix}\dot{I}_1\\ \dot{I}_2\end{bmatrix}=\begin{bmatrix}Y_{11} & Y_{12}\\ Y_{21} & Y_{22}\end{bmatrix}\begin{bmatrix}\dot{U}_1\\ \dot{U}_2\end{bmatrix}$	

续表

名称		自变量	方程	自变量特点
混合参数方程	H 参数方程	$\dot{I}_1$、$\dot{U}_2$	$\begin{cases}\dot{U}_1=h_{11}\dot{I}_1+h_{12}\dot{U}_2\\ \dot{I}_2=h_{21}\dot{I}_1+h_{22}\dot{U}_2\end{cases}$ $\begin{bmatrix}\dot{U}_1\\ \dot{I}_2\end{bmatrix}=\begin{bmatrix}h_{11} & h_{12}\\ h_{21} & h_{22}\end{bmatrix}\begin{bmatrix}\dot{I}_1\\ \dot{U}_2\end{bmatrix}$	不同类型变量；位于不同端口。
	G 参数方程	$\dot{U}_1$、$\dot{I}_2$	$\begin{cases}\dot{I}_1=g_{11}\dot{U}_1+g_{12}\dot{I}_2\\ \dot{U}_2=g_{21}\dot{U}_1+g_{22}\dot{I}_2\end{cases}$ $\begin{bmatrix}\dot{I}_1\\ \dot{U}_2\end{bmatrix}=\begin{bmatrix}g_{11} & g_{12}\\ g_{21} & g_{22}\end{bmatrix}\begin{bmatrix}\dot{U}_1\\ \dot{I}_2\end{bmatrix}$	
传输参数方程	T 参数方程	$\dot{U}_2$、$\dot{I}_2$	$\begin{cases}\dot{U}_1=A\dot{U}_2+B(-\dot{I}_2)\\ \dot{I}_1=C\dot{U}_2+D(-\dot{I}_2)\end{cases}$ $\begin{bmatrix}\dot{U}_1\\ \dot{I}_1\end{bmatrix}=\begin{bmatrix}A & B\\ C & D\end{bmatrix}\begin{bmatrix}\dot{U}_2\\ -\dot{I}_2\end{bmatrix}$	不同类型变量；位于同一端口。
	T'参数方程	$\dot{U}_1$、$\dot{I}_1$	$\begin{cases}\dot{U}_2=A'\dot{U}_1+B'(-\dot{I}_1)\\ \dot{I}_2=C'\dot{U}_1+D'(-\dot{I}_1)\end{cases}$ $\begin{bmatrix}\dot{U}_2\\ \dot{I}_2\end{bmatrix}=\begin{bmatrix}A' & B'\\ C' & D'\end{bmatrix}\begin{bmatrix}\dot{U}_1\\ -\dot{I}_1\end{bmatrix}$	

本章中有很多关系式，不能死记硬背，只要牢记表 16-2-1 中的 6 组方程，其他关系式都由这 6 组方程获得。理解和掌握分析问题的思路，是学好本章知识的关键。表中最右列分析了 6 组方程的自变量特点，有助于记住这 6 组方程。

例 16-2-1 对图 16-2-6(a)所示含源线性二端口网络：(1)确定用松弛二端口网络来等效的两种电路；(2)若用阻抗参数方程表示松弛二端口网络的端口特性，写出图 16-2-6(a)的端口特性方程；(3)若用导纳参数方程表示松弛二端口网络的端口特性，写出图 16-2-6(a)的端口特性方程。

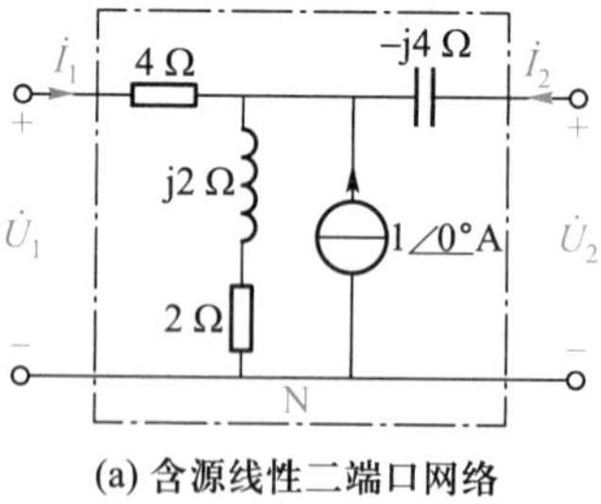

(a) 含源线性二端口网络

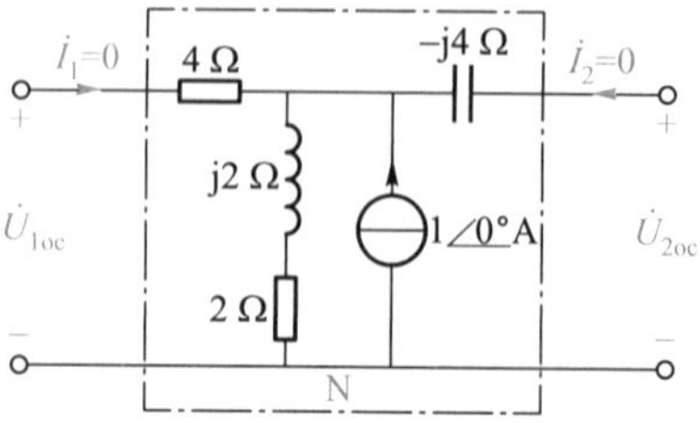

(b) 计算端口开路电压

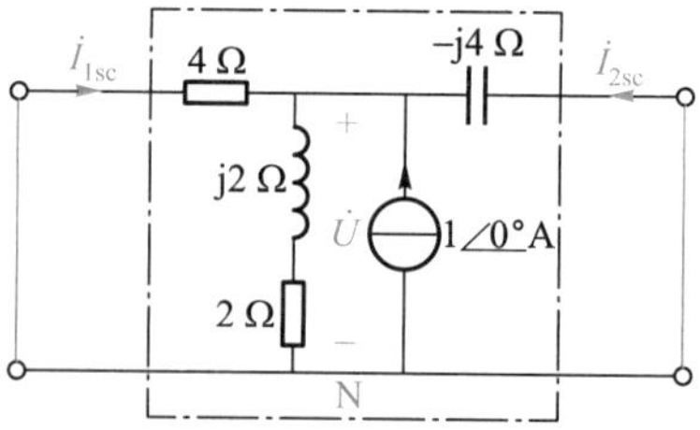

(c) 计算端口短路电流

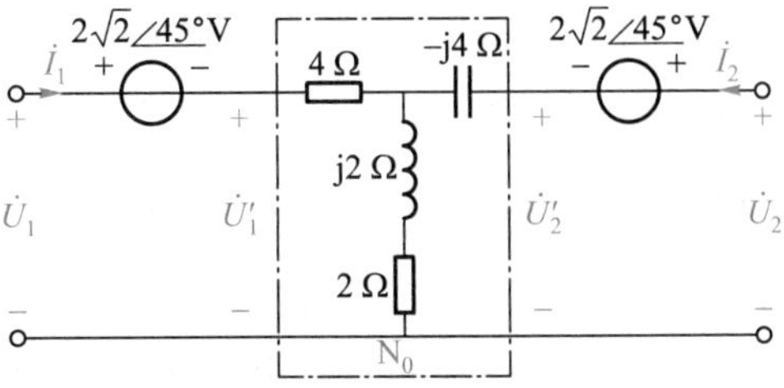

(d) 等效电路1

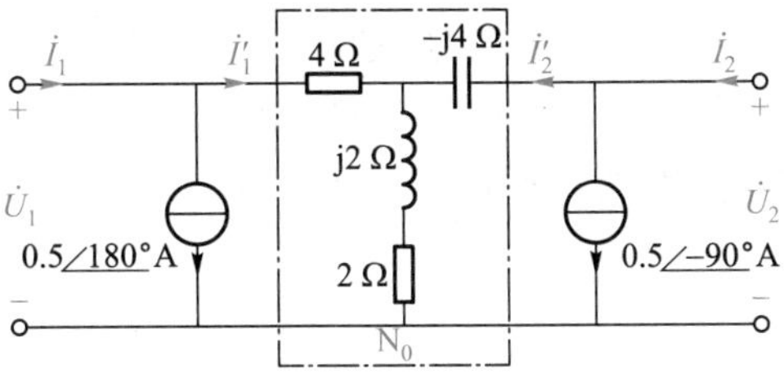

(e) 等效电路2

图 16-2-6　例 16-2-1 图

解：(1) 由图 16-2-6(b)计算端口开路电压 $\dot{U}_{1oc}$和 $\dot{U}_{2oc}$，得

$$\dot{U}_{1oc}=\dot{U}_{2oc}=(2+j2)\times 1\angle 0^\circ\ \text{V}=2\sqrt{2}\angle 45^\circ\ \text{V}$$

由图 16-2-6(c)计算端口短路电流 $\dot{I}_{1sc}$和 $\dot{I}_{2sc}$，列写节点分析方程

$$\left(\frac{1}{4}+\frac{1}{-j4}+\frac{1}{2+j2}\right)\dot{U}=1\angle 0^\circ$$

解得

$$\dot{U}=2\angle 0^\circ\ \text{V}$$

于是

$$\dot{I}_{1sc}=-\frac{\dot{U}}{4}=0.5\angle 180^\circ\ \text{A},\dot{I}_{2sc}=-\frac{\dot{U}}{-j4}=0.5\angle -90^\circ\ \text{A}$$

将图 16-2-6(a)所示含源线性二端口网络 N 中的电流源置零(开路)，得到松弛二端口网络 N_0。两种等效电路如图 16-2-6(d)和(e)所示。

(2) 图 16-2-6(d)中，松弛二端口网络 N_0 的端口特性方程(见表 16-2-1)为

$$\begin{cases}\dot{U}_1'=Z_{11}\dot{I}_1+Z_{12}\dot{I}_2\\ \dot{U}_2'=Z_{21}\dot{I}_1+Z_{22}\dot{I}_2\end{cases}$$

因此，图 16-2-6(a)所示含源线性二端口网络 N 的端口特性方程为

$$\begin{cases}\dot{U}_1=\dot{U}_{1oc}+\dot{U}_1'=2\sqrt{2}\angle 45^\circ+Z_{11}\dot{I}_1+Z_{12}\dot{I}_2\\ \dot{U}_2=\dot{U}_{2oc}+\dot{U}_2'=2\sqrt{2}\angle 45^\circ+Z_{21}\dot{I}_1+Z_{22}\dot{I}_2\end{cases}$$

(3) 图 16-2-6(e)中，松弛二端口网络 N_0 的端口特性方程(参见表 16-2-1)为

$$\begin{cases}\dot{I}_1'=Y_{11}\dot{U}_1+Y_{12}\dot{U}_2\\ \dot{I}_2'=Y_{21}\dot{U}_1+Y_{22}\dot{U}_2\end{cases}$$

图16-2-6(a)所示含源线性二端口网络N的端口特性方程为

$$\begin{cases}\dot{I}_1=\dot{I}_{1sc}+\dot{I}_1'=0.5\underline{/180°}+Y_{11}\dot{U}_1+Y_{12}\dot{U}_2\\ \dot{I}_2=\dot{I}_{2sc}+\dot{I}_2'=0.5\underline{/-90°}+Y_{21}\dot{U}_1+Y_{22}\dot{U}_2\end{cases}$$

目标1检测:掌握二端口网络的端口特性方程

测16-1 对测16-1图所示含源线性二端口网络:(1)确定用松弛二端口网络等效的两种电路;(2)若用阻抗参数方程表示松弛二端口网络的端口特性,写出测16-1图的端口特性方程;(3)若用导纳参数方程表示松弛二端口网络的端口特性,写出测16-1图的端口特性方程。

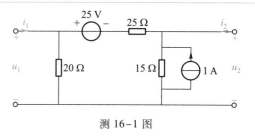

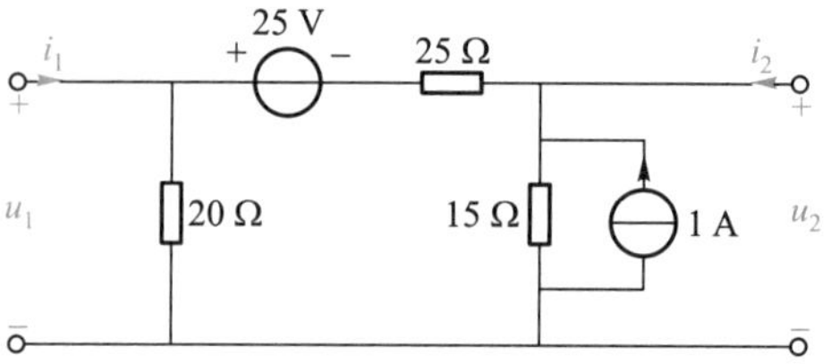

测16-1图

答案:(1) $u_{1oc}=40/3\ \text{V}$, $u_{2oc}=5\ \text{V}$, $i_{1sc}=-1\ \text{A}$, $i_{2sc}=0$;
(2) $\begin{cases}u_1=40/3+Z_{11}i_1+Z_{12}i_2\\ u_2=5+Z_{21}i_1+Z_{22}i_2\end{cases}$;(3) $\begin{cases}i_1=-1+Y_{11}u_1+Y_{12}u_2\\ i_2=0+Y_{21}u_1+Y_{22}u_2\end{cases}$。

16.3 二端口网络的参数

表16-2-1中,线性松弛二端口网络有6组端口特性方程,每组方程均包含4个参数。本节讨论这些参数的物理含义、计算和测量方法以及参数的应用。参数的物理含义从参数方程获得,参数的计算或者测量方法由参数物理含义表达式得出。学习时,记住参数方程,掌握获得参数物理含义的方法,并能从中得出计算或测量参数的电路,切忌死记硬背。

二端口网络学习思路

参数方程→参数是什么→参数如何获得→参数如何应用

1. 记住参数方程;
2. 学会从参数方程导出参数的物理含义;
3. 掌握从参数的物理含义表达式得出参数计算或测量电路;
4. 掌握二端口网络参数应用,包括:

1) 已知二端口网络参数,计算端口变量;
2) 已知某些条件下的端口变量,确定二端口网络参数;
3) 由参数方程获得二端口网络的电路模型。

16.3.1 阻抗参数

线性松弛二端口网络的阻抗参数方程为

$$\begin{cases}\dot{U}_1=Z_{11}\dot{I}_1+Z_{12}\dot{I}_2\\ \dot{U}_2=Z_{21}\dot{I}_1+Z_{22}\dot{I}_2\end{cases} \tag{16-3-1}$$

Z_{11}、Z_{12}、Z_{21}、Z_{22}具有阻抗量纲，称为二端口网络的阻抗参数（impedance parameters），亦称 Z 参数。将阻抗参数方程写成矩阵方程形式

$$\begin{bmatrix}\dot{U}_1\\ \dot{U}_2\end{bmatrix}=\begin{bmatrix}Z_{11} & Z_{12}\\ Z_{21} & Z_{22}\end{bmatrix}\begin{bmatrix}\dot{I}_1\\ \dot{I}_2\end{bmatrix}=\mathbf{Z}\begin{bmatrix}\dot{I}_1\\ \dot{I}_2\end{bmatrix} \tag{16-3-2}$$

Z 为阻抗参数矩阵。

（1）阻抗参数的物理含义

阻抗参数物理含义可由参数方程导出。对式（16-3-1）令 $\dot{I}_2=0$，则

$$Z_{11}=\left.\frac{\dot{U}_1}{\dot{I}_1}\right|_{\dot{I}_2=0}\qquad Z_{21}=\left.\frac{\dot{U}_2}{\dot{I}_1}\right|_{\dot{I}_2=0} \tag{16-3-3}$$

同理，对式（16-3-1）令 $\dot{I}_1=0$，则

$$Z_{22}=\left.\frac{\dot{U}_2}{\dot{I}_2}\right|_{\dot{I}_1=0}\qquad Z_{12}=\left.\frac{\dot{U}_1}{\dot{I}_2}\right|_{\dot{I}_1=0} \tag{16-3-4}$$

式（16-3-3）、式（16-3-4）表达了阻抗参数的物理含义，它们是在一个端口开路条件下的输入阻抗和转移阻抗，故也称为开路阻抗参数。

（2）阻抗参数的计算或测量方法

由参数的物理含义表达式，获得参数的计算或测量方法。从传递函数的角度观察式（16-3-3），它是在端口 2 开路（$\dot{I}_2=0$）、端口 1 加电流源 $\dot{I}_1$激励的条件下，响应$\dot{U}_1|_{\dot{I}_2=0}$、$\dot{U}_2|_{\dot{I}_2=0}$与激励 $\dot{I}_1$构成的传递函数，对应于电路图 16-3-1（a），计算或测量图中$\dot{U}_1|_{\dot{I}_2=0}$、$\dot{U}_2|_{\dot{I}_2=0}$，它们与激励之比就是Z_{11}、Z_{21}。显然，Z_{11}是输入阻抗，Z_{21}是转移阻抗。

同理，式（16-3-4）表明，将端口 1 开路（$\dot{I}_1=0$）、端口 2 用电流源 $\dot{I}_2$激励，如图 16-3-1（b）所示，计算或测量响应$\dot{U}_2|_{\dot{I}_1=0}$、$\dot{U}_1|_{\dot{I}_1=0}$，它们与激励之比就是 Z_{22}、Z_{12}。Z_{22}是输入阻抗，Z_{12}是转移阻抗。

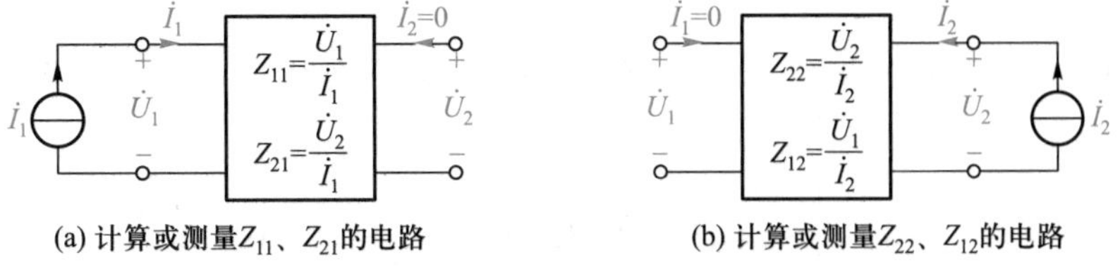

(a) 计算或测量Z_{11}、Z_{21}的电路　　(b) 计算或测量Z_{22}、Z_{12}的电路

图 16-3-1　阻抗参数的计算或测量电路

在阻抗参数测量时，应该注意到实际网络的端口是否允许开路。有时会遇到端口不允许开路的网络。

(3) 互易与对称二端口网络的阻抗参数

对于互易二端口网络，图 16-3-1(a)和(b)满足互易定理 2，有

$$\left.\frac{\dot{U}_2}{\dot{I}_1}\right|_{\dot{I}_2=0}=\left.\frac{\dot{U}_1}{\dot{I}_2}\right|_{\dot{I}_1=0}$$

与阻抗参数的物理含义表达式对照可知，互易二端口网络的阻抗参数满足

$$\boxed{Z_{12}=Z_{21}} \tag{16-3-5}$$

反之，$Z_{12}=Z_{21}$ 的二端口网络为互易二端口网络。

某些二端口网络的结构和参数具有对称性，例如：当图 16-1-2(a)中 $Z_{31}=Z_{23}$、图 16-1-2(b)中 $Z_1=Z_2$ 时，这样的网络称为对称二端口网络。对于对称二端口网络，由图 16-3-1(a)和(b)计算 Z 参数时，有

$$\left.\frac{\dot{U}_1}{\dot{I}_1}\right|_{\dot{I}_2=0}=\left.\frac{\dot{U}_2}{\dot{I}_2}\right|_{\dot{I}_1=0},\quad \left.\frac{\dot{U}_2}{\dot{I}_1}\right|_{\dot{I}_2=0}=\left.\frac{\dot{U}_1}{\dot{I}_2}\right|_{\dot{I}_1=0}$$

与阻抗参数的物理含义表达式对照可知，对称二端口网络的阻抗参数满足

$$\boxed{Z_{11}=Z_{22}\quad Z_{12}=Z_{21}} \tag{16-3-6}$$

对称二端口网络必为互易二端口网络。

例 16-3-1　计算图 16-3-2(a)所示二端口网络的阻抗参数。

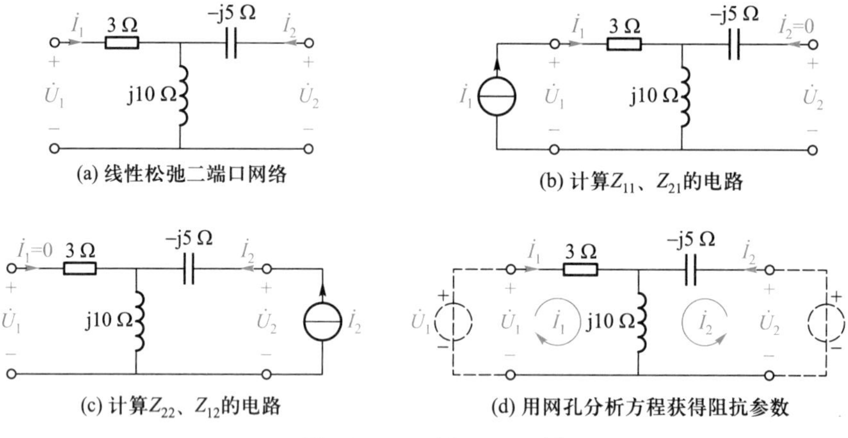

图 16-3-2　例 16-3-1 图

解：由物理含义计算阻抗参数。由式(16-3-3)知，计算 Z_{11}、Z_{21} 的电路如图 16-3-2(b)所示，由此

$$Z_{11}=\left.\frac{\dot{U}_1}{\dot{I}_1}\right|_{\dot{I}_2=0}=(3+\mathrm{j}10)\ \Omega,\quad Z_{21}=\left.\frac{\dot{U}_2}{\dot{I}_1}\right|_{\dot{I}_2=0}=\mathrm{j}10\ \Omega$$

由式(16-2-4)知，计算 Z_{22}、Z_{12} 的电路如图 16-3-2(c)所示，由此

$$Z_{22}=\left.\frac{\dot{U}_2}{\dot{I}_2}\right|_{\dot{I}_1=0}=\mathrm{j}10\Omega-\mathrm{j}5\Omega=\mathrm{j}5\Omega,\quad Z_{12}=\left.\frac{\dot{U}_1}{\dot{I}_2}\right|_{\dot{I}_1=0}=\mathrm{j}10\ \Omega$$

显然 $Z_{12}=Z_{21}$。这是因为，图 16-3-2(a)所示线性松弛二端口网络内部不含受控电源，是互易二端口网络(参见 4.7.2 小节)。

根据参数的物理含义计算参数是一种普遍有效的方法。对图 16-3-2(a)所示具有 T 形结构的二端口网络，它只有两个网孔，其网孔分析方程就是阻抗参数方程。将图 16-3-2(a)中的端口电压视为电压源，如 16-3-2(d)所示，其网孔分析方程为

$$\begin{cases}(3+j10)\dot{I}_1+j10\dot{I}_2=\dot{U}_1\\ j10\dot{I}_1+(j10-j5)\dot{I}_2=\dot{U}_2\end{cases}$$

这就是阻抗参数方程。显然，$Z_{11}=(3+j10)\ \Omega$，$Z_{12}=j10\ \Omega$，$Z_{21}=j10\ \Omega$，$Z_{22}=j10-j5=j5\ \Omega$。

目标 2 检测：二端口网络阻抗参数计算方法

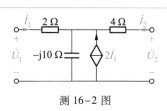

测 16-2 用阻抗参数的物理含义计算测 16-2 图所示二端口网络的阻抗参数，用网孔方程验证结果。

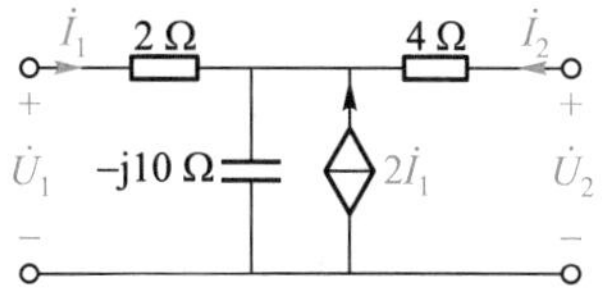

测 16-2 图

答案：$Z_{11}=(2-j30)\ \Omega$，$Z_{21}=-j10\ \Omega$，$Z_{22}=(4-j10)\ \Omega$，$Z_{12}=-j30\ \Omega$。

(4) 阻抗参数的应用

通常情况下，二端口网络的一个端口作为信号(或电能)的输入端口，连接信号源(或电源)，另一端口接负载，如图 16-3-3 所示，如何计算端口变量呢？

二端口网络的端口变量总是要满足 4 个方程，它们是：二端口网络的两个参数方程、输入端口所接支路的电压-电流关系方程、输出端口所接支路的电压-电流关系方程。二端口网络的分析离不开这 4 个方程。已知电路的参数(包括二端口网络的参数)时，由这 4 个方程可以解得端口变量，见例 16-3-2。而已知某些端口条件下的端口变量时，由这 4 个方程又可以确定二端口网络的参数，见例 16-3-3。

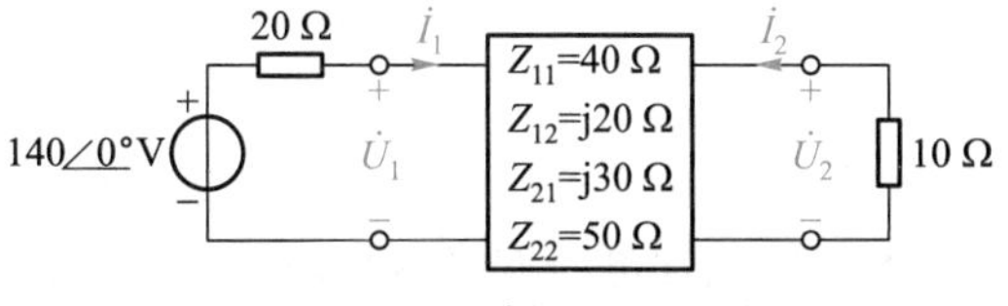

图 16-3-3 例 16-3-2 图

例 16-3-2 求图 16-3-3 所示电路中的 $\dot{U}_1$、$\dot{U}_2$、$\dot{I}_1$、$\dot{I}_2$。

解：图 16-3-3 所示二端口网络的 Z 参数方程为

$$\begin{cases}\dot{U}_1=Z_{11}\dot{I}_1+Z_{12}\dot{I}_2=40\dot{I}_1+j20\dot{I}_2\\ \dot{U}_2=Z_{21}\dot{I}_1+Z_{22}\dot{I}_2=j30\dot{I}_1+50\dot{I}_2\end{cases}$$

输入端口所接支路的电压-电流关系为

$$\dot{U}_1=140\angle 0°-20\dot{I}_1$$

输出端口所接支路的电压-电流关系为

$$\dot{U}_2=-10\dot{I}_2$$

将输入和输出端口所接支路的电压-电流关系代入二端口网络的 Z 参数方程，得

$$\begin{cases}140\angle 0^\circ-20\dot{I}_1=40\dot{I}_1+\mathrm{j}20\dot{I}_2\\-10\dot{I}_2=\mathrm{j}30\dot{I}_1+50\dot{I}_2\end{cases}$$

解得

$$\dot{I}_1=2\angle 0^\circ\ \mathrm{A},\dot{I}_2=1\angle -90^\circ\ \mathrm{A}$$

由此

$$\dot{U}_1=140\angle 0^\circ-20\dot{I}_1=100\angle 0^\circ\ \mathrm{V}$$
$$\dot{U}_2=-10\dot{I}_2=10\angle 90^\circ\ \mathrm{V}$$

目标3检测：含二端口网络电路分析

测16-3　对测16-3图所示电路，计算：(1)输出端口阻抗 $Z=\infty$ 时的 $\dot{U}_2$；(2)输出端口阻抗 $Z=0$ 时的 $\dot{I}_2$；(3)从右边端口向左看的戴维南等效电路；(4)输出端口阻抗 Z 能够获得的最大有功功率。

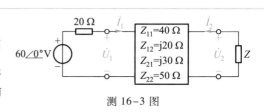

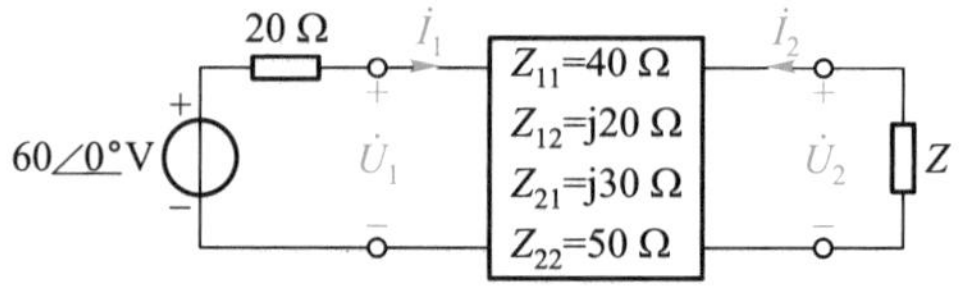

测16-3图

答案：(1)$\dot{U}_2=30\angle 90^\circ$ V；(2)$\dot{I}_2=0.5\angle -90^\circ$ A；(3)$\dot{U}_{2oc}=30\angle 90^\circ$ V，$Z_{eq}=60\ \Omega$；(4)3.75 W。

例16-3-3　图16-3-4所示电路中，二端口网络N由线性电阻构成。当 $R_L=\infty$ 时，测得 $i_1=1$ A，$u_2=4$ V；当 $R_L=0$ 时，测得 $i_2=-0.5$ A。计算 $R_L=5\Omega$ 时 i_1、i_2 的值。

解：例16-3-2是在已知二端口网络参数条件下，计算端口变量，我们利用4个方程解得了端口变量。本例是已知一定条件($R_L=\infty$ 和 $R_L=0$)下的端口变量，必须先通过这些端口变量计算出二端口网络的参数，再由二端口网络的参数计算某种条件下($R_L=5\ \Omega$)的端口变量。

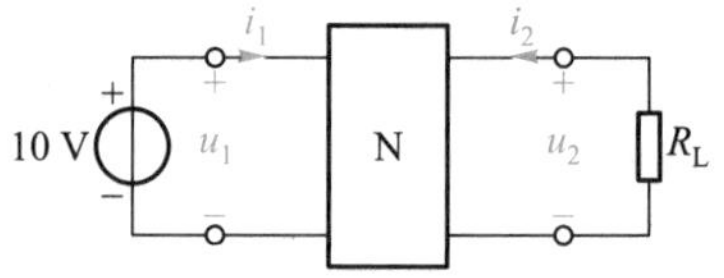

图16-3-4　例16-3-3图

由于N由线性电阻构成，参数全为实常数。设N的阻抗参数为 Z_{11}、Z_{12}、Z_{21}、Z_{22}，它们都是电阻。图16-3-4所示直流稳态下的线性电阻网络，阻抗参数方程为

$$\begin{cases}u_1=Z_{11}i_1+Z_{12}i_2\\u_2=Z_{21}i_1+Z_{22}i_2\end{cases}$$

当 $R_L=\infty$ 时，$i_2=0$，$u_2=4$ V，$u_1=10$ V，$i_1=1$ A。将它们代入阻抗参数方程得

$$\begin{cases}10=Z_{11}\times 1\\4=Z_{21}i_1\times 1\end{cases}$$

因此

$$Z_{11}=10\ \Omega,Z_{21}=4\ \Omega$$

当 $R_L=0$ 时，$u_2=0$，$i_2=-0.5$ A，$u_1=10$ V。将它们代入阻抗参数方程得

$$\begin{cases}10=Z_{11}i_1+Z_{12}\times(-0.5)\\0=Z_{21}i_1+Z_{22}\times(-0.5)\end{cases}$$

前面已求得 $Z_{11}=10\ \Omega$、$Z_{21}=4\ \Omega$，且 N 为线性电阻构成，是互易网络，因此 $Z_{12}=Z_{21}=4\ \Omega$。将 $Z_{11}=10\ \Omega$、$Z_{12}=Z_{21}=4\ \Omega$ 代入上面的方程得

$$\begin{cases}10=10i_1+4\times(-0.5)\\0=4i_1+Z_{22}\times(-0.5)\end{cases}$$

解得

$$Z_{22}=9.6\ \Omega$$

当 $R_L=5\Omega$ 时，图 16-3-4 中输入端口、输出端口所接支路的电压-电流关系方程为

$$u_1=10\ \text{V},u_2=-5i_2$$

二端口网络的阻抗参数方程为

$$\begin{cases}u_1=10i_1+4i_2\\u_2=4i_1+9.6i_2\end{cases}$$

将 $u_1=10\ \text{V}$、$u_2=-5i_2$ 代入上面的方程，得

$$\begin{cases}10=10i_1+4i_2\\-5i_2=4i_1+9.6i_2\end{cases}$$

解得

$$i_1=1.123\ \text{A},i_2=-0.308\ \text{A}$$

目标 3 检测：含二端口网络电路分析

测 16-4　测 16-4 图所示电路中，N 为对称二端口网络。当 $R_L=\infty$ 时，$u_1=16\ \text{V}$，$u_2=6\ \text{V}$。确定当 $R_L=0$ 时，u_1、i_2 的值。

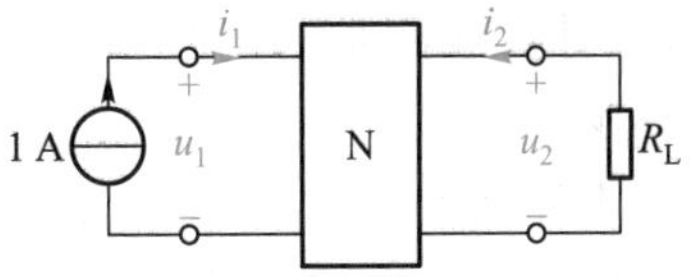

测 16-4 图

答案：$u_1=55/4\ \text{V}$，$i_2=-3/8\ \text{A}$。

16.3.2 导纳参数

二端口网络的导纳参数方程为

$$\begin{cases}\dot I_1=Y_{11}\dot U_1+Y_{12}\dot U_2\\\dot I_2=Y_{21}\dot U_1+Y_{22}\dot U_2\end{cases}\tag{16-3-7}$$

Y_{11}、Y_{12}、Y_{21}、Y_{22}具有导纳量纲，称为二端口网络的导纳参数(admittance parameters)，亦称 Y 参数。将导纳参数方程写成矩阵方程

$$\begin{bmatrix}\dot I_1\\\dot I_2\end{bmatrix}=\begin{bmatrix}Y_{11}&Y_{12}\\Y_{21}&Y_{22}\end{bmatrix}\begin{bmatrix}\dot U_1\\\dot U_2\end{bmatrix}=\boldsymbol{Y}\begin{bmatrix}\dot U_1\\\dot U_2\end{bmatrix}\tag{16-3-8}$$

$\boldsymbol{Y}$ 为导纳参数矩阵。对照式(16-3-2)和式(16-3-8)可知，同一个网络的阻抗参数矩阵和导纳

参数矩阵互为逆矩阵,即

$$\boxed{\boldsymbol{ZY}=\boldsymbol{1}} \tag{16-3-9}$$

(1) 导纳参数的物理含义

由参数方程获得导纳参数的物理含义。对式(16-3-7)令 $\dot{U}_2=0$,得

$$\boxed{Y_{11}=\left.\frac{\dot{I}_1}{\dot{U}_1}\right|_{\dot{U}_2=0}\qquad Y_{21}=\left.\frac{\dot{I}_2}{\dot{U}_1}\right|_{\dot{U}_2=0}} \tag{16-3-10}$$

同理,对式(16-3-7)令 $\dot{U}_1=0$,得

$$\boxed{Y_{22}=\left.\frac{\dot{I}_2}{\dot{U}_2}\right|_{\dot{U}_1=0}\qquad Y_{12}=\left.\frac{\dot{I}_1}{\dot{U}_2}\right|_{\dot{U}_1=0}} \tag{16-3-11}$$

式(16-3-10)、式(16-3-11)为导纳参数的物理含义表达式。导纳参数是在一个端口短路条件下的输入导纳和转移导纳,故也称为短路导纳参数。

(2) 导纳参数的计算或测量方法

由参数的物理含义表达式获得参数的计算或测量方法。式(16-3-10)表明,将端口 2 短路($\dot{U}_2=0$)、端口 1 用电压源 $\dot{U}_1$激励,如图 16-3-5(a)所示,计算或测量响应$\dot{I}_1|_{\dot{U}_2=0}$、$\dot{I}_2|_{\dot{U}_2=0}$,响应和激励的比值就是 Y_{11}、Y_{21}。不难看出,Y_{11}是输入导纳,Y_{21}是转移导纳。

同理,式(16-3-11)表明,将端口 1 短路($\dot{U}_1=0$)、端口 2 用电压源 $\dot{U}_2$激励,如图 16-3-5(b)所示,计算或测量响应 $\dot{I}_2|_{\dot{U}_1=0}$、$\dot{I}_1|_{\dot{U}_1=0}$,响应和激励的比值就是 Y_{22}、Y_{12}。Y_{22}是输入导纳,Y_{12}是转移导纳。

在导纳参数测量时,应该注意到实际网络的端口是否允许短路。工程实际中不允许端口短路的网络还是比较常见的。

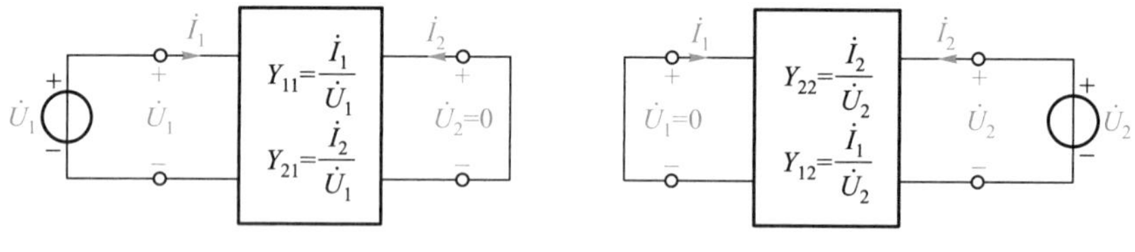

(a) 计算或测量Y_{11}、Y_{21}的电路　　(b) 计算或测量Y_{22}、Y_{12}的电路

图 16-3-5　导纳参数的计算或测量电路

(3) 互易与对称二端口网络的导纳参数

对于互易二端口网络,图 16-3-5(a)和(b)满足互易定理 1,有

$$\left.\frac{\dot{I}_2}{\dot{U}_1}\right|_{\dot{U}_2=0}=\left.\frac{\dot{I}_1}{\dot{U}_2}\right|_{\dot{U}_1=0}$$

因此,互易二端口网络的导纳参数满足

$$\boxed{Y_{12}=Y_{21}} \tag{16-3-12}$$

反之,$Y_{12}=Y_{21}$的二端口网络为互易二端口网络。

对于对称二端口网络，图 16-3-5(a)和(b)中有

$$\left.\frac{\dot{I}_1}{\dot{U}_1}\right|_{\dot{U}_2=0}=\left.\frac{\dot{I}_2}{\dot{U}_2}\right|_{\dot{U}_1=0},\quad \left.\frac{\dot{I}_2}{\dot{U}_1}\right|_{\dot{U}_2=0}=\left.\frac{\dot{I}_1}{\dot{U}_2}\right|_{\dot{U}_1=0}$$

因此，对称二端口网络的导纳参数满足

$$\boxed{Y_{11}=Y_{22}\quad Y_{12}=Y_{21}} \tag{16-3-13}$$

例 16-3-4 计算图 16-3-6(a)所示二端口网络的导纳参数。

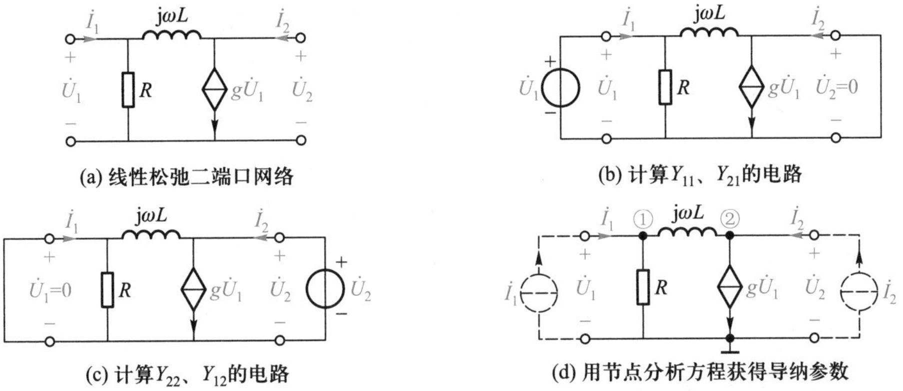

图 16-3-6 例 16-3-4 图

解：由 Y_{11}、Y_{21}的物理含义式(16-3-10)得到图 16-3-6(b)，由此

$$Y_{11}=\left.\frac{\dot{I}_1}{\dot{U}_1}\right|_{\dot{U}_2=0}=\frac{1}{R}+\frac{1}{\mathrm{j}\omega L},\quad Y_{21}=\left.\frac{\dot{I}_2}{\dot{U}_1}\right|_{\dot{U}_2=0}=\frac{g\dot{U}_1-\dfrac{\dot{U}_1}{\mathrm{j}\omega L}}{\dot{U}_1}=g-\frac{1}{\mathrm{j}\omega L}$$

由 Y_{22}、Y_{12}的物理含义式(16-3-11)得到图 16-3-6(c)，由此

$$Y_{22}=\left.\frac{\dot{I}_2}{\dot{U}_2}\right|_{\dot{U}_1=0}=\frac{1}{\mathrm{j}\omega L},\quad Y_{12}=\left.\frac{\dot{I}_1}{\dot{U}_2}\right|_{\dot{U}_1=0}=\frac{-\dfrac{\dot{U}_2}{\mathrm{j}\omega L}}{\dot{U}_2}=-\frac{1}{\mathrm{j}\omega L}$$

显然，$Y_{12}\neq Y_{21}$，图 16-3-6(a)所示网络不是互易网络。

若将 $\dot{U}_1$、$\dot{U}_2$视为节点①、②对参考节点的电位，$\dot{I}_1$、$\dot{I}_2$视为电流源，如图 16-3-6(d)所示，列写节点分析方程，直接得到 Y 参数方程。节点方程为

$$\begin{cases}\left(\dfrac{1}{R}+\dfrac{1}{\mathrm{j}\omega L}\right)\dot{U}_1-\dfrac{1}{\mathrm{j}\omega L}\dot{U}_2=\dot{I}_1\\[2mm] -\dfrac{1}{\mathrm{j}\omega L}\dot{U}_1+\dfrac{1}{\mathrm{j}\omega L}\dot{U}_2=\dot{I}_2-g\dot{U}_1\end{cases}$$

上式经整理，得到 Y 参数方程

$$\begin{cases}\dot{I}_1=\left(\dfrac{1}{R}+\dfrac{1}{\mathrm{j}\omega L}\right)\dot{U}_1-\dfrac{1}{\mathrm{j}\omega L}\dot{U}_2\\[2mm] \dot{I}_2=\left(g-\dfrac{1}{\mathrm{j}\omega L}\right)\dot{U}_1+\dfrac{1}{\mathrm{j}\omega L}\dot{U}_2\end{cases}$$

目标 2 检测：计算二端口网络的导纳参数

测 16-5 用导纳参数的物理含义计算测 16-5 图所示二端口网络的导纳参数，用节点方程验证结果。

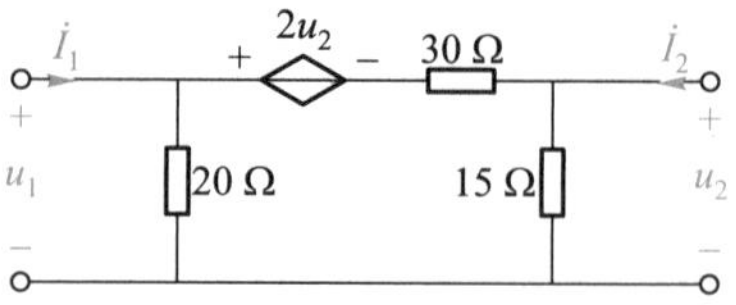

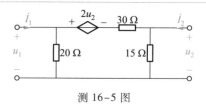

测 16-5 图

答案：$Y_{11}=5/60$ S，$Y_{12}=-1/10$ S，$Y_{21}=-1/30$ S，$Y_{22}=1/6$ S。

16.3.3 混合参数

阻抗参数方程的自变量是同类型变量，使得 4 个阻抗参数具有相同的量纲，即阻抗量纲。导纳参数方程的自变量亦是同类型变量，4 个导纳参数也具有相同的量纲，即导纳量纲。若选择一个端口的电压和另一个端口的电流作为自变量，则参数方程中的系数具有不同的量纲，是一组混合参数（hybrid parameters）。混合参数包括 *H* 参数和 *G* 参数。

（1）混合参数方程

选择 $\dot{I}_1$、$\dot{U}_2$ 为自变量，得到 *H* 参数方程

$$\begin{cases}\dot{U}_1=h_{11}\dot{I}_1+h_{12}\dot{U}_2\\ \dot{I}_2=h_{21}\dot{I}_1+h_{22}\dot{U}_2\end{cases} \tag{16-3-14}$$

h_{11}、h_{12}、h_{21}、h_{22} 称为 *H* 参数。将式（16-3-14）写为矩阵方程

$$\begin{bmatrix}\dot{U}_1\\ \dot{I}_2\end{bmatrix}=\begin{bmatrix}h_{11} & h_{12}\\ h_{21} & h_{22}\end{bmatrix}\begin{bmatrix}\dot{I}_1\\ \dot{U}_2\end{bmatrix}=\boldsymbol{H}\begin{bmatrix}\dot{I}_1\\ \dot{U}_2\end{bmatrix}$$

矩阵 $\boldsymbol{H}$ 称为 *H* 参数矩阵。

选择 $\dot{U}_1$、$\dot{I}_2$ 为自变量，得到另一组混合参数方程，即 *G* 参数方程

$$\begin{cases}\dot{I}_1=g_{11}\dot{U}_1+g_{12}\dot{I}_2\\ \dot{U}_2=g_{21}\dot{U}_1+g_{22}\dot{I}_2\end{cases} \tag{16-3-15}$$

g_{11}、g_{12}、g_{21}、g_{22} 称为 *G* 参数。将式（16-3-15）写为矩阵方程

$$\begin{bmatrix}\dot{I}_1\\ \dot{U}_2\end{bmatrix}=\begin{bmatrix}g_{11} & g_{12}\\ g_{21} & g_{22}\end{bmatrix}\begin{bmatrix}\dot{U}_1\\ \dot{I}_2\end{bmatrix}=\boldsymbol{G}\begin{bmatrix}\dot{U}_1\\ \dot{I}_2\end{bmatrix}$$

矩阵 $\boldsymbol{G}$ 称为 *G* 参数矩阵。对照式（16-3-14）和式（16-3-15），同一个网络的 *H* 参数矩阵和 *G* 参数矩阵互为逆矩阵，即

$$\boldsymbol{HG}=\boldsymbol{1} \tag{16-3-16}$$

（2）混合参数的物理含义

从 *H* 参数方程获得 *H* 参数的物理含义表达式。对式（16-3-14），令 $\dot{U}_2=0$ 得

$$h_{11}=\left.\frac{\dot{U}_1}{\dot{I}_1}\right|_{\dot{U}_2=0}\qquad h_{21}=\left.\frac{\dot{I}_2}{\dot{I}_1}\right|_{\dot{U}_2=0}\tag{16-3-17}$$

对式(16-3-14),令 $\dot{U}_1=0$ 得

$$h_{22}=\left.\frac{\dot{I}_2}{\dot{U}_2}\right|_{\dot{I}_1=0}\qquad h_{12}=\left.\frac{\dot{U}_1}{\dot{U}_2}\right|_{\dot{I}_1=0}\tag{16-3-18}$$

式(16-3-17)、式(16-3-18)为 H 参数的物理含义表达式。h_{11} 为输入阻抗,h_{21} 为电流传输比,h_{22} 为输入导纳,h_{12} 为电压传输比。

从 G 参数方程获得 G 参数的物理含义表达式。对式(16-3-15),令 $\dot{I}_2=0$ 得

$$g_{11}=\left.\frac{\dot{I}_1}{\dot{U}_1}\right|_{\dot{I}_2=0}\qquad g_{21}=\left.\frac{\dot{U}_2}{\dot{U}_1}\right|_{\dot{I}_2=0}\tag{16-3-19}$$

对式(16-3-15),令 $\dot{U}_1=0$ 得

$$g_{22}=\left.\frac{\dot{U}_2}{\dot{I}_2}\right|_{\dot{U}_1=0}\qquad g_{12}=\left.\frac{\dot{I}_1}{\dot{I}_2}\right|_{\dot{U}_1=0}\tag{16-3-20}$$

式(16-3-19)、式(16-3-20)为 G 参数的物理含义表达式。g_{11} 为输入导纳,g_{21} 为电压传输比,g_{22} 为输入阻抗,g_{12} 为电流传输比。

(3) 混合参数的计算或测量

由式(16-3-17)得到 h_{11}、h_{21} 的计算或测量电路,如图 16-3-7(a)所示。由式(16-3-18)得到 h_{22}、h_{12} 的计算或测量电路,如图 16-3-7(b)所示。由式(16-3-19)得到 g_{11}、g_{21} 的计算或测量电路,如图 16-3-7(c)所示。由式(16-3-20)得到 g_{22}、g_{12} 的计算或测量电路,如图 16-3-7(d)所示。

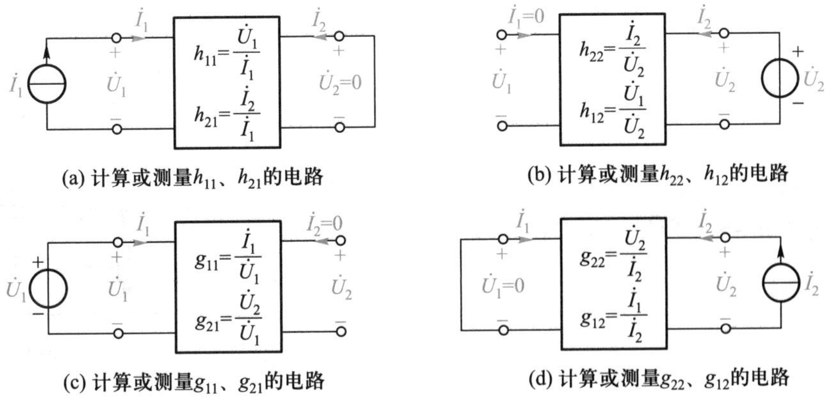

(a) 计算或测量 h_{11}、h_{21} 的电路

(b) 计算或测量 h_{22}、h_{12} 的电路

(c) 计算或测量 g_{11}、g_{21} 的电路

(d) 计算或测量 g_{22}、g_{12} 的电路

图 16-3-7 混合参数的计算或测量电路

(4) 互易二端口网络的混合参数

对于互易二端口网络,图 16-3-7(a)和(b)满足互易定理 3,有

$$\left.\frac{-\dot{I}_2}{\dot{I}_1}\right|_{\dot{U}_2=0}=\left.\frac{\dot{U}_1}{\dot{U}_2}\right|_{\dot{I}_1=0}$$

对应于

$$\boxed{-h_{21}=h_{12}} \tag{16-3-21}$$

显然,图 16-3-7(c)和(d)亦满足互易定理 3,有

$$\boxed{g_{21}=-g_{12}} \tag{16-3-22}$$

互易网络的混合参数满足$-h_{21}=h_{12}$、$g_{21}=-g_{12}$。对称网络的混合参数特点将在讨论参数关系时给出(见表 16-3-2)。

例 16-3-5 求图 16-3-8(a)所示网络的 H 参数。

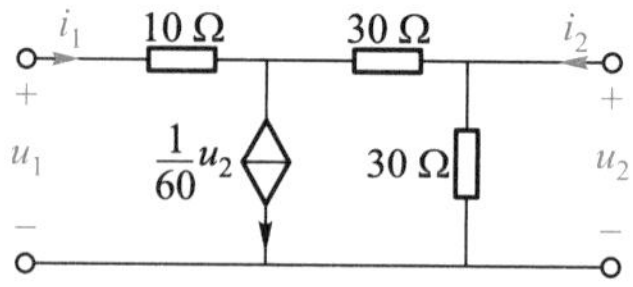

(a) 二端口网络

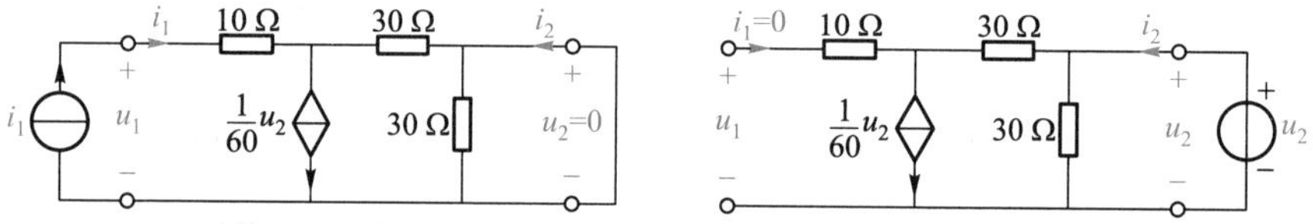

(b) 计算h_{11}、h_{21}的电路　　(c) 计算h_{22}、h_{12}的电路

图 16-3-8 例 16-3-5 图

解:对于电阻性二端口网络,可在时域中计算参数。由图 16-3-8(b)计算 h_{11}、h_{21}。有

$$h_{11}=\left.\frac{u_1}{i_1}\right|_{u_2=0}=10+30=40\ \Omega,\quad h_{21}=\left.\frac{i_2}{i_1}\right|_{u_2=0}=\frac{-i_1}{i_1}=-1$$

由图 16-3-8(c)计算 h_{22}和 h_{12}。有

$$h_{22}=\left.\frac{i_2}{u_2}\right|_{i_1=0}=\frac{\frac{1}{60}u_2+\frac{1}{30}u_2}{u_2}=\frac{1}{20}\ \text{S},\quad h_{12}=\left.\frac{u_1}{u_2}\right|_{i_1=0}=\frac{u_2-\frac{1}{60}u_2\times 30}{u_2}=\frac{1}{2}$$

目标 2 检测:计算二端口网络的 H 参数

测 16-6 计算测 16-6 图所示二端口网络的 H 参数。

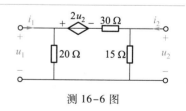

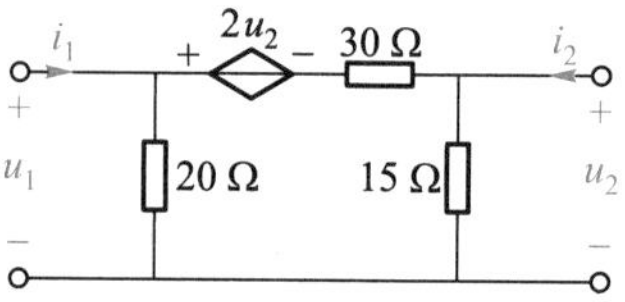

测 16-6 图

答案:$h_{11}=12\ \Omega$,$h_{21}=-2/5$,$h_{12}=6/5$,$h_{22}=19/150$ S。

例 16-3-6 求图 16-3-9 所示电路 ab 端口的戴维南等效电路。

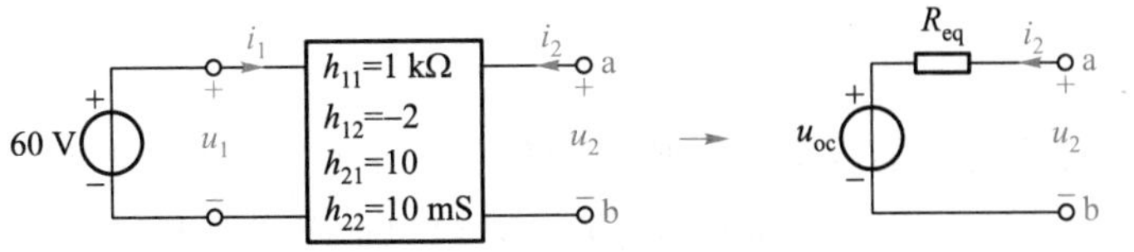

图 16-3-9 例 16-3-6 图

解:用两种方法确定戴维南等效电路。

方法 1:应用戴维南定理。分别计算 ab 端口的开路电压 $u_{oc}=u_2|_{i_2=0}$、短路电流 $i_{sc}=-i_2|_{u_2=0}$。图 16-2-7 中,$u_1=60$ V,二端口网络的 H 参数方程为

$$\begin{cases}60=10^3 i_1-2u_2\\ i_2=10i_1+10^{-2}u_2\end{cases} \tag{16-3-23}$$

计算开路电压 u_{oc}时,式(16-3-23)中 $i_2=0$、$u_2=u_{oc}$,式(16-3-23)变为

$$\begin{cases}60=10^3 i_1-2u_{oc}\\ 0=10i_1+10^{-2}u_{oc}\end{cases} \tag{16-3-24}$$

解得

$$u_{oc}=-20\ \text{V}$$

计算短路电流 i_{sc}时,式(16-3-23)中 $u_2=0$、$i_2=-i_{sc}$,式(16-3-23)变为

$$\begin{cases}60=10^3 i_1\\ -i_{sc}=10i_1\end{cases} \tag{16-3-25}$$

解得

$$i_{sc}=-0.6\ \text{A}$$

戴维南等效电阻为

$$R_{eq}=\frac{u_{oc}}{i_{sc}}=\frac{-20}{-0.6}=\frac{100}{3}\ \Omega$$

方法 2:由 u_2 和 i_2 的关系获得戴维南等效电路。将式(16-3-23)中的 i_1 消除,得到 u_2 和 i_2 的关系式

$$100i_2-60=3u_2$$

写为

$$u_2=-20+\frac{100}{3}i_2 \tag{16-3-26}$$

式(16-3-26)就是图 16-2-7 中戴维南等效电路的 u-i 关系,因此,$u_{oc}=-20$ V,$R_{eq}=100/3\ \Omega$。

目标 3 检测:*H* 参数应用

测 16-7 计算测 16-7 图所示电路的等效电阻 R_{eq}。

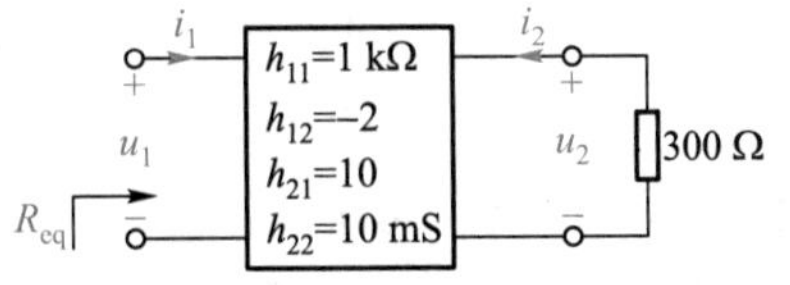

测 16-7 图

答案:$R_{eq}=2.5$ kΩ。

16.3.4 传输参数

(1) 传输参数方程

与 Z、Y、H 和 G 参数方程的两个自变量分别位于两个端口不同,传输参数方程的两个自变量位于同一个端口。传输参数(transmission parameter)包括 T 参数和 T'参数。

选 $\dot{U}_2$、$-\dot{I}_2$为自变量,得到 T 参数方程

$$\begin{cases}\dot{U}_1=A\dot{U}_2+B(-\dot{I}_2)\\ \dot{I}_1=C\dot{U}_2+D(-\dot{I}_2)\end{cases} \tag{16-3-27}$$

A、B、C、D 称为 T 参数。将式(16-3-27)写为矩阵方程

$$\begin{bmatrix}\dot{U}_1\\ \dot{I}_1\end{bmatrix}=\begin{bmatrix}A & B\\ C & D\end{bmatrix}\begin{bmatrix}\dot{U}_2\\ -\dot{I}_2\end{bmatrix}=\boldsymbol{T}\begin{bmatrix}\dot{U}_2\\ -\dot{I}_2\end{bmatrix} \tag{16-3-28}$$

矩阵 $\boldsymbol{T}$ 称为 T 参数矩阵。T 参数能方便地描述信号或能量从一个端口向另一端口传输的特性,广泛用于电信和电力传输中。以$-\dot{I}_2$为自变量有利于信号或能量的传输分析。

选择 $\dot{U}_1$、$-\dot{I}_1$作为自变量,得到 T'参数方程

$$\begin{cases}\dot{U}_2=A'\dot{U}_1+B'(-\dot{I}_1)\\ \dot{I}_2=C'\dot{U}_1+D'(-\dot{I}_1)\end{cases} \tag{16-3-29}$$

A'、B'、C'、D'称为 T'参数。将式(16-3-29)写为矩阵方程

$$\begin{bmatrix}\dot{U}_2\\ \dot{I}_2\end{bmatrix}=\begin{bmatrix}A' & B'\\ C' & D'\end{bmatrix}\begin{bmatrix}\dot{U}_1\\ -\dot{I}_1\end{bmatrix}=\boldsymbol{T}'\begin{bmatrix}\dot{U}_1\\ -\dot{I}_1\end{bmatrix} \tag{16-3-30}$$

矩阵 $\boldsymbol{T}'$称为 T'参数矩阵。也可将 T 参数称为正向传输参数、T'参数称为反向传输参数。请注意,矩阵 $\boldsymbol{T}$ 和 $\boldsymbol{T}'$并不互为逆矩阵。将式(16-3-28)中 $\dot{I}_2$前的负号移到矩阵中的参数 B 和 D 前,将式(16-3-29)中 $\dot{I}_1$前的负号移到矩阵中的参数 B'和 D'前,则有

$$\begin{bmatrix}A & -B\\ C & -D\end{bmatrix}\begin{bmatrix}A' & -B'\\ C' & -D'\end{bmatrix}=\begin{bmatrix}1 & 0\\ 0 & 1\end{bmatrix} \tag{16-3-31}$$

(2) 传输参数的物理含义

从 T 参数方程获得 T 参数的物理含义表达式。对式(16-3-27),令 $\dot{I}_2=0$ 得

$$A=\left.\frac{\dot{U}_1}{\dot{U}_2}\right|_{\dot{I}_2=0}\qquad C=\left.\frac{\dot{I}_1}{\dot{U}_2}\right|_{\dot{I}_2=0} \tag{16-3-32}$$

对式(16-3-27),令 $\dot{U}_2=0$ 得

$$D=\left.\frac{\dot{I}_1}{-\dot{I}_2}\right|_{\dot{U}_2=0}\qquad B=\left.\frac{\dot{U}_1}{-\dot{I}_2}\right|_{\dot{U}_2=0} \tag{16-3-33}$$

式(16-3-32)、式(16-3-33)为 T 参数的物理含义表达式。从传递函数的角度来理解式(16-3-32)、式(16-3-33),传递函数的分子是响应、分母是激励,考虑到在 $\dot{U}_2=0$(或 $\dot{I}_2=0$)的条件下,激励只能是 $\dot{U}_1$ 或 $\dot{I}_1$,因此,对式(16-3-32)、式(16-3-33)的解释应为:A^{-1} 为端口 2 开路时的电压传输比(激励为 $\dot{U}_1$,响应为 $\dot{U}_2$),C^{-1} 为端口 2 开路时的转移阻抗(激励为 $\dot{I}_1$,响应为 $\dot{U}_2$),$-D^{-1}$ 为端口 2 短路时的电流传输比(激励为 $\dot{I}_1$,响应为 $\dot{I}_2$),$-B^{-1}$ 为端口 2 短路时的转移导纳(激励为 $\dot{U}_1$,响应为 $\dot{I}_2$)。

T'参数的物理含义表达式为

$$A'=\left.\frac{\dot{U}_2}{\dot{U}_1}\right|_{\dot{I}_1=0}\qquad C'=\left.\frac{\dot{I}_2}{\dot{U}_1}\right|_{\dot{I}_1=0}\tag{16-3-34}$$

$$D'=\left.\frac{\dot{I}_2}{-\dot{I}_1}\right|_{\dot{U}_1=0}\qquad B'=\left.\frac{\dot{U}_2}{-\dot{I}_1}\right|_{\dot{U}_1=0}\tag{16-3-35}$$

A'^{-1} 为端口 1 开路时的电压传输比,C'^{-1} 为端口 1 开路时的转移阻抗,$-D'^{-1}$ 为端口 1 短路时的电流传输比,$-B'^{-1}$ 为端口 1 短路时的转移导纳。

(3) 传输参数的计算或测量

传输参数方程的两个自变量位于同一个端口,导致传输参数的计算或测量方法稍有特殊,但获得参数计算或测量方法的思路不变。由式(16-3-32)得出计算或测量 A、C 的电路,如图 16-3-10(a)所示,端口 2 开路,视 $\dot{U}_1$ 为激励,计算或测量 $\dot{U}_2$、$\dot{I}_1$,从而获得 A、C。由式(16-3-33)得出计算或测量 D、B 的电路,如图 16-3-10(b)所示,端口 2 短路,还是视 $\dot{U}_1$ 为激励,计算或测量 $\dot{I}_2$、$\dot{I}_1$,从而获得 D、B。T'参数的计算或测量电路由读者自行获得。互易网络、对称网络的传输参数的特点将在讨论参数关系时给出(见表 16-3-2)。

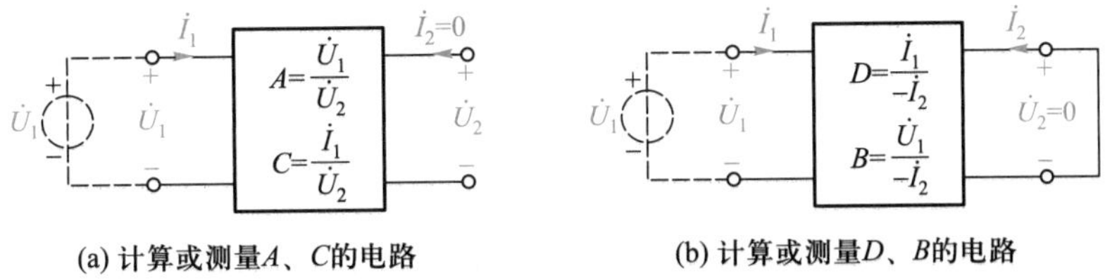

(a) 计算或测量A、C的电路　　(b) 计算或测量D、B的电路

图 16-3-10　T 参数的计算或测量电路

例 16-3-7　求图 16-3-11(a)所示二端口网络的 T 参数。

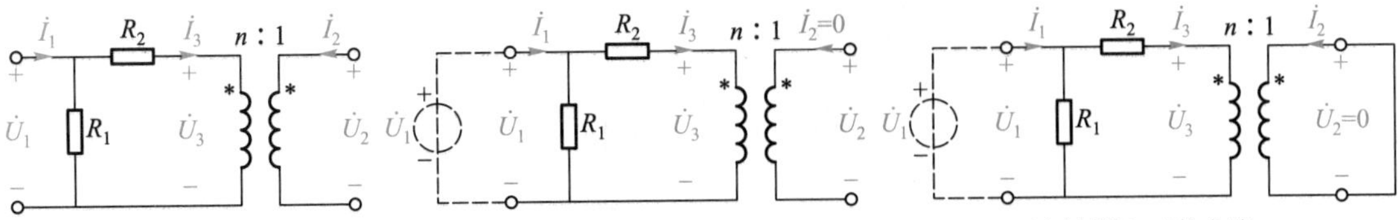

(a) 二端口网络　　(b) 计算A、C的电路　　(c) 计算D、B的电路

图 16-3-11　例 16-3-7 图

解:用两种方法计算 T 参数。

方法 1:应用 T 参数的物理含义表达式。计算 A、C 的电路如图 16-3-11(b)所示,应用理想变压器的特性和 KVL 得

$$\dot{I}_3=0, \quad \dot{U}_3=\dot{U}_1, \quad \dot{U}_2=\frac{1}{n}\dot{U}_3=\frac{1}{n}\dot{U}_1, \quad \dot{I}_1=\frac{\dot{U}_1}{R_1}$$

因此

$$A=\left.\frac{\dot{U}_1}{\dot{U}_2}\right|_{\dot{I}_2=0}=n, \quad C=\left.\frac{\dot{I}_1}{\dot{U}_2}\right|_{\dot{I}_2=0}=\frac{\dfrac{\dot{U}_1}{R_1}}{\dfrac{1}{n}\dot{U}_1}=\frac{n}{R_1}$$

计算 D、B 的电路如图 16-3-11(c)所示,应用理想变压器的特性和 KCL 得

$$\dot{U}_3=0, \quad \dot{I}_3=\frac{\dot{U}_1}{R_2}, \quad \dot{I}_1=\frac{\dot{U}_1}{R_1}+\dot{I}_3=\left(\frac{1}{R_1}+\frac{1}{R_2}\right)\dot{U}_1, \quad \dot{I}_2=-n\dot{I}_3=-\frac{n}{R_2}\dot{U}_1$$

因此

$$D=\left.\frac{\dot{I}_1}{-\dot{I}_2}\right|_{\dot{U}_2=0}=\frac{\left(\dfrac{1}{R_1}+\dfrac{1}{R_2}\right)\dot{U}_1}{\dfrac{n}{R_2}\dot{U}_1}=\frac{R_1+R_2}{nR_1}, \quad B=\left.\frac{\dot{U}_1}{-\dot{I}_2}\right|_{\dot{U}_2=0}=\frac{\dot{U}_1}{\dfrac{n}{R_2}\dot{U}_1}=\frac{R_2}{n}$$

方法 2:通过列出适当的方程,设法将 $\dot{U}_1$、$\dot{I}_1$用 $\dot{U}_2$、$\dot{I}_2$表示,直接得到网络的 T 参数方程。在图 16-3-11(a)中,由变压器的特性得

$$\dot{I}_3=-\frac{1}{n}\dot{I}_2, \quad \dot{U}_3=n\dot{U}_2$$

应用 KVL 得

$$\dot{U}_1=\dot{I}_3R_2+\dot{U}_3=n\dot{U}_2-\frac{R_2}{n}\dot{I}_2$$

应用 KCL 得

$$\dot{I}_1=\frac{\dot{U}_1}{R_1}+\dot{I}_3=\frac{1}{R_1}\left(n\dot{U}_2-\frac{R_2}{n}\dot{I}_2\right)-\frac{1}{n}\dot{I}_2$$

将以上两式整理成 T 参数方程,得

$$\begin{cases}\dot{U}_1=n\dot{U}_2+\dfrac{R_2}{n}(-\dot{I}_2)\\ \dot{I}_1=\dfrac{n}{R_1}\dot{U}_2+\left(\dfrac{R_2}{nR_1}+\dfrac{1}{n}\right)(-\dot{I}_2)\end{cases}$$

目标 2 检测:T 参数计算

测 16-8 计算测 16-8 图所示网络的 T 参数,图中运算放大器工作于线性区。

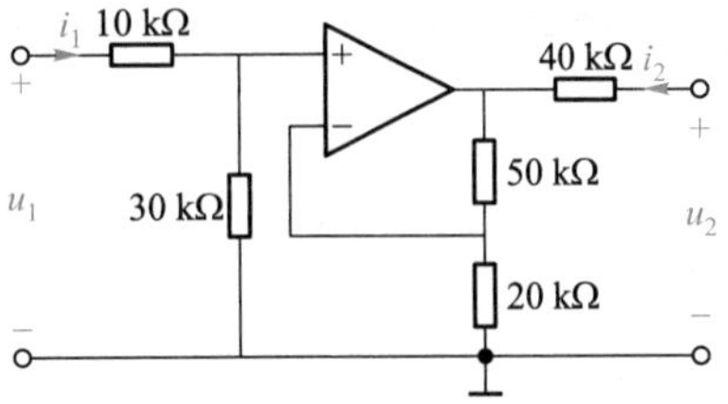

测 16-8 图

答案：$A=8/21$，$C=1/105$ mS，$D=8/21$，$B=320/21$ kΩ。

例 16-3-8 图 16-3-12(a)所示电路中，R_L 可任意调节，确定 R_L 获得的最大功率。

解：最大功率传输问题，必须先确定戴维南等效电路。图 16-3-12(a)中，二端口网络为线性电阻网络，激励为直流电源，因此，等效电路如图 16-3-12(b)所示。下面用 3 种方法确定 u_{oc}、R_{eq}。

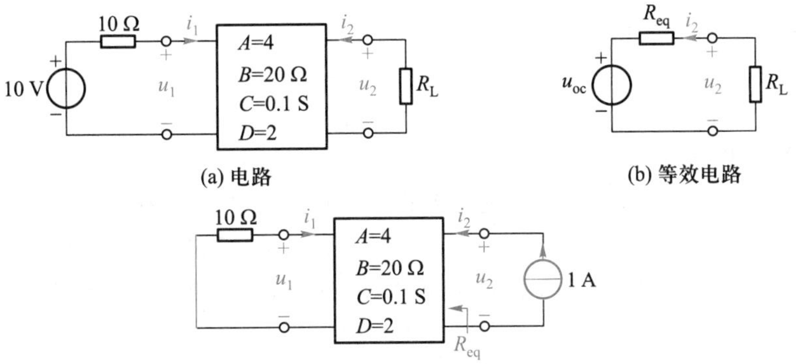

(a) 电路

(b) 等效电路

(c) 计算等效电阻的电路

图 16-3-12 例 16-3-8 图

确定等效电路方法 1：计算开路电压 u_{oc} 和短路电流 i_{sc}，由 u_{oc}/i_{sc} 得到 R_{eq}。由于 $u_{oc}=u_2|_{i_2=0}$，将 R_L 开路时端口所接支路的电压-电流关系代入二端口网络的 T 参数方程，解得 u_{oc}。R_L 开路时，$i_2=0$，此时二端口网络的 T 参数方程为

$$\begin{cases}u_1=Au_2-Bi_2=4u_2\\ i_1=Cu_2-Di_2=0.1u_2\end{cases}$$

将 $u_1=10-10i_1$ 代入上面的 T 参数方程，得

$$\begin{cases}10-10i_1=4u_2\\ i_1=0.1u_2\end{cases}$$

解得

$$u_2=2\ \text{V}=u_{oc}$$

由于 $i_{sc}=-i_2|_{u_2=0}$，将 R_L 短路时端口所接支路的电压-电流关系代入二端口网络的 T 参数方程，解得 i_{sc}。R_L 短路时，$u_2=0$，此时二端口网络的 T 参数方程为

$$\begin{cases}u_1=Au_2-Bi_2=-20i_2\\ i_1=Cu_2-Di_2=-2i_2\end{cases}$$

将 $u_1=10-10i_1$ 代入上面的 T 参数方程,得

$$\begin{cases}10-10i_1=-20i_2\\ i_1=-2i_2\end{cases}$$

解得

$$i_2=-0.25\ \text{A}=-i_{sc}$$

因此,$R_{eq}=\dfrac{u_{oc}}{i_{sc}}=\dfrac{2}{0.25}\ \Omega=8\ \Omega$。

确定等效电路方法 2:按照方法 1 确定 u_{oc},由图 16-3-12(c)确定 R_{eq}。将图 16-3-12(a)中端口 1 的电压源置零,并在端口 2 加 1A 电流源,计算电压 u_2,于是

$$R_{eq}=u_2/i_2=u_2/1$$

图 16-3-12(c)的 T 参数方程为

$$\begin{cases}u_1=4u_2-20i_2\\ i_1=0.1u_2-2i_2\end{cases}$$

将 $u_1=-10i_1$、$i_2=1$ 代入上面的 T 参数方程,得

$$\begin{cases}-10i_1=4u_2-20\\ i_1=0.1u_2-2\end{cases}$$

解得 $u_2=8\ \text{V}$,因此 $R_{eq}=8\ \Omega$。

确定等效电路方法 3:写出 u_2 和 i_2 的关系式,与图 16-3-12(b)中 u_2 和 i_2 的关系式对照,确定 u_{oc}、R_{eq}。等效电路与 R_L 无关,在推导 u_2 和 i_2 的关系式时,不能将 R_L 牵扯进来。用二端口网络的 T 参数方程、端口 1 所接支路的电压-电流关系进行消元,消除 u_1、i_1。即由

$$\begin{cases}u_1=4u_2-20i_2\\ i_1=0.1u_2-2i_2\\ u_1=10-10i_1\end{cases}$$

消除 u_1、i_1 得

$$u_2=8i_2+2$$

与图 16-3-12(b)对照得,$R_{eq}=8\ \Omega$,$u_{oc}=2\ \text{V}$。

根据最大功率传输条件,当 $R_L=8\ \Omega$ 时,R_L 获得的功率最大,最大功率为

$$P_{max}=\left(\frac{u_{oc}}{2R_L}\right)^2\times R_L=\left(\frac{2}{2\times 8}\right)^2\times 8\ \text{W}=0.125\ \text{W}$$

目标 3 检测:T 参数应用

测 16-9 你能用几种方法确定测 16-9 图中的 R_{eq}? 计算 R_{eq}。

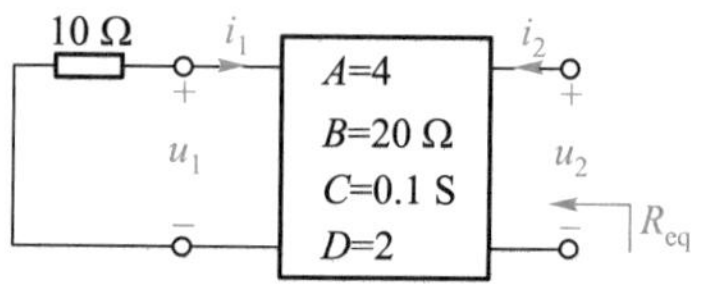

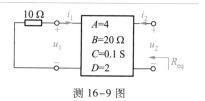

测 16-9 图

答案:$R_{eq}=8\ \Omega$。

16.3.5 参数间的互换关系

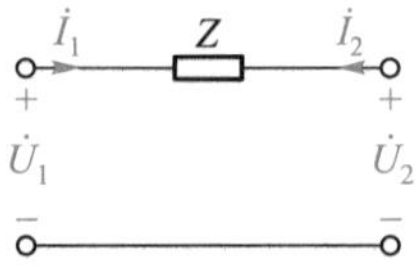

图 16-3-13 Z 参数不存在的二端口网络

线性松弛二端口网络有 6 种参数,可根据具体应用场合选择最合适的参数。但是,某些二端口网络不一定存在 6 种参数。如图 16-3-13 所示网络,其阻抗参数均为∞,即不存在阻抗参数。

对特定网络,某种参数的获得可能较为方便,而分析该网络时又用到另外一种参数,需要进行参数之间相互转换。我们已获得了参数矩阵之间的如下关系

$$\boldsymbol{ZY}=\mathbf{1} \qquad (即式(16\text{-}3\text{-}9))$$

$$\boldsymbol{HG}=\mathbf{1} \qquad (即式(16\text{-}3\text{-}16))$$

$$\begin{bmatrix} A & -B \\ C & -D \end{bmatrix}\begin{bmatrix} A' & -B' \\ C' & -D' \end{bmatrix}=\begin{bmatrix} 1 & 0 \\ 0 & 1 \end{bmatrix} \qquad (即式(16\text{-}3\text{-}31))$$

可见,6 种参数分成了 3 对:阻抗导纳参数对、混合参数对、传输参数对。同一参数对之间的关系简单。要获得不同对参数之间的关系,可对一种参数方程进行自变量与因变量转换,将其变形成另一种参数方程。例如,要由 Z 参数获得 T 参数,就将 Z 参数方程变形为 T 参数方程。即将

$$\begin{cases} \dot{U}_1=Z_{11}\dot{I}_1+Z_{12}\dot{I}_2 \\ \dot{U}_2=Z_{21}\dot{I}_1+Z_{22}\dot{I}_2 \end{cases} \tag{16-3-36}$$

的第 2 式改写为

$$\dot{I}_1=\frac{1}{Z_{21}}\dot{U}_2+\frac{Z_{22}}{Z_{21}}(-\dot{I}_2) \tag{16-3-37}$$

将它代入式(16-3-36)的第 1 式,得

$$\dot{U}_1=\frac{Z_{11}}{Z_{21}}\dot{U}_2+\frac{Z_{11}Z_{22}-Z_{12}Z_{21}}{Z_{21}}(-\dot{I}_2) \tag{16-3-38}$$

式(16-3-37)和式(16-3-38)即是由 Z 参数表示的 T 参数方程,令 $\Delta_Z=Z_{11}Z_{22}-Z_{12}Z_{21}$,由 Z 参数换为 T 参数的关系为

$$A=\frac{Z_{11}}{Z_{21}} \qquad B=\frac{\Delta_Z}{Z_{21}} \qquad C=\frac{1}{Z_{21}} \qquad D=\frac{Z_{22}}{Z_{21}} \tag{16-3-39}$$

照此方法,可确定任意两种参数之间的互换关系。表 16-3-1 中列出了 6 种参数矩阵之间的互换关系。表中同一行的参数矩阵相等,Δ_Z、Δ_Y、Δ_H、Δ_T、$\Delta_{T'}$ 分别为参数矩阵 $\boldsymbol{Z}$、$\boldsymbol{Y}$、$\boldsymbol{H}$、$\boldsymbol{G}$、$\boldsymbol{T}$、$\boldsymbol{T}'$ 的行列式值。

二端口网络参数互换方法

将一种参数方程进行自变量与因变量转换,将其变形成另一种参数方程,从而获得两种参数之间的互换关系。

表 16-3-1 二端口网络 6 种参数之间矩阵的互换关系

	Z	Y	H	G	T	T'
Z	$\begin{bmatrix} Z_{11} & Z_{12} \\ Z_{21} & Z_{22} \end{bmatrix}$	$\begin{bmatrix} \frac{Y_{22}}{\Delta_Y} & -\frac{Y_{12}}{\Delta_Y} \\ -\frac{Y_{21}}{\Delta_Y} & \frac{Y_{11}}{\Delta_Y} \end{bmatrix}$	$\begin{bmatrix} \frac{\Delta_H}{h_{22}} & \frac{h_{12}}{h_{22}} \\ -\frac{h_{21}}{h_{22}} & \frac{1}{h_{22}} \end{bmatrix}$	$\begin{bmatrix} \frac{1}{g_{11}} & -\frac{g_{12}}{g_{11}} \\ \frac{g_{21}}{g_{11}} & \frac{\Delta_G}{g_{11}} \end{bmatrix}$	$\begin{bmatrix} \frac{A}{C} & \frac{\Delta_T}{C} \\ \frac{1}{C} & \frac{D}{C} \end{bmatrix}$	$\begin{bmatrix} \frac{D'}{C'} & \frac{1}{C'} \\ \frac{\Delta_{T'}}{C'} & \frac{A'}{C'} \end{bmatrix}$
Y	$\begin{bmatrix} \frac{Z_{22}}{\Delta_Z} & -\frac{Z_{12}}{\Delta_Z} \\ -\frac{Z_{21}}{\Delta_Z} & \frac{Z_{11}}{\Delta_Z} \end{bmatrix}$	$\begin{bmatrix} Y_{11} & Y_{12} \\ Y_{21} & Y_{22} \end{bmatrix}$	$\begin{bmatrix} \frac{1}{h_{11}} & -\frac{h_{12}}{h_{11}} \\ \frac{h_{21}}{h_{11}} & \frac{\Delta_H}{h_{11}} \end{bmatrix}$	$\begin{bmatrix} \frac{\Delta_G}{g_{22}} & \frac{g_{12}}{g_{22}} \\ -\frac{g_{21}}{g_{22}} & \frac{1}{g_{22}} \end{bmatrix}$	$\begin{bmatrix} \frac{D}{B} & -\frac{\Delta_T}{B} \\ -\frac{1}{B} & \frac{A}{B} \end{bmatrix}$	$\begin{bmatrix} \frac{A'}{B'} & -\frac{1}{B'} \\ -\frac{\Delta_{T'}}{B'} & \frac{D'}{B'} \end{bmatrix}$
H	$\begin{bmatrix} \frac{\Delta_Z}{Z_{22}} & \frac{Z_{12}}{Z_{22}} \\ -\frac{Z_{21}}{Z_{22}} & \frac{1}{Z_{22}} \end{bmatrix}$	$\begin{bmatrix} \frac{1}{Y_{11}} & -\frac{Y_{12}}{Y_{11}} \\ \frac{Y_{21}}{Y_{11}} & \frac{\Delta_Y}{Y_{11}} \end{bmatrix}$	$\begin{bmatrix} h_{11} & h_{12} \\ h_{21} & h_{22} \end{bmatrix}$	$\begin{bmatrix} \frac{g_{22}}{\Delta_G} & -\frac{g_{12}}{\Delta_G} \\ -\frac{g_{21}}{\Delta_G} & \frac{g_{11}}{\Delta_G} \end{bmatrix}$	$\begin{bmatrix} \frac{B}{D} & \frac{\Delta_T}{D} \\ -\frac{1}{D} & \frac{C}{D} \end{bmatrix}$	$\begin{bmatrix} \frac{B'}{A'} & \frac{1}{A'} \\ -\frac{\Delta_{T'}}{A'} & \frac{C'}{A'} \end{bmatrix}$
G	$\begin{bmatrix} \frac{1}{Z_{11}} & -\frac{Z_{12}}{Z_{11}} \\ \frac{Z_{21}}{Z_{11}} & \frac{\Delta_Z}{Z_{11}} \end{bmatrix}$	$\begin{bmatrix} \frac{\Delta_Y}{Y_{22}} & \frac{Y_{12}}{Y_{22}} \\ -\frac{Y_{21}}{Y_{22}} & \frac{1}{Y_{22}} \end{bmatrix}$	$\begin{bmatrix} \frac{h_{22}}{\Delta_H} & -\frac{h_{12}}{\Delta_H} \\ -\frac{h_{21}}{\Delta_H} & \frac{h_{11}}{\Delta_H} \end{bmatrix}$	$\begin{bmatrix} g_{11} & g_{12} \\ g_{21} & g_{22} \end{bmatrix}$	$\begin{bmatrix} \frac{C}{A} & -\frac{\Delta_T}{A} \\ \frac{1}{A} & \frac{B}{A} \end{bmatrix}$	$\begin{bmatrix} \frac{C'}{D'} & -\frac{1}{D'} \\ \frac{\Delta_{T'}}{D'} & \frac{B'}{D'} \end{bmatrix}$
T	$\begin{bmatrix} \frac{Z_{11}}{Z_{21}} & \frac{\Delta_Z}{Z_{21}} \\ \frac{1}{Z_{21}} & \frac{Z_{22}}{Z_{21}} \end{bmatrix}$	$\begin{bmatrix} -\frac{Y_{22}}{Y_{21}} & -\frac{1}{Y_{21}} \\ -\frac{\Delta_Y}{Y_{21}} & -\frac{Y_{11}}{Y_{21}} \end{bmatrix}$	$\begin{bmatrix} -\frac{\Delta_H}{h_{21}} & -\frac{h_{11}}{h_{21}} \\ -\frac{h_{22}}{h_{21}} & -\frac{1}{h_{21}} \end{bmatrix}$	$\begin{bmatrix} \frac{1}{g_{21}} & \frac{g_{22}}{g_{21}} \\ \frac{g_{11}}{g_{21}} & \frac{\Delta_G}{g_{21}} \end{bmatrix}$	$\begin{bmatrix} A & B \\ C & D \end{bmatrix}$	$\begin{bmatrix} \frac{D'}{\Delta_{T'}} & \frac{B'}{\Delta_{T'}} \\ \frac{C'}{\Delta_{T'}} & \frac{A'}{\Delta_{T'}} \end{bmatrix}$
T'	$\begin{bmatrix} \frac{Z_{22}}{Z_{12}} & \frac{\Delta_Z}{Z_{12}} \\ \frac{1}{Z_{12}} & \frac{Z_{11}}{Z_{12}} \end{bmatrix}$	$\begin{bmatrix} -\frac{Y_{11}}{Y_{12}} & -\frac{1}{Y_{12}} \\ -\frac{\Delta_Y}{Y_{12}} & -\frac{Y_{22}}{Y_{12}} \end{bmatrix}$	$\begin{bmatrix} \frac{1}{h_{12}} & \frac{h_{11}}{h_{12}} \\ \frac{h_{22}}{h_{12}} & \frac{\Delta_H}{h_{12}} \end{bmatrix}$	$\begin{bmatrix} -\frac{\Delta_G}{g_{12}} & \frac{g_{22}}{g_{12}} \\ -\frac{g_{11}}{g_{12}} & \frac{1}{g_{12}} \end{bmatrix}$	$\begin{bmatrix} \frac{D}{\Delta_T} & \frac{B}{\Delta_T} \\ \frac{C}{\Delta_T} & \frac{A}{\Delta_T} \end{bmatrix}$	$\begin{bmatrix} A' & B' \\ C' & D' \end{bmatrix}$

有了参数之间的互换关系，再来讨论互易二端口网络、对称二端口网络的参数特点。前面已得出互易二端口网络满足

$$Z_{12}=Z_{21} \quad （即式(16-3-5)）$$

$$Y_{12}=Y_{21} \quad （即式(16-3-12)）$$

$$h_{12}=-h_{21} \quad （即式(16-3-21)）$$

$$g_{12}=-g_{21} \quad （即式(16-3-22)）$$

对称二端口网络满足

$$Z_{11}=Z_{22}\text{和 }Z_{12}=Z_{21}\quad(\text{即式}(16\text{-}3\text{-}6))$$

$$Y_{11}=Y_{22}\text{和 }Y_{12}=Y_{21}\quad(\text{即式}(16\text{-}3\text{-}13))$$

将这些关系应用到表 16-3-1 中,得到其他参数的特点。表 16-3-2 归纳了互易二端口网络、对称二端口网络的 6 种参数的特点。

表 16-3-2 互易二端口网络、对称二端口网络的参数特点

	互易二端口网络	对称二端口网络
Z 参数	$Z_{12}=Z_{21}$	$Z_{11}=Z_{22}$, $Z_{12}=Z_{21}$
Y 参数	$Y_{12}=Y_{21}$	$Y_{11}=Y_{22}$, $Y_{12}=Y_{21}$
H 参数	$h_{12}=-h_{21}$	$h_{11}h_{22}-h_{12}h_{21}=1$, $h_{12}=-h_{21}$
G 参数	$g_{12}=-g_{21}$	$g_{11}g_{22}-g_{12}g_{21}=1$, $g_{12}=-g_{21}$
T 参数	$AD-BC=1$	$A=D$, $AD-BC=1$
T'参数	$A'D'-B'C'=1$	$A'=D'$, $A'D'-B'C'=1$

例 16-3-9 图 16-3-14 所示二端口网络,它存在哪些参数?确定存在的参数矩阵。并用参数互换关系证明其他参数不存在。运算放大器工作于线性区。

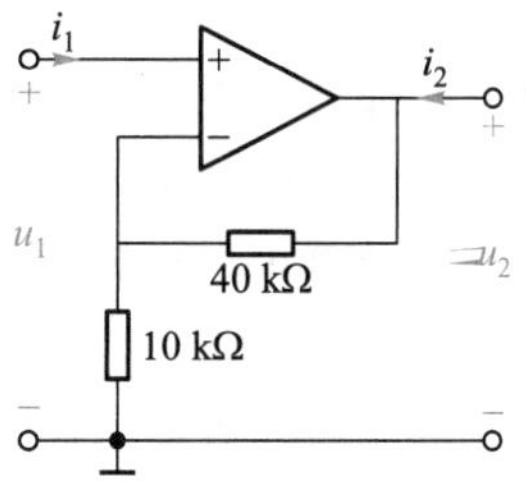

图 16-3-14 例 16-3-9 图

解:图 16-3-14 是同相比例放大电路,由虚断路、虚短路特性易得

$$i_1=0$$

$$u_2=\frac{u_1}{10}(10+40)=5u_1$$

端口 4 个变量满足上面两个方程,这两个方程可以视为 G 参数方程,写为

$$\begin{bmatrix}i_1\\u_2\end{bmatrix}=\begin{bmatrix}0&0\\5&0\end{bmatrix}\begin{bmatrix}u_1\\i_2\end{bmatrix}$$

G 参数矩阵为

$$\boldsymbol{G}=\begin{bmatrix}0&0\\5&0\end{bmatrix}$$

前面两个方程也可以视为 T 参数方程,写为

$$\begin{bmatrix}u_1\\i_1\end{bmatrix}=\begin{bmatrix}0.2&0\\0&0\end{bmatrix}\begin{bmatrix}u_2\\-i_2\end{bmatrix}$$

T 参数矩阵为

$$\boldsymbol{T}=\begin{bmatrix}0.2&0\\0&0\end{bmatrix}$$

图 16-3-14 所示二端口网络只存在 G 参数和 T 参数。由于 G 参数矩阵行列式 $\Delta_G=0$,故不存在 H 参数。由于 T 参数矩阵行列式 $\Delta_T=0$,故不存在 T'参数。由于 $g_{11}=0$ 或 $C=0$,故不存在 Z 参数。由于 $g_{22}=0$ 或 $B=0$,故不存在 Y 参数。

目标 2 检测:参数互换关系

测 16-10 测 16-10 图所示二端口网络,它存在哪些参数?确定存在的参数矩阵。并用参数互换关系证明其它参数不存在。运算放大器工作于线性区。

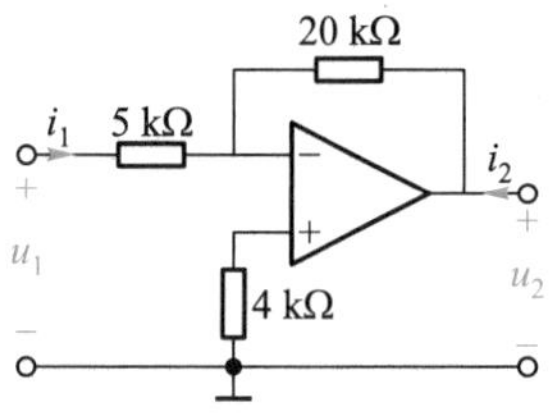

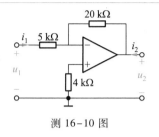

测 16-10 图

答案:$\boldsymbol{Z}=\begin{bmatrix}5\times10^3 & 0\\ -2\times10^4 & 0\end{bmatrix}\Omega$,$\boldsymbol{T}=\begin{bmatrix}-0.25 & 0\\ -5\times10^{-5}\text{ S} & 0\end{bmatrix}$,$\boldsymbol{G}=\begin{bmatrix}2\times10^{-4}\text{ S} & 0\\ -4 & 0\end{bmatrix}$

16.4 二端口网络的电路模型

两个内部结构不同的二端口网络,如果它们的参数相同,即端口特性方程相同,它们就是等效二端口网络。将复杂二端口网络等效为结构简单的二端口网络,由于端口特性方程不变,因而计算所得端口 4 个变量的结果相同。那么,二端口网络最简单的等效网络是什么形式的网络呢?

研究二端口网络最简单等效网络,意义之一在于二端口网络的模拟(或仿真),用几个电路元件连接而成的网络来模拟(或仿真)一个复杂的二端口网络;意义之二在于二端口网络的设计,用最简单的网络结构来实现期望的功能(即端口特性方程)。因此,将二端口网络最简单的等效网络称为二端口网络的电路模型。

二端口网络的电路模型并不是唯一的,但是它们都由最少数量的电路元件连接而成。二端口网络有 4 个独立参数,最简单的电路模型应该包含 4 个独立的电路元件。掌握从不同的参数方程获得电路模型的思路,比记住电路模型更有意义。

(1)阻抗参数表示的电路模型

二端口网络的阻抗参数方程

$$\begin{cases}\dot{U}_1=Z_{11}\dot{I}_1+Z_{12}\dot{I}_2\\ \dot{U}_2=Z_{21}\dot{I}_1+Z_{22}\dot{I}_2\end{cases}\tag{16-4-1}$$

中,视 $Z_{11}\dot{I}_1$ 为阻抗 Z_{11} 上的电压、$Z_{12}\dot{I}_2$ 为由电流 $\dot{I}_2$ 控制的受控电压源,两项电压串联构成端口 1 的等效支路。同理可得端口 2 的等效支路。二端口网络电路模型之一如图 16-4-1(a)所示,它用阻抗参数表示。

回顾例 16-3-1 可知,T 形结构二端口网络的网孔分析方程就是其阻抗参数方程,这一特点隐含了 T 形网络是二端口网络的一种最简单等效电路。还是从阻抗参数方来获得 T 形电路模型,将式(16-4-1)变为以 $\dot{I}_1$、$\dot{I}_2$ 为网孔电流的 T 形网络的网孔方程,即

$$\begin{cases} Z_{11}\dot{I}_1+Z_{12}\dot{I}_2=\dot{U}_1 \\ Z_{12}\dot{I}_1+Z_{22}\dot{I}_2=\dot{U}_2-(Z_{21}-Z_{12})\dot{I}_1 \end{cases} \tag{16-4-2}$$

式(16-4-2)中:Z_{11}、Z_{22}为两个网孔的自阻抗,Z_{12}为网孔之间的互相抗,$(Z_{21}-Z_{12})\dot{I}_1$为电流控制的电压源,得到图 16-4-1(b)所示 T 形电路模型。对于互易网络,$Z_{12}=Z_{21}$,图 16-4-1(b)中受控电压源短路。

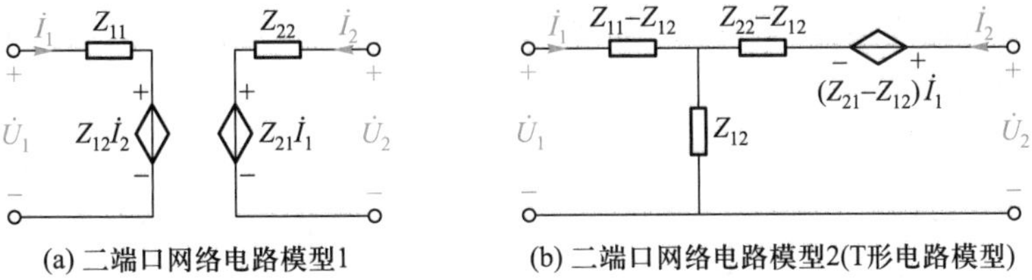

图 16-4-1 用 Z 参数表示的二端口网络电路模型

电路模型与原二端口网络具有相同的端口特性方程,通过电路模型计算得到的端口 4 个变量($\dot{U}_1$、$\dot{U}_2$、$\dot{I}_1$、$\dot{I}_2$)与原网络的相同,但不保证任意两个端子之间的电压与原网络的相同。T 形电路模型是一个 3 端子的二端口网络,这并不意味着只有 3 端子的二端口网络才能有 T 形电路模型,任何二端口网络都有 T 形电路模型。

(2) 导纳参数表示的电路模型

与阻抗参数对偶,二端口网络有由导纳参数表示的 2 个电路模型。导纳参数方程

$$\begin{cases} \dot{I}_1=Y_{11}\dot{U}_1+Y_{12}\dot{U}_2 \\ \dot{I}_2=Y_{21}\dot{U}_1+Y_{22}\dot{U}_2 \end{cases} \tag{16-4-3}$$

中,视 $Y_{11}\dot{U}_1$ 为导纳 Y_{11}上的电流、$Y_{12}\dot{U}_2$ 为由电压 $\dot{U}_2$ 控制的受控电流源,两项电流并联构成端口 1 的等效支路。同理可得端口 2 的等效支路,如图 16-4-2(a)所示。

回顾例 16-3-4 可知,Π 形二端口网络的节点方程就是其导纳参数方程,于是,Π 形网络也是二端口网络的一种最简单等效电路。将式(16-4-3)变形为 Π 形网络的节点方程,即

$$\begin{cases} Y_{11}\dot{U}_1-(-Y_{12})\dot{U}_2=\dot{I}_1 \\ -(-Y_{12})\dot{U}_1+Y_{22}\dot{U}_2=\dot{I}_2-(Y_{21}-Y_{12})\dot{U}_1 \end{cases} \tag{16-4-4}$$

式(16-4-4)中,Y_{11}、Y_{22}为节点自导纳、$-Y_{12}$为节点间互导纳、$(Y_{21}-Y_{12})\dot{U}_1$ 为受控电流源,Π 形电路模型如图 16-4-2(b)所示。对于互易二端口网络,$Y_{12}=Y_{21}$,图 16-4-2(b)中受控电流源开路。

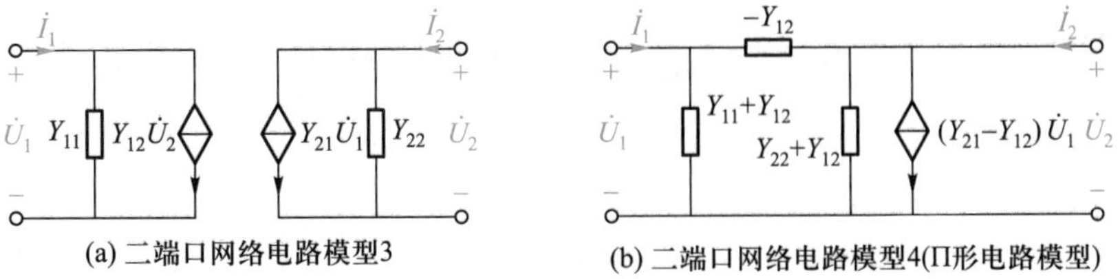

图 16-4-2 用 Y 参数表示的二端口网络电路模型

（3）混合参数表示的电路模型

H 参数方程

$$\begin{cases}\dot{U}_1=h_{11}\dot{I}_1+h_{12}\dot{U}_2\\ \dot{I}_2=h_{21}\dot{I}_1+h_{22}\dot{U}_2\end{cases} \tag{16-4-5}$$

中，第 1 个方程等效为阻抗 h_{11} 和受控电压源 $h_{12}\dot{U}_2$ 的串联支路，第 2 个方程等效为导纳 h_{22} 和受控电流源 $h_{21}\dot{I}_1$ 的并联支路，*H* 参数模型如图 16-4-3(a)所示。用同样的思路可得 *G* 参数模型如图 16-4-3(b)所示。

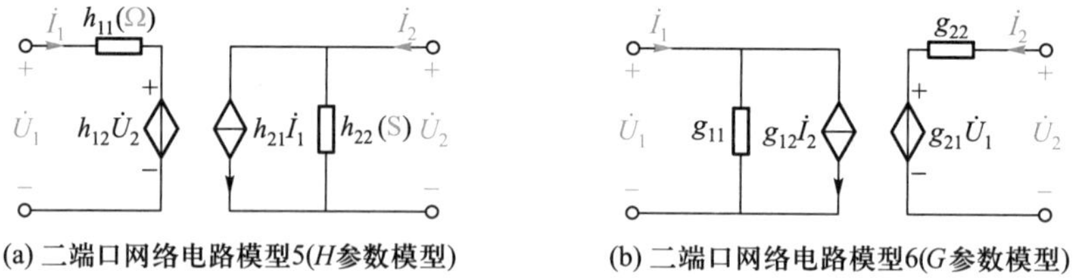

图 16-4-3 用混合参数表示的二端口网络电路模型

例 16-4-1 证明图 16-4-4(a)所示耦合电感有图 16-4-4(b)所示 T 形电路模型。

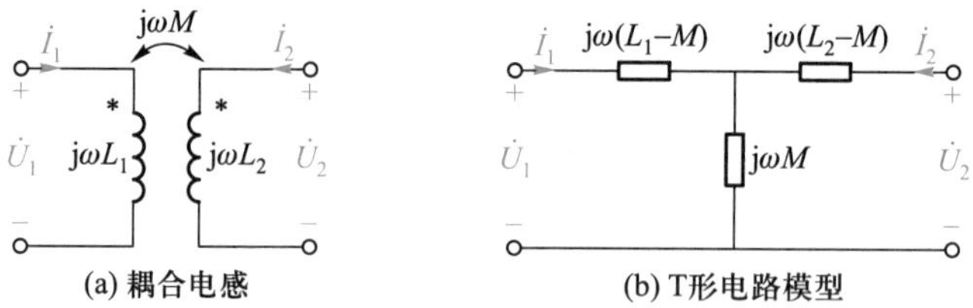

图 16-4-4 例 16-4-1 图

解：图 16-4-4(a)所示耦合电感的 *Z* 参数方程为

$$\begin{cases}\dot{U}_1=Z_{11}\dot{I}_1+Z_{12}\dot{I}_2=\mathrm{j}\omega L_1\dot{I}_1+\mathrm{j}\omega M\dot{I}_2\\ \dot{U}_2=Z_{21}\dot{I}_1+Z_{22}\dot{I}_2=\mathrm{j}\omega M\dot{I}_1+\mathrm{j}\omega L_2\dot{I}_2\end{cases}$$

对照图 16-4-4(b)，$Z_{11}-Z_{12}=\mathrm{j}\omega L_1-\mathrm{j}\omega M$，$Z_{22}-Z_{12}=\mathrm{j}\omega L_2-\mathrm{j}\omega M$，且 $Z_{12}=Z_{21}=\mathrm{j}\omega M$，即得图 16-4-4(b)所示 T 形电路模型。因 $Z_{12}=Z_{21}$，是互易二端口网络，*T* 形电路模型中没有受控源。

目标 4 检测：二端口网络的电路模型

测 16-11 二端口网络的 *Z* 参数为 $\boldsymbol{Z}=\begin{bmatrix}50 & 10\\ 30 & 20\end{bmatrix}\Omega$，确定 T 形和 Π 形电路模型，并自我验证结果。

16.5 二端口网络的相互连接

二端口网络的连接方式可分为级联、串联、并联、串并联和并串联。在此对后面两种连接不展开讨论，参看习题 16-32。研究二端口网络的相互连接的意义在于：(1) 将复杂的二端口网络分解为若干个简单二端口网络来分析；(2) 设计若干个简单二端口网络，通过一定方式连接得到复杂二端口网络。那么，由简单二端口网络相互连接形成的复杂二端口网络，其参数与简单二端口网络的参数有何关系呢？

16.5.1 级联

将两个二端口网络按图 16-5-1 进行连接，称为二端口网络级联(cascade connection)。假定级联的两个二端口网络的传输参数矩阵分别为 $\boldsymbol{T}_a$ 和 $\boldsymbol{T}_b$，级联所得二端口网络的传输参数矩阵为 $\boldsymbol{T}$。应用 T 参数方程以及 $\dot{U}_{2a}=\dot{U}_{1b}$、$-\dot{I}_{2a}=\dot{I}_{1b}$，得

$$\begin{bmatrix}\dot{U}_{1a}\\ \dot{I}_{1a}\end{bmatrix}=\boldsymbol{T}_a\begin{bmatrix}\dot{U}_{2a}\\ -\dot{I}_{2a}\end{bmatrix}=\boldsymbol{T}_a\begin{bmatrix}\dot{U}_{1b}\\ \dot{I}_{1b}\end{bmatrix}=\boldsymbol{T}_a\times\boldsymbol{T}_b\begin{bmatrix}\dot{U}_{2b}\\ -\dot{I}_{2b}\end{bmatrix}$$

因此

$$\boxed{\boldsymbol{T}=\boldsymbol{T}_a\times\boldsymbol{T}_b} \qquad (16-5-1)$$

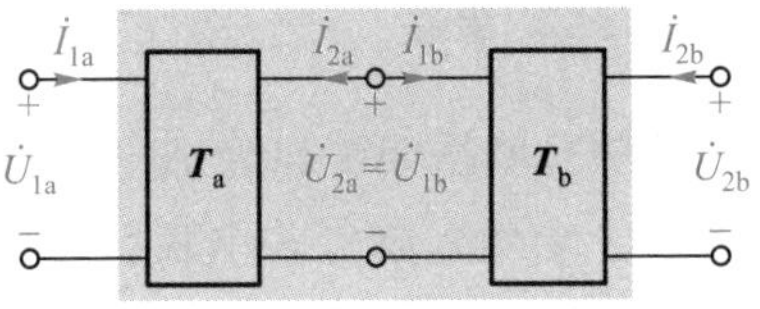

图 16-5-1 二端口网络级联

式(16-5-1)体现出 T 参数方程以 $-\dot{I}_2$ 为变量的好处了。

例 16-5-1 求图 16-5-2(a)所示二端口网络的 T 参数矩阵。

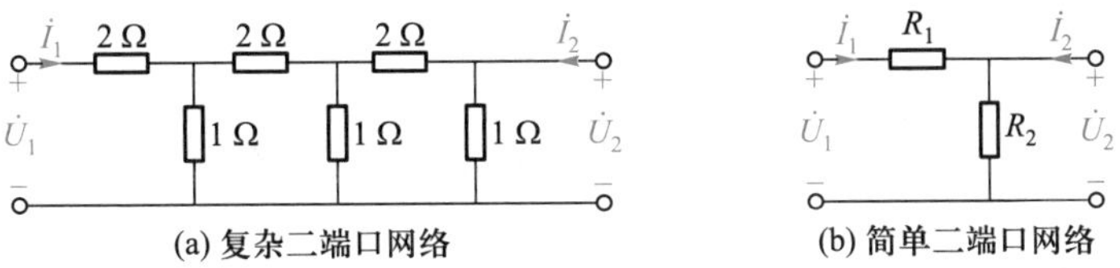

图 16-5-2 例 16-5-1 图

解：将图 16-5-2(a)分解为 3 个如图 16-5-2(b)所示简单二端口网络的级联，简单二端口网络的 T 参数矩阵为 $\boldsymbol{T}_1$，则图 16-5-2(a)所示复杂二端口网络的 T 参数矩阵为

$$\boldsymbol{T}=\boldsymbol{T}_1\times\boldsymbol{T}_1\times\boldsymbol{T}_1$$

图 16-5-2(b)所示简单网络的 T 参数可由 KCL、KVL 来确定。有

$$\dot{I}_1=\frac{\dot{U}_2}{R_2}-\dot{I}_2=C\dot{U}_2-D\dot{I}_2 \qquad \text{(KCL)}$$

$$\dot{U}_1=R_1\dot{I}_1+\dot{U}_2=R_1\left(\frac{\dot{U}_2}{R_2}-\dot{I}_2\right)+\dot{U}_2=\left(\frac{R_1}{R_2}+1\right)\dot{U}_2-R_1\dot{I}_2=A\dot{U}_2-B\dot{I}_2 \qquad \text{(KVL)}$$

当 $R_1=2\ \Omega$、$R_2=1\ \Omega$ 时

$$T_1=\begin{bmatrix}A & B\\ C & D\end{bmatrix}=\begin{bmatrix}\left(\dfrac{R_1}{R_2}+1\right) & R_1\\ \dfrac{1}{R_2} & 1\end{bmatrix}=\begin{bmatrix}3 & 2\ \Omega\\ 1\ \mathrm{S} & 1\end{bmatrix}$$

故

$$T=\begin{bmatrix}3 & 2\\ 1 & 1\end{bmatrix}\times\begin{bmatrix}3 & 2\\ 1 & 1\end{bmatrix}\times\begin{bmatrix}3 & 2\\ 1 & 1\end{bmatrix}=\begin{bmatrix}41 & 30\ \Omega\\ 15\ \mathrm{S} & 11\end{bmatrix}$$

目标 5 检测:二端口网络的连接

测 16-12 确定测 16-12 图的 T 参数矩阵。

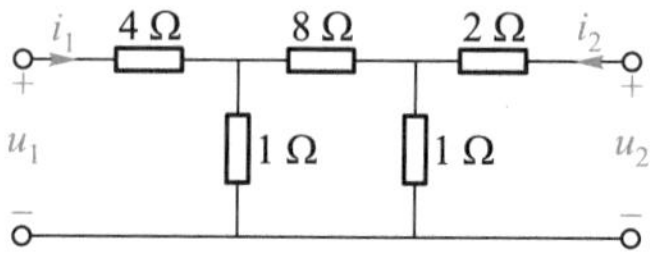

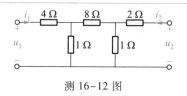

测 16-12 图

答案:$T=\begin{bmatrix}5 & 4\\ 1 & 1\end{bmatrix}\times\begin{bmatrix}9 & 8\\ 1 & 1\end{bmatrix}\times\begin{bmatrix}1 & 2\\ 0 & 1\end{bmatrix}=\begin{bmatrix}49 & 142\ \Omega\\ 10\mathrm{S} & 29\end{bmatrix}$

16.5.2 串联

二端口网络的端口分别串联,称为二端口网络串联。图 16-5-3 中,$\boldsymbol{Z}_a$ 和 $\boldsymbol{Z}_b$ 为两个二端口网络的 Z 参数矩阵。若串联后,原来构成端口的端子仍然为端口,即流入一个端子的电流仍然等于流出另一个端子的电流(以下称为原端口条件),则有

$$\dot{I}_{1a}=\dot{I}_{1b}=\dot{I}_1\ ,\quad \dot{I}_{2a}=\dot{I}_{2b}=\dot{I}_2$$

应用 KVL 和 Z 参数方程得

$$\begin{bmatrix}\dot{U}_1\\ \dot{U}_2\end{bmatrix}=\begin{bmatrix}\dot{U}_{1a}\\ \dot{U}_{2a}\end{bmatrix}+\begin{bmatrix}\dot{U}_{1b}\\ \dot{U}_{2b}\end{bmatrix}=\boldsymbol{Z}_a\begin{bmatrix}\dot{I}_{1a}\\ \dot{I}_{2a}\end{bmatrix}+\boldsymbol{Z}_b\begin{bmatrix}\dot{I}_{1b}\\ \dot{I}_{2b}\end{bmatrix}=(\boldsymbol{Z}_a+\boldsymbol{Z}_b)\begin{bmatrix}\dot{I}_1\\ \dot{I}_2\end{bmatrix}$$

串联所得二端口网络的 Z 参数矩阵

$$\boxed{\boldsymbol{Z}=\boldsymbol{Z}_a+\boldsymbol{Z}_b}\quad(\text{当原端口条件不变时})\qquad(16\text{-}5\text{-}2)$$

什么样的二端口网络串联才能保证原端口条件不变呢?我们用图 16-5-4 来体会一下原端口条件改变的情况。两个相同的对称二端口网络串联,端口施加电流源激励,图中标出了原来的端子电流,蓝色回路的电流分布必须满足 KCL、KVL 约束,原来成为端口的两个端子串联后不再成为端口,因此,式(16-5-2)对图 16-5-4 不成立。

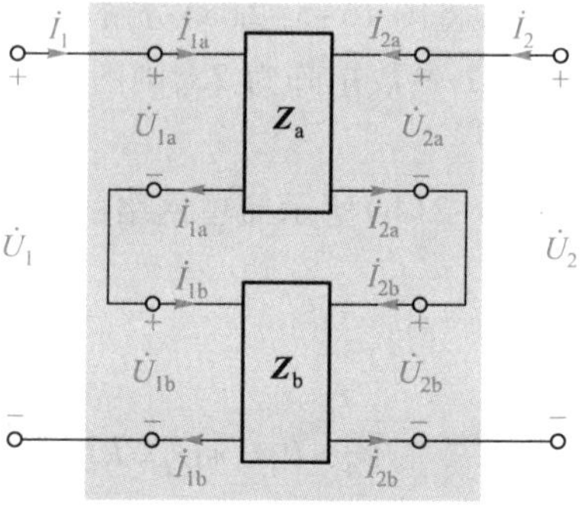

图 16-5-3 二端口网络串联

但是,将图 16-5-4 中 4 个蓝色电阻短接,如图 16-5-5 所示,则认为原端口条件成立是说得过去的,因为,蓝色回路中电流按原端口条件不变的要求分布,并不违背 KCL、

KVL。因此，式(16-5-2)对图 16-5-5 成立。由此看来，如图 16-5-6 所示的两个 3 端子二端口网络进行公共端相连的串联，式(16-5-2)恒成立。

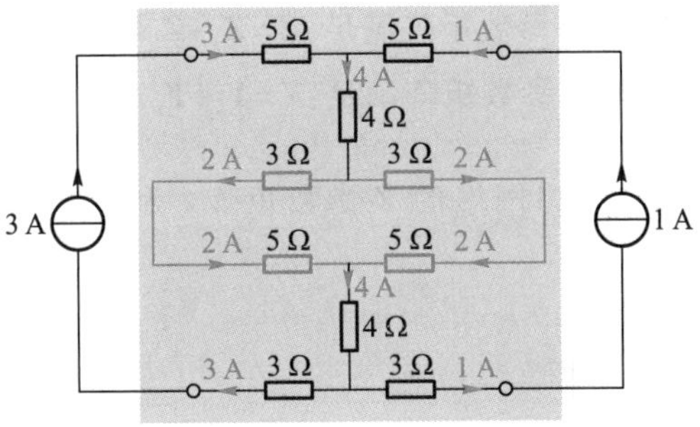

图 16-5-4 破坏了原端口条件的串联

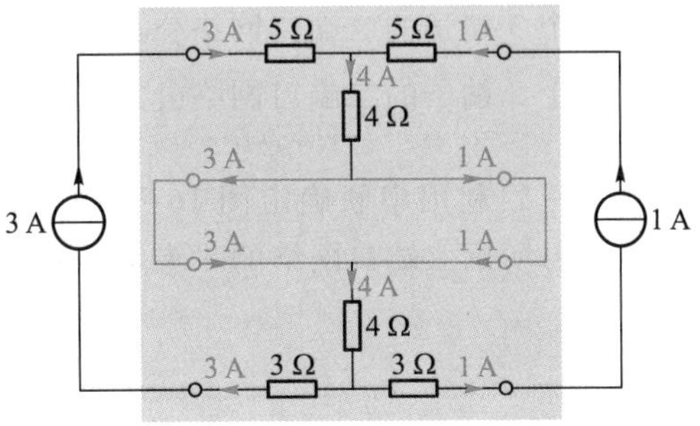

图 16-5-5 原端口条件不变的串联

16.5.3 并联

图 16-5-7 为两个二端口网络并联，$\boldsymbol{Y}_a$、$\boldsymbol{Y}_b$ 分别为两个二端口网络的导纳矩阵。在并联后原端口条件不变的前提下，应用 KCL 和 Y 参数方程，得

$$\begin{bmatrix}\dot{I}_1\\ \dot{I}_2\end{bmatrix}=\begin{bmatrix}\dot{I}_{1a}\\ \dot{I}_{2a}\end{bmatrix}+\begin{bmatrix}\dot{I}_{1b}\\ \dot{I}_{2b}\end{bmatrix}=\boldsymbol{Y}_a\begin{bmatrix}\dot{U}_{1a}\\ \dot{U}_{2a}\end{bmatrix}+\boldsymbol{Y}_b\begin{bmatrix}\dot{U}_{1b}\\ \dot{U}_{2b}\end{bmatrix}=(\boldsymbol{Y}_a+\boldsymbol{Y}_b)\begin{bmatrix}\dot{U}_1\\ \dot{U}_2\end{bmatrix}$$

并联后的二端口网络的 Y 参数矩阵为

$$\boxed{\boldsymbol{Y}=\boldsymbol{Y}_a+\boldsymbol{Y}_b}\quad \text{(当原端口条件不变时)} \tag{16-5-3}$$

什么样的二端口网络并联才能保证原端口条件不变呢？如图 16-5-8 所示，两个 3 端子的二端口网络进行公共端相连的并联，图中蓝色回路中的电流分布不会导致违背 KCL、KVL，原端口条件不变，式(16-5-3)对图 16-5-8 所示并联总是成立。

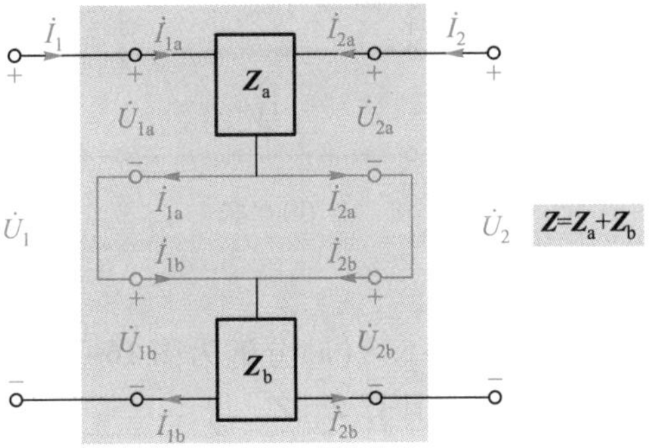

图 16-5-6 3 端子二端口网络串联

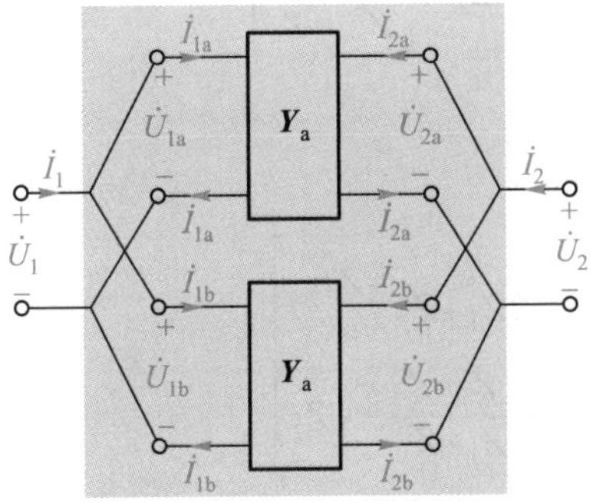

图 16-5-7 二端口网络并联

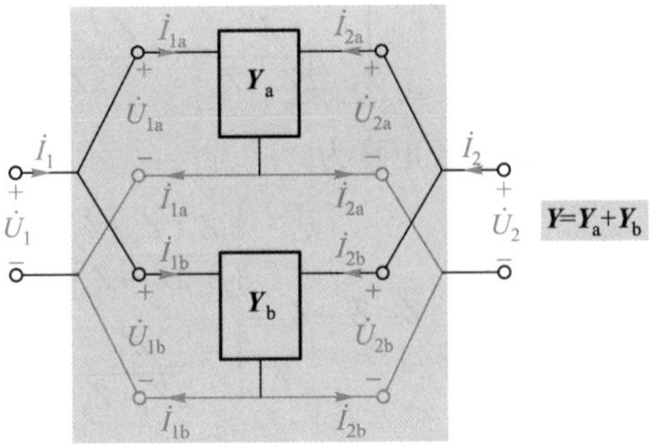

图 16-5-8 3 端子二端口网络并联

二端口网络相互连接

任意两个二端口网络级联，T 参数矩阵满足：$\boldsymbol{T}=\boldsymbol{T}_a\times\boldsymbol{T}_b$

两个 3 端子的二端口网络公共端相连的串联，Z 参数矩阵满足：$\boldsymbol{Z}=\boldsymbol{Z}_a+\boldsymbol{Z}_b$

两个 3 端子的二端口网络公共端相连的并联，Y 参数矩阵满足：$\boldsymbol{Y}=\boldsymbol{Y}_a+\boldsymbol{Y}_b$

例 16-5-2 利用串联确定图 16-5-9(a)所示二端口网络的 Z 参数矩阵。利用并联确定图 16-5-9(a)所示二端口网络的 Y 参数矩阵。

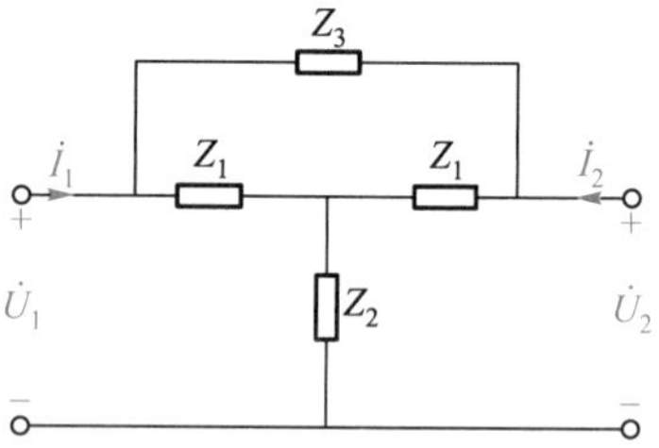

(a) 二端口网络

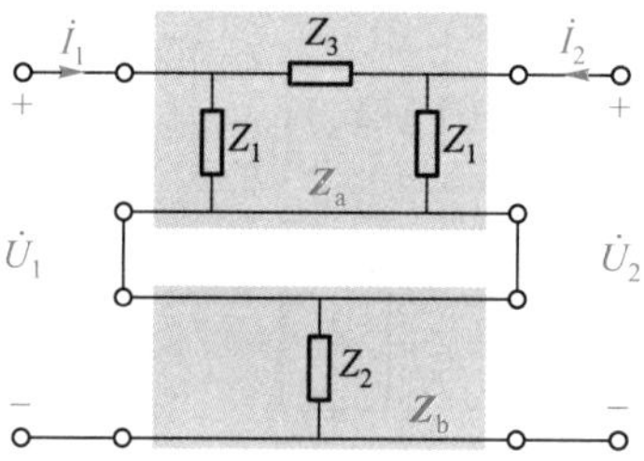

(b) 串联

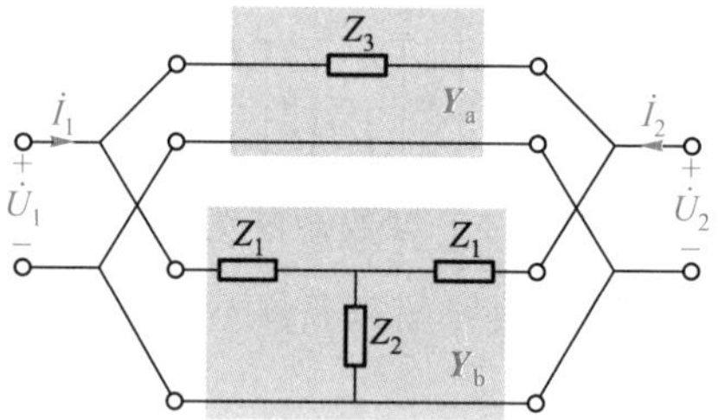

(c) 并联

图 16-5-9 例 16-5-2 图

解：将图 16-5-9(a)分解为图 16-5-9(b)所示两个 3 端子的对称二端口网络的串联，用 Z 参数的物理含义计算 $\boldsymbol{Z}_a$、$\boldsymbol{Z}_b$，得

$$\boldsymbol{Z}_a=\begin{bmatrix}\dfrac{Z_1(Z_1+Z_3)}{2Z_1+Z_3} & \dfrac{Z_1^2}{2Z_1+Z_3}\\ \dfrac{Z_1^2}{2Z_1+Z_3} & \dfrac{Z_1(Z_1+Z_3)}{2Z_1+Z_3}\end{bmatrix},\quad \boldsymbol{Z}_b=\begin{bmatrix}Z_2 & Z_2\\ Z_2 & Z_2\end{bmatrix}$$

图 16-5-9(a)的 Z 参数矩阵为

$$\boldsymbol{Z}=\boldsymbol{Z}_a+\boldsymbol{Z}_b=\begin{bmatrix}\dfrac{Z_1(Z_1+Z_3)}{2Z_1+Z_3}+Z_2 & \dfrac{Z_1^2}{2Z_1+Z_3}+Z_2\\ \dfrac{Z_1^2}{2Z_1+Z_3}+Z_2 & \dfrac{Z_1(Z_1+Z_3)}{2Z_1+Z_3}+Z_2\end{bmatrix}$$

将图 16-5-9(a)分解为图 16-5-9(c)所示两个 3 端子的对称二端口网络的并联，用 Y 参数的物理含义计算 $\boldsymbol{Y}_a$、$\boldsymbol{Y}_b$，得

$$\boldsymbol{Y}_{a}=\begin{bmatrix}\dfrac{1}{Z_3} & -\dfrac{1}{Z_3}\\ -\dfrac{1}{Z_3} & \dfrac{1}{Z_3}\end{bmatrix}$$

$$\boldsymbol{Y}_{b}=\begin{bmatrix}\dfrac{1}{Z_1+Z_1/\!/Z_2} & -\dfrac{Z_1/\!/Z_2}{(Z_1+Z_1/\!/Z_2)Z_1}\\ -\dfrac{Z_1/\!/Z_2}{(Z_1+Z_1/\!/Z_2)Z_1} & \dfrac{1}{Z_1+Z_1/\!/Z_2}\end{bmatrix}=\begin{bmatrix}\dfrac{Z_1+Z_2}{Z_1(Z_1+2Z_2)} & -\dfrac{Z_2}{Z_1(Z_1+2Z_2)}\\ -\dfrac{Z_2}{Z_1(Z_1+2Z_2)} & \dfrac{Z_1+Z_2}{Z_1(Z_1+2Z_2)}\end{bmatrix}$$

图 16-5-9(a)的 Y 参数矩阵为

$$\boldsymbol{Y}=\boldsymbol{Y}_{a}+\boldsymbol{Y}_{b}=\begin{bmatrix}\dfrac{1}{Z_3}+\dfrac{Z_1+Z_2}{Z_1(Z_1+2Z_2)} & -\dfrac{1}{Z_3}-\dfrac{Z_2}{Z_1(Z_1+2Z_2)}\\ -\dfrac{1}{Z_3}-\dfrac{Z_2}{Z_1(Z_1+2Z_2)} & \dfrac{1}{Z_3}+\dfrac{Z_1+Z_2}{Z_1(Z_1+2Z_2)}\end{bmatrix}$$

目标 5 检测:二端口网络的连接

测 16-13 将测 16-13 图变换成两个 3 端子的二端口网络串联,并确定其 Z 参数矩阵。

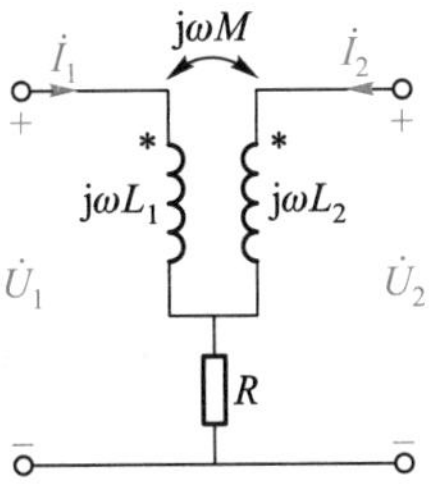

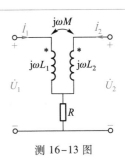

测 16-13 图

答案:$\boldsymbol{Z}=\begin{bmatrix}\mathrm{j}\omega L_1+R & \mathrm{j}\omega M+R\\ \mathrm{j}\omega M+R & \mathrm{j}\omega L_2+R\end{bmatrix}$

16.6 拓展与应用

二端口网络广泛应用于控制系统、信号与电能传输系统。下面介绍:如何用隔离变压器实现原端口条件不变的二端口网络串联与并联;如何用二端口网络实现阻抗变换,将电容变换为电感、将正电阻变换为负电阻。

16.6.1 隔离变压器保证端口条件不变

可利用变压器实现原端口条件不变的二端口网络串联与并联。如图 16-6-1 所示,在相连接的二端口网络的 4 个端口中,任选一个端口与 1 : 1 的变压器(隔离变压器)级联,不难看出,变压器使得图中的电流分布维持了原来的端口条件不变,而且,若将隔离变压器近似为理想变压器,其 T 参数矩阵为单位矩阵,这使得 T 参数矩阵为 $\boldsymbol{T}_{a}$ 的二端口网络级联了变压器后所得二

端口网络的 T 参数矩阵还是 $\boldsymbol{T}_a$。因此，图 16-6-1(a)所示串联所得二端口网络的 Z 参数矩阵为

$$\boldsymbol{Z}=\boldsymbol{Z}_a+\boldsymbol{Z}_b$$

图 16-6-1(b)所示并联所得二端口网络的 $\boldsymbol{Y}$ 参数矩阵为

$$\boldsymbol{Y}=\boldsymbol{Y}_a+\boldsymbol{Y}_b$$

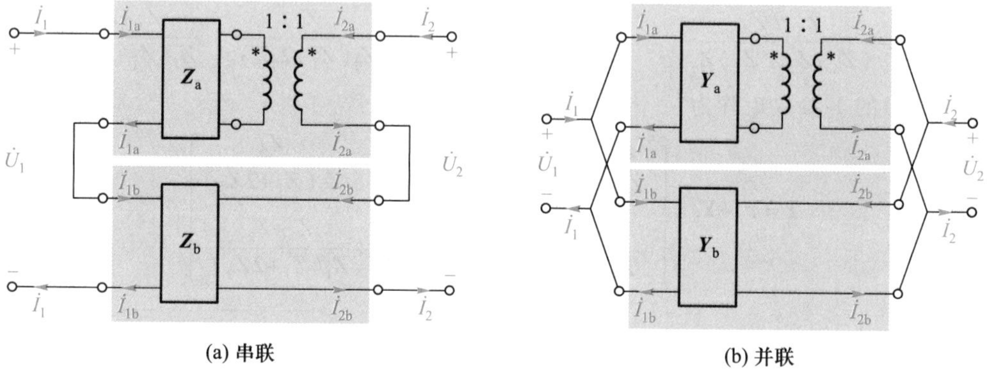

图 16-6-1　利用隔离变压器实现原端口条件不变的连接

16.6.2 利用二端口网络实现阻抗变换

(1) 阻抗逆变器

在集成电路设计中，利用阻抗逆变器将电容逆变为在微小晶体上不易制造的电感。图 16-6-2 所示电路中，阴影部分为二端口网络。我们来分析输入阻抗 Z_{in} 和输出端口阻抗 Z 的关系。应用 KCL、KVL、运算放大器的虚短路与虚断路特性，从左到右，一一得出图 16-6-2 中所标的节点电位和支路电流，到最右边得到

$$\dot{I}_2=\frac{\dot{U}_1}{R},\quad R\dot{I}_1+\dot{U}_2=0$$

将以上方程写为传输参数方程

$$\begin{bmatrix}\dot{U}_1\\ \dot{I}_1\end{bmatrix}=\begin{bmatrix}0 & -R\\ -\frac{1}{R} & 0\end{bmatrix}\begin{bmatrix}\dot{U}_2\\ -\dot{I}_2\end{bmatrix}$$

得到输入阻抗

$$Z_{in}=\frac{\dot{U}_1}{\dot{I}_1}=\frac{A\dot{U}_2+B(-\dot{I}_2)}{C\dot{U}_2+D(-\dot{I}_2)}=\frac{AZ+B}{CZ+D}=\frac{-R}{-\frac{1}{R}Z}=\frac{R^2}{Z} \tag{16-6-1}$$

式(16-6-1)表明：图 16-6-2 中的二端口网络将阻抗 Z 逆变成 $\frac{R^2}{Z}$，当 $Z=\frac{1}{j\omega C}$ 时，$Z_{in}=j\omega R^2C=j\omega L$，即将电容 C 逆变成了电感 $L=R^2C$。具有阻抗逆变功能的二端口网络称为阻抗逆变器或回转器(gyrator)。

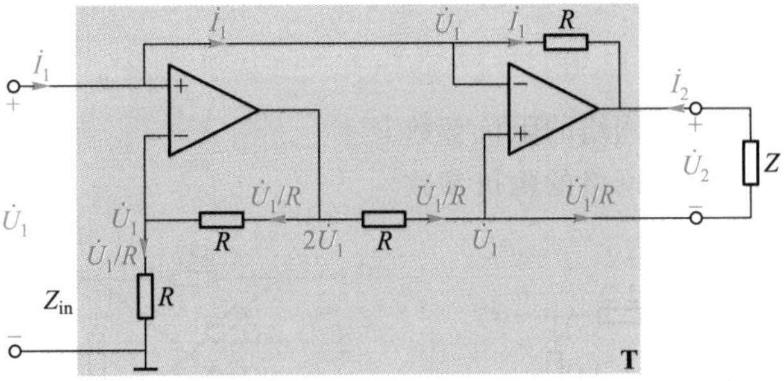

图 16-6-2 阻抗逆变器

(2) 负阻抗变换器

我们有时需要负电阻,负阻抗变换器(negative-impedance converter,NIC)能实现阻抗符号的改变,将正电阻变成负电阻。在图 16-6-3 所示电路中,阴影部分为二端口网络。先来分析输入阻抗 Z_{in}和输出端口阻抗 Z 的关系。应用 KCL、KVL、运算放大器的虚短路与虚断路特性,得出图 16-6-3 中所标的节点电位和支路电流。有

$$\dot{U}_1=\dot{U}_2,\quad \dot{I}_1R_1-\dot{I}_2R_2=0$$

将以上方程写为传输参数方程

$$\begin{bmatrix}\dot{U}_1\\ \dot{I}_1\end{bmatrix}=\begin{bmatrix}1 & 0\\ 0 & -\dfrac{R_2}{R_1}\end{bmatrix}\begin{bmatrix}\dot{U}_2\\ -\dot{I}_2\end{bmatrix}$$

得到输入阻抗

$$Z_{in}=\frac{\dot{U}_1}{\dot{I}_1}=\frac{AZ+B}{CZ+D}=\frac{Z}{-\dfrac{R_2}{R_1}}=-\frac{R_1}{R_2}Z \qquad (16\text{-}6\text{-}2)$$

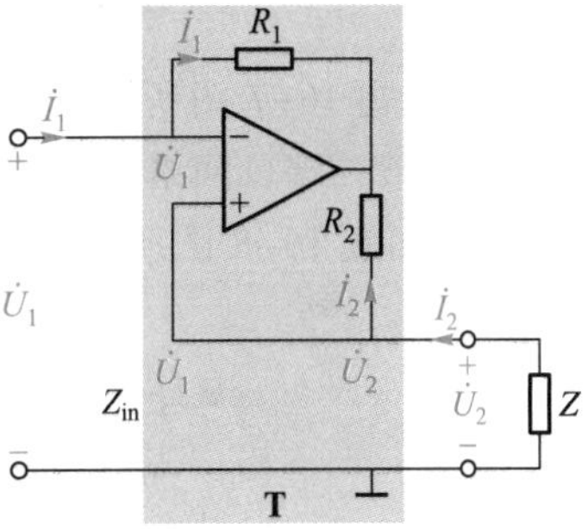

图 16-6-3 负阻抗变换器

式(16-6-2)表明:图 16-6-3 中的二端口网络能将阻抗 Z 变换为$-\dfrac{R_1}{R_2}Z$,当 $Z=R$ 时,$Z_{in}=-\dfrac{R_1}{R_2}R$,即将正电阻变换为负电阻。

习题 16

二端口网络的端口特性方程(16.2 节)

16-1 将题 16-1 图所示含源二端口网络等效为:(1)松弛二端口网络与电压源串联,并写出用阻抗表示的端口特性方程;(2)松弛二端口网络与电流源并联,并写出用导纳表示的端口特性方程。

16-2 将题 16-2 图所示含源二端口网络等效为:(1)松弛二端口网络与电压源串联,并写出用阻抗表示的端口特性方程;(2)松弛二端口网络与电流源并联,并写出用导纳表示的端口特性方程。

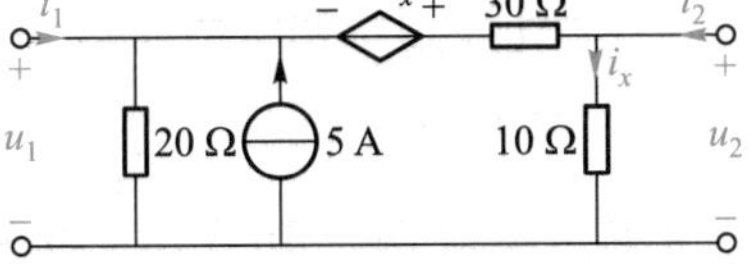

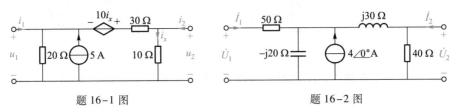

题 16-1 图

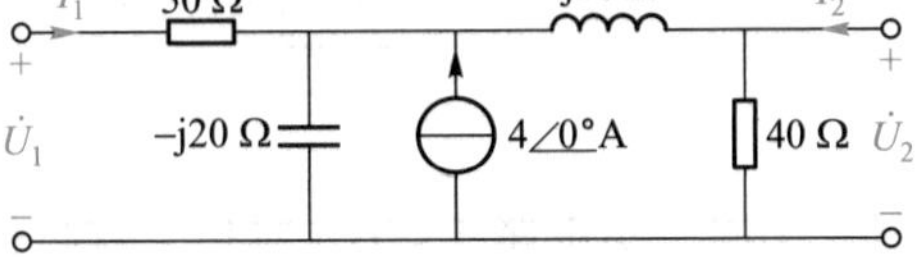

题 16-2 图

二端口网络的参数(**16.3** 节)

阻抗参数

16-3 求题 16-3 图所示二端口网络的阻抗参数。

16-4 求题 16-4 图所示二端口网络的阻抗参数。

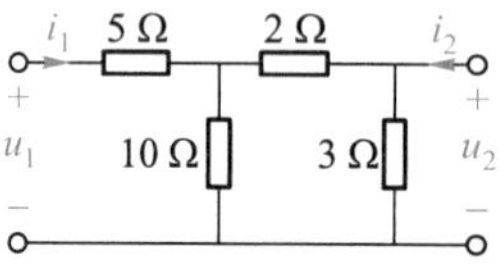

题 16-3 图

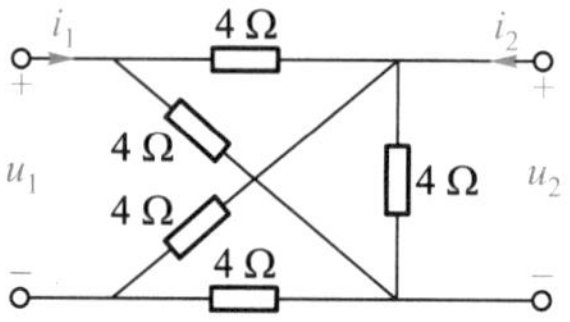

题 16-4 图

16-5 计算题 16-5 图所示二端口网络的阻抗参数。

16-6 求题 16-6 图所示二端口网络的阻抗参数。

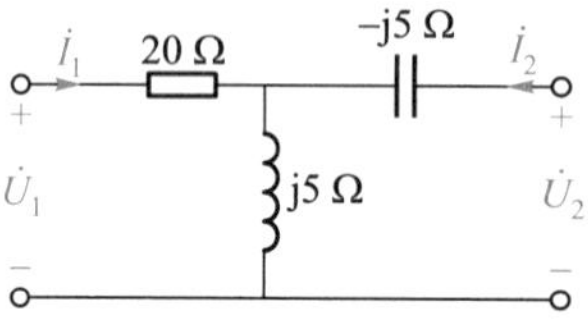

题 16-5 图

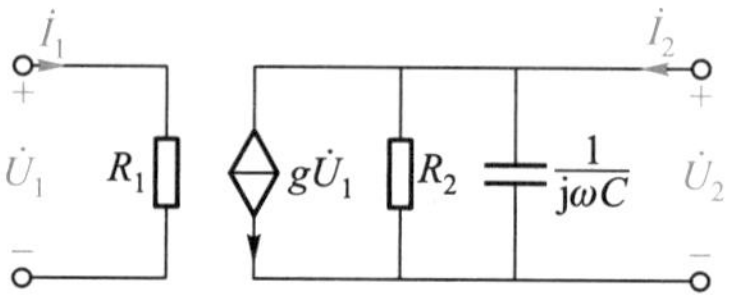

题 16-6 图

16-7 (1)求题 16-7 图所示网络的阻抗参数;(2)说明该二端口网络是否为互易网络。

16-8 已知某二端口网络的阻抗参数为 Z_{11}、Z_{12}、Z_{21}和 Z_{22},现在该二端口网络的两个端口各串入一个阻抗,如题 16-8 图所示。求整个二端口网络的阻抗参数。

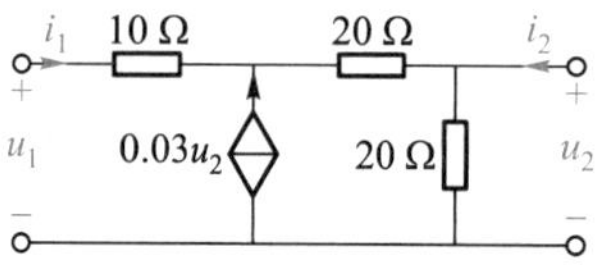

题 16-7 图

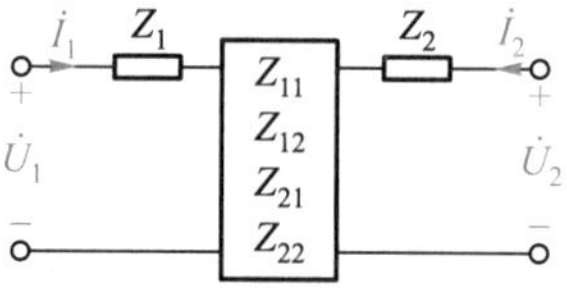

题 16-8 图

16-9 计算题 16-9 图所示电路中的电流 $\dot{I}_1$、$\dot{I}_2$。

16-10 题 16-10 图所示电路中,N 为互易二端口网络。开关打开时,$\dot{I}_1=\sqrt{2}\angle 45^\circ$ A,$\dot{U}_2=10\sqrt{2}\angle -45^\circ$ V;开关闭合时,$\dot{I}_1=1\angle 0^\circ$ A。求 N 的阻抗参数。

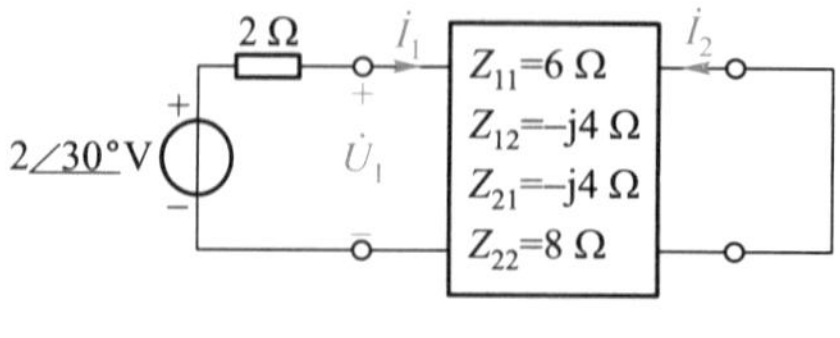

题 16-9 图

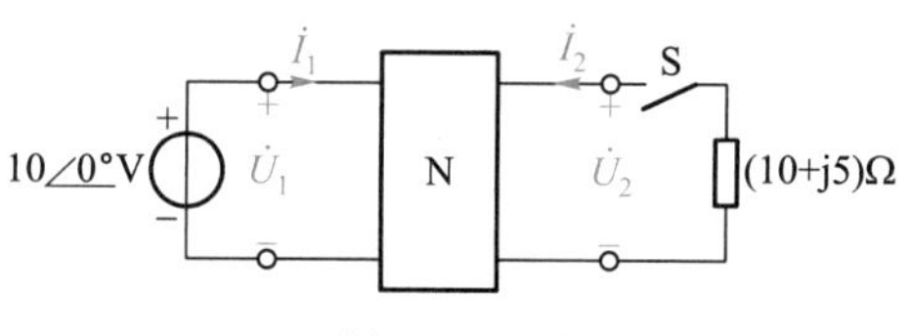

题 16-10 图

16-11 题 16-11 图所示电路中,N 为对称二端口网络。当 $R_L=\infty$ 时,$u_1=16$ V,$u_2=6$ V。(1)确定 N 的 **Z** 参数;(2)当 $R_L=0$ 时,确定 u_1、i_2 的值。

导纳参数

16-12 求题 16-12 图所示二端口网络的导纳参数。

16-13 求题 16-13 图所示二端口网络的 Y 参数。

16-14 求题 16-14 图所示二端口网络的导纳参数。

16-15 二端口网络的导纳参数为 Y_{11}、Y_{12}、Y_{21} 和 Y_{22}，现在该二端口网络的两个端口各并上一个导纳，如题 16-15 图所示，求整个二端口网络的导纳参数。

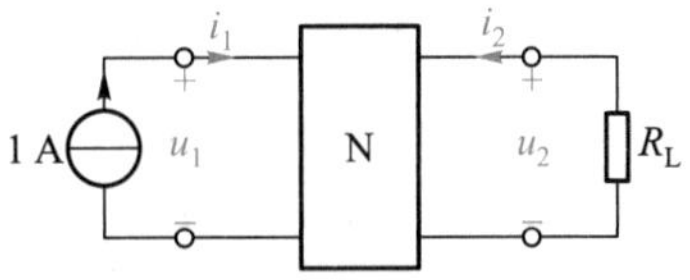

题 16-11 图

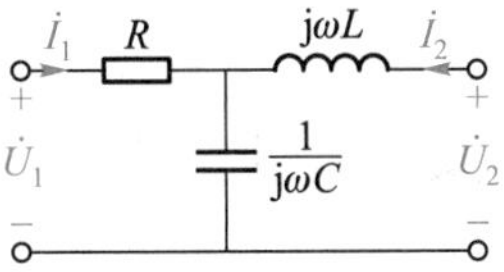

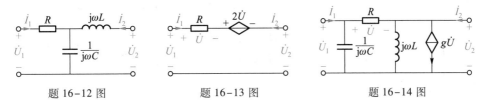

题 16-12 图

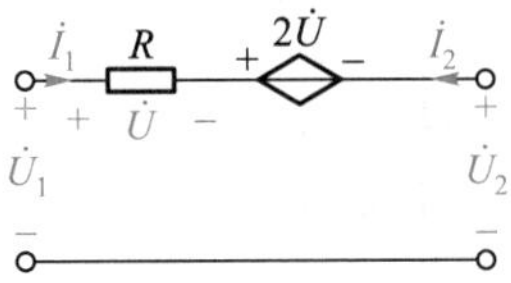

题 16-13 图

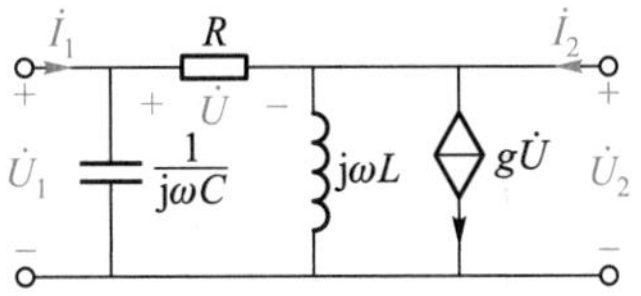

题 16-14 图

16-16 题 16-16 图所示电路中，放大器的 Y 参数为：$Y_{11}=25\ \text{mS}$，$Y_{12}=-1\ \text{mS}$，$Y_{21}=-250\ \text{mS}$，$Y_{22}=-40\ \text{mS}$。计算：(1) 端口电流；(2) 负载获得的功率、信号源提供的功率。

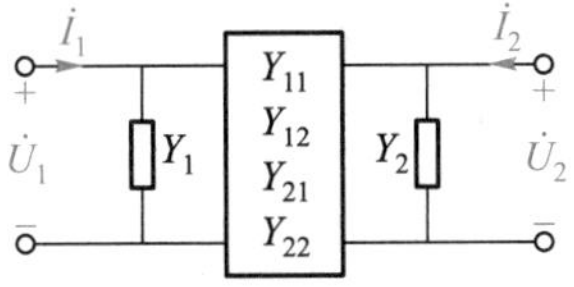

题 16-15 图

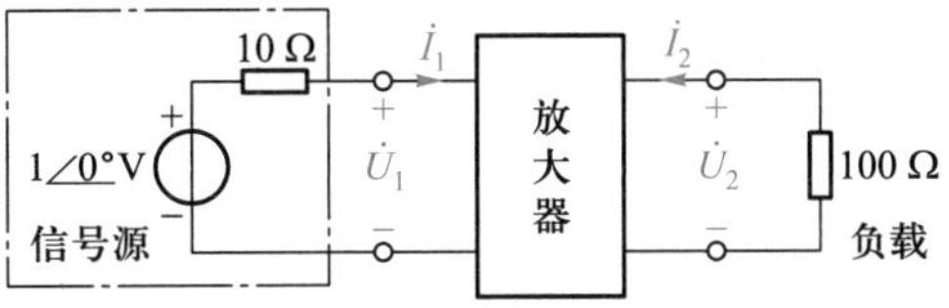

题 16-16 图

混合参数

16-17 求题 16-17 图所示二端口网络的 H 参数。

16-18 求题 16-18 图所示电路的输入阻抗 Z_{in}。

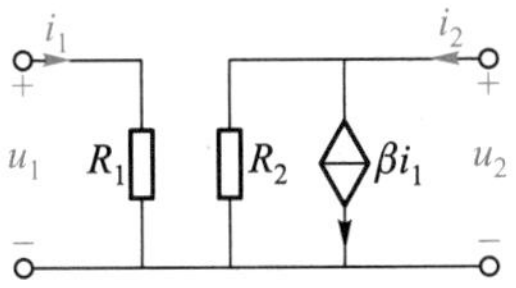

题 16-17 图

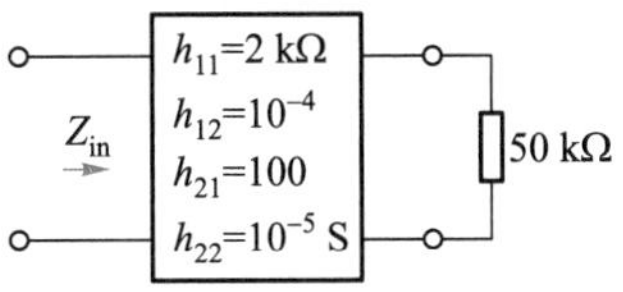

题 16-18 图

16-19 二端口网络的 H 参数为：$h_{11}=1\ \text{k}\Omega$、$h_{12}=-2$、$h_{21}=3$、$h_{22}=2\ \text{mS}$，其输出端口接 1 kΩ 的电阻，求输入端口的等效电阻。

传输参数

16-20 求题 16-20 图所示二端口网络的 T 参数。

16-21 求题 16-21 图所示各二端口网络的 T 参数。

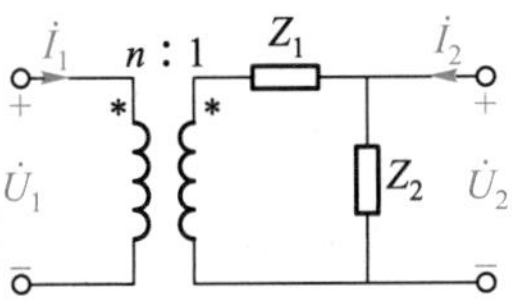

题 16-20 图

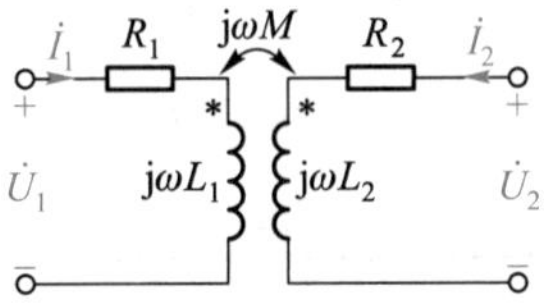

题 16-21 图

16-22 题 16-22 图中，N 由线性电阻构成。当 $u_s=8$ V、$R=3$ Ω 时，$i_2=0.5$ A；当 $u_s=18$ V、$R=4$ Ω 时，$i_2=1$ A。问当 $u_s=25$ V、$R=6$ Ω 时，电流 i_2 为多少？

16-23 题 16-23 图中，两端口网络 N 的传输参数为：$A=2.5$、$B=6$ Ω、$C=0.5$ S、$D=1.6$。问：(1) 当 R_L 为何值时，R_L 吸收的功率为最大；(2) 若 $u_s=9$ V，求 R_L 所吸收的最大功率及此时 u_s 输出的功率。

16-24 图 16-24 所示电路中，N 为互易二端口网络。当 $R_L=\infty$ 时，$u_2=24$ V、$i_1=2.4$ A；当 $R_L=0$ 时，$i_2=1.6$ A。(1) 求二端口网络 N 的 T 参数；(2) 当 $R_L=5$ Ω 时，i_1、i_2 为多少？

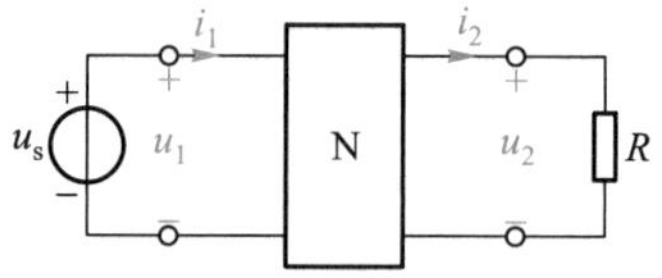

题 16-22 图

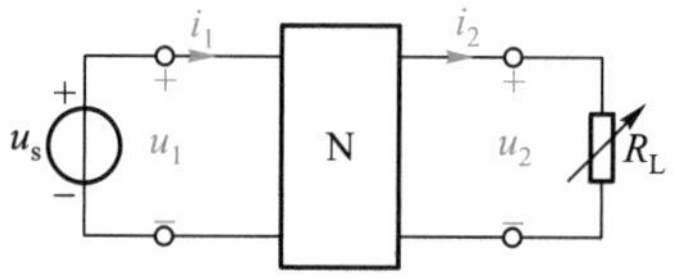

题 16-23 图

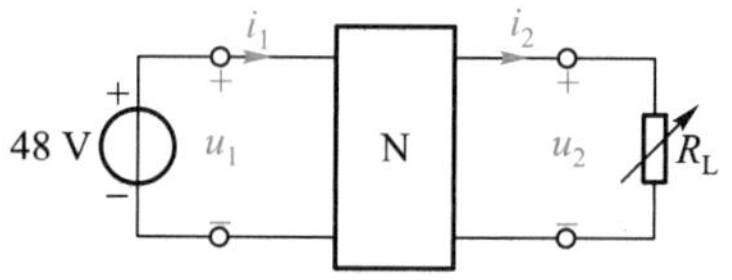

题 16-24 图

参数互换

16-25 已知某二端口网络的传输参数矩阵为 $\boldsymbol{T}=\begin{bmatrix} 2 & 15\ \Omega \\ \frac{1}{3}\ \text{S} & 3 \end{bmatrix}$，求该二端口网络的 Z 参数矩阵与 Y 参数矩阵。

二端口网络的电路模型（16.4 节）

16-26 二端口网络的阻抗参数矩阵分别为：(1) $\boldsymbol{Z}=\begin{bmatrix} 5 & -2 \\ -2 & 3 \end{bmatrix}$ Ω；(2) $\boldsymbol{Z}=\begin{bmatrix} 5 & -2 \\ 0 & 3 \end{bmatrix}$ Ω。画出各网络的 T 形等效电路。

16-27 二端口网络的导纳参数矩阵分别为：(1) $\boldsymbol{Y}=\begin{bmatrix} 0.5 & -0.25 \\ -0.25 & 0.1 \end{bmatrix}$ S；(2) $\boldsymbol{Y}=\begin{bmatrix} 0.5 & -0.2 \\ 0 & 0.1 \end{bmatrix}$ S。画出各网络的 Π 形等效电路。

16-28 (1) 证明题 16-28 图所示电路是二端口网络的一种等效电路；(2) 在端口 2 接上负载阻抗 Z_L，通过等效电路确定电压传输比 $\dot{U}_2/\dot{U}_1$；(3) 直接通过二端口网络的 Z 参数方程确定电压传输比；(4) 比较 (2) 和 (3) 所用方法，能得出什么结论？(5) 画出与此类似的另一个用 Z 参数表示的等效电路，说明这两个等效电路是如何获得的。

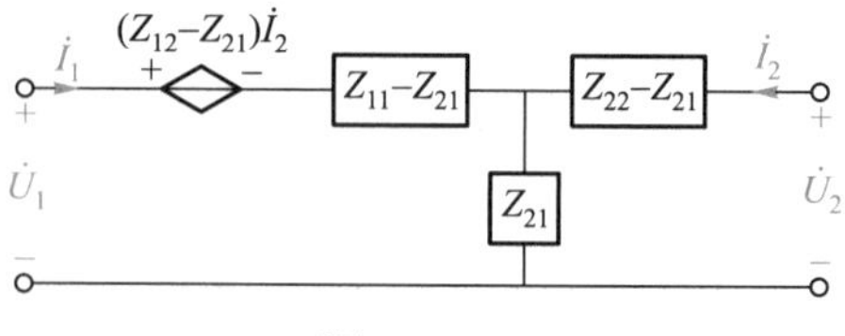

题 16-28 图

二端口网络的相互连接（16.4 节）

16-29 求题 16-29 图所示二端口网络的 T 参数矩阵。

16-30 题 16-30 图所示电路中，N_1 的传输参数矩阵 $\boldsymbol{T}_1=\begin{bmatrix} 2 & 30\ \Omega \\ 0.1\ \text{S} & 2 \end{bmatrix}$。求：(1) N_2 的传输参数矩阵 $\boldsymbol{T}_2$；(2) $I_2=0$ 时的电压传输比 U_2/U_1。

16-31 题 16-31 图 (a) 所示电路中，二端口网络 N_1 的 Z 参数矩阵为 $\boldsymbol{Z}_1=\begin{bmatrix} 5 & 2 \\ 2 & 1 \end{bmatrix}$ Ω，N_2 的内部结构如题 16-31 图 (b) 所示；$R_L=4$ Ω。求图 (a) 中：(1) N_1、N_2 级联后的传输参数矩阵；(2) 负载

R_L 吸收的功率、电压源发出的功率。

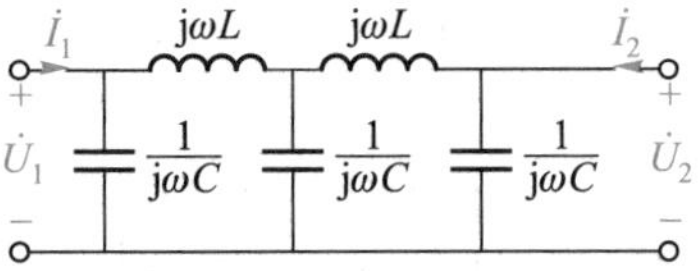

题 16-29 图

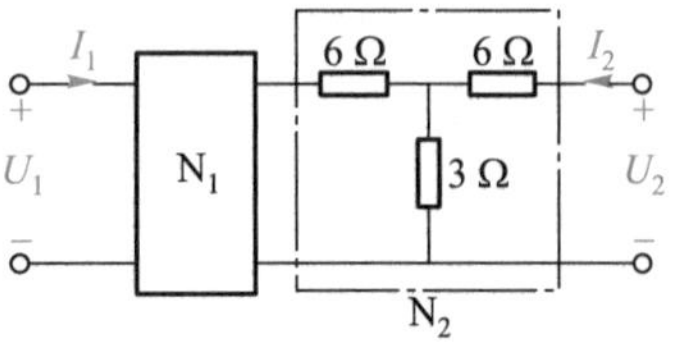

题 16-30 图

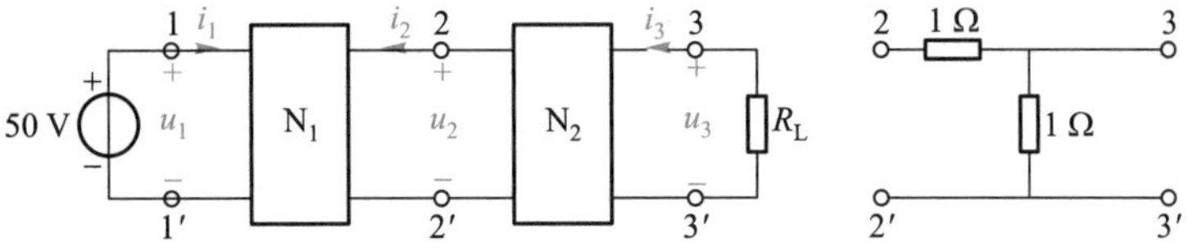

(a) (b)

题 16-31 图

16-32 两个二端口网络,若第一个端口串联,第二个端口并联,称为串并联,若第一个端口并联,第二个端口串联,则称为并串联。试证明在原端口条件不变的前提下,串并联、并串联所得的二端口网络与原二端口网络的参数关系分别为 $\boldsymbol{H}=\boldsymbol{H}_a+\boldsymbol{H}_b$ 和 $\boldsymbol{G}=\boldsymbol{G}_a+\boldsymbol{G}_b$,其中:矩阵 $\boldsymbol{H}$ 为 H 参数矩阵,矩阵 $\boldsymbol{G}$ 为 G 参数矩阵。

▶ 综合检测

16-33 二端口网络如题 16-33 图所示。(1)采用参数物理含义分别计算 Z、Y、H、T 参数,并通过参数关系验证结果;(2)前面所得的参数是否对不同激励具有通用性?解释理由。

16-34 (1)设计测量电阻性二端口网络传输参数(T 参数)的方法,画出测量电路,简述测量步骤;(2)若要测量含电容、电感的二端口网络在某个频率下的正弦稳态 T 参数,测量方法与(1)有何不同?在此为何要强调"在某个频率下"?(3)若电阻性二端口网络工作于某个频率的正弦稳态下,在(1)中测定的参数是否可用?为什么?(4)对题 16-34 图所示电阻性网络进行不同 R_o 值下的直流测量,测量结果如下表,在 R_o 可任意调节的条件下,确定 R_o 可以获得的最大功率;(5)计算(4)中电阻性网络的传输参数,说明该网络是否为互易网络或对称网络。

16-35 推导题 16-35 图所示电路用二端口网络 Y 参数表示的以下特性参数:(1)输入阻抗 Z_{in};(2)输出戴维南等效阻抗 Z_{eq},并与 Z_{in} 对照;(3)输出开路电压 $\dot{U}_{oc}$;(4)用已得的结果表示电流 $\dot{I}_2$;(5)先估计电流传输比 $\dot{I}_2/\dot{I}_1$ 是否与激励相关,是否与负载相关,再具体求出 $\dot{I}_2/\dot{I}_1$。

	u_1/V	i_1/A	u_2/V	i_2/A
测量 1	25	1	0	-0.5
测量 2	41	1	20	0

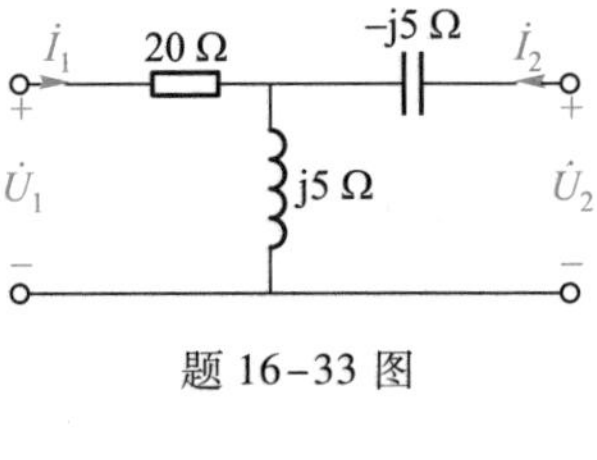

题 16-33 图

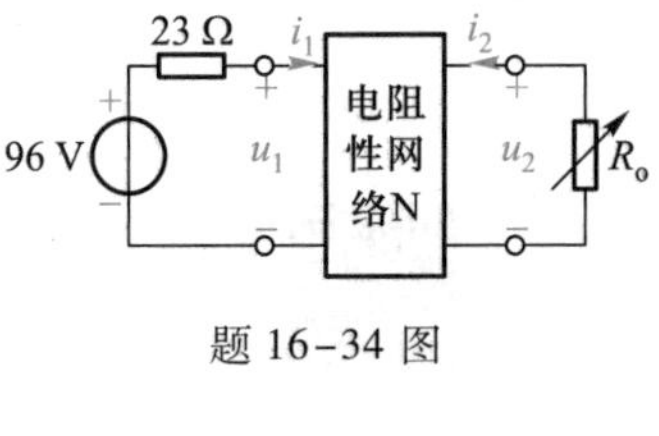

题 16-34 图

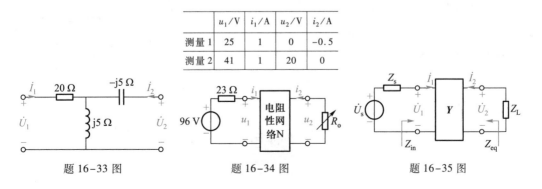

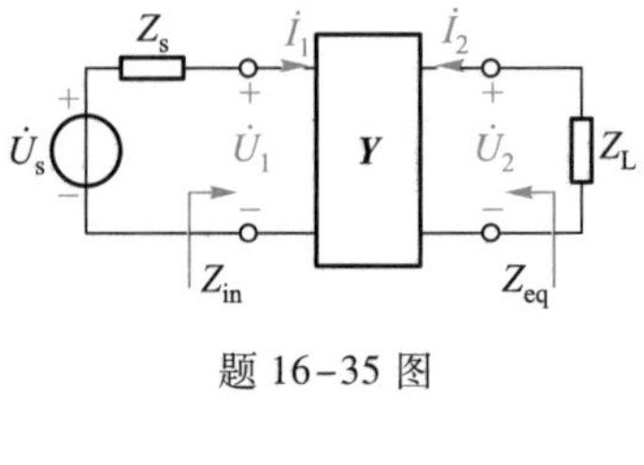

题 16-35 图

16-36 (1)已知二端口网络 N 的 Y 参数矩阵,现在二端口网络的两个端口间连上阻抗 Z,如题 16-36 图(a)所示,问连上阻抗 Z 后,N 是否还是二端口网络?(2)若 N 为 3 端子的二端口网络,如题 16-36 图(b)所示,连上阻抗 Z 后,N 是否还是二端口网络?(3)能否确定题 16-36 图(b)所示网络的 Y 参数,若能,请确定 Y 参数矩阵。

16-37 题 16-37 图所电路中,已知 N_1 的 H 参数矩阵 $\boldsymbol{H}_1=\begin{bmatrix}15\ \Omega & 0.5\\ -0.5 & 0.05\ \mathrm{S}\end{bmatrix}$。求:(1)$N_1$ 的传输参数矩阵 $\boldsymbol{T}_1$;(2)N_2 的传输参数矩阵 $\boldsymbol{T}_2$;(3)电路的传输参数矩阵 $\boldsymbol{T}$;(4)电路在 $I_2=0$ 时的电压传输比;(5)电路在输出端口接 46 Ω 电阻时的电压传输比;(6)解释(4)、(5)获得的电压传输比的差别的原因。

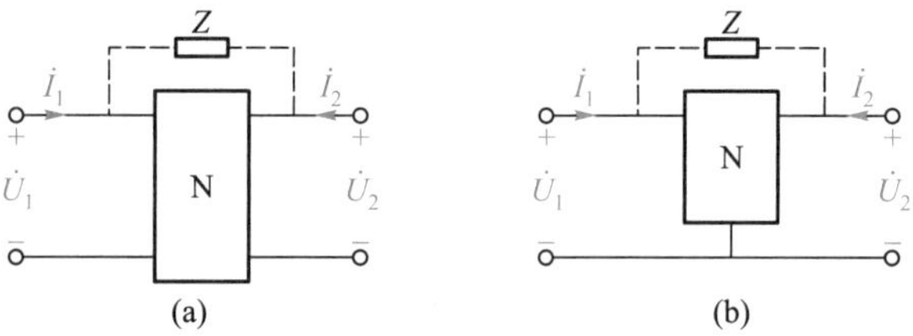

题 16-36 图

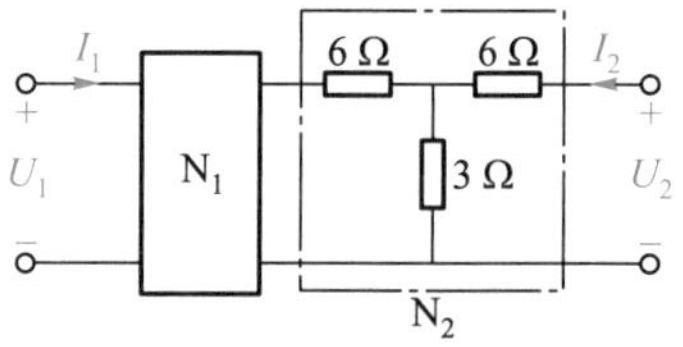

题 16-37 图

16-38 (1)确定题 16-38 图(a)所示网络的传输参数;(2)在题 16-38 图(a)所示网络上级联传输参数矩阵为 $\boldsymbol{T}_b=\begin{bmatrix}1 & 0\\ 0 & 1\end{bmatrix}$ 的网络,如题 16-38 图(b)所示,确定整个网络的传输参数;(3)将题 16-38 图(b)所示网络一个端口接电压源、一个端口短接,如题 16-38 图(c)所示,求端口电流。

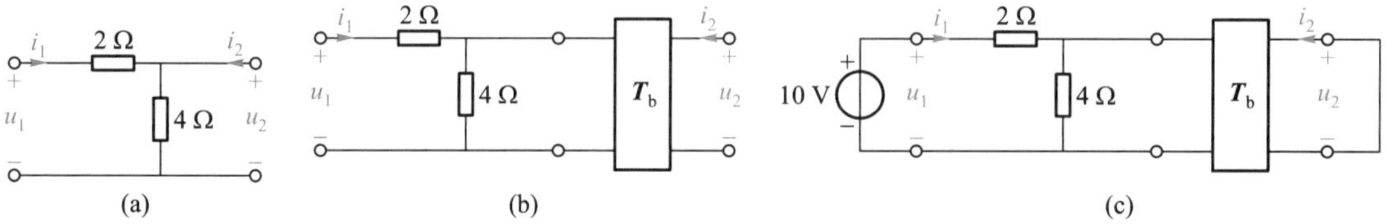

题 16-38 图

16-39 题 16-39 图所示含理想变压器的电路中,假定 $\dot{U}_s$、Z 已知,N 为线性无源对称二端口网络。2-2′端口的开路电压为 $\dot{U}_2|_{\dot{I}_2=0}=\dot{U}_s/6$,2-2′端口的短路电流为 $\dot{I}_2|_{\dot{U}_2=0}=-\dot{U}_s/10Z$。确定:(1)点画线框内电路的戴维南等效电路;(2)二端口网络 N 的 $\boldsymbol{Z}$ 参数矩阵。

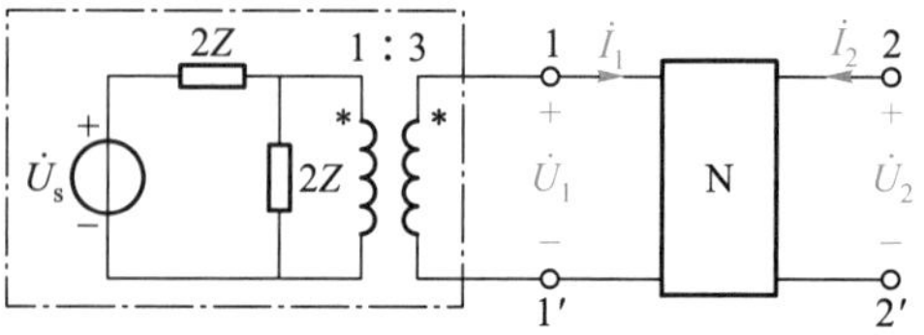

题 16-39 图

习题 16 参考答案

第17章 暂态过程的复频域分析法

17.1 概述

本章再次讨论暂态过程分析方法。第7~9章提出了经典时域分析法,它通过列写微分方程、确定初始值、求解微分方程来获得电路的暂态响应。经典时域分析法应用于高阶电路(二阶以上电路)时,高阶微分方程的列写、变量高阶导数初始值的确定都比较繁琐。本章提出的复频域分析法则更为简便。

复频域分析法将拉普拉斯变换用于暂态过程分析中,其思路类似于分析正弦稳态电路的相量法。正弦稳态分析时,相量法将时域电路转换为相量模型,从相量模型得到稳态响应相量。暂态过程分析时,利用拉普拉斯变换将时域电路转换为复频域模型,从复频域模型得到暂态响应的象函数。

本章首先站在电路分析的角度讨论拉普拉斯变换,包括其定义、性质和拉氏反变换,然后讨论电路的复频域模型及其分析方法,最后讨论复频域形式的传递函数及其应用。

目标1　计算电气工程领域常用函数的拉普拉斯变换和反变换。

目标2　用复频域分析法计算暂态响应。

目标3　掌握传递函数的概念与应用。

难点　传递函数的应用。

17.2 拉普拉斯变换

拉普拉斯变换分为双边和单边两种形式。双边拉普拉斯变换的积分区间为$(-\infty,\infty)$,单边拉普拉斯变换的积分区间为$(0_-,\infty)$。积分区间下限定为0_-,以便包含函数在$t=0$的跳变与冲激。电路理论中关注在$(0,\infty)$区间的暂态响应,因而采用单边拉普拉斯变换。

17.2.1 单边拉普拉斯变换

(1) 定义

函数$f(t)$的单边拉普拉斯变换为$F(s)$,记为$F(s)=\mathscr{L}[f(t)]$,称$f(t)$为原函数,$F(s)$为象函数。由原函数变换为象函数,称为拉普拉斯变换(Laplace transform),简称拉氏变换。变换式为

$$F(s)=\mathscr{L}[f(t)]=\int_{0_-}^{\infty} f(t)\mathrm{e}^{-st}\mathrm{d}t \tag{17-2-1}$$

式中变量 s 为复数,表示为

$$s=\sigma+\mathrm{j}\omega \tag{17-2-2}$$

由于 e^{-st}中的 st 是无量纲的,因此复数 s 的量纲为秒分之一,即频率的量纲,故称 s 为复频率。

函数 $f(t)$ 的单边拉氏变换 $F(s)$ 存在的条件是 $|F(s)|<\infty$,也就是

$$\int_{0_-}^{\infty}|f(t)\mathrm{e}^{-st}|\,\mathrm{d}t=\int_{0_-}^{\infty}|f(t)\mathrm{e}^{-\sigma t}\mathrm{e}^{-\mathrm{j}\omega t}|\,\mathrm{d}t=\int_{0_-}^{\infty}|\mathrm{e}^{-\sigma t}|\,|f(t)|\,|\mathrm{e}^{-\mathrm{j}\omega t}|\,\mathrm{d}t<\infty$$

由于 $\mathrm{e}^{-\sigma t}>0$、$|\mathrm{e}^{-\mathrm{j}\omega t}|=1$,故 $F(s)$ 存在的条件为

$$\int_{0_-}^{\infty}\mathrm{e}^{-\sigma t}|f(t)|\,\mathrm{d}t<\infty \tag{17-2-3}$$

电气工程领域的函数通常满足式(17-2-3)。

由象函数变换为原函数称为拉普拉斯反变换,简称拉氏反变换。拉氏反变换式为

$$f(t)=\mathscr{L}^{-1}[F(s)]=\frac{1}{2\pi\mathrm{j}}\int_{\sigma-\mathrm{j}\infty}^{\sigma+\mathrm{j}\infty}F(s)\mathrm{e}^{st}\mathrm{d}s \tag{17-2-4}$$

原函数 $f(t)$ 和象函数 $F(s)$ 构成一一对应关系,称为拉氏变换对。

时域函数 $f(t)$ ⇄ 复频域函数 $F(s)$

$$F(s)=\mathscr{L}[f(t)]=\int_{0_-}^{\infty}f(t)\mathrm{e}^{-st}\mathrm{d}t$$

$$f(t)=\mathscr{L}^{-1}[F(s)]=\frac{1}{2\pi\mathrm{j}}\int_{\sigma-\mathrm{j}\infty}^{\sigma+\mathrm{j}\infty}F(s)\mathrm{e}^{st}\mathrm{d}s$$

(2) 常用拉氏变换对

用式(17-2-1)求得电气工程中常用函数的象函数,列于表 17-2-1 中。记住这些简单的拉氏变换对,再结合拉氏变换的性质,就可以确定复杂函数的拉氏变换和拉氏反变换。

表 17-2-1 电气工程中常用的拉氏变换对

原函数 $f(t)$	象函数 $F(s)$
$A\varepsilon(t)$	$\frac{A}{s}$
$A\delta(t)$	A
$t\varepsilon(t)$ 或 t	$\frac{1}{s^2}$
$t^n\varepsilon(t)$ 或 t^n	$\frac{n!}{s^{n+1}}$
$A\mathrm{e}^{-at}\varepsilon(t)$ 或 $A\mathrm{e}^{-at}$	$\frac{A}{s+a}$
$\cos\omega t\varepsilon(t)$ 或 $\cos\omega t$	$\frac{s}{s^2+\omega^2}$
$\sin\omega t\varepsilon(t)$ 或 $\sin\omega t$	$\frac{\omega}{s^2+\omega^2}$

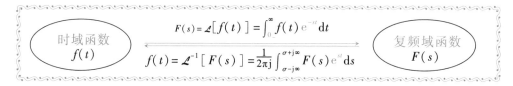

例 17-2-1 求 $Ae^{-at}\varepsilon(t)$、$t^n\varepsilon(t)$的拉氏变换。

解:应用式(17-2-1),有

$$\mathcal{L}[Ae^{-at}\varepsilon(t)]=\int_{0_-}^{\infty}Ae^{-at}\varepsilon(t)e^{-st}dt=\int_0^{\infty}Ae^{-at}e^{-st}dt=\int_0^{\infty}Ae^{-(s+a)t}dt$$

$$=\frac{A}{-(s+a)}e^{-(s+a)t}\Big|_0^{\infty}=\frac{A}{s+a}$$

由此还可得

$$\mathcal{L}[Ae^{at}\varepsilon(t)]=\frac{A}{s-a}$$

当 $a=0$ 时,得 $\mathcal{L}[A\varepsilon(t)]=\frac{A}{s}$。

$$\mathcal{L}[t^n\varepsilon(t)]=\int_{0_-}^{\infty}t^n\varepsilon(t)e^{-st}dt=\int_0^{\infty}t^n e^{-st}dt=\int_0^{\infty}\frac{t^n}{-s}de^{-st}$$

$$=\left(\frac{t^n}{-s}e^{-st}\right)\Big|_0^{\infty}-\int_0^{\infty}e^{-st}d\left(\frac{t^n}{-s}\right)=\frac{n}{s}\int_0^{\infty}t^{n-1}e^{-st}dt$$

$$=\frac{n-0}{s}\times\frac{n-1}{s}\times\cdots\times\frac{n-(n-1)}{s}\int_0^{\infty}t^0e^{-st}dt=\frac{n!}{s^n}\left(-\frac{1}{s}e^{-st}\right)\Big|_0^{\infty}$$

$$=\frac{n!}{s^{n+1}}$$

当 $n=1$ 时,$\mathcal{L}[t\varepsilon(t)]=1/s^2$;当 $n=0$ 时,$\mathcal{L}[\varepsilon(t)]=1/s$。

目标 1 检测:计算常用函数的拉氏变换

测 17-1 用拉氏变换的定义计算 $A\delta(t)$、$\cos\omega t\varepsilon(t)$的象函数。

答案:见表 17-2-1。

17.2.2 拉普拉斯变换的性质

表 17-2-2 列出了拉氏变换的 12 条性质,这些性质由拉氏变换的定义推导而得。将表 17-2-1中常用变换对与拉氏变换的性质相结合,可以获得复杂函数的拉氏变换对。在此,将讨论重点放在如何利用这些性质计算复杂函数的象函数,用例题方式,且与电路理论中的应用紧密结合,不关注这些性质的证明,需要证明时可查看相关的数学资料。

表 17-2-2 拉氏变换的性质

$f(t)\leftrightarrow F(s)$, $f_1(t)\leftrightarrow F_1(s)$, $f_2(t)\leftrightarrow F_2(s)$		
性质	原函数	象函数
线性性质	$a_1f_1(t)+a_2f_2(t)$	$a_1F_1(s)+a_2F_2(s)$
尺度变换	$f(at)$	$\frac{1}{a}F\left(\frac{s}{a}\right)$

续表

$f(t)\leftrightarrow F(s)$, $f_1(t)\leftrightarrow F_1(s)$, $f_2(t)\leftrightarrow F_2(s)$		
性质	原函数	象函数
时域延迟	$f(t-t_0)\varepsilon(t-t_0)$	$e^{-t_0 s}F(s)$
频域位移	$e^{-at}f(t)$	$F(s+a)$
时域微分	$\dfrac{d^n f(t)}{dt^n}$	$s^nF(s)-s^{n-1}f(0_-)-s^{n-2}f'(0_-)-\cdots-f^{(n-1)}(0_-)$
时域积分	$\int_{0_-}^{t}f(t)dt$	$\dfrac{1}{s}F(s)$
频域微分	$t^nf(t)$	$(-1)^n\dfrac{d^nF(s)}{ds^n}$
频域积分	$\dfrac{f(t)}{t}$	$\int_s^{\infty}F(s)ds$
周期函数*	$f(t)=f_1(t)+f_1(t-T)+f_1(t-2T)+\cdots$	$F(s)=\dfrac{F_1(s)}{1-e^{-sT}}$（推导与应用见例 17-2-6）
初值*	$f(0_+)$	$\lim\limits_{s\to\infty}[sF(s)]$
	应用条件：当 $f(t)$ 和 $\dfrac{df}{dt}$ 的拉氏变换存在时。应用见例 17-2-7。	
终值*	$f(\infty)$	$\lim\limits_{s\to 0}[sF(s)]$
	应用条件：$f(\infty)$ 存在时。应用见例 17-2-7。	
卷积	$f_1(t)*f_2(t)$	$F_1(s)F_2(s)$

例 17-2-2 用线性性质求 $\sin\omega t$、$\sin(\omega t+\theta)$ 的拉氏变换。

解：根据欧拉公式，$\sin\omega t=\dfrac{1}{2j}(e^{j\omega t}-e^{-j\omega t})$，因此

$$\mathscr{L}[\sin\omega t]=\mathscr{L}\left[\frac{1}{2j}(e^{j\omega t}-e^{-j\omega t})\right]=\mathscr{L}\left[\frac{1}{2j}e^{j\omega t}\right]-\mathscr{L}\left[\frac{1}{2j}e^{-j\omega t}\right]$$

而 $\mathscr{L}[e^{j\omega t}]=\dfrac{1}{s-j\omega}$，所以

$$\mathscr{L}[\sin\omega t]=\frac{1}{2j}\frac{1}{s-j\omega}-\frac{1}{2j}\frac{1}{s+j\omega}=\frac{\omega}{s^2+\omega^2}$$

用同样的方法可得 $\mathscr{L}[\cos\omega t]=\dfrac{s}{s^2+\omega^2}$。

应用线性性质得

$$\mathscr{L}[\sin(\omega t+\theta)]=\mathscr{L}[\sin\omega t\cos\theta+\cos\omega t\sin\theta]=\cos\theta\mathscr{L}[\sin\omega t]+\sin\theta\mathscr{L}[\cos\omega t]$$

$$=\frac{\omega\cos\theta}{s^2+\omega^2}+\frac{s\sin\theta}{s^2+\omega^2}=\frac{\omega\cos\theta+s\sin\theta}{s^2+\omega^2}$$

目标 1 检测:应用拉氏变换性质计算象函数

测 17-2 用线性性质求 $\cos(\omega t+\theta)$ 的拉氏变换。

答案:$\dfrac{s\cos\theta-\omega\sin\theta}{s^2+\omega^2}$。

例 17-2-3 用尺度变换性质求 $\sin(k\omega t+\theta)$ 的象函数。用时域延迟性质求 $t[\varepsilon(t-t_1)-\varepsilon(t-t_2)]$ 的象函数。

解:在例 17-2-2 已得,基波 $\sin(\omega t+\theta)$ 的象函数为$\dfrac{\omega\cos\theta+s\sin\theta}{s^2+\omega^2}$,应用尺度变换性质,$k$ 次谐波 $\sin(k\omega t+\theta)$ 的象函数为

$$\mathcal{L}[\sin(k\omega t+\theta)]=\frac{1}{k}\frac{\dfrac{s}{k}\sin\theta+\omega\cos\theta}{\left(\dfrac{s}{k}\right)^2+\omega^2}=\frac{s\sin\theta+k\omega\cos\theta}{s^2+(k\omega)^2}$$

函数 $t[\varepsilon(t-t_1)-\varepsilon(t-t_2)]$表示的是波形 t 上截取 t_1 到 t_2 的一段,将其写为

$$\begin{aligned}t[\varepsilon(t-t_1)-\varepsilon(t-t_2)]&=t\varepsilon(t-t_1)-t\varepsilon(t-t_2)\\&=[(t-t_1)\varepsilon(t-t_1)+t_1\varepsilon(t-t_1)]-[(t-t_2)\varepsilon(t-t_2)+t_2\varepsilon(t-t_2)]\end{aligned}$$

$(t-t_1)\varepsilon(t-t_1)$的波形是 $t\varepsilon(t)$的波形延迟 t_1,$t_1\varepsilon(t-t_1)$的波形是 $t_1\varepsilon(t)$的波形延迟 t_1。应用时域延迟性质,得

$$\mathcal{L}[(t-t_1)\varepsilon(t-t_1)]=e^{-t_1s}\mathcal{L}[t\varepsilon(t)]=e^{-t_1s}\frac{1}{s^2},\quad \mathcal{L}[t_1\varepsilon(t-t_1)]=e^{-t_1s}t_1\mathcal{L}[\varepsilon(t)]=e^{-t_1s}\frac{t_1}{s}$$

于是

$$\begin{aligned}\mathcal{L}\{t[\varepsilon(t-t_1)-\varepsilon(t-t_2)]\}&=\mathcal{L}[(t-t_1)\varepsilon(t-t_1)]+t_1\mathcal{L}[\varepsilon(t-t_1)]-\mathcal{L}[(t-t_2)\varepsilon(t-t_2)]-t_2\mathcal{L}[\varepsilon(t-t_2)]\\&=e^{-t_1s}\frac{1}{s^2}+t_1e^{-t_1s}\frac{1}{s}-e^{-t_2s}\frac{1}{s^2}-t_2e^{-t_2s}\frac{1}{s}\\&=e^{-t_1s}\left(\frac{1}{s^2}+\frac{t_1}{s}\right)-e^{-t_2s}\left(\frac{1}{s^2}+\frac{t_2}{s}\right)\end{aligned}$$

目标 1 检测:应用拉氏变换性质计算象函数

测 17-3 用时域延迟性质求 $G(t)=\varepsilon(t)-\varepsilon(t-t_0)$、$\delta(t-t_0)$的象函数。

答案:$\dfrac{1}{s}-\dfrac{1}{s}e^{-t_0s}$,$e^{-t_0s}$。

例 17-2-4 用频域位移性质求 $e^{-at}\sin(\omega t+\theta)$的象函数。

解：已知正弦函数 $\sin(\omega t+\theta)$ 的象函数为$\dfrac{\omega\cos\theta+s\sin\theta}{s^2+\omega^2}$，应用频域位移性质，衰减的正弦函数 $e^{-at}\sin(\omega t+\theta)$ 的象函数为

$$\mathcal{L}[e^{-at}\sin(\omega t+\theta)]=\frac{\omega\cos\theta+(s+a)\sin\theta}{(s+a)^2+\omega^2}$$

目标 1 检测：应用拉氏变换性质计算象函数

测 17-4 用频域位移性质求 te^{-at} 的象函数。再用频域微分性质求 te^{-at} 的象函数。

答案：$\dfrac{1}{(s+a)^2}$。

例 17-2-5 某二阶电路的微分方程为$\dfrac{d^2u_C}{dt^2}+5\dfrac{du_C}{dt}+6u_C=12$，且 $u_C(0_-)=3$ V，$\dfrac{du_C}{dt}(0_-)=0$。用时域微分性质求 u_C 的象函数。

解：设 $\mathcal{L}[u_C]=U_C(s)$，由时域微分性质得

$$\mathcal{L}\left[\frac{d^2u_C}{dt^2}\right]=s^2U_C(s)-su_C(0_-)-\frac{du_C}{dt}(0_-),\quad \mathcal{L}\left[\frac{du_C}{dt}\right]=sU_C(s)-u_C(0_-)$$

对微分方程两边求拉氏变换得

$$\left[s^2U_C(s)-su_C(0_-)-\frac{du_C}{dt}(0_-)\right]+5[sU_C(s)-u_C(0_-)]+6U_C(s)=\frac{12}{s}$$

将 $u_C(0_-)=3$ V、$\dfrac{du_C}{dt}(0_-)=0$ 代入上式，得

$$(s^2+5s+6)U_C(s)=\frac{12}{s}+3s+15$$

因此

$$U_C(s)=\frac{3s^2+15s+12}{s(s^2+5s+6)}$$

目标 1 检测：应用拉氏变换性质计算象函数

测 17-5 指数电压源激励的 *RLC* 串联电路的 KVL 方程为：$10i_L+0.1\dfrac{di_L}{dt}+\int_{0_-}^{t}i_L dt=4e^{-t}$，且 $i_L(0_-)=0$。用时域微分、时域积分性质求 i_L 的象函数。

答案：$i_L(s)=\dfrac{40s}{(s+1)(s^2+100s+10)}$。

* 例 17-2-6 用周期函数性质求图 17-2-1 所示方波电压 u 的象函数。

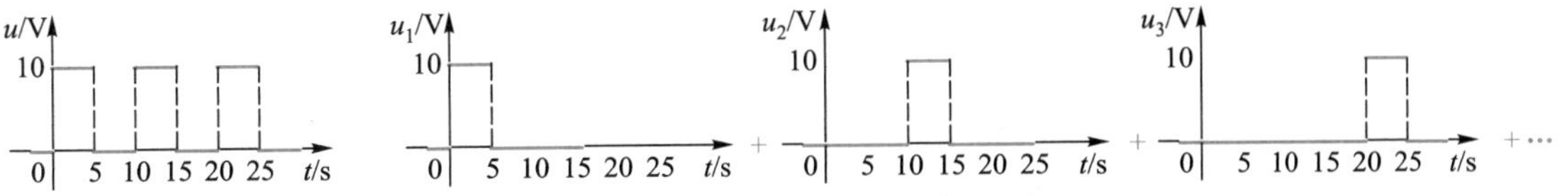

(a) 周期函数　　(b) 单周期叠加

图 17-2-1　例 17-2-6 图

解：图 17-2-1(a)所示周期函数可以分解成单周期叠加，如图 17-2-1(b)所示，即

$$u(t)=u_1(t)+u_2(t)+u_3(t)+\cdots$$

第 1 个周期对应的函数 $u_1(t)$ 的象函数为 $U_1(s)$，第 2 个周期对应的函数 $u_2(t)$ 是 $u_1(t)$ 延迟了一个周期 T，即 $u_2(t)=u_1(t-T)$，由时域延迟性质得，$u_2(t)$ 的象函数 $U_2(s)=U_1(s)\mathrm{e}^{-Ts}$，依此类推，$u(t)$ 的象函数为

$$\begin{aligned}U(s)&=U_1(s)+U_1(s)\mathrm{e}^{-Ts}+U_1(s)\mathrm{e}^{-2Ts}+U_1(s)\mathrm{e}^{-3Ts}+\cdots\\&=U_1(s)(1+\mathrm{e}^{-Ts}+\mathrm{e}^{-2Ts}+\mathrm{e}^{-3Ts}+\cdots)\\&=U_1(s)[(\mathrm{e}^{-Ts})^0+(\mathrm{e}^{-Ts})^1+(\mathrm{e}^{-Ts})^2+(\mathrm{e}^{-Ts})^3+\cdots]\end{aligned}$$

式中，无穷级数 $(\mathrm{e}^{-Ts})^0+(\mathrm{e}^{-Ts})^1+(\mathrm{e}^{-Ts})^2+(\mathrm{e}^{-Ts})^3+\cdots$ 的和式为 $\dfrac{1}{1-\mathrm{e}^{-Ts}}$，因此

$$U(s)=U_1(s)\frac{1}{1-\mathrm{e}^{-Ts}}$$

回到图 17-2-1 中来确定 $U_1(s)$。由图 17-2-1(b)得

$$u_1(t)=10[\varepsilon(t)-\varepsilon(t-5)]$$

因此

$$U_1(s)=\frac{10}{s}-\frac{10}{s}\mathrm{e}^{-5s}=\frac{10}{s}(1-\mathrm{e}^{-5s})$$

$$U(s)=U_1(s)\frac{1}{1-\mathrm{e}^{-Ts}}=\frac{10}{s}(1-\mathrm{e}^{-5s})\frac{1}{1-\mathrm{e}^{-10s}}$$

目标 1 检测：应用拉氏变换性质计算象函数

*测 17-6　用周期函数性质求测 17-6 图所示全波整流电压 u 的象函数。

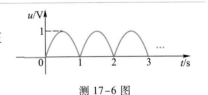

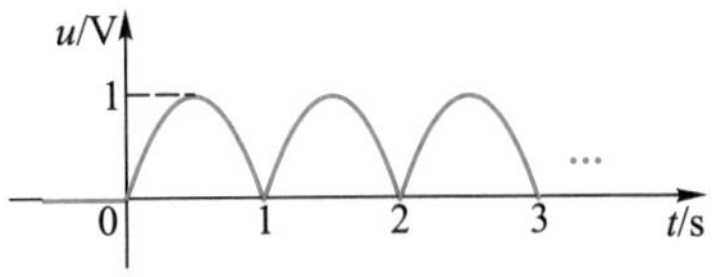

测 17-6 图

答案：$U(s)=\left(\dfrac{\pi}{s^2+\pi^2}+\dfrac{\pi}{s^2+\pi^2}\mathrm{e}^{-s}\right)\dfrac{1}{1-\mathrm{e}^{-s}}$。

*例 17-2-7　对图 17-2-2 所示波形：(1) 求象函数 $I_{C1}(s)$、$I_{C2}(s)$；(2) 用初值性质计算 $i_{C1}(0_+)$、$i_{C2}(0_+)$；(3) 用终值性质计算 $i_{C1}(\infty)$、$i_{C2}(\infty)$。

图 17-2-2　例 17-2-7 图

解:(1) 用常用拉氏变换对和拉氏变换的性质来求图 17-2-2 所示函数的象函数。因为

$$i_{C1}(t)=5e^{-2t}\varepsilon(t)\ \text{A},\quad i_{C2}(t)=[\delta(t)+5e^{-2t}\varepsilon(t)]\ \text{A}$$

所以

$$I_{C1}(s)=\mathscr{L}[i_{C1}(t)]=\mathscr{L}[5e^{-2t}\varepsilon(t)]=\frac{5}{s+2}$$

$$I_{C2}(s)=\mathscr{L}[\delta(t)+5e^{-2t}\varepsilon(t)]=1+\frac{5}{s+2}$$

(2) 根据初值性质

$$i_{C1}(0_+)=\lim_{s\to\infty}[sI_{C1}(s)]=\lim_{s\to\infty}\left[s\left(\frac{5}{s+2}\right)\right]=5\ \text{A}$$

$$i_{C2}(0_+)=\lim_{s\to\infty}[sI_{C2}(s)]=\lim_{s\to\infty}\left[s\left(1+\frac{5}{s+2}\right)\right]=(\infty+5)\ \text{A}$$

图 17-2-2 清楚地表明

$$i_{C1}(0_+)=i_{C2}(0_+)=5\ \text{A}$$

由此可见,初值性质不能用于 $i_{C2}(t)$ 这类波形。但是,对 $i_{C2}(t)$ 的象函数 $I_{C2}(s)$ 进行处理,只对 $I_{C2}(s)$ 的真分式部分取极限,舍弃整数部分,结果又是正确的。这里,i_{C1} 和 $\frac{di_{C1}}{dt}$ 均存在拉氏变换,满足初值性质的应用条件;i_{C2} 存在拉氏变换,而 $\frac{di_{C2}}{dt}$ 不存在拉氏变换,不满足初值性质的应用条件。电气工程中遇到的象函数一般为真分式,用初值性质很方便获得初始值。遇到象函数为非真分式时,则需用长除法分离出真分式,只对真分式部分应用初值性质。

(3) 根据终值性质,有

$$i_{C1}(\infty)=\lim_{s\to 0}[sI_{C1}(s)]=\lim_{s\to 0}\left[s\left(\frac{5}{s+2}\right)\right]=0$$

$$i_{C2}(\infty)=\lim_{s\to 0}[sI_{C2}(s)]=\lim_{s\to 0}\left[s\left(1+\frac{5}{s+2}\right)\right]=0$$

这里,$i_{C1}(\infty)$、$i_{C2}(\infty)$ 存在,满足终值性质的条件。若 $F(s)=\frac{\omega}{s^2+\omega^2}$,则

$$f(\infty)\neq\lim_{s\to 0}\left[\frac{s\omega}{s^2+\omega^2}\right]=0$$

显然,$F(s)=\frac{\omega}{s^2+\omega^2}$ 的原函数为 $f(t)=\sin\omega t$,它不存在终值,终值性质应用的条件是时域函数的

终值存在。由 $F(s)$ 判断 $f(t)$ 的终值是否存在并不难，如果 $F(s)$ 的分母等于零的根（称为 $F(s)$ 的极点）为零、负实数或具有负实部的复数，则 $f(t)$ 存在终值。$F(s)=\dfrac{\omega}{s^2+\omega^2}$ 的极点为 $s=\pm j\omega$，为纯虚数，故 $f(t)$ 不存在终值。

目标 1 检测：应用拉氏变换性质计算象函数

*测 17-7 函数 $f(t)$ 的象函数为 $F(s)=\dfrac{2s^2+1}{s^2+2s+3}$，用初值性质计算 $f(0_+)$，用终值性质计算 $f(\infty)$。

答案：$f(0_+)=-4$，$f(\infty)=0$。

*例 17-2-8 电路如图 17-2-3(a)所示，激励波形如图 17-2-3(b)所示。用卷积性质计算零状态响应 i_L 的象函数 $I_L(s)$。

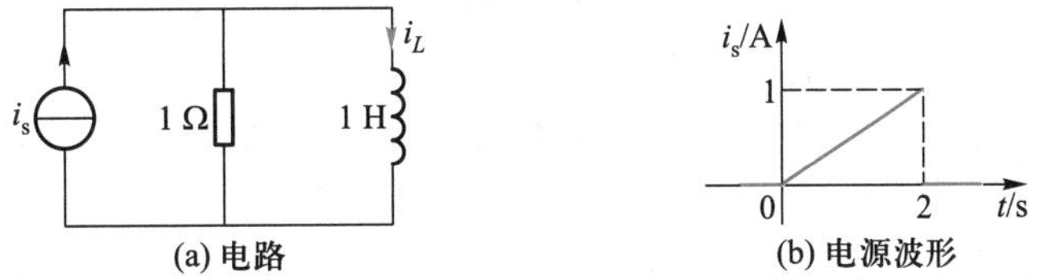

图 17-2-3 例 17-2-8 图

解：首先计算单位阶跃响应，然后计算单位冲激响应（也可以直接计算单位冲激响应），最后用卷积性质计算卷积积分，获得零状态响应。

（1）令 $i_s=\varepsilon(t)$ A，计算电路的单位阶跃响应 $i_L=s(t)$。应用三要素法，$i_L(0_+)=i_L(0_-)=0$，$i_L(\infty)=1$ A，$\tau=L/R=1$ s。因此

$$s(t)=i_L(\infty)+[i_L(0_+)-i_L(\infty)]e^{-\frac{t}{\tau}}=(1-e^{-t})\varepsilon(t)\ \text{A}$$

（2）由线性非时变特性计算单位冲激响应 $h(t)$。由 $h(t)=\dfrac{ds(t)}{dt}$ 得

$$h(t)=(1-e^{-t})\delta(t)+e^{-t}\varepsilon(t)=e^{-t}\varepsilon(t)\ \text{A}$$

（3）线性非时变电路的零状态响应等于其单位冲激响应和激励函数的卷积。用卷积性质计算零状态响应的象函数 $I_L(s)$。图 17-2-3(b)所示波形的函数为 $i_s(t)=0.5t[\varepsilon(t)-\varepsilon(t-2)]$ A，零状态响应

$$i_L(t)=h(t)*i_s(t)\qquad \text{（参见 8.6.4 小节）}$$

由卷积性质得

$$\begin{aligned}I_L(s)&=H(s)\times I_s(s)=\mathscr{L}[e^{-t}\varepsilon(t)]\times\mathscr{L}\{0.5t[\varepsilon(t)-\varepsilon(t-2)]\}\\&=\mathscr{L}[e^{-t}\varepsilon(t)]\times0.5\{\mathscr{L}[t\varepsilon(t)]-\mathscr{L}[(t-2)\varepsilon(t-2)]-\mathscr{L}[2\varepsilon(t-2)]\}\\&=\frac{1}{s+1}\times0.5\left(\frac{1}{s^2}-\frac{1}{s^2}e^{-2s}-\frac{2}{s}e^{-2s}\right)\end{aligned}$$

目标 1 检测:应用拉氏变换性质计算象函数

*测 17-8 线性非时变电路的单位冲激响应 $h(t)=e^{-t}\varepsilon(t)$,计算激励为 $f(t)=2[\varepsilon(t-1)-\varepsilon(t-3)]$时的零状态响应的象函数 $Y(s)$。

答案:$Y(s)=\frac{2}{s+1}\left(\frac{1}{s}e^{-s}-\frac{1}{s}e^{-3s}\right)$。

17.2.3 拉普拉斯反变换

电气工程中遇到的象函数通常是有理分式,写为

$$F(s)=\frac{b_0+b_1s+\cdots+b_ms^m}{a_0+a_1s+\cdots+s^n}=\frac{N(s)}{D(s)}\quad(n>m)\tag{17-2-5}$$

的一般形式,$a_0\sim a_n$、$b_0\sim b_m$ 为实数,分母最高次项的系数为 1,且 $n>m$,即为真分式。分母$D(s)=0$ 的根,称为 $F(s)$的极点(poles);分子 $N(s)=0$ 的根,称为 $F(s)$的零点(zeros)。先对 $F(s)$进行部分分式展开,然后对展开式进行拉氏反变换。

$F(s)$的部分分式展开式与 $F(s)$的极点分布有关,极点分布有以下 3 种情况。

(1) 单重极点

$D(s)$因式分解为 $D(s)=(s+p_1)(s+p_2)\cdots(s+p_n)$,$p_1\sim p_n$ 是互不相等的实数,则 $F(s)$的极点为 $s=-p_1$、$s=-p_2$、…、$s=-p_n$,是 n 个单重极点。在 $n>m$ 的条件下,$F(s)$的展开式为

$$F(s)=\frac{N(s)}{(s+p_1)(s+p_2)\cdots(s+p_n)}=\frac{k_1}{(s+p_1)}+\frac{k_2}{(s+p_2)}+\cdots+\frac{k_n}{(s+p_n)}\tag{17-2-6}$$

两边同乘$(s+p_i)$,并令 $s=-p_i$,可确定系数 k_i。有

$$F(s)(s+p_i)\big|_{s=-p_i}=k_i\tag{17-2-7}$$

确定所有系数后,$F(s)$的拉氏反变换为

$$f(t)=k_1e^{-p_1t}+k_2e^{-p_2t}+\cdots+k_ne^{-p_nt}\tag{17-2-8}$$

(2) 多重极点

如 $D(s)$因式分解为 $D(s)=(s+p)^q(s+p_1)\cdots(s+p_{n-q})$,$p_1\sim p_{n-q}$是互不相等的实数,则 $F(s)$有一个 q 重极点($s=-p$),$n-q$ 个单重极点($s=-p_1$、$s=-p_2$、…、$s=-p_{n-q}$)。在 $n>m$ 的条件下,$F(s)$的展开式为

$$\begin{aligned}F(s)&=\frac{N(s)}{(s+p)^q(s+p_1)\cdots(s+p_{n-q})}\\&=\frac{h_q}{(s+p)^q}+\frac{h_{q-1}}{(s+p)^{q-1}}+\cdots+\frac{h_1}{(s+p)}+\frac{k_1}{(s+p_1)}+\frac{k_2}{(s+p_2)}+\cdots+\frac{k_{n-q}}{(s+p_{n-q})}\end{aligned}\tag{17-2-9}$$

系数 $k_1\sim k_{n-q}$的确定方法同单重极点,仍然由式(17-2-7)确定。系数 $h_1\sim h_q$ 由下式确定

$$h_q=(s+p)^qF(s)\big|_{s=-p},\quad h_{q-i}=\frac{1}{i!}\frac{d^i}{ds^i}[(s+p)^qF(s)]\big|_{s=-p}\tag{17-2-10}$$

确定所有系数后,$F(s)$的拉氏反变换为

$$f(t)=\frac{h_q}{(q-1)!}t^{q-1}e^{-pt}+\cdots+h_2te^{-pt}+h_1e^{-pt}+k_1e^{-p_1t}+k_2e^{-p_2t}+\cdots+k_{n-q}e^{-p_{n-q}t}\tag{17-2-11}$$

（3）共轭复极点

如 $D(s)$ 因式分解为 $D(s)=(s^2+as+b)(s+p_1)(s+p_2)\cdots(s+p_{n-2})$，$p_1\sim p_{n-2}$ 是互不相等的实数，(s^2+as+b) 在实数范围内不能分解（即 $b^2-4ac<0$），对应于 $F(s)$ 的一对共轭复极点。在 $n>m$ 的条件下，$F(s)$ 的展开式为

$$F(s)=\frac{N(s)}{(s^2+as+b)(s+p_1)(s+p_2)\cdots(s+p_{n-2})}$$

$$=\frac{A_1s+A_2}{(s^2+as+b)}+\frac{k_1}{(s+p_1)}+\frac{k_2}{(s+p_2)}+\cdots+\frac{k_{n-2}}{(s+p_{n-2})} \tag{17-2-12}$$

系数 $k_1\sim k_{n-2}$ 的确定方法同单重极点，还是由式（17-2-7）确定。在确定了 $k_1\sim k_{n-2}$ 后，对式（17-2-12）两边的分子系数进行比较，确定 A_1，A_2，并将共轭复极点部分配成与正弦、余弦函数对应的形式，即

$$\frac{A_1s+A_2}{(s^2+as+b)}=\frac{B_1(s+\alpha)+B_2\omega}{(s+\alpha)^2+\omega^2} \tag{17-2-13}$$

确定所有系数后，$F(s)$ 的拉氏反变换为

$$f(t)=B_1\mathrm{e}^{-\alpha t}\cos\omega t+B_2\mathrm{e}^{-\alpha t}\sin\omega t+k_1\mathrm{e}^{-p_1t}+k_2\mathrm{e}^{-p_2t}+\cdots+k_{n-2}\mathrm{e}^{-p_{n-2}t} \tag{17-2-14}$$

例 17-2-9 求拉氏反变换。（1）$F(s)=\dfrac{2s+1}{s(s+1)(s+2)}$；（2）$F(s)=\dfrac{s+5}{s^2(s+1)}$；（3）$F(s)=\dfrac{2s^2+s+3}{(s^2+2s+5)(s+1)}$；（4）$F(s)=\dfrac{2s^2+s+1}{s^2+3s+2}$。

解：（1）$F(s)$ 只有 3 个单重实极点，其部分分式展开式为

$$F(s)=\frac{2s+1}{s(s+1)(s+2)}=\frac{k_1}{s}+\frac{k_2}{(s+1)}+\frac{k_3}{(s+2)}$$

系数

$$k_1=sF(s)\big|_{s=0}=\left.\frac{2s+1}{(s+1)(s+2)}\right|_{s=0}=\frac{1}{2}$$

$$k_2=(s+1)F(s)\big|_{s=-1}=\left.\frac{2s+1}{s(s+2)}\right|_{s=-1}=1$$

$$k_3=(s+2)F(s)\big|_{s=-2}=\left.\frac{2s+1}{s(s+1)}\right|_{s=-2}=-\frac{3}{2}$$

因此，原函数为

$$f(t)=\frac{1}{2}+\mathrm{e}^{-t}-\frac{3}{2}\mathrm{e}^{-2t}\quad(t>0)$$

（2）$F(s)$ 有 1 个 2 重实极点、1 个单重实极点，其部分分式展开式为

$$F(s)=\frac{s+5}{s^2(s+1)}=\frac{h_1}{s^2}+\frac{h_2}{s}+\frac{k_1}{(s+1)}$$

系数

$$k_1=(s+1)F(s)|_{s=-1}=\left.\frac{s+5}{s^2}\right|_{s=-1}=4$$

$$h_1=s^2F(s)|_{s=0}=\left.\frac{s+5}{(s+1)}\right|_{s=0}=5$$

$$h_2=\frac{\mathrm{d}}{\mathrm{d}s}[s^2F(s)]|_{s=0}=\frac{\mathrm{d}}{\mathrm{d}s}\left[\frac{s+5}{(s+1)}\right]\Bigg|_{s=0}=\left.\frac{(s+1)-(s+5)}{(s+1)^2}\right|_{s=0}=-4$$

因此,原函数为

$$f(t)=5t-4+4\mathrm{e}^{-t}\quad(t\geqslant0)$$

(3) $F(s)$有 1 对单重共轭复极点、1 个单重实极点,其部分分式展开式为

$$F(s)=\frac{2s^2+s+3}{(s^2+2s+5)(s+1)}=\frac{A_1s+A_2}{s^2+2s+5}+\frac{k_1}{s+1}$$

系数

$$k_1=(s+1)F(s)|_{s=-1}=\left.\frac{2s^2+s+3}{(s^2+2s+5)}\right|_{s=-1}=1$$

将 $k_1=1$ 代入 $F(s)$的展开式,并通分得

$$F(s)=\frac{2s^2+s+3}{(s^2+2s+5)(s+1)}=\frac{A_1s+A_2}{s^2+2s+5}+\frac{1}{s+1}=\frac{(A_1s+A_2)(s+1)+(s^2+2s+5)}{(s^2+2s+5)(s+1)}$$

比较两边分子最高次幂项和最低次幂项的系数:

比较 s^2 项系数得 $2=A_1+1$

比较 s^0 项系数得 $3=A_2+5$

解得

$$A_1=1,\quad A_2=-2$$

还可通过比较 s^1 项的系数来验证上面结果的正确性。比较 s^1 项的系数得:$1=A_1+A_2+2$,显然 $A_1=1$、$A_2=-2$ 满足 $1=A_1+A_2+2$,结果正确。将共轭复极点部分配成与正弦、余弦函数对应的象函数形式,即

$$F(s)=\frac{s-2}{s^2+2s+5}+\frac{1}{s+1}=\frac{(s+1)-1.5\times2}{(s+1)^2+2^2}+\frac{1}{s+1}=\frac{s+1}{(s+1)^2+2^2}+\frac{-1.5\times2}{(s+1)^2+2^2}+\frac{1}{s+1}$$

因此,原函数为

$$f(t)=\mathrm{e}^{-t}\cos 2t-1.5\mathrm{e}^{-t}\sin 2t+\mathrm{e}^{-t}\quad(t>0)$$

(4) $F(s)$是非真分式,部分分式展开只适用于真分式。先对 $F(s)$用长除法分离出真分式部分,即

$$F(s)=\frac{2s^2+s+1}{s^2+3s+2}=\frac{2(s^2+3s+2)-(5s+3)}{s^2+3s+2}=2-\frac{5s+3}{s^2+3s+2}$$

真分式部分有 2 个单重实极点,对其实施部分分式展开,得

$$F(s)=2-\frac{5s+3}{(s+1)(s+2)}=2-\left(\frac{-2}{s+1}+\frac{7}{s+2}\right)$$

进行拉氏反变换得

$$f(t)=2\delta(t)-(-2\mathrm{e}^{-t}+7\mathrm{e}^{-2t})\varepsilon(t)$$

目标 1 检测:应用部分分式展开计算拉氏反变换

测 17-9 求拉氏反变换。(1) $F(s)=\dfrac{2s^2-10}{s(s+2)(s+3)}$;(2) $F(s)=\dfrac{2s^2+3}{(s+1)^2(s+2)}$;(3) $F(s)=\dfrac{5}{(s+3)(s^2+8s+25)}$;(4) $F(s)=\dfrac{s^2}{s^2+5s+6}$。

答案:(1) $f(t)=-\dfrac{5}{3}+e^{-2t}+\dfrac{8}{3}e^{-3t}$;(2) $f(t)=5te^{-t}-9e^{-t}+11e^{-2t}$;

(3) $f(t)=\dfrac{1}{2}e^{-3t}-\dfrac{1}{2}e^{-4t}\cos 3t-\dfrac{1}{6}e^{-4t}\sin 3t$;(4) $f(t)=\delta(t)-(-4e^{-2t}+9e^{-3t})\varepsilon(t)$。

17.3 复频域分析法

利用拉氏变换分析线性非时变电路暂态响应的方法称为复频域分析法,或 s 域分析法。拉氏变换如何应用于电路分析中呢?要计算图 17-3-1 中 $t>0$ 后的 i_L,我们列写 $t>0$ 后的时域 KVL、KCL 方程

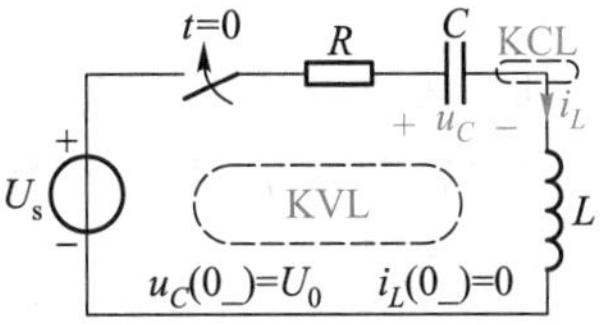

图 17-3-1 二阶电路

$$\begin{cases} Ri_L+u_C+L\dfrac{di_L}{dt}=U_s & (\text{KVL}) \\ C\dfrac{du_C}{dt}=i_L & (\text{KCL}) \end{cases} \tag{17-3-1}$$

对时域 KVL、KCL 方程取拉氏变换,变为复频域方程

$$\begin{cases} RI_L(s)+U_C(s)+L[sI_L(s)-i_L(0_-)]=\dfrac{U_s}{s} & (\text{KVL}) \\ C[sU_C(s)-u_C(0_-)]=I_L(s) & (\text{KCL}) \end{cases} \tag{17-3-2}$$

将 $u_C(0_-)=U_0$、$i_L(0_-)=0$ 代入并化简,得

$$\begin{cases} (R+sL)I_L(s)+U_C(s)=\dfrac{U_s}{s} & (\text{KVL}) \\ I_L(s)-sCU_C(s)=-CU_0 & (\text{KCL}) \end{cases} \tag{17-3-3}$$

由此解得

$$I_L(s)=\frac{C(U_s-U_0)}{1+RCs+LCs^2} \tag{17-3-4}$$

通过拉氏反变换得到 i_L。

由上面的分析可知,时域 KVL、KCL 方程(式(17-3-1))是微分方程,而复频域 KVL、KCL 方程(式(17-3-3))是代数方程。这表明,线性非时变电路的电压、电流变为象函数后,电路分析方程是关于象函数的代数方程。代数方程更容易求解。电路复频域分析的目标是直接从电

路获得变量的象函数，它分为以下 3 个步骤，重点是如何获得复频域电路。

电路复频域分析法的步骤

1. 将时域电路转化为复频域电路；
2. 用电路方程、电路定理、等效变换等分析方法获得变量的象函数；
3. 对象函数进行拉普拉斯反变换得到时域函数。

17.3.1 电路元件的复频域模型

对电路元件的时域 u-i 关系进行拉氏变换，得到 $U(s)$-$I(s)$ 关系，依此关系得出元件的复频域模型，或 s 域模型。值得注意的是，复频域分析法只能应用于线性非时变电路，这一限制体现在电路元件复频域模型的推导过程中。

图 17-3-2(a)所示线性非时变电阻元件的时域 u-i 关系为

$$u(t)=Ri(t)$$

进行拉氏变换得

$$\boxed{U(s)=RI(s)} \tag{17-3-5}$$

线性非时变电阻元件的复频域模型如图 17-3-2(b)所示。式(17-3-5)为线性代数方程。

图 17-3-3(a)所示线性非时变电感元件的时域 u-i 关系为

$$u(t)=L\frac{\mathrm{d}i(t)}{\mathrm{d}t}$$

进行拉氏变换得

$$\boxed{U(s)=sLI(s)-Li(0_-)} \tag{17-3-6}$$

(a) 时域模型　(b) 复频域模型

图 17-3-2　线性非时变电阻元件的复频域模型(s 域模型)

由此得到图 17-3-3(b)。式(17-3-6)亦为线性代数方程，sL 具有阻抗量纲，称为电感的复频域阻抗，也称 s 域阻抗。图 17-3-3(b)所示戴维南模型可等效变换为图 17-3-3(c)所示诺顿模型。

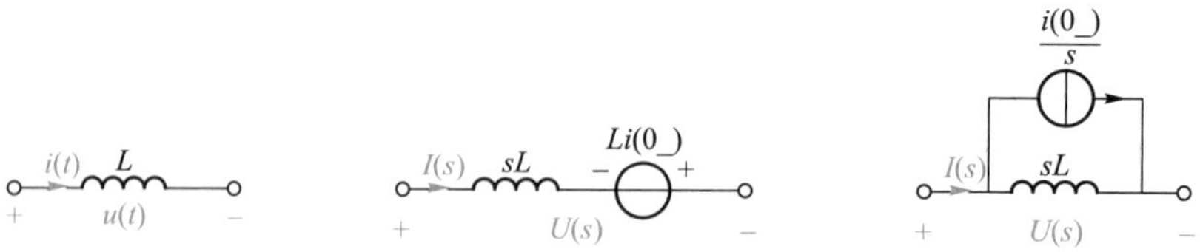

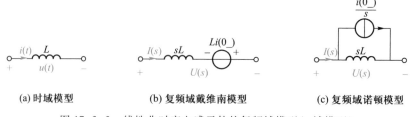

(a) 时域模型　(b) 复频域戴维南模型　(c) 复频域诺顿模型

图 17-3-3　线性非时变电感元件的复频域模型(s 域模型)

图 17-3-4(a)所示线性非时变电容元件的时域 u-i 关系为

$$i(t)=C\frac{\mathrm{d}u(t)}{\mathrm{d}t}$$

进行拉氏变换得

$$I(s)=sCU(s)-Cu(0_-)$$

将其写为

$$\boxed{U(s)=\frac{1}{sC}I(s)+\frac{u(0_-)}{s}} \tag{17-3-7}$$

由此得到图 17-3-4(b)。式(17-3-7)为线性代数方程，$\frac{1}{sC}$为电容的复频域阻抗。图 17-3-4(b)所示戴维南模型可等效变换为图 17-3-4(c)所示诺顿模型。

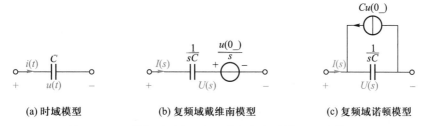

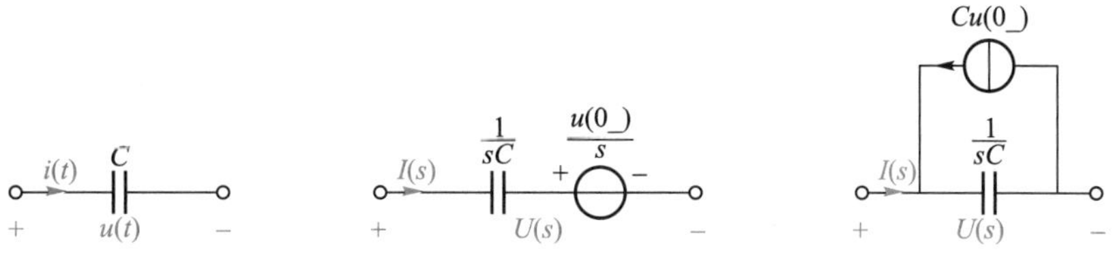

图 17-3-4 线性非时变电容元件的复频域模型（s 域模型）

例 17-3-1 推导图 17-3-5(a)所示线性非时变耦合电感的复频域模型。

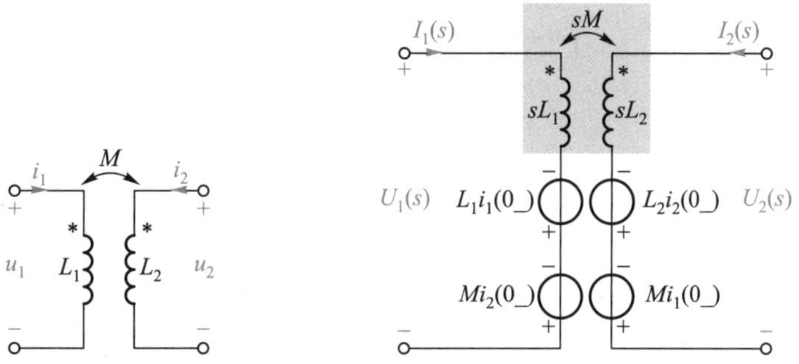

图 17-3-5 例 17-3-1 图

解：图 17-3-5(a)所示耦合电感在图示电流参考方向下为加强型耦合，u-i 关系为

$$\begin{cases} u_1(t)=L_1\dfrac{\mathrm{d}i_1(t)}{\mathrm{d}t}+M\dfrac{\mathrm{d}i_2(t)}{\mathrm{d}t} \\ u_2(t)=M\dfrac{\mathrm{d}i_1(t)}{\mathrm{d}t}+L_2\dfrac{\mathrm{d}i_2(t)}{\mathrm{d}t} \end{cases}$$

进行拉氏变换，得

$$\begin{cases} U_1(s)=[sL_1I_1(s)-L_1i_1(0_-)]+[sMI_2(s)-Mi_2(0_-)]=[sL_1I_1(s)+sMI_2(s)]-L_1i_1(0_-)-Mi_2(0_-) \\ U_2(s)=[sMI_1(s)-Mi_1(0_-)]+[sL_2I_2(s)-L_2i_2(0_-)]=[sMI_1(s)+sL_2I_2(s)]-L_2i_2(0_-)-Mi_1(0_-) \end{cases}$$

按照方程画出 s 域模型，如图 17-3-5(a)所示，图中阴影部分是 s 域耦合电感，电压源 $L_1i_1(0_-)$、$L_2i_2(0_-)$表征线圈 1、线圈 2 的自感储能，电压源 $Mi_2(0_-)$、$Mi_1(0_-)$表征线圈 1、线圈 2 的互感储能。

目标 2 检测:用复频域分析法计算暂态响应

测 17-10 画出测 17-10 图所示耦合电感的复频域模型。

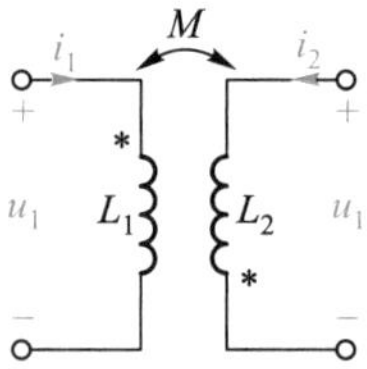

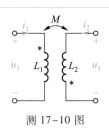

测 17-10 图

答案:略。

17.3.2 复频域电路

将电路中各元件变换为相应的复频域模型,变量变换为象函数,得到复频域电路(即 s 域电路)。图 17-3-1 所示二阶电路的复频域电路如图 17-3-6 所示。图 17-3-6 中,R、$\frac{1}{sC}$、sL 分别是电阻、电容、电感的 s 域阻抗,量纲为欧姆,其网孔分析方程(即 KVL 方程)为

$$\left(R+\frac{1}{sC}+sL\right)I_L(s)=\frac{U_s}{s}-\frac{U_0}{s}$$

解得

$$I_L(s)=\frac{U_s-U_0}{s\left(R+\frac{1}{sC}+sL\right)}=\frac{C(U_s-U_0)}{1+RCs+LCs^2}$$

所得 $I_L(s)$ 和式(17-1-4)一致,而这里获得 $I_L(s)$ 的过程明显简单。

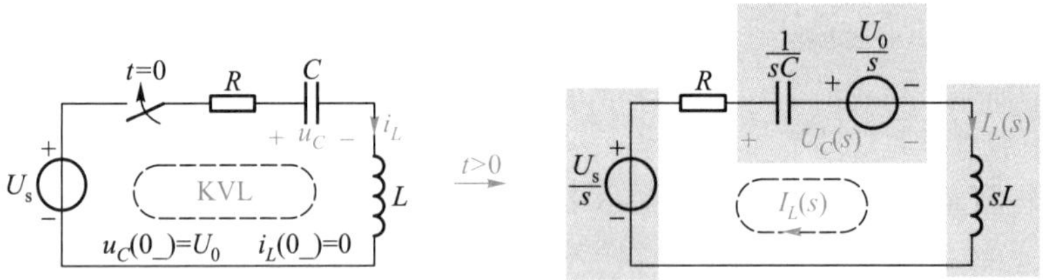

图 17-3-6 图 17-3-1 电路的复频域电路(s 域电路)

电路的复频域分析法与经典时域分析法相比,有以下优势:

- 无须列写微分方程。
- 无须已知变量及其导数在 $t=0_+$ 时的值,因而也无须确定电路是连续换路还是跳变换路,只需确定换路前的原始状态,即 $u_C(0_-)$、$i_L(0_-)$。
- 激励可以是复杂的函数,包括冲激函数。
- 引入复频域阻抗 $Z(s)$,复频域欧姆定律为 $U(s)=Z(s)I(s)$,可以用分析电阻电路的方法从复频域电路获得响应象函数,包括列写节点方程或网孔方程、应用叠加定理或戴维南与诺

顿定理进行等效变换。

例 17-3-2 图 17-3-7(a)所示电路在开关闭合前处于稳态，且 $u_C(0_-)=1$ V，$t=0$ 时开关闭合。用复频域分析法计算 $t>0$ 后的响应 $u_C(t)$。

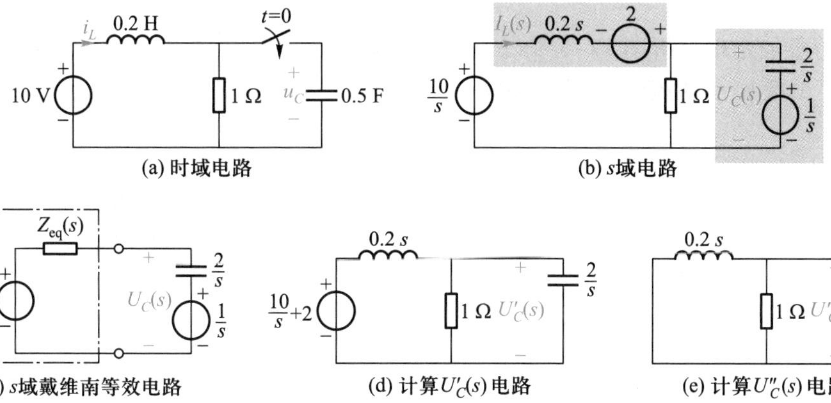

图 17-3-7　例 17-3-2 图

解：这是一个二阶电路的全响应问题。换路前，电路处于直流稳态，电感相当于短路，因此 $i_L(0_-)=10$ A。题目给定了 $u_C(0_-)=1$ V。

将图 17-3-7(a)转换为复频域电路，如图 17-3-7(b)所示。电感的 s 域模型中，s 域阻抗 $sL=0.2s$，电压源 $Li_L(0_-)=0.2\times10=2$；电容的 s 域模型中，s 域阻抗$\frac{1}{sC}=\frac{1}{0.5s}=\frac{2}{s}$，电压源$\frac{u_C(0_-)}{s}=\frac{1}{s}$；电压源的 s 域模型为$\frac{10}{s}$。电感、电容的 s 域模型中的电压源，是换路前储能对换路后电路作用的体现，注意不要弄错参考方向。

用 3 种方法分析图 17-3-7(b)所示 s 域电路，获得 $U_C(s)$。

方法 1：用节点方程分析图 17-3-7(b)所示 s 域电路。$U_C(s)$为节点电位，节点方程为

$$\left(\frac{1}{0.2s}+1+\frac{s}{2}\right)U_C(s)=\frac{\frac{10}{s}+2}{0.2s}+\frac{\frac{1}{s}}{\frac{2}{s}}$$

解得

$$U_C(s)=\frac{s^2+20s+100}{s(s^2+2s+10)}$$

方法 2：用戴维南定理分析图 17-3-7(b)所示 s 域电路。将图 17-3-7(b)等效为图 17-3-7(c)，开路电压

$$U_{oc}(s)=\frac{1}{0.2s+1}\times\left(\frac{10}{s}+2\right)=\frac{50+10s}{(s+5)s}$$

等效阻抗

$$Z_{eq}(s)=\frac{0.2s\times1}{0.2s+1}=\frac{s}{s+5}$$

在图 17-3-7(c)中应用阻抗分压关系,得

$$U_C(s)=\frac{1}{s}+\frac{2}{s}\times\frac{U_{oc}(s)-\frac{1}{s}}{Z_{eq}(s)+\frac{2}{s}}=\frac{1}{s}+\frac{2}{s}\times\frac{\frac{50+10s}{(s+5)s}-\frac{1}{s}}{\frac{s}{s+5}+\frac{2}{s}}=\frac{s^2+20s+100}{s(s^2+2s+10)}$$

方法 3:用叠加定理分析图 17-3-7(b)所示 s 域电路。图 17-3-7(b)为图 17-3-7(d)和图 17-3-7(e)的叠加,应用阻抗分压关系得

$$U_C'(s)=\frac{\frac{1}{\frac{1}{1}+\frac{s}{2}}}{0.2s+\frac{1}{\frac{1}{1}+\frac{s}{2}}}\left(\frac{10}{s}+2\right)=\frac{\frac{2}{s+2}}{0.2s+\frac{2}{s+2}}\left(\frac{10}{s}+2\right)=\frac{20s+100}{s(s^2+2s+10)}$$

$$U_C''(s)=\frac{\frac{1\times0.2s}{1+0.2s}}{\frac{2}{s}+\frac{1\times0.2s}{1+0.2s}}\times\frac{1}{s}=\frac{\frac{s}{s+5}}{\frac{2}{s}+\frac{s}{s+5}}\times\frac{1}{s}=\frac{s}{s^2+2s+10}$$

$$U_C(s)=U_C'(s)+U_C''(s)=\frac{s^2+20s+100}{s(s^2+2s+10)}$$

对 $U_C(s)$ 进行拉氏反变换。$U_C(s)$ 为真分式,有一个为零的单重极点、一对单重共轭极点,部分分式展开式为

$$U_C(s)=\frac{10}{s}-\frac{9s}{s^2+2s+10}=\frac{10}{s}-\frac{9(s+1)-3\times3}{(s+1)^2+3^2}$$

由拉氏反变换得

$$u_C(t)=[10-e^{-t}(9\cos 3t-3\sin 3t)]\ \text{V}\quad (t>0)$$

比较本例计算 $U_C(s)$ 的 3 种方法,节点方程最为简捷,叠加定理最为繁琐,类似这样的情况下不宜选择叠加定理。

目标 2 检测:用复频域分析法计算暂态响应

测 17-11 测 17-11 图所示电路在开关断开前处于稳态,$t=0$ 时开关断开。用复频域分析法计算 $t>0$ 后的响应 $i_L(t)$。

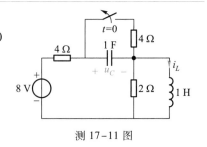

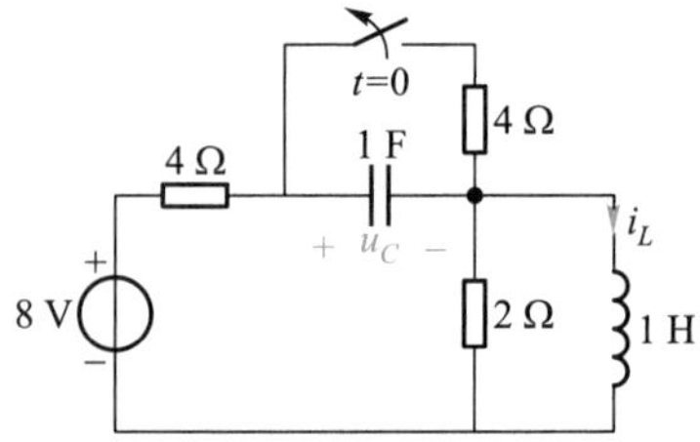

测 17-11 图

答案:$I_L(s)=\dfrac{s+\frac{3}{2}}{s^2+\frac{3}{2}s+\frac{1}{3}}$,$i_L(t)=(1.28e^{-0.27t}-0.28e^{-1.23t})$ A $(t>0)$。

例 17-3-3 求图 17-3-8(a)所示电路在 $t>0$ 后的响应 $u(t)$。

图 17-3-8 例 17-3-3 图

解：图 17-3-8(a)为零状态响应，虽然是一阶电路，但激励是指数函数，适宜用复频域分析法。图 17-3-8(a)的复频域电路如图 17-3-8(b)所示。电感在 $t=0_-$ 时没有储能，其 s 域模型只有阻抗 $Ls=2s$，电流源 $5e^{-t}\varepsilon(t)$ 的象函数为 $\dfrac{5}{s+1}$。

用导纳分流计算图 17-3-8(b)中流过 20 Ω 电阻的电流，并由此得到 $U(s)$，即

$$U(s)=\left(\frac{\frac{1}{20}}{\frac{1}{5}+\frac{1}{2s}+\frac{1}{20}}\times\frac{5}{s+1}\right)\times 20=\frac{4s}{(s+1)(s+2)}$$

进行拉氏反变换

$$u(t)=\mathscr{L}^{-1}\left[\frac{4s}{(s+1)(s+2)}\right]=\mathscr{L}^{-1}\left[\frac{-4}{s+1}+\frac{8}{s+2}\right]=(8e^{-2t}-4e^{-t})\varepsilon(t)\ \text{V}$$

目标 2 检测：用复频域分析法计算暂态响应

测 17-12 求测 17-12 图所示电路在 $t>0$ 后的响应 $i(t)$。

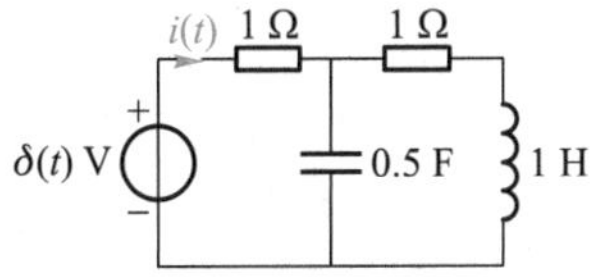

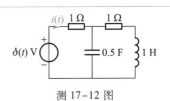

测 17-12 图

答案：$I(s)=\dfrac{s^2+s+2}{s^2+3s+4}$，$i(t)=\left[\delta(t)-e^{-\frac{3}{2}t}\left(2\cos\dfrac{\sqrt{7}}{2}t-\dfrac{2}{\sqrt{7}}\sin\dfrac{\sqrt{7}}{2}t\right)\varepsilon(t)\right]$ A。

例 17-3-4 图 17-3-9(a)所示电路，开关闭合前处于稳态，$t=0$ 时开关闭合。用复频域分析法计算 $t>0$ 后的 $i_1(t)$、$i_2(t)$。

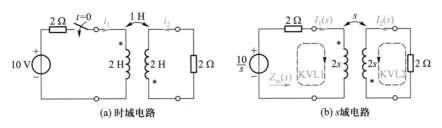

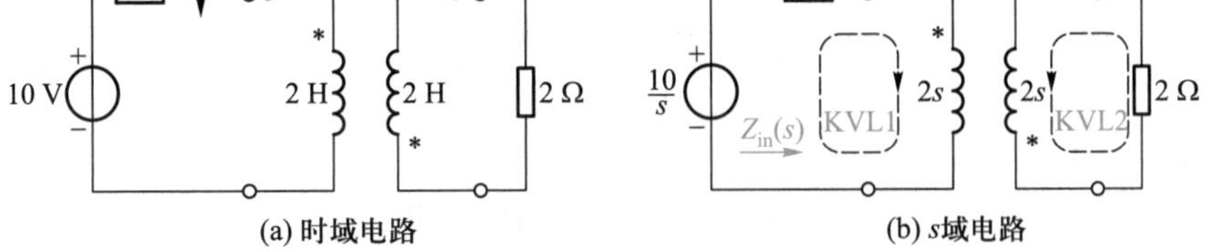

图 17-3-9 例 17-3-4 图

解：将图 17-3-9(a)所示电路转换为 s 域电路，如图 17-3-9(b)所示。因 $i_1(0_-)=0$、$i_2(0_-)=0$，故 s 域电路的耦合电感模型中没有代表储能的电压源。用两种方法计算 $I_1(s)$、$I_2(s)$。

方法 1:列写网孔分析方程。对图 17-3-9(b)中的两个网孔列写 KVL 方程,有

$$\begin{cases}2I_1(s)+2sI_1(s)-sI_2(s)=\dfrac{10}{s}\\2sI_2(s)-sI_1(s)+2I_2(s)=0\end{cases}$$

整理成

$$\begin{cases}2(s+1)I_1(s)-sI_2(s)=\dfrac{10}{s}\\-sI_1(s)+2(s+1)I_2(s)=0\end{cases}$$

用克莱姆法则求解方程,得

$$I_1(s)=\frac{\begin{vmatrix}\dfrac{10}{s} & -s\\0 & 2(s+1)\end{vmatrix}}{\begin{vmatrix}2(s+1) & -s\\-s & 2(s+1)\end{vmatrix}}=\frac{\dfrac{20(s+1)}{s}}{4(s+1)^2-s^2}=\frac{20(s+1)}{s(3s^2+8s+4)}$$

$$I_2(s)=\frac{\begin{vmatrix}2(s+1) & \dfrac{10}{s}\\-s & 0\end{vmatrix}}{\begin{vmatrix}2(s+1) & -s\\-s & 2(s+1)\end{vmatrix}}=\frac{10}{4(s+1)^2-s^2}=\frac{10}{3s^2+8s+4}$$

方法 2:应用映射阻抗。在 13.3.3 小节提出了正弦稳态下耦合电感的映射阻抗为 $Z_r(\omega)=\dfrac{(\omega M)^2}{Z_2+j\omega L_2}$(即式(13-3-3)),可写为 $Z_r(\omega)=\dfrac{-(j\omega M)^2}{Z_2+j\omega L_2}$。对照耦合电感的正弦稳态模型和图 17-3-9(b)所示 s 域模型可知,将正弦稳态下的 $Z_r(\omega)$ 中的 $j\omega$ 换为 s,就是 s 域模型中的映射阻抗 $Z_r(s)$,即

$$\boxed{Z_r(s)=\frac{-(sM)^2}{Z_2+sL_2}} \tag{17-3-8}$$

因此,图 17-3-9(b)中,映射阻抗 $Z_r(s)=-\dfrac{s^2}{2+2s}$,输入阻抗

$$Z_{in}(s)=Z_{11}(s)+Z_r(s)=(2+2s)-\frac{s^2}{2+2s}=\frac{3s^2+8s+4}{2(s+1)}$$

由此

$$I_1(s)=\frac{10/s}{Z_{in}(s)}=\frac{20(s+1)}{s(3s^2+8s+4)}$$

再由负载回路的 KVL 方程

$$-sI_1(s)+(2s+2)I_2(s)=0$$

确定 $I_2(s)$,得

$$I_2(s)=\frac{s}{2(s+1)}I_1(s)=\frac{10}{3s^2+8s+4}$$

对 $I_1(s)$、$I_2(s)$进行拉氏反变换

$$i_1(t)=\mathcal{L}^{-1}\left[\frac{20(s+1)}{s(3s^2+8s+4)}\right]=\mathcal{L}^{-1}\left[\frac{\frac{20}{3}(s+1)}{s\left(s+\frac{2}{3}\right)(s+2)}\right]=\mathcal{L}^{-1}\left[\frac{5}{s}+\frac{-2.5}{s+\frac{2}{3}}+\frac{-2.5}{s+2}\right]$$

$$=\left[5-2.5\left(e^{-\frac{2}{3}t}+e^{-2t}\right)\right]\ \text{A}\quad(t>0)$$

$$i_2(t)=\mathcal{L}^{-1}\left[\frac{10}{3s^2+8s+4}\right]=\mathcal{L}^{-1}\left[\frac{\frac{10}{3}}{\left(s+\frac{2}{3}\right)(s+2)}\right]=\mathcal{L}^{-1}\left[\frac{2.5}{s+\frac{2}{3}}+\frac{-2.5}{s+2}\right]$$

$$=2.5\left(e^{-\frac{2}{3}t}-e^{-2t}\right)\ \text{A}\quad(t>0)$$

目标 2 检测：用复频域分析法计算暂态响应

测 17-13 测 17-13 图所示电路在开关打开前处于稳态，$t=0$ 时开关打开，用复频域分析法计算 $t>0$ 后的响应 $i_1(t)$、$i_2(t)$。

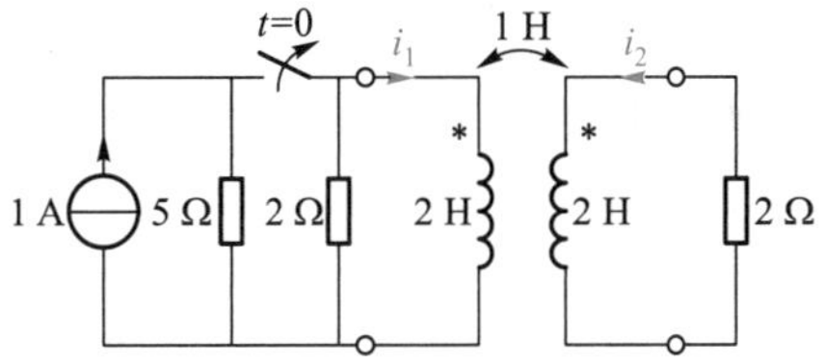

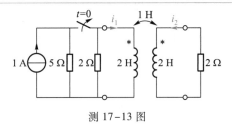

测 17-13 图

答案：$i_1(t)=0.5\left(e^{-\frac{2}{3}t}+e^{-2t}\right)$ A $(t>0)$，$i_2(t)=0.5\left(e^{-\frac{2}{3}t}-e^{-2t}\right)$ A $(t>0)$。

17.4 传递函数

我们已在第 14 章用传递函数 $H(\omega)$ 来分析正弦稳态电路的频率响应，了解稳态输出量的幅值、相位随输入正弦信号频率变化的规律。在这里，我们还要用传递函数来描述电路的暂态响应与激励的关系。那么，在暂态电路中，何谓传递函数、如何获得传递函数、如何应用传递函数呢？

17.4.1 传递函数的定义

暂态响应是电路中的电源、储能元件在换路前的储能共同作用的结果。工程中，我们关注电路将输入信号传输到输出端口的规律。输入信号为激励，输出信号为响应，也就是关注零状态响应随激励变化的规律。传递函数 $H(s)$ 定义为零状态响应象函数 $Y(s)$ 和激励象函数 $X(s)$ 之比，即

$$\boxed{H(s)=\frac{Y(s)}{X(s)}}\tag{17-4-1}$$

激励可以是电压 $U_i(s)$、电流 $I_i(s)$，零状态响应也可以是电压 $U_o(s)$、电流 $I_o(s)$。$H(s)$ 包含 4 种类型：

电压增益 $H(s)=\dfrac{U_o(s)}{U_i(s)}$　　　电流增益 $H(s)=\dfrac{I_o(s)}{I_i(s)}$

转移阻抗 $H(s)=\dfrac{U_o(s)}{I_i(s)}$　　　转移导纳 $H(s)=\dfrac{I_o(s)}{U_i(s)}$

> **传递函数 $H(s)$**
>
> 是零状态响应象函数 $Y(s)$ 和激励象函数 $X(s)$ 之比。
>
> $$H(s)=\frac{Y(s)}{X(s)}$$

17.4.2 传递函数的计算

$H(s)$ 由电路结构、元件参数决定。虽然它是零状态响应 $Y(s)$ 和激励 $X(s)$ 的比值，但它与 $X(s)$ 无关。在已知电路或已知微分方程或已知冲激响应或已知一种零状态响应的条件下，都能确定 $H(s)$。

> **获得 $H(s)$ 的方法**
>
> 电路 $\longrightarrow H(s)$
>
> 电路的微分方程 $\longrightarrow H(s)$
>
> 电路的冲激响应 $\longrightarrow H(s)$
>
> 电路的任何一种零状态响应 $\longrightarrow H(s)$

已知电路时，例如，确定图 17-4-1(a) 所示电路的传递函数，要对其 s 域电路进行计算。要按零状态响应将图 17-4-1(a) 变换为图 17-4-1(b) 所示 s 域电路。分析 s 域电路时，不必给定激励 $I_s(s)$ 的具体表达式，将输出 $U_o(s)$ 用激励 $I_s(s)$ 表示。应用阻抗分流得

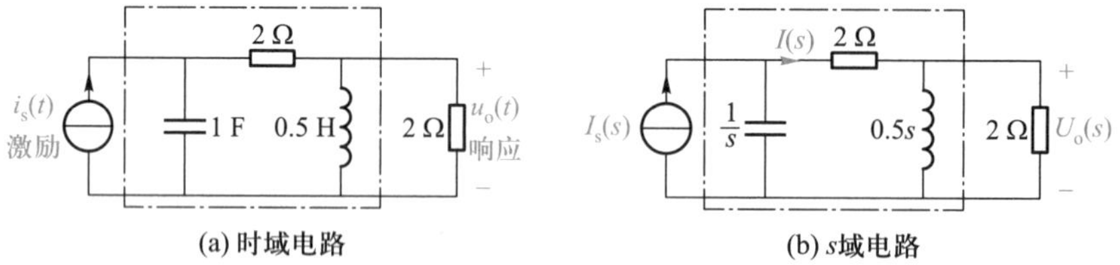

图 17-4-1　由电路计算传递函数示例

$$I(s)=\frac{\dfrac{1}{s}}{\dfrac{1}{s}+\left(2+\dfrac{0.5s\times 2}{0.5s+2}\right)}\times I_s(s)=\frac{\dfrac{1}{s}}{\dfrac{1}{s}+\dfrac{4s+8}{s+4}}\times I_s(s)=\frac{s+4}{4s^2+9s+4}I_s(s)$$

输出电压

$$U_o(s)=I(s)\times\frac{0.5s\times 2}{0.5s+2}=\frac{0.5s}{s^2+2.25s+1}I_s(s)$$

传递函数

$$H(s)=\frac{U_o(s)}{I_s(s)}=\frac{0.5s}{s^2+2.25s+1}$$

已知电路的微分方程时，例如，某线性非时变电路的响应 $u_o(t)$ 和激励 $u_s(t)$ 满足微分方程

$$\frac{d^2u_o(t)}{dt^2}+3\frac{du_o(t)}{dt}+2u_o(t)=\frac{du_s(t)}{dt}+4u_s(t) \qquad (17-4-2)$$

要确定电路的传递函数，只需对微分方程进行拉氏变换。对式(17-4-2)两边进行拉氏变换，考虑到 $H(s)$ 是由零状态响应来计算的，因此 $u_o(0_-)=0$、$\left.\frac{du_o}{dt}\right|_{t=0_-}=0$，而 $u_s(0_-)$ 对 $t>0$ 后的响应没有影响，故取 $u_s(0_-)=0$。式(17-4-2)的拉氏变换为

$$s^2U_o(s)+3sU_o(s)+2U_o(s)=sU_s(s)+4U_s(s)$$

得

$$H(s)=\frac{U_o(s)}{U_s(s)}=\frac{s+4}{s^2+3s+2}$$

已知电路的冲激响应时，例如，某线性非时变电路在单位冲激电流源 $i_s(t)=\delta(t)$ 激励下的零状态响应（即单位冲激响应）为 $i_o(t)=h(t)=3e^{-2t}\varepsilon(t)$，单位冲激响应的象函数就是 $H(s)$。因为这种情况下，激励象函数为 $I_s(s)=\mathscr{L}[\delta(t)]=1$，所以

$$H(s)=\frac{I_o(s)}{I_s(s)}=\frac{\mathscr{L}[h(t)]}{\mathscr{L}[\delta(t)]}=\mathscr{L}[h(t)]=\mathscr{L}[3e^{-2t}\varepsilon(t)]=\frac{3}{s+2}$$

单位冲激响应 $h(t)$ 和传递函数 $H(s)$ 是拉氏变换对

$$H(s)=\mathscr{L}[h(t)]$$

已知任何一种零状态响应，就可确定传递函数。例如，某线性非时变电路在阶跃电压源 $u_s(t)=4\varepsilon(t)$ 激励下的零状态响应为 $i_o(t)=(2+e^{-t}-3e^{-3t})\varepsilon(t)$，由传递函数的定义得

$$H(s)=\frac{I_o(s)}{U_s(s)}=\frac{\mathscr{L}[(2+e^{-t}-3e^{-3t})\varepsilon(t)]}{\mathscr{L}[4\varepsilon(t)]}=\frac{\frac{2}{s}+\frac{1}{s+1}-\frac{3}{s+3}}{\frac{4}{s}}=\frac{8s+6}{4(s+1)(s+3)}$$

单位冲激响应是零状态响应中的一种而已。

目标 3 检测：计算传递函数

测 17-14 (1)求测 17-14 图所示电路的传递函数；(2)某线性非时变电路的单位冲激响应为 $u_o(t)=(5e^{-t}\cos 2t)\varepsilon(t)$，求传递函数；(3)某线性非时变电路在 $u_s(t)=e^{-t}\varepsilon(t)$ 激励下的零状态响应为 $u_o(t)=(3e^{-t}\sin 4t)\varepsilon(t)$，求传递函数。

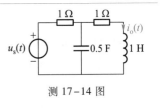

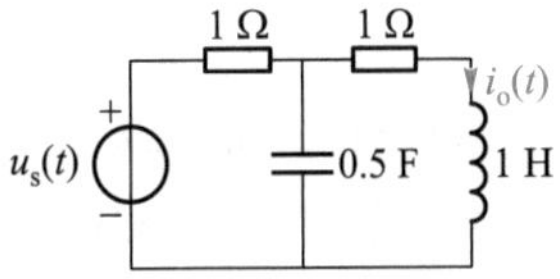

测 17-14 图

答案：(1) $H(s)=\frac{2}{s^2+3s+4}$；(2) $H(s)=\frac{5(s+1)}{s^2+2s+5}$；(3) $H(s)=\frac{12(s+1)}{s^2+2s+17}$。

17.4.3 传递函数的应用

我们可以直接通过传递函数计算任意激励下的零状态响应，也可以将 $H(s)$ 转换为 $H(\omega)$，从而确定正弦稳态响应。另外，$H(s)$ 中包含了电路的固有频率，由固有频率可以判断电路的稳定性。

应用 $H(s)$

$H(s)\longrightarrow$ 零状态响应

$H(s)\longrightarrow$ 正弦稳态响应

$H(s)\longrightarrow$ 电路的固有频率

（1）$H(s)$ 与卷积积分

已知传递函数 $H(s)$，可以计算任意激励 $x(t)$ 下的零状态响应 $y(t)$。由 $Y(s)=H(s)X(s)$ 得

$$y(t)=\mathscr{L}^{-1}[H(s)X(s)]$$

应用拉氏变换的卷积性质，且考虑到 $h(t)=\mathscr{L}^{-1}[H(s)]$，得

$$\boxed{y(t)=\mathscr{L}^{-1}[H(s)X(s)]=h(t)*x(t)} \tag{17-4-3}$$

式(17-4-3)表明，零状态响应等于单位冲激响应和激励的卷积，这正是 8.6.4 小节得出的结论，即式(8-6-14)。

（2）$H(s)$ 与 $H(\omega)$

为简单起见，以 RC 电路来说明 $H(s)$ 和 $H(\omega)$ 的关系。对图 17-4-2(a) 所示电路，由图 17-4-2(b) 计算 s 域的传递函数 $H(s)$，由图 17-4-2(c) 计算正弦稳态下的传递函数 $H(\omega)$。有

$$H(s)=\frac{U_C(s)}{U_s(s)}=\frac{\frac{1}{sC}}{R+\frac{1}{sC}},\quad H(\omega)=\frac{\dot{U}_C(\omega)}{\dot{U}_s(\omega)}=\frac{\frac{1}{\mathrm{j}\omega C}}{R+\frac{1}{\mathrm{j}\omega C}}$$

显然，$H(s)$ 和 $H(\omega)$ 的关系为

$$H(s)\underset{\omega=-\mathrm{j}s}{\overset{s=\mathrm{j}\omega}{\rightleftarrows}}H(\omega)$$

由 $H(s)$ 能计算 $u_s=x(t)\varepsilon(t)$ 激励下的零状态响应，$x(t)$ 为任意函数，零状态响应包含暂态分量和稳态分量。由 $H(\omega)$ 只能计算 $u_s=U_m\cos(\omega t+\phi)$ 激励下的稳态响应。显然，$H(s)$ 的应用范围更广。

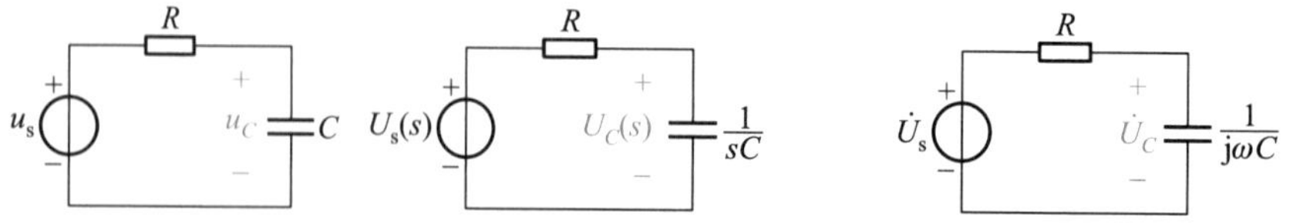

(a) 时域电路　(b) 计算零状态响应的s域电路　(c) 计算正弦稳态响应的相量模型

图 17-4-2　$H(s)$ 和 $H(\omega)$ 的关系说明

*(3) $H(s)$的极点与固有频率

线性非时变电路的 $H(s)$为有理分式,$H(s)$的极点决定了其部分分式展开式。而 $H(s)$的原函数是电路的冲激响应 $h(t)$,因而 $H(s)$的极点决定了冲激响应 $h(t)$的形式。因冲激电源 $\delta(t)$只在 $t=0$ 时刻作用于电路,故在 $t>0$ 后,冲激响应 $h(t)$是电路的自然响应(即零输入响应)。自然响应的形式取决于电路的固有频率(就是微分方程的特征根)。于是,$H(s)$的极点必然是电路的固有频率。

由 $H(s)$的极点可以判断电路的稳定性。如果一个电路的自然响应在 $t\to\infty$ 时为零,则为稳定电路。冲激响应是自然响应,因此,稳定电路的冲激响应在 $t\to\infty$ 时应为零。只有当 $H(s)$的所有极点均为负实数或有负实部的复数时,冲激响应才在 $t\to\infty$ 时为零。

1. $H(s)$的极点是电路的固有频率。
2. 自然响应(零输入响应)在 $t\to\infty$ 时为零的电路为稳定电路。
3. 稳定电路的 $H(s)$之极点必为负实数或有负实部的复数。

例 17-4-1 线性非时变网络的传递函数为 $H(s)=\dfrac{U_o(s)}{I_s(s)}=\dfrac{2s+3}{s^2+3s+2}$。计算:(1)$i_s(t)=\varepsilon(t)$ A 时的零状态响应;(2)$i_s(t)=[\varepsilon(t)-\varepsilon(t-2)]$ A 时的零状态响应;(3)$i_s(t)=2\sin t$ A 时的零状态响应;(4)$i_s(t)=2\sin t$ A 时的稳态响应;(5)$i_s=(1+2\sin t)$ A 时的稳态响应。

解:(1) 激励象函数为 $I_s(s)=\mathscr{L}[i_s(t)]=\mathscr{L}[\varepsilon(t)]=1/s$,零状态响应象函数为

$$U_o(s)=H(s)I_s(s)=\frac{2s+3}{s^2+3s+2}\times\frac{1}{s}=\frac{2s+3}{s(s+1)(s+2)}$$

进行部分分式展开得

$$U_o(s)=\frac{2s+3}{s(s+1)(s+2)}=\frac{1.5}{s}+\frac{-1}{s+1}+\frac{-0.5}{s+2}$$

由拉氏反变换得

$$u_o(t)=(1.5-e^{-t}-0.5e^{-2t})\varepsilon(t)\ \text{V}$$

(2) 激励象函数为 $I_s(s)=\mathscr{L}[i_s(t)]=\mathscr{L}[\varepsilon(t)-\varepsilon(t-2)]=\dfrac{1}{s}-\dfrac{1}{s}e^{-2s}$,零状态响应象函数为

$$U_o(s)=H(s)I_s(s)=\frac{2s+3}{s^2+3s+2}\times\left(\frac{1}{s}-\frac{1}{s}e^{-2s}\right)=\frac{2s+3}{s(s+1)(s+2)}-\frac{2s+3}{s(s+1)(s+2)}e^{-2s}$$

进行部分分式展开得

$$U_o(s)=\left(\frac{1.5}{s}+\frac{-1}{s+1}+\frac{-0.5}{s+2}\right)-\left(\frac{1.5}{s}+\frac{-1}{s+1}+\frac{-0.5}{s+2}\right)e^{-2s}$$

由拉氏反变换得

$$u_o(t)=\{(1.5-e^{-t}-0.5e^{-2t})\varepsilon(t)-[1.5-e^{-(t-2)}-0.5e^{-2(t-2)}]\varepsilon(t-2)\}\ \text{V}$$

给定 $H(s)$为有理分式,表明电路是线性非时变的。因而还可利用零状态响应的非时变特性和(1)中已得结果,求得 $i_s(t)=[\varepsilon(t)-\varepsilon(t-2)]$ A 激励下的零状态响应。在(1)中已得,$i_s(t)=\varepsilon(t)$ A 激励下的零状态响应为 $u_o'(t)=(1.5-e^{-t}-0.5e^{-2t})\varepsilon(t)$ V,将 $i_s(t)=\varepsilon(t)$ A 激励下的零状态响应中的变量 t 换成 $t-2$ 后,就是 $i_s(t)=\varepsilon(t-2)$ A 激励下的零状态响应,即 $u_o''(t)=$

$[1.5-e^{-(t-2)}-0.5e^{-2(t-2)}]\varepsilon(t-2)$ V。由此，$i_s(t)=[\varepsilon(t)-\varepsilon(t-2)]$ A 激励下的零状态响应为 $u_o'(t)$ 和 $u_o''(t)$ 之差，即

$$u_o(t)=(1.5-e^{-t}-0.5e^{-2t})\varepsilon(t)-[1.5-e^{-(t-2)}-0.5e^{-2(t-2)}]\varepsilon(t-2)\ \text{V}$$

（3）激励象函数为 $I_s(s)=\mathscr{L}[i_s(t)]=\mathscr{L}[2\sin t]=\dfrac{2}{s^2+1}$，零状态响应象函数为

$$U_o(s)=H(s)I_s(s)=\frac{2s+3}{s^2+3s+2}\times\frac{2}{s^2+1}=\frac{4s+6}{(s^2+1)(s+1)(s+2)}$$

进行部分分式展开得

$$U_o(s)=\frac{4s+6}{(s^2+1)(s+1)(s+2)}=\frac{-1.4s+1.8}{s^2+1}+\frac{1}{s+1}+\frac{0.4}{s+2}$$

由拉氏反变换得

$$u_o(t)=(-1.4\cos t+1.8\sin t+e^{-t}+0.4e^{-2t})\varepsilon(t)\ \text{V}$$

（4）$i_s(t)=2\sin t$ A 激励下的稳态响应包含在 $i_s(t)=2\sin t$ A 激励下的零状态响应结果中。在(3)中已得到零状态响应 $u_o(t)$，其中：$-1.4\cos t+1.8\sin t$ 为稳态分量，$e^{-t}+0.4e^{-2t}$ 为暂态分量，显然，当 $t\to\infty$ 时暂态分量趋于零。因此，$i_s(t)=2\sin t$ A 激励下的稳态响应为

$$u_o(t)=(-1.4\cos t+1.8\sin t)=2.28\sin(t-37.9°)\ \text{V}$$

但是，计算正弦电源激励下的稳态响应还有更为简单的方法。即先将 $H(s)$ 转化为 $H(\omega)$，再用 $H(\omega)$ 计算正弦稳态响应。有

$$H(\omega)=H(s)\big|_{s=j\omega}=\frac{2j\omega+3}{(j\omega)^2+3j\omega+2}=\frac{2j\omega+3}{3j\omega+2-\omega^2}$$

激励 $i_s(t)=2\sin t$ A 用相量表示为 $\dot{I}_s=2\angle 0°$ A，且 $\omega=1$，于是，正弦稳态响应相量

$$\dot{U}_o=H(\omega)\big|_{\omega=1}\times\dot{I}_s=\left.\frac{2j\omega+3}{3j\omega+2-\omega^2}\right|_{\omega=1}\times 2\angle 0°=\frac{3+j2}{1+j3}\times 2\angle 0°=2.28\angle -37.9°\ \text{V}$$

转换为正弦函数，稳态响应为

$$u_o(t)=2.28\sin(t-37.9°)\ \text{V}$$

（5）对于线性非时变电路，$i_s(t)=(1+2\sin t)$ A 激励下的稳态响应，等于 $i_s=1$ A 和 $i_s(t)=2\sin t$ A 激励下的稳态响应的叠加。

$i_s=1$ A 激励下的稳态响应就是在(1)所得结果中的稳态分量。(1)所得结果 $u_o(t)=(1.5-e^{-t}-0.5e^{-2t})\varepsilon(t)$ V 中：1.5 为稳态分量，$-e^{-t}-0.5e^{-2t}$ 为暂态分量。因此，$i_s=1$ A 激励下的稳态响应为

$$u_o'(t)=1.5\ \text{V}$$

如果将 $i_s=1$ A 视为 $i_s=\sin(\omega t+90°)\big|_{\omega=0}$ A 的正弦函数，则还可用 $H(\omega)$ 来求得 $i_s=1$ A 激励下的稳态响应。此时，$\dot{I}_s=1\angle 90°$ A，$\omega=0$，正弦稳态响应相量

$$\dot{U}_o'=H(\omega)\big|_{\omega=0}\times\dot{I}_s=\left.\frac{2j\omega+3}{3j\omega+2-\omega^2}\right|_{\omega=0}\times 1\angle 90°=\frac{3}{2}\times 1\angle 90°=1.5\angle 90°\ \text{V}$$

转换为正弦函数，稳态响应为

$$u_o'(t)=1.5\sin(\omega t+90°)\big|_{\omega=0}=1.5\ \text{V}$$

$i_s(t)=2\sin t$ A 激励下的稳态响应在(4)中已求得，即 $u_o''(t)=2.28\sin(\omega t-37.9°)$ V。因此，

$i_s(t)=(1+2\sin t)$ A 激励下的稳态响应为

$$u_o(t)=u_o'(t)+u_o''(t)=[1.5+2.28\sin(t-37.9°)]\ \text{V}$$

目标 3 检测：应用传递函数

测 17-15　线性非时变网络的传递函数 $H(s)=\dfrac{U_o(s)}{U_s(s)}=\dfrac{3}{s+6}$。计算：(1) 冲激响应；(2) $u_s(t)=2e^{-3t}$ V时的零状态响应；(3) $u_s(t)=4\varepsilon(t)$ V 时的零状态响应和稳态响应；(4) $u_s(t)=[2+8\cos(2t+30°)]$ V 时的稳态响应。

答案：(1) $(3e^{-6t})\varepsilon(t)$ V；(2) $(2e^{-3t}-2e^{-6t})\varepsilon(t)$ V；(3) $(2-2e^{-6t})\varepsilon(t)$ V，2 V；(4) $[1+3.8\cos(2t+11.6°)]$ V。

17.5 拓展与应用

17.5.1 复频域中的有载二端口网络

二端口网络常常工作在输入端口接电源（信号源）、输出端口接负载的情况下，称之为有载二端口网络（loaded two-port network）。工程中，二端口网络作为电源与负载之间的能量传输或信号传输环节，通常要考虑二端口网络与电源、负载之间的阻抗匹配关系及二端口网络的信号传输性能。为此，需要分析二端口网络的输入阻抗和输出阻抗、电压传输比和电流传输比。

第 16 章是在正弦稳态下讨论二端口网络，参数方程为相量方程。二端口网络也会出现在暂态分析中，对暂态分析中的二端口网络，应该采用复频域模型，参数方程为象函数方程。值得注意的是：二端口网络的参数是针对松弛网络的，采用复频域模型时也必须是松弛网络，即其内部既不含独立电源，也不含由动态元件的原始储能所带来的附加电源。

(1) 输入阻抗与输出阻抗

图 17-5-1(a)所示为有载二端口网络的复频域模型，用 $\boldsymbol{T}$ 参数表示输入阻抗和输出阻抗最为方便。输入阻抗

$$Z_{in}(s)=\frac{U_1(s)}{I_1(s)}=\frac{AU_2(s)+B[-I_2(s)]}{CU_2(s)+D[-I_2(s)]}$$

考虑到 $U_2(s)=-I_2(s)Z_L(s)$，故

$$\boxed{Z_{in}(s)=\frac{AZ_L(s)+B}{CZ_L(s)+D}}\tag{17-5-1}$$

输出阻抗是在输入端口的电源置零后、输出端口的等效阻抗，如图 17-5-1(b)所示。有

$$Z_o(s)=\frac{U_2(s)}{I_2(s)}=\frac{A'U_1(s)+B'[-I_1(s)]}{C'U_1(s)+D'[-I_1(s)]}$$

考虑到 $U_1(s)=-Z_s(s)I_1(s)$，故

$$Z_o(s)=\frac{A'Z(s)+B'}{C'Z_s(s)+D'} \tag{17-5-2}$$

结合表 16-3-1 中 $\boldsymbol{T}$ 与 $\boldsymbol{T}'$ 参数的关系，得

$$Z_o(s)=\frac{DZ_s(s)+B}{CZ_s(s)+A} \tag{17-5-3}$$

输入阻抗 $Z_{in}(s)$ 由二端口网络的参数、负载阻抗共同决定；输出阻抗 $Z_o(s)$ 取决于二端口网络的参数、电压源的内阻抗。

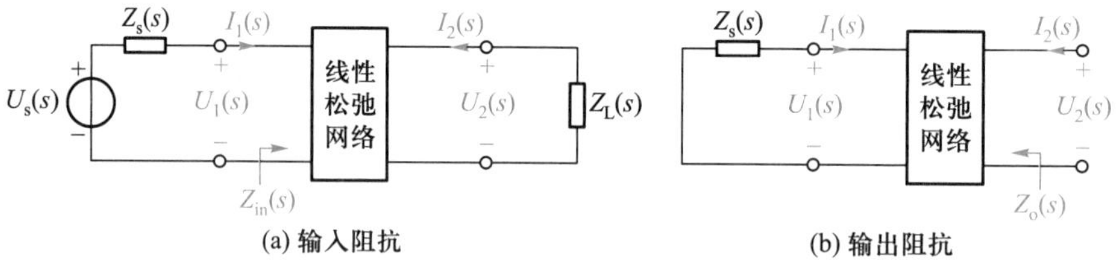

图 17-5-1 有载二端口网络

(2) 电压传输比与电流传输比

图 17-5-1(a)中，电压传输比为

$$A_U(s)=\frac{U_2(s)}{U_1(s)} \tag{17-5-4}$$

用 $\boldsymbol{Y}$ 参数表示电压传输比最为方便。输出端口接导纳 $Y_L(s)$，结合 $\boldsymbol{Y}$ 参数方程，有

$$I_2(s)=-Y_L(s)U_2(s)=Y_{21}(s)U_1(s)+Y_{22}(s)U_2(s)$$

由此可得

$$A_U(s)=\frac{U_2(s)}{U_1(s)}=-\frac{Y_{21}(s)}{Y_{22}(s)+Y_L(s)} \tag{17-5-5}$$

图 17-5-1(a)中，电流传输比为

$$A_I(s)=\frac{-I_2(s)}{I_1(s)} \tag{17-5-6}$$

用 $\boldsymbol{Z}$ 参数表示电流传输比最为方便。输出端口接阻抗 $Z_L(s)$，结合 $\boldsymbol{Z}$ 参数方程，有

$$U_2(s)=-Z_L(s)I_2(s)=Z_{21}(s)I_1(s)+Z_{22}(s)I_2(s)$$

由此可得

$$A_I(s)=\frac{-I_2(s)}{I_1(s)}=\frac{Z_{21}(s)}{Z_{22}(s)+Z_L(s)} \tag{17-5-7}$$

电压传输比、电流传输比仅与二端口网络的参数、负载阻抗相关，与电源内阻无关。

17.5.2 电路综合

由给定传递函数建构相应的电路，就是电路综合。通常用 $H(s)$ 进行电路综合。

电路分析时，我们由电路得出传递函数，再由传递函数计算电路的响应。而电路综合与之相反，先由电路设计目标确定传递函数，再设计满足传递函数的电路结构与参数。满足特定传

递函数的电路通常有多个,结合性价比等其他因素选择最佳方案。

传递函数 $H(s)=\dfrac{U_o(s)}{U_s(s)}=\dfrac{3}{s+6}$可用图 17-5-2(a)所示电路来实现。将此传递函数改写为

$$H(s)=\frac{U_o(s)}{U_s(s)}=\frac{3/s}{1+6/s}$$

则可用图 17-5-2(b)所示电路来实现。当然还有其他的实现形式。

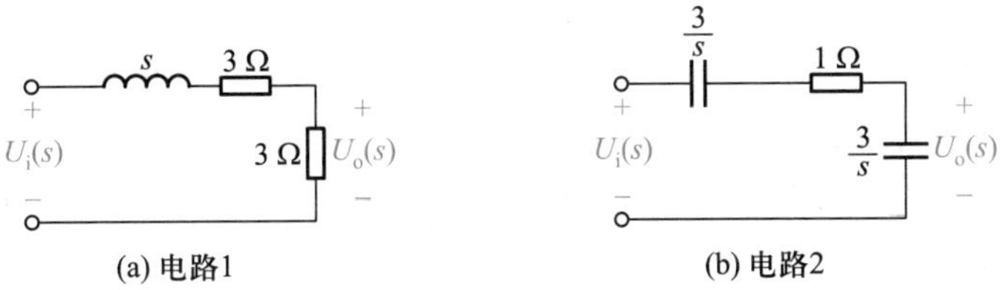

图 17-5-2 一阶电路综合

传递函数 $H(s)=\dfrac{U_o(s)}{U_s(s)}=\dfrac{10}{s^2+6s+10}$,将其改写为

$$H(s)=\frac{U_o(s)}{U_s(s)}=\frac{10/s}{s+6+(10/s)}$$

可用图 17-5-3(a)所示电路来实现。也可以用图 17-5-3(b)所示电路来实现,图中:$(LC)^{-1}=10$,$(RC)^{-1}=6$。因为图 17-5-3(b)所示电路的传递函数为

$$H(s)=\frac{U_o(s)}{U_s(s)}=\frac{\dfrac{1}{R^{-1}+sC}}{sL+\dfrac{1}{R^{-1}+sC}}=\frac{\dfrac{1}{LC}}{s^2+\dfrac{1}{RC}s+\dfrac{1}{LC}}$$

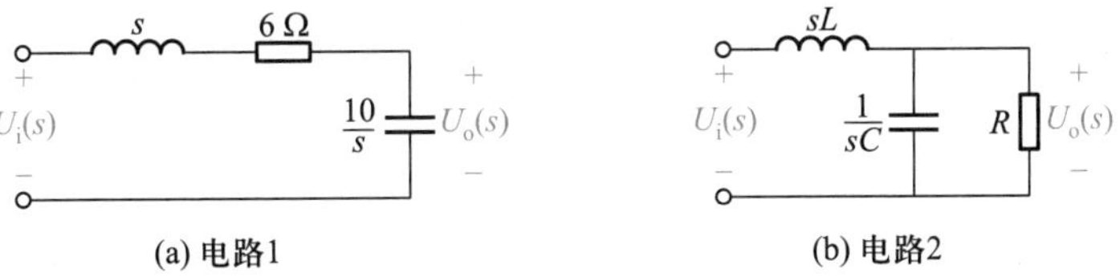

图 17-5-3 二阶电路综合

习题 17

拉普拉斯变换(17.2 节)

17-1 求下列函数的单边拉氏变换。(1)$f(t)=3t$;(2)$f(t)=e^{-2t}$;(3)$f(t)=te^{-3t}$;(4)$f(t)=\sin(5t+30°)$。

17-2 求下列函数的单边拉氏变换。(1)$f(t)=e^{-3t}\cos(5t+30°)$;(2)$f(t)=t\cos(4t+30°)$;(3)$f(t)=t^2e^{-2t}$;(4)$f(t)=te^{-t}\sin t$;(5)$f(t)=\dfrac{d}{dt}(te^{-t}\sin t)$。

17-3 求下列函数的拉氏变换。(1)$f(t)=3(t-2)\varepsilon(t-3)$;(2)$f(t)=e^{-2t}\varepsilon(t-2)$;(3)$f(t)=\sin(5t+1)\varepsilon(t)$;(4)$f(t)=t[\varepsilon(t-2)-\varepsilon(t-4)]$。

17-4 求题 17-4 图中非周期性波形的拉氏变换。

17-5 求题 17-5 图中非周期性波形的拉氏变换。

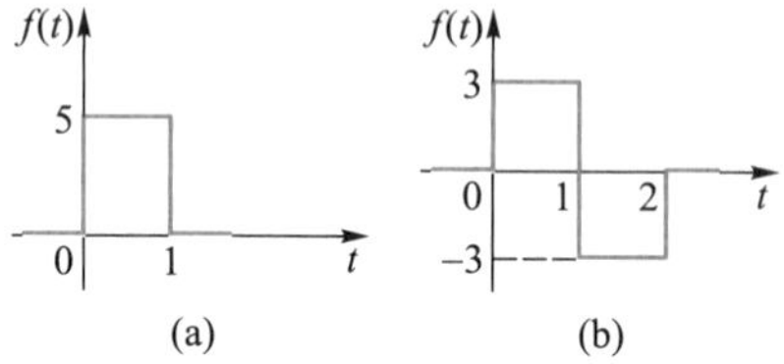

题 17-4 图

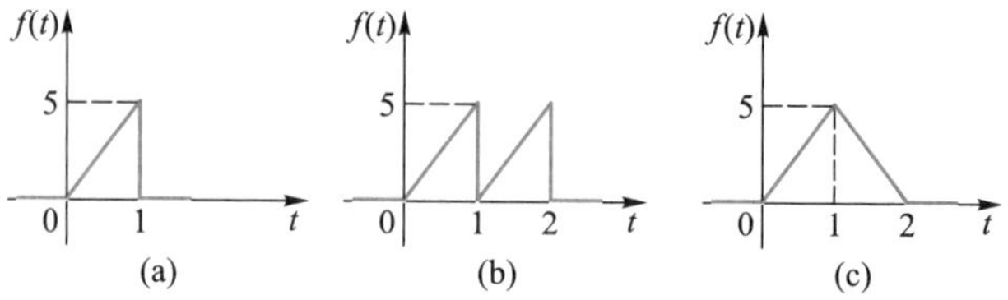

题 17-5 图

*17-6 求题 17-6 图中周期性波形的拉氏变换。

*17-7 判断下列函数是否存在初始值 $f(0_+)$、终值 $f(\infty)$，并确定 $f(0_+)$、$f(\infty)$。

(1) $F(s)=\dfrac{s+3}{s^2+3s+2}$；(2) $F(s)=\dfrac{s^3+2}{s^2+3s+2}$；

(3) $F(s)=\dfrac{s+2}{s^2+4s+8}$；(4) $F(s)=\dfrac{s+2}{s^2-4s+6}$。

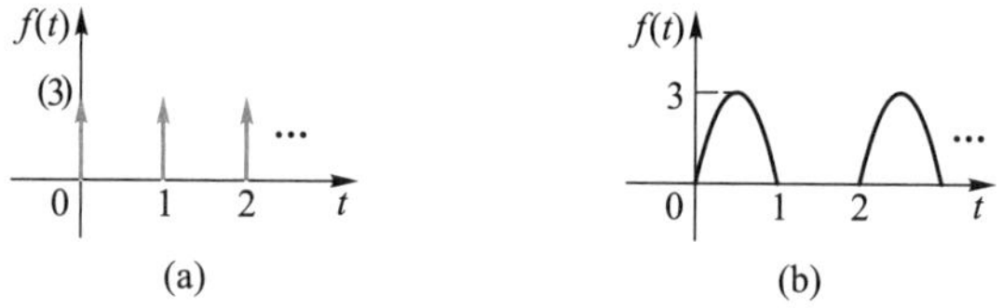

题 17-6 图

17-8 下列方程中，$y(0_-)=0$，$y'(0_-)=0$。用拉氏变换求方程的解 $y(t)$。

(1) $\dfrac{dy}{dt}+3y=\sin 2t$；(2) $\dfrac{d^2y}{dt^2}+5\dfrac{dy}{dt}+6y=e^{-t}$；(3) $\dfrac{d^2y}{dt^2}+3\dfrac{dy}{dt}+2y=\delta(t)$。

17-9 求下列函数的拉氏反变换。

(1) $F(s)=\dfrac{s+2}{3s+2}$；(2) $F(s)=\dfrac{s+3}{s^2+3s+2}$；(3) $F(s)=\dfrac{s+2}{s^2+4s+8}$；(4) $F(s)=\dfrac{s^2+2}{s^2+3s+2}$。

17-10 求下列函数的拉氏反变换。(1) $F(s)=\dfrac{2}{(s+2)^2(s+3)}$；(2) $F(s)=\dfrac{s-2}{(s+2)(s^2+4s+8)}$。

17-11 求下列函数的拉氏反变换。(1) $F(s)=\dfrac{(s+2)e^{-3s}}{s^2+4s+8}$；(2) $F(s)=\dfrac{se^{-s}}{s^2+1}$。

复频域分析法(**17.3 节**)

17-12 题 17-12 图所示电路在开关闭合前已达稳态，电容电压为 4 V。(1) 确定电路的原始状态，画出复频域电路；(2) 求 u_C 的象函数 $U_C(s)$；(3) 求 $t>0$ 时的响应 u_C。

17-13 题 17-13 图所示电路在开关打开前已达稳态。(1) 确定电路的原始状态，画出复频域电路；(2) 求 i_L 的象函数 $I_L(s)$；(3) 求 $t>0$ 时的响应 i_L。

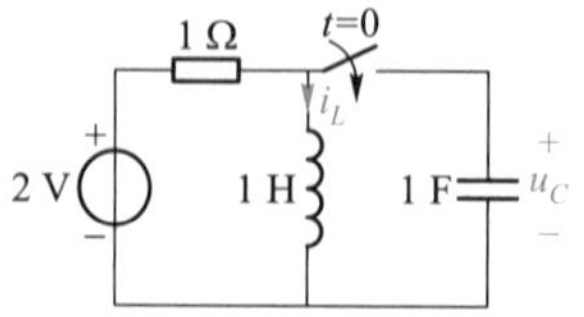

题 17-12 图

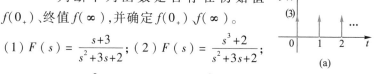

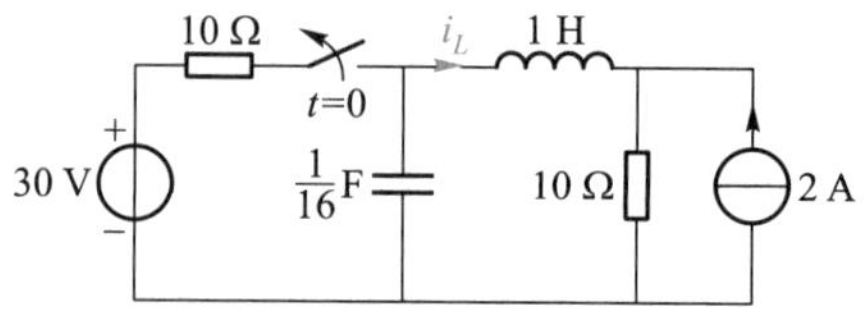

题 17-13 图

17-14 题 17-14 图在开关打开前处于稳态。(1) 确定电路的原始状态，画出复频域电路；(2) 求 u_C 的象函数 $U_C(s)$；(3) 求 $t>0$ 时的响应 u_C。

17-15 题 17-15 图所示电路在开关闭合前已达稳态。求 $t>0$ 时的响应 i_L、i。

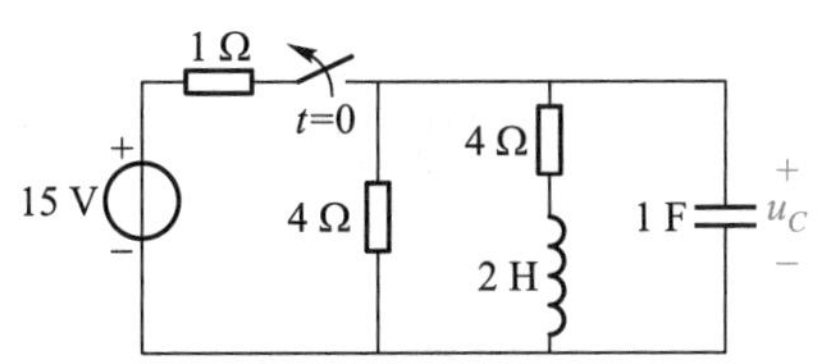

题 17-14 图

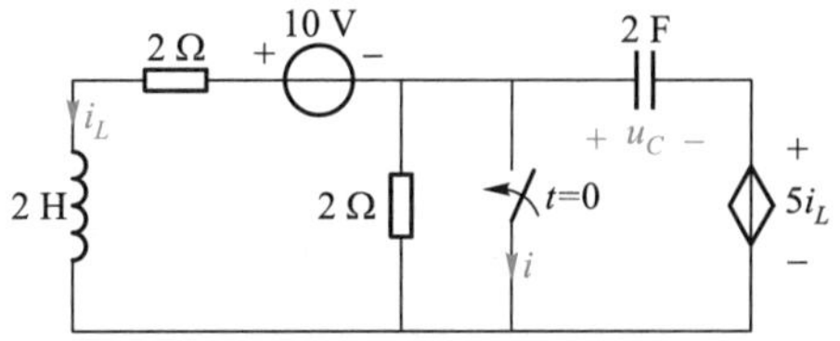

题 17-15 图

17-16 图 17-16 所示电路，$i_2(0_-)=2$ A，$t=0$ 时开关闭合。(1)画出复频域电路；(2)计算 $t>0$ 后的 i_1、i_2。

17-17 电路如题 17-17 图所示，计算零状态响应 $I_1(s)$。

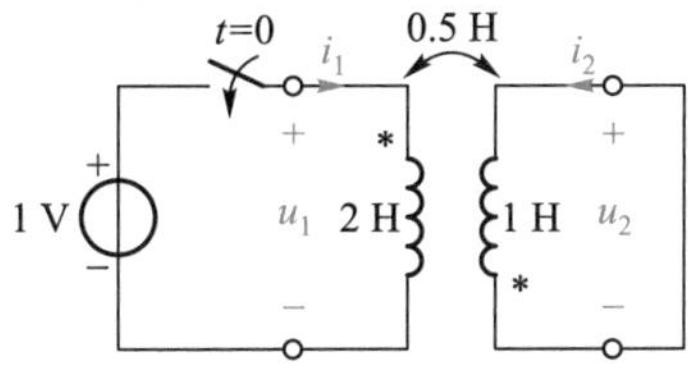

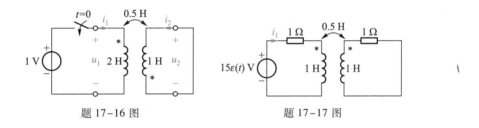

题 17-16 图

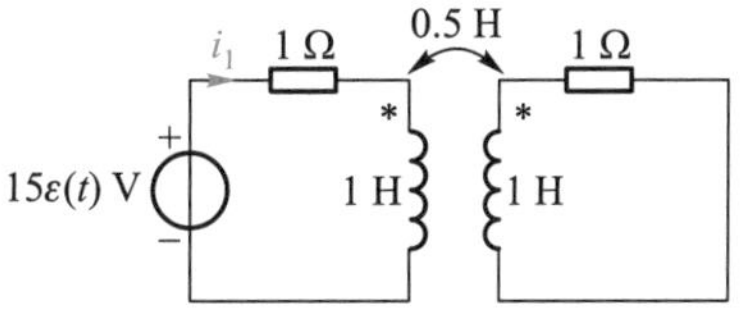

题 17-17 图

17-18 电路如题 17-18 图所示，求电流 $I(s)$。

17-19 求题 17-19 图所示电路的响应 $I_C(s)$。

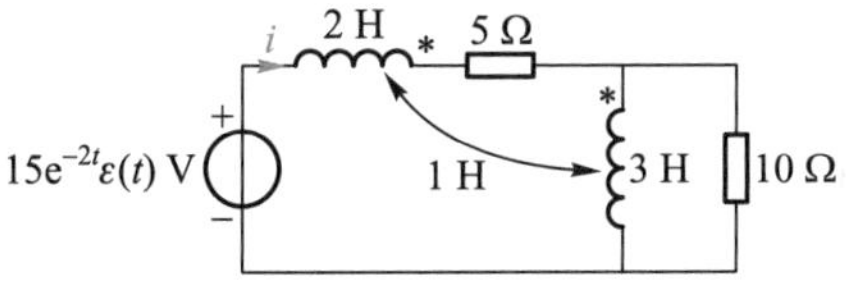

题 17-18 图

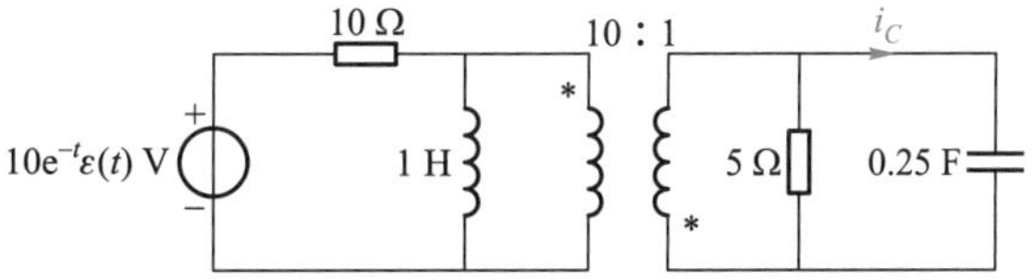

题 17-19 图

17-20 求题 17-20 图所示电路在 $t>0$ 时的 u_C。

17-21 求题 17-21 图所示电路在 $t>0$ 时的 u_1。

17-22 求题 17-22 图所示电路的冲激响应 u_C。

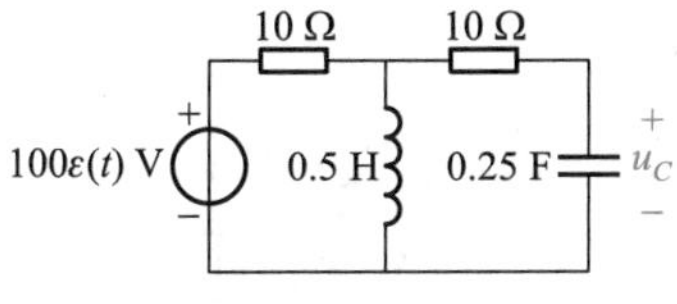

题 17-20 图

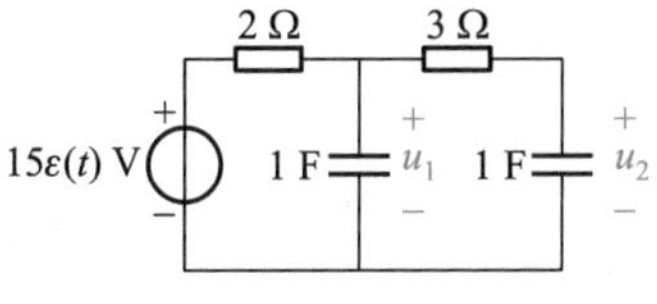

题 17-21 图

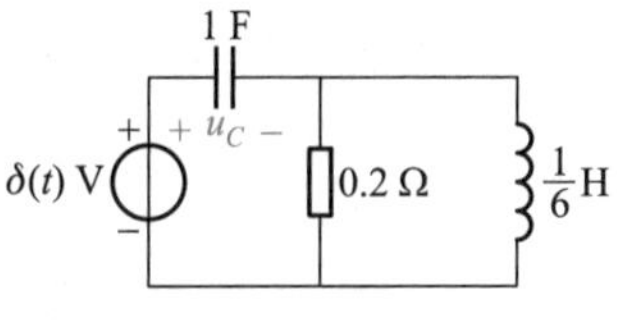

题 17-22 图

传递函数(**17.3** 节)

17-23 求题 17-23 图所示电路的传递函数。

17-24 求题 17-24 图所示电路的传递函数。运算放大器工作在线性区。

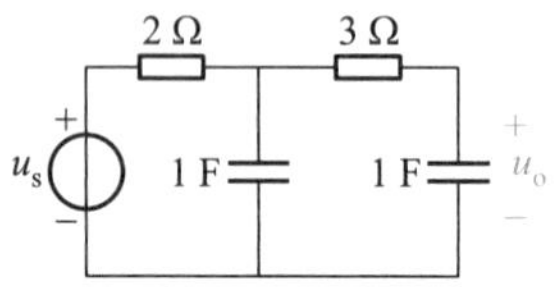

题 17-23 图

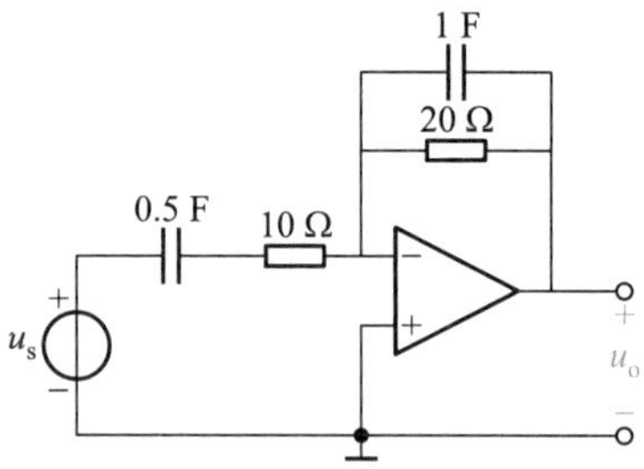

题 17-24 图

17-25 某一阶电路的传递函数为 $H(s)=\dfrac{U_o(s)}{U_s(s)}=\dfrac{3}{s+2}$。(1)确定电路的时间常数;(2)求电路的冲激响应;(3)求 $u_s=2\varepsilon(t)$ V 时的零状态响应;(4)确定正弦稳态下的频率响应;(5)求 $u_s=2\cos(2t+30°)$ V 时的稳态响应。

17-26 某二阶电路的传递函数为 $H(s)=\dfrac{2s+3}{s^2+3s+2}$。确定:(1)电路的固有频率;(2)正弦稳态下的频率响应。

17-27 线性非时变网络的传递函数为 $H(s)=\dfrac{U_o(s)}{I_s(s)}=\dfrac{2s+3}{s^2+5s+6}$。计算:(1) $i_s=2\varepsilon(t)$ A 时的零状态响应;(2) $i_s=[\varepsilon(t)-\varepsilon(t-2)]$ A 时的零状态响应;(3) $i_s=10\sin t$ A 时的零状态响应;(4) $i_s=2\sin t$ A 时的稳态响应;(5) $i_s=(1+2\sin t)$ A 时的稳态响应。

*17-28 用电阻、电感、电容设计一个 Π 形二端口网络,使其运算形式的 Y 参数方程为

$$\begin{cases} I_1(s)=\left(0.1+s+\dfrac{1}{s}\right)U_1(s)-\dfrac{1}{s}U_2(s) \\ I_2(s)=-\dfrac{1}{s}U_1(s)+\left(0.2+\dfrac{1}{s}\right)\dot{I}_2 \end{cases}$$

。

综合检测

17-29 题 17-29 图所示电路在开关位于 a 位时处于稳态,$t=0$ 时开关投向 b 位。(1)画出 $t>0$ 的 s 域电路;(2)确定电流 $I_3(s)$;(3)确定电流 $i_3(t)$。

17-30 题 17-30 图所示电路已处于稳态,在 $t=0$ 时开关打开。(1)画出 $t>0$ 的 s 域电路;(2)确定电流 $I_2(s)$。

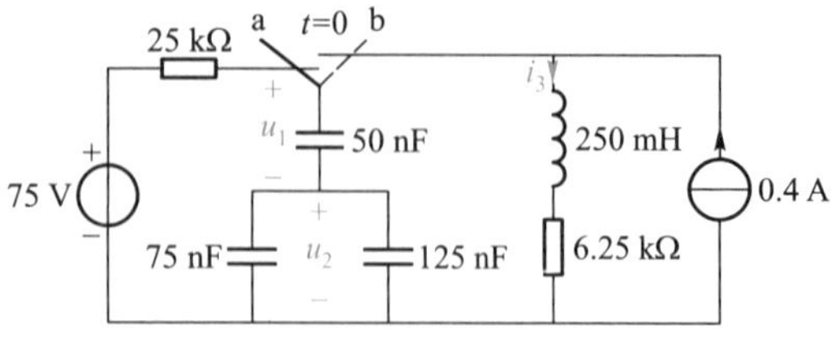

题 17-29 图

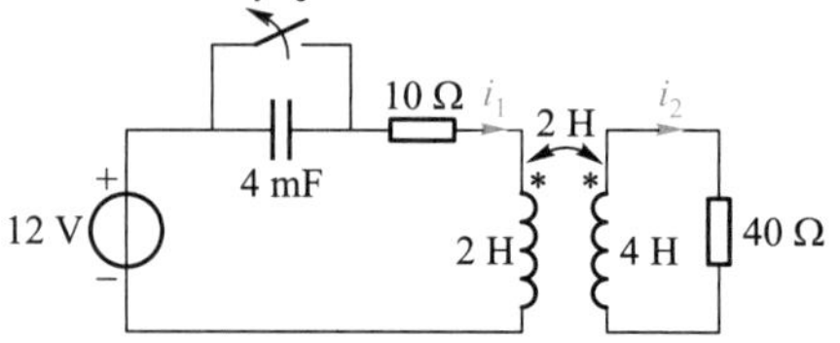

题 17-30 图

17-31 电路如题 17-31 图所示。(1)假定运算放大器工作在线性区,求零状态响应 u_o;(2)何时运算放大器进入饱和状态?(3)若要避免运算放大器进入饱和状态,对电压源的上升斜率有何

限制？

17-32 题 17-32 图所示电路在开关闭合前已处于稳态，开关在 $t=0$ 时闭合。(1)用时域分析法求 i_L；(2)用复频域分析法求 i_L、u_C；(3)确定电路的传递函数 $H_I(s)=\dfrac{I_L(s)}{U_s(s)}$、$H_U(s)=\dfrac{U_C(s)}{U_s(s)}$，不同变量的传递函数有何共同特点？(4)从上述哪些结果可以得到电路的固有频率？(5)若将电源 u_s 换成$\delta(t-5)$ V 的冲激函数，求 $t>0$ 的 i_L；(6)若将电源 u_s 换成 $\varepsilon(t-5)$ V 的阶跃函数，求 $t>0$ 的 i_L，并用一种方法检验(5)和(6)结果的正确性；(7)若将电源 u_s 换成 $300\cos 100t$ V 的正弦函数，用复频域分析法求 i_L 的稳态响应；(8)用相量法验证(7)的结果；(8)若将电源 u_s 换成下图所示波形，求 $t>0$ 的 i_L。

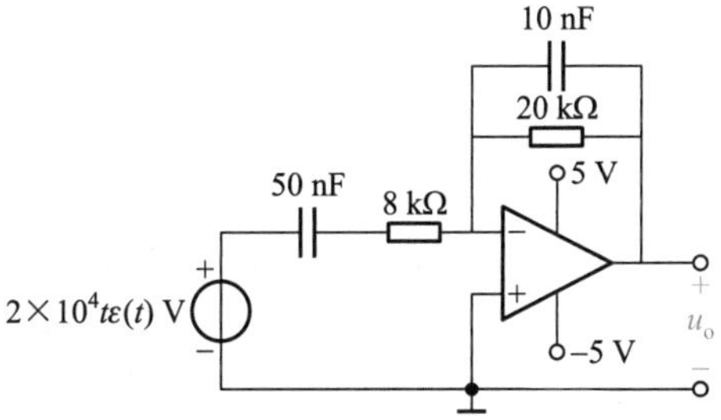

题 17-31 图

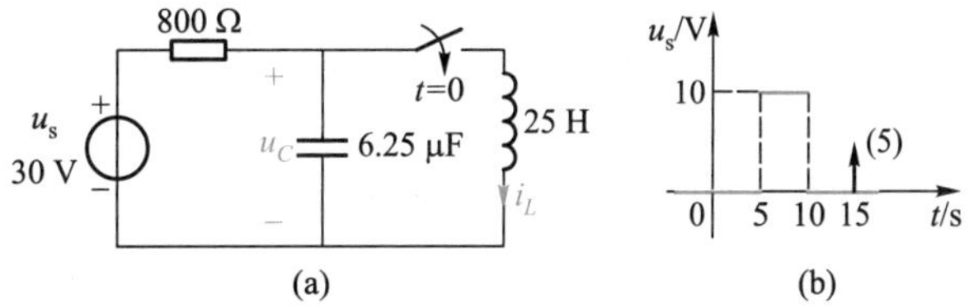

题 17-32 图

17-33 题 17-33 图所示电路中，二端口网络的传输参数矩阵 $\boldsymbol{T}=\begin{bmatrix}5 & 10\ \Omega\\ 1\ \mathrm{S} & 2\end{bmatrix}$，开关闭合前电路处于稳态，且 $i_L(0_-)=0$，$t=0$ 时开关闭合。(1)画出 $t>0$ 后的 s 域电路；(2)确定 11′端口以左的戴维宁等效电路；(3)确定 $i_L(t)$ 的象函数 $I_L(s)$。

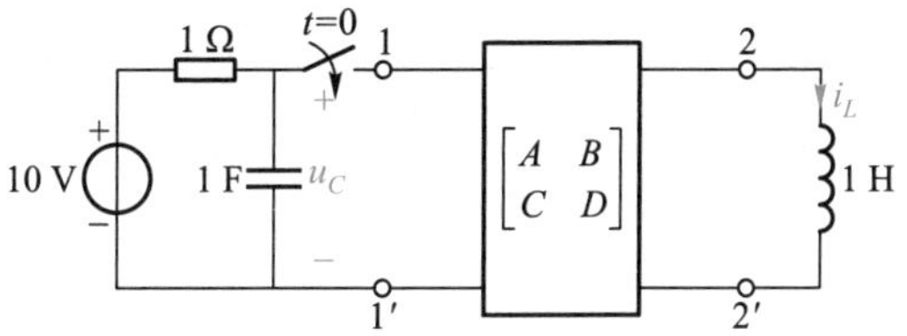

题 17-33 图

习题 17 参考答案

第18章 暂态过程的状态变量分析法

18.1 概述

动态电路的暂态过程分析方法，可分为输入-输出法和状态变量法两类。基于微分方程的时域分析法（第7～9章）和基于复频域模型的复频域分析法（第17章）属于输入-输出法，它们着眼于建立输出变量（响应）与输入量（激励）的关系，并由此解得输出变量。状态变量分析法借助于一组称之为状态变量的中间变量，先建立关于状态变量的一阶微分方程组，由此解得状态变量，再建立输出量与状态变量的关系方程，求得输出变量。暂态过程分析方法的分类与对比归纳于表18-1-1。

表18-1-1 动态电路的暂态过程分析方法对比

时域分析法		复频域分析法
经典法（属于输入—输出法）（第7～9章）	状态变量法（第18章）	属于输入—输出法（第17章）
关于输出变量的一阶或高阶微分方程（用于一阶、二阶电路）	关于状态变量的一阶微分方程组（用于二阶以上电路）	关于输出变量像函数的线性代数方程组（用于任何阶电路）
适用于线性与非线性、时变与非时变电路		适用于线性非时变电路

状态变量分析法与输入—输出法相比，具有以下优点：

➢ 状态方程是一阶微分方程组，与高阶微分方程相比，既容易建立，也便于编制计算机程序来求解。

➢ 状态变量分析法既适用于线性非时变电路，也适用于非线性和时变电路。

➢ 状态变量分析法在计算电路响应的同时，还能阐明电路的稳定性、可控性等规律。

本章仅讨论线性非时变电路的状态变量分析法，内容包括状态变量的选取、状态方程的建立与求解。

目标1　理解电路状态的概念，能合理选择电路的状态变量。

目标2　掌握列写电路状态方程的方法，能用状态变量分析法计算暂态响应。

难点　列写状态方程。

18.2 状态变量

(1) 电路的状态

电路在任意时刻 t_0 的状态(state),是一组最少信息(或数据)的集合,如

$$X(t_0)=\{x_1(t_0),x_2(t_0),\cdots x_n(t_0)\}$$

若已知 $t\geqslant t_0$ 后加在电路的激励,对于确定 $t\geqslant t_0$ 后的任何响应,$X(t_0)$ 是一组必要且数目最少的信息。对应于这组最少信息的变量

$$x_1(t),x_2(t),\cdots x_n(t)$$

就是电路的状态变量(state variable),它是一组线性无关的变量。

(2) 电路的状态变量

由第 7 ~ 9 章可知,暂态过程分析时,预先确定电容的初始电压 $u_C(0_+)$ 和电感的初始电流 $i_L(0_+)$,再结合电路在 $t\geqslant0$ 后的激励情况,就能确定 $t>0$ 后的响应。由此,线性非时变动态电路中,独立的电容电压与独立的电感电流满足状态变量的要求。

状态变量的选择是非唯一的,但一个电路状态变量的数量是一定的。对于线性非时变动态电路,也可以选择独立的电容电荷与独立的电感磁链为状态变量,或选择其他相互独立的变量为状态变量,但是,选择独立的电容电压与独立的电感电流为状态变量是最合适的。

将状态变量写成

$$X(t)=[x_1(t),x_2(t),\cdots x_n(t)]^{\mathrm{T}}$$

的列向量,称为状态向量(state vector)。

(3) 独立的电容电压、独立的电感电流

电路中可能出现仅由电容或电容与独立电压源构成的回路,称这种回路为纯电容回路,如图 18-2-1(a)所示。纯电容回路中各元件的电压要满足 KVL 约束,其中一个电容电压可由其他元件的电压线性表示,该电容电压非独立。图 18-2-1(a)中的 4 个电容电压满足 2 个 KVL 方程,只有 2 个独立,例如:C_1、C_2 的电压独立,C_3、C_4 的电压用 C_1、C_2 的电压和 u_s 表示,则 C_3、C_4 的电压是非独立的。

电路中亦可能出现仅由电感或电感与独立电流源构成的节点与广义节点,称它们为纯电感节点与纯电感广义节点,如图 18-2-1(b)所示。纯电感节点(或广义节点)的各支路电流要满足 KCL 约束,其中一个电感的电流可由其他元件的电流线性表示,为非独立电感电流。图 18-2-1(b)中 4 个电感电流满足两个 KCL 方程,有两个独立的电感电流,例如:L_1、L_2 的电流独立,L_3、L_4 的电流用 L_1、L_2 的电流和 i_s 表示,则 L_3、L_4 的电流是非独立的。非独立电容电压与非独立电感电流不能选作状态变量。

(4) 常态电路

既无纯电容回路、又无纯电感节点(或广义节点)的电路,称为常态电路,否则称为非常态电路。常态电路中的所有电容电压和所有电感电流均应被选作状态变量,其状态向量的维数等于电路所含电容和电感的总数,也就是电路的阶数。下面的讨论只涉及线性非时变常态电路,且

以全部电容电压和全部电感电流为状态变量。

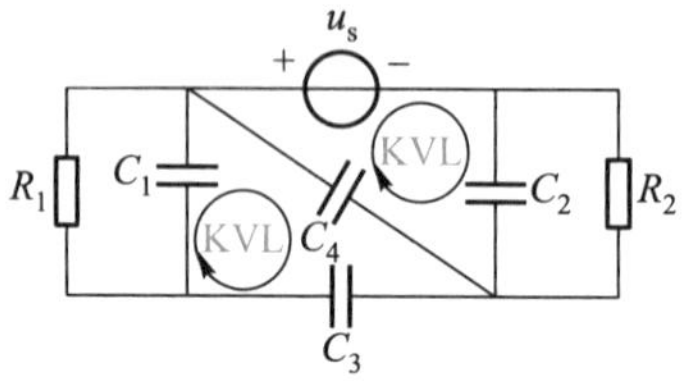

(a) 存在纯电容回路的电路

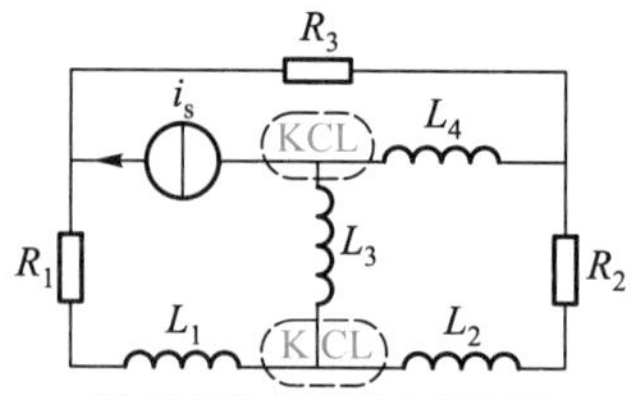

(b) 存在纯电感节点的电路

图 18-2-1　电容电压、电感电流的独立性

18.3 状态方程

18.3.1 状态方程及其标准形式

状态方程是关于状态变量的、满足一定形式的一阶微分方程组。以图 18-3-1 所示的线性非时变常态电路为例来讨论状态方程的列写方法及其标准形式。

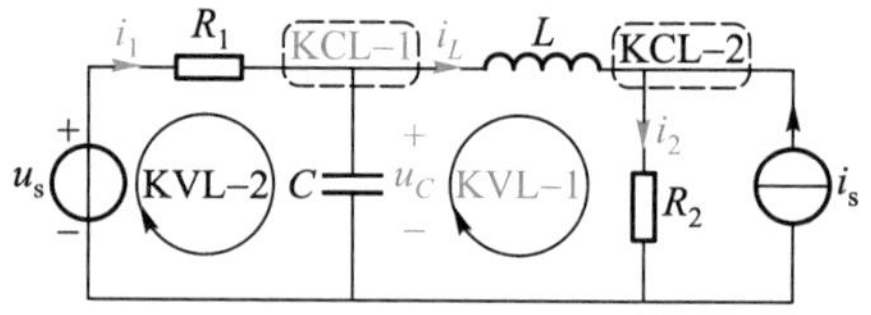

图 18-3-1　状态方程

对图 18-3-1 所示的线性非时变常态电路，u_C 和 i_L 是最合适的状态变量。由图中所示 KCL-1、KVL-1 得

$$\begin{cases} i_C = C\dfrac{\mathrm{d}u_C}{\mathrm{d}t} = i_1 - i_L & (\text{KCL-1}) \\ u_L = L\dfrac{\mathrm{d}i_L}{\mathrm{d}t} = u_C - i_2 R_2 & (\text{KVL-1}) \end{cases} \tag{18-3-1}$$

由 KVL-2、KCL-2 得

$$\begin{cases} i_1 = \dfrac{u_s - u_C}{R_1} & (\text{KVL-2}) \\ i_2 = i_L + i_s & (\text{KCL-2}) \end{cases} \tag{18-3-2}$$

将式(18-3-2)代入式(18-3-1)中，得

$$\begin{cases} \dfrac{\mathrm{d}u_C}{\mathrm{d}t} = -\dfrac{1}{R_1 C}u_C - \dfrac{1}{C}i_L + \dfrac{1}{R_1 C}u_s \\ \dfrac{\mathrm{d}i_L}{\mathrm{d}t} = \dfrac{1}{L}u_C - \dfrac{R_2}{L}i_L - \dfrac{R_2}{L}i_s \end{cases} \tag{18-3-3}$$

式(18-3-3)写成矩阵形式，且$\dfrac{\mathrm{d}u_C}{\mathrm{d}t}$、$\dfrac{\mathrm{d}i_L}{\mathrm{d}t}$分别用 $\dot{u}_C$、$\dot{i}_L$ 表示，得

$$\begin{bmatrix} \dot{u}_C \\ \dot{i}_L \end{bmatrix} = \begin{bmatrix} -\dfrac{1}{R_1 C} & -\dfrac{1}{C} \\ \dfrac{1}{L} & -\dfrac{R_2}{L} \end{bmatrix} \begin{bmatrix} u_C \\ i_L \end{bmatrix} + \begin{bmatrix} \dfrac{1}{R_1 C} & 0 \\ 0 & -\dfrac{R_2}{L} \end{bmatrix} \begin{bmatrix} u_s \\ i_s \end{bmatrix} \tag{18-3-4}$$

式(18-3-3)和式(18-3-4)为图 18-3-1 所示电路的状态方程(state equation)。

推广到一般情况,对于有 n 个状态变量、m 个激励的线性非时变常态电路,用 $x_i(t)$ $(i=1,2\cdots,n)$ 表示状态变量,$v_j(t)$ $(j=1,2,\cdots,m)$ 表示激励函数,状态方程的矩阵形式为

$$\begin{bmatrix} \dot{x}_1(t) \\ \dot{x}_2(t) \\ \vdots \\ \dot{x}_n(t) \end{bmatrix} = \begin{bmatrix} a_{11} & a_{12} & \cdots & a_{1n} \\ a_{21} & a_{22} & \cdots & a_{2n} \\ \vdots & \vdots & & \vdots \\ a_{n1} & a_{n2} & \cdots & a_{nn} \end{bmatrix} \begin{bmatrix} x_1(t) \\ x_2(t) \\ \vdots \\ x_n(t) \end{bmatrix} + \begin{bmatrix} b_{11} & b_{12} & \cdots & b_{1m} \\ b_{21} & b_{22} & \cdots & b_{2m} \\ \vdots & \vdots & & \vdots \\ b_{n1} & b_{n2} & \cdots & b_{nm} \end{bmatrix} \begin{bmatrix} v_1(t) \\ v_2(t) \\ \vdots \\ v_m(t) \end{bmatrix} \tag{18-3-5}$$

简写成

$$\dot{\boldsymbol{X}}(t)=\boldsymbol{A}\boldsymbol{X}(t)+\boldsymbol{B}\boldsymbol{V}(t) \tag{18-3-6}$$

$\boldsymbol{X}(t)$ 为 n 维状态向量,$\dot{\boldsymbol{X}}(t)$ 为状态向量的一阶导数,$\boldsymbol{V}(t)$ 为 m 维激励向量,$\boldsymbol{A}$ 与 $\boldsymbol{B}$ 均为由电路结构与参数决定的常数矩阵,分别为 $n\times n$ 阶与 $n\times m$ 阶矩阵,它们与激励无关。式(18-3-5)或式(18-3-6)称为状态方程的标准形式(normal form)。

18.3.2 输出方程

电路的输出变量,也就是我们要求取的变量,并不一定是状态变量。输出变量用状态变量表示的方程称为输出方程。图 18-3-1 中,若 i_1、i_2 是输出变量,要用状态变量表示 i_1、i_2。式(18-3-2)写成

$$\begin{cases} i_1=-\dfrac{1}{R_1}u_C+\dfrac{1}{R_1}u_s \\ i_2=i_L+i_s \end{cases} \tag{18-3-7}$$

或

$$\begin{bmatrix} i_1 \\ i_2 \end{bmatrix} = \begin{bmatrix} -\dfrac{1}{R_1} & 0 \\ 0 & 1 \end{bmatrix} \begin{bmatrix} u_C \\ i_L \end{bmatrix} + \begin{bmatrix} \dfrac{1}{R_1} & 0 \\ 0 & 1 \end{bmatrix} \begin{bmatrix} u_s \\ i_s \end{bmatrix} \tag{18-3-8}$$

式(18-3-7)或式(18-3-8)就是图(18-3-2)所示电路的输出方程(output equation)。

一般情况下,有 n 个状态变量、m 个激励、h 个输出变量的线性非时变电路,输出变量用 $y_j(t)$ $(j=1,2,\cdots,h)$ 表示,输出方程为

$$\begin{bmatrix} y_1(t) \\ y_2(t) \\ \vdots \\ y_h(t) \end{bmatrix} = \begin{bmatrix} c_{11} & c_{12} & \cdots & c_{1n} \\ c_{21} & c_{22} & \cdots & c_{2n} \\ & & & \\ c_{h1} & c_{h2} & \cdots & c_{hn} \end{bmatrix} \begin{bmatrix} x_1(t) \\ x_2(t) \\ \vdots \\ x_n(t) \end{bmatrix} + \begin{bmatrix} d_{11} & d_{12} & \vdots & d_{1m} \\ d_{21} & d_{22} & \vdots & d_{2m} \\ \vdots & \vdots & & \vdots \\ d_{h1} & d_{h2} & \vdots & d_{hm} \end{bmatrix} \begin{bmatrix} v_1(t) \\ v_2(t) \\ \vdots \\ v_m(t) \end{bmatrix} \tag{18-3-9}$$

记为

$$\boldsymbol{Y}(t)=\boldsymbol{C}\boldsymbol{X}(t)+\boldsymbol{D}\boldsymbol{V}(t) \tag{18-3-10}$$

$\boldsymbol{Y}(t)$ 为 h 维输出向量,$\boldsymbol{X}(t)$ 为 n 维状态向量,$\boldsymbol{V}(t)$ 为 m 维激励向量,系数矩阵 $\boldsymbol{C}$ 与 $\boldsymbol{D}$ 由电路的结构和参数决定,分别为 $h\times n$ 与 $h\times m$ 阶矩阵,它们也与激励无关。

18.3.3 状态方程的列写方法

列写状态方程的方法有多种。包括：适合于手工列写的直接列写法，适合于计算机辅助分析的叠加列写法。本节仅介绍直接列写法，在本书的 19.5 节介绍叠加列写法。

所谓直接列写法，是指有选择地列写某些与状态方程形式最为接近的 KCL 和 KVL 方程，经过少量运算得到状态方程的方法。哪些 KCL 和 KVL 方程最接近于状态方程呢？

以电容电压和电感电流为状态变量的线性非时变常态电路中，有

$$i_C = C\frac{\mathrm{d}u_C}{\mathrm{d}t},\quad u_L = L\frac{\mathrm{d}i_L}{\mathrm{d}t}$$

仅有一个电容的节点（或广义节点），其 KCL 方程只含一项状态变量导数，即 $C\dfrac{\mathrm{d}u_C}{\mathrm{d}t}$；仅有一个电感的网孔（或回路），其 KVL 方程只含一项状态变量导数，即 $L\dfrac{\mathrm{d}i_L}{\mathrm{d}t}$。这些方程最接近于状态方程。

线性非时变常态电路状态方程的直接列写步骤

1. 选择所有电容电压和电感电流为状态变量；
2. 选择仅有一个电容、有尽可能多的电感和电流源的节点（或广义节点）列写 KCL 方程，电容的电流用 $C\dot{u}_C$ 表示；
3. 选择仅有一个电感、有尽可能多的电容和电压源的网孔（或回路）列写 KVL 方程，电感的电压用 $L\dot{i}_L$ 表示；
4. 消除上述方程中的非状态变量，写成标准形式的状态方程。

例 18-3-1 列写图 18-3-2(a)所示电路的状态方程。

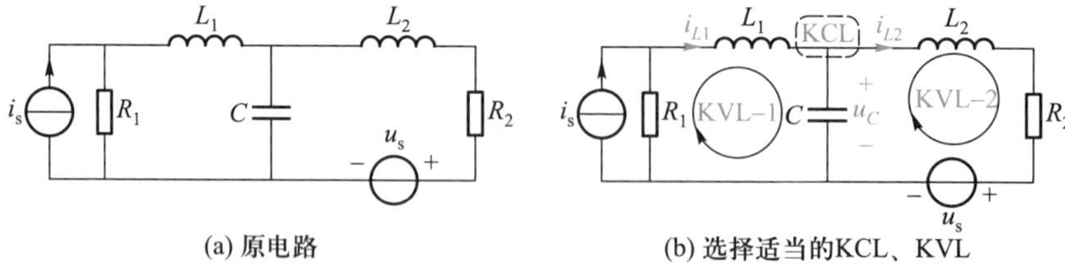

图 18-3-2 例 18-3-1 图

解：以 u_C、i_{L1}、i_{L2} 为状态变量，选择仅有一个电容的节点列写 KCL 方程、仅有一个电感的网孔列写 KVL 方程，如图 18-3-2(b)所示。KCL、KVL 方程为

$$C\dot{u}_C = i_{L1} - i_{L2} \qquad \text{(KCL)}$$

$$L_1\dot{i}_{L1} = R_1(i_s - i_{L1}) - u_C \qquad \text{(KVL-1)}$$

$$L_2\dot{i}_{L2} = u_C - u_s - R_2 i_{L2} \qquad \text{(KVL-2)}$$

整理成标准形式

$$\begin{bmatrix}\dot{u}_C\\ \dot{i}_{L1}\\ \dot{i}_{L2}\end{bmatrix}=\begin{bmatrix}0 & \frac{1}{C} & -\frac{1}{C}\\ -\frac{1}{L_1} & -\frac{R_1}{L_1} & 0\\ \frac{1}{L_2} & 0 & -\frac{R_2}{L_2}\end{bmatrix}\begin{bmatrix}u_C\\ i_{L1}\\ i_{L2}\end{bmatrix}+\begin{bmatrix}0 & 0\\ 0 & \frac{R_1}{L_1}\\ -\frac{1}{L_2} & 0\end{bmatrix}\begin{bmatrix}u_s\\ i_s\end{bmatrix}$$

目标 2 检测：掌握状态方程的直接列写法

测 18-1 列写测 18-1 图所示电路的状态方程。

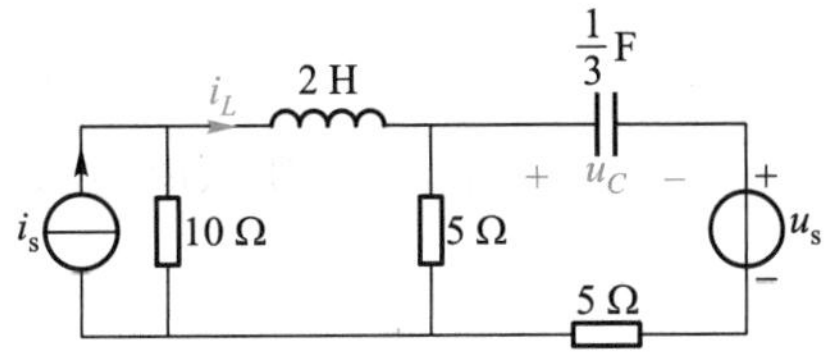

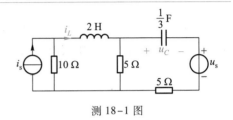

测 18-1 图

答案：$\begin{bmatrix}\dot{u}_C\\ \dot{i}_L\end{bmatrix}=\begin{bmatrix}-\frac{3}{10} & \frac{3}{2}\\ -\frac{1}{4} & -\frac{25}{4}\end{bmatrix}\begin{bmatrix}u_C\\ i_L\end{bmatrix}+\begin{bmatrix}-\frac{3}{10} & 0\\ -\frac{1}{4} & 5\end{bmatrix}\begin{bmatrix}u_s\\ i_s\end{bmatrix}$。

例 18-3-2 列图 18-3-3(a)所示电路的状态方程。

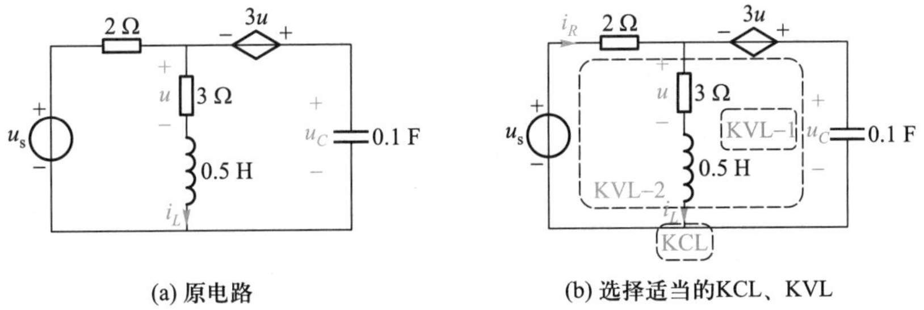

图 18-3-3 例 18-3-2 图

解：以 u_C、i_L 为状态变量，选择含一个电容的节点列写 KCL 方程、含一个电感的回路列写 KVL 方程，如图 18-3-3(b)所示。图中所示 KCL、KVL-1 的方程为

$$0.1\dot{u}_C=-i_L+i_R \qquad \text{(KCL)}$$

$$0.5\dot{i}_L=-u-3u+u_C=-4u+u_C=-4\times 3i_L+u_C \qquad \text{(KVL-1)}$$

由 KVL-2 消除非状态变量 i_R，有

$$2i_R=u_s-u_C+3u=u_s-u_C+3\times 3i_L \qquad \text{(KVL-2)}$$

故

$$i_R=0.5u_s-0.5u_C+4.5i_L$$

将 i_R 代入上面的方程，并整理得

$$\begin{cases}\dot{i}_L=-24i_L+2u_C\\ \dot{u}_C=35i_L-5u_C+5u_s\end{cases}$$

写成矩阵形式

$$\begin{bmatrix}\dot{i}_L\\ \dot{u}_C\end{bmatrix}=\begin{bmatrix}-24 & 2\\ 35 & -5\end{bmatrix}\begin{bmatrix}i_L\\ u_C\end{bmatrix}+\begin{bmatrix}0\\ 5\end{bmatrix}[u_s]$$

目标 2 检测：掌握状态方程的直接列写法

测 18-2　列写测 18-2 图所示电路的状态方程。

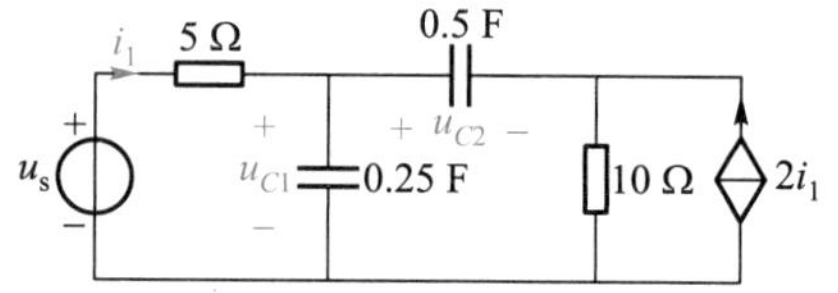

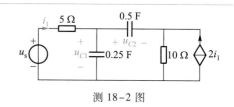

测 18-2 图

答案：$\begin{bmatrix}\dot{u}_{C1}\\ \dot{u}_{C2}\end{bmatrix}=\begin{bmatrix}-2.8 & 0.4\\ 1 & -0.2\end{bmatrix}\begin{bmatrix}u_{C1}\\ u_{C2}\end{bmatrix}+\begin{bmatrix}2.4\\ -0.8\end{bmatrix}u_s$。

例 18-3-3　图 18-3-4(a)所示电路中，耦合电感的耦合系数小于 1。列写状态方程。

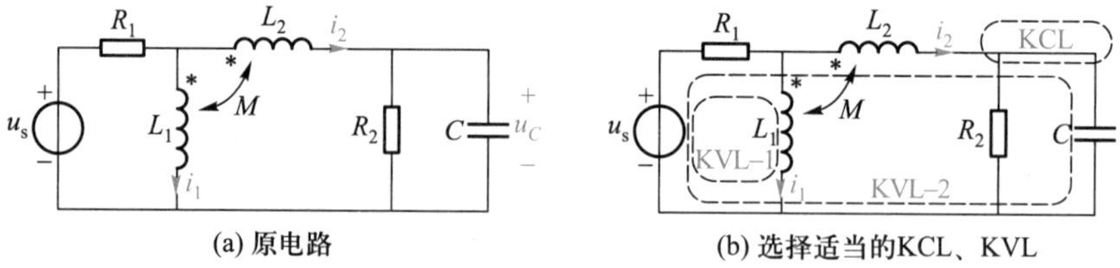

图 18-3-4　例 18-3-3 图

解：电路中存在耦合电感，在非全耦合条件下（耦合系数 $k=M/\sqrt{L_1L_2}=1$ 为全偶合），耦合关系并不影响电感电流的独立性，选 i_1、i_2、u_C 为状态变量。选择含一个电容的节点列写 KCL 方程、含一个电感的回路列写 KVL 方程，如图 18-3-4(b)所示，得

$$C\dot{u}_C=i_2-\frac{u_C}{R_2}\qquad\text{(KCL)}$$

$$L_1\dot{i}_1+M\dot{i}_2=-R_1(i_1+i_2)+u_s\qquad\text{(KVL-1)}$$

$$M\dot{i}_1+L_2\dot{i}_2=-R_1(i_1+i_2)+u_s-u_C\qquad\text{(KVL-2)}$$

整理成矩阵形式的状态方程

$$\begin{bmatrix}\dot{u}_C\\ \dot{i}_1\\ \dot{i}_2\end{bmatrix}=\begin{bmatrix}-\dfrac{1}{R_2C} & 0 & \dfrac{1}{C}\\ \dfrac{M}{\Delta} & \dfrac{M-L_2}{\Delta}R_1 & \dfrac{M-L_2}{\Delta}R_1\\ -\dfrac{L_1}{\Delta} & \dfrac{M-L_1}{\Delta}R_1 & \dfrac{M-L_1}{\Delta}R_1\end{bmatrix}\begin{bmatrix}u_C\\ i_1\\ i_2\end{bmatrix}+\begin{bmatrix}0\\ \dfrac{L_2-M}{\Delta}\\ \dfrac{L_1-M}{\Delta}\end{bmatrix}[u_s]\qquad(\Delta\neq 0)$$

式中 $\Delta=L_1L_2-M^2$，状态方程在 $\Delta\neq0$ 的条件下成立。

对于全耦合电感，耦合系数 $k=M/\sqrt{L_1L_2}=1$，由此 $\Delta=L_1L_2-M^2=0$，i_1、i_2 不是独立变量，两者只能选其一为状态变量。

目标 2 检测：掌握状态方程的直接列写法

测 18-3 列写测 18-3 图所示电路的状态方程。

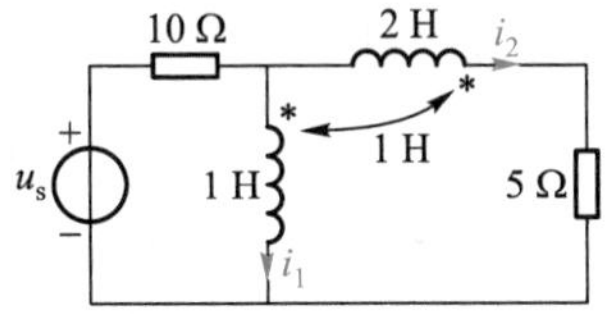

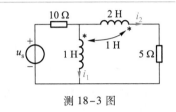

测 18-3 图

答案：$\begin{bmatrix}\dot{i}_1\\ \dot{i}_2\end{bmatrix}=\begin{bmatrix}-30 & -35\\ -20 & -25\end{bmatrix}\begin{bmatrix}i_1\\ i_2\end{bmatrix}+\begin{bmatrix}3\\ 2\end{bmatrix}[u_s]$。

18.4 状态方程的复频域解法

状态方程的求解有时域解法、复频域解法和数值解法。当电路的激励可用解析式子表达时，用时域解法与复频域解法，能得到状态变量的解析表达式（即解析解），也可用数值解法得到状态变量在一些离散时间点上的值（即数值解）。相对而言，复频域解法计算较为简单，这里仅介绍复频域解法。

式(18-3-5)为有 n 个状态变量、m 个激励的线性非时变常态电路的状态方程，其第 k 行为

$$\dot{x}_k=a_{k1}x_1+a_{k2}x_2+\cdots+a_{kn}x_n+b_{k1}v_1+b_{k2}v_2+\cdots+b_{km}v_m$$

进行拉氏变换，且令 $\mathcal{L}[x_k]=X_k(s)$、$\mathcal{L}[v_j]=V_j(s)$，得

$$sX_k(s)-x_k(0_-)=a_{k1}X_1(s)+a_{k2}X_2(s)+\cdots+a_{kn}X_n(s)+b_{k1}V_1(s)+b_{k2}V_2(s)+\cdots+b_{km}V_m(s)$$

依此类推，对式(18-3-5)进行拉氏变换，则有

$$\begin{bmatrix}sX_1(s)\\ sX_2(s)\\ \vdots\\ sX_n(s)\end{bmatrix}-\begin{bmatrix}x_1(0_-)\\ x_2(0_-)\\ \vdots\\ x_n(0_-)\end{bmatrix}=\begin{bmatrix}a_{11} & a_{12} & \cdots & a_{1n}\\ a_{21} & a_{22} & \cdots & a_{2n}\\ \vdots & \vdots & & \vdots\\ a_{n1} & a_{n2} & \cdots & a_{nn}\end{bmatrix}\begin{bmatrix}X_1(s)\\ X_2(s)\\ \vdots\\ X_n(s)\end{bmatrix}+\begin{bmatrix}b_{11} & b_{12} & \cdots & b_{1m}\\ b_{21} & b_{22} & \cdots & b_{2m}\\ \vdots & \vdots & \cdots & \vdots\\ b_{n1} & b_{n2} & \cdots & b_{nm}\end{bmatrix}\begin{bmatrix}V_1(s)\\ V_2(s)\\ \vdots\\ V_m(s)\end{bmatrix}$$

或写为

$$s\boldsymbol{X}(s)-\boldsymbol{X}(0_-)=\boldsymbol{A}\boldsymbol{X}(s)+\boldsymbol{B}\boldsymbol{V}(s)$$

解得

$$\boxed{\boldsymbol{X}(s)=(s\mathbf{1}-\boldsymbol{A})^{-1}[\boldsymbol{X}(0_-)+\boldsymbol{B}\boldsymbol{V}(s)]} \tag{18-4-1}$$

令 $(s\mathbf{1}-\boldsymbol{A})^{-1}=\boldsymbol{\Phi}(s)$,式(18-4-1)写为

$$\boldsymbol{X}(s)=\boldsymbol{\Phi}(s)\boldsymbol{X}(0_-)+\boldsymbol{\Phi}(s)\boldsymbol{B}\boldsymbol{V}(s) \tag{18-4-2}$$

由拉氏反变换得

$$\mathbf{X}(t)=\mathcal{L}^{-1}[\boldsymbol{\Phi}(s)\boldsymbol{X}(0_-)]+\mathcal{L}^{-1}[\boldsymbol{\Phi}(s)\boldsymbol{B}\boldsymbol{V}(s)] \tag{18-4-3}$$

式(18-4-3)中:右边第 1 项仅由初始条件 $\boldsymbol{X}(0_-)$ 作用产生,为状态向量的零输入分量;第 2 项仅由激励 $\boldsymbol{V}(t)$ 作用产生,为状态向量的零状态分量;$\boldsymbol{\Phi}(s)$ 称为状态转移矩阵。计算 $\boldsymbol{\Phi}(s)$ 是求解状态方程的关键一步。

例 18-4-1 电路的状态方程为 $\begin{bmatrix}\dot{x}_1\\ \dot{x}_2\end{bmatrix}=\begin{bmatrix}-2 & 2\\ 1 & -3\end{bmatrix}\begin{bmatrix}x_1\\ x_2\end{bmatrix}+\begin{bmatrix}1\\ 2\end{bmatrix}[v(t)]$。

(1)求 $v(t)=\varepsilon(t)$ 与原始状态 $\begin{bmatrix}x_1(0_-)\\ x_2(0_-)\end{bmatrix}=\begin{bmatrix}3\\ 1\end{bmatrix}$ 共同作用下的状态变量;(2)指出电路的固有频率。

解:(1) 依式(18-4-1),先计算状态转移矩阵 $\boldsymbol{\Phi}(s)$,然后计算 $\boldsymbol{X}(0_-)+\boldsymbol{B}\boldsymbol{F}(s)$,最后计算 $\boldsymbol{X}(s)$。

$$\boldsymbol{\Phi}(s)=(s\mathbf{1}-\boldsymbol{A})^{-1}=\begin{bmatrix}s+2 & -2\\ -1 & s+3\end{bmatrix}^{-1}=\frac{1}{s^2+5s+4}\begin{bmatrix}s+3 & 2\\ 1 & s+2\end{bmatrix}$$

单位阶跃函数 $\varepsilon(t)$ 的象函数为 $\frac{1}{s}$,即 $\boldsymbol{V}(s)=\left[\frac{1}{s}\right]$。由此

$$\boldsymbol{X}(0_-)+\boldsymbol{B}\boldsymbol{V}(s)=\begin{bmatrix}3\\ 1\end{bmatrix}+\begin{bmatrix}1\\ 2\end{bmatrix}\left[\frac{1}{s}\right]=\frac{1}{s}\begin{bmatrix}3s+1\\ s+2\end{bmatrix}$$

所以

$$\boldsymbol{X}(s)=\boldsymbol{\Phi}(s)[\boldsymbol{X}(0_-)+\boldsymbol{B}\boldsymbol{V}(s)]=\frac{1}{s^2+5s+4}\begin{bmatrix}s+3 & 2\\ 1 & s+2\end{bmatrix}\times\frac{1}{s}\begin{bmatrix}3s+1\\ s+2\end{bmatrix}$$

$$=\frac{1}{s(s^2+5s+4)}\begin{bmatrix}3s^2+12s+7\\ s^2+7s+5\end{bmatrix}=\begin{bmatrix}\dfrac{7/4}{s}+\dfrac{2/3}{s+1}+\dfrac{7/12}{s+4}\\[2ex] \dfrac{5/4}{s}+\dfrac{1/3}{s+1}-\dfrac{7/12}{s+4}\end{bmatrix}$$

$$\boldsymbol{X}(t)=\mathcal{L}^{-1}[\boldsymbol{X}(s)]=\begin{bmatrix}\dfrac{7}{4}+\dfrac{2}{3}e^{-t}+\dfrac{7}{12}e^{-4t}\\[2ex] \dfrac{5}{4}+\dfrac{1}{3}e^{-t}-\dfrac{7}{12}e^{-4t}\end{bmatrix}\quad(t\geqslant 0)$$

(2) 电路的固有频率为 $s_1=-1$,$s_2=-4$。$\boldsymbol{\Phi}(s)$ 中的每一项的分母为 s^2+5s+4,$s^2+5s+4=0$ 的根就是电路的固有频率。$\boldsymbol{X}(t)$ 中:$\frac{2}{3}e^{-t}+\frac{7}{12}e^{-4t}$、$\frac{1}{3}e^{-t}-\frac{7}{12}e^{-4t}$ 是自由分量,也是暂态分量,$\frac{7}{4}$、$\frac{5}{4}$ 是强制分量,也是稳态分量。

目标 2 检测:能用状态变量分析法分析计算暂态响应

测 18-4 已知某电路的状态方程和输出方程为

$$\begin{bmatrix}\dot{x}_1\\ \dot{x}_2\end{bmatrix}=\begin{bmatrix}0 & 1\\ -2 & -3\end{bmatrix}\begin{bmatrix}x_1\\ x_2\end{bmatrix}+\begin{bmatrix}1 & 0\\ 1 & 1\end{bmatrix}\begin{bmatrix}v_1(t)\\ v_2(t)\end{bmatrix},\begin{bmatrix}y_1\\ y_2\\ y_3\end{bmatrix}=\begin{bmatrix}1 & 0\\ 1 & 1\\ 0 & 2\end{bmatrix}\begin{bmatrix}x_1\\ x_2\end{bmatrix}+\begin{bmatrix}0 & 0\\ 1 & 0\\ 0 & 1\end{bmatrix}\begin{bmatrix}v_1(t)\\ v_2(t)\end{bmatrix}。$$

(1) 激励 $v_1(t)=\delta(t)$、$v_2(t)=\varepsilon(t)$,求该电路的零状态响应;

(2) 原始状态为 $x_1(0_-)=1$、$x_2(0_-)=2$,求电路的零输入响应;

(3) 指出电路的固有频率。

答案:(1) $\boldsymbol{Y}_{zs}(t)=\begin{bmatrix}(0.5+2e^{-t}-1.5e^{-2t})\varepsilon(t)\\ \delta(t)+(0.5+1.5e^{-2t})\varepsilon(t)\\ (1-4e^{-t}+6e^{-2t})\varepsilon(t)\end{bmatrix}$

(2) $\boldsymbol{Y}_{zi}(t)=\begin{bmatrix}4e^{-t}-3e^{-2t}\\ 3e^{-2t}\\ -8e^{-t}+12e^{-2t}\end{bmatrix}\quad(t>0)$;

(3) $s_1=-1,s_2=-2$。

例 18-4-2 图 18-4-1(a)所示电路在开关闭合前已处于稳态,$t=0$ 时开关闭合。用状态变量分析法求 u_C 和 i_L。

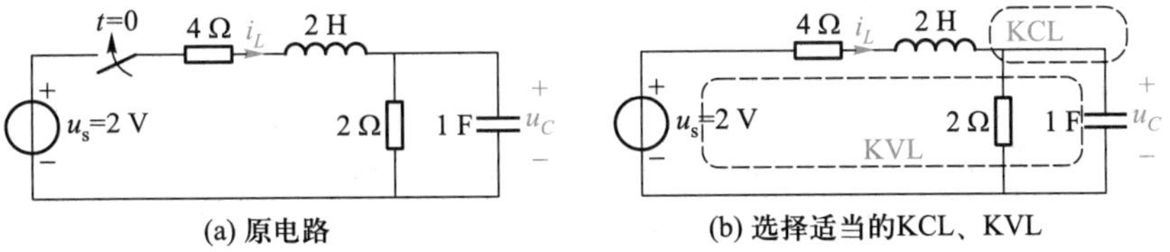

图 18-4-1 例 18-4-2 图

解:计算电路的原始状态。图 18-4-1(a)中,开关打开时,电容相当于开路、电感相当于短路,由此得:$u_C(0_-)=0$、$i_L(0_-)=0$。

列写电路的状态方程。$t>0$ 后,开关已闭合,选择含一个电容的节点列写 KCL 方程、含一个电感的回路列写 KVL 方程,如图 18-4-1(b)所示,得

$$\begin{cases}\dot{u}_C=i_L-0.5u_C & \text{(KCL)}\\ 2\dot{i}_L=u_s-u_C-4i_L & \text{(KVL)}\end{cases}$$

整理成标准形式

$$\begin{bmatrix}\dot{u}_C\\ \dot{i}_L\end{bmatrix}=\begin{bmatrix}-0.5 & 1\\ -0.5 & -2\end{bmatrix}\begin{bmatrix}u_C\\ i_L\end{bmatrix}+\begin{bmatrix}0\\ 0.5\end{bmatrix}[u_s]=\boldsymbol{AX}(t)+\boldsymbol{BV}(t)$$

求解状态方程。状态转移矩阵

$$\boldsymbol{\Phi}(s)=(s\mathbf{1}-A)^{-1}=\begin{bmatrix}s+0.5 & -1\\ 0.5 & s+2\end{bmatrix}^{-1}=\frac{1}{s^2+2.5s+1.5}\begin{bmatrix}s+2 & 1\\ -0.5 & s+0.5\end{bmatrix}$$

由 $\boldsymbol{V}(t)=[u_s]=[2]$ V 得 $\boldsymbol{V}(s)=\begin{bmatrix}\frac{2}{s}\end{bmatrix}$，且 $\boldsymbol{X}(0_-)=\begin{bmatrix}u_C(0_-)\\ i_L(0_-)\end{bmatrix}=\begin{bmatrix}0\\0\end{bmatrix}$，状态向量象函数为

$$\boldsymbol{X}(s)=\boldsymbol{\Phi}(s)[\boldsymbol{X}(0_-)+\boldsymbol{B}\boldsymbol{V}(s)]=\frac{1}{s^2+2.5s+1.5}\begin{bmatrix}s+2 & 1\\ -0.5 & s+0.5\end{bmatrix}\begin{bmatrix}0\\0.5\end{bmatrix}\begin{bmatrix}\frac{2}{s}\end{bmatrix}$$

$$=\begin{bmatrix}\dfrac{1}{s(s+1)(s+1.5)}\\ \dfrac{s+0.5}{s(s+1)(s+1.5)}\end{bmatrix}=\begin{bmatrix}\dfrac{2/3}{s}-\dfrac{2}{s+1}+\dfrac{4/3}{s+1.5}\\ \dfrac{1/3}{s}+\dfrac{1}{s+1}-\dfrac{4/3}{s+1.5}\end{bmatrix}$$

状态向量为

$$\boldsymbol{X}(t)=\mathscr{L}^{-1}[\boldsymbol{X}(s)]=\begin{bmatrix}\dfrac{2}{3}-2\mathrm{e}^{-t}+\dfrac{4}{3}\mathrm{e}^{-1.5t}\\ \dfrac{1}{3}+\mathrm{e}^{-t}-\dfrac{4}{3}\mathrm{e}^{-1.5t}\end{bmatrix}\quad(t\geqslant 0)$$

即

$$u_C=\left(\frac{2}{3}-2\mathrm{e}^{-t}+\frac{4}{3}\mathrm{e}^{-1.5t}\right)\ \mathrm{V},\quad i_L=\left(\frac{1}{3}+\mathrm{e}^{-t}-\frac{4}{3}\mathrm{e}^{-1.5t}\right)\ \mathrm{A}\quad(t\geqslant 0)$$

恒定部分为强制分量，也是稳态分量，指数衰减部分为自由分量，也是暂态分量；电路的固有频率为-1 和-1.5，是过阻尼二阶电路。

目标 2 检测：能用状态变量分析法分析动态电路

测 18-5　测 18-5 图所示电路，在开关闭合前已处于稳态，$t=0$ 时开关闭合。用状态变量分析法求 u_C 和 i_L，并用第 17 章所学的复频域分析法验证结果的正确性。

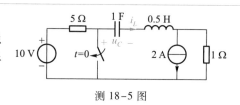

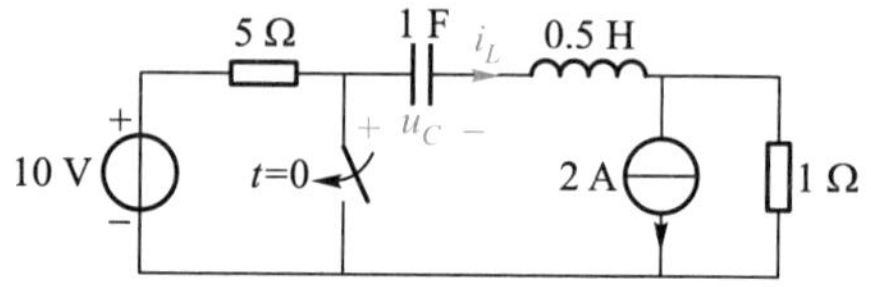

测 18-5 图

答案：$u_C=2+10\mathrm{e}^{-t}(\cos t+\sin t)$ V

$i_L=-20\mathrm{e}^{-t}\sin t$ A　($t\geqslant 0$)。

18.5 拓展与应用

在 18.2 节已指出，电路在任意时刻 t_0 的状态用该时刻状态变量的值来描述。以状态变量 $x_1(t)$、$x_2(t)$、…、$x_n(t)$ 为 n 维空间的基底，电路在某一时刻的状态，对应于该空间中的一个点。

由状态变量为基底构成的空间称为状态空间(state space),电路从 $t=0$ 到 $t=\infty$ 的状态变化对应着状态空间中的曲线,称为状态轨迹(state trajectory)。状态轨迹形象、完整地反映了电路状态的变化规律,便于分析电路的稳定性。

图 18-5-1(a)所示线性非时变二阶电路,开关闭合前:$u_C(0_-)=1\ \text{V}$、$i_L(0_-)=0$。分析在 $R=3\ \Omega$、$R=1\ \Omega$、$R=0$ 及 $R=-2\ \Omega$ 四种情况下,开关闭合后电路的状态轨迹及其变化规律。

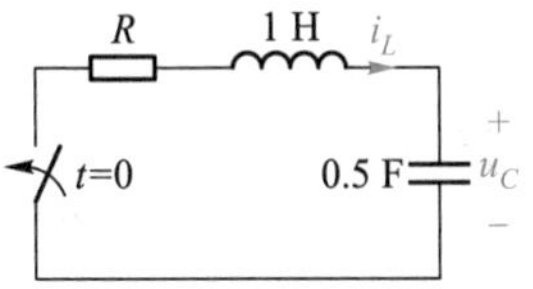

图 18-5-1 电路的状态轨迹分析

图 18-5-1 所示电路的状态方程为

$$\begin{cases}\dot{u}_C=2i_L\\ \dot{i}_L=-u_C-Ri_L\end{cases}$$

整理成标准形式

$$\begin{bmatrix}\dot{u}_C\\ \dot{i}_L\end{bmatrix}=\begin{bmatrix}0 & 2\\ -1 & -R\end{bmatrix}\begin{bmatrix}u_C\\ i_L\end{bmatrix} \tag{18-5-1}$$

状态转移矩阵

$$\boldsymbol{\Phi}(s)=\frac{1}{s^2+Rs+2}\begin{bmatrix}s+R & 2\\ -1 & s\end{bmatrix}$$

状态向量象函数

$$\boldsymbol{X}(s)=\boldsymbol{\Phi}(s)\boldsymbol{X}(0_-)=\frac{1}{s^2+Rs+2}\begin{bmatrix}s+R\\ -1\end{bmatrix} \tag{18-5-2}$$

(1) 当 $R=3\ \Omega$ 时,式(18-5-2)为

$$\boldsymbol{X}(s)=\frac{1}{s^2+3s+2}\begin{bmatrix}s+3\\ -1\end{bmatrix}=\begin{bmatrix}\dfrac{2}{s+1}-\dfrac{1}{s+2}\\ \dfrac{-1}{s+1}+\dfrac{1}{s+2}\end{bmatrix}$$

$$\boldsymbol{X}(t)=\begin{bmatrix}u_C\\ i_L\end{bmatrix}=\begin{bmatrix}(2\mathrm{e}^{-t}-\mathrm{e}^{-2t})\ \text{V}\\ (-\mathrm{e}^{-t}+\mathrm{e}^{-2t})\ \text{A}\end{bmatrix}\quad t\geqslant 0$$

状态轨迹如图 18-5-2(a)所示,$t=0_+$时刻为初始状态,$t=\infty$ 为稳态,由初始状态渐近式趋于稳态,其间:u_C 由 $u_C(0_+)=1\ \text{V}$ 单调衰减到 $u_C(\infty)=0$;i_L 由 $i_L(0_+)=0$ 反向增大到最大值,然后单调衰减到 $i_L(\infty)=0$。电路为过阻尼情况,最终稳定在 $u_C(\infty)=0$、$i_L(\infty)=0$ 的状态,是稳定电路。

(2) 当 $R=1\ \Omega$ 时,式(18-5-2)为

$$\boldsymbol{X}(s)=\frac{1}{s^2+s+2}\begin{bmatrix}s+1\\ -1\end{bmatrix}=\begin{bmatrix}\dfrac{\left(s+\dfrac{1}{2}\right)+\dfrac{1}{2}}{\left(s+\dfrac{1}{2}\right)^2+\dfrac{7}{4}}\\ \dfrac{-1}{\left(s+\dfrac{1}{2}\right)^2+\dfrac{7}{4}}\end{bmatrix}$$

$$\boldsymbol{X}(t)=\begin{bmatrix}u_C\\ i_L\end{bmatrix}=\begin{bmatrix}e^{-0.5t}\left(\cos\frac{\sqrt{7}}{2}t+\frac{1}{\sqrt{7}}\sin\frac{\sqrt{7}}{2}t\right)\ \text{V}\\ \left(-\frac{2}{\sqrt{7}}e^{-0.5t}\sin\frac{\sqrt{7}}{2}t\right)\ \text{A}\end{bmatrix}\quad t\geqslant 0$$

状态轨迹如图 18-5-2(b)所示，由初始状态($t=0_+$时刻)螺旋式趋于稳态($t=\infty$时)，其间：u_C 由 $u_C(0_+)=1$ V 振荡衰减到 $u_C(\infty)=0$；i_L 由 $i_L(0_+)=0$ 反向增大到最大值，然后振荡衰减到 $i_L(\infty)=0$。电路为欠阻尼情况，最终稳定在 $u_C(\infty)=0$、$i_L(\infty)=0$ 的状态，仍是稳定电路。

(3) 当 $R=0$ 时，式(18-5-2)为

$$\boldsymbol{X}(s)=\frac{1}{s^2+2}\begin{bmatrix}s\\ -1\end{bmatrix}=\begin{bmatrix}\frac{s}{s^2+2}\\ \frac{-1}{s^2+2}\end{bmatrix}$$

$$\boldsymbol{X}(t)=\begin{bmatrix}u_C\\ i_L\end{bmatrix}=\begin{bmatrix}(\cos\sqrt{2}t)\ \text{V}\\ \left(-\frac{1}{\sqrt{2}}\sin\sqrt{2}t\right)\ \text{A}\end{bmatrix}\quad t\geqslant 0$$

状态轨迹如图 18-5-2(c)所示，由初始状态($t=0_+$时刻)开始，按箭头方向无限次重复椭圆形封闭曲线，u_C 是幅值为 1 V 的正弦波形，i_L 也是正弦波形。电路为无阻尼情况，处于临界稳定状态。

(4) 当 $R=-2\ \Omega$ 时(利用运算放大器等有源器件实现负电阻)，式(18-5-2)为

$$\boldsymbol{X}(s)=\frac{1}{s^2-2s+2}\begin{bmatrix}s-2\\ -1\end{bmatrix}=\begin{bmatrix}\frac{(s-1)-1}{(s-1)^2+1}\\ \frac{-1}{(s-1)^2+1}\end{bmatrix}$$

$$\boldsymbol{X}(t)=\begin{bmatrix}u_C\\ i_L\end{bmatrix}=\begin{bmatrix}e^t(\cos t-\sin t)\ \text{V}\\ (-e^t\sin t)\ \text{A}\end{bmatrix}\quad t\geqslant 0$$

状态轨迹如图 18-5-2(d)所示，由初始状态($t=0_+$时刻)螺旋式发散到无限远，u_C 由 $u_C(0_+)=1$ V 振荡发散到 $u_C(\infty)=\infty$；i_L 由 $i_L(0_+)=0$ 反向增大到最大值，然后振荡发散到 $i_L(\infty)=\infty$。电路为负阻尼情况，是不稳定电路。

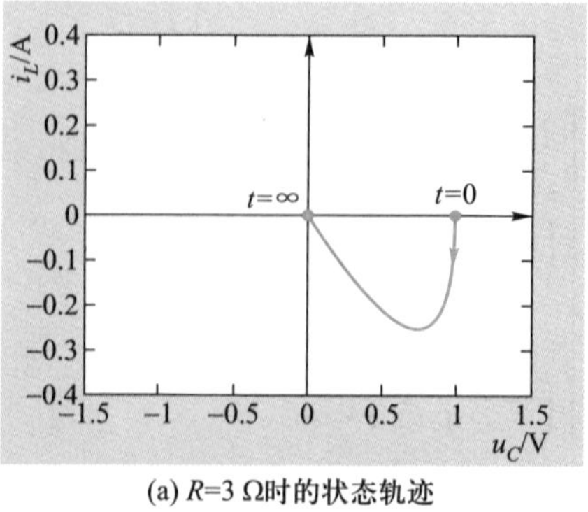

(a) $R=3\ \Omega$时的状态轨迹

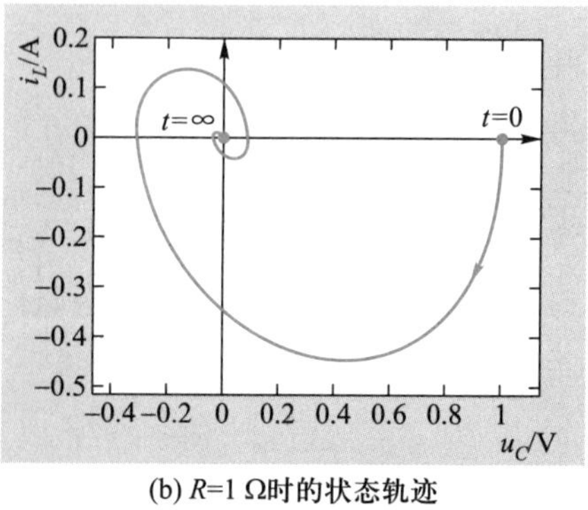

(b) $R=1\ \Omega$时的状态轨迹

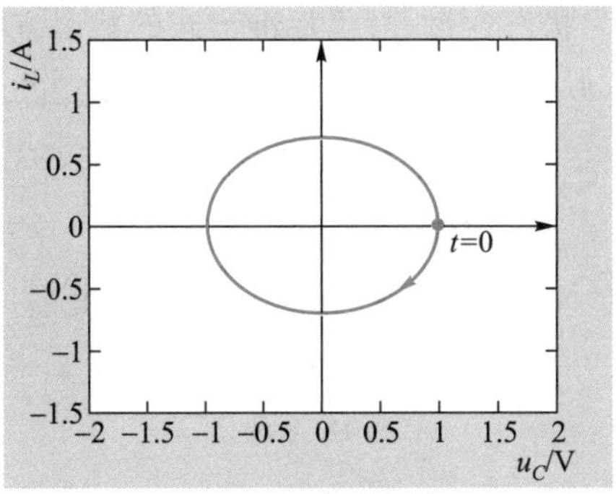

(c) R=0时的状态轨迹

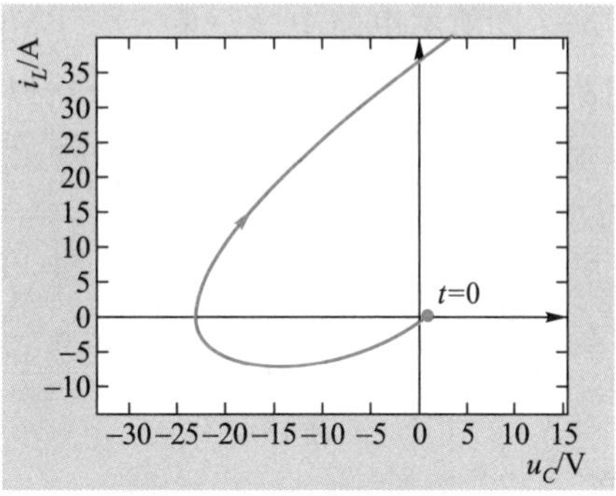

(d) R=−2 Ω时的状态轨迹

图 18-5-2　图 18-5-1 所示电路的状态轨迹

习题 18

状态方程(18.3 节)

18-1　电路如题 18-1 图所示,以 u_C、i_L 为状态变量,写出标准形式的状态方程。

18-2　电路如题 18-2 图所示,以 u_C、i_L 为状态变量,写出标准形式的状态方程。

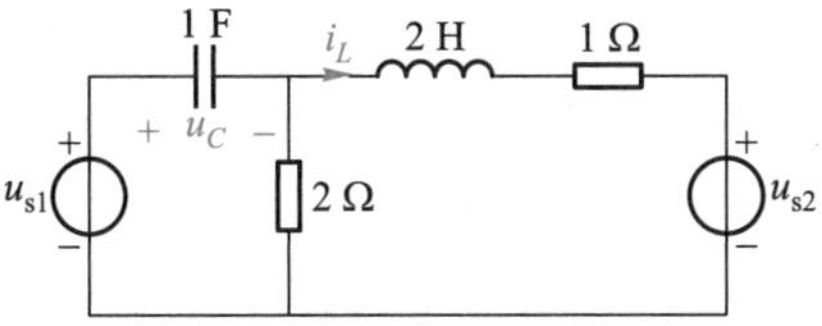

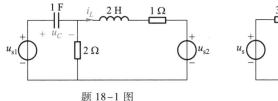

题 18-1 图

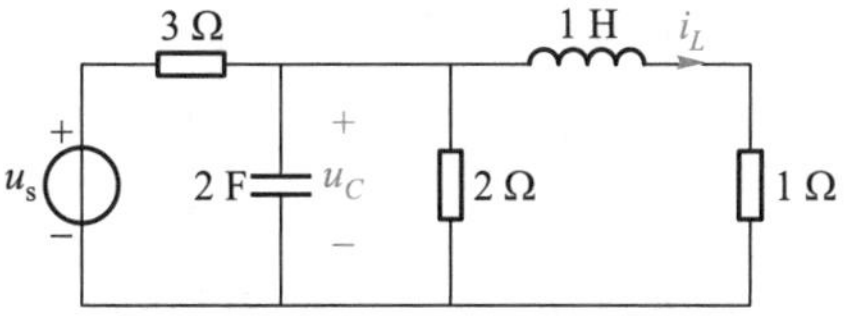

题 18-2 图

18-3　电路如题 18-3 图所示,以 u_1、u_2、i 为状态变量,写出标准形式的状态方程。

18-4　电路如题 18-4 图所示,以 i_1、i_2、u 为状态变量,写出标准形式的状态方程。

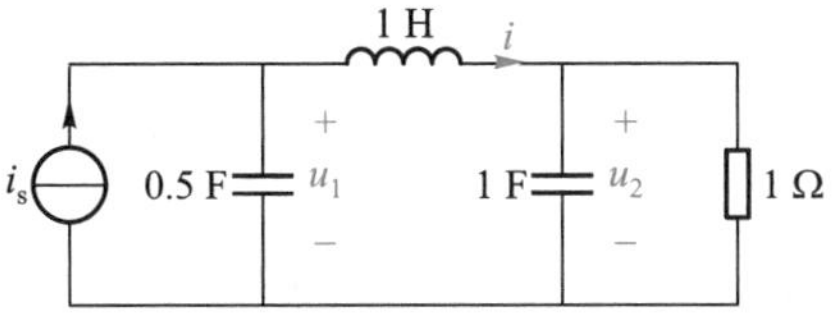

题 18-3 图

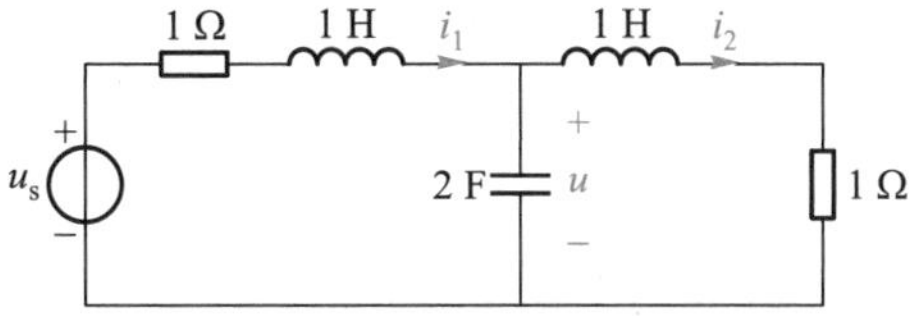

题 18-4 图

18-5　写出题 18-5 图所示电路的标准形式的状态方程。(1)以电容电压和电感电流为状态变量;(2)以电容电荷和电感磁链为状态变量。

18-6　电路如题 18-6 图所示,以 i_L、u_C 为状态变量,写出标准形式的状态方程。

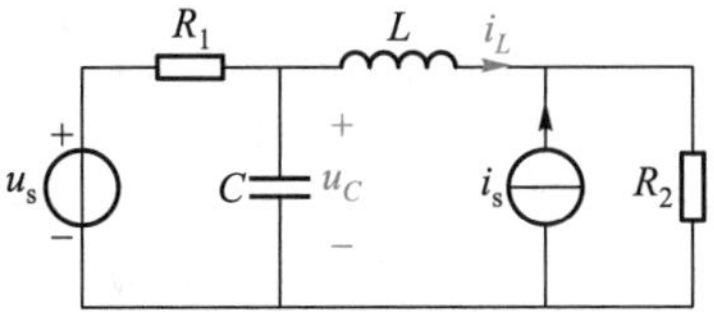

题 18-5 图

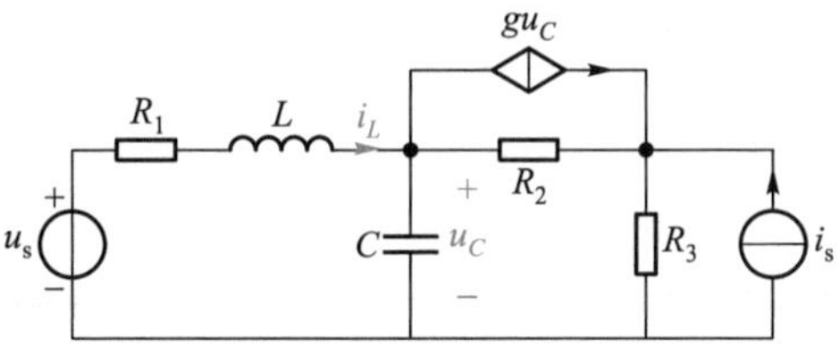

题 18-6 图

18-7 题 18-7 图所示电路中，$R_2+R_3\neq r$。以 i_L、u_C 为状态变量，写出标准形式的状态方程。

18-8 题 18-8 图所示电路中，$M/\sqrt{L_1L_2}<1$，以 i_1、i_2 为状态变量，写出标准形式的状态方程。

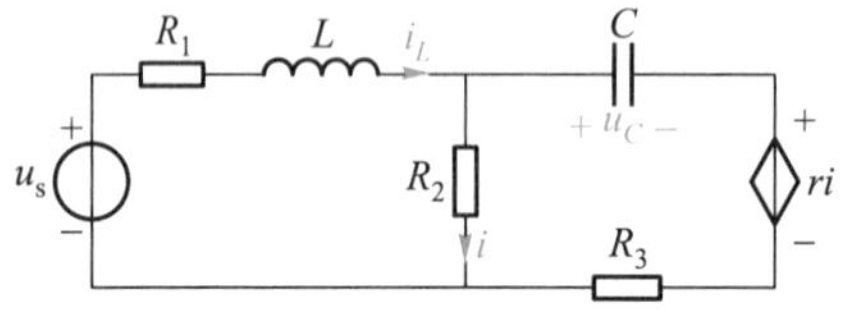

题 18-7 图

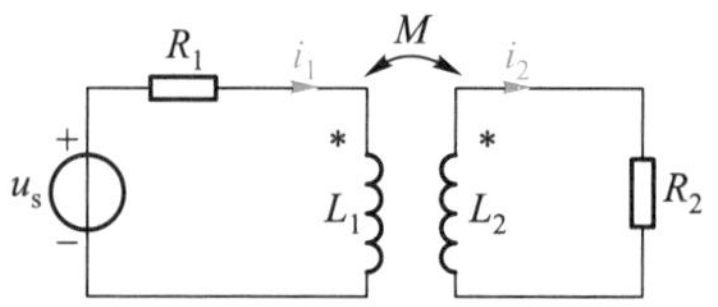

题 18-8 图

18-9 题 18-9 图所示电路中，$M/\sqrt{L_1L_2}<1$，以 i_1、i_2 为状态变量，写出标准形式的状态方程。

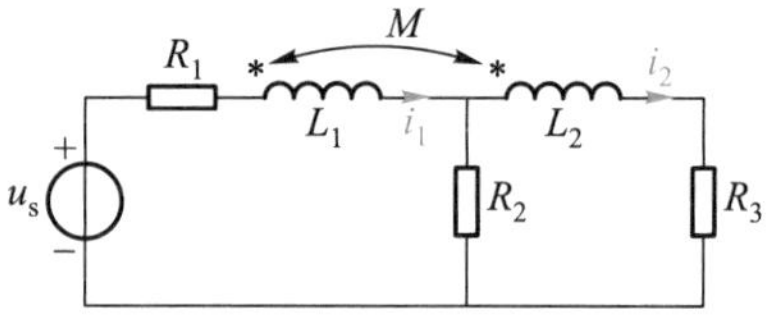

题 18-9 图

状态方程的复频域解法（18.4 节）

18-10 电路的状态方程和原始状态为：

$$\begin{bmatrix}\dot{x}_1\\ \dot{x}_2\end{bmatrix}=\begin{bmatrix}-2 & 0\\ 1 & -1\end{bmatrix}\begin{bmatrix}x_1\\ x_2\end{bmatrix}+\begin{bmatrix}1\\ 0\end{bmatrix}\varepsilon(t),\quad \begin{bmatrix}x_1(0_-)\\ x_2(0_-)\end{bmatrix}=\begin{bmatrix}0\\ -1\end{bmatrix}$$

$\varepsilon(t)$ 为单位阶跃函数。用拉氏变换求解状态方程，并指出电路的固有频率。

18-11 电路的状态方程和原始状态为：

$$\begin{bmatrix}\dot{x}_1\\ \dot{x}_2\end{bmatrix}=\begin{bmatrix}-1 & 1\\ 0 & -2\end{bmatrix}\begin{bmatrix}x_1\\ x_2\end{bmatrix}+\begin{bmatrix}1 & 1\\ 0 & 1\end{bmatrix}\begin{bmatrix}\varepsilon(t)\\ \delta(t)\end{bmatrix},\quad \begin{bmatrix}x_1(0_-)\\ x_2(0_-)\end{bmatrix}=\begin{bmatrix}0\\ 0\end{bmatrix}$$

$\varepsilon(t)$ 为单位阶跃函数，$\delta(t)$ 为单位冲激函数。用拉氏变换求解状态方程。

18-12 某电路的状态方程、输出方程和原始状态为

$$\begin{bmatrix}\dot{x}_1\\ \dot{x}_2\end{bmatrix}=\begin{bmatrix}-1 & 2\\ -1 & -4\end{bmatrix}\begin{bmatrix}x_1\\ x_2\end{bmatrix}+\begin{bmatrix}1\\ 1\end{bmatrix}\varepsilon(t),\quad y(t)=\begin{bmatrix}1 & -1\end{bmatrix}\begin{bmatrix}x_1\\ x_2\end{bmatrix},\quad \begin{bmatrix}x_1(0_-)\\ x_2(0_-)\end{bmatrix}=\begin{bmatrix}0\\ 0\end{bmatrix}$$

（1）求解状态方程，并确定输出量。

（2）另选状态变量$\begin{bmatrix}w_1\\ w_2\end{bmatrix}=\begin{bmatrix}1 & 1\\ -1 & -2\end{bmatrix}\begin{bmatrix}x_1\\ x_2\end{bmatrix}$，推导以 w_1、w_2 为状态变量的状态方程和输出方程。

18-13 用状态变量分析法确定题 18-13 图所示电路的 i_L、u_C，并指出电路的固有频率。

18-14 题 18-14 图所示电路中，$u_{s1}=10\ \text{V}$，$u_{s2}=4\ \text{V}$。用状态变量分析法确定 u_1、u_2，并指出电路的固有频率。

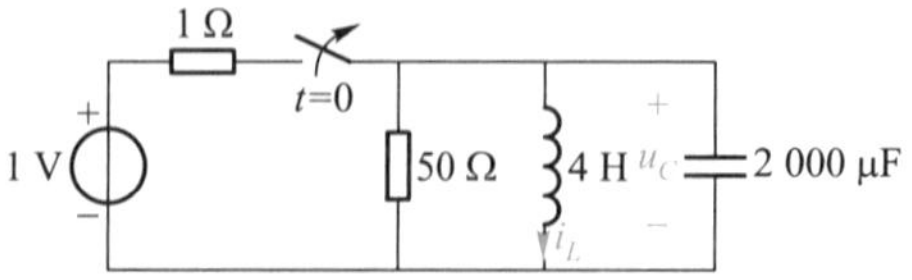

题 18-13 图

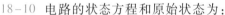

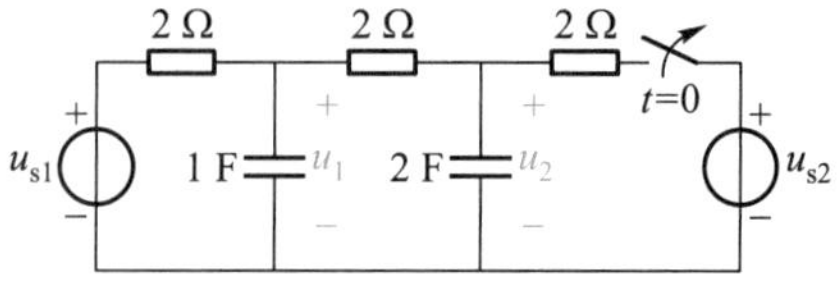

题 18-14 图

综合检测

18-15 题 18-15 图所示电路，开关闭合前，$u_C(0_-)=0$、$i_L(0_-)=0$。（1）列写状态方程；（2）在 $R=3\ \Omega$、$R=1\ \Omega$ 两种情况下，计算 u_C、i_L，并定性画出波形。

18-16 题 18-16 图所示电路在开关闭合前处于稳态，开关在 $t=0$ 时闭合。回答以下问题：

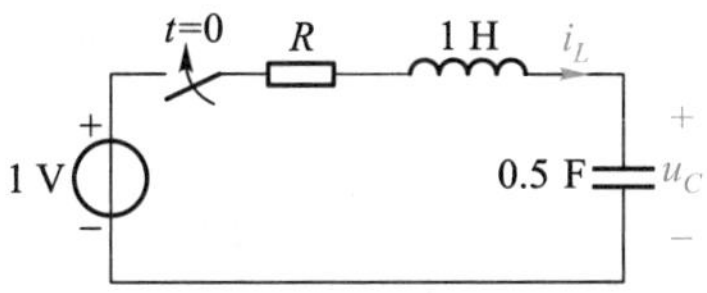

题 18-15 图

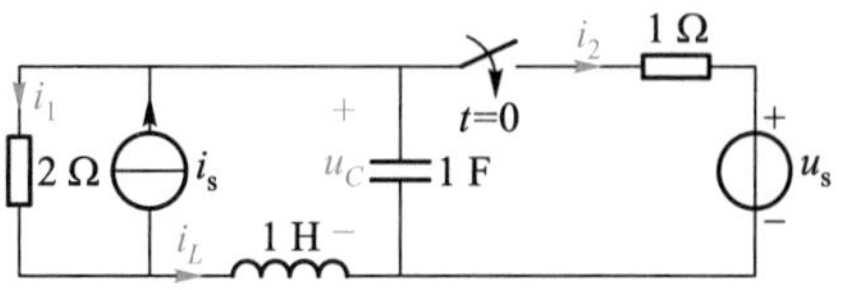

题 18-16 图

(1) 采用将电感替代成 i_L 的电流源、电容替代成 u_C 的电压源，然后应用叠加定理计算 $C\dot{u}_C$、$L\dot{i}_L$，建立电路的状态方程，写成以 $[u_C \quad i_L]^{\mathrm{T}}$ 为状态向量、以 $[u_s \quad i_s]^{\mathrm{T}}$ 为激励向量的标准形式；

(2) 通过适当的 KCL、KVL 方程建立状态方程；

(3) 由状态方程获得该电路的固有频率；

(4) 写出该电路暂态响应自由分量的一般形式，即包含待定系数的表达式；

(5) 若以 $[i_1 \quad i_2]^{\mathrm{T}}$ 为输出变量，写出标准形式的输出方程；

(6) 若给定激励 $u_s=10$ V、$i_s=2$ A，对 $t>0$，确定状态相量 $[u_C \quad i_L]^{\mathrm{T}}$，并用 $u_C(\infty)$、$i_L(\infty)$ 检验结果的正确性；

(7) 试一试：若给定激励 $u_s=10$ V、$i_s=(2\sin t)$ A，在 i_L 由负到正过 0 时闭合开关（此刻 $t=0$），电路的原始状态为何？确定 $t>0$ 后的 $[u_C \quad i_L]^{\mathrm{T}}$ 时，和(6)有何区别。

*18-17 分析 RLC 串联电路在方波电压源作用下的状态轨迹。定性画出题 18-17 图所示电路在过阻尼情况、欠阻尼情况下的状态轨迹。方波的周期足够大，使得电路在 u_s 的非零段内为零状态响应，在在 u_s 为零的段内为零输入响应。

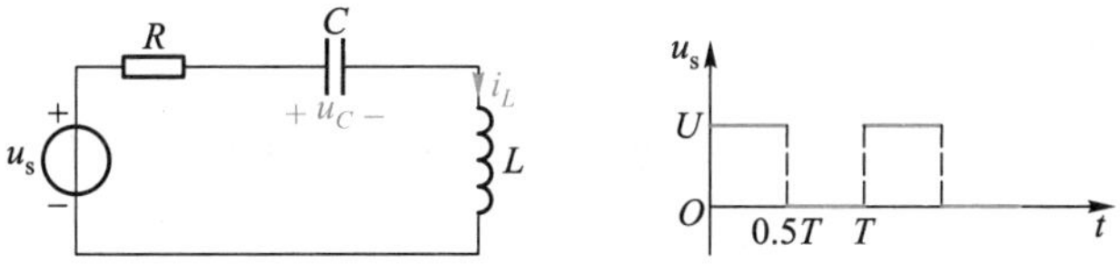

题 18-17 图

习题 18 参考答案

第19章 电路的计算机辅助分析基础

19.1 概述

复杂电路分析必须依靠计算机来完成。依靠计算机的常用手段是利用成熟的电路仿真软件，我们不必过问仿真软件中分析电路的模型如何、算法如何，只要掌握软件的使用方法。然而，在比较专业的领域，如电力系统潮流分析、电路仿真软件设计，依靠计算机辅助分析电路的另一种手段是要自行编写计算程序，这就涉及电路分析模型与算法问题。

电路的计算机辅助分析模型问题包含两个方面：(1)如何将电路的结构与参数用计算机能够“读懂”的数字表示；(2)如何通过软件指令导出电路分析方程。而如何通过软件指令求解方程，则是数值计算方法问题。

数学分支图论为描述电路的拓扑结构提供了方法。应用图论，不仅能将电路结构变为矩阵，还明确了列写独立 KCL 方程、独立 KVL 方程的方法。电路的结构、参数都用矩阵表示后，KCL、KVL 方程、支路 u-i 关系就能写成矩阵方程，因而能通过矩阵运算导出电路分析方程，如节点分析方程。

求解电路分析方程有相应的数值计算方法可资利用。分析线性非时变电路的稳态响应时，电路分析方程为线性代数方程组，高斯消去法是常用的求解线性代数方程组的方法。分析线性非时变电路的暂态响应时，电路方程为状态方程(参考第 18 章)，常用龙格-库塔法获得数值解。

本章针对线性非时变电路，讨论稳态分析模型、暂态分析模型和灵敏度计算模型。在分析电路拓扑结构的基础上，将拓扑结构用矩阵表示，将电路的基本方程写成矩阵形式，并由此导出电路的计算机辅助分析流程。

学习本章要站在编写计算机程序来分析电路的角度，既要能把具体的、复杂的电路抽象成一些矩阵，也要能从矩阵中获得电路的结构信息，并思考如何用程序来实现，最好能动手设计，尝试多人协作设计计算机程序。

目标 1　理解拓扑结构的矩阵表示，能从矩阵中提取结构信息，能写出矩阵形式的基本方程。

目标 2　掌握节点法、节点列表法的计算机辅助分析流程，尝试设计稳态电路分析程序。

目标 3　掌握状态变量分析法的计算机辅助分析流程，尝试设计暂态过程分析程序。

目标 4　掌握灵敏度的增量网络分析法及其计算机辅助分析流程。

目标 5 * 了解基本回路法、基本割集法。

难点 理解基本割集的概念,掌握计算机辅助分析程序设计。

19.2 电路的拓扑结构

电路的信息可分为拓扑结构和元件参数两部分。拓扑结构直接体现在支路与节点的连接关系上,它决定着电路的 KCL、KVL 方程。元件参数则是每条支路中各个元件的参数值,它们体现在支路的 u-i 关系中。

图 19-2-1(a)所示电路有 5 个节点、8 条支路,用线(或弧)代表支路,用点代表节点,线(或弧)中的箭头代表支路电流方向,图 19-2-1(a)所示电路抽象为图 19-2-1(b),图 19-2-1(b)为图 19-2-1(a)所示电路的有向图(graph)。本书以下将有向图中的点称为节点、线(或弧)称为支路。

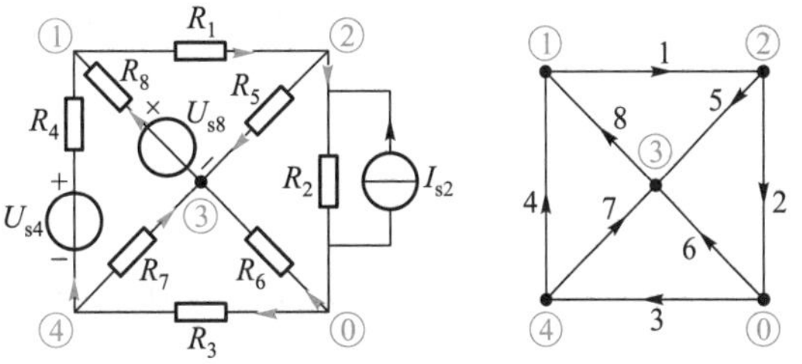

(a) 电路 (b) 有向图

图 19-2-1 电路的有向图

在图 19-2-1(b)所示有向图中,由一个节点出发,经过一些节点和支路(只经过一次),达到另一个节点,称为一条路径(path)。如由节点 1→支路 8→节点 3→支路 6→节点 0→支路 2→节点 2,就是节点 1 至节点 2 的一条路径。节点 1→支路 1→节点 2 也是节点 1 至节点 2 的一条路径。如果路径的起、终节点为同一个节点,这条闭合路径称为回路(loop)。如果回路包围的平面内没有任何节点与支路,这样的回路则称为网孔(mesh)。图 19-2-1(b)中,节点 1→支路 8→节点 3→支路 6→节点 0→支路 2→节点 2→节点 1 是回路,而节点 1→支路 8→节点 3→支路 5→节点 2→节点 1 就是网孔。

有向图有连通图与非连通图之分。任意两个节点间至少存在一条路径的图为连通图,否则为非连通图。图 19-2-1(b)为连通图。电路对应的图都是连通图。

有向图还有平面图与非平面图之分。有向图通过改画后没有空间交叉的支路,就是平面图,否则为非平面图。平面电路的有向图是平面图。图 19-2-2(a)为平面图,图 19-2-2(b)则为非平面图。

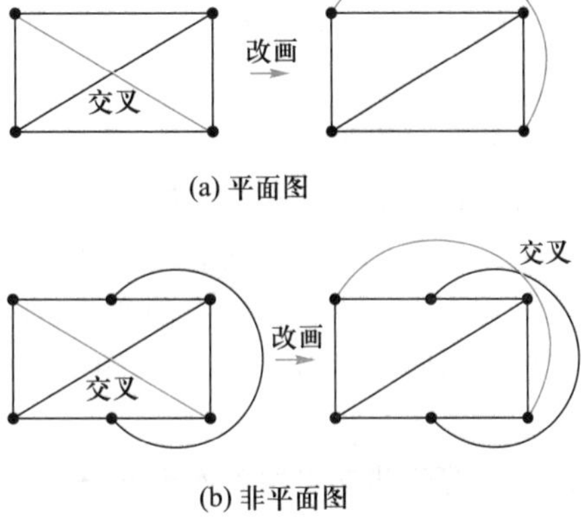

(b) 非平面图

图 19-2-2 平面图与非平面图

19.2.1 树

一个图的一部分称为子图。树(tree)是连通图的满足一定条件的子图。树要满足:(1)包含原连通图的所有节点;(2)没有任何回路;(3)树自身也为连通图。图 19-2-3 为图 19-2-1(b)的 3 种树。

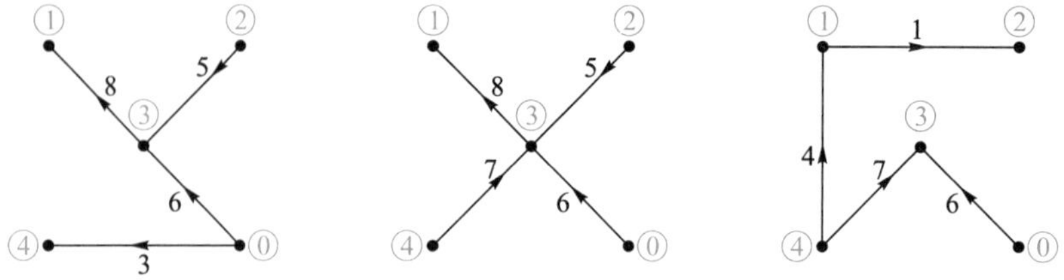

(a) 树1　　(b) 树2　　(c) 树3

图 19-2-3　图 19-2-1(b)的 3 种树

对图选定一种树后,构成树的支路称为树支(tree branch),剩余的支路称为连支(link branch)。在图 19-2-3(a)中,去掉支路 8,节点 1 成为孤立节点,再去掉支路 5,节点 2 成为孤立节点,再去掉支路 3,节点 4 成为孤立节点,最后剩下支路 6 和它两端的节点 0、3。这表明,树支数 b_t 比节点数 n 少 1,即

$$\boxed{b_t = n-1} \tag{19-2-1}$$

连支数 b_l 等于支路数 b 与树支数 b_t 之差,即

$$\boxed{b_l = b-b_t = b-n+1} \tag{19-2-2}$$

> 连通图的树
>
> 是包含所有节点、但没有回路的连通子图,树的支路数比节点数少 1。

目标 1 检测:理解电路的拓扑结构

测 19-1　对图 19-2-1(b)选两种与图 19-2-3 不同的树。

19.2.2 基本回路

电路的结构决定了电路的 KVL 方程,电路有多少个独立的 KVL 方程呢?哪些 KVL 方程是独立的呢?在一组线性代数方程中,如果每个方程都有一个自己特有的变量,那么这组方程一定是独立的。

(1) 独立回路

树没有回路,如图 19-2-3(a),但在树上每添加一条连支,就形成一个单连支回路,如图 19-2-4 所示,取回路方向为连支方向,连支 1、2、4、7 对应的回路为 l_1、l_2、l_4、l_7。这些回路的 KVL 方程中有一个自己特有的变量,那就是连支电压,因而它们是相互独立的方程。KVL 方程相互独立的回路称为独立回路,图 19-2-4 所示的 4 个单连支回路是一组独立回路。

(2) 基本回路

两个有公共支路的单连支回路能组合成一个含两条连支的回路。例如,图 19-2-4 中的 l_1 与 l_2,支路 5 为公共支路,两者组合得到由支路 1、2、6、8 形成的回路,依此类推,任何其他回路都

可由若干个单连支回路组合而得。因此,单连支回路是其他回路的基底,是电路的基本回路(fundamental loop)。基本回路的 KVL 方程是一组独立的、数目最大的方程,其他回路的 KVL 方程均可由这组方程通过线性组合而得。

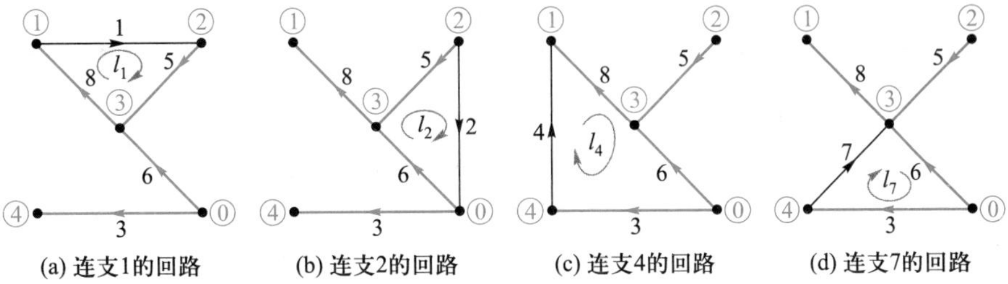

图 19-2-4 基本回路

独立回路个数:	等于连支数。
基本回路:	是一组单连支回路,是电路的一组独立且数目最大的回路。
非基本回路:	由基本回路组合而成。
独立 KVL 方程:	基本回路的 KVL 方程是一组独立且数目最大的方程。

目标 1 检测:理解电路的拓扑结构

测 19-2 对图 19-2-1(b)选定图 19-2-3(c)所示树的情况下:(1)画出基本回路,标明基本回路的方向;(2)写出基本回路的 KVL 方程组;(3)由两个 KVL 方程线性组合出一个新的 KVL 方程,并用图 19-2-1(b)验证。

19.2.3 基本割集

电路的结构也决定了电路的 KCL 方程,电路有多少个独立的 KCL 方程呢?哪些 KCL 方程是独立的呢?为此提出割集与基本割集概念。

(1) 割集

连通图的割集(cut-set)是支路的集合,满足两个条件:① 将集合中的支路全部从图中移走,支路两端的节点保留,连通图分离成两个部分,且只有两个部分,一个孤立节点也是一个部分;② 若少移走任何一条支路,图则仍是连通的。

寻找割集的简单方法是用闭合面切割有向图。如图 19-2-5(a)所示,虚线表示的闭合面将电路切割成闭合面外和闭合面内两个部分,闭合面切割的支路集合就是割集。显然,闭合面切割的支路的电流满足 KCL。将闭合面切割的支路全部移走,得到图 19-2-5(b),图分离成两个部分,若移回支路 2,如图 19-2-5(c),又变成了一个连通图。对于平面图,总能用闭合面切割图的方式寻找割集,但对非平面图,有时必须用割集的两个条件寻找割集。

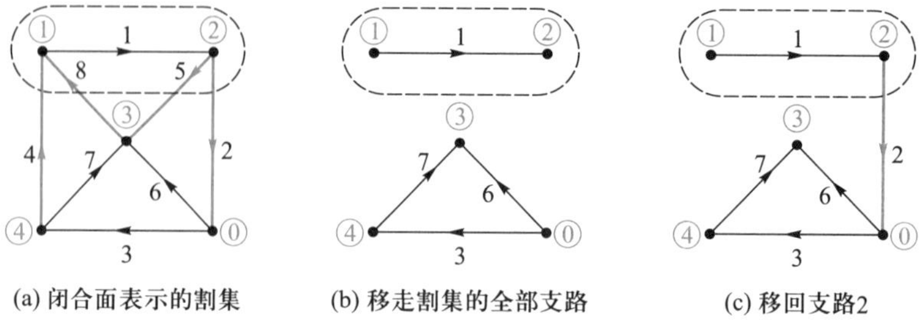

图 19-2-5 割集的概念

（2）基本割集

割集对应于 KCL 方程，为了保证 KCL 方程的独立性，让每个割集只含一条树支，即单树支割集。图 19-2-6 中，蓝线为树支，图中标出了 4 个单树支割集，取树支方向为割集的方向，割集 c_3、c_5、c_6、c_8 对应于树支 3、5、6、8。

两个有公共支路的单树支割集能组合成一个含两条树支的割集。例如，图 19-2-6 中的 c_8 与 c_5，支路 1 为公共支路，两者组合得到由支路 4、8、5、2 构成的割集。依此类推，任何其他割集都可由若干个单树支割集组合而得。因此，单树支割集是割集的基底，称为基本割集（fundamental cut-set）。基本割集的 KCL 方程是一组独立的、数目最大的方程，其他割集的 KCL 方程可由这组方程线性组合而得。

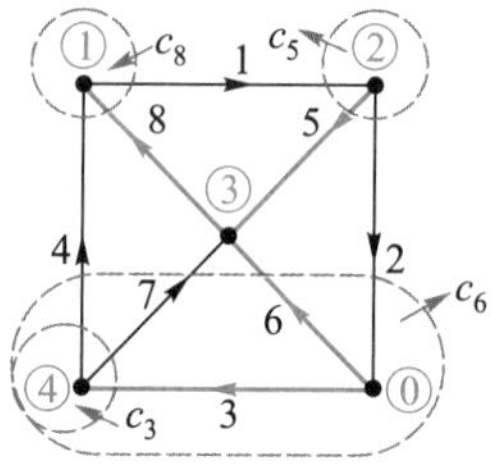

图 19-2-6 基本割集

独立割集个数：	等于树支数。
基本割集：	是一组单树支割集，是电路的一组独立且数目最大的割集。
非基本割集：	由基本割集组合而得。
独立 KCL 方程：	基本割集的 KCL 方程是一组独立且数目最大的方程。

目标 1 检测：理解电路的拓扑结构

测 19-3 对图 19-2-1(b) 选定图 19-2-3(c) 所示树的情况下：(1) 画出基本割集，标明基本割集的方向；(2) 写出基本割集的 KCL 方程组；(3) 由两个 KCL 方程线性组合出一个新的 KCL 方程，并用图 19-2-1(b) 验证。

19.3 拓扑结构的矩阵表示

电路的结构要以计算机能“读懂”的数据形式表示。不仅要将有向图转换为矩阵，还要让计算机从矩阵中“读出”反映结构的信息，并利用这些信息建立全部的 KVL、KCL 方程。

下面从不同的角度将电路的结构转换为矩阵。包括：节点-支路关联矩阵 $\boldsymbol{A}$、基本回路-支路关联矩阵 $\boldsymbol{B}_f$、基本割集-支路关联矩阵 $\boldsymbol{Q}_f$。平面电路的结构也可用网孔-支路关联矩阵 $\boldsymbol{M}$ 表示，但 $\boldsymbol{M}$ 不具有通用性，因此不对 $\boldsymbol{M}$ 展开论述。

19.3.1 节点关联矩阵

（1）由有向图获得 $\boldsymbol{A}$ 矩阵

有向图最直观的表示就是支路和节点的关联矩阵 $\boldsymbol{A}$，简称为节点关联矩阵。$\boldsymbol{A}$ 的行号为节点编号、列号为支路编号，用最简单的数字 1、-1、0 表示支路和节点的连接情况，定义如下

$$\boldsymbol{A}=\begin{matrix} \\ \\ n_i \\ \\ \end{matrix}\begin{bmatrix} & b_j & \\ & \vdots & \\ \cdots & a_{ij} & \cdots \\ & \vdots & \end{bmatrix},\quad a_{ij}=\begin{cases}1;\text{支路 } j \text{ 连于节点 } i,\text{方向离开节点}\\ -1;\text{支路 } j \text{ 连于节点 } i,\text{方向指向节点}\\ 0;\text{支路 } j \text{ 不连于节点 } i\end{cases}$$

图 19-3-1 所示有向图的节点关联矩阵为

$$\boldsymbol{A}=\begin{matrix} \\ n_1 \\ n_2 \\ n_3 \\ n_4 \end{matrix}\begin{matrix} b_1 & b_2 & b_3 & b_4 & b_5 & b_6 & b_7 & b_8 \\ \left[\begin{matrix} 1 \\ -1 \\ 0 \\ 0 \end{matrix}\right. & \begin{matrix} 0 \\ 1 \\ 0 \\ 0 \end{matrix} & \begin{matrix} 0 \\ 0 \\ 0 \\ -1 \end{matrix} & \begin{matrix} -1 \\ 0 \\ 0 \\ 1 \end{matrix} & \begin{matrix} 0 \\ 1 \\ -1 \\ 0 \end{matrix} & \begin{matrix} 0 \\ 0 \\ -1 \\ 0 \end{matrix} & \begin{matrix} 0 \\ 0 \\ -1 \\ 1 \end{matrix} & \left.\begin{matrix} -1 \\ 0 \\ 1 \\ 0 \end{matrix}\right] \end{matrix} \tag{19-3-1}$$

节点 0 不需要在 $\boldsymbol{A}$ 中列出。这是因为，将 $\boldsymbol{A}$ 的一列相加、并乘以-1，就是节点 0 对应的行，为

$$n_0\begin{bmatrix}0 & -1 & 1 & 0 & 0 & 1 & 0 & 0\end{bmatrix} \tag{19-3-2}$$

不在 $\boldsymbol{A}$ 中的节点就是节点分析时的参考节点。

（2）由 A 矩阵获得有向图的树

从 $\boldsymbol{A}$ 矩阵能判断哪些支路构成树。$\boldsymbol{A}$ 的一个最大子阵（是 $n-1$ 阶方阵）如果非奇异，即行列式的值不为零，则该子阵对应的支路构成树，$\boldsymbol{A}$ 的最大非奇异子阵个数，就是有向图树的种数。由线性代数可知，树的种数等于行列式 $|\boldsymbol{A}\boldsymbol{A}^{\mathrm{T}}|$ 的值，$\boldsymbol{A}^{\mathrm{T}}$ 为 $\boldsymbol{A}$ 的转置。

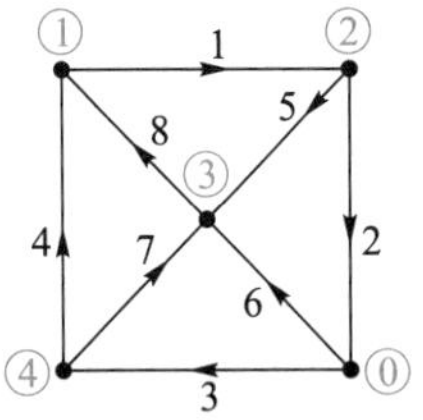

图 19-3-1 有向图

为何 $\boldsymbol{A}$ 的最大非奇异子阵对应于一种树呢？将行列式的计算步骤转换为对树的处理过程，就可以理解这个问题了。对图 19-3-1 选如图 19-3-2(a) 中蓝线所示的树，式(19-3-1)所示 $\boldsymbol{A}$ 中对应于树的分块为

$$\boldsymbol{A}_t=\begin{matrix} \\ n_1 \\ n_2 \\ n_3 \\ n_4 \end{matrix}\begin{matrix} b_1 & b_2 & b_6 & b_7 \\ \left[\begin{matrix} 1 \\ -1 \\ 0 \\ 0 \end{matrix}\right. & \begin{matrix} 0 \\ 1 \\ 0 \\ 0 \end{matrix} & \begin{matrix} 0 \\ 0 \\ -1 \\ 0 \end{matrix} & \left.\begin{matrix} 0 \\ 0 \\ -1 \\ 1 \end{matrix}\right] \end{matrix} \tag{19-3-3}$$

$\boldsymbol{A}_t$ 就是图 19-3-2(b) 所示树的节点关联矩阵。计算行列式 $|\boldsymbol{A}_t|$ 的步骤（参考 3.2 节）为

$$|\boldsymbol{A}_t| = \begin{array}{c} \\ n_1 \\ n_2 \\ n_3 \\ n_4 \end{array}\begin{vmatrix} \overset{b_1}{1} & \overset{b_2}{0} & \overset{b_6}{0} & \overset{b_7}{0} \\ -1 & 1 & 0 & 0 \\ 0 & 0 & -1 & -1 \\ 0 & 0 & 0 & 1 \end{vmatrix} \xlongequal{\text{按 11 展开}} \begin{array}{c} n_2 \\ n_3 \\ n_4 \end{array}\begin{vmatrix} \overset{b_2}{1} & \overset{b_6}{0} & \overset{b_7}{0} \\ 0 & -1 & -1 \\ 0 & 0 & 1 \end{vmatrix} \xlongequal{\text{按 11 展开}} \begin{array}{c} n_3 \\ n_4 \end{array}\begin{vmatrix} \overset{b_6}{-1} & \overset{b_7}{-1} \\ 0 & 1 \end{vmatrix} \xlongequal{\text{按 22 展开}} n_3 \overset{b_6}{|-1|} = -1$$

将行列式的展开过程转换为从树中移走节点与支路，如图 19-3-2(c)所示。第 1 步是按第 1 行、第 1 列的元素展开(按 11 展开)，剩下的行列式对应于在树中移走节点 1、支路 1 后剩余部分的节点关联矩阵。依此类推，行列式展开到只剩 1 行、1 列时，对应于树中只剩 2 个节点、1 条支路，这一条支路要么指向参考节点 0、要么离开参考节点 0。因此有

$$|\boldsymbol{A}_t| = \pm 1 \tag{19-3-4}$$

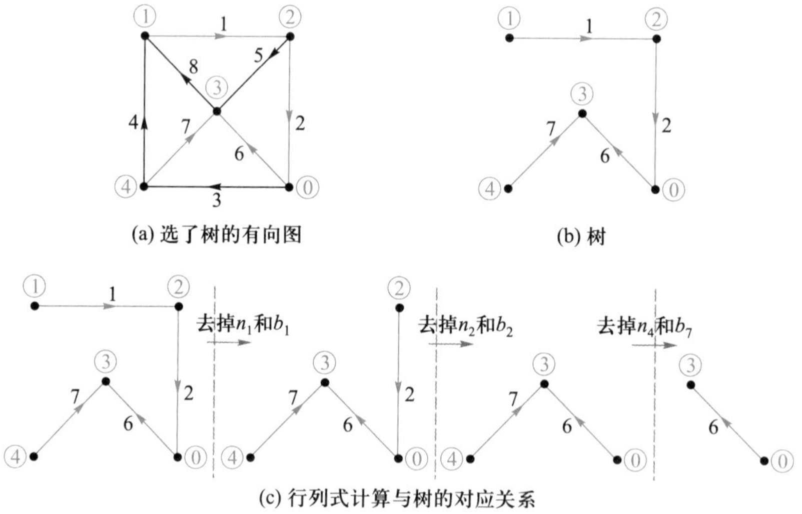

图 19-3-2 说明$|\boldsymbol{A}_t| = \pm 1$的有向图

(3) 用 $\boldsymbol{A}$ 矩阵表示的 KCL 方程

$\boldsymbol{A}$ 的一行表达了一个节点连接的支路情况。用 $\boldsymbol{A}$ 的一行与支路电流列向量 $\boldsymbol{I}_b$ 相乘，得到的是一个节点的 KCL 方程。例如：将式(19-3-1)所示 $\boldsymbol{A}$ 左乘支路电流列向量 $\boldsymbol{I}_b$，得到图 19-3-1 的节点 1、2、3、4 的 KCL 方程，具体为

$$\boldsymbol{A}\boldsymbol{I}_b = \begin{array}{c} n_1 \\ n_2 \\ n_3 \\ n_4 \end{array}\begin{bmatrix} \overset{b_1}{1} & \overset{b_2}{0} & \overset{b_3}{0} & \overset{b_4}{-1} & \overset{b_5}{0} & \overset{b_6}{0} & \overset{b_7}{0} & \overset{b_8}{-1} \\ -1 & 1 & 0 & 0 & 1 & 0 & 0 & 0 \\ 0 & 0 & 0 & 0 & -1 & -1 & -1 & 1 \\ 0 & 0 & -1 & 1 & 0 & 0 & 1 & 0 \end{bmatrix} \begin{bmatrix} i_1 \\ i_2 \\ i_3 \\ i_4 \\ i_5 \\ i_6 \\ i_7 \\ i_8 \end{bmatrix} = \begin{bmatrix} i_1 - i_4 - i_8 \\ -i_1 + i_2 + i_5 \\ -i_5 - i_6 - i_7 + i_8 \\ -i_3 + i_4 + i_7 \end{bmatrix} = \begin{bmatrix} 0 \\ 0 \\ 0 \\ 0 \end{bmatrix}$$

因此，用 $\boldsymbol{A}$ 表示的 KCL 方程为

$$\boxed{\boldsymbol{A}\boldsymbol{I}_{\mathrm{b}}=\mathbf{0}} \tag{19-3-5}$$

（4）用 $\boldsymbol{A}$ 矩阵表示的 KVL 方程

$\boldsymbol{A}$ 矩阵的一列表达了一条支路连在哪两个节点之间。用 $\boldsymbol{A}$ 的一列与节点电位列向量 $\boldsymbol{U}_{\mathrm{n}}$ 相乘，得到一条支路的电压。例如：将式（19-3-1）所示 $\boldsymbol{A}$ 的转置 $\boldsymbol{A}^{\mathrm{T}}$，左乘节点电位列向量 $\boldsymbol{U}_{\mathrm{n}}$，得到图 19-3-1 的支路电压列向量 $\boldsymbol{U}_{\mathrm{b}}$，具体为

$$\boldsymbol{A}^{\mathrm{T}}\boldsymbol{U}_{\mathrm{n}}=\begin{array}{c} \\ n_1 \\ n_2 \\ n_3 \\ n_4 \end{array}\begin{array}{c} \begin{array}{cccccccc} b_1 & b_2 & b_3 & b_4 & b_5 & b_6 & b_7 & b_8 \end{array} \\ \begin{bmatrix} 1 & 0 & 0 & -1 & 0 & 0 & 0 & -1 \\ -1 & 1 & 0 & 0 & 1 & 0 & 0 & 0 \\ 0 & 0 & 0 & 0 & -1 & -1 & -1 & 1 \\ 0 & 0 & -1 & 1 & 0 & 0 & 1 & 0 \end{bmatrix}^{\mathrm{T}} \end{array}\begin{bmatrix} u_{n1} \\ u_{n2} \\ u_{n3} \\ u_{n4} \end{bmatrix}=\begin{bmatrix} u_{n1}-u_{n2} \\ u_{n2} \\ -u_{n4} \\ -u_{n1}+u_{n4} \\ u_{n2}-u_{n3} \\ -u_{n3} \\ -u_{n3}+u_{n4} \\ -u_{n1}+u_{n3} \end{bmatrix}=\begin{bmatrix} u_1 \\ u_2 \\ u_3 \\ u_4 \\ u_5 \\ u_6 \\ u_7 \\ u_8 \end{bmatrix}=\boldsymbol{U}_{\mathrm{b}} \tag{19-3-6}$$

将式（19-3-6）与图 19-3-1 对照，式（19-3-6）中有 $u_{n1}-u_{n2}=u_1$，对应于图 19-3-1 中支路 1 连于节点 1、2 之间，支路 1 的电压用节点 1、2 的电位表示，就是 $u_1=u_{n1}-u_{n2}$。因此，用 $\boldsymbol{A}$ 表示的 KVL 方程为

$$\boxed{\boldsymbol{A}^{\mathrm{T}}\boldsymbol{U}_{\mathrm{n}}=\boldsymbol{U}_{\mathrm{b}}} \tag{19-3-7}$$

式（19-3-7）表明节点电位 $\boldsymbol{U}_{\mathrm{n}}$ 是一组独立变量，确定了 $\boldsymbol{U}_{\mathrm{n}}$，就能由 KVL 确定支路电压 $\boldsymbol{U}_{\mathrm{b}}$。

支路电压用节点电位表示后，各回路的 KVL 方程自动满足。例如：图 19-3-1 的一个网孔的 KVL 方程为 $u_1+u_5+u_8=0$，将支路 1、5、8 的电压用节点电位表示，得

$$u_1+u_5+u_8=(u_{n1}-u_{n2})+(u_{n2}-u_{n3})+(-u_{n1}+u_{n3})$$

显然结果为零，即网孔的 KVL 方程被式（19-3-7）取代了。

从 A 矩阵获得有向图的信息

树：	$\boldsymbol{A}$ 的一个最大非奇异子阵所包含的支路是有向图的树，即有 $\lvert\boldsymbol{A}_{\mathrm{t}}\rvert\neq 0$。
树的种数：	一个有向图树的种数 $=\lvert\boldsymbol{A}\boldsymbol{A}^{\mathrm{T}}\rvert$。
KCL 方程：	$\boldsymbol{A}\boldsymbol{I}_{\mathrm{b}}=\mathbf{0}$，$\boldsymbol{I}_{\mathrm{b}}$ 为支路电流列向量。
KVL 方程：	$\boldsymbol{A}^{\mathrm{T}}\boldsymbol{U}_{\mathrm{n}}=\boldsymbol{U}_{\mathrm{b}}$，$\boldsymbol{U}_{\mathrm{b}}$ 为支路电压列向量，$\boldsymbol{U}_{\mathrm{n}}$ 为节点电位列向量。
独立变量：	节点电位 $\boldsymbol{U}_{\mathrm{n}}$ 是一组独立变量。

目标1检测:能用矩阵表示拓扑结构,能从矩阵中提取结构信息

测19-4 (1)写出测19-4图所示有向图的节点关联矩阵;(2)由节点关联矩阵证明支路2、3、5构成树;(3)由节点关联矩阵计算测19-4图共有多少种树;(4)写出用节点关联矩阵表示的KCL、KVL方程。

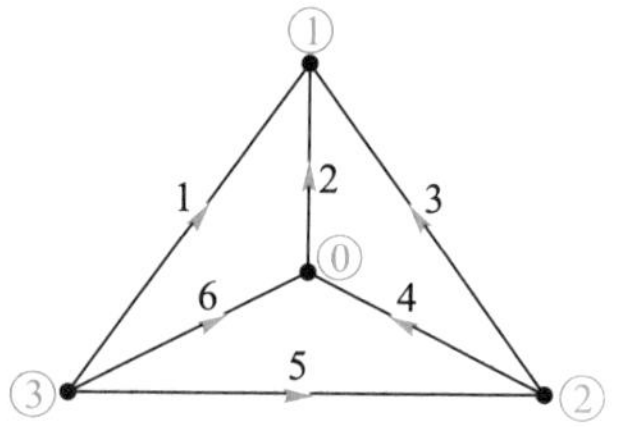

测19-4图

19.3.2 基本回路矩阵

(1) 由有向图获得 $\boldsymbol{B}_f$ 矩阵

有向图的另一种矩阵表示就是支路与基本回路的关联矩阵 $\boldsymbol{B}_f$,简称为基本回路矩阵。$\boldsymbol{B}_f$ 的行号为基本回路编号、列号为支路编号,定义如下:

$$\boldsymbol{B}_f = l_i \begin{bmatrix} & \overset{b_j}{\vdots} & \\ \cdots & b_{ij} & \cdots \\ & \vdots & \end{bmatrix}, \quad b_{ij}=\begin{cases} 1;\text{支路 } j \text{ 属于 } i \text{ 回路,与回路方向一致} \\ -1;\text{支路 } j \text{ 属于 } i \text{ 回路,与回路方向相反} \\ 0;\text{支路 } j \text{ 不属于 } i \text{ 回路} \end{cases}$$

对图19-3-1所示有向图选一种树,标出所有基本回路,如图19-3-3所示。在列写基本回路矩阵时,为了方便使用,将连支、树支分块排列,先连支、后树支,且由连支排列顺序决定基本回路的排列顺序,保证 $\boldsymbol{B}_f$ 中的连支分块为单位矩阵。照此规则,图19-3-3所示有向图的基本回路矩阵为

$$\boldsymbol{B}_f = \begin{matrix} & b_3 & b_4 & b_5 & b_8 & b_1 & b_2 & b_6 & b_7 \\ l_3 & 1 & 0 & 0 & 0 & 0 & 0 & -1 & 1 \\ l_4 & 0 & 1 & 0 & 0 & 1 & 1 & 1 & -1 \\ l_5 & 0 & 0 & 1 & 0 & 0 & -1 & -1 & 0 \\ l_8 & 0 & 0 & 0 & 1 & 1 & 1 & 1 & 0 \end{matrix} = [\boldsymbol{1}_l \,\vdots\, \boldsymbol{B}_{ft}] \qquad (19\text{-}3\text{-}8)$$

(2) 由 $\boldsymbol{B}_f$ 矩阵获得有向图的树

由 $\boldsymbol{B}_f$ 矩阵能确定哪些支路可以构成树。$\boldsymbol{B}_f$ 的连支分块为单位矩阵,表明连支分块是 $\boldsymbol{B}_f$ 的最大非奇异子阵。因此,$\boldsymbol{B}_f$ 的每一个最大非奇异子阵对应的支路是一种连支,连支以外的支路是一种树,有向图树的种数等于行列式 $|\boldsymbol{B}_f\boldsymbol{B}_f^{\mathrm{T}}|$ 的值。

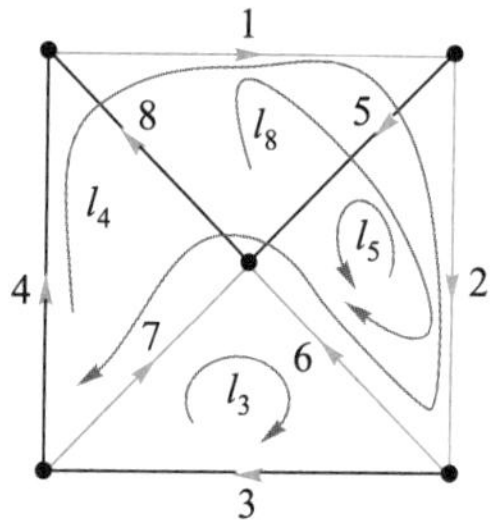

图19-3-3 标明了基本回路的有向图

由 $\boldsymbol{B}_f$ 能确定哪些支路构成回路。非基本回路由基本回路组合而得,因此,将 $\boldsymbol{B}_f$ 中有公共支路的两行相加或相减,得到由1、-1、0三种元素构成的新的一行,这一行代表一个回路。例如:式(19-3-8)的第

1 行与第 2 行，支路 6、7 为公共支路，两行相加（不能相减，相减会出现 2、-2）得

$$\begin{array}{c} \\ l_3+l_4 \end{array}\begin{array}{cccc:cccc} b_3 & b_4 & b_5 & b_8 & b_1 & b_2 & b_6 & b_7 \\ [1 & 1 & 0 & 0 & 1 & 1 & 0 & 0] \end{array}$$

表明支路 3、4、1、2 构成回路，由图 19-3-3 验证，结论正确。

(3) 用 $\boldsymbol{B}_{\mathrm{f}}$ 矩阵表示的 KVL 方程

$\boldsymbol{B}_{\mathrm{f}}$ 矩阵的一行表达一个基本回路所包含的支路，用 $\boldsymbol{B}_{\mathrm{f}}$ 的一行与支路电压列向量 $\boldsymbol{U}_{\mathrm{b}}$ 相乘，得到的是一个基本回路的 KVL 方程。例如：将式（19-3-8）所示 $\boldsymbol{B}_{\mathrm{f}}$ 左乘支路电压列向量 $\boldsymbol{U}_{\mathrm{b}}$，得到图 19-3-3 的基本回路 l_3、l_4、l_5、l_8 的 KVL 方程，具体为

$$\boldsymbol{B}_{\mathrm{f}}\boldsymbol{U}_{\mathrm{b}}=\begin{array}{c} \\ l_3 \\ l_4 \\ l_5 \\ l_8 \end{array}\begin{array}{c} \begin{array}{cccccccc} b_3 & b_4 & b_5 & b_8 & b_1 & b_2 & b_6 & b_7 \end{array} \\ \left[\begin{array}{cccc:cccc} 1 & 0 & 0 & 0 & 0 & 0 & -1 & 1 \\ 0 & 1 & 0 & 0 & 1 & 1 & 1 & -1 \\ 0 & 0 & 1 & 0 & 0 & -1 & -1 & 0 \\ 0 & 0 & 0 & 1 & 1 & 1 & 1 & 0 \end{array}\right] \end{array}\begin{bmatrix} u_3 \\ u_4 \\ u_5 \\ u_8 \\ \hdashline u_1 \\ u_2 \\ u_6 \\ u_7 \end{bmatrix}=\begin{bmatrix} u_3-u_6+u_7 \\ u_4+u_1+u_2+u_6-u_7 \\ u_5-u_2-u_6 \\ u_8+u_1+u_2+u_6 \end{bmatrix}=\begin{bmatrix} 0 \\ 0 \\ 0 \\ 0 \end{bmatrix}$$

因此，用 $\boldsymbol{B}_{\mathrm{f}}$ 表示的 KVL 方程为

$$\boxed{\boldsymbol{B}_{\mathrm{f}}\boldsymbol{U}_{\mathrm{b}}=\mathbf{0}} \tag{19-3-9}$$

(4) 用 $\boldsymbol{B}_{\mathrm{f}}$ 矩阵表示的 KCL 方程

与网孔电流相似，假想每个基本回路内有一个环流，支路电流可用这些环流表示。基本回路为单连支回路，环流就是连支电流，支路电流用连支电流表示。因为 $\boldsymbol{B}_{\mathrm{f}}$ 的一列表达一条支路同属于哪几个基本回路，所以，将 $\boldsymbol{B}_{\mathrm{f}}$ 的一列与连支电流列向量相乘，就是用连支电流表示支路电流。例如：将式（19-3-8）所示 $\boldsymbol{B}_{\mathrm{f}}$ 的转置 $\boldsymbol{B}_{\mathrm{f}}^{\mathrm{T}}$，左乘连支电流列向量 $\boldsymbol{I}_{\mathrm{l}}$，得到图 19-3-3 的支路电流列向量 $\boldsymbol{I}_{\mathrm{b}}$，具体为

$$\boldsymbol{B}_{\mathrm{f}}^{\mathrm{T}}\boldsymbol{I}_{\mathrm{l}}=\begin{array}{c} \\ l_3 \\ l_4 \\ l_5 \\ l_8 \end{array}\begin{array}{c} \begin{array}{cccccccc} b_3 & b_4 & b_5 & b_8 & b_1 & b_2 & b_6 & b_7 \end{array} \\ \left[\begin{array}{cccc:cccc} 1 & 0 & 0 & 0 & 0 & 0 & -1 & 1 \\ 0 & 1 & 0 & 0 & 1 & 1 & 1 & -1 \\ 0 & 0 & 1 & 0 & 0 & -1 & -1 & 0 \\ 0 & 0 & 0 & 1 & 1 & 1 & 1 & 0 \end{array}\right]^{\mathrm{T}} \end{array}\begin{bmatrix} i_3 \\ i_4 \\ i_5 \\ i_8 \end{bmatrix}=\begin{bmatrix} i_3 \\ i_4 \\ i_5 \\ i_8 \\ \hdashline i_4+i_8 \\ i_4-i_5+i_8 \\ -i_3+i_4-i_5+i_8 \\ i_3-i_4 \end{bmatrix}=\begin{bmatrix} i_3 \\ i_4 \\ i_5 \\ i_8 \\ \hdashline i_1 \\ i_2 \\ i_6 \\ i_7 \end{bmatrix}=\begin{bmatrix} \boldsymbol{I}_{\mathrm{l}} \\ \hdashline \boldsymbol{I}_{\mathrm{t}} \end{bmatrix}=I_{\mathrm{b}} \tag{19-3-10}$$

将式（19-3-10）与图 19-3-3 对照，式（19-3-10）中有 $i_4+i_8=i_1$，对应于图 19-3-3 中支路 1 同属于基本回路 l_4、l_8，且支路 1 的方向与 l_4 同向、与 l_8 同向，因此，支路 1 的电流用基本回路 l_4、

l_8 的电流表示，即 $i_1=i_4+i_8$。因此，用 $\boldsymbol{B}_f$ 表示的 KCL 方程为

$$\boxed{\boldsymbol{B}_f^T\boldsymbol{I}_l=\boldsymbol{I}_b} \tag{19-3-11}$$

将 $\boldsymbol{B}_f$、$\boldsymbol{I}_b$ 分成连支和树支分块，式（19-3-11）变为

$$[\boldsymbol{1}_l \vdots \boldsymbol{B}_{ft}]^T\boldsymbol{I}_l=\begin{bmatrix}\boldsymbol{1}_l\\ \text{----}\\ \boldsymbol{B}_{ft}^T\end{bmatrix}\boldsymbol{I}_l=\begin{bmatrix}\boldsymbol{I}_l\\ \text{----}\\ \boldsymbol{B}_{ft}^T\boldsymbol{I}_l\end{bmatrix}=\begin{bmatrix}\boldsymbol{I}_l\\ \text{----}\\ \boldsymbol{I}_t\end{bmatrix}$$

即有

$$\boxed{\boldsymbol{I}_t=\boldsymbol{B}_{ft}^T\boldsymbol{I}_l} \tag{19-3-12}$$

式（19-3-12）为树支电流与连支电流的关系，表明连支电流是独立变量，确定了连支电流，就可由 KCL 得到树支电流。用连支电流表示树支电流后，节点的 KCL 方程自动满足，即节点的 KCL 方程被式（19-3-11）取代了。

从 $\boldsymbol{B}_f$ 矩阵获得有向图的信息

树：	$\boldsymbol{B}_f$ 的一个最大非奇异子阵所包含的支路为一种连支，连支以外的支路是一种树，即有 $\lvert\boldsymbol{B}_{fl}\rvert=\pm1$。
树的种数：	一个有向图树的种数 $=\lvert\boldsymbol{B}_f\boldsymbol{B}_f^T\rvert$。
回路：	$\boldsymbol{B}_f$ 中的一行对应于一个基本回路，有公共支路的两行相加或相减而得的一行，对应于一个非基本回路。
KVL 方程：	$\boldsymbol{B}_f\boldsymbol{U}_b=\boldsymbol{0}$，$\boldsymbol{U}_b$ 为支路电压列向量。
KCL 方程：	$\boldsymbol{B}_f^T\boldsymbol{I}_l=\boldsymbol{I}_b$，$\boldsymbol{I}_b$ 为支路电流列向量，$\boldsymbol{I}_l$ 为连支电流列向量。
独立变量：	$\boldsymbol{I}_t=\boldsymbol{B}_{ft}^T\boldsymbol{I}_l$，连支电流 $\boldsymbol{I}_l$ 是一组独立变量。

目标 1 检测：能够用矩阵表示拓扑结构，能从矩阵中提取结构信息

测 19-5　测 19-5 图所示有向图中，蓝线为树支。（1）写出基本回路矩阵；（2）由基本回路矩阵证明支路 2、3、5 构成树；（3）由基本回路矩阵计算共有多少种树；（4）由基本回路矩阵证明：支路 2、3、4 构成回路，支路 1、3、5 构成回路；（5）写出用基本回路矩阵表示的 KVL、KCL 方程；（6）写出用连支电流表示树支电流的矩阵方程。

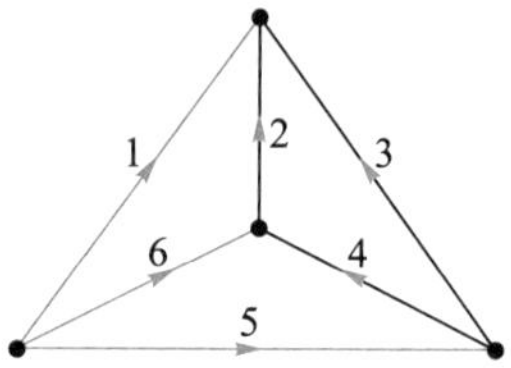

测 19-5 图

19.3.3 基本割集矩阵

（1）由有向图获得 $\boldsymbol{Q}_f$ 矩阵

有向图还有一种矩阵表示，就是支路与基本割集的关联矩阵 $\boldsymbol{Q}_f$，简称为基本割集矩阵。$\boldsymbol{Q}_f$ 的行号为基本割集编号、列号为支路编号，定义如下：

$$\boldsymbol{Q}_{\mathrm{f}}=\begin{matrix} \\ \\ c_i \\ \\ \end{matrix}\begin{bmatrix} & \overset{b_j}{\vdots} & \\ \cdots & q_{ij} & \cdots \\ & \vdots & \end{bmatrix},\quad q_{ij}=\begin{cases} 1; & \text{支路 } j \text{ 属于 } i \text{ 割集，与割集方向一致} \\ -1; & \text{支路 } j \text{ 属于 } i \text{ 割集，与割集方向相反} \\ 0; & \text{支路 } j \text{ 不属于 } i \text{ 割集} \end{cases}$$

对图 19-3-1 所示有向图选一种树，标出所有基本割集，如图 19-3-4 所示。在列写基本割集矩阵时，还是先连支、后树支，且由树支排列顺序决定基本割集的排列顺序，保证 $\boldsymbol{Q}_{\mathrm{f}}$ 中的树支分块为单位矩阵。照此规则，图 19-3-4 所示有向图的基本割集矩阵为

$$\boldsymbol{Q}_{\mathrm{f}}=\begin{matrix} \\ c_1 \\ c_2 \\ c_6 \\ c_7 \end{matrix}\begin{matrix} \begin{matrix} b_3 & b_4 & b_5 & b_8 & b_1 & b_2 & b_6 & b_7 \end{matrix} \\ \left[\begin{array}{cccc:cccc} 0 & -1 & 0 & -1 & 1 & 0 & 0 & 0 \\ 0 & -1 & 1 & -1 & 0 & 1 & 0 & 0 \\ 1 & -1 & 1 & -1 & 0 & 0 & 1 & 0 \\ -1 & 1 & 0 & 0 & 0 & 0 & 0 & 1 \end{array}\right] \end{matrix}=[\boldsymbol{Q}_{\mathrm{f}l} \vdots \boldsymbol{1}_{\mathrm{ft}}] \tag{19-3-13}$$

(2) 由 $\boldsymbol{Q}_{\mathrm{f}}$ 矩阵获得有向图的树

由 $\boldsymbol{Q}_{\mathrm{f}}$ 矩阵能确定哪些支路可以构成树。$\boldsymbol{Q}_{\mathrm{f}}$ 的树支分块为单位矩阵，表明树支分块是 $\boldsymbol{Q}_{\mathrm{f}}$ 的最大非奇异子阵。因此，$\boldsymbol{Q}_{\mathrm{f}}$ 的每一个最大非奇异子阵对应的支路是一种树，有向图树的种数等于行列式 $|\boldsymbol{Q}_{\mathrm{f}}\boldsymbol{Q}_{\mathrm{f}}^{\mathrm{T}}|$ 的值。

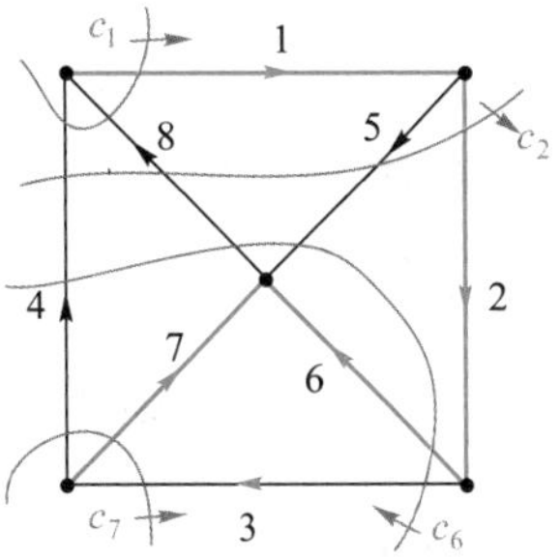

图 19-3-4　标明了基本割集的有向图

由 $\boldsymbol{Q}_{\mathrm{f}}$ 能确定哪些支路构成割集。非基本割集由基本割集组合而得，因此，将 $\boldsymbol{Q}_{\mathrm{f}}$ 中有公共支路的两行相加或相减，得到只包含 1、-1、0 三种元素的新的一行，这一行代表一个含两条树支的非基本割集。例如：将式(19-3-13)中 $\boldsymbol{Q}_{\mathrm{f}}$ 的第 1 行与第 2 行相减，得

$$\begin{matrix} \\ c_1-c_2 \end{matrix}\begin{matrix} \begin{matrix} b_3 & b_4 & b_5 & b_8 & b_1 & b_2 & b_6 & b_7 \end{matrix} \\ \left[\begin{array}{cccc:cccc} 0 & 0 & -1 & 0 & 1 & -1 & 0 & 0 \end{array}\right] \end{matrix}$$

表明支路 5、1、2 构成割集，用图 19-3-4 验证，结论正确。

(3) 用 $\boldsymbol{Q}_{\mathrm{f}}$ 矩阵表示的 KCL 方程

节点是割集的特例，故 $\boldsymbol{A}$ 是 $\boldsymbol{Q}_{\mathrm{f}}$ 的特例。$\boldsymbol{Q}_{\mathrm{f}}$ 的一行表达了一个基本割集所包含的支路，用 $\boldsymbol{Q}_{\mathrm{f}}$ 的一行与支路电流列向量 $\boldsymbol{I}_{\mathrm{b}}$ 相乘，得到的是一个基本割集的 KCL 方程。因此，用 $\boldsymbol{Q}_{\mathrm{f}}$ 表示的 KCL 方程为

$$\boxed{\boldsymbol{Q}_{\mathrm{f}}\boldsymbol{I}_{\mathrm{b}}=\boldsymbol{0}} \tag{19-3-14}$$

(4) 用 $\boldsymbol{Q}_{\mathrm{f}}$ 矩阵表示的 KVL 方程

与用 $\boldsymbol{A}$ 矩阵表示 KVL 方程类似，树支电压列向量与节点电位列向量相当，用 $\boldsymbol{Q}_{\mathrm{f}}$ 表示的 KVL 方程为

$$\boxed{\boldsymbol{Q}_{\mathrm{f}}^{\mathrm{T}}\boldsymbol{U}_{\mathrm{t}}=\boldsymbol{U}_{\mathrm{b}}} \tag{19-3-15}$$

$\boldsymbol{U}_{\mathrm{t}}$ 为树支电压列向量。例如：将式(19-3-13)中 $\boldsymbol{Q}_{\mathrm{f}}$ 的转置 $\boldsymbol{Q}_{\mathrm{f}}^{\mathrm{T}}$，左乘树支电压列向量 $\boldsymbol{U}_{\mathrm{t}}$，得

$$
\boldsymbol{Q}_f^{\mathrm T}\boldsymbol{U}_t=\begin{array}{c} \\ c_1\\ c_2\\ c_6\\ c_7\end{array}\begin{array}{c}\begin{array}{cccccccc} b_3 & b_4 & b_5 & b_8 & b_1 & b_2 & b_6 & b_7\end{array}\\ \left[\begin{array}{cccc:cccc} 0 & -1 & 0 & -1 & 1 & 0 & 0 & 0\\ 0 & -1 & 1 & -1 & 0 & 1 & 0 & 0\\ 1 & -1 & 1 & -1 & 0 & 0 & 1 & 0\\ -1 & 1 & 0 & 0 & 0 & 0 & 0 & 1\end{array}\right]^{\mathrm T}\end{array}\begin{bmatrix}u_1\\u_2\\u_6\\u_7\end{bmatrix}=\begin{bmatrix}u_6-u_7\\-u_1-u_2-u_6+u_7\\u_2+u_6\\-u_1-u_2-u_6\\\hdashline u_1\\u_2\\u_6\\u_7\end{bmatrix}=\begin{bmatrix}u_3\\u_4\\u_5\\u_8\\\hdashline u_1\\u_2\\u_6\\u_7\end{bmatrix}=\begin{bmatrix}\boldsymbol{U}_l\\\hdashline\boldsymbol{U}_t\end{bmatrix}=\boldsymbol{U}_b
$$

式中，$u_6-u_7=u_3$ 是一个基本回路的 KVL 方程，也就是说，式(19-3-15)取代了所有基本回路的 KVL 方程。

将式(19-3-15)中的 $\boldsymbol{Q}_f$、$\boldsymbol{U}_b$ 表示为连支、树支分块，有

$$
[\boldsymbol{Q}_{fl}\ \vdots\ \mathbf{1}_t]^{\mathrm T}\boldsymbol{U}_t=\begin{bmatrix}\boldsymbol{Q}_{fl}^{\mathrm T}\\\hdashline\boldsymbol{1}_t\end{bmatrix}\boldsymbol{U}_t=\begin{bmatrix}\boldsymbol{Q}_{fl}^{\mathrm T}\boldsymbol{U}_t\\\hdashline\boldsymbol{U}_t\end{bmatrix}=\begin{bmatrix}\boldsymbol{U}_l\\\hdashline\boldsymbol{U}_t\end{bmatrix}
$$

有

$$
\boxed{\boldsymbol{U}_l=\boldsymbol{Q}_{fl}^{\mathrm T}\boldsymbol{U}_t} \tag{19-3-16}
$$

式(19-3-16)为连支电压与树支电压的关系，树支电压是独立变量，确定了树支电压，就可由 KVL 得到连支电压。

从 Q_f 矩阵获得有向图的信息

树：	$\boldsymbol{Q}_f$ 的一个最大非奇异子阵所包含的支路为一种树，即有 $\lvert\boldsymbol{Q}_{ft}\rvert=\pm1$
树的种数：	一个有向图树的种数 $=\lvert\boldsymbol{Q}_f\boldsymbol{Q}_f^{\mathrm T}\rvert$。
割集：	$\boldsymbol{Q}_f$ 中的一行对应于一个基本割集，有公共支路的两行相加或相减而得的一行，对应于一个非基本割集。
KCL 方程：	$\boldsymbol{Q}_f\boldsymbol{I}_b=\mathbf{0}$，$\boldsymbol{I}_b$ 为支路电流列向量。
KVL 方程：	$\boldsymbol{Q}_f^{\mathrm T}\boldsymbol{U}_t=\boldsymbol{U}_b$，$\boldsymbol{U}_b$ 为支路电压列向量，$\boldsymbol{U}_t$ 为树支电压列向量。
独立变量：	$\boldsymbol{U}_l=\boldsymbol{Q}_{fl}^{\mathrm T}\boldsymbol{U}_t$，树支电压 $\boldsymbol{U}_t$ 是一组独立变量。

目标 1 检测：能用矩阵表示拓扑结构，能从矩阵中提取结构信息

测 19-6 测 19-6 图所示有向图中，蓝线为树支。(1)写出基本割集矩阵；(2)由基本割集矩阵证明支路 2、3、5 构成树；(3)由基本割集矩阵证明：支路 1、3、4、6 构成割集，支路 1、5、6 构成割集；(4)写出用基本割集矩阵表示的 KCL、KVL 方程；(5)写出用树支电压表示连支电压的矩阵方程。

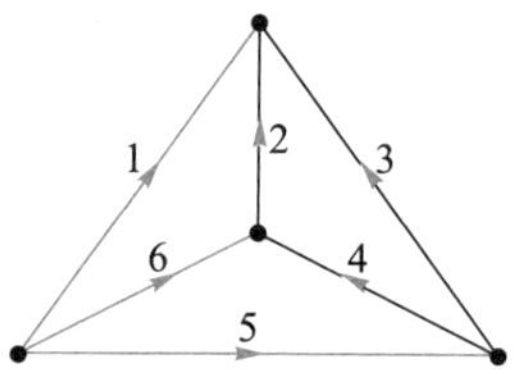

测 19-6 图

19.3.4 矩阵间的互换

分析节点数为几十甚至几百的复杂电路时，人工选树是难以完成的事。因此，首先形成 $\boldsymbol{A}$，

用计算方法由 $\boldsymbol{A}$ 得到 $\boldsymbol{B}_{\mathrm{f}}$ 与 $\boldsymbol{Q}_{\mathrm{f}}$。如何由 $\boldsymbol{A}$ 得到 $\boldsymbol{B}_{\mathrm{f}}$、$\boldsymbol{Q}_{\mathrm{f}}$ 呢？

(1) $\boldsymbol{A}$ 与 $\boldsymbol{Q}_{\mathrm{f}}$ 的关系

我们已经知道 $|\boldsymbol{A}_{\mathrm{t}}|=\pm1$，由此可以在 $\boldsymbol{A}$ 中找到一种树。假定已经找到了一种树，并将 $\boldsymbol{A}$ 写成连支、树支分块形式

$$\boldsymbol{A}=[\boldsymbol{A}_{\mathrm{l}} \,\vdots\, \boldsymbol{A}_{\mathrm{t}}] \tag{19-3-17}$$

$\boldsymbol{A}_{\mathrm{t}}$ 为非奇异方阵，逆矩阵 $\boldsymbol{A}_{\mathrm{t}}^{-1}$ 存在，$\boldsymbol{A}_{\mathrm{t}}^{-1}$ 是 $n-1$ 阶方阵，$\boldsymbol{A}$ 是 $(n-1)\times b$ 阶矩阵，有

$$\boldsymbol{A}_{\mathrm{t}}^{-1}\boldsymbol{A}=\boldsymbol{A}_{\mathrm{t}}^{-1}[\boldsymbol{A}_{\mathrm{l}} \,\vdots\, \boldsymbol{A}_{\mathrm{t}}]=[\boldsymbol{A}_{\mathrm{t}}^{-1}\boldsymbol{A}_{\mathrm{l}} \,\vdots\, \boldsymbol{A}_{\mathrm{t}}^{-1}\boldsymbol{A}_{\mathrm{t}}]=[\boldsymbol{A}_{\mathrm{t}}^{-1}\boldsymbol{A}_{\mathrm{l}} \,\vdots\, \boldsymbol{1}_{\mathrm{t}}]$$

$[\boldsymbol{A}_{\mathrm{t}}^{-1}\boldsymbol{A}_{\mathrm{l}} \,\vdots\, \boldsymbol{1}_{\mathrm{t}}]$ 就是基本割集矩阵，单位分块对应于树支。因此由 $\boldsymbol{A}$ 得到 $\boldsymbol{Q}_{\mathrm{f}}$ 的计算方法为

$$\boxed{\boldsymbol{Q}_{\mathrm{f}}=\boldsymbol{A}_{\mathrm{t}}^{-1}\boldsymbol{A}=[\boldsymbol{A}_{\mathrm{t}}^{-1}\boldsymbol{A}_{\mathrm{l}} \,\vdots\, \boldsymbol{1}_{\mathrm{t}}]=[\boldsymbol{Q}_{\mathrm{fl}} \,\vdots\, \boldsymbol{1}_{\mathrm{t}}]} \tag{19-3-18}$$

(2) $\boldsymbol{Q}_{\mathrm{f}}$ 与 $\boldsymbol{B}_{\mathrm{f}}$ 的关系

$\boldsymbol{Q}_{\mathrm{f}}$ 与 $\boldsymbol{B}_{\mathrm{f}}$ 的关系可由 KCL、KVL 方程导出。将前面已得到的矩阵形式的 KCL、KVL 方程归纳于表 19-3-1 中。

表 19-3-1 矩阵形式的 KCL、KVL 方程

KCL 方程	$\boldsymbol{A}\boldsymbol{I}_{\mathrm{b}}=\boldsymbol{0}$	$\boldsymbol{Q}_{\mathrm{f}}\boldsymbol{I}_{\mathrm{b}}=\boldsymbol{0}$	$\boldsymbol{B}_{\mathrm{f}}^{\mathrm{T}}\boldsymbol{I}_{\mathrm{l}}=\boldsymbol{I}_{\mathrm{b}}$
KVL 方程	$\boldsymbol{A}^{\mathrm{T}}\boldsymbol{U}_{\mathrm{n}}=\boldsymbol{U}_{\mathrm{b}}$	$\boldsymbol{Q}_{\mathrm{f}}^{\mathrm{T}}\boldsymbol{U}_{\mathrm{t}}=\boldsymbol{U}_{\mathrm{b}}$	$\boldsymbol{B}_{\mathrm{f}}\boldsymbol{U}_{\mathrm{b}}=\boldsymbol{0}$

联立 $\boldsymbol{Q}_{\mathrm{f}}\boldsymbol{I}_{\mathrm{b}}=\boldsymbol{0}$ 与 $\boldsymbol{B}_{\mathrm{f}}^{\mathrm{T}}\boldsymbol{I}_{\mathrm{l}}=\boldsymbol{I}_{\mathrm{b}}$，消除 $\boldsymbol{I}_{\mathrm{b}}$ 得

$$\boldsymbol{Q}_{\mathrm{f}}\boldsymbol{B}_{\mathrm{f}}^{\mathrm{T}}\boldsymbol{I}_{\mathrm{l}}=\boldsymbol{0}$$

连支电流列向量 $\boldsymbol{I}_{\mathrm{l}}$ 为独立变量，意味着 $\boldsymbol{I}_{\mathrm{l}}$ 取任何值都有 $\boldsymbol{Q}_{\mathrm{f}}\boldsymbol{B}_{\mathrm{f}}^{\mathrm{T}}\boldsymbol{I}_{\mathrm{l}}=\boldsymbol{0}$，因此

$$\boxed{\boldsymbol{Q}_{\mathrm{f}}\boldsymbol{B}_{\mathrm{f}}^{\mathrm{T}}=\boldsymbol{0}} \tag{19-3-19}$$

将 $\boldsymbol{Q}_{\mathrm{f}}$、$\boldsymbol{B}_{\mathrm{f}}$ 写成分块形式，上式变为

$$\boldsymbol{Q}_{\mathrm{f}}\boldsymbol{B}_{\mathrm{f}}^{\mathrm{T}}=[\boldsymbol{Q}_{\mathrm{fl}} \,\vdots\, \boldsymbol{1}_{\mathrm{t}}][\boldsymbol{1}_{\mathrm{l}} \,\vdots\, \boldsymbol{B}_{\mathrm{ft}}]^{\mathrm{T}}=[\boldsymbol{Q}_{\mathrm{fl}} \,\vdots\, \boldsymbol{1}_{\mathrm{t}}]\begin{bmatrix}\boldsymbol{1}_{\mathrm{l}}\\ \cdots\\ \boldsymbol{B}_{\mathrm{ft}}^{\mathrm{T}}\end{bmatrix}=\boldsymbol{Q}_{\mathrm{fl}}+\boldsymbol{B}_{\mathrm{ft}}^{\mathrm{T}}=\boldsymbol{0}$$

$\boldsymbol{Q}_{\mathrm{f}}$ 与 $\boldsymbol{B}_{\mathrm{f}}$ 的关系简化为

$$\boxed{\boldsymbol{Q}_{\mathrm{fl}}=-\boldsymbol{B}_{\mathrm{ft}}^{\mathrm{T}}} \quad 或 \quad \boxed{\boldsymbol{B}_{\mathrm{ft}}=-\boldsymbol{Q}_{\mathrm{fl}}^{\mathrm{T}}} \tag{19-3-20}$$

(3) $\boldsymbol{A}$ 与 $\boldsymbol{B}_{\mathrm{f}}$ 的关系

联立 $\boldsymbol{A}\boldsymbol{I}_{\mathrm{b}}=\boldsymbol{0}$ 与 $\boldsymbol{B}_{\mathrm{f}}^{\mathrm{T}}\boldsymbol{I}_{\mathrm{l}}=\boldsymbol{I}_{\mathrm{b}}$，消除 $\boldsymbol{I}_{\mathrm{b}}$ 得 $\boldsymbol{A}\boldsymbol{B}_{\mathrm{f}}^{\mathrm{T}}\boldsymbol{I}_{\mathrm{l}}=\boldsymbol{0}$，因此，$\boldsymbol{A}$ 与 $\boldsymbol{B}_{\mathrm{f}}$ 的关系为

$$\boxed{\boldsymbol{A}\boldsymbol{B}_{\mathrm{f}}^{\mathrm{T}}=\boldsymbol{0}} \tag{19-3-21}$$

将 $\boldsymbol{A}$、$\boldsymbol{B}_{\mathrm{f}}$ 写成分块形式，上式变为

$$\boldsymbol{A}\boldsymbol{B}_{\mathrm{f}}^{\mathrm{T}}=[\boldsymbol{A}_{\mathrm{l}} \,\vdots\, \boldsymbol{A}_{\mathrm{t}}][\boldsymbol{1}_{\mathrm{l}} \,\vdots\, \boldsymbol{B}_{\mathrm{ft}}]^{\mathrm{T}}=[\boldsymbol{A}_{\mathrm{l}} \,\vdots\, \boldsymbol{A}_{\mathrm{t}}]\begin{bmatrix}\boldsymbol{1}_{\mathrm{l}}\\ \cdots\\ \boldsymbol{B}_{\mathrm{ft}}^{\mathrm{T}}\end{bmatrix}=\boldsymbol{A}_{\mathrm{l}}+\boldsymbol{A}_{\mathrm{t}}\boldsymbol{B}_{\mathrm{ft}}^{\mathrm{T}}=\boldsymbol{0}$$

$\boldsymbol{A}$ 与 $\boldsymbol{B}_{\mathrm{f}}$ 的关系简化为

$$\boxed{\boldsymbol{B}_{\mathrm{ft}}^{\mathrm{T}}=-\boldsymbol{A}_{\mathrm{t}}^{-1}\boldsymbol{A}_{\mathrm{l}}} \tag{19-3-22}$$

各矩阵之间的转换关系如图 19-3-5 所示。

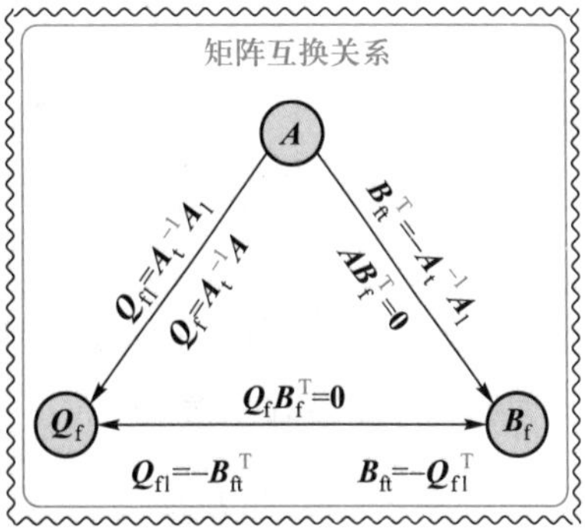

图 19-3-5 矩阵之间的转换关系

目标1检测:掌握矩阵之间的关系

测19-7 (1)用式(19-3-8)和式(19-3-13)验证 $\boldsymbol{Q}_{\mathrm{f}}$ 与 $\boldsymbol{B}_{\mathrm{f}}$ 的关系;(2)有向图的 $\boldsymbol{A}$ 矩阵如下,依据 $\boldsymbol{A}_{\mathrm{t}}$ 非奇异选定一种树,求该种树下的 $\boldsymbol{Q}_{\mathrm{f}}$,并由 $\boldsymbol{Q}_{\mathrm{f}}$ 确定 $\boldsymbol{B}_{\mathrm{f}}$。

$$\boldsymbol{A}=\begin{matrix} \\ n_1 \\ n_2 \\ n_3 \end{matrix}\begin{matrix} b_1 & b_2 & b_3 & b_4 & b_5 & b_6 \\ \end{matrix}\begin{bmatrix} -1 & -1 & -1 & 0 & 0 & 0 \\ 0 & 0 & 1 & 1 & -1 & 0 \\ 1 & 0 & 0 & 0 & 1 & 1 \end{bmatrix}$$

答案:用测19-4图检验结果。

19.4 稳态电路分析模型

我们已经知道,直流稳态电路、正弦稳态电路都可以用节点方程来分析。要用计算机程序来建立节点分析方程,必须有一套规范化的流程。为此,除了有矩阵形式的KCL、KVL方程外,还要提出规范化的支路和矩阵形式的支路 $u-i$ 关系。KCL、KVL方程,以及支路 $u-i$ 关系一起称为基本方程,最终求解电路的方程(如节点方程)称为电路分析方程。

19.4.1 基本方程的矩阵形式

KCL、KVL方程的矩阵形式在19.3节的讨论中陆续得出,并归纳于表19-3-1中。还需确定支路 $u-i$ 关系的矩阵形式。

(1) 不含受控源与耦合电感的标准支路

图19-4-1为不含受控源与耦合电感的标准支路,它包含了阻抗(导纳)支路、戴维南支路和诺顿支路。当 $\dot{U}_{sk}=0$、$\dot{I}_{sk}=0$ 时,为阻抗(导纳)支路;当 $\dot{U}_{sk}=0$、$\dot{I}_{sk}\neq 0$ 时,为诺顿支路;当 $\dot{U}_{sk}\neq 0$、$\dot{I}_{sk}=0$ 时,为戴维南支路。为便于理解,暂不考虑受控源和耦合电感。

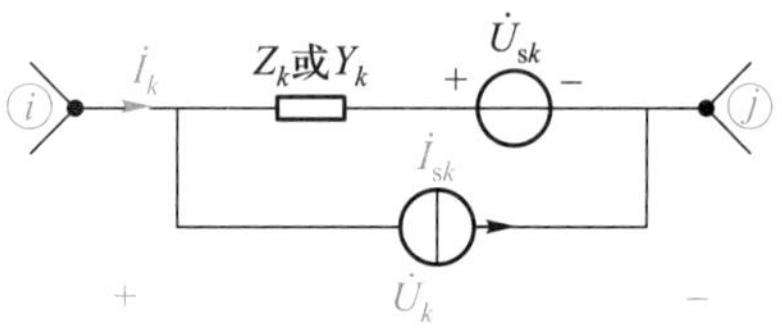

图19-4-1 不含受控源与耦合电感的标准支路

图19-4-1所示标准支路的 $u-i$ 关系为

$$\dot{U}_k=Z_k(\dot{I}_k-\dot{I}_{sk})+\dot{U}_{sk} \quad 或 \quad \dot{I}_k=Y_k(\dot{U}_k-\dot{U}_{sk})+\dot{I}_{sk} \tag{19-4-1}$$

电路共有 b 条支路,将它们的 $u-i$ 关系放到一个矩阵方程中,支路电压、支路电流、电压源、电流源表示成列向量,阻抗(导纳)表示为对角线矩阵,分别为

$$\boldsymbol{U}_{\mathrm{b}}=[\dot{U}_1 \quad \dot{U}_2 \quad \cdots \quad \dot{U}_{\mathrm{b}}]^{\mathrm{T}}, \quad \boldsymbol{I}_{\mathrm{b}}=[\dot{I}_1 \quad \dot{I}_2 \quad \cdots \quad \dot{I}_{\mathrm{b}}]^{\mathrm{T}}$$

$$\boldsymbol{U}_{\mathrm{sb}}=[\dot{U}_{\mathrm{s1}} \quad \dot{U}_{\mathrm{s2}} \quad \cdots \quad \dot{U}_{\mathrm{sb}}]^{\mathrm{T}}, \quad \boldsymbol{I}_{\mathrm{sb}}=[\dot{I}_{\mathrm{s1}} \quad \dot{I}_{\mathrm{s2}} \quad \cdots \quad \dot{I}_{\mathrm{sb}}]^{\mathrm{T}}$$

$$Z_b=\mathrm{diag}[Z_1 \quad Z_2 \quad \cdots \quad Z_b],\quad Y_b=\mathrm{diag}[Y_1 \quad Y_2 \quad \cdots \quad Y_b]$$

则支路 u-i 关系的矩阵形式为

$$\boxed{\boldsymbol{U}_b=\boldsymbol{Z}_b(\boldsymbol{I}_b-\boldsymbol{I}_{sb})+\boldsymbol{U}_{sb}} \tag{19-4-2}$$

或

$$\boxed{\boldsymbol{I}_b=\boldsymbol{Y}_b(\boldsymbol{U}_b-\boldsymbol{U}_{sb})+\boldsymbol{I}_{sb}} \tag{19-4-3}$$

$\boldsymbol{Z}_b$ 为支路阻抗矩阵，$\boldsymbol{Y}_b$ 为支路导纳矩阵，$\boldsymbol{Z}_b=\boldsymbol{Y}_b^{-1}$，均为对角线矩阵。

但是，电压源支路，即 $Z_k=0$、$\dot{I}_{sk}=0$ 的支路，由于 $Y_k\to\infty$ 而不能出现在式(19-4-3)中，存在电压源支路的电路只能采用式(19-4-2)。电流源支路，即 $Y_k=0$、$\dot{U}_{sk}=0$ 的支路，由于 $Z_k\to\infty$ 而不能出现在式(19-4-2)中，存在电流源支路的电路只能采用式(19-4-3)。

(2) 含耦合电感的标准支路

图 19-4-1 中，当支路 k 的 Z_k 与支路 h 的 Z_h 存在磁耦合且互感抗为 Z_{kh}时，式(19-4-2)中的 $\boldsymbol{Z}_b$ 不再是对角线矩阵。因为，两条耦合支路的电压包含互感电压，即有

$$\begin{cases}\dot{U}_k=Z_k(\dot{I}_k-\dot{I}_{sk})+\dot{U}_{sk}+Z_{kh}(\dot{I}_h-\dot{I}_{sh})\\ \dot{U}_h=Z_h(\dot{I}_h-\dot{I}_{sh})+\dot{U}_{sh}+Z_{kh}(\dot{I}_k-\dot{I}_{sk})\end{cases} \tag{19-4-4}$$

$\boldsymbol{Z}_b$ 中的第 k 行、第 h 列元素和第 h 行、第 k 列元素都为 Z_{kh}，Z_b 为对称矩阵。$\boldsymbol{Y}_b$ 由 $\boldsymbol{Z}_b^{-1}$ 得到。

例 19-4-1 写出图 19-4-2(a)所示电路 $\boldsymbol{U}_b=\boldsymbol{Z}_b(\boldsymbol{I}_b-\boldsymbol{I}_{sb})+\boldsymbol{U}_{sb}$和 $\boldsymbol{I}_b=\boldsymbol{Y}_b(\boldsymbol{U}_b-\boldsymbol{U}_{sb})+\boldsymbol{I}_{sb}$形式的支路 u-i 关系。

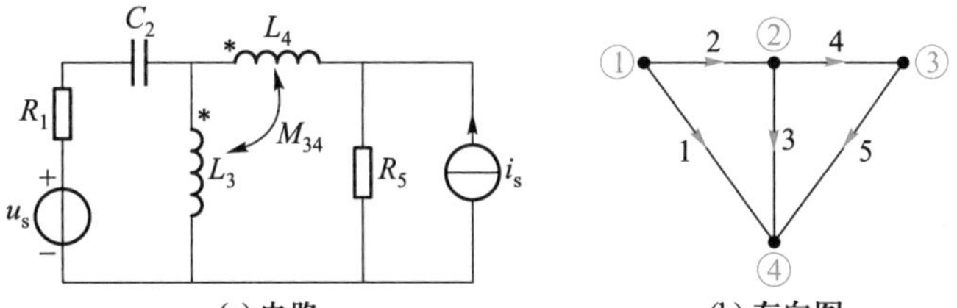

图 19-4-2 例 19-4-1 图

解：图 19-4-2(a)的有向图如图 19-4-2(b)所示，支路 1 为戴维南支路，支路 5 为诺顿支路。电压源的方向与支路 1 的方向一致，在 $\boldsymbol{U}_{sb}$中应取正；电流源的方向与支路 5 的方向相反，在 $\boldsymbol{I}_{sb}$中应取负。

$\boldsymbol{U}_b=\boldsymbol{Z}_b(\boldsymbol{I}_b-\boldsymbol{I}_{sb})+\boldsymbol{U}_{sb}$形式的方程为

$$\begin{bmatrix}\dot{U}_1\\ \dot{U}_2\\ \dot{U}_3\\ \dot{U}_4\\ \dot{U}_5\end{bmatrix}=\begin{bmatrix}R_1 & 0 & 0 & 0 & 0\\ 0 & (\mathrm{j}\omega C_2)^{-1} & 0 & 0 & 0\\ 0 & 0 & \mathrm{j}\omega L_3 & \mathrm{j}\omega M_{34} & 0\\ 0 & 0 & \mathrm{j}\omega M_{34} & \mathrm{j}\omega L_4 & 0\\ 0 & 0 & 0 & 0 & R_5\end{bmatrix}\left(\begin{bmatrix}\dot{I}_1\\ \dot{I}_2\\ \dot{I}_3\\ \dot{I}_4\\ \dot{I}_5\end{bmatrix}-\begin{bmatrix}0\\ 0\\ 0\\ 0\\ -\dot{I}_s\end{bmatrix}\right)+\begin{bmatrix}\dot{U}_s\\ 0\\ 0\\ 0\\ 0\end{bmatrix}$$

$\boldsymbol{I}_b=\boldsymbol{Y}_b(\boldsymbol{U}_b-\boldsymbol{U}_{sb})+\boldsymbol{I}_{sb}$形式的方程为

$$\begin{bmatrix}\dot I_1\\ \dot I_2\\ \dot I_3\\ \dot I_4\\ \dot I_5\end{bmatrix}=\begin{bmatrix}R_1 & 0 & 0 & 0 & 0\\ 0 & (\mathrm{j}\omega C_2)^{-1} & 0 & 0 & 0\\ 0 & 0 & \mathrm{j}\omega L_3 & \mathrm{j}\omega M_{34} & 0\\ 0 & 0 & \mathrm{j}\omega M_{34} & \mathrm{j}\omega L_4 & 0\\ 0 & 0 & 0 & 0 & R_5\end{bmatrix}^{-1}\left(\begin{bmatrix}\dot U_1\\ \dot U_2\\ \dot U_3\\ \dot U_4\\ \dot U_5\end{bmatrix}-\begin{bmatrix}\dot U_s\\ 0\\ 0\\ 0\\ 0\end{bmatrix}\right)+\begin{bmatrix}0\\ 0\\ 0\\ 0\\ -\dot I_s\end{bmatrix}$$

$$=\begin{bmatrix}R_1^{-1} & 0 & 0 & 0 & 0\\ 0 & \mathrm{j}\omega C_2 & 0 & 0 & 0\\ 0 & 0 & (\mathrm{j}\omega\Delta)^{-1}L_4 & -(\mathrm{j}\omega\Delta)^{-1}M_{34} & 0\\ 0 & 0 & -(\mathrm{j}\omega\Delta)^{-1}M_{34} & (\mathrm{j}\omega\Delta)^{-1}L_3 & 0\\ 0 & 0 & 0 & 0 & R_5^{-1}\end{bmatrix}\left(\begin{bmatrix}\dot U_1\\ \dot U_2\\ \dot U_3\\ \dot U_4\\ \dot U_5\end{bmatrix}-\begin{bmatrix}\dot U_s\\ 0\\ 0\\ 0\\ 0\end{bmatrix}\right)+\begin{bmatrix}0\\ 0\\ 0\\ 0\\ -\dot I_s\end{bmatrix}$$

其中 $\Delta=L_3L_4-M_{34}^2$。显然,含有耦合电感时,不便于得到 $\boldsymbol{I}_b=\boldsymbol{Y}_b(\boldsymbol{U}_b-\boldsymbol{U}_{sb})+\boldsymbol{I}_{sb}$形式的方程。

目标 2 检测:掌握标准支路 $u-i$ 关系的矩阵形式

测 19-8 对测 19-8 图所示电路:(1)画出有向图;(2)写出 $\boldsymbol{U}_b=\boldsymbol{Z}_b(\boldsymbol{I}_b-\boldsymbol{I}_{sb})+\boldsymbol{U}_{sb}$和 $\boldsymbol{I}_b=\boldsymbol{Y}_b(\boldsymbol{U}_b-\boldsymbol{U}_{sb})+\boldsymbol{I}_{sb}$形式的支路 $u-i$ 关系。正弦电源 u_s、i_s 的角频率为 ω。

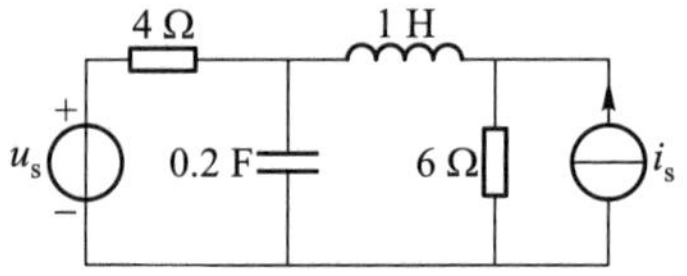

测 19-8 图

---

(3)含受控电流源的标准支路

图 19-4-3 为含受控电流源的标准支路。k 支路的受控电流源由 h 支路的阻抗或导纳元件的电流 $\dot I_{zh}$控制(为 CCCS 时),或电压 $\dot U_{zh}$控制(为 VCCS 时),h 支路自身没有受控电源,即

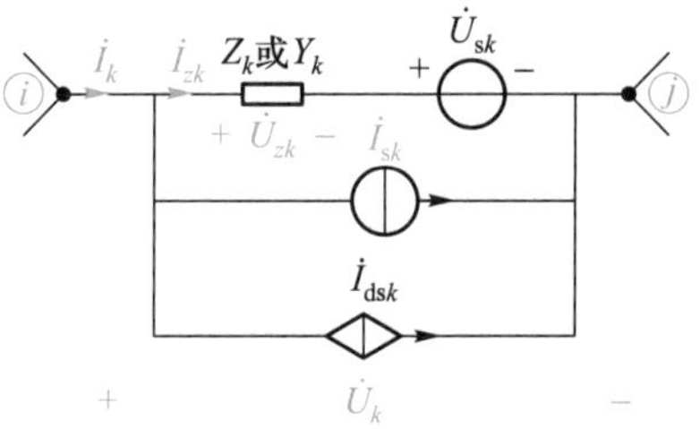

图 19-4-3 含受控电流源的标准支路

$$\dot I_{dsk}=\beta_{kh}\dot I_{zh}=\beta_{kh}Y_h(\dot U_h-\dot U_{sh})\quad(\text{为 CCCS 时})$$

$$\dot I_{dsk}=g_{kh}\dot U_{zh}=g_{kh}(\dot U_h-\dot U_{sh})\quad(\text{为 VCCS 时})$$

k 支路的方程为

$$\dot I_k=Y_k(\dot U_k-\dot U_{sk})+\dot I_{sk}+\dot I_{dsk}=Y_k(\dot U_k-\dot U_{sk})+\beta_{kh}Y_h(\dot U_h-\dot U_{sh})+\dot I_{sk}\quad(\text{为 CCCS 时})$$

$$\dot I_k=Y_k(\dot U_k-\dot U_{sk})+\dot I_{sk}+\dot I_{dsk}=Y_k(\dot U_k-\dot U_{sk})+g_{kh}(\dot U_h-\dot U_{sh})+\dot I_{sk}\quad(\text{为 VCCS 时})$$

因此,支路导纳矩阵 $\boldsymbol{Y}_b$ 的第 k 行中:第 k 列元素为 Y_k、第 h 列元素为 $\beta_{kh}Y_h$(为 CCCS 时)或 g_{kh}(为 VCCS 时)。$\boldsymbol{Y}_b$ 既不是对角线矩阵,也不是对称矩阵。

(4) 含受控电压源的标准支路

图 19-4-4 为含受控电压源的标准支路。还是 k 支路的受控电压源由 h 支路的阻抗或导纳元件的电压 $\dot{U}_{zh}$控制(为 VCVS 时),或电流 $\dot{I}_{zh}$控制(为 CCVS 时),h 支路自身没有受控电源,即有

$$\dot{U}_{dsk}=\alpha_{kh}\dot{U}_{zh}=\alpha_{kh}Z_h(\dot{I}_h-\dot{I}_{sh})\qquad(\text{为 VCVS 时})$$

$$\dot{U}_{dsk}=r_{kh}\dot{I}_{zh}=r_{kh}(\dot{I}_h-\dot{I}_{sh})\qquad(\text{为 CCVS 时})$$

k 支路的 $u-i$ 关系为

$$\dot{U}_k=Z_k(\dot{I}_k-\dot{I}_{sk})+\dot{U}_{sk}+\dot{U}_{dsk}=Z_k(\dot{I}_k-\dot{I}_{sk})+\alpha_{kh}Z_h(\dot{I}_h-\dot{I}_{sh})+\dot{U}_{sk}\qquad(\text{为 VCVS 时})$$

$$\dot{U}_k=Z_k(\dot{I}_k-\dot{I}_{sk})+\dot{U}_{sk}+\dot{U}_{dsk}=Z_k(\dot{I}_k-\dot{I}_{sk})+r_{kh}(\dot{I}_h-\dot{I}_{sh})+\dot{U}_{sk}\qquad(\text{为 CCVS 时})$$

因此,支路阻抗矩阵 $\boldsymbol{Z}_b$ 的第 k 行中:第 k 列元素为 Z_k、第 h 列元素为 $\alpha_{kh}Z_h$(为 VCVS 时)或 r_{kh}(为 CCVS 时)。$\boldsymbol{Z}_b$ 既不是对角线矩阵,也不是对称矩阵。

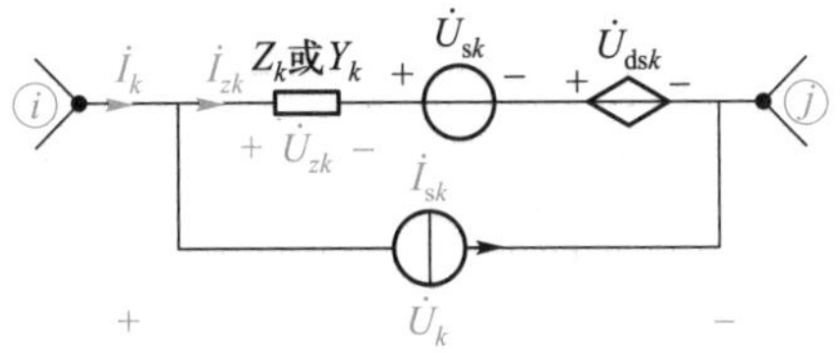

图 19-4-4 含受控电压源的标准支路

以上分析可知:若要写 $\boldsymbol{I}_b=\boldsymbol{Y}_b(\boldsymbol{U}_b-\boldsymbol{U}_{sb})+\boldsymbol{I}_{sb}$形式的支路 $u-i$ 关系,应该将电路中的受控电压源都变换成受控电流源;要写 $\boldsymbol{U}_b=\boldsymbol{Z}_b(\boldsymbol{I}_b-\boldsymbol{I}_{sb})+\boldsymbol{U}_{sb}$形式的 $u-i$ 关系,应将电路中的受控电流源都变换成受控电压源。

例 19-4-2 图 19-4-5(a)所示稳态电路中,$i_{s1}=4\cos(2t+45°)$ A,$i_{s2}=2\cos(2t+60°)$ A,$u_{s1}=10\cos(2t+30°)$ V,$u_{s2}=20\cos 2t$ V。写出 $\boldsymbol{I}_b=\boldsymbol{Y}_b(\boldsymbol{U}_b-\boldsymbol{U}_{sb})+\boldsymbol{I}_{sb}$形式的支路 $u-i$ 关系。

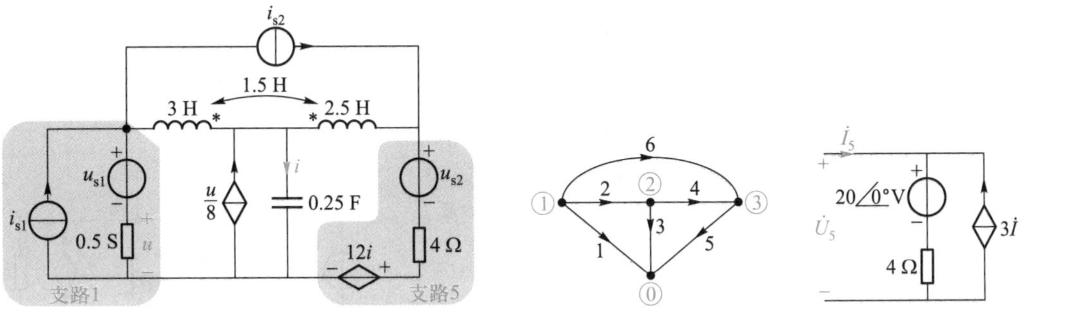

(a) 原电路　(b) 有向图　(c) 支路5的等效电路

图 19-4-5 例 19-4-2 图

解:图 19-4-5(a)的有向图如图 19-4-5(b)所示。列写 $\boldsymbol{I}_b=\boldsymbol{Y}_b(\boldsymbol{U}_b-\boldsymbol{U}_{sb})+\boldsymbol{I}_{sb}$形式的支路$u-i$关系时,受控电压源要预先转换成受控电流源。支路 5 等效变换为图 19-4-5(c)所示。

耦合电感也需要预先处理。图 19-4-5(a)中,耦合电感在有向图指定的参考方向下是削弱型耦合,$u-i$ 关系为

$$\begin{bmatrix}\dot{U}_2\\\dot{U}_4\end{bmatrix}=\begin{bmatrix}\text{j}6&-\text{j}3\\-\text{j}3&\text{j}5\end{bmatrix}\begin{bmatrix}\dot{I}_2\\\dot{I}_4\end{bmatrix}$$

通过矩阵求逆,转换为用电压表示电流的形式,即

$$\begin{bmatrix}\dot I_2\\ \dot I_4\end{bmatrix}=\begin{bmatrix}j6 & -j3\\ -j3 & j5\end{bmatrix}^{-1}\begin{bmatrix}\dot U_2\\ \dot U_4\end{bmatrix}=\frac{1}{\begin{vmatrix}j6 & -j3\\ -j3 & j5\end{vmatrix}}\begin{bmatrix}j5 & j3\\ j3 & j6\end{bmatrix}\begin{bmatrix}\dot U_2\\ \dot U_4\end{bmatrix}=\frac{1}{-30+9}\begin{bmatrix}j5 & j3\\ j3 & j6\end{bmatrix}\begin{bmatrix}\dot U_2\\ \dot U_4\end{bmatrix}$$

$$=\begin{bmatrix}\frac{1}{j4.2} & \frac{1}{j7}\\ \frac{1}{j7} & \frac{1}{j3.5}\end{bmatrix}\begin{bmatrix}\dot U_2\\ \dot U_4\end{bmatrix}$$

$\boldsymbol{I}_b=\boldsymbol{Y}_b(\boldsymbol{U}_b-\boldsymbol{U}_{sb})+\boldsymbol{I}_{sb}$形式的 $u-i$ 关系为

$$\begin{bmatrix}\dot I_1\\ \dot I_2\\ \dot I_3\\ \dot I_4\\ \dot I_5\\ \dot I_6\end{bmatrix}=\begin{bmatrix}\frac{1}{2} & 0 & 0 & 0 & 0 & 0\\ 0 & \frac{1}{j4.2} & 0 & \frac{1}{j7} & 0 & 0\\ -\frac{1}{8} & 0 & \frac{1}{-j2} & 0 & 0 & 0\\ 0 & \frac{1}{j7} & 0 & \frac{1}{j3.5} & 0 & 0\\ 0 & 0 & -3\times\frac{1}{-j2} & 0 & \frac{1}{4} & 0\\ 0 & 0 & 0 & 0 & 0 & 0\end{bmatrix}\left(\begin{bmatrix}\dot U_1\\ \dot U_2\\ \dot U_3\\ \dot U_4\\ \dot U_5\\ \dot U_6\end{bmatrix}-\begin{bmatrix}10\angle 30^\circ\\ 0\\ 0\\ 0\\ 20\angle 0^\circ\\ 0\end{bmatrix}\right)+\begin{bmatrix}-4\angle 45^\circ\\ 0\\ 0\\ 0\\ 0\\ 2\angle 60^\circ\end{bmatrix}$$

支路 3 的 VCCS，$g_{31}=-\frac{1}{8}$，对应于 $\boldsymbol{Y}_b$ 中的第 3 行、第 1 列的元素。支路 5 的 CCCS，$\alpha_{53}\boldsymbol{Y}_3=-3\times\frac{1}{-j2}$，对应于 $\boldsymbol{Y}_b$ 中的第 5 行、第 3 列的元素。

目标 2 检测：掌握标准支路 $u-i$ 关系的矩阵形式

测 19-9　测 19-9 图所示电路中，$u_s=20\cos(2t+90^\circ)$ V，$i_s=5\cos 2t$ A。写出 $\boldsymbol{I}_b=\boldsymbol{Y}_b(\boldsymbol{U}_b-\boldsymbol{U}_{sb})+\boldsymbol{I}_{sb}$形式的 $u-i$ 关系。

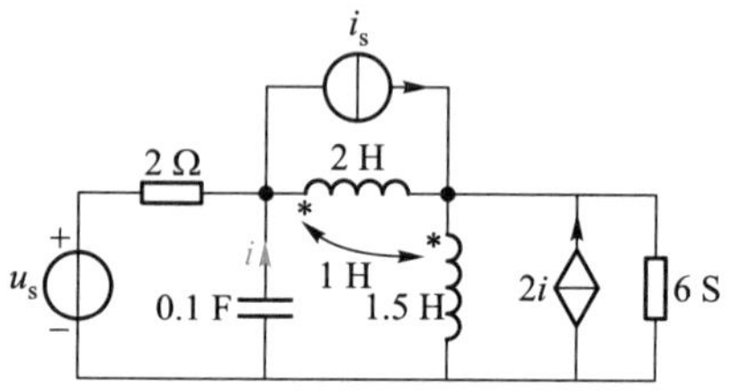

测 19-9 图

19.4.2 节点分析法

节点分析法以节点电位为变量列写方程。由 $\boldsymbol{A}$ 表示的 KCL、KVL，以及支路 $u-i$ 关系为

$$\begin{cases}\boldsymbol{A}\boldsymbol{I}_b=0 & \text{(KCL)}\\ \boldsymbol{A}^T\boldsymbol{U}_n=\boldsymbol{U}_b & \text{(KVL)}\\ \boldsymbol{I}_b=\boldsymbol{Y}_b(\boldsymbol{U}_b-\boldsymbol{U}_{sb})+\boldsymbol{I}_{sb} & (u-i\text{ 关系})\end{cases}\tag{19-4-5}$$

从中消除 $\boldsymbol{U}_b$、$\boldsymbol{I}_b$ 得到节点分析方程，为

$$\boxed{\boldsymbol{A}\boldsymbol{Y}_b\boldsymbol{A}^T\boldsymbol{U}_n=\boldsymbol{A}(\boldsymbol{Y}_b\boldsymbol{U}_{sb}-\boldsymbol{I}_{sb})} \tag{19-4-6}$$

令 $\boldsymbol{Y}_n=\boldsymbol{A}\boldsymbol{Y}_b\boldsymbol{A}^T$，$\boldsymbol{Y}_n$ 就是节点导纳矩阵，其主对角线元素为节点自导纳、其他元素为节点互导纳；令 $\boldsymbol{I}_{sn}=\boldsymbol{A}(\boldsymbol{Y}_b\boldsymbol{U}_{sb}-\boldsymbol{I}_{sb})$，$\boldsymbol{I}_{sn}$ 为节点电流源列向量。式(19-4-6)写为

$$\boldsymbol{Y}_n\boldsymbol{U}_n=\boldsymbol{I}_{sn} \tag{19-4-7}$$

通过矩阵运算获得式(19-4-7)的方法，可编写成计算机程序，称为节点方程的系统列写法。系统列写法不适用于有电压源支路的电路，因为电压源支路的 $Y_k\to\infty$，且要预先将受控电压源转换为受控电流源。

节点分析法的程序流程如图 19-4-6 所示。支路信息包括：支路编号、支路的起始节点（即支路方向离开的节点）编号和终止节点编号、支路阻抗或导纳元件的参数、电压源和电流源的数值以及支路与其他支路的耦合情况。图 19-4-5(a)所示电路可以采用表 19-4-1 形式的支路信息表。

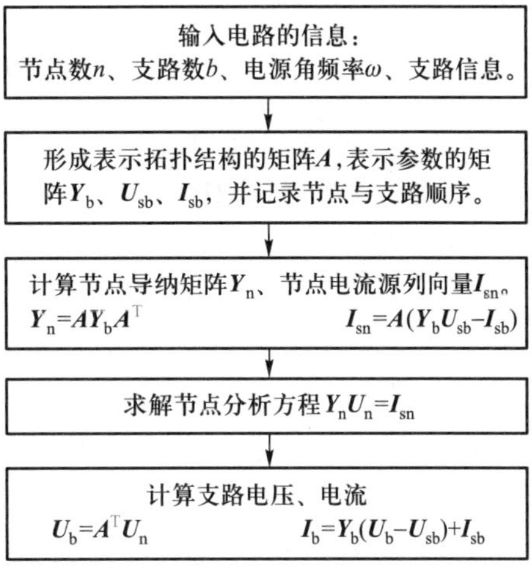

图 19-4-6 节点分析法程序流程

表 19-4-1 图 19-4-5(a)所示电路的支路信息表（物理量为国际单位）

支路编号	起始节点	终止节点	无源元件类型	无源元件参数	耦合类型	耦合支路号	耦合参数	电压源		电流源	
								幅值	相位°	幅值	相位°
1	1	0	G	0.5	0 无耦合	0	0	10	30	−4	45
2	1	2	L	3	M 互感	4	−1.5	0	0	0	0
3	2	0	C	0.25	VCCS	1	−0.125	0	0	0	0
4	2	3	L	2.5	M 互感	2	−1.5	0	0	0	0
5	3	0	R	4	CCCS	3	−3	20	0	0	0
6	1	3	G	0	0	0	0	0	0	2	60

目标 3 检测：掌握节点法的计算机辅助分析流程

测 19-10 对测 19-9 图所示电路：(1)设计支路信息表；(2)设计程序流程；(3)形成 $\boldsymbol{A}$、$\boldsymbol{Y}_b$、$\boldsymbol{U}_{sb}$、$\boldsymbol{I}_{sb}$ 矩阵，计算 $\boldsymbol{Y}_n$、$\boldsymbol{I}_{sn}$；(4)求解方程，得出 $\boldsymbol{U}_n$、$\boldsymbol{U}_b$ 和 $\boldsymbol{I}_b$；(5)尝试在 MATLAB 中编制程序，实现(3)、(4)。

*19.4.3 基本割集分析法

基本割集分析法以树支电压为变量列写方程。由 $\boldsymbol{Q}_f$ 表示的 KCL、KVL，及支路 u-i 关系为

$$\begin{cases} \boldsymbol{Q}_{\mathrm{f}}\boldsymbol{I}_{\mathrm{b}}=0 & (\mathrm{KCL}) \\ \boldsymbol{Q}_{\mathrm{f}}^{\mathrm{T}}\boldsymbol{U}_{\mathrm{t}}=\boldsymbol{U}_{\mathrm{b}} & (\mathrm{KVL}) \\ \boldsymbol{I}_{\mathrm{b}}=\boldsymbol{Y}_{\mathrm{b}}(\boldsymbol{U}_{\mathrm{b}}-\boldsymbol{U}_{\mathrm{sb}})+\boldsymbol{I}_{\mathrm{sb}} & (u-i\text{ 关系}) \end{cases} \tag{19-4-8}$$

从中消除 $\boldsymbol{U}_{\mathrm{b}}$、$\boldsymbol{I}_{\mathrm{b}}$ 得到基本割集分析方程，为

$$\boxed{\boldsymbol{Q}_{\mathrm{f}}\boldsymbol{Y}_{\mathrm{b}}\boldsymbol{Q}_{\mathrm{f}}^{\mathrm{T}}\boldsymbol{U}_{\mathrm{t}}=\boldsymbol{Q}_{\mathrm{f}}(\boldsymbol{Y}_{\mathrm{b}}\boldsymbol{U}_{\mathrm{sb}}-\boldsymbol{I}_{\mathrm{sb}})} \tag{19-4-9}$$

令 $\boldsymbol{Y}_{\mathrm{c}}=\boldsymbol{Q}_{\mathrm{f}}\boldsymbol{Y}_{\mathrm{b}}\boldsymbol{Q}_{\mathrm{f}}^{\mathrm{T}}$，$\boldsymbol{Y}_{\mathrm{c}}$ 为 $n-1$ 阶方阵，称为割集导纳矩阵，其主对角线元素为割集自导纳、其他元素为割集互导纳；令 $\boldsymbol{I}_{\mathrm{sc}}=\boldsymbol{Q}_{\mathrm{f}}(\boldsymbol{Y}_{\mathrm{b}}\boldsymbol{U}_{\mathrm{sb}}-\boldsymbol{I}_{\mathrm{sb}})$，$\boldsymbol{I}_{\mathrm{sc}}$ 为 $n-1$ 阶列向量，称为割集电流源列向量。式(19-4-9)写为

$$\boldsymbol{Y}_{\mathrm{c}}\boldsymbol{U}_{\mathrm{t}}=\boldsymbol{I}_{\mathrm{sc}} \tag{19-4-10}$$

由于节点是割集的特例，因此，割集分析方程和节点分析方程具有高度的一致性。对比式(19-4-6)和式(19-4-9)，存在 $\boldsymbol{Q}_{\mathrm{f}}\leftrightarrow\boldsymbol{A}$、$\boldsymbol{U}_{\mathrm{t}}\leftrightarrow\boldsymbol{U}_{\mathrm{n}}$ 的互换关系。与节点分析法类似，割集分析法也不能分析含有电压源支路的电路，也要预先将受控电压源转换为受控电流源。割集分析法的程序流程如图 19-4-7 所示。

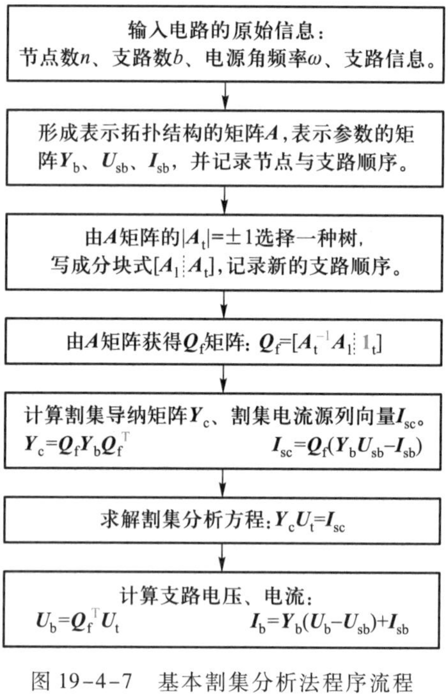

图 19-4-7 基本割集分析法程序流程

*19.4.4 基本回路分析法

基本回路分析法以连支电流为变量列写方程。由 $\boldsymbol{B}_{\mathrm{f}}$ 表示的 KCL、KVL 及支路 $u-i$ 关系为

$$\begin{cases} \boldsymbol{B}_{\mathrm{f}}^{\mathrm{T}}\boldsymbol{I}_{\mathrm{l}}=\boldsymbol{I}_{\mathrm{b}} & (\mathrm{KCL}) \\ \boldsymbol{B}_{\mathrm{f}}\boldsymbol{U}_{\mathrm{b}}=\boldsymbol{0} & (\mathrm{KVL}) \\ \boldsymbol{U}_{\mathrm{b}}=\boldsymbol{Z}_{\mathrm{b}}(\boldsymbol{I}_{\mathrm{b}}-\boldsymbol{I}_{\mathrm{sb}})+\boldsymbol{U}_{\mathrm{sb}} & (u-i\text{ 关系}) \end{cases} \tag{19-4-11}$$

从中消除 $\boldsymbol{U}_{\mathrm{b}}$、$\boldsymbol{I}_{\mathrm{b}}$ 得到基本回路分析方程，为

$$\boxed{\boldsymbol{B}_{\mathrm{f}}Z_{\mathrm{b}}\boldsymbol{B}_{\mathrm{f}}^{\mathrm{T}}\boldsymbol{I}_{\mathrm{l}}=\boldsymbol{B}_{\mathrm{f}}(Z_{\mathrm{b}}\boldsymbol{I}_{\mathrm{sb}}-\boldsymbol{U}_{\mathrm{sb}})} \tag{19-4-12}$$

令 $\boldsymbol{Z}_{\mathrm{l}}=\boldsymbol{B}_{\mathrm{f}}\boldsymbol{Z}_{\mathrm{b}}\boldsymbol{B}_{\mathrm{f}}^{\mathrm{T}}$，$\boldsymbol{Z}_{\mathrm{l}}$ 为 $b-n+1$ 阶方阵，称为回路阻抗矩阵，其主对角线元素为回路自阻抗、其他元素为回路互阻抗；令 $\boldsymbol{U}_{\mathrm{sl}}=\boldsymbol{B}_{\mathrm{f}}(\boldsymbol{Z}_{\mathrm{b}}\boldsymbol{I}_{\mathrm{sb}}-\boldsymbol{U}_{\mathrm{sb}})$，$\boldsymbol{U}_{\mathrm{sl}}$ 为 $b-n+1$ 阶列向量，称为回路电压源列向量。式(19-4-12)写为

$$\boldsymbol{Z}_{\mathrm{l}}\boldsymbol{I}_{\mathrm{l}}=\boldsymbol{U}_{\mathrm{sl}} \tag{19-4-13}$$

基本回路和基本割集是两个对偶的概念，因此，基本回路分析方程与基本割集分析方程具有对偶性。对比式(19-4-9)和式(19-4-12)，存在 $\boldsymbol{Q}_{\mathrm{f}}\leftrightarrow\boldsymbol{B}_{\mathrm{f}}$、$\boldsymbol{U}_{\mathrm{t}}\leftrightarrow\boldsymbol{I}_{\mathrm{l}}$、$\boldsymbol{Y}_{\mathrm{b}}\leftrightarrow\boldsymbol{Z}_{\mathrm{b}}$、$\boldsymbol{I}_{\mathrm{sb}}\leftrightarrow\boldsymbol{U}_{\mathrm{sb}}$、$\boldsymbol{U}_{\mathrm{sb}}\leftrightarrow\boldsymbol{I}_{\mathrm{sb}}$ 的对偶关系。由于电流源支路有 $Z_k=\infty$，基本回路分析法不能分析含有电流源支路的电路，且要预先将受控电流源转换为受控电压源。基本回路分析法的程序流程如图 19-4-8 所示。

19.4.5 节点列表分析法

相对于基本回路分析法与基本割集分析法，节点分析法不需要选树，最易实现，而且，通常节点方程也是维数最少的方程。因此，节点分析法是电路计算机辅助分析的主流方法。但是，节点分析法存在以下不足：(1) 电路中不能存在电压源支路；(2) 需要对耦合电感进行预处理；(3) 受控源只能以受控电流源形式存在。

节点列表法则能克服节点分析法的不足，对电路没有任何限制。但是，它与节点分析法相比，方程数目大大增加，因而要占用更多的计算机内存、耗费更长的计算时间。

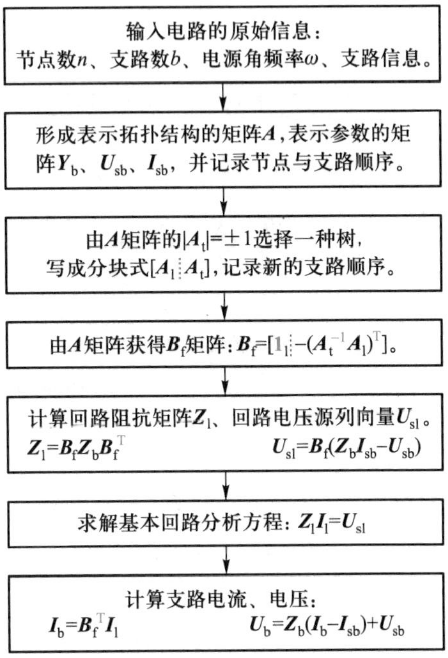

图 19-4-8 基本回路分析法程序流程

(1) 节点列表法的支路 u-i 关系

节点列表法以 1 个元件为 1 条支路，节点分析时的 1 条标准支路变成多条支路，如图 19-4-9 所示，标准支路分解成阻抗(导纳)支路 b_k、电压源支路 b_h 和电流源支路 b_p。

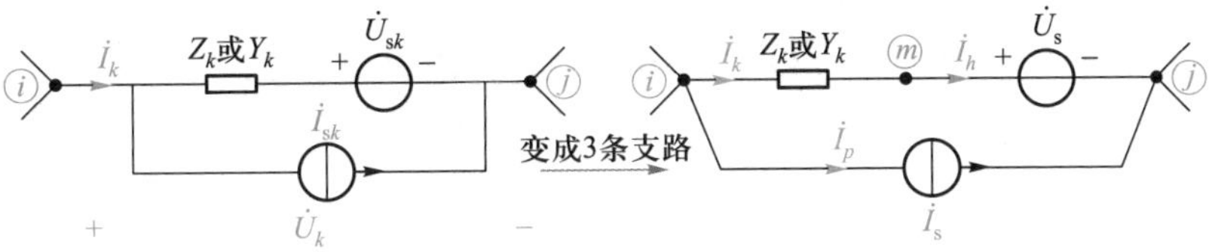

图 19-4-9 节点列表法的支路

节点列表法采用的矩阵形式的支路 u-i 关系为

$$\boldsymbol{F}\boldsymbol{U}_b+\boldsymbol{H}\boldsymbol{I}_b=\boldsymbol{U}_{sb}+\boldsymbol{I}_{sb} \tag{19-4-14}$$

这个矩阵方程能包容任何电路元件的 u-i 关系。图 19-4-9 中，阻抗(导纳)支路 b_k、电压源支路 b_h、电流源支路 b_p 的 u-i 关系及其在 $\boldsymbol{F}\boldsymbol{U}_b+\boldsymbol{H}\boldsymbol{I}_b=\boldsymbol{U}_{sb}+\boldsymbol{I}_{sb}$ 中对应的元素如下。

阻抗支路：$(-1)\dot{U}_k+Z_k\dot{I}_k=0+0$；放在 $\boldsymbol{F}$、$\boldsymbol{H}$、$\boldsymbol{U}_{sb}$、$\boldsymbol{I}_{sb}$ 中的第 k 行，$\boldsymbol{F}(kk)=-1$，$\boldsymbol{H}(kk)=Z_k$，$\boldsymbol{U}_{sb}(k)=0$，$\boldsymbol{I}_{sb}(k)=0$，该行的其他元素都为零。$\boldsymbol{F}(kk)$ 表示 $\boldsymbol{F}$ 的第 k 行、第 k 列的元素，余同。

导纳支路：$Y_k\dot{U}_k+(-1)\dot{I}_k=0+0$，放在 $\boldsymbol{F}$、$\boldsymbol{H}$、$\boldsymbol{U}_{sb}$、$\boldsymbol{I}_{sb}$ 中的第 k 行，$\boldsymbol{F}(kk)=\boldsymbol{Y}_k$，$\boldsymbol{H}(kk)=-1$，$\boldsymbol{U}_{sb}(k)=0$，$\boldsymbol{I}_{sb}(k)=0$，该行的其他元素都为零。

电压源支路：$\dot{U}_h+0\dot{I}_h=\dot{U}_s+0$；放在 $\boldsymbol{F}$、$\boldsymbol{H}$、$\boldsymbol{U}_{sb}$、$\boldsymbol{I}_{sb}$ 中的第 h 行，$\boldsymbol{F}(hh)=1$，$\boldsymbol{H}(hh)=0$，$\boldsymbol{U}_{sb}(h)=\dot{U}_s$，$\boldsymbol{I}_{sb}(h)=0$，该行的其他元素都为零。

电流源支路：$0\dot{U}_p+\dot{I}_p=0+\dot{I}_s$；放在 $\boldsymbol{F}$、$\boldsymbol{H}$、$\boldsymbol{U}_{sb}$、$\boldsymbol{I}_{sb}$ 中的第 p 行，$\boldsymbol{F}(pp)=0$，$\boldsymbol{H}(pp)=1$，$\boldsymbol{U}_{sb}(p)=0$，$\boldsymbol{I}_{sb}(p)=\dot{I}_s$，该行的其他元素都为零。

耦合支路包括受控源、耦合电感、理想变压器,如图 19-4-10 所示。支路电压、电流默认为关联参考方向。耦合电感的自感抗为 Z_k 和 Z_h、互感抗为 Z_{kh}。这些支路的 $u-i$ 关系及其在 $\boldsymbol{FU}_b+\boldsymbol{HI}_b=\boldsymbol{U}_{sb}+\boldsymbol{I}_{sb}$ 中对应的元素具体如下。

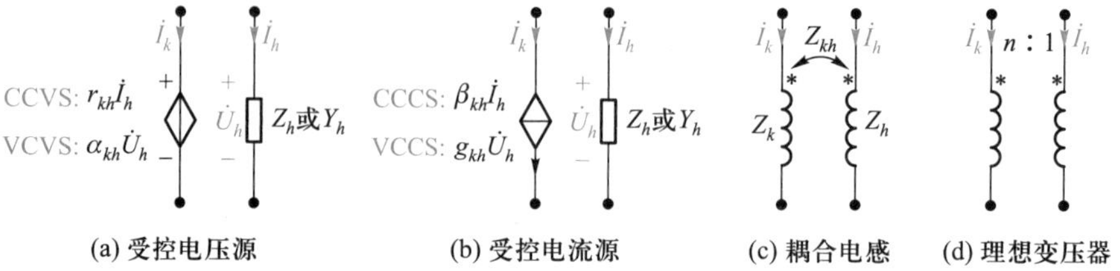

图 19-4-10 节点列表法的耦合支路

VCVS 支路:$(-1)\dot{U}_k+\alpha_{kh}\dot{U}_h+0\dot{I}_k=0+0$;放在 $\boldsymbol{F}$、$\boldsymbol{H}$、$\boldsymbol{U}_{sb}$、$\boldsymbol{I}_{sb}$ 中的第 k 行,$\boldsymbol{F}(kk)=-1$、$\boldsymbol{F}(kh)=\alpha_{kh}$,$\boldsymbol{H}(kk)=0$,$\boldsymbol{U}_{sb}(k)=0$,$\boldsymbol{I}_{sb}(k)=0$,该行的其他元素都为零。

CCVS 支路:$(-1)\dot{U}_k+r_{kh}\dot{I}_h+0\dot{I}_k=0+0$;放在 $\boldsymbol{F}$、$\boldsymbol{H}$、$\boldsymbol{U}_{sb}$、$\boldsymbol{I}_{sb}$ 中的第 k 行,$\boldsymbol{F}(kk)=-1$,$\boldsymbol{H}(kk)=0$、$\boldsymbol{H}(kh)=r_{kh}$,$\boldsymbol{U}_{sb}(k)=0$,$\boldsymbol{I}_{sb}(k)=0$,该行的其他元素都为零。

CCCS 支路:$0\dot{U}_k+(-1)\dot{I}_k+\beta_{kh}\dot{I}_h=0+0$;放在 $\boldsymbol{F}$、$\boldsymbol{H}$、$\boldsymbol{U}_{sb}$、$\boldsymbol{I}_{sb}$ 中的第 k 行,$\boldsymbol{F}(kk)=0$,$\boldsymbol{H}(kk)=-1$、$\boldsymbol{H}(kh)=\beta_{kh}$,$\boldsymbol{U}_{sb}(k)=0$,$\boldsymbol{I}_{sb}(k)=0$,该行的其他元素都为零。

VCCS 支路:$0\dot{U}_k+g_{kh}\dot{U}_h+(-1)\dot{I}_k=0+0$;放在 $\boldsymbol{F}$、$\boldsymbol{H}$、$\boldsymbol{U}_{sb}$、$\boldsymbol{I}_{sb}$ 中的第 k 行,$\boldsymbol{F}(kk)=0$、$\boldsymbol{F}(kh)=g_{kh}$,$\boldsymbol{H}(kk)=-1$,$\boldsymbol{U}_{sb}(k)=0$,$\boldsymbol{I}_{sb}(k)=0$,该行的其他元素都为零。

耦合电感支路 k:$(-1)\dot{U}_k+Z_k\dot{I}_k+Z_{kh}\dot{I}_h=0+0$;放在 $\boldsymbol{F}$、$\boldsymbol{H}$、$\boldsymbol{U}_{sb}$、$\boldsymbol{I}_{sb}$ 中的第 k 行,$\boldsymbol{F}(kk)=-1$,$\boldsymbol{H}(kk)=Z_k$、$\boldsymbol{H}(kh)=Z_{kh}$,$\boldsymbol{U}_{sb}(k)=0$,$\boldsymbol{I}_{sb}(k)=0$,该行的其他元素都为零。

耦合电感支路 h:$(-1)\dot{U}_h+Z_{kh}\dot{I}_k+Z_h\dot{I}_h=0+0$;放在 $\boldsymbol{F}$、$\boldsymbol{H}$、$\boldsymbol{U}_{sb}$、$\boldsymbol{I}_{sb}$ 中的第 h 行,$\boldsymbol{F}(hh)=-1$,$\boldsymbol{H}(hh)=Z_h$、$\boldsymbol{H}(hk)=Z_{kh}$,$\boldsymbol{U}_{sb}(h)=0$,$\boldsymbol{I}_{sb}(h)=0$,该行的其他元素都为零。

理想变压器支路 k:$(-1)\dot{U}_k+n\dot{U}_h+0\dot{I}_k=0+0$;放在 $\boldsymbol{F}$、$\boldsymbol{H}$、$\boldsymbol{U}_{sb}$、$\boldsymbol{I}_{sb}$ 中的第 k 行,$\boldsymbol{F}(kk)=-1$、$\boldsymbol{F}(kh)=n$,$\boldsymbol{H}(kk)=0$,$\boldsymbol{U}_{sb}(k)=0$,$\boldsymbol{I}_{sb}(k)=0$,该行的其他元素都为零。

理想变压器支路 h:$0\dot{U}_h+\dot{I}_h+n\dot{I}_k=0+0$;放在 $\boldsymbol{F}$、$\boldsymbol{H}$、$\boldsymbol{U}_{sb}$、$\boldsymbol{I}_{sb}$ 中的第 h 行,$\boldsymbol{F}(hh)=0$,$\boldsymbol{H}(hh)=1$、$\boldsymbol{H}(hk)=n$,$\boldsymbol{U}_{sb}(h)=0$,$\boldsymbol{I}_{sb}(h)=0$,该行的其他元素都为零。

(2)节点列表方程

节点列表方程是将电路的 KCL、KVL 和支路的 $u-i$ 关系写到一个矩阵方程中,形成以 $\boldsymbol{U}_n$、$\boldsymbol{U}_b$、$\boldsymbol{I}_b$ 为变量的方程。即将电路的基本方程

$$\begin{cases}\boldsymbol{AI}_b=\boldsymbol{0} & \text{(KCL)}\\ \boldsymbol{A}^T\boldsymbol{U}_n=\boldsymbol{U}_b & \text{(KVL)}\\ \boldsymbol{FU}_b+\boldsymbol{HI}_b=\boldsymbol{U}_{sb}+\boldsymbol{I}_{sb} & (u-i\text{ 关系})\end{cases} \tag{19-4-15}$$

写为

$$\begin{bmatrix}\boldsymbol{F} & \boldsymbol{H} & \boldsymbol{0}\\ \boldsymbol{0} & \boldsymbol{A} & \boldsymbol{0}\\ \boldsymbol{-1} & \boldsymbol{0} & \boldsymbol{A}^T\end{bmatrix}\begin{bmatrix}\boldsymbol{U}_b\\ \boldsymbol{I}_b\\ \boldsymbol{U}_n\end{bmatrix}=\begin{bmatrix}\boldsymbol{U}_{sb}+\boldsymbol{I}_{sb}\\ \boldsymbol{0}\\ \boldsymbol{0}\end{bmatrix} \tag{19-4-16}$$

式(19-4-16)称为节点列表方程,为 $b+b+(n-1)$ 维方程。它直接将电路的基本方程以列表的形式结合在一起,不进行代入消元。与节点分析法相比,节点列表法对电路没有限制条件,方程列写简单,但方程数目大。

例 19-4-3　图 19-4-11(a)所示电路中,$i_{s1}=4\cos(2t+45°)$ A,$i_{s2}=2\cos(2t+60°)$ A,$u_{s1}=10\cos(2t+30°)$ V,$u_{s2}=20\cos 2t$ V。(1)设计适合节点列表法的支路信息表;(2)列写 $\boldsymbol{FU}_b+\boldsymbol{HI}_b=\boldsymbol{U}_{sb}+\boldsymbol{I}_{sb}$ 形式的方程。

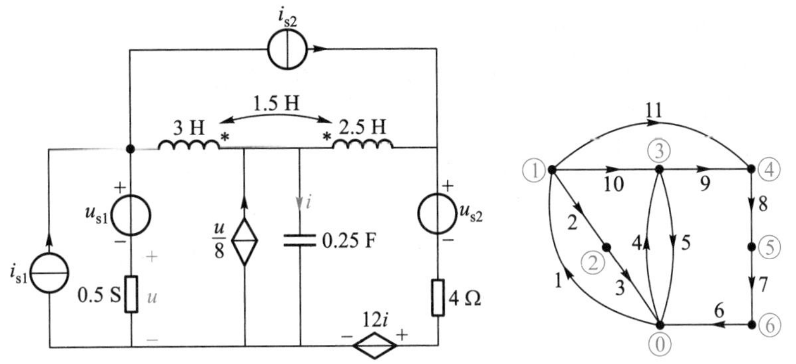

(a) 电路　　(b) 节点列表法有向图

图 19-4-11　例 19-4-3 图

解:按 1 个元件为 1 条支路,确定图 19-4-11(a)所示电路的有向图,如 19-4-11(b)所示。制定节点列表法的支路信息表,如表 19-4-2 所示。

表 19-4-2　节点列表法的支路信息表(物理量为国际单位)

支路编号	起始节点	终止节点	支路类型	参数		与之耦合的支路号
				幅值	相位°/互感	
1	0	1	IS	4	45	0
2	1	2	US	10	30	0
3	2	0	G	0.5	0	0
4	0	3	VCCS	0.125	0	3
5	3	0	C	0.25	0	0
6	6	0	CCVS	12	0	5
7	5	6	R	4	0	0
8	4	5	US	20	0	0
9	3	4	M	2.5	-1.5	10
10	1	3	M	3.0	-1.5	9
11	1	4	IS	2	60	0

$\boldsymbol{FU}_b+\boldsymbol{HI}_b=\boldsymbol{U}_{sb}+\boldsymbol{I}_{sb}$ 形式的方程为

$$
\begin{bmatrix}
0 & 0 & 0 & 0 & 0 & 0 & 0 & 0 & 0 & 0 & 0 \\
0 & 1 & 0 & 0 & 0 & 0 & 0 & 0 & 0 & 0 & 0 \\
0 & 0 & 0.5 & 0 & 0 & 0 & 0 & 0 & 0 & 0 & 0 \\
0 & 0 & 0.125 & 0 & 0 & 0 & 0 & 0 & 0 & 0 & 0 \\
0 & 0 & 0 & 0 & -\mathrm{j}0.5 & 0 & 0 & 0 & 0 & 0 & 0 \\
0 & 0 & 0 & 0 & 0 & -1 & 0 & 0 & 0 & 0 & 0 \\
0 & 0 & 0 & 0 & 0 & 0 & -1 & 0 & 0 & 0 & 0 \\
0 & 0 & 0 & 0 & 0 & 0 & 0 & 1 & 0 & 0 & 0 \\
0 & 0 & 0 & 0 & 0 & 0 & 0 & 0 & -1 & 0 & 0 \\
0 & 0 & 0 & 0 & 0 & 0 & 0 & 0 & 0 & -1 & 0 \\
0 & 0 & 0 & 0 & 0 & 0 & 0 & 0 & 0 & 0 & 0
\end{bmatrix}
\begin{bmatrix}
\dot{U}_1 \\ \dot{U}_2 \\ \dot{U}_3 \\ \dot{U}_4 \\ \dot{U}_5 \\ \dot{U}_6 \\ \dot{U}_7 \\ \dot{U}_8 \\ \dot{U}_9 \\ \dot{U}_{10} \\ \dot{U}_{11}
\end{bmatrix}
+
$$

$$
\begin{bmatrix}
1 & 0 & 0 & 0 & 0 & 0 & 0 & 0 & 0 & 0 & 0 \\
0 & 0 & 0 & 0 & 0 & 0 & 0 & 0 & 0 & 0 & 0 \\
0 & 0 & -1 & 0 & 0 & 0 & 0 & 0 & 0 & 0 & 0 \\
0 & 0 & 0 & -1 & 0 & 0 & 0 & 0 & 0 & 0 & 0 \\
0 & 0 & 0 & 0 & -1 & 0 & 0 & 0 & 0 & 0 & 0 \\
0 & 0 & 0 & 0 & 12 & 0 & 0 & 0 & 0 & 0 & 0 \\
0 & 0 & 0 & 0 & 0 & 0 & 4 & 0 & 0 & 0 & 0 \\
0 & 0 & 0 & 0 & 0 & 0 & 0 & 0 & 0 & 0 & 0 \\
0 & 0 & 0 & 0 & 0 & 0 & 0 & 0 & \mathrm{j}5 & -\mathrm{j}3 & 0 \\
0 & 0 & 0 & 0 & 0 & 0 & 0 & 0 & -\mathrm{j}3 & \mathrm{j}6 & 0 \\
0 & 0 & 0 & 0 & 0 & 0 & 0 & 0 & 0 & 0 & 1
\end{bmatrix}
\begin{bmatrix}
\dot{I}_1 \\ \dot{I}_2 \\ \dot{I}_3 \\ \dot{I}_4 \\ \dot{I}_5 \\ \dot{I}_6 \\ \dot{I}_7 \\ \dot{I}_8 \\ \dot{I}_9 \\ \dot{I}_{10} \\ \dot{I}_{11}
\end{bmatrix}
=
\begin{bmatrix}
0 \\ 10\angle 30^\circ \\ 0 \\ 0 \\ 0 \\ 0 \\ 0 \\ 20\angle 0^\circ \\ 0 \\ 0 \\ 0
\end{bmatrix}
+
\begin{bmatrix}
4\angle 45^\circ \\ 0 \\ 0 \\ 0 \\ 0 \\ 0 \\ 0 \\ 0 \\ 0 \\ 0 \\ 2\angle 60^\circ
\end{bmatrix}
$$

在 $\boldsymbol{F}$ 中的元件参数是导纳，而在 $\boldsymbol{H}$ 中的元件参数是阻抗。

图 19-4-11(a)所示电路就是例 19-4-2 的电路，例 19-4-2 列出了用于节点分析的支路 $u-i$关系。若用节点法计算该电路，节点数 $n=4$、支路数 $b=6$，节点方程维数为 $n-1=3$。若用节点列表法计算该电路，节点数 $n=7$、支路数 $b=11$，节点列表方程维数为 $b+b+(n-1)=28$。两者方程数目差距巨大。

目标 3 检测：掌握节点列表法的计算机辅助分析流程

测 19-11　对测 19-11 图所示电路：(1)设计节点列表法的支路信息表；(2)设计节点列表法的程序流程；(3)形成 $\boldsymbol{A}$、$\boldsymbol{F}$、$\boldsymbol{H}$、$\boldsymbol{U}_{\mathrm{sb}}$、$\boldsymbol{I}_{\mathrm{sb}}$矩阵；(4)尝试在 MATLAB 中或用其他计算机语言编制程序，实

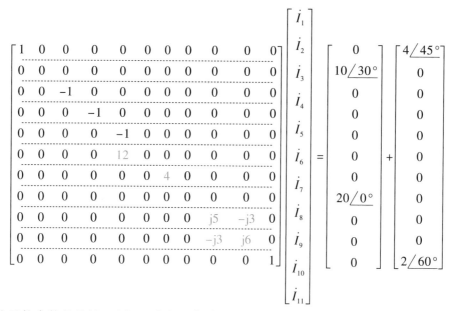

现(3)、并解得 $\boldsymbol{U}_n$、$\boldsymbol{U}_b$ 和 $\boldsymbol{I}_b$。关于线性代数方程组的求解可参考19.7.1 小节。

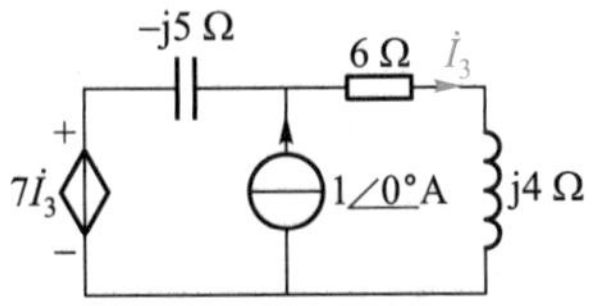

测 19-11 图

*19.5 暂态过程分析模型

暂态过程的计算机辅助分析可以通过状态方程来实现,也可以用时间离散化电路模型来计算。本书的第 18 章提出了暂态过程的状态变量分析法,但在第 18 章提出的状态方程直接列写法,并不能用计算机程序实现。能用计算机程序实现的状态方程列写方法是叠加法。本节内容以第 18 章的知识为基础。

叠加法将状态方程列写过程变为计算若干个直流电阻电路,直流电阻电路的计算可用节点列表法完成。但是,叠加法只能用于常态电路,即不包含纯电容回路、纯电感割集的电路。下面以图 19-5-1(a)所示电路为例来阐述叠加法的思路。

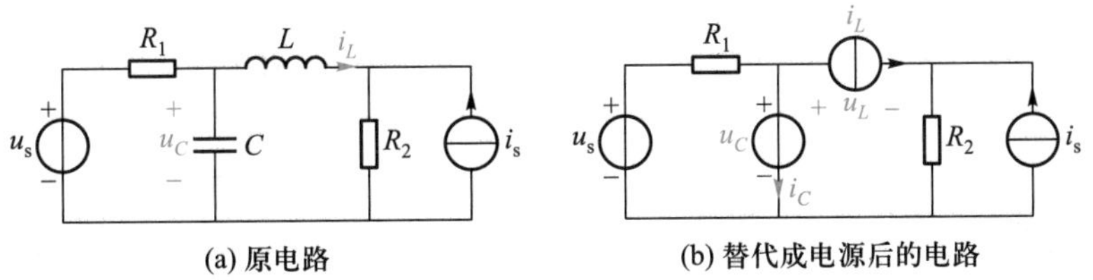

图 19-5-1 叠加法列写状态方程

图 19-5-1(a)中,u_C、i_L 为状态变量。将电容替代为电压源 u_C、电感替代为电流源 i_L,得到图 19-5-1(b)所示电路。应用叠加定理,电源 u_C、i_L、u_s、i_s 依次单独作用,计算电容电流 i_C、电感电压 u_L。于是

$$i_C=C\frac{\mathrm{d}u_C}{\mathrm{d}t}=i_C'+i_C''+i_C'''+i_C''''=-\frac{1}{R_1}\times u_C+(-1)\times i_L+\frac{1}{R_1}\times u_s+0\times i_s \tag{19-5-1}$$

$$u_L=L\frac{\mathrm{d}i_L}{\mathrm{d}t}=u_L'+u_L''+u_L'''+u_L''''=1\times u_C+(-R_2)\times i_L+0\times u_s+(-R_2)\times i_s \tag{19-5-2}$$

整理以上两式得到状态方程,为

$$\begin{cases}\dfrac{\mathrm{d}u_C}{\mathrm{d}t}=\dfrac{i_C'}{C}+\dfrac{i_C''}{C}+\dfrac{i_C'''}{C}+\dfrac{i_C''''}{C}=-\dfrac{1}{R_1C}\times u_C+\left(\dfrac{-1}{C}\right)\times i_L+\dfrac{1}{R_1C}\times u_s+\dfrac{0}{C}\times i_s\\[2ex]\dfrac{\mathrm{d}i_L}{\mathrm{d}t}=\dfrac{u_L'}{L}+\dfrac{u_L''}{L}+\dfrac{u_L'''}{L}+\dfrac{u_L''''}{L}=\dfrac{1}{L}\times u_C+\left(\dfrac{-R_2}{L}\right)\times i_L+\dfrac{0}{L}\times u_s+\left(\dfrac{-R_2}{L}\right)\times i_s\end{cases} \tag{19-5-3}$$

写成标准形式

$$\begin{bmatrix}\dfrac{\mathrm{d}u_C}{\mathrm{d}t}\\ \dfrac{\mathrm{d}i_L}{\mathrm{d}t}\end{bmatrix}=\begin{bmatrix}-\dfrac{1}{R_1C} & \dfrac{-1}{C}\\ \dfrac{1}{L} & \dfrac{-R_2}{L}\end{bmatrix}\begin{bmatrix}u_C\\ i_L\end{bmatrix}+\begin{bmatrix}\dfrac{1}{R_1C} & \dfrac{0}{C}\\ \dfrac{0}{L} & \dfrac{-R_2}{L}\end{bmatrix}\begin{bmatrix}u_s\\ i_s\end{bmatrix}=\begin{bmatrix}a_{11} & a_{12}\\ a_{21} & a_{22}\end{bmatrix}\begin{bmatrix}u_C\\ i_L\end{bmatrix}+\begin{bmatrix}b_{11} & b_{12}\\ b_{21} & b_{22}\end{bmatrix}\begin{bmatrix}u_s\\ i_s\end{bmatrix}$$

(19-5-4)

在以上用叠加定理得到状态方程的过程中,若图 19-5-1(b)中的电源都为单位直流电源,即:$u_C=1\ \mathrm{V}$、$i_L=1\ \mathrm{A}$、$u_s=1\ \mathrm{V}$、$i_s=1\ \mathrm{A}$,则状态方程的系数矩阵与电容电流 i_C、电感电压 u_L 的关系为

$$\begin{bmatrix}a_{11} & a_{12}\\ a_{21} & a_{22}\end{bmatrix}=\begin{bmatrix}\dfrac{i_C'}{C} & \dfrac{i_C''}{C}\\ \dfrac{u_L'}{L} & \dfrac{u_L''}{L}\end{bmatrix}\qquad\begin{bmatrix}b_{11} & b_{12}\\ b_{21} & b_{22}\end{bmatrix}=\begin{bmatrix}\dfrac{i_C'''}{C} & \dfrac{i_C''''}{C}\\ \dfrac{u_L'''}{L} & \dfrac{u_L''''}{L}\end{bmatrix}\qquad(19\text{-}5\text{-}5)$$

由此,列写状态方程的过程变为计算图 19-5-2 所示 4 个单位直流电源激励的电路。这些电路的计算可以用节点列表法,因而可以编写成列写状态方程的计算机程序。

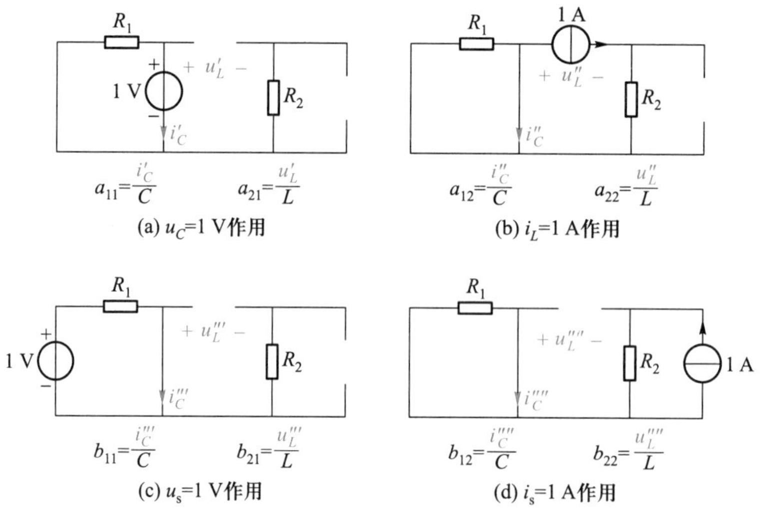

图 19-5-2 由计算直流电阻电路得到状态方程的系数矩阵

例 19-5-1 用叠加法确定图 19-5-3(a)所示电路的状态方程和输出方程。i_1、i_2 为输出变量。

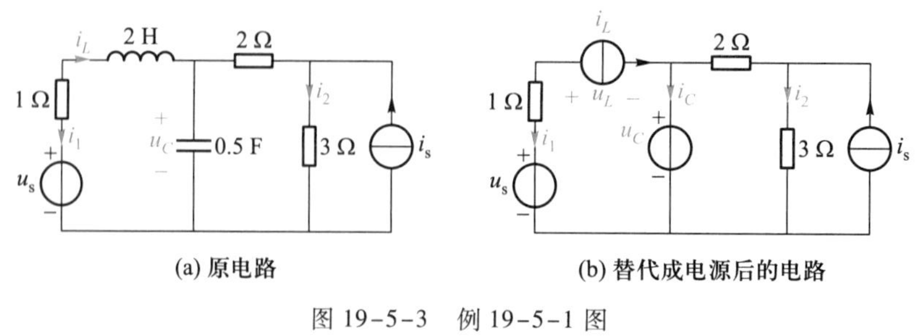

图 19-5-3 例 19-5-1 图

解：图 19-5-3(a)中，u_C、i_L 为状态变量。将电容替代为电压源 u_C、电感替代为电流源 i_L，得到图 19-5-3(b)所示电路。分别计算 $u_C=1$ V、$i_L=1$ A、$u_s=1$ V、$i_s=1$ A 单独作用下的 $\frac{i_C}{C}$、$\frac{u_L}{L}$、i_1、i_2，计算结果列于表 19-5-1 中。

表 19-5-1 例 19-5-1 的计算结果

	$u_C=1$ V 单独作用	$i_L=1$ A 单独作用	$u_s=1$ V 单独作用	$i_s=1$ A 单独作用
$\frac{du_C}{dt}=\frac{i_C}{C}=2i_C$	-0.4	2	0	1.2
$\frac{di_L}{dt}=\frac{u_L}{L}=0.5u_L$	-0.5	-0.5	0.5	0
i_1	0	-1	0	0
i_2	0.2	0	0	0.4

状态方程 $\dot{\boldsymbol{X}}=\boldsymbol{AX}+\boldsymbol{BV}$ 的系数矩阵 $\boldsymbol{A}$ 与 $\boldsymbol{B}$、输出方程 $\boldsymbol{Y}=\boldsymbol{CX}+\boldsymbol{DV}$ 的系数矩阵 $\boldsymbol{C}$ 与 $\boldsymbol{D}$，对应于表 19-4-3 中虚线框内的数值。因此，状态方程为

$$\begin{bmatrix}\dot{u}_C\\ \dot{i}_L\end{bmatrix}=\begin{bmatrix}-0.4 & 2\\ -0.5 & -0.5\end{bmatrix}\begin{bmatrix}u_C\\ i_L\end{bmatrix}+\begin{bmatrix}0 & 1.2\\ 0.5 & 0\end{bmatrix}\begin{bmatrix}u_s\\ i_s\end{bmatrix}$$

输出方程为

$$\begin{bmatrix}i_1\\ i_2\end{bmatrix}=\begin{bmatrix}0 & -1\\ 0.2 & 0\end{bmatrix}\begin{bmatrix}u_C\\ i_L\end{bmatrix}+\begin{bmatrix}0 & 0\\ 0 & 0.4\end{bmatrix}\begin{bmatrix}u_s\\ i_s\end{bmatrix}$$

目标 3 检测：掌握状态变量分析法的计算机辅助分析流程

测 19-12 (1)用叠加法确定测 19-12 图所示电路的状态方程；(2)尝试在 MATLAB 中或用其他计算机软件编制程序，得到状态方程。关于状态方程的数值解法可参考 19.7.2 小节。

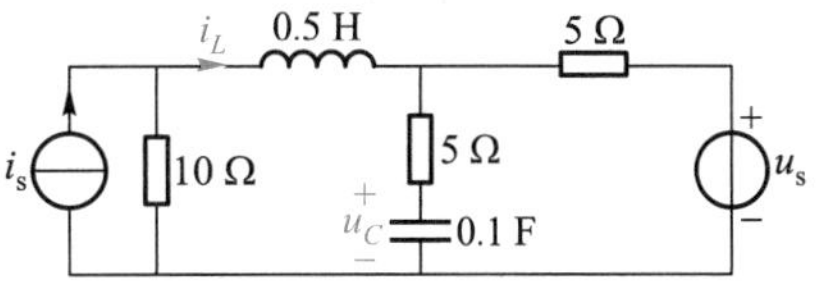

测 19-12 图

答案：$\begin{bmatrix}\dot{u}_C\\ \dot{i}_L\end{bmatrix}=\begin{bmatrix}-1 & 5\\ -1 & -25\end{bmatrix}\begin{bmatrix}u_C\\ i_L\end{bmatrix}+\begin{bmatrix}1 & 0\\ -1 & 20\end{bmatrix}\begin{bmatrix}u_s\\ i_s\end{bmatrix}$

*19.6 灵敏度分析模型

本书 4.9.2 小节已论述了灵敏度的概念，学习本节前请先复习 4.9.2 小节，理解什么是灵敏

度,以及计算灵敏度的意义。

复杂电路灵敏度的计算必须依靠计算机。灵敏度计算方法有增量网络法和伴随网络法,都适用于计算机辅助分析。增量网络法直观而易于理解,伴随网络法计算效率更高。这里仅介绍增量网络法。

图 19-6-1(a)所示网络 N,如果导纳支路 1 的参数发生微小变化,Y_1 变化到 $Y_1+\Delta Y_1$ 时,称为参数扰动,电路中各支路的电压、电流发生改变,原网络 N 变为图 19-6-1(b)所示扰动网络 N_d。显然,网络 N、N_d 有相同的拓扑结构,因而有相同的节点关联矩阵 $\boldsymbol{A}$、基本回路矩阵 $\boldsymbol{B}_f$。因此,原网络 N 的 KCL、KVL 方程为

$$\boldsymbol{A I}_b=\mathbf{0} \qquad \boldsymbol{B}_f \boldsymbol{U}_b=\mathbf{0} \tag{19-6-1}$$

$\boldsymbol{I}_b$、$\boldsymbol{U}_b$ 为支路电流、电压列向量。扰动网络 N_d 的 KCL、KVL 方程为

$$\boldsymbol{A}(\boldsymbol{I}_b+\Delta \boldsymbol{I}_b)=\mathbf{0} \qquad \boldsymbol{B}_f(\boldsymbol{U}_b+\Delta \boldsymbol{U}_b)=\mathbf{0} \tag{19-6-2}$$

将式(19-6-1)和式(19-6-2)结合,得到

$$\boxed{\boldsymbol{A}\Delta \boldsymbol{I}_b=\mathbf{0} \qquad \boldsymbol{B}_f\Delta \boldsymbol{U}_b=\mathbf{0}} \tag{19-6-3}$$

式(19-6-3)表明:$\Delta\boldsymbol{I}_b$、$\Delta\boldsymbol{U}_b$ 满足的 KCL、KVL 方程与 $\boldsymbol{I}_b$、$\boldsymbol{U}_b$ 满足的 KCL、KVL 方程相同,也就是说,$\Delta\boldsymbol{I}_b$、$\Delta\boldsymbol{U}_b$ 是一个与原网络 N 有相同拓扑结构的网络 N_i 的支路电流、电压列向量,称 N_i 为增量网络。若能得出增量网络 N_i,就能由此解得 $\Delta\boldsymbol{I}_b$、$\Delta\boldsymbol{U}_b$,那么,$\dfrac{\Delta \boldsymbol{I}_b}{\Delta Y_1}$、$\dfrac{\Delta \boldsymbol{U}_b}{\Delta Y_1}$就是所有支路电流、电压对参数 Y_1 的灵敏度,当然 ΔY_1 只能是微小量。

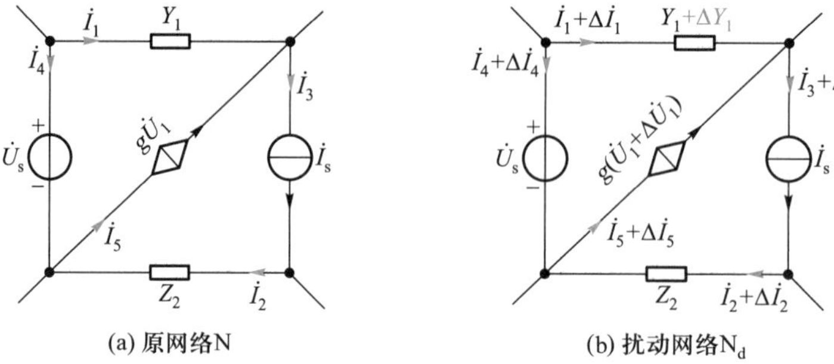

图 19-6-1 灵敏度分析的增量网络法

要获得增量网络 N_i,须研究原网络 N 中每个元件的电压增量和电流增量满足的方程,并由此方程得到电路模型。下面推导元件在增量网络 N_i 中的电路模型。

导纳 Y_k:在原网络 N 中,有 $\dot I_k=Y_k\dot U_k$;在扰动网络 N_d 中,有

$$\dot I_k+\Delta\dot I_k=(Y_k+\Delta Y_k)(\dot U_k+\Delta\dot U_k)=Y_k\dot U_k+Y_k\Delta\dot U_k+\Delta Y_k\dot U_k+\Delta Y_k\Delta\dot U_k$$

结合 $\dot I_k=Y_k\dot U_k$,且在 ΔY_k 足够小的条件下略去 $\Delta Y_k\Delta\dot U_k$,得

$$\boxed{\Delta\dot I_k\approx Y_k\Delta\dot U_k+\Delta Y_k\dot U_k} \tag{19-6-4}$$

式(19-6-4)为导纳 Y_k 的增量方程,对应于此方程的电路就是 Y_k 在增量网络中的电路模型。式中的 $\dot U_k$已在求解原网络 N 时得出,ΔY_k 为给定量,因此 $\Delta Y_k\dot U_k$为已知量,将它视为独立电流源,

式(19-6-4)对应的电路模型是导纳 Y_k 与独立电流源 $\Delta Y_k\dot{U}_k$ 并联的支路，如表 19-6-1 所示。如果该支路参数不变，即 $\Delta Y_k=0$，则增量方程变为 $\Delta\dot{I}_k\approx Y_k\Delta\dot{U}_k$。

阻抗 Z_k：在原网络 N 中，有 $\dot{U}_k=Z_k\dot{I}_k$；在扰动网络 N_d 中，有

$$\dot{U}_k+\Delta\dot{U}_k=(Z_k+\Delta Z_k)(\dot{I}_k+\Delta\dot{I}_k)=Z_k\dot{I}_k+Z_k\Delta\dot{I}_k+\Delta Z_k\dot{I}_k+\Delta Z_k\Delta\dot{I}_k$$

结合 $\dot{U}_k=Z_k\dot{I}_k$，且在 ΔZ_k 足够小的条件下略去 $\Delta Z_k\Delta\dot{I}_k$，增量方程变为

$$\boxed{\Delta\dot{U}_k\approx Z_k\Delta\dot{I}_k+\Delta Z_k\dot{I}_k}\qquad(19\text{-}6\text{-}5)$$

$\Delta Z_k\dot{I}_k$ 为已知量，用独立电压源等效，式(19-6-5)对应的电路模型为阻抗 Z_k 与独立电压源 $\Delta Z_k\dot{I}_k$ 串联的支路，如表 19-6-1 所示。如果 $\Delta Z_k=0$，则增量方程变为 $\Delta\dot{U}_k\approx Z_k\Delta\dot{I}_k$。

VCCS：在原网络 N 中，有 $\dot{I}_k=g_{kh}\dot{U}_h$；在扰动网络 N_d 中，有

$$\dot{I}_k+\Delta\dot{I}_k=(g_{kh}+\Delta g_{kh})(\dot{U}_h+\Delta\dot{U}_h)=g_{kh}\dot{U}_h+g_{kh}\Delta\dot{U}_h+\Delta g_{kh}\dot{U}_h+\Delta g_{kh}\Delta\dot{U}_h$$

结合 $\dot{I}_k=g_{kh}\dot{U}_h$，且略去 $\Delta g_{kh}\Delta\dot{U}_h$，增量方程为

$$\boxed{\Delta\dot{I}_k\approx g_{kh}\Delta\dot{U}_h+\Delta g_{kh}\dot{U}_h}\qquad(19\text{-}6\text{-}6)$$

$\Delta g_{kh}\dot{U}_h$ 用独立电流源等效，式(19-6-6)对应的电路模型为受控电流源 $g_{kh}\Delta\dot{U}_h$ 与独立电流源 $\Delta g_{kh}\dot{U}_h$ 并联的支路，如表 19-6-1 所示。若 $\Delta g_{kh}=0$，则增量方程变为 $\Delta\dot{I}_k\approx g_{kh}\Delta\dot{U}_h$。

同理可得 CCCS 的增量方程，为

$$\boxed{\Delta\dot{I}_k\approx\beta_{kh}\Delta\dot{I}_h+\Delta\beta_{kh}\dot{I}_h}\qquad(19\text{-}6\text{-}7)$$

电路模型为见表 19-6-1。

VCVS：在原网络 N 中，有 $\dot{U}_k=\alpha_{kh}\dot{U}_h$；在扰动网络 N_d 中，有

$$\dot{U}_k+\Delta\dot{U}_k=(\alpha_{kh}+\Delta\alpha_{kh})(\dot{U}_h+\Delta\dot{U}_h)=\alpha_{kh}\dot{U}_h+\alpha_{kh}\Delta\dot{U}_h+\Delta\alpha_{kh}\dot{U}_h+\Delta\alpha_{kh}\Delta\dot{U}_h$$

结合 $\dot{U}_k=\alpha_{kh}\dot{U}_h$，且略去 $\Delta\alpha_{kh}\Delta\dot{U}_h$，增量方程为

$$\boxed{\Delta\dot{U}_k\approx\alpha_{kh}\Delta\dot{U}_h+\Delta\alpha_{kh}\dot{U}_h}\qquad(19\text{-}6\text{-}8)$$

$\Delta\alpha_{kh}\dot{U}_h$ 用独立电压源等效，式(19-6-8)对应的电路模型为受控电压源 $\alpha_{kh}\Delta\dot{U}_h$ 与独立电压源 $\Delta\alpha_{kh}\dot{U}_h$ 串联的支路，如表 19-6-1 所示。若 $\Delta\alpha_{kh}=0$，则增量方程变为 $\Delta\dot{U}_k\approx\alpha_{kh}\Delta\dot{U}_h$。

同理可得 CCVS 的增量方程，为

$$\boxed{\Delta\dot{U}_k\approx r_{kh}\Delta\dot{I}_h+\Delta r_{kh}\dot{I}_h}\qquad(19\text{-}6\text{-}9)$$

电路模型为见表 19-6-1。

电压源：在原网络 N 中，有 $\dot{U}_k=\dot{U}_s$；电压源不设扰动，因此，增量方程为

$$\boxed{\Delta\dot{U}_k=0}\qquad(19\text{-}6\text{-}10)$$

可见，无扰动的电压源在增量网络中的模型为短路，如表 19-6-1 所示。

电流源：在原网络 N 中，有 $\dot{I}_k=\dot{I}_s$；电流源不设扰动，因此，增量方程为

$$\boxed{\Delta\dot{I}_k=0} \tag{19-6-11}$$

故无扰动的电流源在增量网络中的模型为开路，如表 19-6-1 所示。

耦合电感：在原网络 N 中，有

$$\begin{cases}\dot{U}_k=Z_k\dot{I}_k+Z_{kh}\dot{I}_h\\ \dot{U}_h=Z_{kh}\dot{I}_k+Z_h\dot{I}_h\end{cases} \tag{19-6-12}$$

假定扰动发生在自感抗 Z_k，在扰动网络 N_d 中，有

$$\begin{cases}\dot{U}_k+\Delta\dot{U}_k=(Z_k+\Delta Z_k)(\dot{I}_k+\Delta\dot{I}_k)+Z_{kh}(\dot{I}_h+\Delta\dot{I}_h)\approx(Z_k\dot{I}_k+Z_{kh}\dot{I}_h)+(Z_k\Delta\dot{I}_k+Z_{kh}\Delta\dot{I}_h)+\Delta Z_k\dot{I}_k\\ \dot{U}_h+\Delta\dot{U}_h=Z_{kh}(\dot{I}_k+\Delta\dot{I}_k)+Z_h(\dot{I}_h+\Delta\dot{I}_h)\approx(Z_{kh}\dot{I}_k+Z_h\dot{I}_h)+(Z_{kh}\Delta\dot{I}_k+Z_h\Delta\dot{I}_h)\end{cases}$$

结合式(19-6-12)，得到扰动发生在自感抗 Z_k 时的增量方程，为

$$\boxed{\begin{cases}\Delta\dot{U}_k\approx(Z_k\Delta\dot{I}_k+Z_{kh}\Delta\dot{I}_h)+\Delta Z_k\dot{I}_k\\ \Delta\dot{U}_h\approx(Z_{kh}\Delta\dot{I}_k+Z_h\Delta\dot{I}_h)\end{cases}} \tag{19-6-13}$$

增量方程对应的电路模型是在原来耦合电感的 Z_k 支路上串联电压源 $\Delta Z_k\dot{I}_k$，结论与阻抗元件一致，如表 19-6-1 所示。如果该支路参数不变，即 $\Delta Z_k=0$，则增量方程变为

$$\begin{cases}\Delta\dot{U}_k\approx Z_k\Delta\dot{I}_k+Z_{kh}\Delta\dot{I}_h\\ \Delta\dot{U}_h\approx Z_{kh}\Delta\dot{I}_k+Z_h\Delta\dot{I}_h\end{cases}$$

此时，耦合电感在增量网络中的模型与原网络相同。

假定扰动发生在互感抗 Z_{kh}，则在扰动网络 N_d 中，有

$$\begin{cases}\dot{U}_k+\Delta\dot{U}_k=Z_k(\dot{I}_k+\Delta\dot{I}_k)+(Z_{kh}+\Delta Z_{kh})(\dot{I}_h+\Delta\dot{I}_h)\approx(Z_k\dot{I}_k+Z_{kh}\dot{I}_h)+(Z_k\Delta\dot{I}_k+Z_{kh}\Delta\dot{I}_h)+\Delta Z_{kh}\dot{I}_h\\ \dot{U}_h+\Delta\dot{U}_h=(Z_{kh}+\Delta Z_{kh})(\dot{I}_k+\Delta\dot{I}_k)+Z_h(\dot{I}_h+\Delta\dot{I}_h)\approx(Z_{kh}\dot{I}_k+Z_h\dot{I}_h)+(Z_{kh}\Delta\dot{I}_k+Z_h\Delta\dot{I}_h)+\Delta Z_{kh}\dot{I}_k\end{cases}$$

结合式(19-6-12)，得到扰动发生在互感抗 Z_{kh} 时的增量方程，为

$$\boxed{\begin{cases}\Delta\dot{U}_k\approx(Z_k\Delta\dot{I}_k+Z_{kh}\Delta\dot{I}_h)+\Delta Z_{kh}\dot{I}_h\\ \Delta\dot{U}_h\approx(Z_{kh}\Delta\dot{I}_k+Z_h\Delta\dot{I}_h)+\Delta Z_{kh}\dot{I}_k\end{cases}} \tag{19-6-14}$$

可见，扰动发生在互感抗 Z_{kh} 时，增量方程对应的电路模型是在 Z_k 上串联电压源 $\Delta Z_{kh}\dot{I}_h$、在 Z_h 上串联电压源 $\Delta Z_{kh}\dot{I}_k$，如表 19-6-1 所示。如果 $\Delta Z_{kh}=0$，则增量方程变为

$$\begin{cases}\Delta\dot{U}_k\approx Z_k\Delta\dot{I}_k+Z_{kh}\Delta\dot{I}_h\\ \Delta\dot{U}_h\approx Z_{kh}\Delta\dot{I}_k+Z_h\Delta\dot{I}_h\end{cases}$$

此时，耦合电感在增量网络中的模型与原网络相同。

表 19-6-1 电路元件在增量网络 N_i 中的电路模型

元件	在原网络 N 中的模型	在增量网络 N_i 中的近似模型	
		自身参数改变	自身参数不变
导纳	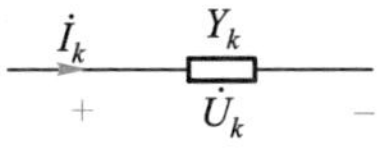	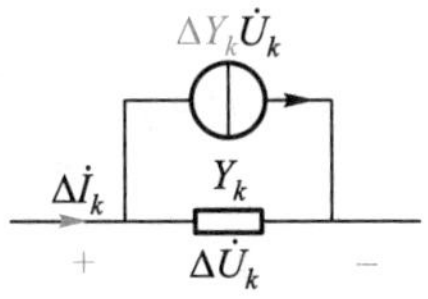	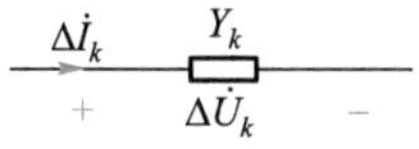
阻抗	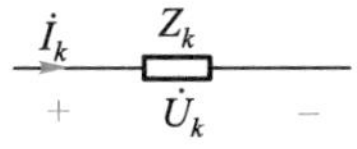	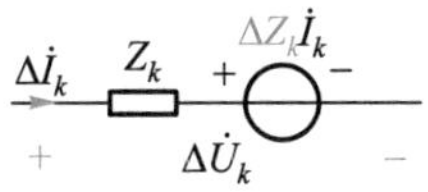	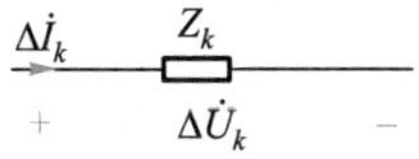
VCCS	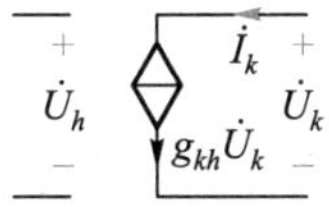	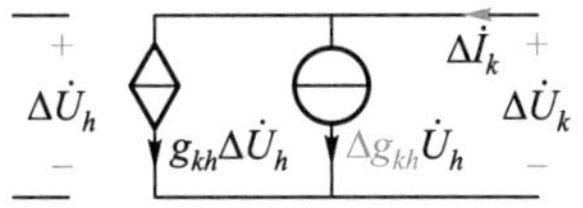	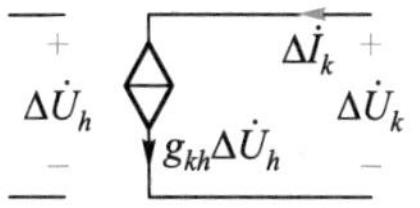
CCCS	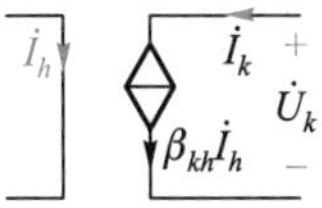	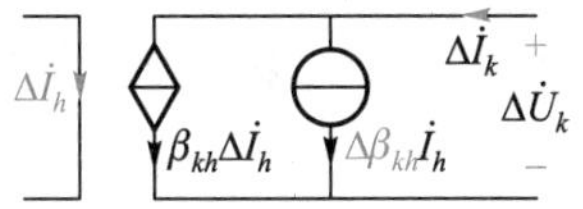	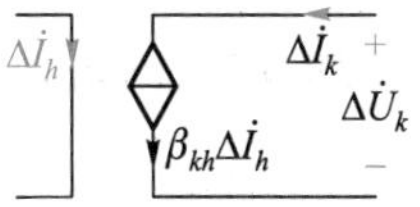
VCVS	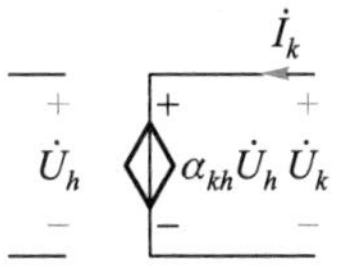	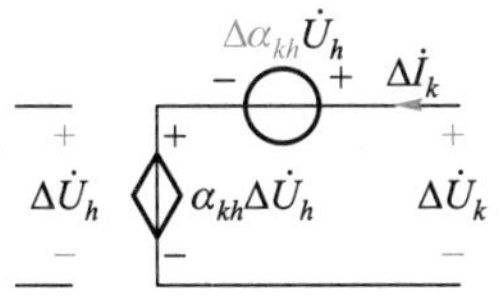	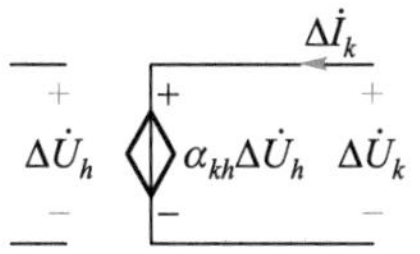
CCVS	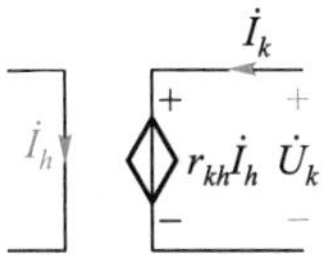	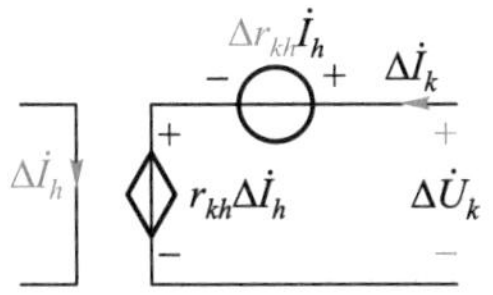	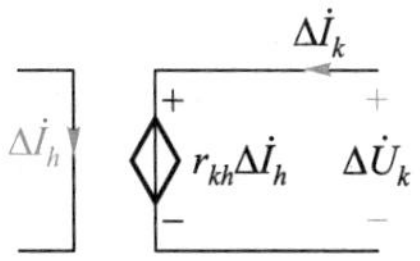
电压源	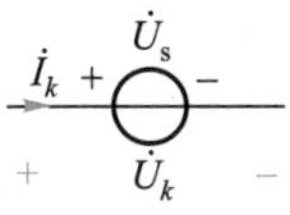	电源变化对支路电压、电流的影响，可通过求解不同电源值下的原网络 N 得到，不需要建立增量网络。因此，电源不设扰动。	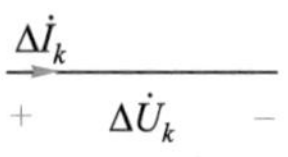
电流源	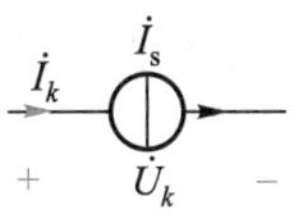		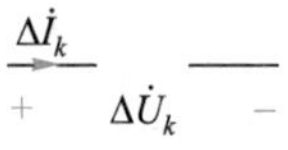

续表

<table>
<tr><th rowspan="2">元件</th><th rowspan="2">在原网络 N 中的模型</th><th colspan="2">在增量网络 N_i 中的近似模型</th></tr>
<tr><th>自身参数改变</th><th>自身参数不变</th></tr>
<tr><td>耦合电感：扰动在自感 Z_k</td><td rowspan="2">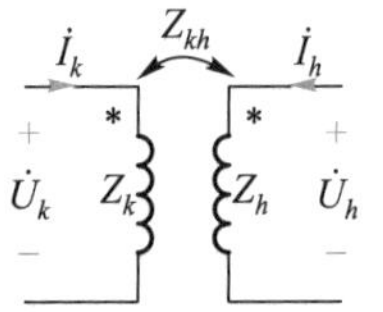</td><td>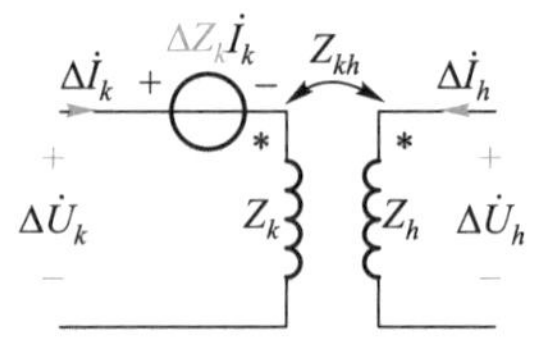</td><td rowspan="2">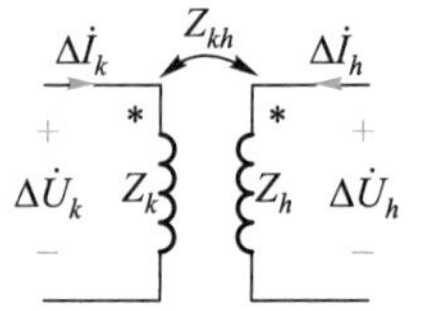</td></tr>
<tr><td>耦合电感：扰动在互感 Z_{kh}</td><td>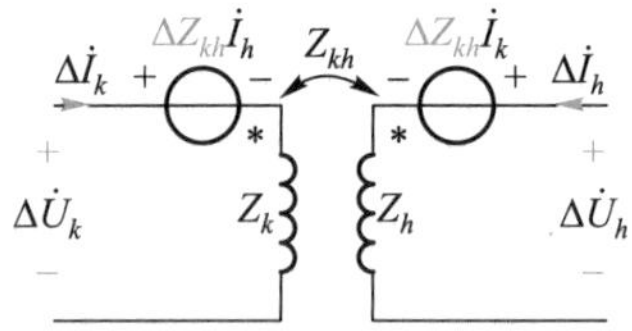</td></tr>
</table>

将以上结论应用于图 19-6-1(a)所示原网络 N，仅参数 Y_1 变化，对应的增量网络如图 19-6-2(a)所示。求解该网络可得支路电压、电流对参数 Y_1 的灵敏度。参数 Y_1、Z_2、g 同时变化对应的增量网络如图 19-6-2(b)所示，要用叠加定理分析，分别计算对应于参数 Y_1、Z_2、g 的灵敏度。

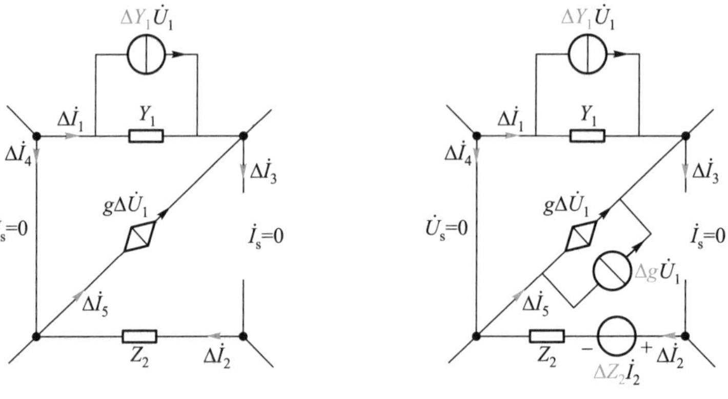

(a) 参数 Y_1 变化对应的增量网络　　(b) 所有参数变化对应的增量网络

图 19-6-2　图 19-6-1 中网络 N 的增量网络 N_i

以上分析表明：应用节点分析法时，增量网络 N_i 与原网络 N 不仅有相同的结构矩阵 $\boldsymbol{A}$，而且有相同的支路导纳矩阵 $\boldsymbol{Y}_b$，因而有相同的节点导纳矩阵 $\boldsymbol{Y}_n(=\boldsymbol{A}\boldsymbol{Y}_b\boldsymbol{A}^T)$。

然而，增量网络 N_i 的节点方程并非一定要在得出增量网络 N_i 后才能得到，可以通过以下数学推导得到。设原网络 N 的节点方程为

$$\boxed{(\boldsymbol{A}\boldsymbol{Y}_b\boldsymbol{A}^T)\boldsymbol{U}_n=\boldsymbol{A}(\boldsymbol{Y}_b\boldsymbol{U}_{sb}-\boldsymbol{I}_{sb})} \tag{19-6-15}$$

当 $\boldsymbol{Y}_b$ 有参数扰动 $\Delta\boldsymbol{Y}_b$ 时(独立电源无扰动),扰动网络 N_d 的节点方程为

$$[\boldsymbol{A}(\boldsymbol{Y}_b+\Delta\boldsymbol{Y}_b)\boldsymbol{A}^T](\boldsymbol{U}_n+\Delta\boldsymbol{U}_n)=\boldsymbol{A}[(\boldsymbol{Y}_b+\Delta\boldsymbol{Y}_b)\boldsymbol{U}_{sb}-\boldsymbol{I}_{sb}] \tag{19-6-16}$$

展开得

$$\boldsymbol{A}\boldsymbol{Y}_b\boldsymbol{A}^T\boldsymbol{U}_n+\boldsymbol{A}\Delta\boldsymbol{Y}_b\boldsymbol{A}^T\boldsymbol{U}_n+\boldsymbol{A}\boldsymbol{Y}_b\boldsymbol{A}^T\Delta\boldsymbol{U}_n+\boldsymbol{A}\Delta\boldsymbol{Y}_b\boldsymbol{A}^T\Delta\boldsymbol{U}_n=\boldsymbol{A}(\boldsymbol{Y}_b\boldsymbol{U}_{sb}-\boldsymbol{I}_{sb})+\boldsymbol{A}\Delta\boldsymbol{Y}_b\boldsymbol{U}_{sb}$$

由于 $\Delta\boldsymbol{Y}_b$ 足够小,因而 $\Delta\boldsymbol{U}_n$ 也是微小量,略去 $\boldsymbol{A}\Delta\boldsymbol{Y}_b\boldsymbol{A}^T\Delta\boldsymbol{U}_n$,结合式(19-6-15)得

$$\boldsymbol{A}\boldsymbol{Y}_b\boldsymbol{A}^T\Delta\boldsymbol{U}_n\approx\boldsymbol{A}\Delta\boldsymbol{Y}_b\boldsymbol{U}_{sb}-\boldsymbol{A}\Delta\boldsymbol{Y}_b\boldsymbol{A}^T\boldsymbol{U}_n=\boldsymbol{A}\Delta\boldsymbol{Y}_b(\boldsymbol{U}_{sb}-\boldsymbol{A}^T\boldsymbol{U}_n)$$

将 $\boldsymbol{A}^T\boldsymbol{U}_n=\boldsymbol{U}_b$ 代入,得

$$\boxed{\boldsymbol{A}\boldsymbol{Y}_b\boldsymbol{A}^T\Delta\boldsymbol{U}_n\approx\boldsymbol{A}\Delta\boldsymbol{Y}_b(\boldsymbol{U}_{sb}-\boldsymbol{U}_b)} \tag{19-6-17}$$

这就是增量网络 N_i 的节点方程,它体现了 N_i 的结构矩阵为 $\boldsymbol{A}$、支路导纳矩阵为 $\boldsymbol{Y}_b$。

由式(19-6-17)可知:(1)增量网络 N_i 的节点导纳矩阵为 $\boldsymbol{Y}_n=\boldsymbol{A}\boldsymbol{Y}_b\boldsymbol{A}^T$,就是原网络 N 的节点导纳矩阵;(2)增量网络 N_i 的节点等效电流源列向量为 $\boldsymbol{I}_{sn}=\boldsymbol{A}\Delta\boldsymbol{Y}_b(\boldsymbol{U}_{sb}-\boldsymbol{U}_b)$,而原网络 N 的节点等效电流源列向量为 $\boldsymbol{I}_{sn}=\boldsymbol{A}(\boldsymbol{Y}_b\boldsymbol{U}_{sb}-\boldsymbol{I}_{sb})$,两者不同;(3)求解原网络,得到支路电压列向量 $\boldsymbol{U}_b$,再给定某 1 个参数存在扰动时对应的 $\Delta\boldsymbol{Y}_b$,就能由式(19-6-17)解得该扰动下的节点电位增量 $\Delta\boldsymbol{U}_n$,也就能得出了节点电位对该参数的灵敏度;(4)由节点电位增量 $\Delta\boldsymbol{U}_n$ 求得支路电压增量 $\Delta\boldsymbol{U}_b=\boldsymbol{A}^T\Delta\boldsymbol{U}_n$,由 $\Delta\boldsymbol{I}_b=\boldsymbol{Y}_b(\Delta\boldsymbol{U}_b-\boldsymbol{U}_{sb})+\boldsymbol{I}_{sb}$ 求得支路电流增量,就能得出支路电压、支路电流对该参数的灵敏度;(5)增量网络 N_i 是在扰动足够小的条件下的近似模型,由此得到的灵敏度,也要附加上扰动足够小的条件。

假定发生扰动的参数为 x_k,即 $x_k\to x_k+\Delta x_k$,Δx_k 相比于 x_k 足够小,则 $\Delta\boldsymbol{Y}_b=\dfrac{\partial\boldsymbol{Y}_b}{\partial x_k}\Delta x_k$,将它代入式(19-6-17)得

$$(\boldsymbol{A}\boldsymbol{Y}_b\boldsymbol{A}^T)\frac{\Delta\boldsymbol{U}_n}{\Delta x_k}\approx\boldsymbol{A}\frac{\partial\boldsymbol{Y}_b}{\partial x_k}(\boldsymbol{U}_{sb}-\boldsymbol{U}_b)$$

考虑到 Δx_k 足够小,上式写为

$$\boxed{(\boldsymbol{A}\boldsymbol{Y}_b\mathrm{A}^T)\frac{\partial\boldsymbol{U}_n}{\partial x_k}\approx\boldsymbol{A}\frac{\partial\boldsymbol{Y}_b}{\partial x_k}(\boldsymbol{U}_{sb}-\boldsymbol{U}_b)} \tag{19-6-18}$$

$\dfrac{\partial\boldsymbol{U}_n}{\partial x_k}$就是节点电位列向量对参数 x_k 的灵敏度。

由式(19-6-18)计算灵敏度的过程能够用计算机程序实现,程序流程如图 19-6-3 所示。

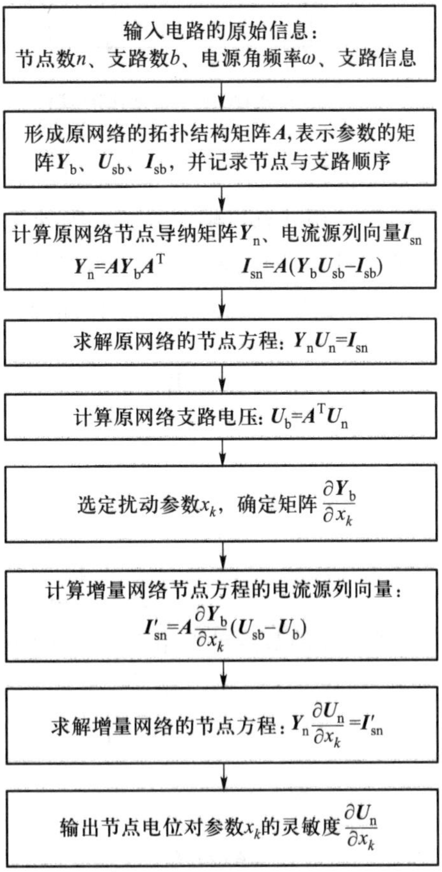

图 19-6-3 灵敏度计算的增量网络法流程

例 19-6-1 计算图 19-6-4(a)所示电路的节点电位对所有参数的灵敏度。(1)用计算机辅助分析流程计算;(2)用增量网络计算。

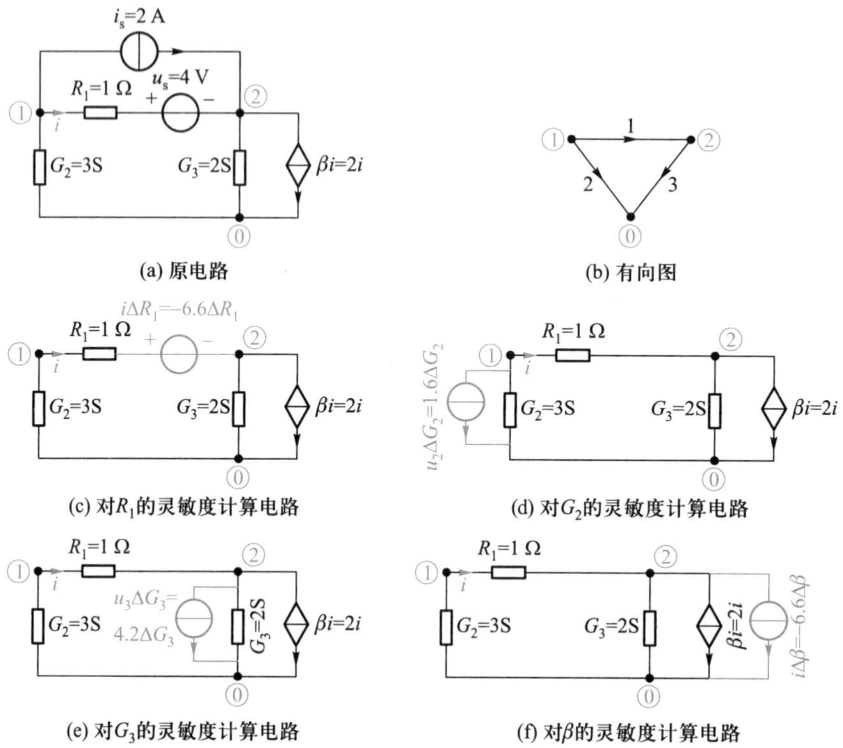

图 19-6-4　例 19-6-1 图

解：(1) 用计算机辅助分析流程计算节点电位对各参数的灵敏度，要先求解原网络。选取图 19-6-4(b)所示有向图，写出节点关联矩阵 $\boldsymbol{A}$、支路电压列向量 $\boldsymbol{U}_b$、节点电位列向量 $\boldsymbol{U}_n$、支路电压源列向量 $\boldsymbol{U}_{sb}$、支路电流源列向量 $\boldsymbol{I}_{sb}$、支路导纳矩阵 $\boldsymbol{G}_b$，即

$$\boldsymbol{A}=\begin{bmatrix}1&1&0\\-1&0&1\end{bmatrix},\quad \boldsymbol{U}_b=\begin{bmatrix}u_1\\u_2\\u_3\end{bmatrix},\quad \boldsymbol{U}_n=\begin{bmatrix}u_{n1}\\u_{n2}\end{bmatrix},\quad \boldsymbol{U}_{sb}=\begin{bmatrix}4\\0\\0\end{bmatrix}\text{ V},\quad \boldsymbol{I}_{sb}=\begin{bmatrix}2\\0\\0\end{bmatrix}\text{ A}$$

$$\boldsymbol{G}_b=\begin{bmatrix}R_1^{-1}&0&0\\0&G_2&0\\\beta R_1^{-1}&0&G_3\end{bmatrix}=\begin{bmatrix}1&0&0\\0&3&0\\2&0&2\end{bmatrix}\text{ S}$$

计算原网络 N 的节点导纳矩阵 $\boldsymbol{G}_n$、节点电流源列向量 $\boldsymbol{I}_{sn}$，即

$$\boldsymbol{G}_n=\boldsymbol{A}\boldsymbol{G}_b\boldsymbol{A}^T=\begin{bmatrix}1&1&0\\-1&0&1\end{bmatrix}\begin{bmatrix}1&0&0\\0&3&0\\2&0&2\end{bmatrix}\begin{bmatrix}1&-1\\1&0\\0&1\end{bmatrix}=\begin{bmatrix}4&-1\\1&1\end{bmatrix}\text{ S}$$

$$\boldsymbol{I}_{sn}=\boldsymbol{A}(\boldsymbol{G}_b\boldsymbol{U}_{sb}-\boldsymbol{I}_{sb})=\begin{bmatrix}1&1&0\\-1&0&1\end{bmatrix}\left(\begin{bmatrix}1&0&0\\0&3&0\\2&0&2\end{bmatrix}\begin{bmatrix}4\\0\\0\end{bmatrix}-\begin{bmatrix}2\\0\\0\end{bmatrix}\right)=\begin{bmatrix}2\\6\end{bmatrix}\text{ A}$$

求解原网络 N 的节点方程 $\boldsymbol{G}_n\boldsymbol{U}_n=\boldsymbol{I}_{sn}$，得

$$\boldsymbol{U}_{\mathrm{n}}=\boldsymbol{G}_{\mathrm{n}}^{-1}\boldsymbol{I}_{\mathrm{sn}}=\begin{bmatrix}4 & -1\\1 & 1\end{bmatrix}^{-1}\begin{bmatrix}2\\6\end{bmatrix}=\frac{1}{5}\begin{bmatrix}1 & 1\\-1 & 4\end{bmatrix}\begin{bmatrix}2\\6\end{bmatrix}=\begin{bmatrix}1.6\\4.2\end{bmatrix}\ \mathrm{V}$$

原网络的支路电压列向量

$$\boldsymbol{U}_{\mathrm{b}}=\boldsymbol{A}^{\mathrm{T}}\boldsymbol{U}_{\mathrm{n}}=\begin{bmatrix}1 & -1\\1 & 0\\0 & 1\end{bmatrix}\begin{bmatrix}1.6\\4.2\end{bmatrix}=\begin{bmatrix}-2.6\\1.6\\4.2\end{bmatrix}\ \mathrm{V}$$

计算$\frac{\partial \boldsymbol{U}_{\mathrm{n}}}{\partial R_1}$要先确定$\frac{\partial \boldsymbol{G}_{\mathrm{b}}}{\partial R_1}$,即

$$\frac{\partial \boldsymbol{G}_{\mathrm{b}}}{\partial R_1}=\frac{\partial}{\partial R_1}\begin{bmatrix}R_1^{-1} & 0 & 0\\0 & G_2 & 0\\\beta R_1^{-1} & 0 & G_3\end{bmatrix}=\begin{bmatrix}-R_1^{-2} & 0 & 0\\0 & 0 & 0\\-\beta R_1^{-2} & 0 & 0\end{bmatrix}=\begin{bmatrix}-1 & 0 & 0\\0 & 0 & 0\\-2 & 0 & 0\end{bmatrix}$$

增量网络 $\mathrm{N_i}$ 的节点电流源列向量 $\boldsymbol{I}'_{\mathrm{sn}}$ 为

$$\boldsymbol{I}'_{\mathrm{sn}}=\boldsymbol{A}\frac{\partial \boldsymbol{G}_{\mathrm{b}}}{\partial R_1}(\boldsymbol{U}_{\mathrm{sb}}-\boldsymbol{U}_{\mathrm{b}})=\begin{bmatrix}1 & 1 & 0\\-1 & 0 & 1\end{bmatrix}\begin{bmatrix}-1 & 0 & 0\\0 & 0 & 0\\-2 & 0 & 0\end{bmatrix}\left(\begin{bmatrix}4\\0\\0\end{bmatrix}-\begin{bmatrix}-2.6\\1.6\\4.2\end{bmatrix}\right)=\begin{bmatrix}-6.6\\-6.6\end{bmatrix}\ \mathrm{A}$$

求解增量网络 $\mathrm{N_i}$ 的节点方程,得到灵敏度列向量

$$\frac{\partial \boldsymbol{U}_{\mathrm{n}}}{\partial R_1}\approx\boldsymbol{G}_{\mathrm{n}}^{-1}\boldsymbol{I}'_{\mathrm{sn}}=\begin{bmatrix}4 & -1\\1 & 1\end{bmatrix}^{-1}\begin{bmatrix}-6.6\\-6.6\end{bmatrix}=\frac{1}{5}\begin{bmatrix}1 & 1\\-1 & 4\end{bmatrix}\begin{bmatrix}-6.6\\-6.6\end{bmatrix}=\begin{bmatrix}-2.64\\-3.96\end{bmatrix}\ \mathrm{V/\Omega}$$

计算$\frac{\partial \boldsymbol{U}_{\mathrm{n}}}{\partial G_2}$要先确定$\frac{\partial \boldsymbol{G}_{\mathrm{b}}}{\partial G_2}$,即

$$\frac{\partial \boldsymbol{G}_{\mathrm{b}}}{\partial G_2}=\frac{\partial}{\partial G_2}\begin{bmatrix}R_1^{-1} & 0 & 0\\0 & G_2 & 0\\\beta R_1^{-1} & 0 & G_3\end{bmatrix}=\begin{bmatrix}0 & 0 & 0\\0 & 1 & 0\\0 & 0 & 0\end{bmatrix}$$

$$\frac{\partial \boldsymbol{U}_{\mathrm{n}}}{\partial G_2}\approx\boldsymbol{G}_{\mathrm{n}}^{-1}\boldsymbol{A}\frac{\partial \boldsymbol{G}_{\mathrm{b}}}{\partial G_2}(\boldsymbol{U}_{\mathrm{sb}}-\boldsymbol{U}_{\mathrm{b}})=\frac{1}{5}\begin{bmatrix}1 & 1\\-1 & 4\end{bmatrix}\begin{bmatrix}1 & 1 & 0\\-1 & 0 & 1\end{bmatrix}\begin{bmatrix}0 & 0 & 0\\0 & 1 & 0\\0 & 0 & 0\end{bmatrix}\left(\begin{bmatrix}4\\0\\0\end{bmatrix}-\begin{bmatrix}-2.6\\1.6\\4.2\end{bmatrix}\right)=\begin{bmatrix}-0.32\\0.32\end{bmatrix}\ \mathrm{V/S}$$

同理,有

$$\frac{\partial \boldsymbol{G}_{\mathrm{b}}}{\partial G_3}=\frac{\partial}{\partial G_3}\begin{bmatrix}R_1^{-1} & 0 & 0\\0 & G_2 & 0\\\beta R_1^{-1} & 0 & G_3\end{bmatrix}=\begin{bmatrix}0 & 0 & 0\\0 & 0 & 0\\0 & 0 & 1\end{bmatrix}$$

$$\frac{\partial \boldsymbol{U}_{\mathrm{n}}}{\partial G_3}\approx\boldsymbol{G}_{\mathrm{n}}^{-1}\boldsymbol{A}\frac{\partial \boldsymbol{G}_{\mathrm{b}}}{\partial G_3}(\boldsymbol{U}_{\mathrm{sb}}-\boldsymbol{U}_{\mathrm{b}})=\frac{1}{5}\begin{bmatrix}1 & 1\\-1 & 4\end{bmatrix}\begin{bmatrix}1 & 1 & 0\\-1 & 0 & 1\end{bmatrix}\begin{bmatrix}0 & 0 & 0\\0 & 0 & 0\\0 & 0 & 1\end{bmatrix}\left(\begin{bmatrix}4\\0\\0\end{bmatrix}-\begin{bmatrix}-2.6\\1.6\\4.2\end{bmatrix}\right)=\begin{bmatrix}-0.84\\-3.36\end{bmatrix}\ \mathrm{V/S}$$

$$\frac{\partial \boldsymbol{G}_{\mathrm{b}}}{\partial \beta}=\frac{\partial}{\partial \beta}\begin{bmatrix}R_1^{-1} & 0 & 0\\0 & G_2 & 0\\\beta R_1^{-1} & 0 & G_3\end{bmatrix}=\begin{bmatrix}0 & 0 & 0\\0 & 0 & 0\\R_1^{-1} & 0 & 0\end{bmatrix}=\begin{bmatrix}0 & 0 & 0\\0 & 0 & 0\\1 & 0 & 0\end{bmatrix}$$

$$\frac{\partial \boldsymbol{U}_{\mathrm{n}}}{\partial \beta} \approx \boldsymbol{G}_{\mathrm{n}}^{-1} \boldsymbol{A} \frac{\partial \boldsymbol{G}_{\mathrm{b}}}{\partial \beta}(\boldsymbol{U}_{\mathrm{sb}}-\boldsymbol{U}_{\mathrm{b}})=\frac{1}{5}\begin{bmatrix} 1 & 1 \\ -1 & 4 \end{bmatrix}\begin{bmatrix} 1 & 1 & 0 \\ -1 & 0 & 1 \end{bmatrix}\begin{bmatrix} 0 & 0 & 0 \\ 0 & 0 & 0 \\ 1 & 0 & 0 \end{bmatrix}\left(\begin{bmatrix} 4 \\ 0 \\ 0 \end{bmatrix}-\begin{bmatrix} -2.6 \\ 1.6 \\ 4.2 \end{bmatrix}\right)=\begin{bmatrix} 1.32 \\ 5.28 \end{bmatrix} \mathrm{V}$$

（2）用增量网络计算节点电位对各参数的灵敏度，也需要先求解原网络 N，求得各元件的电压、电流。然后，逐一对每个参数设置扰动，画出相应的增量网络、并求解增量网络。

在 R_1 设置扰动 ΔR_1，根据表 19-6-1，对应的增量网络如图 19-6-4(c)所示，原网络中 R_1 的电流为$\dfrac{u_{n1}-u_{n2}-4}{R_1}=\dfrac{1.6-4.2-4}{1}=-6.6$ A，因此，R_1 的增量网络模型串联的电压源为$-6.6\Delta R_1$。在 $\Delta R_1=1\ \Omega$ 条件下（只为计算方便，并不意味着 R_1 的实际扰动是 1 Ω，实际扰动必须足够小），u_{n1}、u_{n2}的值约等于灵敏度$\dfrac{\partial u_{n1}}{\partial R_1}$、$\dfrac{\partial u_{n2}}{\partial R_1}$。约等于是因为增量网络是在扰动足够小下的近似网络。用网孔方程求解图 19-6-4(c)，有

$$\left(\frac{1}{3}+1+\frac{1}{2}\right)i-\frac{1}{2}\times 2i=6.6$$

$$i=7.92\ \mathrm{A}$$

$$\frac{\partial u_{n1}}{\partial R_1}\approx-\frac{1}{3}i=-2.64\ \mathrm{V/\Omega},\quad \frac{\partial u_{n2}}{\partial R_1}\approx\frac{1}{2}(i-2i)=-3.96\ \mathrm{V/\Omega}$$

在 G_2 设置扰动 ΔG_2，对应的增量网络如图 19-6-4(d)所示，原网络中 G_2 的电压为 1.6 V，因此，G_2 的增量网络模型并联的电流源为 $1.6\Delta G_2$。令 $\Delta G_2=1$ S，u_{n1}、u_{n2}的值等于灵敏度$\dfrac{\partial u_{n1}}{\partial G_2}$、$\dfrac{\partial u_{n2}}{\partial G_2}$。用网孔方程求解图 19-6-4(d)，有

$$\left(\frac{1}{3}+1+\frac{1}{2}\right)i+\frac{1}{3}\times 1.6-\frac{1}{2}\times 2i=0$$

$$i=-0.64\ \mathrm{A}$$

$$\frac{\partial u_{n1}}{\partial G_2}\approx-\frac{1}{3}(i+1.6)=-0.32\ \mathrm{V/S},\quad \frac{\partial u_{n2}}{\partial G_2}\approx\frac{1}{2}(i-2i)=0.32\ \mathrm{V/S}$$

在 G_3 设置扰动 ΔG_3，对应的增量网络如图 19-6-4(e)所示，原网络中 G_3 的电压为 4.2 V，因此，G_3 的增量网络模型并联的电流源为 $4.2\Delta G_3$。令 $\Delta G_3=1$ S，u_{n1}、u_{n2}的值等于灵敏度$\dfrac{\partial u_{n1}}{\partial G_3}$、$\dfrac{\partial u_{n2}}{\partial G_3}$。用网孔方程求解图 19-6-4(e)，有

$$\left(\frac{1}{3}+1+\frac{1}{2}\right)i-\frac{1}{2}\times 2i=\frac{4.2}{2}$$

$$i=2.52\ \mathrm{A}$$

$$\frac{\partial u_{n1}}{\partial G_3}\approx-\frac{1}{3}i=-0.84\ \mathrm{V/S},\quad \frac{\partial u_{n2}}{\partial G_3}\approx-0.84-1\times i=-3.36\ \mathrm{V/S}$$

在 β 设置扰动 $\Delta\beta$，对应的增量网络如图 19-6-4(f)所示，原网络中 CCCS 的控制电流为 -6.6 A，因此，CCCS 的增量网络模型并联的电流源为 $-6.6\Delta\beta$。令 $\Delta\beta=1$，u_{n1}、u_{n2}的值等于灵敏

度$\frac{\partial u_{n1}}{\partial \beta}$、$\frac{\partial u_{n2}}{\partial \beta}$。用网孔方程求解图 19-6-4(f),有

$$\left(\frac{1}{3}+1+\frac{1}{2}\right)i-\frac{1}{2}\times 2i-\frac{1}{2}\times(-6.6)=0$$

$$i=-3.96\ \text{A}$$

$$\frac{\partial u_{n1}}{\partial \beta}\approx -\frac{1}{3}i=1.32\ \text{V},\quad \frac{\partial u_{n2}}{\partial \beta}\approx 1.32-1\times i=5.28\ \text{V}$$

目标 4 检测:掌握灵敏度的增量网络分析法及其计算机辅助分析流程

测 19-13 计算测 19-13 图所示电路的节点电位对所有参数的灵敏度。(1)用增量网络计算;(2)用计算机辅助分析流程计算。

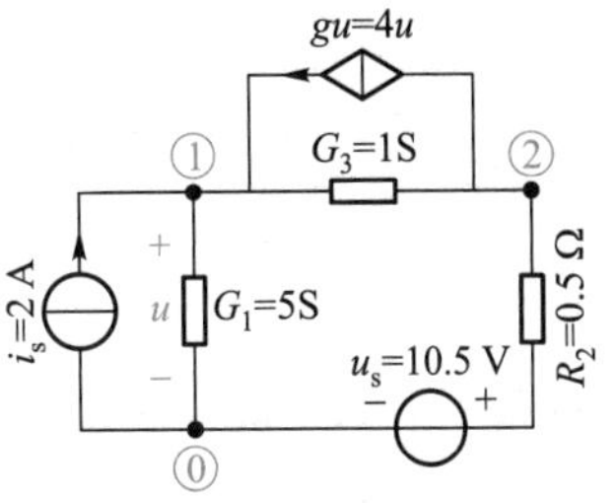

测 19-13 图

答案:$\frac{\partial \boldsymbol{U}_n}{\partial G_1}\approx\begin{bmatrix}-1\\1\end{bmatrix}$ V/S,$\frac{\partial \boldsymbol{U}_n}{\partial R_2}\approx\begin{bmatrix}-26/9\\-52/9\end{bmatrix}$ V/Ω,$\frac{\partial \boldsymbol{U}_n}{\partial G_3}\approx\begin{bmatrix}-5/9\\5/9\end{bmatrix}$ V/S,$\frac{\partial \boldsymbol{U}_n}{\partial g}\approx\begin{bmatrix}2/3\\-5/3\end{bmatrix}$ V/S

19.7 拓展与应用

建立电路方程是电路计算机辅助分析的关键,求解方程也是必不可少的环节。电路的稳态分析方程是线性代数方程组,如 $\boldsymbol{Y}_n\boldsymbol{U}_n=\boldsymbol{I}_{sn}$;电路的暂态分析方程是状态方程,即 $\dot{\boldsymbol{X}}=\boldsymbol{AX}+\boldsymbol{BV}$。可系统学习数值计算方法课程来掌握这些方程的数值解法,本节对此进行简单介绍,起到入门作用。

19.7.1 线性代数方程组的数值解法

求解线性代数方程组的数值计算方法很多,如高斯消去法、LU 分解法、迭代法。算法选择要考虑算法的精度、稳定性、计算时间、内存占用量等因素。高斯消去法是常用的算法。

设 n 维线性代数方程组为

$$\boldsymbol{A}'\boldsymbol{X}=\boldsymbol{B} \tag{19-7-1}$$

如果用克莱姆法则来求解,要计算 $n+1$ 个 n 阶行列式,计算量大得惊人,即使是计算机计算,所耗时间也可能无法忍受。

(1) 高斯消去法的原理

高斯消去法利用矩阵初等变换,将式(19-7-1)的系数矩阵 $\boldsymbol{A}'$ 变换成下三角内元素全为 0、

主对角线元素全为 1 的矩阵，然后逐个计算 x_i。分为以下 3 步。

首先，形成式(19-7-1)的增广矩阵，为

$$A=[A'\vdots B]=\left[\begin{array}{cccc:c} a_{11} & a_{12} & \cdots & a_{1n} & a_{1(n+1)} \\ a_{21} & a_{22} & \cdots & a_{2n} & a_{2(n+1)} \\ \vdots & \vdots & & \vdots & \vdots \\ a_{n1} & a_{n2} & \cdots & a_{nn} & a_{n(n+1)} \end{array}\right]$$

然后，对 $\boldsymbol{A}$ 进行 n 次初等变换，称为消去过程，即由 $\boldsymbol{A}\to\boldsymbol{A}^{(1)}\cdots\to\boldsymbol{A}^{(k)}\cdots\to\boldsymbol{A}^{(n)}$，得

$$A^{(n)}=\left[\begin{array}{cccc:c} 1 & a_{12}^{(n)} & \cdots & a_{1n}^{(n)} & a_{1(n+1)}^{(n)} \\ 0 & 1 & \cdots & a_{2n}^{(n)} & a_{2(n+1)}^{(n)} \\ \vdots & \vdots & & \vdots & \vdots \\ 0 & 0 & \cdots & 1 & a_{n(n+1)}^{(n)} \end{array}\right]$$

该过程中的第 k 次变换，又分为归一计算和消元计算两步。归一计算的目标是将第 k 行主对角线元素变为 1，消元计算的目标是将第 k 列主对角线元素以下的所有元素变为 0。计算公式如下。

归一计算：$a_{kj}^{(k)}=a_{kj}^{(k-1)}/a_{kk}^{(k-1)} \quad k=1,2,\cdots,n \quad j=k+1,k+2,\cdots,n+1$ (19-7-2)

消元计算：$a_{ij}^{(k)}=a_{ij}^{(k-1)}-a_{ik}^{(k-1)}a_{kj}^{(k)} \quad j=k+1,k+2,\cdots,n+1 \quad i=k+1,k+2,\cdots,n$ (19-7-3)

最后，分 n 次逐个计算变量，称为回代过程。回代计算公式为：

$$x_k=a_{n(n+1)}^{(n)}-\sum_{j=k+1}^{n}a_{kj}^{(n)}x_j \quad k=n,n-1,\cdots,1 \tag{19-7-4}$$

例 19-7-1 用高斯消去法求解 $\begin{bmatrix} 10 & -7 & 0 \\ -3 & 2.099 & 6 \\ 5 & -1 & 5 \end{bmatrix}\begin{bmatrix} x_1 \\ x_2 \\ x_3 \end{bmatrix}=\begin{bmatrix} 7 \\ 3.901 \\ 6 \end{bmatrix}$。

解：增广矩阵为

$$A=\left[\begin{array}{ccc:c} 10 & -7 & 0 & 7 \\ -3 & 2.099 & 6 & 3.901 \\ 5 & -1 & 5 & 6 \end{array}\right]$$

第 1 次消去：

归一计算：第 1 行各元素除以 a_{11}，得

$$\left[\begin{array}{ccc:c} 1 & -0.7 & 0 & 0.7 \\ -3 & 2.099 & 6 & 3.901 \\ 5 & -1 & 5 & 6 \end{array}\right]$$

消元计算：将下三角的第 1 列元素变为 0，得

$$A^{(1)}=\left[\begin{array}{ccc:c} 1 & -0.7 & 0 & 0.7 \\ 0 & -0.001 & 6 & 6.001 \\ 0 & 2.5 & 5 & 2.5 \end{array}\right]$$

第 2 次消去：

归一计算：第 2 行各元素除以 $a_{22}^{(1)}$，得

$$\begin{bmatrix} 1 & -0.7 & 0 & \vdots & 0.7 \\ 0 & 1 & -6\ 000 & \vdots & -6\ 001 \\ 0 & 2.5 & 5 & \vdots & 2.5 \end{bmatrix}$$

消元计算:将下三角的第 2 列元素变为 0,得

$$\boldsymbol{A}^{(2)} = \begin{bmatrix} 1 & -0.7 & 0 & \vdots & 0.7 \\ 0 & 1 & -6\ 000 & \vdots & -6\ 001 \\ 0 & 0 & 15\ 005 & \vdots & 15\ 005 \end{bmatrix}$$

第 3 次消去:

归一计算:第 3 行各元素除以 $a_{33}^{(2)}$,得

$$\boldsymbol{A}^{(3)} = \begin{bmatrix} 1 & -0.7 & 0 & \vdots & 0.7 \\ 0 & 1 & -6\ 000 & \vdots & -6\ 001 \\ 0 & 0 & 1 & \vdots & 1 \end{bmatrix}$$

第 1 次回代:从第 3 行得

$$x_3 = 1$$

第 2 次回代:从第 2 行得

$$x_2 = -6\ 001 - (-6\ 000)x_3 = -1$$

第 3 次回代:从第 1 行得

$$x_1 = 0.7 - (-0.7)x_2 - 0x_3 = 0$$

(2) 主元高斯消去法

在上述高斯消去法的归一计算时,总以 $a_{kk}^{(k-1)}$ 为分母,当 $a_{kk}^{(k-1)}$ 的绝对值太小时,会产生很大的舍入误差,导致结果不可靠。选用绝对值最大的元素(称为主元)作为归一计算时的分母来克服此问题,称为主元高斯消去法。主元高斯消去法有列主元和全主元之分,列主元高斯消去法是在本列剩余元素中选择主元,全主元高斯消去法则在剩余的系数矩阵中选择主元。

例 19-7-2 用主元高斯消去法求解例 19-7-1 中的线性代数方程组。

解:增广矩阵为

$$\boldsymbol{A} = \begin{bmatrix} 10 & -7 & 0 & \vdots & 7 \\ -3 & 2.099 & 6 & \vdots & 3.901 \\ 5 & -1 & 5 & \vdots & 6 \end{bmatrix}$$

方法 1:应用列主元高斯消去法。

第 1 次消去:由于 $a_{11} = 10$ 是 $\boldsymbol{A}$ 的第 1 列中绝对值最大的元素,就是第 1 列的主元,因此

$$\text{归一计算:}\begin{bmatrix} 10/10 & -7/10 & 0/10 & \vdots & 7/10 \\ -3 & 2.099 & 6 & \vdots & 3.091 \\ 5 & -1 & 5 & \vdots & 6 \end{bmatrix} = \begin{bmatrix} 1 & -0.7 & 0 & \vdots & 0.7 \\ -3 & 2.099 & 6 & \vdots & 3.901 \\ 5 & -1 & 5 & \vdots & 6 \end{bmatrix}$$

$$\text{消元计算:}\boldsymbol{A}^{(1)} = \begin{bmatrix} 1 & -0.7 & 0 & \vdots & 0.7 \\ 0 & -0.001 & 6 & \vdots & 6.001 \\ 0 & 2.5 & 5 & \vdots & 2.5 \end{bmatrix}$$ (蓝色元素为下一步选择主元的区域)

第 2 次消去:此时 $a_{22}^{(1)} = -0.001$ 不是 $\boldsymbol{A}^{(1)}$ 的第 2 列剩余元素中绝对值最大的元素,$a_{32}^{(1)} = 2.5$ 才是主元,因此,将 $\boldsymbol{A}^{(1)}$ 的第 2 行与第 3 行对调,得

$$A^{(1)}=\left[\begin{array}{ccc|c}1 & -0.7 & 0 & 0.7\\0 & 2.5 & 5 & 2.5\\0 & -0.001 & 6 & 6.001\end{array}\right]$$ （蓝色元素为主元）

$$\text{归一计算}:\left[\begin{array}{ccc|c}1 & -0.7 & 0 & 0.7\\0 & 2.5/2.5 & 5/2.5 & 2.5/2.5\\0 & -0.001 & 6 & 6.001\end{array}\right]=\left[\begin{array}{ccc|c}1 & -0.7 & 0 & 0.7\\0 & 1 & 2 & 1\\0 & -0.001 & 6 & 6.001\end{array}\right]$$

$$\text{消元计算}:A^{(2)}=\left[\begin{array}{ccc|c}1 & -0.7 & 0 & 0.7\\0 & 1 & 2 & 1\\0 & 0 & 6.002 & 6.002\end{array}\right]$$

第 3 次消去：

$$\text{归一计算}:A^{(3)}=\left[\begin{array}{ccc|c}1 & -0.7 & 0 & 0.7\\0 & 1 & 2 & 1\\0 & 0 & 1 & 1\end{array}\right]$$

第 1 次回代：从第 3 行得

$$x_3=1$$

第 2 次回代：从第 2 行得

$$x_2=1-2x_3=-1$$

第 3 次回代：从第 1 行得

$$x_1=0.7-(-0.7)x_2-0x_3=0$$

方法 2：应用全主元高斯消去法。

$$A=\left[\begin{array}{ccc|c}10 & -7 & 0 & 7\\-3 & 2.099 & 6 & 3.901\\5 & -1 & 5 & 6\end{array}\right]$$

第 1 次消去：由于 $a_{11}=10$ 是 A 中系数矩阵 A' 的所有元素中绝对值最大的元素，就是全主元，因此

$$\text{归一计算}:\left[\begin{array}{ccc|c}10/10 & -7/10 & 0/10 & 7/10\\-3 & 2.099 & 6 & 3.901\\5 & -1 & 5 & 6\end{array}\right]=\left[\begin{array}{ccc|c}1 & -0.7 & 0 & 0.7\\-3 & 2.099 & 6 & 3.901\\5 & -1 & 5 & 6\end{array}\right]$$

$$\text{消元计算}:A^{(1)}=\left[\begin{array}{ccc|c}1 & -0.7 & 0 & 0.7\\0 & -0.001 & 6 & 6.001\\0 & 2.5 & 5 & 2.5\end{array}\right]$$ （蓝色元素为下一步选择主元的区域）

第 2 次消去：此时 $a_{23}^{(1)}=6$ 是 $A^{(1)}$ 的所有剩余元素中绝对值最大的元素，是全主元，因此，将 $A^{(1)}$ 的第 2 列与第 3 列对调，得

$$A^{(1)}=\left[\begin{array}{ccc|c}1 & 0 & -0.7 & 0.7\\0 & 6 & -0.001 & 6.001\\0 & 5 & 2.5 & 2.5\end{array}\right]$$，变量顺序由 $[x_1\quad x_2\quad x_3]$ 变为 $[x_1\quad x_3\quad x_2]$

$$\text{归一计算}:\left[\begin{array}{ccc|c}1 & 0 & -0.7 & 0.7\\0 & 6/6 & -0.001/6 & 6.001/6\\0 & 5 & 2.5 & 2.5\end{array}\right]=\left[\begin{array}{ccc|c}1 & 0 & -0.7 & 0.7\\0 & 1 & -0.000\,17 & 1.000\,17\\0 & 5 & 2.5 & 2.5\end{array}\right]$$

$$消元计算:\boldsymbol{A}^{(2)}=\left[\begin{array}{ccc:c}1 & 0 & -0.7 & 0.7\\ 0 & 1 & -0.000\,17 & 1.000\,17\\ 0 & 0 & 2.500\,85 & -2.500\,85\end{array}\right]$$

第 3 次消去：

$$归一计算:\boldsymbol{A}^{(3)}=\left[\begin{array}{ccc:c}1 & 0 & -0.7 & 0.7\\ 0 & 1 & -0.000\,17 & 1.000\,17\\ 0 & 0 & 1 & -1\end{array}\right]$$

第 1 次回代:从第 3 行得

$$x_2=-1 \quad （注意:变量顺序已改变）$$

第 2 次回代:从第 2 行得

$$x_3=1.000\,17-(-0.000\,17)x_2=1$$

第 3 次回代:从第 1 行得

$$x_1=0.7-0x_3-(-0.7)x_2=0$$

检测:高斯消去法的原理

测 19-13 (1)用列主元、全主元高斯消去法求解$\begin{bmatrix}1 & 100 & 100\\ 1\,000 & 50 & 100\\ 2\,000 & 200 & 100\end{bmatrix}\begin{bmatrix}x_1\\ x_2\\ x_3\end{bmatrix}=\begin{bmatrix}201\\ 1\,150\\ 2\,300\end{bmatrix}$,保留小数点后 3 位;(2)用克莱姆法则验证结果;(3)尝试编写计算机程序。

---

(3) 复系数线性代数方程组的求解方法

正弦稳态电路的方程是复系数线性代数方程组,如何求解呢？一种方法是将复系数线性代数方程组转换为实系数线性代数方程组。另一种方法是将增广矩阵 $\boldsymbol{A}$ 的实部、虚部分别存入两个矩阵,采用与实系数方程一样的解法,只是每一步运算均用复数运算。这里介绍前者。

将复系数线性代数方程组

$$\boldsymbol{A}'\boldsymbol{X}=\boldsymbol{B}$$

的各矩阵分解为实部加虚部的形式,写为

$$(\boldsymbol{A}'_{\mathrm{R}}+\mathrm{j}\boldsymbol{A}'_{\mathrm{I}})(\boldsymbol{X}_{\mathrm{R}}+\mathrm{j}\boldsymbol{X}_{\mathrm{I}})=\boldsymbol{B}_{\mathrm{R}}+\mathrm{j}\boldsymbol{B}_{\mathrm{I}}$$

下标“R”代表实部、“I”代表虚部。上式展开得

$$(\boldsymbol{A}'_{\mathrm{R}}\boldsymbol{X}_{\mathrm{R}}-\boldsymbol{A}'_{\mathrm{I}}\boldsymbol{X}_{\mathrm{I}})+\mathrm{j}(\boldsymbol{A}'_{\mathrm{R}}\boldsymbol{X}_{\mathrm{I}}+\boldsymbol{A}'_{\mathrm{I}}\boldsymbol{X}_{\mathrm{R}})=\boldsymbol{B}_{\mathrm{R}}+\mathrm{j}\boldsymbol{B}_{\mathrm{I}}$$

因此

$$\begin{cases}\boldsymbol{A}'_{\mathrm{R}}\boldsymbol{X}_{\mathrm{R}}-\boldsymbol{A}'_{\mathrm{I}}\boldsymbol{X}_{\mathrm{I}}=\boldsymbol{B}_{\mathrm{R}}\\ \boldsymbol{A}'_{\mathrm{R}}\boldsymbol{X}_{\mathrm{I}}+\boldsymbol{A}'_{\mathrm{I}}\boldsymbol{X}_{\mathrm{R}}=\boldsymbol{B}_{\mathrm{I}}\end{cases}$$

写成一个矩阵方程

$$\begin{bmatrix}\boldsymbol{A}'_{\mathrm{R}} & -\boldsymbol{A}'_{\mathrm{I}}\\ \boldsymbol{A}'_{\mathrm{I}} & \boldsymbol{A}'_{\mathrm{R}}\end{bmatrix}\begin{bmatrix}\boldsymbol{X}_{\mathrm{R}}\\ \boldsymbol{X}_{\mathrm{I}}\end{bmatrix}=\begin{bmatrix}\boldsymbol{B}_{\mathrm{R}}\\ \boldsymbol{B}_{\mathrm{I}}\end{bmatrix} \tag{19-7-5}$$

再用高斯消去法求解。

19.7.2 状态方程的数值解法

状态方程的精确解是时间函数,即所谓的解析解,而计算机无法获得解析解。在暂态过程计算机辅助分析时,得出的是近似的数值解。数值解法的基本思路是:(1)将要分析的时间区域按照一定步长 h 离散成$[t_0,t_1,\cdots,t_n]$,$t_{k+1}=t_k+h$;(2)将方程中的一阶导数近似为差分,由 t_k 时刻的值计算 t_{k+1}时刻的值,t_0 时刻的值为已知的初始条件。欧拉法、龙格-库塔法是常用的微分方程的数值解法。龙格-库塔法有更好的精度且稳定性好而被广泛采用。

线性非时变电路的状态方程为

$$\dot{\boldsymbol{X}}(t)=\boldsymbol{A}\boldsymbol{X}(t)+\boldsymbol{B}\boldsymbol{V}(t) \tag{19-7-6}$$

$\boldsymbol{X}(t)$为状态向量,$\dot{\boldsymbol{X}}(t)$为状态的导数向量,$\boldsymbol{V}(t)$为激励向量。假定:计算步长为 h,离散时间点为$[t_0,t_1,\cdots,t_n]$,为了方便表达,初始状态 $\boldsymbol{X}(t_0)=\boldsymbol{X}_0$,$t_k$ 时的状态 $\boldsymbol{X}(t_k)=\boldsymbol{X}_k$,$\dot{\boldsymbol{X}}(t_k)=\dot{\boldsymbol{X}}_k$,$t_k$ 时的激励向量 $\boldsymbol{V}(t_k)=\boldsymbol{V}_k$。

(1) 前向欧拉法

差分$\dfrac{\boldsymbol{X}_{k+1}-\boldsymbol{X}_k}{h}$与微分 $\dot{\boldsymbol{X}}_k$ 近似,即

$$\dot{\boldsymbol{X}}_k\approx\frac{\boldsymbol{X}_{k+1}-\boldsymbol{X}_k}{h}\quad(\text{称为前向差分}) \tag{19-7-7}$$

在 $t=t_k$ 时,状态方程式(19-7-6)变为

$$\frac{\boldsymbol{X}_{k+1}-\boldsymbol{X}_k}{h}\approx\boldsymbol{A}\boldsymbol{X}_k+\boldsymbol{B}\boldsymbol{V}_k \tag{19-7-8}$$

于是,由 $\boldsymbol{X}_k$ 计算 $\boldsymbol{X}_{k+1}$的递推公式为

$$\boldsymbol{X}_{k+1}\approx\boldsymbol{X}_k+h(\boldsymbol{A}\boldsymbol{X}_k+\boldsymbol{B}\boldsymbol{V}_k)\quad k=0,\ 1,\ \cdots,n \tag{19-7-9}$$

由 $\boldsymbol{X}_0$ 计算 $\boldsymbol{X}_1$、由 $\boldsymbol{X}_1$ 计算 $\boldsymbol{X}_2$,……,直至 $\boldsymbol{X}_n$。

(2) 后向欧拉法

差分$\dfrac{\boldsymbol{X}_{k+1}-\boldsymbol{X}_k}{h}$与微分 $\dot{\boldsymbol{X}}_{k+1}$近似,即

$$\dot{\boldsymbol{X}}_{k+1}\approx\frac{\boldsymbol{X}_{k+1}-\boldsymbol{X}_k}{h}\quad(\text{称为后向差分}) \tag{19-7-10}$$

在 $t=t_{k+1}$时,状态方程式(19-7-6)变为

$$\frac{\boldsymbol{X}_{k+1}-\boldsymbol{X}_k}{h}\approx\boldsymbol{A}\boldsymbol{X}_{k+1}+\boldsymbol{B}\boldsymbol{V}_{k+1} \tag{19-7-11}$$

由 $\boldsymbol{X}_k$ 计算 $\boldsymbol{X}_{k+1}$的递推公式为

$$(\boldsymbol{1}-h\boldsymbol{A})\boldsymbol{X}_{k+1}\approx\boldsymbol{X}_k+h\boldsymbol{B}\boldsymbol{V}_{k+1}\quad k=0,\ 1,\cdots,n \tag{19-7-12}$$

前向欧拉法递推计算简单,但解的稳定区域小(即对 h 的大小限制严格)、精度低,只用于启动其他算法。后向欧拉法每一步递推都要求解线性代数方程组,计算较复杂,精度也低,但解的稳定区域大。

(3) 龙格-库塔法

不同算法之间的区别在于差分与微分近似的方式不同。前向欧拉法用 t_k 处的微分 $\dot{\boldsymbol{X}}_k$ 近似 $t_k \sim t_{k+1}$ 区间的差分，即$\dfrac{\boldsymbol{X}_{k+1}-\boldsymbol{X}_k}{h}$。后向欧拉法用 t_{k+1} 处的微分 $\dot{\boldsymbol{X}}_{k+1}$ 近似 $t_k \sim t_{k+1}$ 区间的差分。龙格-库塔法则在 $t_k \sim t_{k+1}$ 之间进行插值，用多点微分的加权平均值近似 $t_k \sim t_{k+1}$ 区间的差分。

龙格-库塔法稳定性好、精度高且易于变步长，最常用的是四阶龙格-库塔法。为了叙述方便，将式(19-7-6)的右边用列向量 $\boldsymbol{F}$ 表示，$\boldsymbol{F}$ 是 $\boldsymbol{X}$、$\boldsymbol{V}$ 的函数，而 $\boldsymbol{X}$、$\boldsymbol{V}$ 是 t 的函数，因此

$$\dot{\boldsymbol{X}}(t)=\boldsymbol{A}\boldsymbol{X}(t)+\boldsymbol{B}\boldsymbol{V}(t)=\boldsymbol{F}(\boldsymbol{X},t) \tag{19-7-13}$$

四阶龙格-库塔法的递推公式为

$$\boxed{\begin{aligned}
&\boldsymbol{X}_{k+1}=\boldsymbol{X}_k+\frac{h}{6}(\boldsymbol{L}_1+2\boldsymbol{L}_2+2\boldsymbol{L}_3+\boldsymbol{L}_4)\\
&\boldsymbol{L}_1=\boldsymbol{F}(\boldsymbol{X}_k,\ t_k)\\
&\boldsymbol{L}_2=\boldsymbol{F}\left(\boldsymbol{X}_k+\frac{h}{2}\boldsymbol{L}_1,t_k+\frac{h}{2}\right)\\
&\boldsymbol{L}_3=\boldsymbol{F}\left(\boldsymbol{X}_k+\frac{h}{2}\boldsymbol{L}_2,t_k+\frac{h}{2}\right)\\
&\boldsymbol{L}_4=\boldsymbol{F}(\boldsymbol{X}_k+h\boldsymbol{L}_3,\ t_k+h)
\end{aligned}} \tag{19-7-14}$$

$\boldsymbol{L}_1$、$\boldsymbol{L}_2$、$\boldsymbol{L}_3$、$\boldsymbol{L}_4$ 为 $t_k \sim t_{k+1}$ 区间中 4 个点的微分，$\dfrac{\boldsymbol{L}_1+2\boldsymbol{L}_2+2\boldsymbol{L}_3+\boldsymbol{L}_4}{6}$是这些微分的加权平均值，用它近似 $t_k \sim t_{k+1}$ 区间的差分$\dfrac{\boldsymbol{X}_{k+1}-\boldsymbol{X}_k}{h}$，从而由 $\boldsymbol{X}_k$ 推得 $\boldsymbol{X}_{k+1}$。

例 19-7-3 在例 19-4-2 中，电路的状态方程、初始条件、激励为

$$\begin{bmatrix}\dot{u}_C\\ \dot{i}_L\end{bmatrix}=\begin{bmatrix}-0.5 & 1\\ -0.5 & -2\end{bmatrix}\begin{bmatrix}u_C\\ i_L\end{bmatrix}+\begin{bmatrix}0\\ 0.5\end{bmatrix}[u_s],\quad \begin{bmatrix}u_C(0)\\ i_L(0)\end{bmatrix}=\begin{bmatrix}0\\ 0\end{bmatrix},\quad [u_s]=[2\text{V}]$$

准确解为

$$\begin{bmatrix}u_C\\ i_L\end{bmatrix}=\begin{bmatrix}\left(\dfrac{2}{3}-2\text{e}^{-t}+\dfrac{4}{3}\text{e}^{-1.5t}\right)\ \text{V}\\ \left(\dfrac{1}{3}+\text{e}^{-t}-\dfrac{4}{3}\text{e}^{-1.5t}\right)\ \text{A}\end{bmatrix}$$

现用四阶龙格-库塔法对状态方程进行第 1 步计算，并与准确解进行对比。

解：$\boldsymbol{F}(\boldsymbol{X},t)=\begin{bmatrix}-0.5 & 1\\ -0.5 & -2\end{bmatrix}\begin{bmatrix}u_C\\ i_L\end{bmatrix}+\begin{bmatrix}0\\ 0.5\end{bmatrix}[2]$，分别取 $h=1s$、$h=0.1s$ 进行第 1 步计算。

(1) 取步长 $h=1$ s。由$\begin{bmatrix}u_C(t_0=0)\\ i_L(t_0=0)\end{bmatrix}$计算$\begin{bmatrix}u_C(t_1=1\text{ s})\\ i_L(t_1=1\text{ s})\end{bmatrix}$，步骤为

$$\boldsymbol{L}_1=\boldsymbol{F}(\boldsymbol{X}_0,t_0)=\begin{bmatrix}-0.5 & 1\\ -0.5 & -2\end{bmatrix}\begin{bmatrix}u_C(0)\\ i_L(0)\end{bmatrix}+\begin{bmatrix}0\\ 0.5\end{bmatrix}[2]=\begin{bmatrix}0\\ 1\end{bmatrix}$$

$$\boldsymbol{L}_2=\boldsymbol{F}\left(\boldsymbol{X}_0+\frac{h}{2}\boldsymbol{L}_1,t_0+\frac{h}{2}\right)=\begin{bmatrix}-0.5 & 1\\ -0.5 & -2\end{bmatrix}\left(\begin{bmatrix}u_C(0)\\ i_L(0)\end{bmatrix}+\frac{1}{2}\begin{bmatrix}0\\ 1\end{bmatrix}\right)+\begin{bmatrix}0\\ 0.5\end{bmatrix}[2]=\begin{bmatrix}0.5\\ 0\end{bmatrix}$$

$$\boldsymbol{L}_3=\boldsymbol{F}\left(\boldsymbol{X}_0+\frac{h}{2}\boldsymbol{L}_2,t_0+\frac{h}{2}\right)=\begin{bmatrix}-0.5 & 1\\-0.5 & -2\end{bmatrix}\left(\begin{bmatrix}u_C(0)\\i_L(0)\end{bmatrix}+\frac{1}{2}\begin{bmatrix}0.5\\0\end{bmatrix}\right)+\begin{bmatrix}0\\0.5\end{bmatrix}[2]=\begin{bmatrix}-0.125\\0.875\end{bmatrix}$$

$$\boldsymbol{L}_4=\boldsymbol{F}(\boldsymbol{X}_0+h\boldsymbol{L}_3,t_0+h)=\begin{bmatrix}-0.5 & 1\\-0.5 & -2\end{bmatrix}\left(\begin{bmatrix}u_C(0)\\i_L(0)\end{bmatrix}+\begin{bmatrix}-0.125\\0.875\end{bmatrix}\right)+\begin{bmatrix}0\\0.5\end{bmatrix}[2]=\begin{bmatrix}0.937\ 5\\-0.687\ 5\end{bmatrix}$$

$$\begin{bmatrix}u_C(t_1=1\text{s})\\i_L(t_1=1\text{s})\end{bmatrix}=\begin{bmatrix}u_C(0)\\i_L(0)\end{bmatrix}+\frac{h}{6}(\boldsymbol{L}_1+2\boldsymbol{L}_2+2\boldsymbol{L}_3+\boldsymbol{L}_4)$$

$$=\begin{bmatrix}0\\0\end{bmatrix}+\frac{1}{6}\left(\begin{bmatrix}0\\1\end{bmatrix}+2\begin{bmatrix}0.5\\0\end{bmatrix}+2\begin{bmatrix}-0.125\\0.875\end{bmatrix}+\begin{bmatrix}0.937\ 5\\-0.687\ 5\end{bmatrix}\right)=\begin{bmatrix}0.2813\\0.3438\end{bmatrix}$$

准确值为

$$\begin{bmatrix}u_C(t_1=1\text{s})\\i_L(t_1=1\text{s})\end{bmatrix}=\begin{bmatrix}\frac{2}{3}-2e^{-t}+\frac{4}{3}e^{-1.5t}\\\frac{1}{3}+e^{-t}-\frac{4}{3}e^{-1.5t}\end{bmatrix}_{t=1}=\begin{bmatrix}\frac{2}{3}-2e^{-1}+\frac{4}{3}e^{-1.5}\\\frac{1}{3}+e^{-1}-\frac{4}{3}e^{-1.5}\end{bmatrix}$$

$$=\begin{bmatrix}0.666\ 7-0.735\ 8+0.297\ 5\\0.333\ 3+0.367\ 9-0.297\ 5\end{bmatrix}=\begin{bmatrix}0.228\ 4\text{ V}\\0.403\ 7\text{ A}\end{bmatrix}$$

（2）取步长 $h=0.1s$。由 $\begin{bmatrix}u_C(t_0=0)\\i_L(t_0=0)\end{bmatrix}$ 计算 $\begin{bmatrix}u_C(t_1=0.1\text{s})\\i_L(t_1=0.1\text{s})\end{bmatrix}$，步骤为

$$\boldsymbol{L}_1=\boldsymbol{F}(\boldsymbol{X}_0,t_0)=\begin{bmatrix}-0.5 & 1\\-0.5 & -2\end{bmatrix}\begin{bmatrix}u_C(0)\\i_L(0)\end{bmatrix}+\begin{bmatrix}0\\0.5\end{bmatrix}[2]=\begin{bmatrix}0\\1\end{bmatrix}$$

$$\boldsymbol{L}_2=\boldsymbol{F}\left(\boldsymbol{X}_0+\frac{h}{2}\boldsymbol{L}_1,t_0+\frac{h}{2}\right)=\begin{bmatrix}-0.5 & 1\\-0.5 & -2\end{bmatrix}\left(\begin{bmatrix}u_C(0)\\i_L(0)\end{bmatrix}+\frac{0.1}{2}\begin{bmatrix}0\\1\end{bmatrix}\right)+\begin{bmatrix}0\\0.5\end{bmatrix}[2]=\begin{bmatrix}0.05\\0.9\end{bmatrix}$$

$$\boldsymbol{L}_3=\boldsymbol{F}\left(\boldsymbol{X}_0+\frac{h}{2}\boldsymbol{L}_2,t_0+\frac{h}{2}\right)=\begin{bmatrix}-0.5 & 1\\-0.5 & -2\end{bmatrix}\left(\begin{bmatrix}u_C(0)\\i_L(0)\end{bmatrix}+\frac{0.1}{2}\begin{bmatrix}0.05\\0.9\end{bmatrix}\right)+\begin{bmatrix}0\\0.5\end{bmatrix}[2]=\begin{bmatrix}0.043\ 75\\0.908\ 75\end{bmatrix}$$

$$\boldsymbol{L}_4=\boldsymbol{F}(\boldsymbol{X}_0+h\boldsymbol{L}_3,t_0+h)=\begin{bmatrix}-0.5 & 1\\-0.5 & -2\end{bmatrix}\left(\begin{bmatrix}u_C(0)\\i_L(0)\end{bmatrix}+0.1\begin{bmatrix}0.043\ 75\\0.908\ 75\end{bmatrix}\right)+\begin{bmatrix}0\\0.5\end{bmatrix}[2]=\begin{bmatrix}0.088\ 687\ 5\\0.816\ 062\ 5\end{bmatrix}$$

$$\begin{bmatrix}u_C(t_1=0.1\text{s})\\i_L(t_1=0.1\text{s})\end{bmatrix}=\begin{bmatrix}u_C(0)\\i_L(0)\end{bmatrix}+\frac{h}{6}(\boldsymbol{L}_1+2\boldsymbol{L}_2+2\boldsymbol{L}_3+\boldsymbol{L}_4)$$

$$=\begin{bmatrix}0\\0\end{bmatrix}+\frac{0.1}{6}\left(\begin{bmatrix}0\\1\end{bmatrix}+2\begin{bmatrix}0.05\\0.9\end{bmatrix}+2\begin{bmatrix}0.043\ 75\\0.908\ 75\end{bmatrix}+\begin{bmatrix}0.088\ 6875\\0.816\ 062\ 5\end{bmatrix}\right)$$

$$=\begin{bmatrix}0.004\ 603\\0.090\ 559\end{bmatrix}$$

准确值为

$$\begin{bmatrix}u_C(t_1=0.1\text{s})\\i_L(t_1=0.1\text{s})\end{bmatrix}=\begin{bmatrix}\frac{2}{3}-2e^{-t}+\frac{4}{3}e^{-1.5t}\\\frac{1}{3}+e^{-t}-\frac{4}{3}e^{-1.5t}\end{bmatrix}_{t=0.1}=\begin{bmatrix}\frac{2}{3}-2e^{-0.1}+\frac{4}{3}e^{-0.15}\\\frac{1}{3}+e^{-0.1}-\frac{4}{3}e^{-0.15}\end{bmatrix}$$

$$=\begin{bmatrix}0.666\ 7-1.809\ 7+1.147\ 6\\0.333\ 3+0.904\ 8-1.147\ 6\end{bmatrix}=\begin{bmatrix}0.004\ 6\\0.090\ 6\end{bmatrix}$$

两种步长下的第 1 步计算结果与准确值之间的误差表明：步长越小，计算结果精度越高，显然，步长 $h=1\text{s}$ 过大，$h=0.1\text{s}$ 合适。

习题 19

电路的拓扑结构（19.2 节）

19－1 题 19－1 图所示电路，节点数为 4、支路数为 7。(1) 画出有向图；(2) 选一种树；(3) 在 (2) 所选树下，标出所有基本回路，包括回路方向；(4) 在 (2) 所选树下，标出所有基本割集，包括割集方向。

19－2 电路的有向图如题 19－2 图所示，蓝线为树，在图中标出所有基本割集。

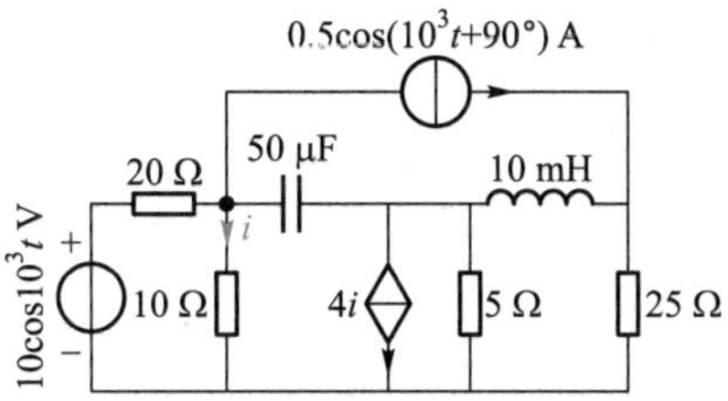

题 19－1 图

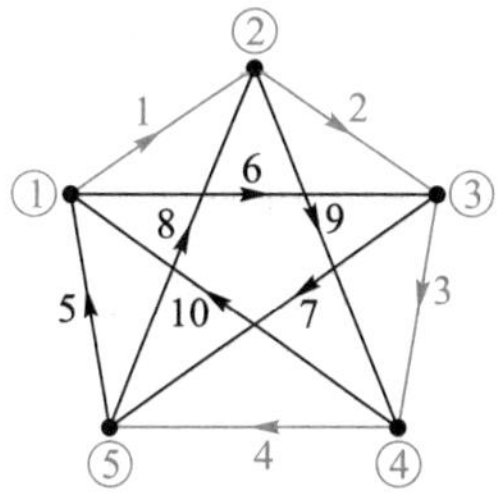

题 19－2 图

19－3 题 19－3 图所示有向图中，各闭合面切割的支路是否为割集，为什么？

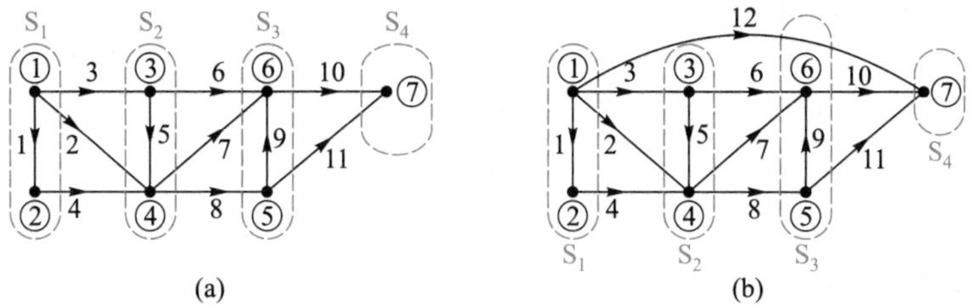

(a) (b)

题 19－3 图

拓扑结构的矩阵表示（19.3 节）

19－4 题 19－4 图所示有向图：(1) 写出节点关联矩阵 $\boldsymbol{A}$；(2) 任选一种树，写出基本回路矩阵 $\boldsymbol{B}_f$ 和基本割集矩阵 $\boldsymbol{Q}_f$；(3) 自我验证 $\boldsymbol{A}$、$\boldsymbol{B}_f$、$\boldsymbol{Q}_f$ 的正确性。

19－5 题 19－5 图所示有向图的基本回路矩阵如下，请补上基本回路矩阵中缺失的元素。

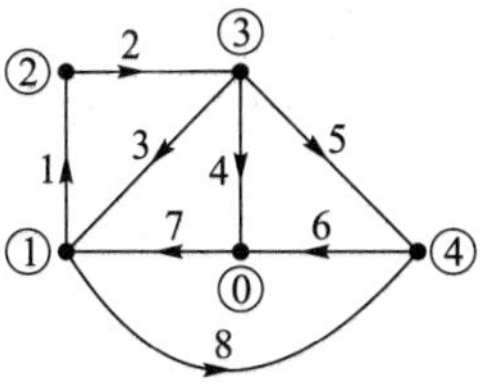

题 19－4 图

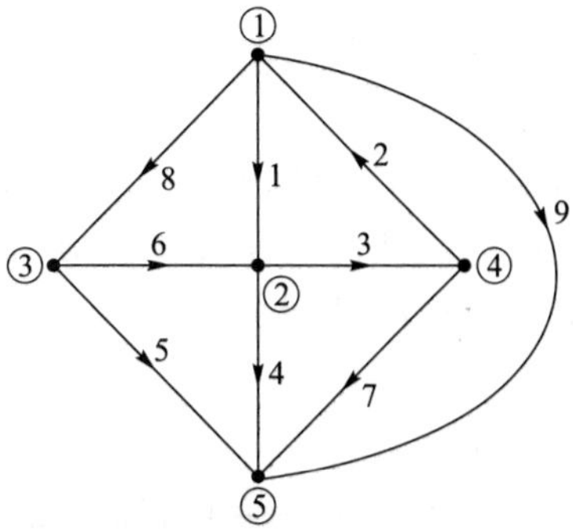

题 19－5 图

$$
\begin{array}{c} \quad 1 \quad 2 \quad 3 \quad 4 \quad 5 \quad 6\ 7\ 8\ 9 \end{array}
$$

$$
\boldsymbol{B}_{\mathrm{f}}=\begin{bmatrix} 1 & 0 & 0 & 0 & 0 & & & & \\ 0 & 1 & 0 & 0 & 0 & & & & \\ 0 & 0 & 1 & 0 & 0 & & & & \\ 0 & 0 & 0 & 1 & 0 & & & & \\ 0 & 0 & 0 & 0 & 1 & & & & \end{bmatrix}
$$

19-6 有向图的节点关联矩阵为

$$
\boldsymbol{A}=\begin{matrix} & b_1 & b_2 & b_3 & b_4 & b_5 \\ n_1 & -1 & 1 & 1 & 0 & 0 \\ n_2 & 0 & -1 & 0 & -1 & 0 \\ n_3 & 1 & 0 & 0 & 0 & -1 \end{matrix}
$$

(1)不画有向图,由 $\boldsymbol{A}$ 找出电路的一种树;(2)不画有向图,由 $\boldsymbol{A}$ 找出与该树对应的基本割集矩阵 $\boldsymbol{Q}_{\mathrm{f}}$;(3)不画有向图,确定与该树对应的基本回路矩阵 $\boldsymbol{B}_{\mathrm{f}}$;(4)由 $\boldsymbol{A}$ 画出有向图,验证(1)、(2)、(3)的结果。

19-7 对题 19-2 图所示有向图另选一种树,如题 19-7 图中的蓝线所示。(1)用割集的定义确定所有基本割集;(2)确定节点关联矩阵 $\boldsymbol{A}$;(3)由节点关联矩阵 $\boldsymbol{A}$ 确定与该树对应的基本割集,验证(1)的结果。

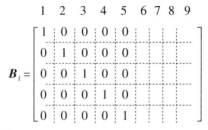

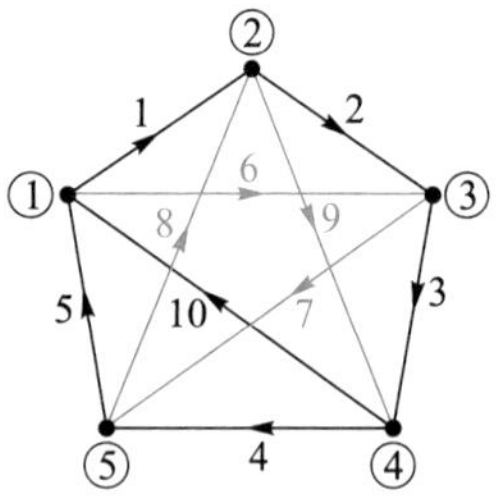

题 19-7 图

19-8 有向图的基本回路矩阵为

$$
\boldsymbol{B}_{\mathrm{f}}=\begin{matrix} b_1 & b_2 & b_3 & b_4 & b_5 & b_6 & b_7 \\ 1 & 0 & 0 & 1 & 0 & 1 & 0 \\ 0 & 1 & 0 & 0 & 1 & 1 & 0 \\ 0 & 0 & 1 & 0 & 0 & 1 & 1 \end{matrix}
$$

(1)哪些支路构成基本回路?(2)支路 1、3、4、5 是否为回路?(3)哪些支路构成基本割集?(4)支路 2、5、6、7 是否为割集?

19-9 有向图的基本割集矩阵为

$$
\boldsymbol{Q}_{\mathrm{f}}=\begin{matrix} b_1 & b_2 & b_3 & b_4 & b_5 & b_6 & b_7 \\ 0 & 1 & -1 & 1 & 1 & 0 & 0 \\ 1 & -1 & 0 & 0 & 0 & 1 & 0 \\ -1 & 0 & 1 & -1 & 0 & 0 & 1 \end{matrix}
$$

(1)哪些支路构成基本割集?(2)支路 1、3、4、5 是否为割集?(3)哪些支路构成基本回路?(4)支路 2、5、6、7 是否为回路?

19-10 电路的有向图如题 19-10 图所示。(1)写出用节点关联矩阵 $\boldsymbol{A}$ 表示的 KCL、KVL 方程;(2)选支路 1、2、6 为树,写出用基本回路矩阵 $\boldsymbol{B}_{\mathrm{f}}$ 表示的 KCL、KVL 方程;(3)还是以支路 1、2、6 为树,写出用基本割集矩阵 $\boldsymbol{Q}_{\mathrm{f}}$ 表示的 KCL、KVL 方程;(4)利用 KCL、KVL 方程,证明电路的瞬时功率守恒。

稳态电路分析模型(**19.4** 节)

19-11 用系统法列写题 19-11 图所示电路的节点方程。

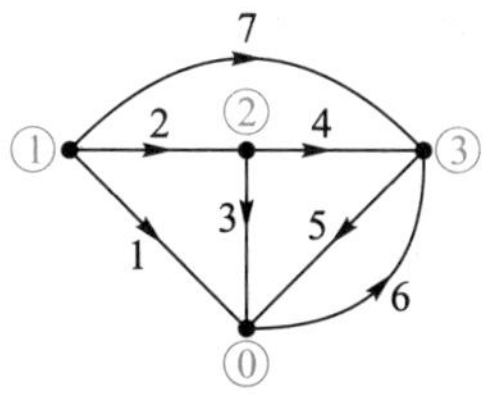

题 19-10 图

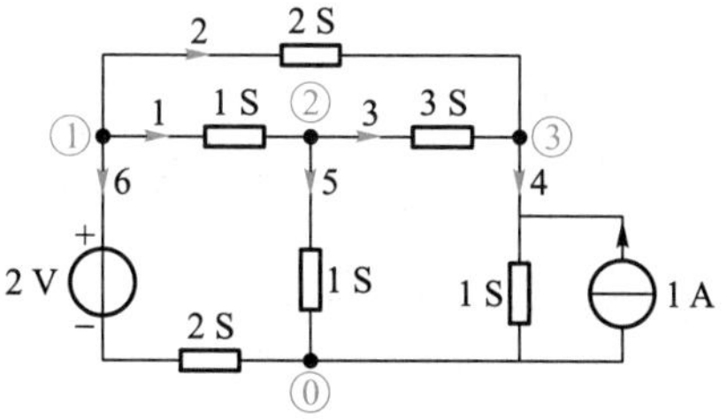

题 19-11 图

19-12 题 19-12 图(a)所示电路的有向如题 19-12 图(b)所示，用系统法写出节点方程。

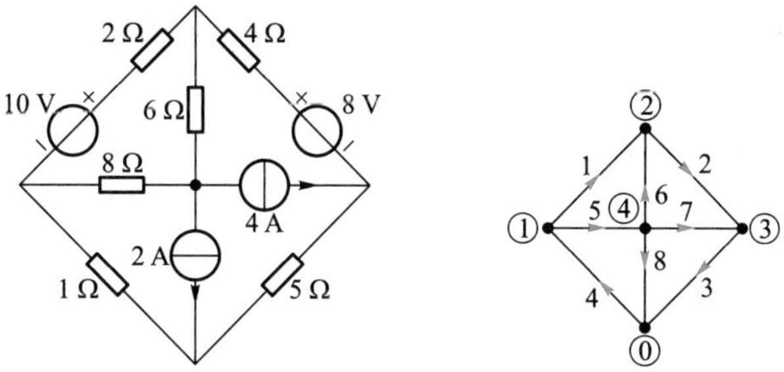

(a) (b)

题 19-12 图

19-13 题 19-13 图所示电路中，$i_s=3\sqrt{2}\cos(3t-45°)$ A、$u_s=50\sqrt{2}\cos(3t+60°)$ V。用系统法写出节点方程。

19-14 列写题 19-14 图(a)所示电路的节点列表方程。有向图如题 19-14 图(b)所示，节点 0 为参考节点。

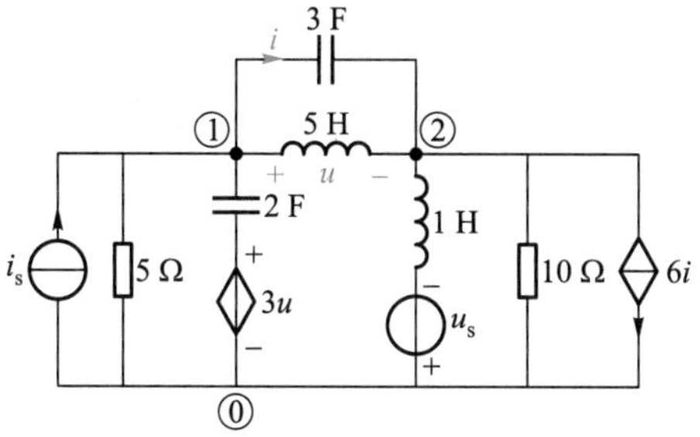

题 19-13 图

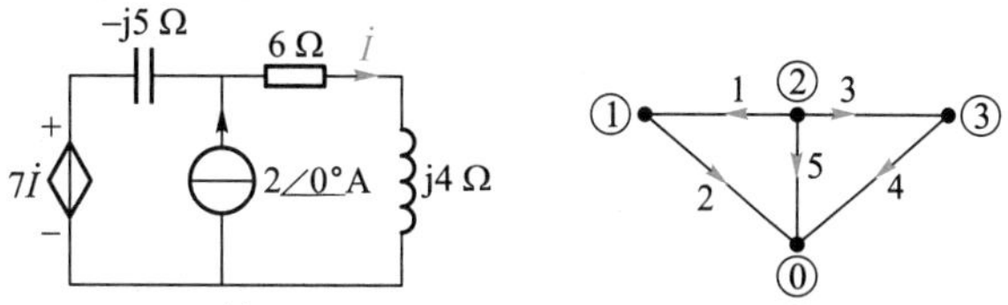

(a) (b)

题 19-14 图

19-15 列写题 19-15 图(a)所示稳态电路的节点列表方程。有向图如题 19-15 图(b)所示。电压源 $u_s=10\sqrt{2}\sin(10t)$ V，节点 0 为参考节点。

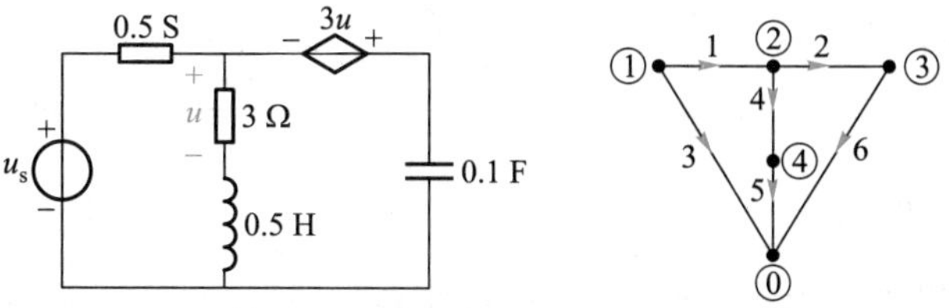

(a) (b)

题 19-15 图

暂态过程分析模型(19.5 节)

19-16 电路如题 19-16 图所示,以 u_C、i_L 为状态变量,用叠加法确定状态方程。

19-17 电路如题 19-17 图所示,以 i_1、i_2、u 为状态变量,用叠加法确定状态方程。

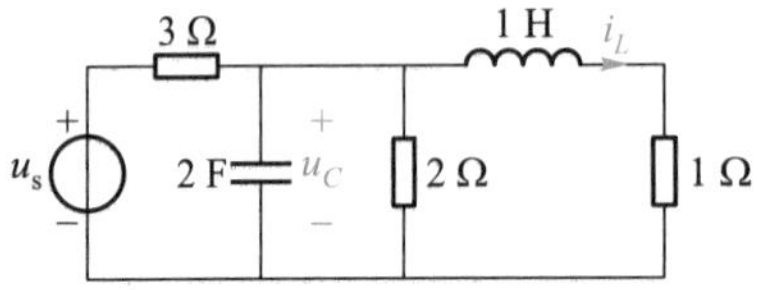

题 19-16 图

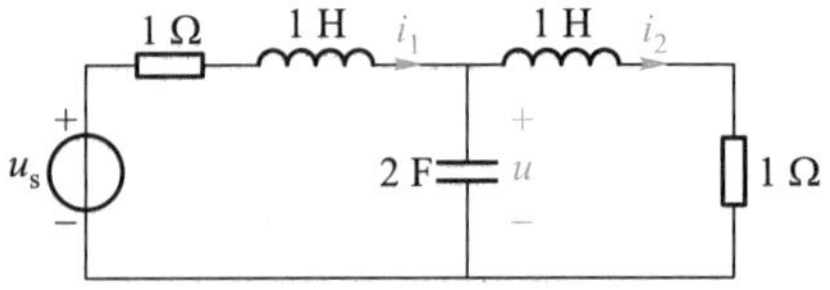

题 19-17 图

19-18 电路如题 19-18 图所示,以 i_L、u_C 为状态变量,用叠加法确定状态方程。

灵敏度分析模型(19.6 节)

19-19 计算题 19-19 图所示电路的节点电位对所有参数的灵敏度。(1)用计算机辅助分析流程计算;(2)用增量网络计算。

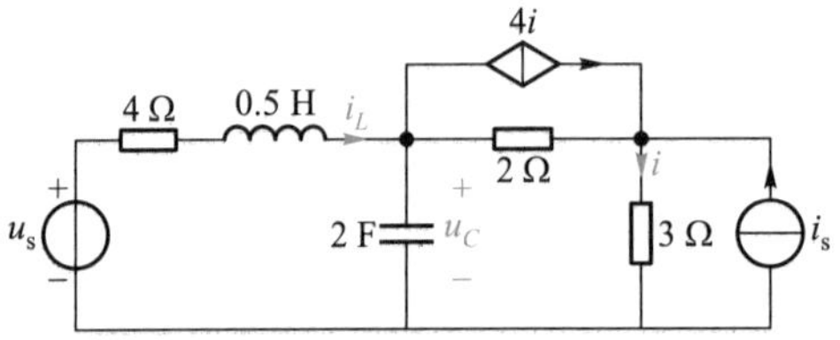

题 19-18 图

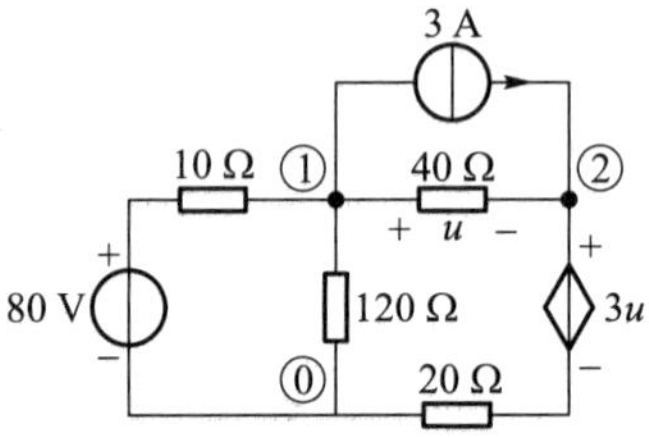

题 19-19 图

19-20 计算题 19-20 图所示电路的节点电位对参数 R_1、R_2 的灵敏度。(1)用计算机辅助分析流程计算;(2)用增量网络计算。

▶ 综合检测

19-21 电网络的结构可以通过节点、回路、割集包含支路情况来描述,人工分析电网络时,依据节点、回路、割集的结构信息来建立一定的方程。(1)题 19-21 图(a)中支路集合{3,4,6,7}是否为割集;(2)在题 19-21 图(a)中添上支路 11,如题 19-21 图(b)所示,题 19-21 图(b)中支路集合{3,4,6,7}是否为割集,说明理由;(3)从电路理论的角度分析,割集的定义为何要限定“从图中移走割集的全部支路(保留节点),图只能分离成两个部分”。

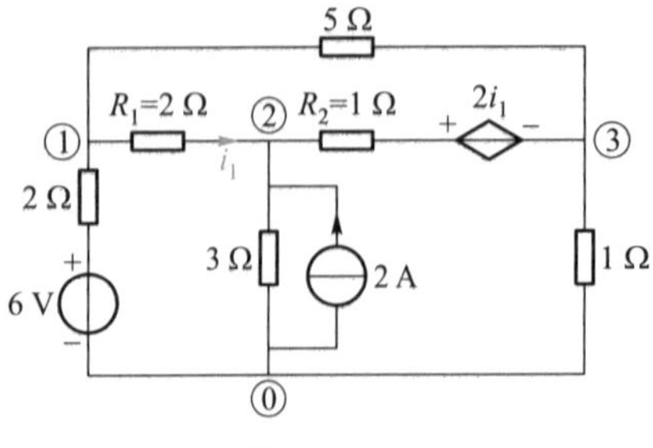

题 19-20 图

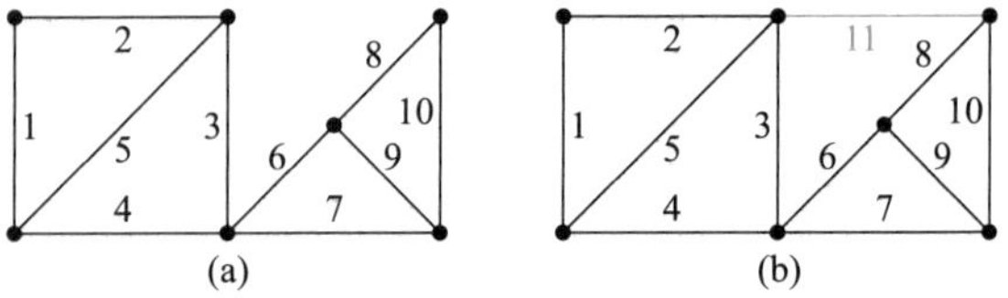

题 19-21 图

19-22 电路的结构可以用一个代数矩阵来描述,计算机辅助分析时,必须从矩阵中获得电路的结构信息。对题 19-22 图所示有向图:(1)节点 0 为参考节点,写出节点关联矩阵 **A**;(2)蓝线为树，在图中标明所有的基本回路和基本割集；(3) 写出与上述树对应的基本回路矩阵 $\boldsymbol{B}_{\mathrm{f}}$、基本割集矩阵 $\boldsymbol{Q}_{\mathrm{f}}$，并验证其正确性；(4) 举例说明如何由 $\boldsymbol{A}$ 找出有向图的一种树；(5) 举例说明如何由 $\boldsymbol{B}_{\mathrm{f}}$ 找出有向图的一种树、判断哪些支路构成回路(含基本回路以外的一般回路)；(6) 举例说明如何由 $\boldsymbol{Q}_{\mathrm{f}}$ 找出有向图的一种树、判断哪些支路构成割集(含基本割集以外的一般割集)；(7) 举例说明如何由 $\boldsymbol{Q}_{\mathrm{f}}$ 判断哪些支路构成回路、由 $\boldsymbol{B}_{\mathrm{f}}$ 判断哪些支路构成割集；(8) 举例说明如何由 $\boldsymbol{A}$ 获得回路、割集信息。

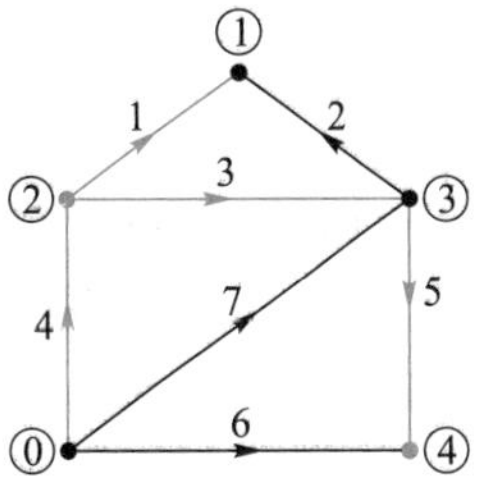

题 19-22 图

19-23 基于节点方程的计算机电路分析，只能分析不含电压源支路的网络。(1) 用适应于计算机辅助分析的方法列写题 19-23 图(a)所示电路的节点方程；(2) 用适合于手工分析的方法列写题 19-23 图(a)所示电路的节点方程；(3) 若将题 19-23 图(a)中 3A 独立电流源改成受控电流源，如题 19-23 图(b)所示，在(1)的所有矩阵中，哪些元素要改变，写出改变后的矩阵；(4) 用适合于手工分析的方法列写题 19-23 图(b)所示电路的节点方程。

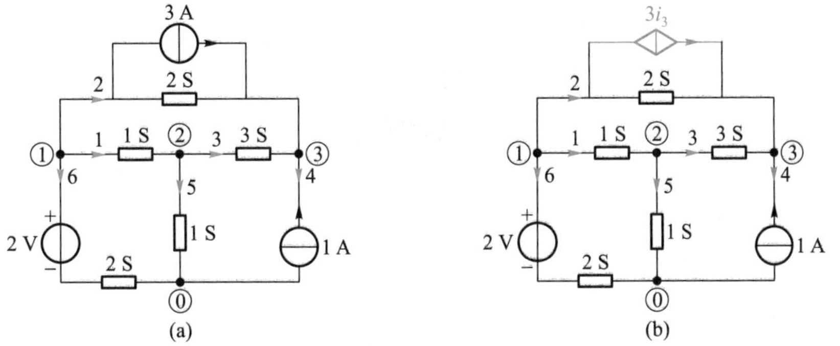

题 19-23 图

19-24 节点列表方程以一个元件为一条支路，可以分析任何网络。列写题 19-24 图(a)所示电路的节点列表方程，有向图如题 19-24 图(b)所示。

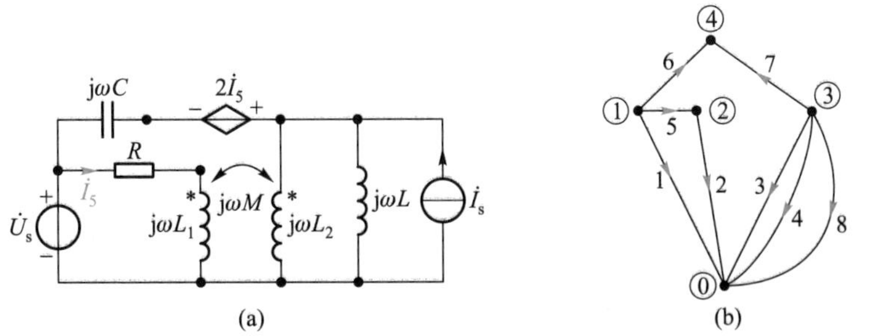

题 19-24 图

19-25 用观察法列写方程求解题 19-25 图所示各电路。(1) 对图(a)，合理选择树，列写一个基本回路分析方程，并由此求各支路电流；(2) 对图(b)，合理选择树，列写一个基本割集分析方程，并由此求各支路电流；(3) 总结基本回路分析方程、基本割集分析方程在处理电源支路的优势。

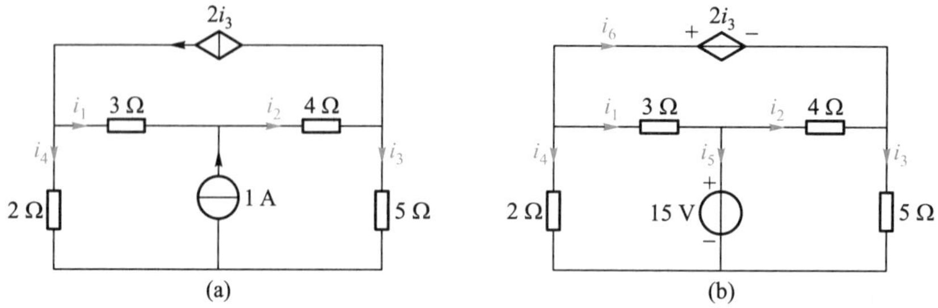

题 19-25 图

19-26 (1)选择以下 3 项任务之一设计计算机电路分析程序流程。任务 1:适合分析直流电阻电路(不含电压源支路和受控源)的节点分析法;任务 2:适合分析直流电阻电路(含电压源支路和受控源)的节点列表分析法;任务 3:适合分析正弦稳态电路(含任何支路)的节点列表分析法;(2)用 Matlab 或 C 语言编写流程对应的计算程序,并用实例验证程序的正确性。

习题 19 参考答案

第20章 均匀传输线的正弦稳态分析

20.1 概述

在学习本章之前,请复习1.2.3小节。电路本质上是电磁场,电流在周围空间激发磁场,电荷在周围空间建立电场。磁场和电场在空间上连续分布,对应着电感、电容参数连续分布。电路消耗电能也存在空间分布性,对应着电阻、电导参数连续分布。为了简化分析,在一定条件下忽略参数的分布性,用不占空间的理想元件(即集中参数元件)的互联构成电路模型,这就是我们已经熟悉的集中参数电路。

正弦稳态下,电场与磁场构成电磁波传播。当电磁波从电源传播到电路各处所需的时间可以忽略时,就可以忽略电路参数的分布性。这就要求电路的几何尺寸 d 远小于电磁波的波长 λ。工程上,当 $d \geqslant 0.01\lambda$ 时,应考虑参数的分布性,作为分布参数电路(distributed circuit)来分析。

直流稳态下,虽然电感、电容参数在电路中不起作用,但电阻、电导参数的分布性仍然存在,有时还是要按分布参数电路来分析。

电力传输中几百公里长的输电线路、高频信号传输中几十米长的电缆,是常见的分布参数电路,称为均匀传输线。本章将建立均匀传输线的方程,分析其正弦稳态响应,下一章将分析其暂态响应。

目标1　理解均匀传输线的参数和方程的含义。

目标2　熟练运用两种特定边界条件下的正弦稳态响应表达式。

目标3　理解行波、传播特性、反射系数、输入阻抗、匹配、无畸变等概念。

目标4　熟练掌握无损耗传输线的计算,理解驻波概念。

难点　建立行波的概念,理解行波的传播特性。计算复杂。

20.2 均匀传输线

均匀传输线(uniform transmission line)泛指处于均匀介质中相互平行的两根导体,一根为电流的去线、另一根为电流的回线,且两根导体的间距、导体的直径均远小于导体的长度,简称为传输线。图 20-2-1(a)为均匀传输线的电路符号,接电源的一端称首端,接负载的一端为终端,首端、终端元件为集中参数元件。为了简捷,$u(x,t)$简写为 u,$u_1(t)$简写为 u_1,依此类推,电路符号简化为图 20-2-1(b)。

图 20-2-2(a)所示的平行电缆、图 20-2-2(b)所示的同轴电缆,用于信号传输时就是一副均匀传输线。三相输电时,图 20-2-2(c)所示的架空输电线路、图 20-2-2(d)所示的三相电力电缆,每一相端线与中线构成一副均匀传输线,端线为去线、中线为回线,图 20-2-2(c)的中线为大地,图 20-2-2(d)的中线为外面的金属铠,金属铠通常接大地。

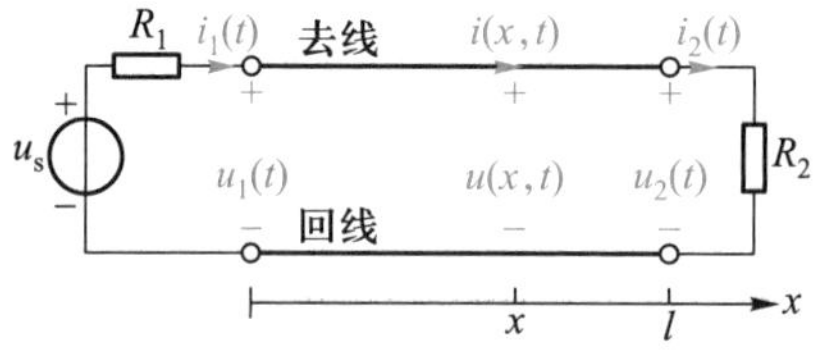

(a) 变量完整表示

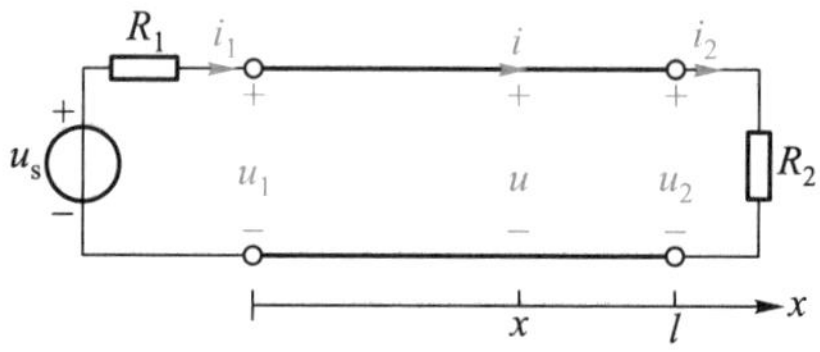

(b) 变量简写表示

图 20-2-1 均匀传输线的电路符号

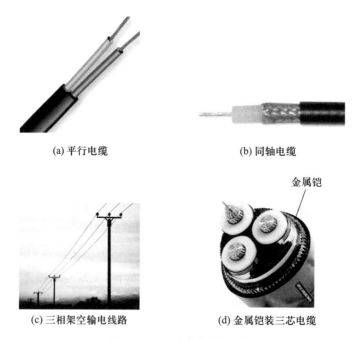

(a) 平行电缆

(b) 同轴电缆

(c) 三相架空输电线路

(d) 金属铠装三芯电缆

图 20-2-2 均匀传输线实例

20.2.1 均匀传输线的参数

均匀传输线要用 4 个参数来描述其电场储能、磁场储能以及功率损耗。图 20-2-3(a)中:去线、回线构成电流回路,用电阻表征去线和回线的导线电阻;当去线、回线之间的介质非理想(即有一定的导电性)时,就会有电流从去线经过介质流到回线,称为漏电流,用电导表征;电流在两线周围形成磁场 **B**,用电感表征;电荷在两线间形成电场 **E**,用电容表征。因此,均匀传输线的4个参数如下。

> R_0:去线与回线构成的回路单位长度上的导线电阻,单位为 Ω/m;
> L_0:去线与回线构成的回路单位长度上的电感,单位为 H/m;
> G_0:去线与回线之间单位长度上的漏电导,单位为 S/m;
> C_0:去线与回线之间单位长度上的电容,单位为 F/m。

参数 R_0、L_0 导致电压 u 是 x 的函数,参数 G_0、C_0 导致电流 i 是 x 的函数。如图 20-2-3(b)所示,在均匀传输线的 dx 段上,电压由 u 变为 u+du、电流由 i 变为 i+di。将均匀传输线分割成无穷多个 dx 小段级联,每个 dx 小段用包含 4 个参数的集中参数电路等效,得到图 20-2-4 所示的微分段电路模型。

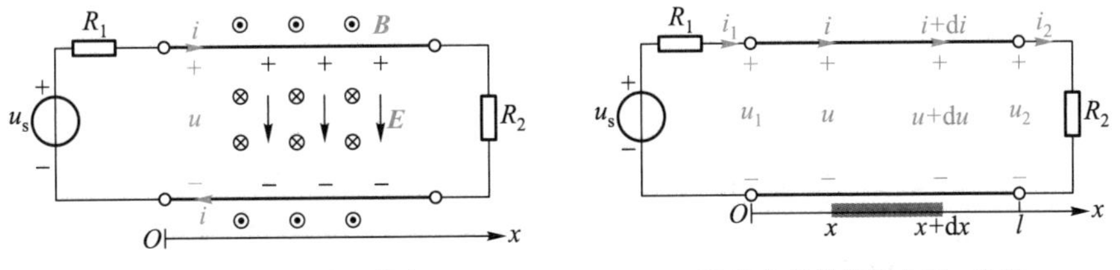

图 20-2-3　均匀传输线的参数说明

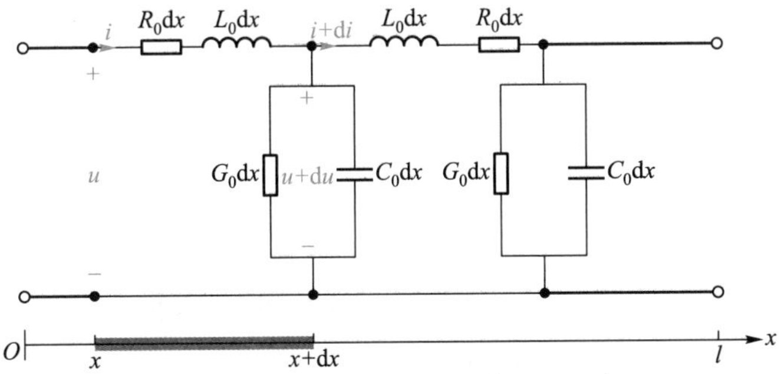

图 20-2-4　均匀传输线的微分段电路模型

均匀传输线的 4 个参数可通过计算或测量确定,它们与传输线的导体材料、几何尺寸、周围介质的特性相关。交流下,导线中电流分布存在集肤效应(越靠近导线表面电流密度越大的现象称为集肤效应),导致 R_0、L_0 还与信号频率相关。表 20-2-1 列出了由电磁场理论导出的参数计算公式,如果系统地学习了电磁场理论,就能自行推导这些公式。集肤效应不明显时采用低频下的计算公式,集肤效应明显时采用高频下的计算公式。

表 20-2-1 均匀传输线的参数计算公式

<table>
<tr><th></th><th>几何结构</th><th>低频下($\delta \gg a$)参数</th><th>高频下($\delta \ll a$)参数</th></tr>
<tr><td rowspan="4">同轴线</td><td rowspan="4">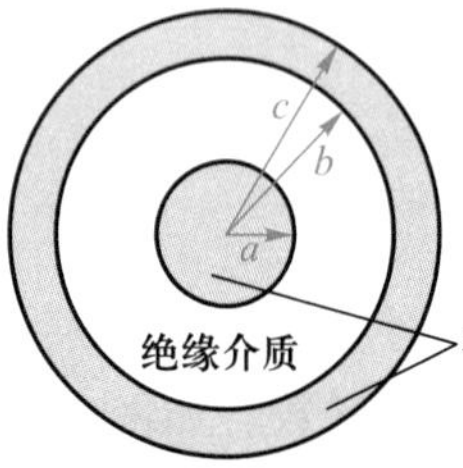γ_c、μ_c:导体的电导率、磁导率
γ、μ、ε:介质的电导率、磁导率、介电常数
f:信号频率
δ:集肤深度</td><td>$R_0=\dfrac{1}{\pi\gamma_c}\left(\dfrac{1}{a^2}+\dfrac{1}{c^2-b^2}\right)$
(内导体电阻+外导体电阻)</td><td>$R_0=\dfrac{1}{2\pi\delta\gamma_c}\left(\dfrac{1}{a}+\dfrac{1}{b}\right)$
$\delta=1/\sqrt{\pi f\mu_c\gamma_c}$</td></tr>
<tr><td>$L_0=\dfrac{\mu}{2\pi}\left[\ln\dfrac{b}{a}+\dfrac{1}{4}+\dfrac{1}{4(c^2-b^2)}\left(b^2-3c^2+\dfrac{4c^4}{c^2-b^2}\ln\dfrac{c}{b}\right)\right]$(外自感+内导体内自感+外导体内自感)
$L_0\overset{c\to b}{\approx}\dfrac{\mu}{2\pi}\left(\ln\dfrac{b}{a}+\dfrac{1}{4}\right)$(外自感+内导体内自感)</td><td>$L_0=\dfrac{\mu}{2\pi}\ln\dfrac{b}{a}$
(外自感)</td></tr>
<tr><td colspan="2">$G_0=\dfrac{2\pi\gamma}{\ln(b/a)}$</td></tr>
<tr><td colspan="2">$C_0=\dfrac{2\pi\varepsilon}{\ln(b/a)}$</td></tr>
<tr><td rowspan="4">平行线</td><td rowspan="4">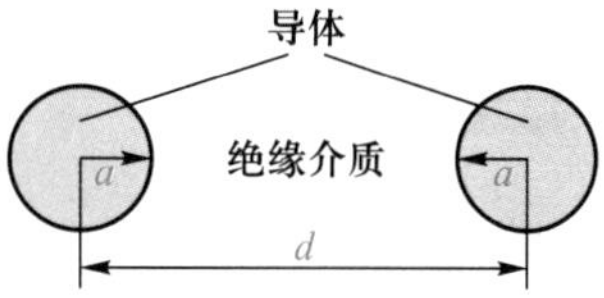γ_c、μ_c:导体的电导率、磁导率
γ、μ、ε:介质的电导率、磁导率、介电常数
f:信号频率
δ:集肤深度
b:电轴位置</td><td>$R_0=\dfrac{2}{\pi a^2\gamma_c}$</td><td>$R_0=\dfrac{1}{\pi a\delta\gamma_c}$
$\delta=1/\sqrt{\pi f\mu_c\gamma_c}$</td></tr>
<tr><td>$L_0=\dfrac{\mu}{\pi}\ln\dfrac{d-a}{a}+\dfrac{\mu_c}{4\pi}\overset{a\ll d}{\approx}\dfrac{\mu}{\pi}\ln\dfrac{d}{a}+\dfrac{\mu_c}{4\pi}$
(外自感+导体内自感)</td><td>$L_0=\dfrac{\mu}{\pi}\ln\dfrac{d-a}{a}\overset{a\ll d}{\approx}\dfrac{\mu}{\pi}\ln\dfrac{d}{a}$
(外自感)</td></tr>
<tr><td colspan="2">$G_0=\dfrac{\pi\gamma}{\ln\dfrac{b+(0.5d-a)}{b-(0.5d-a)}}\overset{a\ll d}{\approx}\dfrac{\pi\gamma}{\ln(d/a)}$　　$b=\sqrt{0.25d^2-a^2}$</td></tr>
<tr><td colspan="2">$C_0=\dfrac{\pi\varepsilon}{\ln\dfrac{b+(0.5d-a)}{b-(0.5d-a)}}\overset{a\ll d}{\approx}\dfrac{\pi\varepsilon}{\ln(d/a)}$　　$b=\sqrt{0.25d^2-a^2}$</td></tr>
</table>

20.2.2 均匀传输线的方程

均匀传输线的方程就是变量 u、i 满足的方程,它由图 20-2-4 所示电路模型导出。图 20-2-4 中,x 处的电压为 u、电流为 i,$x+\mathrm{d}x$ 处的电压为 $u+\mathrm{d}u$、电流为 $i+\mathrm{d}i$,由微积分知识得:$\mathrm{d}u=\dfrac{\partial u}{\partial x}\mathrm{d}x$,$\mathrm{d}i=\dfrac{\partial i}{\partial x}\mathrm{d}x$。在 x 到 $x+\mathrm{d}x$ 的小段上应用 KVL 和 KCL,得

$$u-(u+\mathrm{d}u)=(R_0\mathrm{d}x)i+(L_0\mathrm{d}x)\frac{\partial i}{\partial t}\qquad(\text{KVL})\qquad(20-2-1)$$

$$i-(i+\mathrm{d}i)=(G_0\mathrm{d}x)(u+\mathrm{d}u)+(C_0\mathrm{d}x)\frac{\partial(u+\mathrm{d}u)}{\partial t}\qquad(\text{KCL})\qquad(20-2-2)$$

将 $\mathrm{d}u=\dfrac{\partial u}{\partial x}\mathrm{d}x$、$\mathrm{d}i=\dfrac{\partial i}{\partial x}\mathrm{d}x$ 分别代入上面的 KVL 和 KCL 方程,得

$$-\frac{\partial u}{\partial x}\mathrm{d}x=(R_0\mathrm{d}x)i+(L_0\mathrm{d}x)\frac{\partial i}{\partial t}\qquad(20-2-3)$$

$$-\frac{\partial i}{\partial x}\mathrm{d}x=(G_0\mathrm{d}x)u+(G_0\mathrm{d}x)\frac{\partial u}{\partial x}\mathrm{d}x+(C_0\mathrm{d}x)\frac{\partial u}{\partial t}+(C_0\mathrm{d}x)\frac{\partial}{\partial t}\left(\frac{\partial u}{\partial x}\mathrm{d}x\right) \quad (20-2-4)$$

略去含有$(\mathrm{d}x)^2$的项、并约去等式两边的 dx,得

$$\boxed{\begin{cases}-\dfrac{\partial u}{\partial x}=R_0 i+L_0\dfrac{\partial i}{\partial t}\\[2mm] -\dfrac{\partial i}{\partial x}=G_0 u+C_0\dfrac{\partial u}{\partial t}\end{cases}} \quad (20-2-5)$$

式(20-2-5)是匀传输线的电压、电流满足的偏微分方程组,即均匀传输线的方程。第 1 式表明:沿 x 方向线间电压的下降速度等于单位长度上电阻和电感上的总电压;第 2 式表明:沿 x 方向线上电流的下降速度等于单位长度上线间电导和电容的总电流。分析匀传输线,无论是稳态分析还是暂态分析,都是求解该方程组。

目标 1 检测:理解均匀传输线的参数和方程的含义

测 20-1 正弦稳态下,由图 20-2-4 得到均匀传输线的相量模型,如测 20-1 图所示,其中 $Z_0=R_0+\mathrm{j}\omega L_0$、$Y_0=G_0+\mathrm{j}\omega C_0$。

证明:均匀传输线的相量方程为$\begin{cases}-\dfrac{\mathrm{d}\dot U(x)}{\mathrm{d}x}=Z_0\dot I(x)\\[2mm] -\dfrac{\mathrm{d}\dot I(x)}{\mathrm{d}x}=Y_0\dot U(x)\end{cases}$。

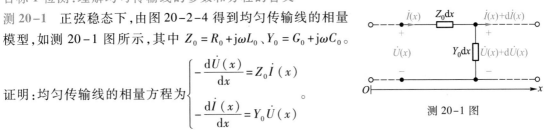

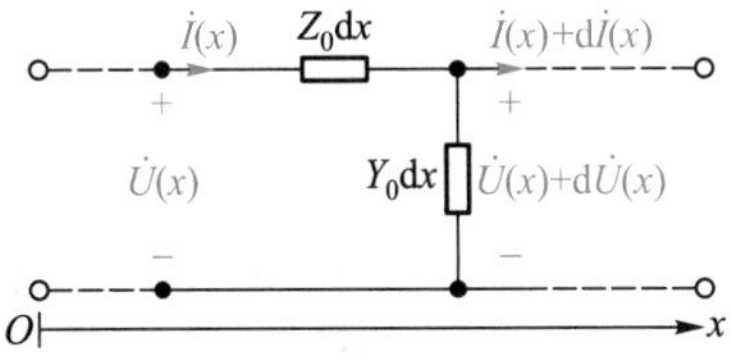

测 20-1 图

20.3 均匀传输线的正弦稳态响应

用相量法来分析传输线的正弦稳态响应。工作在正弦稳态下的传输线,u、i 是 t 的正弦函数,且正弦函数的幅值与初相是 x 的函数,即有

$$u=\sqrt{2}U(x)\cos[\omega t+\phi_u(x)]=\mathrm{Re}[\sqrt{2}U(x)e^{\mathrm{j}\phi_u(x)}\times\mathrm{e}^{\mathrm{j}\omega t}]=\mathrm{Re}[\sqrt{2}\dot U(x)\times\mathrm{e}^{\mathrm{j}\omega t}]\rightarrow\dot U(x)$$

$$i=\sqrt{2}I(x)\cos[\omega t+\phi_i(x)]=\mathrm{Re}[\sqrt{2}I(x)e^{\mathrm{j}\phi_i(x)}\times\mathrm{e}^{\mathrm{j}\omega t}]=\mathrm{Re}[\sqrt{2}\dot I(x)\times\mathrm{e}^{\mathrm{j}\omega t}]\rightarrow\dot I(x)$$

将式(20-2-5)中的 u、i 用相量 $\dot U(x)$、$\dot I(x)$取代,对 t 的导数变为乘 jω,由此得

$$\begin{cases}-\dfrac{\mathrm{d}\dot U(x)}{\mathrm{d}x}=R_0\dot I(x)+\mathrm{j}\omega L_0\dot I(x)=(R_0+\mathrm{j}\omega L_0)\dot I(x)=Z_0\dot I(x)\\[2mm] -\dfrac{\mathrm{d}\dot I(x)}{\mathrm{d}x}=G_0\dot U(x)+\mathrm{j}\omega C_0\dot U(x)=(G_0+\mathrm{j}\omega C_0)\dot U(x)=Y_0\dot U(x)\end{cases} \quad (20-3-1)$$

式(20-3-1)是正弦稳态下的传输线方程,可由它解得正弦稳态响应。式中

$$Z_0=(R_0+\mathrm{j}\omega L_0)\ \Omega/\mathrm{m} \qquad Y_0=(G_0+\mathrm{j}\omega C_0)\ \mathrm{S/m} \tag{20-3-2}$$

Z_0 和 Y_0 是正弦稳态传输线单位长度的沿线阻抗和线间导纳。

20.3.1 方程的通解

确定式(20-3-1)的定解需要边界条件,在没有给定具体边界条件下的解就是通解。将式(20-3-1)对 x 求导、并进行代入消元,得

$$-\frac{\mathrm{d}^2\dot{U}(x)}{\mathrm{d}x^2}=Z_0\frac{\mathrm{d}\dot{I}(x)}{\mathrm{d}x}=-Z_0Y_0\dot{U}(x)=-\gamma^2\dot{U}(x) \tag{20-3-3}$$

$$-\frac{\mathrm{d}^2\dot{I}(x)}{\mathrm{d}x^2}=Y_0\frac{\mathrm{d}\dot{U}(x)}{\mathrm{d}x}=-Z_0Y_0\dot{I}(x)=-\gamma^2\dot{I}(x) \tag{20-3-4}$$

式(20-3-3)为复常系数二阶微分方程,特征根 $s_{1,2}=\pm\gamma$,其通解为

$$\dot{U}(x)=\dot{A}_1\mathrm{e}^{-\gamma x}+\dot{A}_2\mathrm{e}^{\gamma x} \tag{20-3-5}$$

$\dot{A}_1$、$\dot{A}_2$ 为积分常数,是复数,由边界条件确定。将式(20-3-5)代入式(20-3-1)的第 1 式得

$$\dot{I}(x)=-\frac{1}{Z_0}\frac{\mathrm{d}\dot{U}(x)}{\mathrm{d}t}=\frac{\gamma}{Z_0}\dot{A}_1\mathrm{e}^{-\gamma x}-\frac{\gamma}{Z_0}\dot{A}_2\mathrm{e}^{\gamma x}=\frac{\dot{A}_1}{\sqrt{Z_0/Y_0}}\mathrm{e}^{-\gamma x}-\frac{\dot{A}_2}{\sqrt{Z_0/Y_0}}\mathrm{e}^{\gamma x}=\frac{\dot{A}_1}{Z_c}\mathrm{e}^{-\gamma x}-\frac{\dot{A}_2}{Z_c}\mathrm{e}^{\gamma x} \tag{20-3-6}$$

因此,通解为

$$\begin{cases}\dot{U}(x)=\dot{A}_1\mathrm{e}^{-\gamma x}+\dot{A}_2\mathrm{e}^{\gamma x}\\[4pt] \dot{I}(x)=\dfrac{\dot{A}_1}{Z_c}\mathrm{e}^{-\gamma x}-\dfrac{\dot{A}_2}{Z_c}\mathrm{e}^{\gamma x}\end{cases} \tag{20-3-7}$$

其中

$$\gamma=\sqrt{Z_0Y_0}=\sqrt{(R_0+\mathrm{j}\omega L_0)(G_0+\mathrm{j}\omega C_0)}=(\alpha+\mathrm{j}\beta)\ \mathrm{m}^{-1} \tag{20-3-8}$$

$$Z_c=\sqrt{\frac{Z_0}{Y_0}}=\sqrt{\frac{R_0+\mathrm{j}\omega L_0}{G_0+\mathrm{j}\omega C_0}}\ \Omega \tag{20-3-9}$$

称 γ 为传播常数(propagation constant),称 Z_c 为特性阻抗(characteristic impedance)。

20.3.2 特定边界条件下的正弦稳态响应

计算传输线的正弦稳态响应,就是在给定边界条件下确定式(20-3-7)中的 $\dot{A}_1$ 和 $\dot{A}_2$。为了简化计算过程,我们先导出两种特定边界条件下的正弦稳态响应,再将它们作为公式应用到其他边界条件下。

(1) 特定边界条件 1:已知始端电压和电流相量

始端电压和电流相量为:$\dot{U}(x)\big|_{x=0}=\dot{U}_1$、$\dot{I}(x)\big|_{x=0}=\dot{I}_1$,将其代入式(20-3-7)得

$$\begin{cases}\dot U_1=\dot A_1+\dot A_2\\ \dot I_1=\dfrac{\dot A_1}{Z_c}-\dfrac{\dot A_2}{Z_c}\end{cases}$$

解得

$$\dot A_1=\frac{1}{2}(\dot U_1+Z_c\dot I_1),\quad \dot A_2=\frac{1}{2}(\dot U_1-Z_c\dot I_1)$$

传输线的电压和电流相量为

$$\boxed{\begin{aligned}\dot U(x)&=\frac{1}{2}(\dot U_1+Z_c\dot I_1)e^{-\gamma x}+\frac{1}{2}(\dot U_1-Z_c\dot I_1)e^{\gamma x}\\ \dot I(x)&=\frac{1}{2Z_c}(\dot U_1+Z_c\dot I_1)e^{-\gamma x}-\frac{1}{2Z_c}(\dot U_1-Z_c\dot I_1)e^{\gamma x}\end{aligned}}\tag{20-3-10}$$

用双曲函数

$$\cosh(\gamma x)=\frac{e^{\gamma x}+e^{-\gamma x}}{2},\quad \sinh(\gamma x)=\frac{e^{\gamma x}-e^{-\gamma x}}{2}$$

表示式(20-3-10),则有

$$\boxed{\begin{aligned}\dot U(x)&=\dot U_1\cosh(\gamma x)-Z_c\dot I_1\sinh(\gamma x)\\ \dot I(x)&=\dot I_1\cosh(\gamma x)-\frac{\dot U_1}{Z_c}\sinh(\gamma x)\end{aligned}}\tag{20-3-11}$$

式(20-3-10)和式(20-3-11)为始端电压和电流已知时传输线的电压和电流相量表达式,它们将作为公式应用于传输线分析中。

(2) 特定边界条件2:已知终端电压和电流相量

终端电压和电流相量为:$\dot U(x)\big|_{x=l}=\dot U_2$、$\dot I(x)\big|_{x=l}=\dot I_2$,将其代入式(20-3-7)得

$$\begin{cases}\dot U_2=\dot A_1e^{-\gamma l}+\dot A_2e^{\gamma l}\\ \dot I_2=\dfrac{\dot A_1}{Z_c}e^{-\gamma l}-\dfrac{\dot A_2}{Z_c}e^{\gamma l}\end{cases}$$

解得

$$\dot A_1=\frac{1}{2}(\dot U_2+Z_c\dot I_2)e^{\gamma l},\quad \dot A_2=\frac{1}{2}(\dot U_2-Z_c\dot I_2)e^{-\gamma l}$$

传输线的电压和电流相量为

$$\dot U(x)=\frac{1}{2}(\dot U_2+Z_c\dot I_2)e^{-\gamma(x-l)}+\frac{1}{2}(\dot U_2-Z_c\dot I_2)e^{\gamma(x-l)}$$

$$\dot I(x)=\frac{1}{2Z_c}(\dot U_2+Z_c\dot I_2)e^{-\gamma(x-l)}-\frac{1}{2Z_c}(\dot U_2-Z_c\dot I_2)e^{\gamma(x-l)}$$

为了让两种边界条件下的电压和电流相量表达式相近,取 x' 坐标,$x'=l-x$,即空间坐标为终端指

向始端，上面的式子变为

$$\begin{cases}\dot U(x')=\dfrac{1}{2}(\dot U_2+Z_c\dot I_2)e^{\gamma x'}+\dfrac{1}{2}(\dot U_2-Z_c\dot I_2)e^{-\gamma x'}\\ \dot I(x')=\dfrac{1}{2Z_c}(\dot U_2+Z_c\dot I_2)e^{\gamma x'}-\dfrac{1}{2Z_c}(\dot U_2-Z_c\dot I_2)e^{-\gamma x'}\end{cases}\tag{20-3-12}$$

用双曲函数表示为

$$\begin{cases}\dot U(x')=\dot U_2\cosh(\gamma x')+Z_c\dot I_2\sinh(\gamma x')\\ \dot I(x')=\dot I_2\cosh(\gamma x')+\dfrac{\dot U_2}{Z_c}\sinh(\gamma x')\end{cases}\tag{20-3-13}$$

式(20-3-12)和式(20-3-13)为终端电压和电流已知时传输线的电压和电流相量表达式，它们与式(20-3-10)和式(20-3-11)有相似的形式，也将作为公式应用于传输线分析中。

传输线的方程

通用方程：$\begin{cases}-\dfrac{\partial u}{\partial x}=R_0 i+L_0\dfrac{\partial i}{\partial t}\\ -\dfrac{\partial i}{\partial x}=G_0 u+C_0\dfrac{\partial u}{\partial t}\end{cases}$　　正弦稳态方程：$\begin{cases}-\dfrac{d\dot U(x)}{dx}=(R_0+j\omega L_0)\dot I(x)\\ -\dfrac{d\dot I(x)}{dx}=(G_0+j\omega C_0)\dot U(x)\end{cases}$

两种特定边界条件下的正弦稳态解

$\dot U(x)=\dfrac{1}{2}(\dot U_1+Z_c\dot I_1)e^{-\gamma x}+\dfrac{1}{2}(\dot U_1-Z_c\dot I_1)e^{\gamma x}$　　$\dot U(x)=\dot U_1\cosh(\gamma x)-Z_c\dot I_1\sinh(\gamma x)$

$\dot I(x)=\dfrac{1}{2Z_c}(\dot U_1+Z_c\dot I_1)e^{-\gamma x}-\dfrac{1}{2Z_c}(\dot U_1-Z_c\dot I_1)e^{\gamma x}$　　$\dot I(x)=\dot I_1\cosh(\gamma x)-\dfrac{\dot U_1}{Z_c}\sinh(\gamma x)$

$\dot U(x')=\dfrac{1}{2}(\dot U_2+Z_c\dot I_2)e^{\gamma x'}+\dfrac{1}{2}(\dot U_2-Z_c\dot I_2)e^{-\gamma x'}$　　$\dot U(x')=\dot U_2\cosh(\gamma x')+Z_c\dot I_2\sinh(\gamma x')$

$\dot I(x')=\dfrac{1}{2Z_c}(\dot U_2+Z_c\dot I_2)e^{\gamma x'}-\dfrac{1}{2Z_c}(\dot U_2-Z_c\dot I_2)e^{-\gamma x'}$　　$\dot I(x')=\dot I_2\cosh(\gamma x')+\dfrac{\dot U_2}{Z_c}\sinh(\gamma x')$

传播常数：$\gamma=\sqrt{Z_0Y_0}=\sqrt{(R_0+j\omega L_0)(G_0+j\omega C_0)}=(\alpha+j\beta)\ \mathrm{m^{-1}}$　　特性阻抗：$Z_c=\sqrt{\dfrac{Z_0}{Y_0}}=\sqrt{\dfrac{R_0+j\omega L_0}{G_0+j\omega C_0}}\ \Omega$

例 20-3-1　对称三相架空输电线路中，一相端线对大地的参数为：$R_0=0.08\ \Omega/\mathrm{km}$、$L_0=1.336\ \mathrm{mH/km}$、$G_0=37.5\ \mathrm{nS/km}$、$C_0=8.6\ \mathrm{nF/km}$。线路长度 $l=500\ \mathrm{km}$、工作频率为 50 Hz、终端线电压为 215 kV。线路终端三相负载功率 $P_2=150\ \mathrm{MW}$、功率因数 $\cos\varphi_2=1$。计算：(1)线路特性阻抗与传播常数；(2)线路终端相电压、线电流；(3)线路始端线电压、线电流；(4)线路始端输入功率 P_1、传输效率。

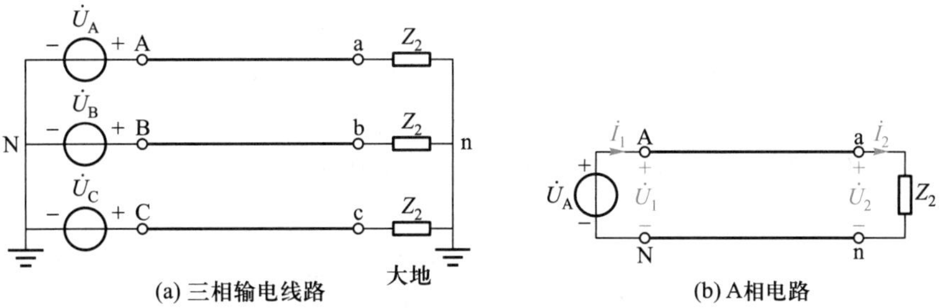

图 20-3-1 例 20-3-1 图

解:将对称三相电路视为 Y_0-Y_0 连接,大地为中线,如图 20-3-1(a)所示。分出 A 相来计算,如图 20-3-1(b)所示。三相输电线路的参数为考虑相间磁场耦合后一相的等效参数,也就是图 20-3-1(b)所示传输线的参数。

(1) 计算特性阻抗与传播常数。图 20-3-1(b)所示 A 相电路的传输线,有

$$Z_0=R_0+j\omega L_0=(0.08+j0.4197)=0.4273\underline{/79.2°}\ \Omega/\text{km}$$

$$Y_0=G_0+j\omega C_0=(3.75\times10^{-8}+j2.702\times10^{-6})=2.7020\times10^{-6}\underline{/89.2°}\ \text{S/km}$$

特性阻抗

$$Z_c=\sqrt{\frac{Z_0}{Y_0}}=\sqrt{\frac{0.4273\underline{/79.2°}}{2.7020\times10^{-6}\underline{/89.2°}}}=397.66\underline{/-5.00°}\ \Omega$$

传播常数

$$\gamma=\sqrt{Z_0Y_0}=\sqrt{0.4273\underline{/79.2°}\times2.7020\times10^{-6}\underline{/89.2°}}=(0.1085+j1.0690)\times10^{-3}\ \text{km}^{-1}$$

(2) 计算终端边界条件。终端相电压、线电流(也是相电流)为

$$\dot{U}_2=\frac{215}{\sqrt{3}}=124.13\underline{/0°}\ \text{kV},\quad \dot{I}_2=\frac{\frac{1}{3}P_2}{U_2\cos\varphi_2}\underline{/0°}=\frac{\frac{1}{3}\times150\ \text{MW}}{124.13\ \text{kV}\times1}=0.4028\underline{/0°}\ \text{kA}$$

(3) 计算始端电压与电流。

$$\gamma l=(0.1085+j1.0690)\times10^{-3}\times500=0.0543+j0.5345$$

$$e^{\gamma l}=e^{(0.0543+j0.5345)}=e^{0.0543}\times e^{j0.5345}=1.0557e^{j\frac{0.5345}{\pi}\times180°}=1.0557e^{j30.62°}=0.9085+j0.5378$$

$$e^{-\gamma l}=e^{-0.0543}\times e^{-j0.5345}=0.9472e^{-j30.62°}=0.8151-j0.4825$$

$$\cosh\gamma l=\frac{e^{\gamma l}+e^{-\gamma l}}{2}=0.8622\underline{/1.84°}$$

$$\sinh\gamma l=\frac{e^{\gamma l}-e^{-\gamma l}}{2}=0.5123\underline{/86.77°}$$

由式(20-3-13)得,始端相电压和相电流分别为

$$\begin{aligned}\dot{U}_1&=\dot{U}_2\cosh(\gamma l)+Z_c\dot{I}_2\sinh(\gamma l)\\&=124.13\times0.8622\underline{/1.84°}+397.66\underline{/-5.00°}\times0.4028\times0.5123\underline{/86.77°}=147.85\underline{/34.71°}\ \text{kV}\end{aligned}$$

$$\begin{aligned}\dot{I}_1&=\dot{I}_2\cosh(\gamma l)+\frac{\dot{U}_2}{Z_c}\sinh(\gamma l)\\&=0.4028\times0.8622\underline{/1.84°}+\frac{124.13}{397.66\underline{/-5.00°}}\times0.5123\underline{/86.77°}=0.3876\underline{/26.19°}\ \text{kA}\end{aligned}$$

始端线电压为$\sqrt{3}U_1=147.85\sqrt{3}=256.08\ \text{kV}$，始端线电流为 $I_1=0.387\ 6\ \text{kA}$，始端功率因数

$$\cos\varphi_1=\cos(34.71^\circ-26.19^\circ)=0.989\ 0$$

（4）计算始端功率与传输效率。始端输入三相功率为

$$P_1=3U_1I_1\cos\varphi_1=3\times147.85\times0.387\ 6\times0.989\ 0=170.01\ \text{MW}$$

线路的传输效率为

$$\eta=\frac{P_2}{P_1}\times100\%=\frac{150}{170.01}=88.23\%$$

目标 2 检测：熟练运用特定边界条件下的正弦稳态响应表达式

测 20-2 长度为 200 km 的三相输电线路，$R_0=0.08\ \Omega/\text{km}$、$\omega L_0=0.4\ \Omega/\text{km}$、$\omega C_0=2.8\ \mu\text{S/km}$、$G_0\approx0$。始端输入复功率 $\overline{S}_1=(198+\text{j}99)\ \text{MV}\cdot\text{A}$，始端线电压为 $132\sqrt{3}\ \text{kV}$。计算：(1)线路的特性阻抗与传播常数；(2)线路始端线电流；(3)线路终端线电压、线电流；(4)线路终端复功率 $\overline{S}_2$、传输效率。

答案：(1)$381.69\angle-5.66^\circ\ \Omega$、$(0.105\ 3+\text{j}1.063\ 5)\times10^{-3}\ \text{km}^{-1}$；(2)0.559 kA；(3)185.75 kV、0.583 kA；(4)(182.26+j44.26) MV · A、92.1%

例 20-3-2 高压直流输电在经济与技术方面有一定的优势。用于直流输电的传输线参数为：$R_0=0.08\ \Omega/\text{km}$、$L_0=1.336\ \text{mH/km}$、$G_0=37.5\ \text{nS/km}$、$C_0=8.6\ \text{nF/km}$，如图 20-3-2 所示。线路长度 $l=500\ \text{km}$，终端电压 $U_2=124\ \text{kV}$，负载 $R_2=310\ \Omega$。计算：(1)线路特性阻抗与传播常数；(2)线路始端稳态电压 U_1、电流 I_1；(3)线路的传输效率。

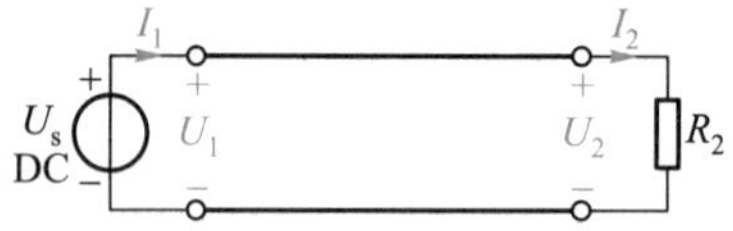

图 20-3-2 例 20-3-2 图

解：直流稳态问题可以套用正弦稳态响应，只是令 $\omega=0$。

（1）计算特性阻抗与传播常数。图 20-3-2 所示传输线，有

$$Z_0=R_0+\text{j}\omega L_0=0.08\ \Omega/\text{km},\quad Y_0=G_0+\text{j}\omega C_0=3.75\times10^{-8}\ \text{S/km}$$

特性阻抗

$$Z_c=\sqrt{\frac{Z_0}{Y_0}}=\sqrt{\frac{0.08}{3.75\times10^{-8}}}\ \Omega=1\ 460.59\ \Omega$$

传播常数

$$\gamma=\sqrt{Z_0Y_0}=\sqrt{0.08\times3.75\times10^{-8}}\ \text{km}^{-1}=5.48\times10^{-5}\ \text{km}^{-1}$$

由此

$$\cosh\gamma l=\frac{e^{\gamma l}+e^{-\gamma l}}{2}=1.000\ 4,\quad \sinh\gamma l=\frac{e^{\gamma l}-e^{-\gamma l}}{2}=0.027\ 4$$

（2）计算终端边界条件。终端电压、电流为

$$U_2=124\ \text{kV},\quad I_2=\frac{124}{310}\ \text{kA}=0.4\ \text{kA}$$

（3）计算始端电压与电流。由式(20-3-13)得，始端电压和电流分别为

$$U_1=U_2\cosh(\gamma l)+Z_cI_2\sinh(\gamma l)=(124\times1.000\,4+0.4\times1\,460.59\times0.027\,4)\ \text{kV}=140.05\ \text{kV}$$

$$I_1=I_2\cosh(\gamma l)+\frac{U_2}{Z_c}\sinh(\gamma l)=\left(0.4\times1.000\,4+\frac{124}{1\,460.59}\times0.027\,4\right)\ \text{kA}=0.402\,5\ \text{kA}$$

（4）计算传输效率。始端输入功率、终端输出功率为

$$P_1=U_1I_1=140.05\times0.402\,5\ \text{MW}=56.37\ \text{MW}$$

$$P_2=U_2I_2=124\times0.4\ \text{MW}=49.6\ \text{MW}$$

传输效率为

$$\eta=\frac{P_2}{P_1}\times100\%=\frac{49.6}{56.37}=87.99\%$$

目标 2 检测：能分析和计算各种条件下的传输线

测 20-3 工作于直流稳态下的传输线，电压、电流与 t 无关，与 x 有关，用 $U(x')$、$I(x')$ 表示。

（1）已知终端电压 U_2、电流 I_2，由传输线的方程式(20-2-5)证明

$$U(x')=\frac{1}{2}\left(U_2+\sqrt{\frac{R_0}{G_0}}I_2\right)e^{\sqrt{R_0G_0}\,x'}+\frac{1}{2}\left(U_2-\sqrt{\frac{R_0}{G_0}}I_2\right)e^{-\sqrt{R_0G_0}\,x'}$$

$$\dot I(x')=\frac{1}{2}\left(\sqrt{\frac{G_0}{R_0}}U_2+I_2\right)e^{\sqrt{R_0G_0}\,x'}-\frac{1}{2}\left(\sqrt{\frac{G_0}{R_0}}U_2-I_2\right)e^{-\sqrt{R_0G_0}\,x'}$$

（2）直流稳态下，直流的波长 $\lambda\to\infty$，如何理解参数的分布性？

（3）通常 $G_0\approx0$，利用级数 $e^x=1+x+\frac{1}{2!}x^2+\frac{1}{3!}x^3+\cdots$，将 $e^{\sqrt{R_0G_0}\,x'}$ 展开并取前两项，证明 $U(x')\approx U_2+R_0x'I_2$，$\dot I(x')\approx I_2$，并解释此结果的物理含义。

（4）若 $G_0\approx0$，思考例 20-3-2 的计算方法要如何改进？

（5）终端电压为 800 kV、电流为 4 kA 的直流输电线路，参数为 $R_0=0.013\,3\ \Omega/\text{km}$、$L_0=0.847\ \text{mH/km}$、$G_0\approx0$、$C_0=12.97\ \text{nF/km}$，长度为 1 000 km。计算始端电压和电流。

20.3.3 正弦稳态响应的变化规律——行波

由前面的分析可知，均匀传输线方程的正弦稳态响应为两项相量之和。通解式(20-3-7)可写为

$$\begin{cases}\dot U(x)=\dot A_1e^{-\gamma x}+\dot A_2e^{\gamma x}=\dot U^+(x)+\dot U^-(x)\\ \dot I(x)=\dfrac{\dot A_1}{Z_c}e^{-\gamma x}-\dfrac{\dot A_2}{Z_c}e^{\gamma x}=\dfrac{\dot U^+(x)}{Z_c}-\dfrac{\dot U^-(x)}{Z_c}=\dot I^+(x)-\dot I^-(x)\end{cases}\tag{20-3-14}$$

$\dot U^+(x)$ 和 $\dot U^-(x)$、$\dot I^+(x)$ 和 $\dot I^-(x)$ 有何物理含义呢？下面由各项对应的时间、空间函数来分析其变化规律，得出物理含义。

（1）通解的时间、空间函数

写出 $\dot{U}^{+}(x)$、$\dot{U}^{-}(x)$ 的时间、空间函数。假设：$\dot{A}_1=A_1\mathrm{e}^{\mathrm{j}\theta_1}$、$\dot{A}_2=A_2\mathrm{e}^{\mathrm{j}\theta_2}$，考虑到 $\gamma=\alpha+\mathrm{j}\beta$，有

$$\dot{U}^{+}(x)=\dot{A}_1\mathrm{e}^{-\gamma x}=A_1\mathrm{e}^{\mathrm{j}\theta_1}\times\mathrm{e}^{-(\alpha+\mathrm{j}\beta)x}=A_1\mathrm{e}^{-\alpha x}\times\mathrm{e}^{\mathrm{j}(\theta_1-\beta x)}$$

$$\dot{U}^{-}(x)=\dot{A}_2\mathrm{e}^{\gamma x}=A_2\mathrm{e}^{\mathrm{j}\theta_2}\times\mathrm{e}^{(\alpha+\mathrm{j}\beta)x}=A_2\mathrm{e}^{\alpha x}\times\mathrm{e}^{\mathrm{j}(\theta_2+\beta x)}$$

因此

$$\begin{aligned}u(x,\ t)&=u^{+}(x,\ t)+u^{-}(x,\ t)\\&=\sqrt{2}A_1\mathrm{e}^{-\alpha x}\cos(\omega t+\theta_1-\beta x)+\sqrt{2}A_2\mathrm{e}^{\alpha x}\cos(\omega t+\theta_2+\beta x)\end{aligned}\qquad(20-3-15)$$

（2）时间、空间函数的变化规律

分析 $u^{+}(x,t)$ 和 $u^{-}(x,t)$ 分别随时间 t、空间 x 的变化规律。

当 x 一定时，$u^{+}(x,t)$ 随 t 呈等幅正弦变化。取相近两点 x_1 和 x_2 且 $x_1<x_2$，有

$$u^{+}(x_1,\ t)=\sqrt{2}A_1\mathrm{e}^{-\alpha x_1}\cos(\omega t+\theta_1-\beta x_1)$$

$$u^{+}(x_2,\ t)=\sqrt{2}A_1\mathrm{e}^{-\alpha x_2}\cos(\omega t+\theta_1-\beta x_2)$$

波形如图 20-3-3(a)所示。$u^{+}(x_2,\ t)$ 的相位滞后于 $u^{+}(x_1,\ t)$，相位差为

$$\Delta\phi=(\omega t+\theta_1-\beta x_1)-(\omega t+\theta_1-\beta x_2)=\beta(x_2-x_1)$$

当 t 一定时，$u^{+}(x,\ t)$ 随 x 呈减幅正弦变化。取相近两个时刻 t_1 和 t_2 且 $t_1<t_2$，有

$$u^{+}(x,\ t_1)=\sqrt{2}A_1\mathrm{e}^{-\alpha x}\cos(\omega t_1+\theta_1-\beta x)=\sqrt{2}A_1\mathrm{e}^{-\alpha x}\cos(\beta x-\theta_1-\omega t_1)$$

$$u^{+}(x,\ t_2)=\sqrt{2}A_1\mathrm{e}^{-\alpha x}\cos(\omega t_2+\theta_1-\beta x)=\sqrt{2}A_1\mathrm{e}^{-\alpha x}\cos(\beta x-\theta_1-\omega t_2)$$

波形如图 20-3-3(b)所示。$u^{+}(x,\ t_2)$ 的相位滞后于 $u^{+}(x,\ t_1)$，相位差为

$$\Delta\phi'=(\beta x-\omega t_1-\theta_1)-(\beta x-\omega t_2-\theta_1)=\omega(t_2-t_1)$$

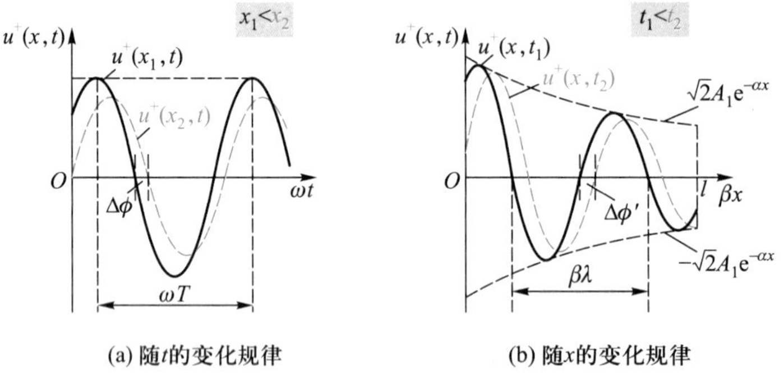

图 20-3-3　$u^{+}(x,\ t)$ 的变化规律

（3）行波

图 20-3-3(b)表明：$u^{+}(x,\ t)$ 随着时间的增长沿 x 方向行进，称为行波(traveling wave)。由于 $u^{+}(x,\ t)$ 朝 $+x$ 方向行进，故称为正向行波(direct wave)。而

$$u^{-}(x,\ t)=\sqrt{2}A_2\mathrm{e}^{\alpha x}\cos(\omega t+\theta_2+\beta x)=\sqrt{2}A_2\mathrm{e}^{-\alpha(-x)}\cos\left[\omega t+\theta_2-\beta(-x)\right]$$

与 $u^{+}(x,\ t)=\sqrt{2}A_1\mathrm{e}^{-\alpha x}\cos(\omega t+\theta_1-\beta x)$ 对照，$u^{-}(x,\ t)$ 朝 $-x$ 方向行进，称为反向行波(return wave)，如图 20-3-4 所示。$u(x,\ t)$ 为正向行波与反相行波之和。

由式(20-3-14)可知,电流为正向行波与反向行波之差,即

$$i(x,\ t)=i^{+}(x,\ t)-i^{-}(x,\ t) \tag{20-3-16}$$

$i^{+}(x,\ t)$为正向行波,$i^{-}(x,\ t)$为反向行波。

(4) 相速

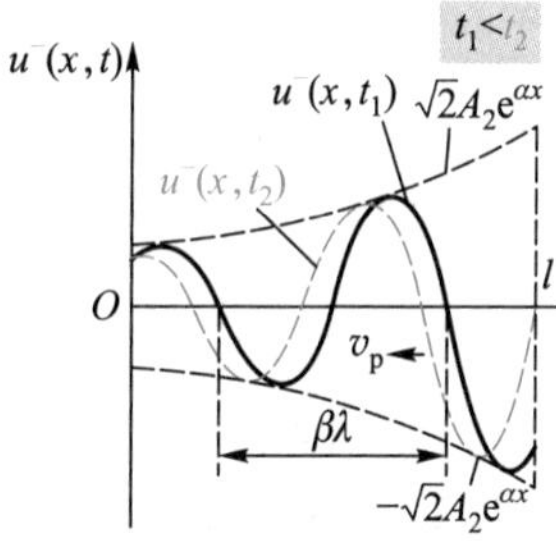

图 20-3-4 $u^{-}(x,t)$的变化规律

行波同相位点行进的速度称为相速。图 20-3-3(a)表明:在相近两点 x_1、x_2($x_1<x_2$)处同时开始"观察"电压正向行波,x_2 处的 $u^{+}(x_2,\ t)$不仅幅值小于 x_1 处的 $u^{+}(x_1,\ t)$且相位滞后于 x_1 处的 $u^{+}(x_1,\ t)$。如果要在 x_2 处"观察"到与 x_1 处同相位的波形,则 x_2 处"观察"的起始时刻要比 x_1 处"观察"的起始时刻推迟 Δt,就像是等待 x_1 处的行波行进到 x_2 处再开始"观察"。两点的距离 Δx 与等待的时间 Δt 之比值就是相速。x_1 处在 t_1 时刻开始"观察",电压正向行波的相位为 $\omega t_1+\theta_1-\beta x_1$,$x_2$ 处在 t_2 时刻开始"观察",电压正向行波的相位为 $\omega t_2+\theta_1-\beta x_2$,两处波形同相位,即

$$\omega t_1+\theta_1-\beta x_1=\omega t_2+\theta_1-\beta x_2$$

由此,相速

$$\boxed{v_p=\frac{x_2-x_1}{t_2-t_1}=\frac{\omega}{\beta}} \tag{20-3-17}$$

由于 v_p 表达的是 $u^{+}(x,t)$上同相位点移动的速度,故称 v_p 为相速(phase velocity)。

(5) 波长与周期

在行波行进方向上,相位差相差 2π 的两点之间的距离为波长(wave length),以 λ 表示,如图 20-3-3(b)所示,$\beta\lambda=2\pi$。由图 20-3-3(a)知,在某一固定的 x 处,$u^{+}(x,\ t)$的变化周期为 T,$\omega T=2\pi$。因此

$$\beta\lambda=\omega T=2\pi \tag{20-3-18}$$

即

$$\boxed{v_p=\frac{\omega}{\beta}=\frac{\lambda}{T}} \tag{20-3-19}$$

式(20-3-19)表明,行波在一个周期的时间内行进一个波长的距离。

20.4 传播特性

行波按一定相速行进,行进时存在幅值衰减和相位滞后,同方向行进的电压、电流行波满足一定的关系,这些性质称为传输线的传播特性。传播特性由传播常数 γ 和特性阻抗 Z_c 决定,而 γ 和 Z_c 由传输线的参数与信号频率共同决定。

20.4.1 传播常数

传播常数 γ 表征行波行进过程中幅值衰减和相位滞后。

(1) 传播常数的物理含义

以电压正向行波 $\dot{U}^{+}(x)=\dot{A}_1 e^{-\gamma x}$ 为例，分析行波行进单位长度后，幅值衰减的比例和相位滞后的角度。有

$$\frac{\dot{U}^{+}(x)}{\dot{U}^{+}(x+1)}=\frac{\dot{A}_1 e^{-\gamma x}}{\dot{A}_1 e^{-\gamma(x+1)}}=e^{\gamma}$$

令 $\dot{U}^{+}(x)=U^{+}(x)\angle\phi_x^{+}$、$\dot{U}^{+}(x+1)=U^{+}(x+1)\angle\phi_{x+1}^{+}$，且 $\gamma=a+j\beta$，则

$$e^{\gamma}=e^{a+j\beta}=e^{a}\times e^{j\beta}=\frac{\dot{U}^{+}(x)}{\dot{U}^{+}(x+1)}=\frac{U^{+}(x)}{U^{+}(x+1)}\times e^{j(\phi_x^{+}-\phi_{x+1}^{+})}$$

因此

$$a=\ln\frac{U^{+}(x)}{U^{+}(x+1)},\quad \beta=(\phi_x^{+}-\phi_{x+1}^{+})$$

写为

$$U^{+}(x+1)=e^{-a}U^{+}(x)\qquad \phi_{x+1}^{+}=\phi_x^{+}-\beta \tag{20-4-1}$$

$U^{+}(x+1)=e^{-a}U^{+}(x)$ 表明：电压正向行波在传播方向上每行进单位长度，其时间正弦波的幅值衰减到原来的 $e^{-\alpha}$ 倍，即 $u^{+}(x_1+1,\ t)$ 的幅值是 $u^{+}(x_1,\ t)$ 的幅值的 $e^{-\alpha}$ 倍。α 为单位长度上行波幅值衰减常数(attenuation constant)，单位为 Np/m，即奈培(Neper)/米。

$\phi_{x+1}^{+}=\phi_x^{+}-\beta$ 表明：电压正向行波在传播方向上每行进单位长度，时间正弦波的相位滞后 β 弧度，即 $u^{+}(x_1+1,\ t)$ 滞后于 $u^{+}(x_1,\ t)$ 的角度为 β 弧度。β 为相移常数(phase constant)，单位为 rad/m。

(2) 传播常数与传输线参数的关系

传播常数 γ 由传输线的参数及信号角频率共同决定。分析 γ 与传输线的参数及信号角频率的关系，掌握参数、角频率对传播特性的影响，便于我们设计满足工程应用要求的传输线。

由 $\gamma=\alpha+j\beta=\sqrt{Z_0Y_0}=\sqrt{(R_0+j\omega L_0)(G_0+j\omega C_0)}$ 得

$$\gamma^2=(\alpha^2-\beta^2)+j2\alpha\beta=(R_0G_0-\omega^2L_0C_0)+j(\omega L_0G_0+\omega C_0R_0)$$

$$\begin{cases}\alpha^2-\beta^2=R_0G_0-\omega^2L_0C_0\\ 2\alpha\beta=\omega(L_0G_0+C_0R_0)\end{cases}$$

解得

$$\alpha=\sqrt{\frac{1}{2}(R_0G_0-\omega^2L_0C_0)+\frac{1}{2}\sqrt{(R_0^2+\omega^2L_0^2)(G_0^2+\omega^2C_0^2)}} \tag{20-4-2}$$

$$\beta=\sqrt{-\frac{1}{2}(R_0G_0-\omega^2L_0C_0)+\frac{1}{2}\sqrt{(R_0^2+\omega^2L_0^2)(G_0^2+\omega^2C_0^2)}} \tag{20-4-3}$$

可见，α、β 通常是 ω 的函数。可以证明：当 $0\leqslant\omega<\infty$ 时，有

$$\sqrt{R_0G_0}\leqslant\alpha<\frac{R_0}{2}\sqrt{\frac{C_0}{L_0}}+\frac{G_0}{2}\sqrt{\frac{L_0}{C_0}}\qquad 0\leqslant\beta\to\omega\sqrt{L_0C_0} \tag{20-4-4}$$

α、β 随 ω 的变化规律如图 20-4-1 所示。

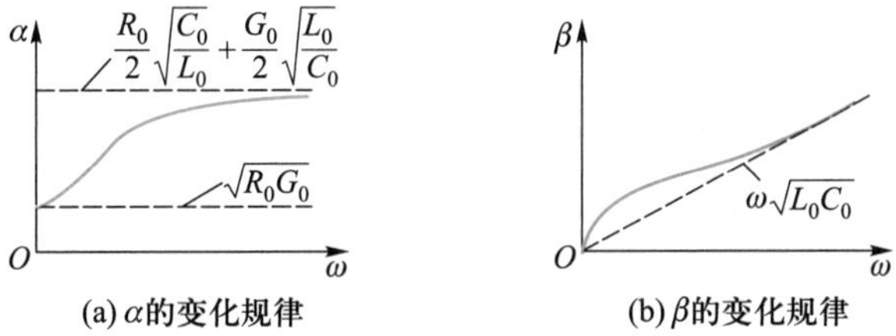

图 20-4-1　α、β 随 ω 的变化规律

下面对几种特殊情况下的 α、β 进行讨论。

情况 1:直流稳态传输线。当 $\omega=0$ 时,传输线工作于直流稳态,传播常数

$$\gamma=\alpha+\mathrm{j}\beta=\sqrt{(R_0+\mathrm{j}\omega L_0)(G_0+\mathrm{j}\omega C_0)}=\sqrt{R_0G_0} \tag{20-4-5}$$

表明幅值有衰减。

情况 2:无畸变传输线。先解释什么是畸变。如图 20-4-2 所示,输入信号为方波 u_i,如果输出信号 u_o 还是方波,只是幅值有衰减、时间有延迟,就是无畸变传输,如果输出信号 u_o 不再是方波,则为有畸变传输。电力系统中的电能传输线,传输一个频率(50 Hz)的正弦信号,稳态下各处的电压、电流都是正弦波,不存在信号畸变问题。而通信系统中的信号传输线,传输的信号为多种频率的正弦信号之叠加,如果信号的幅值衰减程度与频率相关,或信号延迟的时间与频率相关,则输出信号就会发生畸变。信号传输线必须是无畸变传输线。

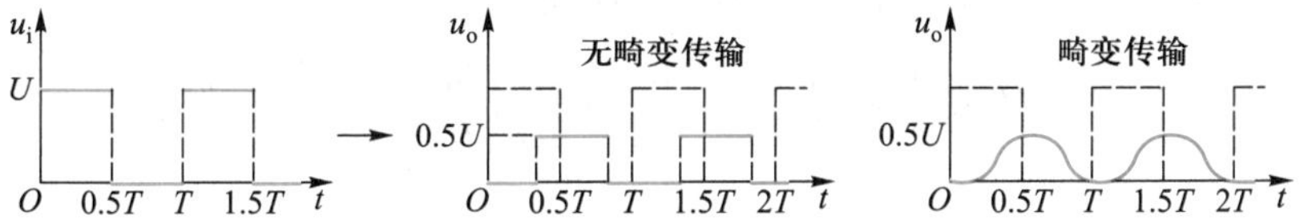

图 20-4-2　信号的无畸变与有畸变传输

衰减常数 α 与频率无关、传播速度 v_p 与频率无关的传输线是无畸变传输线(distrotionless transmission line),其参数满足

$$\boxed{\frac{R_0}{G_0}=\frac{L_0}{C_0}}\ (\text{无畸变传输线}) \tag{20-4-6}$$

此时,传播常数

$$\gamma=\alpha+\mathrm{j}\beta=\sqrt{(R_0+\mathrm{j}\omega L_0)(G_0+\mathrm{j}\omega C_0)}=\sqrt{\mathrm{j}\omega L_0\left(1+\frac{R_0}{\mathrm{j}\omega L_0}\right)\times\mathrm{j}\omega C_0\left(1+\frac{G_0}{\mathrm{j}\omega C_0}\right)}$$

由$\frac{R_0}{G_0}=\frac{L_0}{C_0}$得,$\left(1+\frac{R_0}{\mathrm{j}\omega L_0}\right)=\left(1+\frac{G_0}{\mathrm{j}\omega C_0}\right)$,因此

$$\gamma=\alpha+\mathrm{j}\beta=\mathrm{j}\omega\sqrt{L_0C_0}\times\left(1+\frac{R_0}{\mathrm{j}\omega L_0}\right)=\sqrt{L_0C_0}\frac{R_0}{L_0}+\mathrm{j}\omega\sqrt{L_0C_0}$$

还是由$\frac{R_0}{G_0}=\frac{L_0}{C_0}$得,$\sqrt{L_0C_0}\frac{R_0}{L_0}=\sqrt{\frac{C_0}{L_0}}R_0=\sqrt{\frac{G_0}{R_0}}R_0=\sqrt{R_0G_0}$,故无畸变传输的传播常数

$$\gamma=\alpha+\mathrm{j}\beta=\sqrt{R_0G_0}+\mathrm{j}\omega\sqrt{L_0C_0} \tag{20-4-7}$$

α 与 ω 无关,β 是 ω 的线性函数,因而相速 $v_p=\omega/\beta=1/\sqrt{L_0C_0}$,是与 ω 无关的常数。当传输的信

号是不同频率正弦波的叠加时，各频率成分的幅值衰减比例相同、行进速度相同，为无畸变传输。故满足$\dfrac{R_0}{G_0}=\dfrac{L_0}{C_0}$的传输线为无畸变传输线。

情况 3：无损耗传输线。当 $R_0=G_0=0$ 时，传播常数

$$\gamma=\alpha+\mathrm{j}\beta=\sqrt{(R_0+\mathrm{j}\omega L_0)(G_0+\mathrm{j}\omega C_0)}=\mathrm{j}\omega\sqrt{L_0C_0} \tag{20-4-8}$$

$\alpha=0$ 表明行波行进时幅值无衰减，即没有能量损耗，称为无损耗线（lossless transmission line）。无损耗线亦是无畸变线。

情况 4：高频传输线。当 ω 很高时，$R_0\ll\omega L_0$、$G_0\ll\omega C_0$，传播常数

$$\gamma=\sqrt{(R_0+\mathrm{j}\omega L_0)(G_0+\mathrm{j}\omega C_0)}=\mathrm{j}\omega\sqrt{L_0C_0}\times\sqrt{1+\frac{R_0}{\mathrm{j}\omega L_0}}\times\sqrt{1+\frac{G_0}{\mathrm{j}\omega C_0}} \tag{20-4-9}$$

应用泰勒级数$\sqrt{1+x}=1+\dfrac{x}{2}-\dfrac{x^2}{8}+\cdots$ 进行近似，得

$$\sqrt{1+\frac{R_0}{\mathrm{j}\omega L_0}}\approx1+\frac{R_0}{\mathrm{j}2\omega L_0}+\frac{R_0^2}{8\omega^2L_0^2},\quad \sqrt{1+\frac{G_0}{\mathrm{j}\omega C_0}}\approx1+\frac{G_0}{\mathrm{j}2\omega C_0}+\frac{G_0^2}{8\omega^2C_0^2}$$

因此

$$\gamma\approx\mathrm{j}\omega\sqrt{L_0C_0}\left(1+\frac{R_0}{\mathrm{j}2\omega L_0}+\frac{R_0^2}{8\omega^2L_0^2}\right)\left(1+\frac{G_0}{\mathrm{j}2\omega C_0}+\frac{G_0^2}{8\omega^2C_0^2}\right)$$

上式乘积中，含 $R_0G_0^2$、$R_0^2G_0$、$R_0^2G_0^2$ 项的值远小于其他项，忽略不计，因此

$$\gamma\approx\mathrm{j}\omega\sqrt{L_0C_0}\left[1+\frac{1}{\mathrm{j}2\omega}\left(\frac{R_0}{L_0}+\frac{G_0}{C_0}\right)+\frac{1}{8\omega^2}\left(\frac{R_0^2}{L_0^2}-\frac{2R_0G_0}{L_0C_0}+\frac{G_0^2}{C_0^2}\right)\right]$$

由此得

$$\alpha=\mathrm{j}\omega\sqrt{L_0C_0}\frac{1}{\mathrm{j}2\omega}\left(\frac{R_0}{L_0}+\frac{G_0}{C_0}\right)=\frac{1}{2}\sqrt{L_0C_0}\left(\frac{R_0}{L_0}+\frac{G_0}{C_0}\right)=\frac{1}{2}\left(R_0\sqrt{\frac{C_0}{L_0}}+G_0\sqrt{\frac{L_0}{C_0}}\right) \tag{20-4-10}$$

$$\beta=\omega\sqrt{L_0C_0}\left[1+\frac{1}{8\omega^2}\left(\frac{R_0^2}{L_0^2}-\frac{2R_0G_0}{L_0C_0}+\frac{G_0^2}{C_0^2}\right)\right]=\omega\sqrt{L_0C_0}\left[1+\frac{1}{8}\left(\frac{R_0}{\omega L_0}-\frac{G_0}{\omega C_0}\right)^2\right] \tag{20-4-11}$$

α 与 ω 无关，但 β 与 ω 呈非线性关系，因而相速 v_p 与 ω 相关，传输含有不同频率成分的信号时会产生畸变。

由以上分析可知，无损耗线是用于信号传输的理想传输线。显然不存在无损耗线，最佳信号传输线应该是无畸变线，且损耗越小越好。

（3）相速的大小

无畸变线、无损耗线的相速均为 $v_\mathrm{p}=1/\sqrt{L_0C_0}$，其最大值是光速 c。由电磁学知识可知

$$c=1/\sqrt{\mu_0\varepsilon_0}=1\Bigg/\sqrt{4\pi\times10^{-7}\ \mathrm{H/m}\times\frac{10^{-9}}{36\pi}\ \mathrm{F/m}}=3\times10^8\ \mathrm{m/s}$$

$\mu_0=4\pi\times10^{-7}\ \mathrm{H/m}$ 和 $\varepsilon_0=\dfrac{10^{-9}}{36\pi}\ \mathrm{F/m}$ 为真空的磁导率和介电常数。

由表 20-1-1 得：高频下，内导体半径为 a、外导体内半径为 b 的同轴传输线，单位长度的电感 $L_0\approx\dfrac{\mu}{2\pi}\ln\dfrac{b}{a}$、电容 $C_0=\dfrac{2\pi\varepsilon}{\ln(b/a)}$，$\mu$ 和 ε 为内外导体之间介质的磁导率和介电常数。由此

$$v_p=\frac{1}{\sqrt{L_0C_0}}=\frac{1}{\sqrt{\frac{\mu}{2\pi}\ln\frac{b}{a}\times\frac{2\pi\varepsilon}{\ln(b/a)}}}=\frac{1}{\sqrt{\mu\varepsilon}} \tag{20-4-12}$$

令:$\mu=\mu_r\mu_0$、$\varepsilon=\varepsilon_r\varepsilon_0$,上式写为

$$v_p=\frac{1}{\sqrt{L_0C_0}}=\frac{1}{\sqrt{\mu\varepsilon}}=\frac{1}{\sqrt{\mu_r\mu_0\times\varepsilon_r\varepsilon_0}}=\frac{1}{\sqrt{\mu_r\varepsilon_r}\times\sqrt{\mu_0\varepsilon_0}}=\frac{c}{\sqrt{\mu_r\varepsilon_r}} \tag{20-4-13}$$

同轴信号电缆绝缘介质的相对介电常数 $\varepsilon_r=3\sim5$、相对磁导率 $\mu_r\approx1$,因而,$v_p=0.6c\sim0.4c$。

由表 20-1-1 得:不考虑集肤效应时,导体半径为 a、两线间距为 d 且 $d\gg a$ 的平行传输线,单位长度的电感 $L_0\approx\frac{\mu}{\pi}\ln\frac{d}{a}$、电容 $C_0\approx\frac{\pi\varepsilon}{\ln(d/a)}$,$\mu$ 和 ε 为两导体之间的介质的磁导率和介电常数。由此

$$v_p=\frac{1}{\sqrt{L_0C_0}}=\frac{1}{\sqrt{\frac{\mu}{\pi}\ln\frac{d}{a}\times\frac{\pi\varepsilon}{\ln(d/a)}}}=\frac{1}{\sqrt{\mu\varepsilon}}=\frac{c}{\sqrt{\mu_r\varepsilon_r}} \tag{20-4-14}$$

电力电缆的绝缘介质 $\varepsilon_r=2\sim3$、$\mu_r\approx1$,则有 $v_p=0.7c\sim0.6c$。对于架空传输线,空气的 $\varepsilon_r\approx1$、$\mu_r\approx1$,因此有 $v_p\approx c$。

20.4.2 特性阻抗

特性阻抗决定着同方向行进的电压和电流行波的关系。特性阻抗

$$Z_c=\sqrt{\frac{Z_0}{Y_0}}=\sqrt{\frac{R_0+j\omega L_0}{G_0+j\omega C_0}}=\frac{\dot U^+(x)}{\dot I^+(x)}=\frac{\dot U^-(x)}{\dot I^-(x)} \tag{20-4-15}$$

(1)特性阻抗的物理含义

式(20-4-15)中,$Z_c=\frac{\dot U^+(x)}{\dot I^+(x)}$、$Z_c=\frac{\dot U^-(x)}{\dot I^-(x)}$,表明 Z_c 为同向电压行波相量与电流行波相量之比,是同向电压、电流行波行进时遇到的阻抗,故也称为波阻抗(wave impedance)。

特殊情况 1:直流稳态传输线。直流稳态为 $\omega=0$ 的正弦稳态,由式(20-4-15)得

$$Z_c=\sqrt{R_0/G_0} \tag{20-4-16}$$

为纯电阻。

特殊情况 2:无畸变传输线。无畸变线的参数满足$\frac{R_0}{G_0}=\frac{L_0}{C_0}$,因此

$$Z_c=\sqrt{\frac{R_0+j\omega L_0}{G_0+j\omega C_0}}=\sqrt{\frac{R_0\left(1+j\omega\frac{L_0}{R_0}\right)}{G_0\left(1+j\omega\frac{C_0}{G_0}\right)}}=\sqrt{\frac{R_0}{G_0}}=\sqrt{\frac{L_0}{C_0}} \tag{20-4-17}$$

亦为纯电阻。

特殊情况 3:无损耗传输线。无损耗线有 $R_0=G_0=0$,因此

$$Z_c=\sqrt{\frac{R_0+j\omega L_0}{G_0+j\omega C_0}}=\sqrt{\frac{j\omega L_0}{j\omega C_0}}=\sqrt{\frac{L_0}{C_0}} \tag{20-4-18}$$

还为纯电阻。

特殊情况 4:高频传输线。高频下,$R_0 \ll \omega L_0$、$G_0 \ll \omega C_0$,因此

$$Z_c \approx \sqrt{L_0/C_0} \tag{20-4-19}$$

近似为纯电阻。

(2) 特性阻抗的阻值

无畸变线、无损耗线的特性阻抗均为 $Z_c=\sqrt{L_0/C_0}$。由表 20-1-1 得,高频下同轴线的特性阻抗

$$Z_c=\sqrt{\frac{L_0}{C_0}}=\sqrt{\frac{\frac{\mu}{2\pi}\ln\frac{b}{a}}{\frac{2\pi\varepsilon}{\ln(b/a)}}}=\frac{\ln(b/a)}{2\pi}\sqrt{\frac{\mu}{\varepsilon}}$$

$$=\frac{\ln(b/a)}{2\pi}\times\sqrt{\frac{\mu_0}{\varepsilon_0}}\times\sqrt{\frac{\mu_r}{\varepsilon_r}}=\frac{\ln(b/a)}{2\pi}\times120\pi\times\sqrt{\frac{\mu_r}{\varepsilon_r}}=60\ln\left(\frac{b}{a}\right)\times\sqrt{\frac{\mu_r}{\varepsilon_r}}$$

通信用同轴电缆的绝缘介质 $\varepsilon_r=3\sim5$、$\mu_r\approx1$,$|Z_c|$的典型值为 75 Ω。

由表 20-1-1 得,不考虑集肤效应时,平行线的特性阻抗

$$Z_c=\sqrt{\frac{L_0}{C_0}}\overset{a\ll d}{\approx}\sqrt{\frac{\frac{\mu}{\pi}\ln\frac{d}{a}}{\frac{\pi\varepsilon}{\ln(d/a)}}}=\frac{\ln(d/a)}{\pi}\sqrt{\frac{\mu}{\varepsilon}}$$

$$=\frac{\ln(d/a)}{\pi}\times\sqrt{\frac{\mu_0}{\varepsilon_0}}\times\sqrt{\frac{\mu_r}{\varepsilon_r}}=\frac{\ln(d/a)}{\pi}\times120\pi\times\sqrt{\frac{\mu_r}{\varepsilon_r}}=120\ln\left(\frac{d}{a}\right)\times\sqrt{\frac{\mu_r}{\varepsilon_r}}$$

电力电缆的$|Z_c|$约 50 Ω。架空输电线路的$|Z_c|$约 300~400 Ω。

通常情况下,$G_0\approx0$,因此,$Z_c\approx\sqrt{\dfrac{R_0+j\omega L_0}{j\omega C_0}}$呈容性,且$\sqrt{L_0/C_0}\leqslant|Z_c|\leqslant\sqrt{R_0/G_0}$。

目标 3 检测:理解行波、传播特性、反射系数、输入阻抗、匹配、无畸变等概念

测 20-4 某传输线的电压 $u(x,t)=14e^{-0.044x}\cos(5\,000t-0.017x+30°)$ V,x 的单位为 km。(1)此电压为正向行波还是反向行波?(2)确定传播常数 γ、相速 v_p 和波长 λ;(3)若波阻抗 $Z_c=35.7\angle-11.3°$ Ω,求 $i(x,t)$。

答案:$(0.044+j0.017)$ km^{-1},$2.941\,2\times10^5$ km/s,369.9 km;$0.392\,2e^{-0.044x}\cos(5\,000t-0.017x+41.3°)$ A

20.4.3 反射系数

一般情况下,正弦稳态传输线的电压为正向行波与反向行波之和,电流亦如此。前面已得出已知终端电压和电流时的正弦稳态响应,即

$$\dot{U}(x')=\frac{1}{2}(\dot{U}_2+Z_c\dot{I}_2)e^{\gamma x'}+\frac{1}{2}(\dot{U}_2-Z_c\dot{I}_2)e^{-\gamma x'}=\dot{U}^+(x')+\dot{U}^-(x')$$

$$\dot{I}(x')=\frac{1}{2Z_c}(\dot{U}_2+Z_c\dot{I}_2)e^{\gamma x'}-\frac{1}{2Z_c}(\dot{U}_2-Z_c\dot{I}_2)e^{-\gamma x'}=\dot{I}^+(x')-\dot{I}^-(x')$$

下面由此来导出反射系数。

(1) 反射系数的定义

反射系数定义为反射波相量与入射波相量之比。传输线上的反向行波由正向行波入射到终端而产生，正弦稳态下，传输线上的反向行波是所有反射波的总和，因此，终端反射系数为

$$N_2=\left.\frac{\dot{U}^-(x')}{\dot{U}^+(x')}\right|_{x'=0}=\left.\frac{\dot{I}^-(x')}{\dot{I}^+(x')}\right|_{x'=0}=\frac{\dot{U}_2-Z_c\dot{I}_2}{\dot{U}_2+Z_c\dot{I}_2} \tag{20-4-20}$$

若终端接阻抗 Z_2，将 $\dot{U}_2=Z_2\dot{I}_2$ 代入上式，终端反射系数为

$$\boxed{N_2=\frac{Z_2-Z_c}{Z_2+Z_c}} \tag{20-4-21}$$

由式(20-4-21)可知：当 $Z_2=Z_c$ 时，$N_2=0$，表明此时终端无反射，传输线上没有反向行波，可见 $Z_2\neq Z_c$ 是反向行波存在的原因；当 $Z_2\to\infty$ 时，$N_2=1$，表明此时反射波等于入射波；当 $Z_2=0$ 时，$N_2=-1$，表明此时反射波与入射波幅值相等而相位相反。

(2) 匹配负载

称 $Z_2=Z_c$ 为匹配负载。当终端接匹配负载时，传输线上没有反向行波，且 $\dot{U}_2=Z_2\dot{I}_2=Z_c\dot{I}_2$，此时的正弦稳态响应为

$$\boxed{\begin{aligned}\dot{U}(x')&=\dot{U}^+(x')=\frac{1}{2}(\dot{U}_2+Z_c\dot{I}_2)e^{\gamma x'}=\dot{U}_2e^{\gamma x'}\\ \dot{I}(x')&=\dot{I}^+(x')=\frac{1}{2Z_c}(\dot{U}_2+Z_c\dot{I}_2)e^{\gamma x'}=\frac{\dot{U}_2}{Z_c}=\dot{I}_2e^{\gamma x'}\end{aligned}} \tag{20-4-22}$$

(3) 自然功率

传输线终端接匹配负载时，终端负载获得的功率称为自然功率。自然功率

$$P_2=R_e[\dot{U}_2\times\dot{I}_2^*]=R_e\left[\dot{U}_2\times\left(\frac{\dot{U}_2}{Z_c}\right)^*\right]=\frac{U_2^2}{|Z_c|}\cos\varphi_c \tag{20-4-23}$$

由式(20-4-22)得，终端接匹配负载时首端电压、电流为

$$\dot{U}_1=\dot{U}_2e^{\gamma l}=\dot{U}_2e^{(\alpha+j\beta)l},\qquad \dot{I}_1=\dot{I}_2e^{\gamma l}=\dot{I}_2e^{(\alpha+j\beta)l}$$

首端的输入功率为

$$P_1=R_e[\dot{U}_1\times\dot{I}_1^*]=R_e\{\dot{U}_2e^{(\alpha+j\beta)l}\times[\dot{I}_2e^{(\alpha+j\beta)l}]^*\}=R_e[(\dot{U}_2\times\dot{I}_2^*)e^{2\alpha l}]=P_2e^{2\alpha l} \tag{20-4-24}$$

匹配负载下的传输效率为

$$\boxed{\eta=P_2/P_1=e^{-2\alpha l}} \tag{20-4-25}$$

20.4.4 输入阻抗

传输线终端接负载 Z_2，如图 20-4-3 所示，从 x'处往终端看等效为阻抗，称为输入阻抗，用 $Z_{in}(x')$表示。

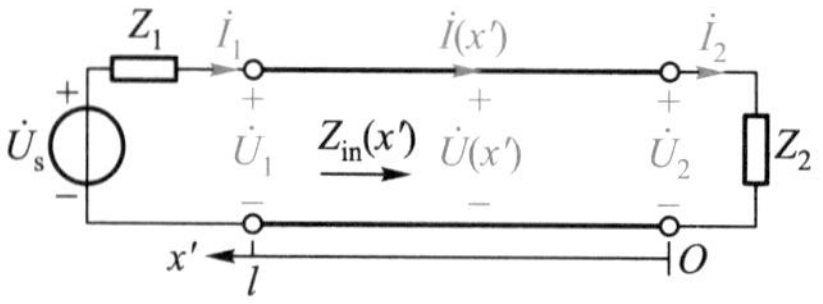

图 20-4-3 输入阻抗

(1) 输入阻抗表达式

由 $\dot{U}(x')$、$\dot{I}(x')$ 的表达式来确定输入阻抗，即

$$Z_{in}(x')=\frac{\dot{U}(x')}{\dot{I}(x')}=\frac{\dot{U}_2\cosh(\gamma x')+Z_c\dot{I}_2\sinh(\gamma x')}{\dot{I}_2\cosh(\gamma x')+\dfrac{\dot{U}_2}{Z_c}\sinh(\gamma x')}=Z_c\frac{Z_2+Z_c\tanh(\gamma x')}{Z_c+Z_2\tanh(\gamma x')} \quad (20-4-26)$$

输入阻抗随位置 x' 而变，与终端负载、传输线的波阻抗和传播常数相关。当 $Z_2=Z_c$、$Z_2=0$、$Z_2\to\infty$ 时，输入阻抗分别为

$$\begin{aligned}&Z_{in}(x')\big|_{Z_2=Z_c}=Z_c\\&Z_{in}(x')\big|_{Z_2=0}=Z_c\tanh(\gamma x')\\&Z_{in}(x')\big|_{Z_2=\infty}=Z_c/\tanh(\gamma x')\end{aligned} \quad (20-4-27)$$

(2) 传输线参数的测量

由式(20-4-27)可得出测量 Z_c、γ 的方法。测得 $Z_2=0$ 时始端输入阻抗 Z_{1sc}、$Z_2\to\infty$ 时始端输入阻抗 Z_{1oc}，即

$$Z_{1sc}=Z_{in}(x'=l)\big|_{Z_2=0}=Z_c\tanh(\gamma l)\ ,\quad Z_{1oc}=Z_{in}(x'=l)\big|_{Z_2\to\infty}=Z_c/\tanh(\gamma l)$$

可见

$$Z_c=\sqrt{Z_{1sc}Z_{1oc}}\qquad \tanh(\gamma l)=\sqrt{\frac{Z_{1sc}}{Z_{1oc}}} \quad (20-4-28)$$

目标 3 检测：理解行波、传播特性、反射系数、输入阻抗、匹配、无畸变等概念

测 20-5 终端电压 $\dot{U}_2=\dot{U}_2^++\dot{U}_2^-$，终端电流 $\dot{I}_2=\dot{I}_2^+-\dot{I}_2^-$，终端阻抗为 Z_2，终端反射系数为 N_2，波阻抗为 Z_c，传播常数为 γ。(1) 证明 $\begin{cases}\dot{U}(x')=\dot{U}_2^+(e^{\gamma x'}+N_2e^{-\gamma x'})\\\dot{I}(x')=\dot{I}_2^+(e^{\gamma x'}-N_2e^{-\gamma x'})\end{cases}$；(2) 证明 $Z_{in}(x')=Z_c\dfrac{1+N_2e^{-2\gamma x'}}{1-N_2e^{-2\gamma x'}}$；(3) 写出 $\dot{U}_2^+$ 与 $\dot{I}_2^+$ 的关系。

例 20-4-1 发射机与天线之间有长为 $l=50$ m 的同轴电缆，其波阻抗 $Z_c=75\ \Omega$、传播常数 $\gamma=$

$(2.0\times10^{-3}+\mathrm{j}0.6)\ \mathrm{m}^{-1}$，如图 20-4-4 所示。电压 $\dot{U}_s=100\underline{/0^\circ}\ \mathrm{mV}$，内阻 $R_s=75\ \Omega$。求：(1) $Z_2=(35+\mathrm{j}20)\ \Omega$ 时，发射机送入传输线的功率、天线获得的功率；(2) $Z_2=75\ \Omega$ 时，发射机送入传输线的功率、天线获得的功率。

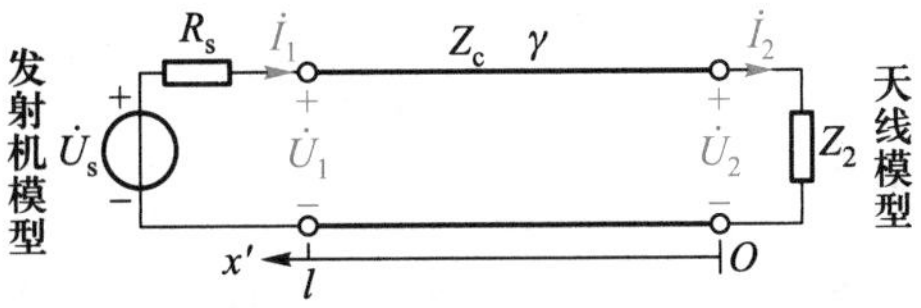

图 20-4-4　例 20-4-1 图

解：用反射系数、输入阻抗等概念来分析。利用

$$N_2=\frac{Z_2-Z_c}{Z_2+Z_c}、Z_{in}(x')=Z_c\frac{1+N_2e^{-2\gamma x'}}{1-N_2e^{-2\gamma x'}}和\begin{cases}\dot{U}(x')=\dot{U}_2^+(e^{\gamma x'}+N_2e^{-\gamma x'})\\ \dot{I}(x')=\dot{I}_2^+(e^{\gamma x'}-N_2e^{-\gamma x'})\end{cases}进行计算。$$

(1) 当 $Z_2=(35+\mathrm{j}20)\ \Omega$ 时，终端反射系数

$$N_2=\frac{Z_2-Z_c}{Z_2+Z_c}=\frac{35+\mathrm{j}20-75}{35+\mathrm{j}20+75}=0.40\underline{/143.1^\circ}$$

始端输入阻抗

$$Z_{in}(l)=Z_c\frac{1+N_2e^{-2\gamma l}}{1-N_2e^{-2\gamma l}}$$

而

$$e^{-2\gamma l}=e^{-2\times(2.0\times10^{-3}+\mathrm{j}0.6)\times50}=e^{-0.2}\times e^{-\mathrm{j}60}=0.82\underline{/\left(-\frac{60}{\pi}\times180^\circ\right)}=0.82\underline{/-3\ 437.7^\circ}=0.82\underline{/162.3^\circ}$$

因此

$$Z_{in}(l)=75\times\frac{1+0.40\underline{/143.1^\circ}\times0.82\underline{/162.3^\circ}}{1-0.40\underline{/143.1^\circ}\times0.82\underline{/162.3^\circ}}\ \Omega=75\times\frac{1+0.19-\mathrm{j}0.27}{1-0.19+\mathrm{j}0.27}\ \Omega$$
$$=107.25\underline{/-31.2^\circ}\ \Omega=(91.5-\mathrm{j}55.5)\ \Omega$$

在始端可列方程

$$\begin{cases}\dot{U}_1=\dot{U}_s-R_s\dot{I}_1\\ \dot{U}_1=Z_{in}(l)\dot{I}_1\end{cases}$$

解得

$$\dot{I}_1=\frac{\dot{U}_s}{R_s+Z_{in}(l)}=\frac{100\underline{/0^\circ}}{75+(91.5-\mathrm{j}55.5)}\ \mathrm{mA}=0.57\underline{/18.4^\circ}\ \mathrm{mA}$$

$$\dot{U}_1=Z_{in}(l)\dot{I}_1=107.25\underline{/-31.2^\circ}\times0.57\underline{/18.4^\circ}\ \mathrm{mV}=61.1\underline{/-12.8^\circ}\ \mathrm{mV}$$

始端输入功率

$$P_1=\mathrm{Re}[\dot{U}_1\times\dot{I}_1^*]=\mathrm{Re}[61.1\underline{/-12.8^\circ}\times0.57\underline{/-18.4^\circ}]\ \mu\mathrm{W}=29.8\ \mu\mathrm{W}$$

再由 $\dot{U}_1$ 和 $\dot{I}_1$ 确定终端电流 $\dot{I}_2$。由

$$\dot{I}_1=\dot{I}_2^+(e^{\gamma l}-N_2e^{-\gamma l})$$

$$e^{\gamma l}=\frac{1}{\sqrt{e^{-2\gamma l}}}=\frac{1}{\sqrt{0.82\underline{/162.3^\circ}}}=1.10\underline{/-81.2^\circ},\quad e^{-\gamma l}=\sqrt{e^{-2\gamma l}}=\sqrt{0.82\underline{/162.3^\circ}}=0.91\underline{/81.2^\circ}$$

得

$$\dot{I}_2^+=\frac{\dot{I}_1}{e^{\gamma\ell}-N_2e^{-\gamma\ell}}=\frac{0.57\angle 18.4^\circ}{1.10\angle -81.2^\circ-0.40\angle 143.1^\circ\times 0.91\angle 81.2^\circ}\ \text{mA}=0.61\angle 81.1^\circ\ \text{mA}$$

因此

$$\dot{I}_2=\dot{I}_2^+(1-N_2)=0.61\angle -44.6^\circ\times(1-0.40\angle 143.1^\circ)\ \text{mA}=0.82\angle 70.8^\circ\ \text{mA}$$

负载功率

$$P_2=I_2^2R_2=0.82^2\times 35\ \mu\text{W}=23.4\ \mu\text{W}$$

传输线的效率

$$\eta=\frac{P_2}{P_1}=\frac{23.4}{29.8}=78.5\%$$

（2）当 $Z_2=75\ \Omega$ 时，负载与传输线匹配，始端输入阻抗 $Z_{in}(l)=Z_c=75\ \Omega$，因此

$$\dot{I}_1=\frac{\dot{U}_s}{Z_s+Z_{in}(l)}=\frac{100\angle 0^\circ}{75+75}\ \text{mV}=\frac{2}{3}\angle 0^\circ\ \text{mA},\quad \dot{U}_1=\dot{I}_1Z_c=\frac{2}{3}\angle 0^\circ\times 75\ \text{mV}=50\angle 0^\circ\ \text{mV}$$

发射机输入到传输线的功率

$$P_1=U_1I_1\cos\varphi_1=50\times\frac{2}{3}\times\cos 0^\circ\ \mu\text{W}=33.3\ \mu\text{W}$$

由于 $N_2=0$，只有正向行波，因此

$$\dot{I}_1=\dot{I}_2^+(e^{\gamma l}-N_2e^{-\gamma l})=\dot{I}_2^+e^{\gamma l}=\dot{I}_2e^{\gamma l}$$

故

$$\dot{I}_2=\dot{I}_1e^{-\gamma l}=\frac{2}{3}\angle 0^\circ\times 0.91\angle 81.2^\circ\ \text{mA}=0.61\angle 81.2^\circ\ \text{mA}$$

终端负载获得的功率为

$$P_2=Z_2I_2^2=75\times 0.61^2\ \mu\text{W}=27.9\ \mu\text{W}$$

接匹配负载时，传输线的效率

$$\eta=\frac{P_2}{P_1}=\frac{27.9}{33.3}=83.8\%$$

用式(20-4-25)对结果进行检验，$\eta=e^{-2\alpha l}=e^{-0.2}=81.9\%$，与 83.8% 接近，差别来源于计算中的舍入误差。

目标 3 检测：理解行波、传播特性、反射系数、输入阻抗、匹配、无畸变等概念

测 20-6 图 20-4-4 所示电路中，$R_s=50\ \Omega$、$Z_2=75\ \Omega$，其他参数与例 20-4-1 的相同。计算：(1)传输线始端电压、电流和输入功率；(2)传输线终端电压、电流和输出功率；(3)Z_2 为何值时获得最大功率。

答案：$60\angle 0^\circ$ mV、$0.8\angle 0^\circ$ mA、48 μW；$54.6\angle 81.2^\circ$ mV、$0.73\angle 81.2^\circ$ mA、39.9 μW；(102.2+j10.5) Ω

例 20-4-2 长度为 286 km 的 220 kV 三相输电线路：当线路终端开路、始端施加 23 kV 线电压时，始端呈容性、线电流为 7 A、输入功率为 58 kW；当线路终端短路、始端仍施加23 kV线电压

时，始端呈感性、线电流为 70 A、输入功率为 580 kW。计算：(1)传输线的 Z_c 与 γ；(2)当终端接匹配阻抗、终端线电压为 220 kV 时，始端输入的功率及线路的传输效率。

解：(1) 由终端开路与短路两种情况下始端的输入阻抗确定 Z_c 与 γ。

终端开路时，始端一相功率 $P_1=58/3=19.33$ kW，始端相电压 $U_1=23/\sqrt{3}=13.28$ kV，始端线电流 $I_1=7$ A。因此，始端功率因数

$$\cos\varphi_1=\frac{P_1}{U_1I_1}=\frac{19.33}{13.28\times7}=0.207\ 9(\text{容性})$$

一相始端输入阻抗

$$Z_{1oc}=Z_{in}(x'=l)\big|_{Z_2\to\infty}=\frac{\dot{U}_1}{\dot{I}_1}=\frac{13.28\times10^3}{7}\angle{-\arccos0.207\ 9}=1\ 897.1\angle{-78.0^\circ}\ \Omega$$

终端短路时，$P_1=580/3=193.33$ kW，$U_1=13.28$ kV，$I_1=70$ A。因此，始端功率因数

$$\cos\varphi_1=\frac{193.33}{13.28\times70}=0.207\ 9(\text{感性})$$

始端一相输入阻抗

$$Z_{1sc}=Z_{in}(x'=l)\big|_{Z_2=0}=\frac{13.28\times10^3}{70}\angle{\arccos0.207\ 9}\ \Omega=189.7\angle{78.0^\circ}\ \Omega$$

由式(20-4-28)得

$$Z_c=\sqrt{Z_{1sc}Z_{1oc}}=\sqrt{189.7\angle{78.0^\circ}\times1\ 897.1\angle{-78.0^\circ}}\ \Omega=600\angle{0^\circ}\ \Omega$$

$$\tanh(\gamma l)=\sqrt{\frac{Z_{1sc}}{Z_{1oc}}}=\sqrt{\frac{189.7\angle{78.0^\circ}}{1\ 897.1\angle{-78.0^\circ}}}=0.316\ 2\angle{78.0^\circ}=K(\text{记为常数 }K)$$

即

$$\frac{e^{\gamma l}-e^{-\gamma l}}{e^{\gamma l}+e^{-\gamma l}}=K$$

$$e^{2\gamma l}=\frac{1+K}{1-K}=\frac{1+0.316\angle{78.0^\circ}}{1-0.316\angle{78.0^\circ}}=1.128e^{j34.5^\circ}=1.128e^{j\frac{34.5^\circ}{180^\circ}\times\pi}=1.128e^{j0.602}$$

因此

$$e^{2\alpha l}=1.128,\quad e^{j2\beta l}=e^{j0.602}$$

解得

$$\alpha=2.10\times10^{-4}\ \text{km}^{-1},\quad \beta=1.05\times10^{-3}\ \text{rad/km}$$

(2) 传输线终端匹配时，终端相电压

$$\dot{U}_2=\frac{220}{\sqrt{3}}\angle{0^\circ}\ \text{kV}=127\angle{0^\circ}\ \text{kV}$$

终端接匹配负载时，由式(20-4-22)得，始端相电压

$$\dot{U}_1=\dot{U}_2e^{\gamma l}=127e^{(0.21+j1.05)\times10^{-3}\times286}=134.9\angle{17.2^\circ}\ \text{kV}$$

始端线电流

$$\dot{I}_1=\frac{\dot{U}_1}{Z_c}=\frac{134.9\angle{17.2^\circ}}{600\angle{0^\circ}}=0.225\angle{17.2^\circ}\ \text{kA}$$

始端功率

$$P_1=3U_1I_1\cos\varphi_1=3\times134.9\times0.225\times1=90.99\ \text{MW}$$

终端负载功率

$$P_2=3\mathrm{Re}[\dot{U}_2\times\dot{I}_2^*]=3\mathrm{Re}\left[\dot{U}_2\times\frac{\dot{U}_2^*}{Z_c^*}\right]=\frac{3\times127^2}{600}\ \mathrm{MW}=80.65\ \mathrm{MW}$$

传输效率

$$\eta=\frac{P_2}{P_1}=\frac{80.65}{90.99}=88.6\%$$

用 $\eta=\mathrm{e}^{-2\alpha l}=\mathrm{e}^{-2\times2.10\times10^{-4}\times286}=0.887$ 检验,结果正确。

20.5 电压和电流有效值分布规律

传输线的电压(或电流)有效值随 x 而变。我们或许会认为,传输线的终端电压(或电流)有效值应该总低于始端电压(或电流)有效值。然而,这是不正确的认识。下面分析传输线的电压、电流有效值的分布规律。当然,这种分布规律与终端负载有关。我们先研究终端接匹配负载、开路、短路的特殊情况,再由此归纳出终端接任意负载时的分布规律。

(1) 终端接匹配负载

终端接匹配负载的传输线,有 $\dot{U}_2=Z_c\dot{I}_2$。令 $\dot{I}_2=I_2\angle 0°$,由式(20-4-22)得

$$\dot{U}(x')=\dot{U}_2\mathrm{e}^{\gamma x'}=Z_cI_2\mathrm{e}^{(\alpha+\mathrm{j}\beta)x'},\quad \dot{I}(x')=\dot{I}_2\mathrm{e}^{\gamma x'}=I_2\mathrm{e}^{(\alpha+\mathrm{j}\beta)x'}$$

有效值变化规律为

$$\boxed{\begin{aligned}U(x')&=|Z_c|I_2\mathrm{e}^{\alpha x'}\\ I(x')&=I_2\mathrm{e}^{\alpha x'}\end{aligned}}\qquad(20-5-1)$$

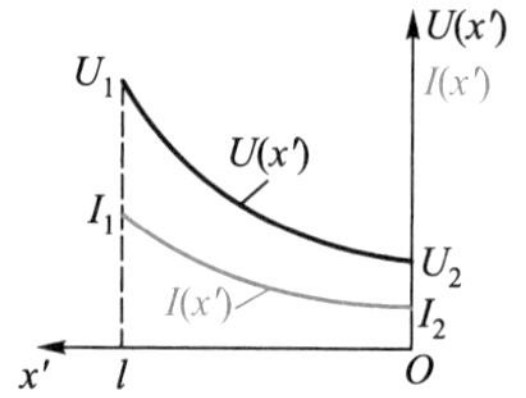

图 20-5-1 终端接匹配负载时电压、电流有效值变化规律

式(20-5-1)对应的波形如图 20-5-1 所示。电压和电流有效值按 $\mathrm{e}^{\alpha x'}$ 规律,从始端向终端一致衰减。此时,始端电压(或电流)的有效值总是大于终端电压(或电流)的有效值。

(2) 终端开路

终端开路的传输线,有 $\dot{I}_2=0$。令 $\dot{U}_2=U_2\angle 0°$,由式(20-3-13)得

$$\dot{U}(x')=\dot{U}_{oc}(x')=U_2\cosh[(\alpha+\mathrm{j}\beta)x']$$

$$\dot{I}(x')=\dot{I}_{oc}(x')=\frac{U_2}{Z_c}\sinh[(\alpha+\mathrm{j}\beta)x']$$

存在以下双曲函数运算规则

$$\begin{aligned}\cosh(\alpha+\mathrm{j}\beta)x'&=\cosh(\alpha x')\cosh(\mathrm{j}\beta x')+\sinh(\alpha x')\sinh(\mathrm{j}\beta x')\\&=\cosh(\alpha x')\cos(\beta x')+\mathrm{j}\sinh(\alpha x')\sin(\beta x')\end{aligned}$$

模值

$$\begin{aligned}|\cosh(\alpha+\mathrm{j}\beta)x'|&=\sqrt{[\cosh(\alpha x')\cos(\beta x')]^2+[\sinh(\alpha x')\sin(\beta x')]^2}\\&=\sqrt{\frac{1}{2}[\cosh(2\alpha x')+\cos(2\beta x')]}\end{aligned}\qquad(20-5-2)$$

同理可得

$$|\sinh[(\alpha+\mathrm{j}\beta)x']|=\sqrt{\frac{1}{2}[\cosh(2\alpha x')-\cos(2\beta x')]} \tag{20-5-3}$$

将式(20-5-2)、式(20-5-3)代入 $\dot{U}_{oc}(x')$、$\dot{I}_{oc}(x')$ 的表达式,得到有效值平方的表达式

$$\boxed{\begin{aligned} U_{oc}^2(x') &= \frac{1}{2}U_2^2[\cosh(2\alpha x')+\cos(2\beta x')] \\ I_{oc}^2(x') &= \frac{1}{2}\frac{U_2^2}{|Z_c|^2}[\cosh(2\alpha x')-\cos(2\beta x')] \end{aligned}} \tag{20-5-4}$$

考虑到 $\beta=2\pi/\lambda$,$\cos(2\beta x')=\cos(4\pi x'/\lambda)$,因此 $\cos(2\beta x')$ 的变化周期为 $\lambda/2$。式(20-5-4)对应的波形如图 20-5-2 所示,变化规律为 $\cosh(2\alpha x')$ 上叠加 $\pm\cos(2\beta x')$。

图 20-5-2 表明:电压、电流有效值由始端向终端振荡衰减。当 $l<\lambda/4$ 时,电压有效值由始端向终端单调升高,电流有效值由始端向终端单调下降,终端电流为零,而始端电流不为零;当 $l\ll\lambda/4$ 时,始端电压、电流有效值与终端有效值近似相等,就是集中参数条件下的结果。

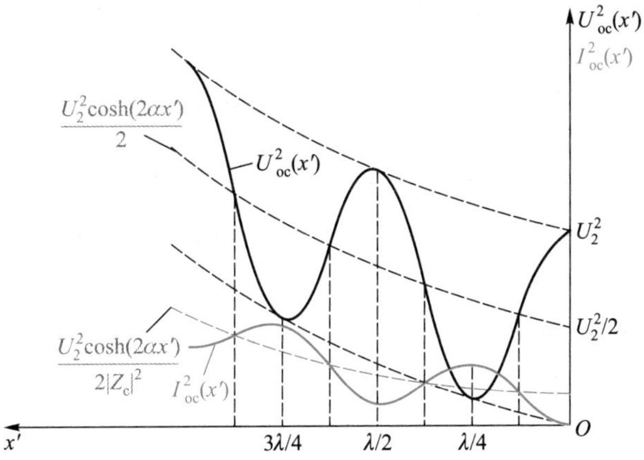

图 20-5-2 终端开路时的电压、电流有效值变化规律

(3) 终端短路

终端短路的传输线,有 $\dot{U}_2=0$。令 $\dot{I}_2=I_2\angle 0°$,由式(20-3-13)得

$$\dot{U}(x')=\dot{U}_{sc}(x')=I_2Z_c\sinh[(\alpha+\mathrm{j}\beta)x']$$

$$\dot{I}(x')=\dot{I}_{sc}(x')=I_2\cosh[(\alpha+\mathrm{j}\beta)x']$$

将式(20-5-2)、式(20-5-3)代入,得到有效值平方的表达式

$$\boxed{\begin{aligned} U_{sc}^2(x') &= \frac{1}{2}|Z_c|^2I_2^2[\cosh(2\alpha x')-\cos(2\beta x')] \\ I_{sc}^2(x') &= \frac{1}{2}I_2^2[\cosh(2\alpha x')+\cos(2\beta x')] \end{aligned}} \tag{20-5-5}$$

与式(20-5-4)对照,$U_{sc}^2(x')$ 与 $I_{oc}^2(x')$ 波形相同、$I_{sc}^2(x')$ 与 $U_{oc}^2(x')$ 波形相同,式(20-5-5)对应的波形如图 20-5-3 所示。电压、电流有效值依然是由始端向终端振荡衰减的。

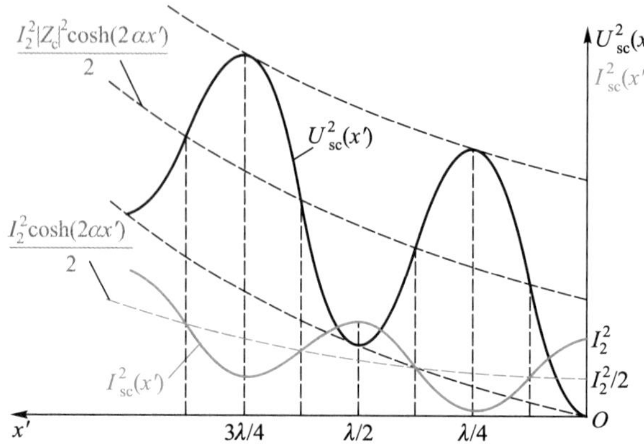

图 20-5-3 终端短路时电压、电流有效值变化规律

(4) 终端接任意负载

传输线终端接任意负载 Z_2，则 $\dot{U}_2=Z_2\dot{I}_2$。由式(20-3-13)得

$$\dot{U}(x')=\dot{U}_2\left[\cosh(\gamma x')+\frac{Z_c}{Z_2}\sinh(\gamma x')\right]$$

$$\dot{I}(x')=\dot{I}_2\left[\cosh(\gamma x')+\frac{Z_2}{Z_c}\sinh(\gamma x')\right]$$

令 $Z_c/Z_2=\tanh\sigma=\tanh(\rho+\mathrm{j}\xi)$，将 Z_c/Z_2 转化为双曲函数的相位，上式写为

$$\dot{U}(x')=\frac{\dot{U}_2[\cosh(\gamma x')\cosh\sigma+\sinh(\gamma x')\sinh\sigma]}{\cosh\sigma}=\frac{\dot{U}_2\cosh(\gamma x'+\sigma)}{\cosh\sigma}=\frac{\dot{U}_2\cosh[(\alpha x'+\rho)+\mathrm{j}(\beta x'+\xi)]}{\cosh\sigma}$$

$$\dot{I}(x')=\frac{\dot{I}_2[\cosh(\gamma x')\sinh\sigma+\sinh(\gamma x')\cosh\sigma]}{\sinh\sigma}=\frac{\dot{I}_2\sinh(\gamma x'+\sigma)}{\sinh\sigma}=\frac{\dot{I}_2\sinh[(\alpha x'+\rho)+\mathrm{j}(\beta x'+\xi)]}{\sinh\sigma}$$

将双曲函数运算规则式(20-5-2)和式(20-5-3)代入上式，得

$$\boxed{\begin{aligned}U^2(x')&=\frac{U_2^2}{2|\cosh\sigma|^2}[\cosh 2(\alpha x'+\rho)+\cos 2(\beta x'+\xi)]\\ I^2(x')&=\frac{I_2^2}{2|\sinh\sigma|^2}[\cosh 2(\alpha x'+\rho)-\cos 2(\beta x'+\xi)]\end{aligned}} \tag{20-5-6}$$

将式(20-5-6)与式(20-5-4)对照，式(20-5-6)中叠加于双曲函数上的余弦函数多了一个初相 2ξ，使得 $U^2(x')$、$I^2(x')$ 的波峰与波谷出现处满足

$$2(\beta x'+\xi)=k\pi \quad (k=0,1,2,\cdots)$$

考虑到 $\beta=2\pi/\lambda$，波峰与波谷出现在

$$x'=k\frac{\lambda}{4}-\frac{\xi}{2\pi}\lambda \quad (k=0,1,2,\cdots) \tag{20-5-7}$$

传输线终端接任意负载时，$U^2(x')$、$I^2(x')$ 波形的波峰(谷)出现 $x'=k\dfrac{\lambda}{4}-\dfrac{\xi}{2\pi}\lambda$ 处。而 $U_{oc}^2(x')$、$I_{oc}^2(x')$ 的波峰(谷)出现在 $\lambda/4$ 的整数倍处。终端接任意负载时，沿线电压和电流有效值的分布依然是由始端向终端振荡衰减，$U^2(x')$、$I^2(x')$ 的波形类似于将 $U_{oc}^2(x')$、$I_{oc}^2(x')$ 波形图的纵轴朝 x' 方向平移 $\xi\lambda/2\pi$($\xi<0$ 时反向平移)所得波形，如图 20-5-4 所示。

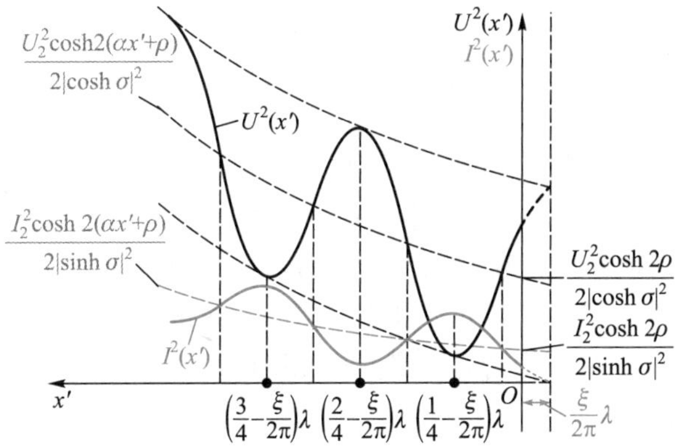

图 20-5-4　端接任意负载时电压、电流有效值变化规律

20.6 无损耗均匀传输线

参数 $R_0=0$ 和 $G_0=0$ 的传输线，自身不消耗功率，称为无损传输线（lossless transmission line）。与有损耗传输线相比，无损耗传输线的计算简单，会出现驻波现象。

20.6.1 正弦稳态分析

无损耗传输线的特性阻抗 $Z_c=\sqrt{L_0/C_0}$，为纯电阻，同方向电压行波和电流行波保持同相位；传播常数 $\gamma=\mathrm{j}\omega\sqrt{L_0C_0}=\mathrm{j}\beta$，衰减常数 α 为零，行波传播时幅值无衰减。由于上述特点，无损耗传输线的计算要比有损耗传输线简单得多。电信工程中的高频信号传输线，由于 $\omega L_0\gg R_0$、$\omega C_0\gg G_0$，常常近似为无损耗传输线来计算。

无损耗传输线的传播常数 $\gamma=\mathrm{j}\beta$，使得其正弦稳态响应中的双曲函数变为三角函数，即有

$$\cosh(\gamma x')=\cosh(\mathrm{j}\beta x')=\cos(\beta x'),\quad \sinh(\gamma x')=\sinh(\mathrm{j}\beta x')=\mathrm{j}\sin(\beta x')$$

因此，电压、电流表达式简化为

$$\boxed{\begin{aligned}\dot U(x')&=\dot U_2\cos(\beta x')+\mathrm{j}Z_c\dot I_2\sin(\beta x')\\ \dot I(x')&=\dot I_2\cos(\beta x')+\mathrm{j}\frac{\dot U_2}{Z_c}\sin(\beta x')\end{aligned}}\tag{20-6-1}$$

或

$$\boxed{\begin{aligned}\dot U(x)&=\dot U_1\cos(\beta x)-\mathrm{j}Z_c\dot I_1\sin(\beta x)\\ \dot I(x)&=\dot I_1\cos(\beta x)-\mathrm{j}\frac{\dot U_1}{Z_c}\sin(\beta x)\end{aligned}}\tag{20-6-2}$$

由式(20-6-1)得，输入阻抗

$$Z_{in}(x')=\frac{\dot{U}(x')}{\dot{I}(x')}=Z_c\frac{Z_2+jZ_c\tan(\beta x')}{Z_c+jZ_2\tan(\beta x')} \tag{20-6-3}$$

无损耗线终端接匹配阻抗时，$\dot{U}_2=Z_c\dot{I}_2$，由式(20-6-1)得

$$\dot{U}(x')=\dot{U}_2e^{j\beta x'},\dot{I}(x')=\dot{I}_2e^{j\beta x'}=\dot{U}(x')/Z_c \tag{20-6-4}$$

此时，电压和电流只有正向行波，由始端向终端传播过程中，存在相位滞后，没有幅值衰减。

例 20-6-1 图 20-6-1(a)中，两条波阻抗不同的高频电缆相接，工作于正弦稳态，且 $R_{s1}=Z_{c1}$，$R_{s2}=Z_{c2}$。为了实现信号双向传输时线路上均无反向行波，电缆通过一Γ形电阻网络相接，如图 20-6-1(b)所示。确定 R_1、R_2。

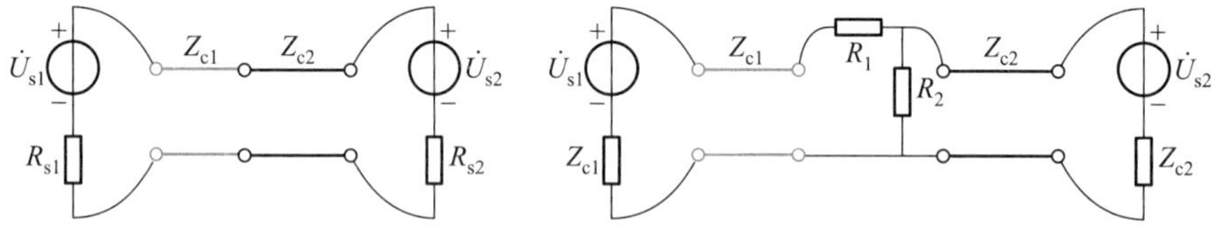

(a) 高频电缆相接　　(b) 高频电缆通过电阻网络相接

图 20-6-1　例 20-6-1 图

解：信号由左向右传输时，$\dot{U}_{s1}\neq 0$、$\dot{U}_{s2}=0$。由于 $R_{s2}=Z_{c2}$，右边传输线上没有反向行波。要使左边传输线上也没有反向行波，则要求从连接处向右端看的等效阻抗与 Z_{c1} 相等，即

$$Z_{c1}=R_1+R_2/\!/Z_{c2}=R_1+\frac{R_2Z_{c2}}{R_2+Z_{c2}}\quad(Z_{c2}\text{是传输线的输入阻抗})$$

信号由右向左传输时，$\dot{U}_{s1}=0$、$\dot{U}_{s2}\neq 0$，由于 $R_{s1}=Z_{c1}$，左边传输线上没有反向行波，要使右边传输线上也没有反向行波，则要有

$$Z_{c2}=R_2/\!/(R_1+Z_{c1})=\frac{R_2(R_1+Z_{c1})}{R_2+R_1+Z_{c1}}\quad(Z_{c1}\text{是传输线的输入阻抗})$$

由以上两式解得

$$\frac{R_1}{R_2}=\frac{Z_{c1}-Z_{c2}}{Z_{c2}}\quad(\text{当 }Z_{c1}>Z_{c2}\text{时})$$

若 $Z_{c1}<Z_{c2}$，图 20-6-1(b)中的Γ形电阻网络要改变接入方向。

目标 4 检测：熟练掌握无损耗传输线的计算

测 20-7 两段特性阻抗分别为 $Z_{c1}=50\ \Omega$、$Z_{c2}=75\ \Omega$ 的无损耗传输线级联，如测 20-7 图所示。欲使两段传输线上均无反向行波，确定 R_1、R_2 的值。

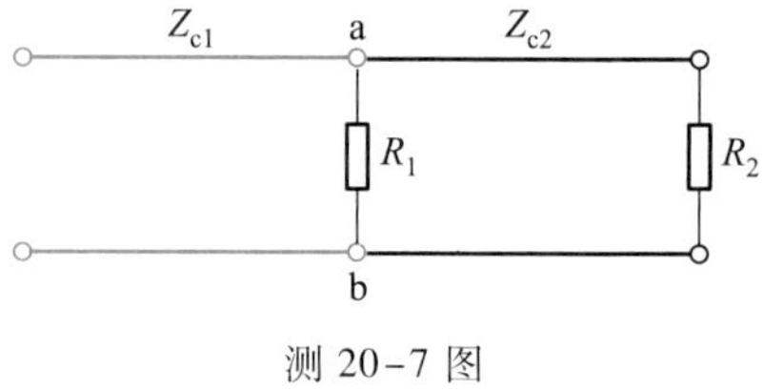

测 20-7 图

答案：$R_1=150\ \Omega$、$R_2=75\ \Omega$

例 20-6-2 长度 $l=1.5$ m、特性阻抗 $Z_{c1}=100\ \Omega$ 的无损耗传输线,终端接负载 $Z_2=10\ \Omega$,始端接理想电压源 $u_s=10\cos(10^8\ \pi t)$ V。在传输线的中点处,接有另一长度为 0.75 m、特性阻抗为 $Z_{c2}=100\ \Omega$、终端短路的无损耗传输线,如图 20-6-2 所示。设两传输线的相速均为 1.5×10^8 m/s,计算稳态电流 i_1、i_2。

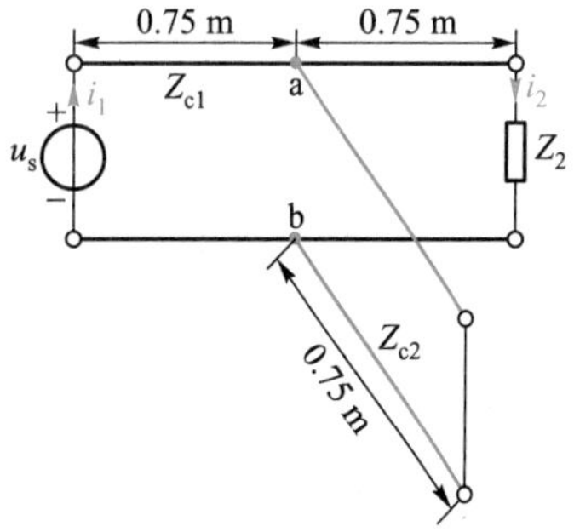

图 20-6-2 例 20-6-2 图

解:由电源端输入阻抗确定 i_1。由于 $\omega=10^8\ \pi$,$v_p=1.5\times10^8$ m/s,因此

$$\beta=\frac{\omega}{v_p}=\frac{10^8\ \pi}{1.5\times10^8}=\frac{2\pi}{3}\ \text{m}^{-1}$$

长度为 0.75 m、终端短路的无损耗线,在始端 ab 处的输入阻抗为

$$Z_{in2}=Z_{c2}\frac{0+jZ_{c2}\tan\beta x'}{Z_{c2}+j0\tan\beta x'}\bigg|_{x'=0.75}=jZ_{c2}\tan\beta x'\big|_{x'=0.75}=jZ_{c2}\tan\frac{\pi}{2}\to\infty$$

$Z_{in2}\to\infty$,表明图 20-6-2 中的终端短路线对另一条传输线的工作状态无影响。因此,电压源处的输入阻抗为

$$Z_{in}=Z_{c1}\frac{Z_2+jZ_{c1}\tan\beta x'}{Z_{c1}+jZ_2\tan\beta x'}\bigg|_{x'=1.5}=Z_{c1}\frac{Z_2+jZ_{c1}\tan\pi}{Z_{c1}+jZ_2\tan\pi}=Z_2=10\ \Omega$$

所以

$$i_1=\frac{u_s}{10}=\cos(10^8\pi t)\ \text{A}$$

始端 $\dot{U}_1=10\underline{/0^\circ}$ V、$\dot{I}_1=1\underline{/0^\circ}$ A,$\beta l=\frac{2\pi}{3}\times1.5=\pi$,因此

$$\dot{I}_2=\dot{I}_1\cos(\beta l)-j\frac{\dot{U}_1}{Z_{c1}}\sin(\beta l)=1\underline{/0^\circ}\times\cos\ \pi-j\frac{10\underline{/0^\circ}}{100}\times\sin\ \pi=1\underline{/0^\circ}\times\cos\ \pi=1\underline{/180^\circ}\ \text{A}$$

$$i_2=\cos(10^8\pi t+180^\circ)\ \text{A}$$

目标 4 检测:熟练掌握无损耗传输线的计算

测 20-8 长度 $l=100$ m、特性阻抗 $Z_c=50\ \Omega$、终端开路的无损耗均匀传输线,工作于正弦稳态下,信号波长 $\lambda=600$ m,始端电压有效值 $U_1=10$ V。求传输线中点处的电压、电流有效值。

答案:$10\sqrt{3}$ V、0.2 A

20.6.2 驻波现象

除终端接匹配阻抗外,传输线的电压(或电流)总是正向行波和反向行波相叠加,在一定条件下,叠加的结果呈现驻波现象。

正弦稳态下,由于无损耗线自身不消耗能量,当终端负载也不消耗能量时,传输线上形成电场能量和磁场能量之间的振荡现象,电压、电流的分布为驻波形式。传输线终端负载不消耗能量的情况有:终端开路、终端短路和终端接电感元件或电容元件。

驻波现象 1：无损耗传输线终端开路时，$\dot{I}_2=0$，由式（20-6-1）得

$$\dot{U}(x')=\dot{U}_{oc}(x')=\dot{U}_2\cos(\beta x') \qquad \dot{I}(x')=\dot{I}_{oc}(x')=\mathrm{j}\frac{\dot{U}_2}{Z_c}\sin(\beta x') \tag{20-6-5}$$

考虑到 $\beta=2\pi/\lambda$，电压、电流有效值为

$$U_{oc}(x')=U_2\left|\cos\left(\frac{2\pi}{\lambda}x'\right)\right| \qquad I_{oc}(x')=\frac{U_2}{Z_c}\left|\sin\left(\frac{2\pi}{\lambda}x'\right)\right| \tag{20-6-6}$$

电压、电流有效值分布规律如图 20-6-3 所示。在 $x'=0$、$\frac{\lambda}{2}$、λ、…处，电流有效值恒为零，而电压有效值恒为最大，这些点为电流的波节点、电压的波腹点。在 $x'=\frac{\lambda}{4}$、$\frac{3\lambda}{4}$、$\frac{5\lambda}{4}$、…处，电压有效值恒为零，而电流有效值恒为最大，这些点是电压的波节点、电流的波腹点。

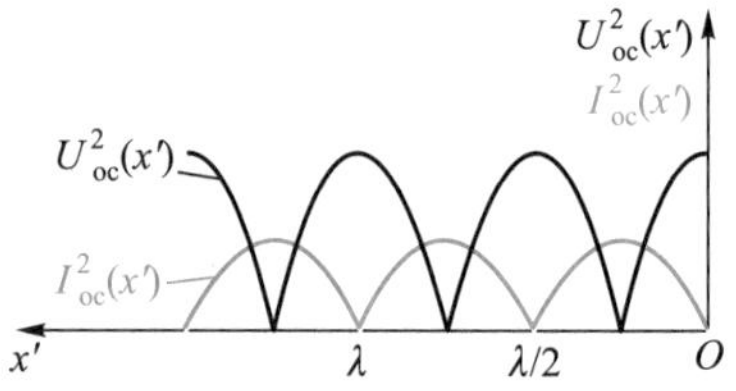

图 20-6-3 终端开路无损耗线的电压、电流有效值分布

写出式（20-6-5）对应的时、空函数，在不同时刻观察沿线的电压和电流波形，它们为驻波（standing wave）。以 $u_{oc}(x', t)$ 为例，令 $\dot{U}_2=U_2\angle 0°$，则

$$u_{oc}(x', t)=\sqrt{2}U_2\cos\left(\frac{2\pi}{\lambda}x'\right)\cos(\omega t)$$

图 20-6-4 中画出了 $\omega t=0°$、60°、90°、120°、180°时传输线的电压分布，电压波形不随时间 t 的变化而进行，称为驻波。

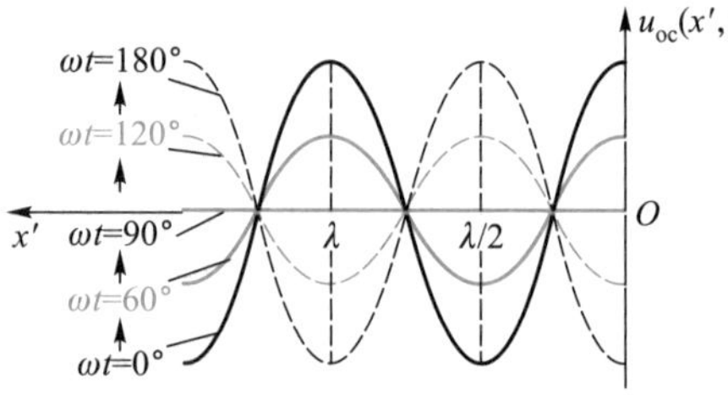

图 20-6-4 终端开路无损耗线的电压驻波

由式（20-6-5）不难得到终端开路无损耗线的输入阻抗，即

$$Z_{oc}(x')=\frac{\dot{U}_{oc}(x')}{\dot{I}_{oc}(x')}=-\mathrm{j}Z_c\cot\left(\frac{2\pi}{\lambda}x'\right)=\mathrm{j}X_{oc}(x') \tag{20-6-7}$$

$Z_{oc}(x')$ 为纯电抗。$X_{oc}(x')$ 的变化规律如图 20-6-5 所示，在开路、电容、短路、电感之间周期性变换。在电流的波节点（如 $x'=\lambda/2$ 处），$X_{oc}=\infty$，相当于开路，考虑到传输线上储存着电场和磁场能量，等效为并联谐振电路更恰切；在电压的波节点（如 $x'=\lambda/4$ 处），$X_{oc}=0$，相当于短路，等效为串联谐振电路。在 $X_{oc}>0$ 的区间（如 $\lambda/4<x'<\lambda/2$），等效为电感；在 $X_{oc}<0$ 的区间（如 $0<x'<\lambda/4$），等效为电容。

因此，长度 $l=\lambda/4$ 的终端开路无损耗传输线，从始端看进去等效于短路；$l=\lambda/2$ 的终端开路无损耗传输线，从始端看进去等效于开路。$l<\lambda/4$ 的终端开路无损耗传输线，从始端看进去等效为电容元件；$\lambda/4<l<\lambda/2$ 的终端开路无损耗传输线，从始端看进去等效为电感元件。

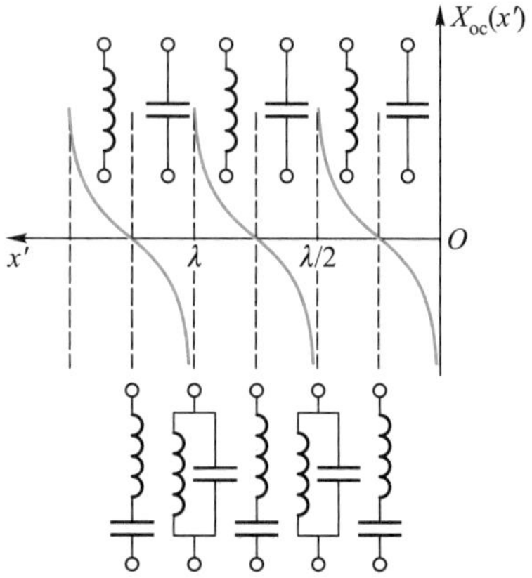

图 20-6-5 终端开路无损耗线的输入阻抗

驻波现象 2：无损耗传输线终端短路时，$\dot{U}_2=0$，由

式(20-6-1)得

$$\dot U(x')=\dot U_{sc}(x')=\mathrm{j}Z_c\dot I_2\sin(\beta x')\qquad \dot I(x')=\dot I_{sc}(x')=\dot I_2\cos(\beta x')\tag{20-6-8}$$

与式(20-6-5)对照，$U_{sc}(x')$ 与 $I_{oc}(x')$ 变化规律相同，$I_{sc}(x')$ 与 $U_{oc}(x')$ 变化规律相同，参考图 20-6-3。

令 $\dot I_2=I_2\underline{/0^\circ}$，考虑到 $\beta=2\pi/\lambda$，电压的时、空函数为

$$u_{sc}(x',t)=\sqrt{2}Z_c\,I_2\sin\left(\frac{2\pi}{\lambda}x'\right)\cos(\omega t+90^\circ)$$

图 20-6-6 中画出了 $\omega t=0^\circ$、30°、90°、150°、180°、210°、270° 时，传输线的电压分布，亦为驻波。

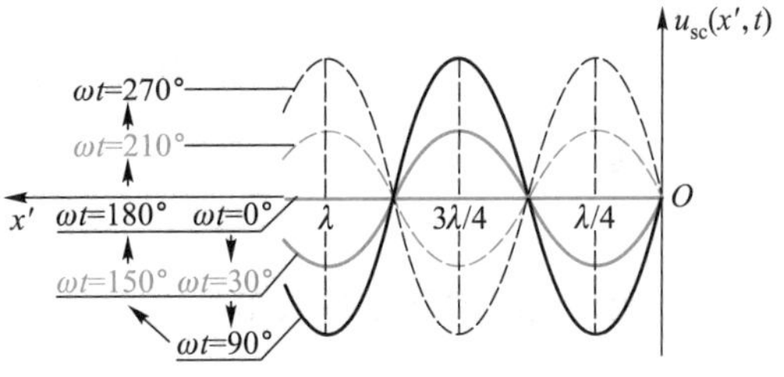

图 20-6-6 终端短路无损耗线的电压驻波

终端短路无损耗线的输入阻抗为

$$\boxed{Z_{sc}(x')=\frac{\dot U_{sc}(x')}{\dot I_{sc}(x')}=\mathrm{j}Z_c\tan\left(\frac{2\pi}{\lambda}x'\right)=\mathrm{j}X_{sc}(x')}\tag{20-6-9}$$

$Z_{sc}(x')$ 也为纯电抗。$X_{sc}(x')$ 的变化规律如图 20-6-7 所示。

长度 $l=\lambda/4$ 的终端短路无损耗线，始端相当于开路，工程中用它来作“金属绝缘子”。$l<\lambda/4$ 的终端短路无损耗线，从始端看进去等效为电感元件，工程中用它来取代电感线圈。

驻波现象 3：无损耗线终端接电感元件或电容元件。当无损耗线终端接电感元件时，电感元件可用 $l<\lambda/4$ 的终端短路无损耗传输线等效，成为加长了的终端短路无损耗传输线，如图 20-6-8(a)所示。当无损耗线终端接电容元件时，电容元件可用 $l<\lambda/4$ 的终端开路无损耗传输线等效，成为加长了的终端开路无损耗传输线，如图 20-6-8(b)所示。这时都会出现驻波现象，只是原无损耗线的终端处不是电压(或电流)的波腹(或波节)。

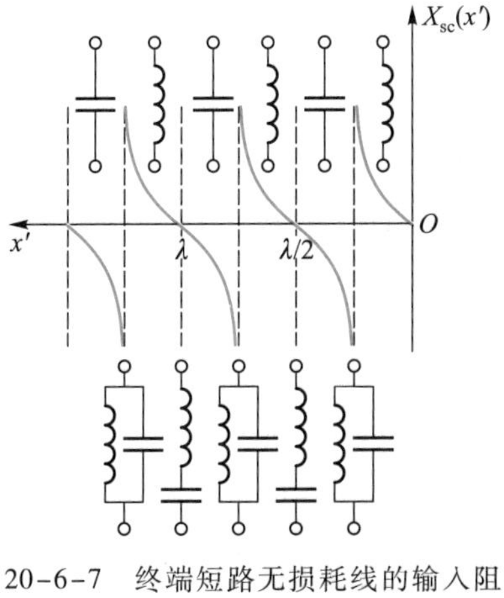

图 20-6-7 终端短路无损耗线的输入阻抗

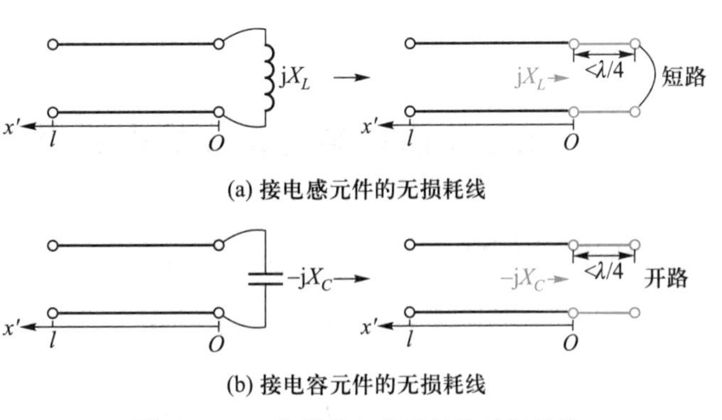

图 20-6-8 终端接电抗元件的无损耗线

综上所述，无损耗线在终端开路、终端短路和终端接电感元件或电容元件时，沿线电压和电流为驻波分布，即在上述条件下，电压(或电流)正向行波与反向行波叠加的结果为驻波。在驻

波状态下，传输线失去了传输能量的作用。

例 20-6-3 用一段长度小于 1/4 波长、特性阻抗为 100 Ω、终端短路的无损耗传输线来做一个 0.01 mH 的电感。信号频率为 10 MHz，相速为 1.5×10^{8} m/s。确定传输线的长度。

解：角频率 $\omega=2\pi f=2\pi\times10^{7}$ rad/s，因此

$$\beta=\frac{\omega}{v_{\mathrm{p}}}=\frac{2\pi\times10^{7}}{1.5\times10^{8}}=\frac{2\pi}{15}\ \mathrm{m}^{-1}$$

电感的感抗

$$X_{L}=\omega L=2\pi\times10^{7}\times0.01\times10^{-3}=2\pi\times10^{2}\ \Omega$$

终端短路无损耗线的始端输入阻抗

$$Z_{\mathrm{sc}}(l)=\mathrm{j}Z_{\mathrm{c}}\tan(\beta l)=\mathrm{j}100\times\tan\left(\frac{2\pi}{15}l\right)$$

因此

$$100\times\tan\left(\frac{2\pi}{15}l\right)=2\pi\times10^{2}$$

$$\frac{2\pi}{15}l=\frac{80.96^{\circ}}{180^{\circ}}\times\pi$$

$$l=3.37\ \mathrm{m}$$

目标 4 检测：熟练掌握无损耗传输线的计算，理解驻波现象

测 20-9 用一段终端短路、工作于 10 MHz 正弦稳态下的无损耗传输线来实现 1 μH 的电感，传输线的波阻抗为 50 Ω、波速为 2×10^{8} m/s。(1) 确定传输线的最短长度；(2) 若传输线的始端电压 $U_{1}=10$ V，确定终端短路电流 I_{2}。

答案：2.86 m、0.26 A

20.7 正弦稳态均匀传输线的电路模型

研究传输线各处的电压、电流时，常用的关系式是

$$\dot{U}(x')=\dot{U}_{2}\cosh(\gamma x')+Z_{\mathrm{c}}\dot{I}_{2}\sinh(\gamma x')$$

$$\dot{I}(x')=\dot{I}_{2}\cosh(\gamma x')+\frac{\dot{U}_{2}}{Z_{\mathrm{c}}}\sinh(\gamma x')$$

大多数情况下，只需确定传输线两端的电压、电流。用 $x'=l$ 代入上式，传输线两端电压、电流的关系为

$$\begin{bmatrix} \dot{U}_1 \\ \dot{I}_1 \end{bmatrix} = \begin{bmatrix} \cosh(\gamma l) & Z_c \sinh(\gamma l) \\ \dfrac{1}{Z_c}\sinh(\gamma l) & \cosh(\gamma l) \end{bmatrix} \begin{bmatrix} \dot{U}_2 \\ \dot{I}_2 \end{bmatrix} = \begin{bmatrix} A & B \\ C & D \end{bmatrix} \begin{bmatrix} \dot{U}_2 \\ \dot{I}_2 \end{bmatrix} \tag{20-7-1}$$

这是 T 参数(传输参数)方程,由于传输线 $\dot{I}_2$的参考方向与二端口网络 T 参数指定的参考方向相反,因此式(20-7-1)中的 $\dot{I}_2$前没有负号。传输线是一个对称二端口网络,式(20-7-1)中:$A=D=\cosh(\gamma l)$、$AD-BC=[\cosh(\gamma l)]^2-[\sinh(\gamma l)]^2=1$,正好说明了这一点。

二端口网络最简单的电路模型是 T 形等效电路或 Π 形等效电路,因此,可以用对称 T 形等效电路或对称 Π 形等效电路来分析传输线两端的电压、电流,如图 20-7-1 所示。图 20-7-1(a)为正弦稳态传输线的 T 形等效电路,图 20-7-1(b)为 Π 形等效电路。为了表达方便,电路中同时使用阻抗和导纳两种量纲的元件。电力系统分析中通常使用 Π 形等效电路,因为它不会增加网络的节点数,便于用节点法分析网络。

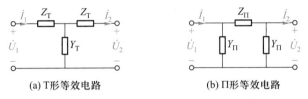

(a) T形等效电路　　(b) Π形等效电路

图 20-7-1　正弦稳态均匀传输线的电路模型

下面推导等效电路中的阻抗值和导纳值。先计算图 20-7-1 所示等效电路的 T 参数,再与式(20-7-1)中的 T 参数对照,解得阻抗值和导纳值。等效电路只有两个未知参数,因此,只需计算等效电路的两个 T 参数。

对图 20-7-1(a)所示 T 形等效电路,计算参数 A 和 C 较为容易,有

$$A=\left.\frac{\dot{U}_1}{\dot{U}_2}\right|_{\dot{I}_2=0}=\frac{Z_T+Y_T^{-1}}{Y_T^{-1}},\quad C=\left.\frac{\dot{I}_1}{\dot{U}_2}\right|_{\dot{I}_2=0}=Y_T$$

与式(20-7-1)中的 T 参数对照,得

$$\begin{cases} \dfrac{Z_T+Y_T^{-1}}{Y_T^{-1}}=\cosh(\gamma l) \\ Y_T=\dfrac{1}{Z_c}\sinh(\gamma l) \end{cases}$$

解得

$$\boxed{Z_T=Z_c\frac{\cosh(\gamma l)-1}{\sinh(\gamma l)},\quad Y_T=\frac{1}{Z_c}\sinh(\gamma l)} \tag{20-7-2}$$

对图 20-7-1(b)所示 Π 形等效电路,计算参数 D 和 B 较为容易,有

$$D=\left.\frac{\dot{I}_1}{\dot{I}_2}\right|_{\dot{U}_2=0}=\frac{Y_\Pi+Z_\Pi^{-1}}{Z_\Pi^{-1}},\quad B=\left.\frac{\dot{U}_1}{\dot{I}_2}\right|_{\dot{U}_2=0}=Z_\Pi$$

与式(20-7-1)中的 $\boldsymbol{T}$ 参数对照,得

$$\begin{cases}\dfrac{Y_\Pi+Z_\Pi^{-1}}{Z_\Pi^{-1}}=\cosh(\gamma l)\\ Z_\Pi=Z_c\sinh(\gamma l)\end{cases}$$

解得

$$\boxed{Y_\Pi=\frac{\cosh(\gamma l)-1}{Z_c\sinh(\gamma l)},\quad Z_\Pi=Z_c\sinh(\gamma l)} \tag{20-7-3}$$

由级数 $e^x=1+x+\dfrac{x^2}{2!}+\dfrac{x^3}{3!}+\cdots$ 得

$$\sinh x=x+\frac{x^3}{3!}+\frac{x^5}{5!}+\cdots,\quad \cosh x=1+\frac{x^2}{2!}+\frac{x^4}{4!}+\cdots$$

当 $|\gamma l|$ 极小时，例如 $l\ll\lambda$，则 $\sinh(\gamma l)\approx\gamma l$、$\cosh(\gamma l)\approx1+\dfrac{(\gamma l)^2}{2}$，且考虑到 $\gamma=\sqrt{Z_0Y_0}$、$Z_c=\sqrt{Z_0/Y_0}$，式(20-7-2)、式(20-7-3)分别近似为

$$\boxed{Z_T\approx Z_c\frac{\gamma l}{2}=\frac{Z_0l}{2},\quad Y_T\approx Y_0l} \tag{20-7-4}$$

$$\boxed{Y_\Pi\approx\frac{\frac{1}{2}(\gamma l)^2}{Z_c\gamma l}=\frac{Y_0l}{2},\quad Z_\Pi\approx Z_c\gamma l=Z_0l} \tag{20-7-5}$$

显然，式(20-7-4)对应的 T 形等效电路、式(20-7-5)对应的 Π 形等效电路，是传输线的近似模型，只适用于 $l\ll\lambda$ 的传输线。而式(20-7-2)对应的 T 形电路、式(20-7-3)对应的 Π 形电路，是传输线的精确模型。将不满足 $l\ll\lambda$ 条件的传输线，分成若干个小段，使每个小段满足 $l\ll\lambda$，对每个小段采用近似模型，形成由若干个 T 形电路级联或若干个 Π 形电路级联的传输线模型，当然，这也是近似模型。

20.8 拓展与应用

无损耗线有许多工程应用。终端开路或短路的无损耗线，其始端输入阻抗随线长变化，电信工程中利用这一特点，不仅将无损耗线用作电容元件、电感元件，而且还用作绝缘支柱、阻抗变换器。

(1) 用作电抗元件。长度小于 $\lambda/4$、终端开路的无损耗线，可作为电容元件；长度小于 $\lambda/4$、终端短路的无损耗线，可作为电感元件。要获得容抗为 X_C 的电容元件，根据式(20-6-7)确定终端开路的无损耗线的长度 l，即

$$X_C=\frac{1}{\omega C}=Z_c\cot\left(\frac{2\pi}{\lambda}l\right)\qquad\left(l<\frac{\lambda}{4}\right)$$

要获得感抗为 X_L 的电感元件，则根据式(20-6-9)确定终端短路的无损耗线的长度 l，即

$$X_L=\omega L=Z_c\tan\left(\frac{2\pi}{\lambda}l\right)\qquad\left(l<\frac{\lambda}{4}\right)$$

(2) 用作绝缘支柱。长度等于 $\lambda/4$、波阻抗为 Z_c、终端短路的无损耗线，始端输入阻抗

$$Z_{sc}\left(\frac{\lambda}{4}\right)=jZ_c\tan\left(\frac{2\pi}{\lambda}\times\frac{\lambda}{4}\right)\to\infty$$

它可用作高频电路的绝缘支柱(即金属绝缘子)，如图 20-8-1 所示，由于一副绝缘支柱的始端等效阻抗为∞，它对高频信号线的工作无影响，但能起支撑作用。

(3) 测量电压分布。将长度为 $\lambda/4$ 的无损耗线一端接被测量信号线，另一端接电流表，如图 20-8-2 所示。电流表内阻很小，相当于终端短路，此时始端输入阻抗为∞，被测线路的工作状态不受测量影响。电流表的读数为 I_2，被测线路的电压可由式(20-6-8)求得，即

$$\dot{U}_1=\dot{U}_{sc}\left(\frac{\lambda}{4}\right)=jZ_c\dot{I}_2\sin\left(\frac{2\pi}{\lambda}\times\frac{\lambda}{4}\right)=jZ_c\dot{I}_2$$

$$U_1=Z_cI_2$$

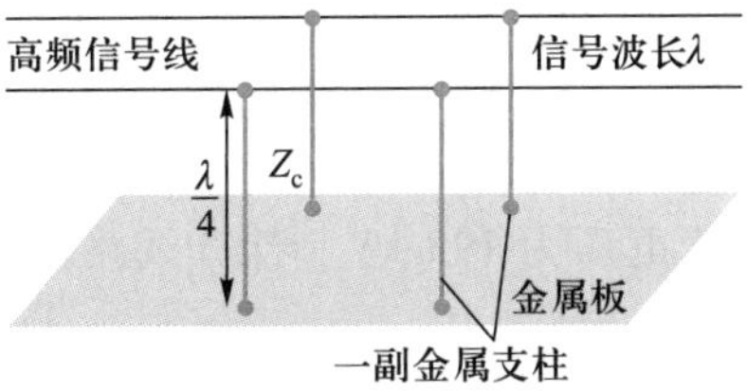

图 20-8-1 无损耗线用作高频信号线的支柱

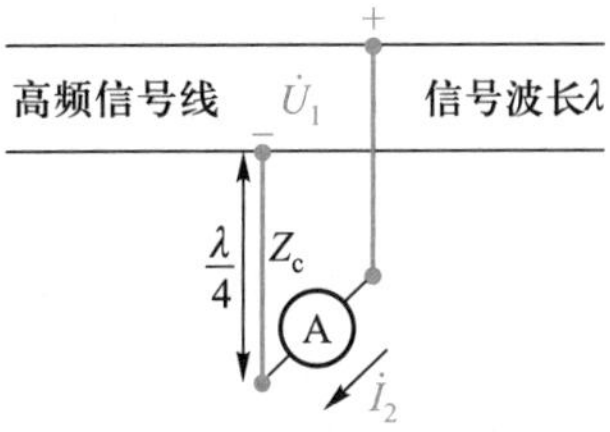

图 20-8-2 用无损耗线测量高频信号线的电压

(4) 实现阻抗变换。长度等于 $\lambda/4$ 的无损耗线，能对终端阻抗起到变换作用，常在某些要求阻抗匹配的场合用作阻抗变换器。阻抗变换器不仅要能变换阻抗，而且自身要无功率损耗，无损耗线能满足要求。图 20-8-3 中，为使负载 Z_2 与电源内阻抗 Z_s 满足共轭匹配关系，在 Z_2 与电源间接入 $\lambda/4$ 长度的无损耗线，由式(20-6-3)得，无损耗线始端输入阻抗为

$$Z_{in}=Z_c\frac{Z_2+jZ_c\tan\left(\frac{2\pi}{\lambda}\times\frac{\lambda}{4}\right)}{Z_c+jZ_2\tan\left(\frac{2\pi}{\lambda}\times\frac{\lambda}{4}\right)}=\frac{Z_c^2}{Z_2}$$

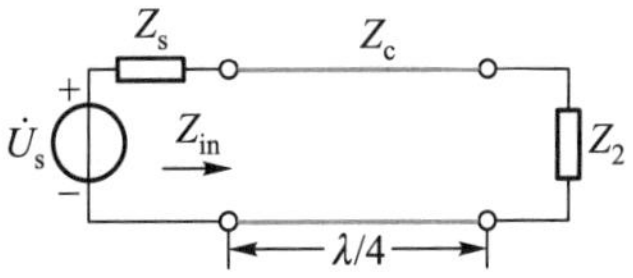

图 20-8-3 用无损耗线实现阻抗变换

将终端接阻抗 Z_2 变换为 Z_c^2/Z_2。若 $Z_s^*=Z_c^2/Z_2$，输入无损耗线的始端的功率为最大功率，传输线无损耗，因此，负载 Z_2 获得了最大功率。

▶ 习题 20

均匀传输线(20.2 节)

20-1 已知同轴电缆的参数为：$R_0=53\ \text{m}\Omega/\text{m}$、$L_0=0.62\ \mu\text{H/m}$、$C_0=39\ \text{pF/m}$、$G_0=0.95\ \text{nS/m}$。距线路始端 x 处，电压 $u(t)=30\cos(10^9t+30°)$ V。确定 x 处的电流梯度 $\frac{\partial i(x,t)}{\partial x}$。

20-2 单相架空线的参数为：$R_0=0.3\ \Omega/\text{km}$、$L_0=2.88\ \text{mH/km}$、$C_0=3.85\ \text{nF/km}$、$G_0=0$。分别求 $f_1=50$ Hz 和 $f_2=10^4$ Hz 时的特性阻抗 Z_c 和传播系数 γ。

均匀传输线的正弦稳态响应(20.3 节)

20-3 题 20-2 中的架空线工作于 50 Hz 频率下，终端负载电压 $\dot{U}_2=33\angle 0°$ kV，负载消耗的功率

为 $P_2=3\ 000$ kW，负载功率因数 $\cos\varphi_2=0.8$（感性）。该线路长度 $l=100$ km。求：(1)线路的始端电压、电流；(2)线路的传输效率。

20-4 某三相高压输电线路，参数为：$R_0=0.08\ \Omega/\text{km}$、$\omega L_0=0.4\ \Omega/\text{km}$、$\omega C_0=2.8\ \mu\text{S/km}$、$G_0=0$。线路长 240 km，负载的线电压为 195 kV，吸收复功率(160+j16) MV · A，计算始端线电流和复功率、线路传输效率。

传播特性(**20.4** 节)

20-5 长为 200 km 的电话线，传输信号的角频率 $\omega=5\ 000$ rad/s。在终端开路情况下，测得始端输入阻抗 $Z_{1oc}=74.7\angle -26.5°\ \Omega$；在终端短路情况下，测得始端入端阻抗 $Z_{1sc}=51.6\angle 0.5°\ \Omega$。求线路的 Z_c、γ。

20-6 电话用户电缆的参数为：$R_0=184\ \Omega/\text{km}$、$L_0=0.7$ mH/km、$C_0=0.031\ \mu\text{F/km}$、$G_0=0.5\ \mu\text{S/km}$。若信号频率为 800 Hz，用户的允许衰减度为 0.5 Np。求该电缆的允许长度。

20-7 传输线在传输角频率为 10^4 rad/s 的正弦信号时，传播常数 $\gamma=0.044\angle 78°\ \text{km}^{-1}$，特性阻抗 $Z_c=500\angle -12°\ \Omega$。设传输线始端输入电压 $u_1(t)=10\cos 10^4 t$ V，终端接匹配负载。确定传输线上的稳态电压 $u(x,t)$ 和电流 $i(x,t)$。

20-8 题 20-4 中的输电线路终端接匹配负载，负载线电压为 195 kV。计算线路输送的自然功率及传输效率。

20-9 长度为 500 km 的直流输电线路的参数为：$R_0=0.1\ \Omega/\text{km}$、$G_0=0.025\ \mu\text{S/km}$，线路始端电压为 400 kV，工作于稳态。在输送自然功率的情况下，求：(1)终端电压、电流；(2)线路始端输入功率；(3)线路的自然功率及传输效率。

20-10 传输线长 50 km，终端接匹配负载。测得始端电压、电流相量分别为 $\dot{U}_1=10\angle 0°$ V、$\dot{I}_1=0.2\angle 7.5°$ A，终端电压 $\dot{U}_2=6\angle -150°$ V。求传输线的特性阻抗和传播常数。

无损耗均匀传输线(**20.6** 节)

20-11 长度为 200 km 的无损耗线传输线的波阻抗 $Z_c=865\ \Omega$，由 $U_1=50$ V 的正弦电压送电，电源频率 $f=1\ 000$ Hz。求终端开路、短路和接匹配负载时，传输线上的电压及电流有效值分布。假设传输线的相速为光速。

20-12 长度为四分之一波长的无损线，特性阻抗为 300 Ω，始端接电压有效值为 30 V 的理想正弦电压源，终端负载为 100 Ω，工作于稳态。求终端电流 I_2 和电压 U_2。

20-13 长为 200 km 的三相架空线，参数为：$L_0=1.3$ mH/km、$C_0=8.55$ nF/km，线路损耗不计。线路始端线电压 220 kV，电源频率 $f=50$ Hz。求线路终端开路、短路及接匹配负载时，终端的线电压及线电流有效值。

20-14 题 20-14 图中，两条无损耗均匀传输线的特性阻抗均为 300 Ω，信号波长为 1 m。$d_1=0.1$ m，其作用是实现阻抗匹配；$d=0.25$ m。Z_L 为何值时能实现匹配？

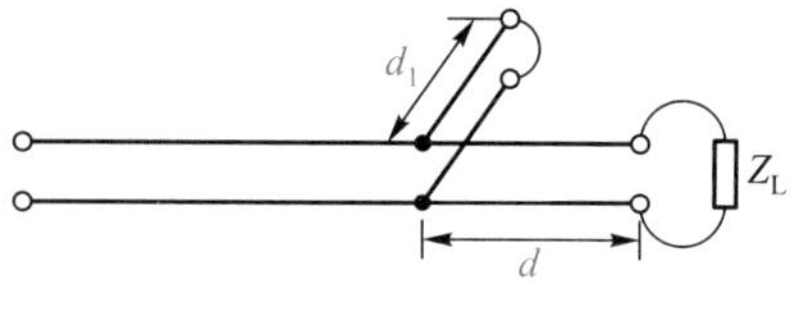

题 20-14 图

综合检测

20-15 架空电力线路分出一相来计算。传播常数为 $\gamma=(0.1+\text{j}1.0)\times10^{-3}\ \text{km}^{-1}$、特性阻抗 $Z_c=400\angle -5°\ \Omega$，长度 $l=300$ km，始端电压 $\dot{U}_1=127\angle 0°$ kV、终端接阻抗 Z。(1)计算 $Z=\infty$ 时线路终端的电压 $\dot{U}_2$，并比较始端、终端电压大小；(2)计算 $Z=0$ 时线路终端的电流 $\dot{I}_2$，并比

较始端、终端电流大小；(3)计算 $Z=Z_c$(终端匹配)时终端 $\dot{U}_2$ 和 $\dot{I}_2$、始端电流 $\dot{I}_1$，并分别比较始端、终端的电压、电流大小；(4)计算(3)中传输线的功率传输效率；(5)利用输入阻抗计算 $Z=300\angle 60^\circ$ Ω 时始端电流 $\dot{I}_1$、终端 $\dot{U}_2$ 和 $\dot{I}_2$，并分别比较始端、终端的电压、电流大小；(6)计算(5)中传输线的传输效率；(7)说明(4)和(6)的结果存在差别的原因。

20-16 特性阻抗为 50 Ω、80 m 长的无损耗线，相速为光速的三分之二，始端接 $12\angle 0^\circ$ V、内阻为 12 Ω 的电压源，终端接 80 Ω 电阻负载。(1)计算 $f=1$ MHz 时的负载电压和功率；(2)计算 $f=50$ Hz 时的负载电压和功率；(3)若终端匹配，再计算 $f=50$ Hz、$f=1$ MHz 时的负载电压和功率；(4)$f=1$ MHz、终端要接多大负载时，电源输出的功率最大？负载消耗多大的功率？(5)对照(1)～(4)的结果，可以说明什么？

20-17 特性阻抗为 300 Ω、0.5 m 长的无损耗线终端短路，信号波长为 0.8 m。当始端电压有效值为 10 V 时，问：(1)何处的电压幅值最大、最大值为多少？(2)终端短路电流为多大？

20-18 特性阻抗为 Z_c、长度为 $\lambda/4$(λ 为信号的波长)的无损线，终端接阻抗 $Z_2=0.5Z_c$，如题 20-18图所示。(1)求端口 ab 的输入阻抗；(2)为了实现匹配，在距离 cd 为 d 处并联终端短路、长度为 d_1 的相同无损耗线，确定最小的 d 以及此时的最小 d_1，用 λ 表示。

20-19 题 20-19 图中，两条无损耗均匀传输线的特性阻抗均为 200 Ω，信号波长为 1 m。d_1 的作用是实现阻抗匹配。确定最小的 d 以及此时的最小 d_1。

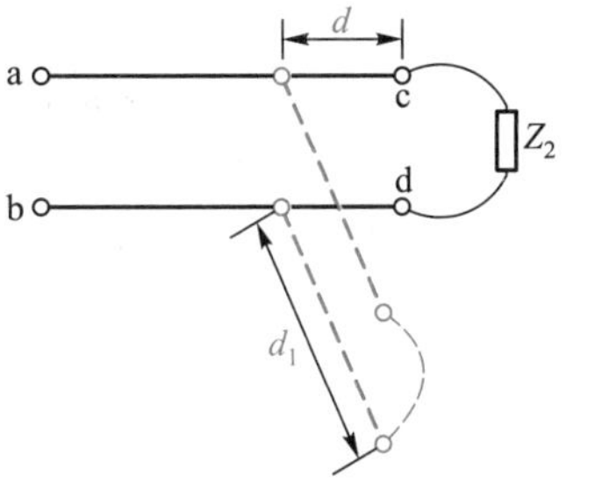

题 20-18 图

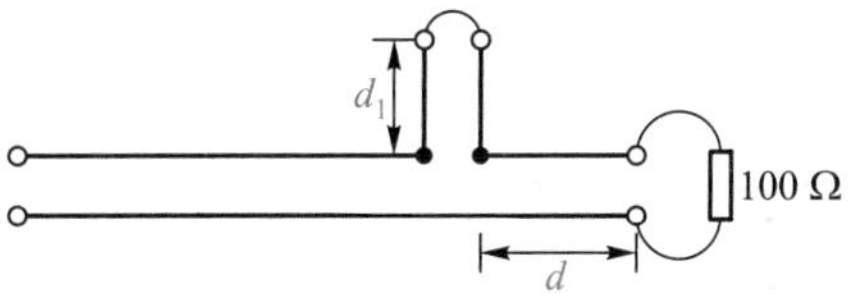

题 20-19 图

习题 20 参考答案

第21章 均匀传输线的暂态分析

21.1 概述

在第20章分析了均匀传输线接通正弦电源,并达到稳态后的响应。由于存在分布电容与分布电感,传输线在接通正弦电源时要经历暂态过程,一段时间后才能达到稳态。传输线的正弦稳态响应与集中参数动态电路的正弦稳态响应之区别在于:前者的电压、电流以波的形式传播,因而它们是时间与空间的函数,后者的电压、电流只是时间的函数,两者的分析方法都是相量法。

传输线在接通电源、投切负载或遭遇雷击时,都会经历由暂态到稳态的过程。不难想象,暂态过程也会以波的形式传播。相比于集中参数动态电路的暂态过程,传输线的暂态过程计算要复杂得多。

有损耗传输线的暂态过程计算比较复杂。分析暂态过程时,工程中常将传输线近似为无损耗线,在大多数情况下这种近似是合理的。因此,本章的讨论仅限于无损耗线的暂态过程。计算复杂暂态过程的最佳方法是复频域分析法。然而,理解行波传播过程是分析传输线暂态过程的关键。

本章首先建立传输线暂态过程的总体分析思路,然后将暂态过程分解为始端发出波、终端反射波、连接处透射波来理解和计算,最后用多次反射过程来加深对暂态过程的理解。

目标1　理解无损耗线暂态过程的分析思路,了解多次反射过程。

目标2　掌握零状态无损耗线上发出波的计算方法。

目标3　掌握无损耗线上单次反射波和透射波的计算方法。

难点　理解和计算单次反射波,理解多次反射过程。

21.2 无损耗线方程的复频域解

传输线无论工作于稳态还是暂态,其电压和电流均应满足以下偏微分方程,即

$$\begin{cases} -\dfrac{\partial u(x,\ t)}{\partial x}=R_0 i(x,\ t)+L_0\dfrac{\partial i(x,\ t)}{\partial t} \\ -\dfrac{\partial i(x,\ t)}{\partial x}=G_0 u(x,\ t)+C_0\dfrac{\partial u(x,\ t)}{\partial t} \end{cases} \tag{21-2-1}$$

正弦稳态分析时,用相量法求解偏微分方程;暂态分析时,求解以上偏微分方程的最简单方法是利用拉氏变换。工程中,为了计算简单,暂态分析时常将传输线近似为无损耗线。对于无损耗线,有 $G_0=0$ 和 $R_0=0$,式(21-2-1)变为

$$\begin{cases} -\dfrac{\partial u(x,\ t)}{\partial x}=L_0\dfrac{\partial i(x,\ t)}{\partial t} \\ -\dfrac{\partial i(x,\ t)}{\partial x}=C_0\dfrac{\partial u(x,\ t)}{\partial t} \end{cases} \tag{21-2-2}$$

21.2.1 通解

通解是指没有指定具体边界条件下式(21-2-2)的解,解中包含待定系数。用拉氏变换求解式(21-2-2)时,设

$$U(x,\ s)=\int_{0_-}^{\infty}u(x,\ t)\mathrm{e}^{-st}\mathrm{d}t\ ,\quad I(x,\ s)=\int_{0_-}^{\infty}i(x,\ t)\mathrm{e}^{-st}\mathrm{d}t$$

且假定换路前无损耗线处于零状态,则

$$u(x,\ 0_-)=0,i(x,\ 0_-)=0$$

因此式(21-2-2)的拉氏变换为

$$\begin{cases} -\dfrac{\mathrm{d}U(x,\ s)}{\mathrm{d}x}=sL_0I(x,\ s) \\ -\dfrac{\mathrm{d}I(x,\ s)}{\mathrm{d}x}=sC_0U(x,\ s) \end{cases} \tag{21-2-3}$$

将第 1 式两边对 x 求导,并结合第 2 式进行代入消元,得到

$$\frac{\mathrm{d}^2U(x,\ s)}{\mathrm{d}x^2}-s^2L_0C_0U(x,\ s)=0 \tag{21-2-4}$$

它是 $U(x,s)$ 的二阶齐次微分方程,其特征根为

$$p_{1,2}=\pm s\sqrt{L_0C_0}=\pm\gamma(s)$$

通解为

$$U(x,\ s)=F^+(s)\mathrm{e}^{p_1x}+F^-(s)\mathrm{e}^{p_2x}=F^+(s)\mathrm{e}^{-\gamma(s)x}+F^-(s)\mathrm{e}^{\gamma(s)x}$$

$F^+(s)$ 和 $F^-(s)$ 为待定系数。令 $v=\dfrac{1}{\sqrt{L_0C_0}}$,则 $\gamma(s)=s\sqrt{L_0C_0}=\dfrac{s}{v}$,通解写为

$$\boxed{U(x,\ s)=F^+(s)\mathrm{e}^{-\frac{x}{v}s}+F^-(s)\mathrm{e}^{\frac{x}{v}s}} \tag{21-2-5}$$

将式(21-2-5)代入式(21-2-3)的第 1 式得

$$I(x,\ s)=-\frac{1}{sL_0}\frac{\mathrm{d}U(x,\ s)}{\mathrm{d}x}=\frac{1}{vL_0}F^+(s)\mathrm{e}^{-\frac{x}{v}s}-\frac{1}{vL_0}F^-(s)\mathrm{e}^{\frac{x}{v}s}$$

令 $Z_c=vL_0=\dfrac{L_0}{\sqrt{L_0C_0}}=\sqrt{\dfrac{L_0}{C_0}}$,上式写为

$$\boxed{I(x,\ s)=\frac{F^+(s)}{Z_c}\mathrm{e}^{-\frac{x}{v}s}-\frac{F^-(s)}{Z_c}\mathrm{e}^{\frac{x}{v}s}} \tag{21-2-6}$$

式(21-2-5)与式(21-2-6)为零初始状态下无损耗线方程复频域形式的通解,系数 $F^+(s)$ 和 $F^-(s)$ 将由传输线的边界条件确定。

目标 1 检测：理解无损耗线暂态过程的分析思路

测 21-1 用拉氏变换求零状态有损耗传输线方程的通解（复频域形式），并与正弦稳态分析时的通解对比，思考 v、Z_c、$\gamma(s)$ 的含义。

21.2.2 一般边界条件下的解

通常，传输线始端连接电源（信号源）或含源网络，终端连接负载或无源网络。在电路为线性非时变、零状态的条件下，始端所接集中参数电路等效为戴维南支路，终端所接集中参数电路等效为阻抗，在 $t=0$ 时接通传输线，其 s 域模型如图 21-2-1 所示。式(21-2-5)、式(21-2-6)中的待定系数 $F^+(s)$ 和 $F^-(s)$ 由始端和终端的边界条件来确定。

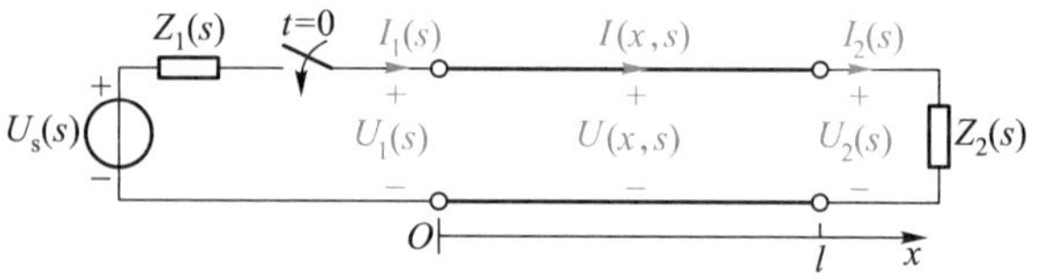

图 21-2-1 传输线的 s 域电路

图 21-2-1 中，由式(21-2-5)、式(21-2-6)得传输线边界的电压、电流为

$$U_1(s)=U(0,s)=F^+(s)+F^-(s)\ ,\quad I_1(s)=I(0,s)=\frac{F^+(s)}{Z_c}-\frac{F^-(s)}{Z_c}$$

$$U_2(s)=U(l,s)=F^+(s)e^{-\frac{l}{v}s}+F^-(s)e^{\frac{l}{v}s},\quad I_2(s)=I(l,s)=\frac{F^+(s)}{Z_c}e^{-\frac{l}{v}s}-\frac{F^-(s)}{Z_c}e^{\frac{l}{v}s}$$

将它们代入传输线的边界条件

$$\boxed{U_1(s)=U_s(s)-Z_1(s)I_1(s)\qquad U_2(s)=Z_2(s)I_2(s)}\tag{21-2-7}$$

中，得到

$$\begin{cases}F^+(s)+F^-(s)=U_s(s)-Z_1(s)\left[\dfrac{F^+(s)}{Z_c}-\dfrac{F^-(s)}{Z_c}\right]\\ F^+(s)e^{-\frac{l}{v}s}+F^-(s)e^{\frac{l}{v}s}=Z_2(s)\left[\dfrac{F^+(s)}{Z_c}e^{-\frac{l}{v}s}-\dfrac{F^-(s)}{Z_c}e^{\frac{l}{v}s}\right]\end{cases}\tag{21-2-8}$$

由此解得 $F^+(s)$ 和 $F^-(s)$。由式(21-2-8)的第 1 式得

$$U_s(s)=\frac{Z_1(s)+Z_c}{Z_c}\left[F^+(s)-\frac{Z_1(s)-Z_c}{Z_1(s)+Z_c}F^-(s)\right]\tag{21-2-9}$$

令 $\dfrac{Z_1(s)-Z_c}{Z_1(s)+Z_c}=N_1(s)$，为复频域形式的始端反射系数，上式写为

$$\frac{Z_cU_s(s)}{Z_1(s)+Z_c}=F^+(s)-N_1(s)F^-(s)\tag{21-2-10}$$

将式(21-2-8)的第 2 式两边同乘 $e^{-\frac{s}{v}l}$，并整理得

$$F^-(s)=\frac{Z_2(s)-Z_c}{Z_2(s)+Z_c}F^+(s)e^{-\frac{2l}{v}s}\tag{21-2-11}$$

令 $\dfrac{Z_2(s)-Z_c}{Z_2(s)+Z_c}=N_2(s)$，为复频域形式的终端反射系数，上式写为

$$F^{-}(s)=N_2(s)F^{+}(s)\mathrm{e}^{-\frac{2l}{v}s} \tag{21-2-12}$$

将式(21-2-12)代入式(21-2-10)得

$$F^{+}(s)=\frac{U_s(s)Z_c}{[Z_1(s)+Z_c]\left[1-N_1(s)N_2(s)\mathrm{e}^{-\frac{2l}{v}s}\right]} \tag{21-2-13}$$

因此,传输线的电压、电流为

$$\boxed{\begin{aligned}U(x,\ s)&=\frac{U_s(s)Z_c\left[\mathrm{e}^{-\frac{x}{v}s}+N_2(s)\mathrm{e}^{-\frac{2l-x}{v}s}\right]}{[Z_1(s)+Z_c]\left[1-N_1(s)N_2(s)\mathrm{e}^{-\frac{2l}{v}s}\right]}\\ I(x,\ s)&=\frac{U_s(s)\left[\mathrm{e}^{-\frac{x}{v}s}-N_2(s)\mathrm{e}^{-\frac{2l-x}{v}s}\right]}{[Z_1(s)+Z_c]\left[1-N_1(s)N_2(s)\mathrm{e}^{-\frac{2l}{v}s}\right]}\end{aligned}} \tag{21-2-14}$$

对式(21-2-14)进行拉氏反变换得到 $u(x,\ t)$ 和 $i(x,\ t)$。但是,求式(21-2-14)的拉氏反变换并不容易。下面,对式(21-2-14)分 3 种情况进行讨论。

情况 1:当 $N_2(s)=0$(即 $Z_2(s)=Z_c$)时,式(21-2-14)简化为

$$\boxed{\begin{aligned}U(x,\ s)&=\frac{Z_cU_s(s)}{Z_1(s)+Z_c}\mathrm{e}^{-\frac{x}{v}s}\\ I(x,\ s)&=\frac{U_s(s)}{Z_1(s)+Z_c}\mathrm{e}^{-\frac{x}{v}s}\end{aligned}} \tag{21-2-15}$$

表明此时传输线上只有因始端接通电源形成的发出波。这是因为:$Z_2(s)=Z_c$,传输线终端匹配,始端发出波传输到终端,终端不产生反射。式(21-2-15)的拉氏反变换容易求得。

情况 2:当 $N_2(s)\neq 0$、而 $N_1(s)=0$(即 $Z_1(s)=Z_c$)时,式(21-2-14)简化为

$$\boxed{\begin{aligned}U(x,\ s)&=\frac{U_s(s)Z_c}{Z_1(s)+Z_c}\mathrm{e}^{-\frac{x}{v}s}+N_2(s)\frac{U_s(s)Z_c}{Z_1(s)+Z_c}\mathrm{e}^{-\frac{2l-x}{v}s}\\ I(x,\ s)&=\frac{U_s(s)}{Z_1(s)+Z_c}\mathrm{e}^{-\frac{x}{v}s}-N_2(s)\frac{U_s(s)}{Z_1(s)+Z_c}\mathrm{e}^{-\frac{2l-x}{v}s}\end{aligned}} \tag{21-2-16}$$

表明此时传输线上有始端发出波和终端第 1 次反射波。这是因为 $Z_1(s)=Z_c$,传输线始端匹配,始端发出波传输到终端,终端产生了反射,但反射波再传输到始端时,始端不产生反射。式(21-2-16)的拉氏反变换也容易求得。

进一步分析式(21-2-16),将它的第 1 式改写为

$$U(x,s)=\underbrace{\underbrace{\frac{U_s(s)Z_c}{Z_1(s)+Z_c}}_{U_1(s)}\times\mathrm{e}^{-\frac{x}{v}s}}_{U^{+}(x,s)}+\underbrace{\underbrace{\underbrace{\frac{U_s(s)Z_c}{Z_1(s)+Z_c}\times\mathrm{e}^{-\frac{l}{v}s}}_{U_2^{+}(s)}\times N_2(s)}_{U_2^{-}(s)}\times\mathrm{e}^{-\frac{l-x}{v}s}}_{U^{-}(x,s)}$$

上式中，$\frac{U_s(s)Z_c}{Z_1(s)+Z_c}$为始端电压 $U_1(s)$，$\frac{U_s(s)Z_c}{Z_1(s)+Z_c}e^{-\frac{x}{v}s}$为发出波 $U^+(x,\ s)$；$\frac{U_s(s)Z_c}{Z_1(s)+Z_c}\times e^{-\frac{l}{v}s}$为入射到终端的电压 $U_2^+(s)$，$\frac{U_s(s)Z_c}{Z_1(s)+Z_c}\times e^{-\frac{l}{v}s}\times N_2(s)$为终端反射的电压 $U_2^-(s)$，它等于终端入射电压 $U_2^+(s)$乘以终端反射系数 $N_2(s)$；$\frac{U_s(s)Z_c}{Z_1(s)+Z_c}\times e^{-\frac{l}{v}s}\times N_2(s)\times e^{-\frac{l-x}{v}s}$则是反射波 $U^-(x,\ s)$。

情况 3：当 $N_1(s)\neq 0$、$N_2(s)\neq 0$ 时，式(21-2-14)不能简化，其拉氏反变换不易求得。此时，始端和终端都会产生无穷多次反射，传输线上存在无穷多项正向行波和无穷多项反向行波，且每项行波出现的时刻不同。

目标 1 检测：理解无损耗线暂态过程的分析思路

测 21-2 测 21-2 图中，无损耗线的长度为 l，且 Z_c、v 已知。确定以下表达式：(1) 反射系数 $N_1(s)$、$N_2(s)$；(2) $U(x,\ s)$ 和 $I(x,\ s)$ 的表达式；(3) 终端电流 $I_2(s)$ 的表达式。

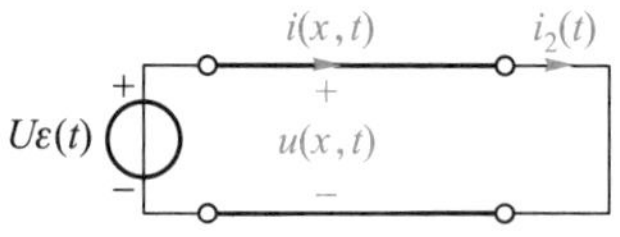

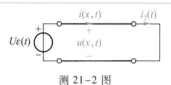

测 21-2 图

21.2.3 解的时域形式——行波

为了简单，用始端匹配情况下的时域函数来分析行波特性。始端匹配情况下，由式(21-2-16)知，传输线上只有一项正向行波和一项反向行波，简单且具有代表性，便于我们理解暂态过程中的行波以及掌握后面将要讨论的发出波和反射波的计算方法。

将式(21-2-16)改写为

$$\begin{aligned}U(x,\ s)&=\frac{U_s(s)Z_c}{Z_1(s)+Z_c}e^{-\frac{x}{v}s}+N_2(s)\frac{U_s(s)Z_c}{Z_1(s)+Z_c}e^{-\frac{2l-x}{v}s}\\&=\left[\frac{U_s(s)Z_c}{Z_1(s)+Z_c}\right]e^{-\frac{x}{v}s}+\left[N_2(s)\frac{U_s(s)Z_c}{Z_1(s)+Z_c}e^{-\frac{2l}{v}s}\right]e^{\frac{x}{v}s}=F^+(s)e^{-\frac{x}{v}s}+F^-(s)e^{\frac{x}{v}s}\end{aligned}\tag{21-2-17}$$

$$\begin{aligned}I(x,\ s)&=\frac{U_s(s)}{Z_1(s)+Z_c}e^{-\frac{x}{v}s}-N_2(s)\frac{U_s(s)}{Z_1(s)+Z_c}e^{-\frac{2l-x}{v}s}\\&=\left[\frac{U_s(s)}{Z_1(s)+Z_c}\right]e^{-\frac{x}{v}s}-\left[N_2(s)\frac{U_s(s)}{Z_1(s)+Z_c}e^{-\frac{2l}{v}s}\right]e^{\frac{x}{v}s}=\frac{F^+(s)}{Z_c}e^{-\frac{x}{v}s}-\frac{F^-(s)}{Z_c}e^{\frac{x}{v}s}\end{aligned}\tag{21-2-18}$$

令 $F^+(s)$ 和 $F^-(s)$ 的原函数为

$$\mathscr{L}^{-1}[F^+(s)]=f^+(t)\varepsilon(t)\quad,\quad\mathscr{L}^{-1}[F^-(s)]=f^-(t)\varepsilon(t)$$

由拉氏变换的时域延迟性质(见表 17-2-2)得

$$\mathscr{L}^{-1}\left[F^+(s)e^{-\frac{x}{v}s}\right]=f^+\left(t-\frac{x}{v}\right)\varepsilon\left(t-\frac{x}{v}\right)\quad,\quad\mathscr{L}^{-1}\left[F^-(s)e^{\frac{x}{v}s}\right]=f^-\left(t+\frac{x}{v}\right)\varepsilon\left(t+\frac{x}{v}\right)$$

因此，式(21-2-17)和式(21-2-18)的时域表达式为

$$u(x,\ t)=f^{+}\left(t-\frac{x}{v}\right)\varepsilon\left(t-\frac{x}{v}\right)+f^{-}\left(t+\frac{x}{v}\right)\varepsilon\left(t+\frac{x}{v}\right)=u^{+}(x,\ t)+u^{-}(x,\ t) \quad (21-2-19)$$

$$i(x,\ t)=\frac{1}{Z_{c}}f^{+}\left(t-\frac{x}{v}\right)\varepsilon\left(t-\frac{x}{v}\right)-\frac{1}{Z_{c}}f^{-}\left(t+\frac{x}{v}\right)\varepsilon\left(t+\frac{x}{v}\right)=i^{+}(x,\ t)-i^{-}(x,\ t) \quad (21-2-20)$$

以 $u^{+}(x,\ t)=f^{+}\left(t-\frac{x}{v}\right)\varepsilon\left(t-\frac{x}{v}\right)$ 为例，分析电压表达式(21-2-19)和电流表达式(21-2-20)中各项的含义。假定 $f^{+}(t)\varepsilon(t)$ 的波形如图 21-2-2(a)所示，将坐标 t 替换为 x，不难理解 $f^{+}(-x)\varepsilon(-x)$ 的波形如图 21-2-2(b)所示，再经过坐标尺度变换得到 $f^{+}\left(-\frac{x}{v}\right)\varepsilon\left(-\frac{x}{v}\right)$，波形如图 21-2-2(c)所示。将 $f^{+}\left(-\frac{x}{v}\right)\varepsilon\left(-\frac{x}{v}\right)$ 视为 $f^{+}\left(t-\frac{x}{v}\right)\varepsilon\left(t-\frac{x}{v}\right)$ 在 $t=0$ 时刻的波形，t 的增长相当于 $f^{+}\left(-\frac{x}{v}\right)\varepsilon\left(-\frac{x}{v}\right)$ 沿 x 方向行进，如图 21-2-2(d)所示。可见，$u^{+}(x,\ t)$ 是沿 x 方向行进的波，为正向行波，波速为 v，且 $v=1/\sqrt{L_0C_0}$，与无损耗线在正弦稳态下的相速 v_p 相同。

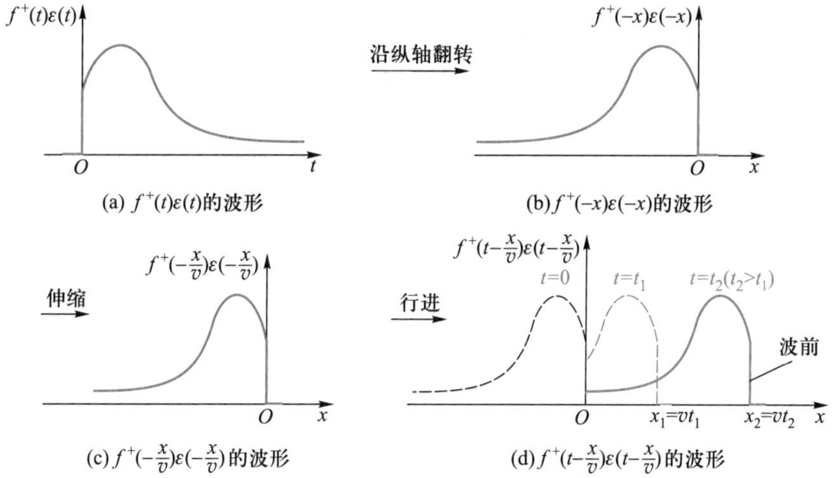

图 21-2-2 正向行波

可见，$u^{+}(x,\ t)$ 在 $t=0$ 时由 $x=0$ 出发向 x 方向行进，为正向行波。当 $t=t_1$ 时，有

$$u^{+}(x,\ t_1)\begin{cases}\neq 0, & (x<vt_1)\\ =0, & (x>vt_1)\end{cases}$$

$x=vt_1$ 为 $u^{+}(x,\ t_1)$ 波形的转折点，称为波前(leading edge)。

将 $u^{-}(x,\ t)$ 改写为

$$u^{-}(x,\ t)=f^{-}\left(t+\frac{x}{v}\right)\varepsilon\left(t+\frac{x}{v}\right)=f^{-}\left[t-\left(-\frac{x}{v}\right)\right]\ \varepsilon\left[t-\left(-\frac{x}{v}\right)\right]$$

表明 $u^{-}(x,\ t)$ 是沿 $-x$ 方向以速度 v 行进的波，为反向行波。

在始端阻抗匹配的条件下，传输线的电压是 1 项正向行波和 1 项反向行波之和。正向行波因电源的作用而存在，反向行波因终端反射而产生。电流亦是 1 项正向行波和 1 项反向行波之

和。$i^+(x,t)=\dfrac{1}{Z_c}f^+\left(t-\dfrac{x}{v}\right)\varepsilon\left(t-\dfrac{x}{v}\right)$ 为正向行波，$i^-(x,t)=\dfrac{1}{Z_c}f^-\left(t+\dfrac{x}{v}\right)\varepsilon\left(t+\dfrac{x}{v}\right)$ 为反向行波。电压和电流同向行波的关系为

$$\frac{u^+(x,t)}{i^+(x,t)}=\frac{u^-(x,t)}{i^-(x,t)}=Z_c \tag{21-2-21}$$

式(21-2-17)和式(21-2-18)还可写为

$$U(x,s)=U^+(x,s)+U^-(x,s)$$
$$I(x,s)=I^+(x,s)-I^-(x,s)$$

电压和电流同向行波象函数的关系为

$$\frac{U^+(x,s)}{I^+(x,s)}=\frac{U^-(x,s)}{I^-(x,s)}=Z_c=\sqrt{\frac{L_0}{C_0}}=\sqrt{\frac{sL_0}{sC_0}}=\sqrt{\frac{Z_0(s)}{Y_0(s)}} \tag{21-2-22}$$

Z_c 为同向电压、电流行波象函数的比值，为复频域形式的波阻抗。

无损耗线在正弦稳态下的波阻抗和复频域形式的波阻抗都是实常数，二者相同。暂态无损耗线的传播特性由波阻抗 $Z_c=\sqrt{L_0/C_0}$ 和波速 $v=1/\sqrt{L_0C_0}$ 决定。

目标 1 检测：理解无损耗线暂态过程的分析思路

测 21-3　无损耗线的长度 $l=600$ km、波速 $v=1.5\times10^8$ m/s、波阻抗 $Z_c=50\ \Omega$。确定：(1) 行波从始端传输到终端需要的时间；(2) 电压行波 $u^+(x,t)=10\varepsilon\left(t-\dfrac{x}{v}\right)$ kV 对应的电流行波；(3) 电压行波 $u^+(x,t)=10\varepsilon\left(t-\dfrac{x}{v}\right)$ kV 对应的 $U^+(x,s)$；(4) 无损耗线的 L_0、C_0。

答案：4 ms；$i^+(x,t)=200\varepsilon\left(t-\dfrac{x}{v}\right)$ A；$\dfrac{10}{s}e^{-\frac{x}{v}s}$；133.3 pF、333.3 nH。

21.3 无损耗线上的发出波

处于零状态的传输线始端接通电源，电源向传输线输送能量，传输线上逐渐出现电压和电流，这个电压和电流称为发出波。发出波的波前以速度 v 向终端行进，假定传输线的长度为 l，经过 $\dfrac{l}{v}$ 的时间，发出波的波前达到终端，在终端可能会形成反射波，反射波向始端推进，再经过 $\dfrac{l}{v}$ 的时间，反射波的波前达到始端，在始端也可能再产生反射，每一次反射波的幅值都不超过入射波的幅值，如此反复，当反射波的幅值趋于零时达到稳态。多次反射使得式(21-2-14)的原函数不易求得，即不易得到在 $0<t<\infty$ 区间的电压和电流表达式，只好分时段计算暂态过程，先计算发出波，再计算终端第一次反射波。

21.3.1 零状态线上的发出波

零状态线接通电源，发出波由始端电源、传输线的 Z_c 和 v 共同决定，与传输线的终端状态无

关。下面，首先分析简单情况下的发出波，即始端接通理想直流电压源，并分析这种情况下传输线的电场和磁场储能；然后分析一般情况下的发出波，即始端接通任意电压源；最后归纳零状态无损耗线发出波的计算步骤。

(1) 始端接通理想直流电压源

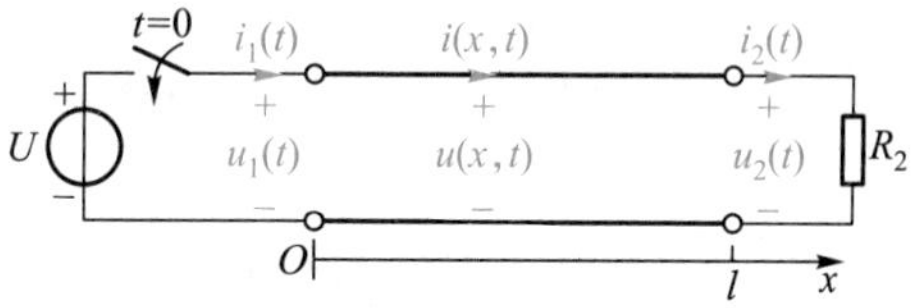

图 21-3-1 无损耗线接通理想直流电压源

图 21-3-1 所示电路中：$t<0$ 时，无损耗线处于零状态，即 $u(x,0_-)=0$、$i(x,0_-)=0$；$t=0$ 时开关闭合，接入理想直流电压源 U；传输线长度为 l、波速为 v。

在 $0<t<\dfrac{l}{v}$ 内，传输线上只有正向行波，因此，传输线的电压为

$$U(x,s)=U^+(x,s)=F^+(s)\mathrm{e}^{-\frac{x}{v}s}\qquad (\mathrm{e}^{-\frac{x}{v}s}\text{是正向行波的标志})$$

开关闭合后，传输线始端的电压与电压源电压相等，始端边界条件为

$$u(0,t)=u_1(t)=U\varepsilon(t)\ ,\quad \text{即 } U(0,s)=U_1(s)=\frac{U}{s}$$

将始端边界条件代入电压表达式 $U(x,s)=F^+(s)\mathrm{e}^{-\frac{x}{v}s}$ 中，得

$$U(0,s)=U_1(s)=F^+(s)\mathrm{e}^{-\frac{x}{v}s}\Big|_{x=0}=F^+(s)=\frac{U}{s}$$

因此，传输线的电压表达式为

$$\boxed{U(x,s)=F^+(s)\mathrm{e}^{-\frac{x}{v}s}=U_1(s)\mathrm{e}^{-\frac{x}{v}s}=\frac{U}{s}\mathrm{e}^{-\frac{x}{v}s}\qquad \left(0<t<\frac{l}{v}\right)}\tag{21-3-1}$$

进行拉氏反变换，电压发出波为

$$u(x,t)=\mathscr{L}^{-1}\left[U_1(s)\mathrm{e}^{-\frac{x}{v}s}\right]=U\varepsilon\left(t-\frac{x}{v}\right)\qquad \left(0<t<\frac{l}{v}\right)$$

根据电压、电流正向行波的关系，电流发出波为

$$i(x,t)=\frac{1}{Z_c}u(x,t)=\frac{U}{Z_c}\varepsilon\left(t-\frac{x}{v}\right)\qquad \left(0<t<\frac{l}{v}\right)$$

$u(x,t)$、$i(x,t)$ 的分布如图 21-3-2 所示，图中 $I=U/Z_c$。

图 21-3-2 所示 $u(x,t)$、$i(x,t)$ 的波形表明：开关闭合后，电源输出功率 $(p=UI)$，对传输线充电，如图 21-3-3 所示。在 t 时刻波前到达 x 处，$x=vt$，波前扫过的传输线，周围建立了电场 E 与磁场 B，波前未达到之处，传输线仍处于零状态。行波波前行进 $\mathrm{d}x$ 所需时间为 $\mathrm{d}t=\mathrm{d}x/v$，在 $\mathrm{d}t$ 内电源向传输线提供的能量为

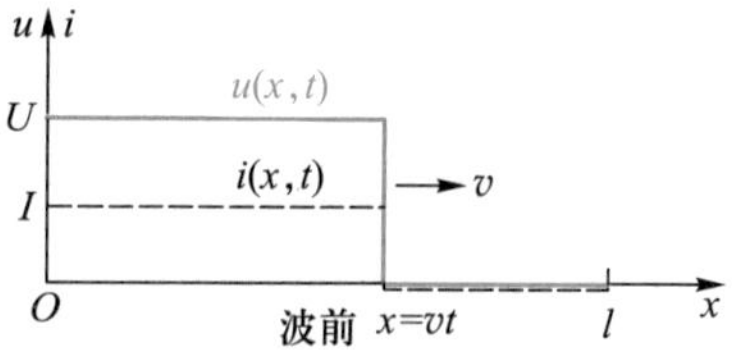

图 21-3-2 $0<t<\dfrac{l}{v}$ 时传输线电压和电流波形

$$\mathrm{d}w_s=p\mathrm{d}t=UI\mathrm{d}t=\frac{U^2}{Z_c}\times\frac{\mathrm{d}x}{v}=\frac{U^2}{\sqrt{\dfrac{L_0}{C_0}}}\times\frac{\mathrm{d}x}{\dfrac{1}{\sqrt{L_0C_0}}}=C_0U^2\mathrm{d}x$$

存储在 $\mathrm{d}x$ 段传输线周围的电场能量与磁场能量分别为

$$\mathrm{d}w_e=\frac{1}{2}(C_0\mathrm{d}x)U^2\quad (\mathrm{d}x\text{ 段的电场储能})$$

$$\mathrm{d}w_{\mathrm{m}}=\frac{1}{2}(L_0\mathrm{d}x)I^2=\frac{1}{2}L_0\left(\frac{U}{Z_{\mathrm{c}}}\right)^2\mathrm{d}x=\frac{1}{2}(C_0\mathrm{d}x)U^2 \quad (\mathrm{d}x\text{ 段的磁场储能})$$

可见，电源提供的能量，一半存储于电场，一半存储于磁场。而且，电磁波（即电磁能量）在传输线周围的空间由始端向终端传播，导线起着导引电磁波传播的作用。

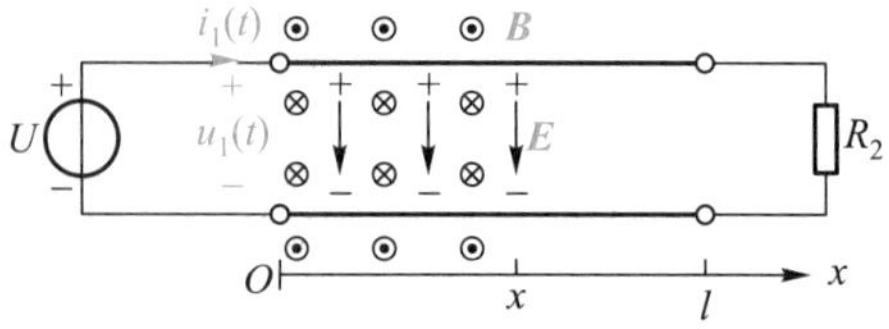

图 21-3-3 发出波行进时的能量传播过程

（2）始端接通任意电压源

当始端电压源为有内阻的任意波形时，接通电源后的运算电路如图 21-3-4(a) 所示。在 $0<t<\frac{l}{v}$ 内，传输线上只有正向行波，因此，始端电压和电流满足

$$\frac{U_1(s)}{I_1(s)}=Z_{\mathrm{c}} \qquad \left(0<t<\frac{l}{v}\right) \tag{21-3-2}$$

上式表明：在 $0<t<\frac{l}{v}$ 内，对始端而言，传输线等效为阻抗 Z_{c}，可用图 21-3-4(b) 所示等效电路来确定始端电压 $U_1(s)$。由图 21-3-4(b) 得

$$U_1(s)=U(0,\ s)=\frac{Z_{\mathrm{c}}}{Z_1(s)+Z_{\mathrm{c}}}U_{\mathrm{s}}(s)$$

将 $U_1(s)$ 代入传输线的电压表达式 $U(x,s)=F^+(s)\mathrm{e}^{-\frac{x}{v}s}$（只有正向行波），得

$$U_1(s)=U(0,\ s)=F^+(s)\mathrm{e}^{-\frac{x}{v}s}\Big|_{x=0}=F^+(s)=\frac{Z_{\mathrm{c}}}{Z_1(s)+Z_{\mathrm{c}}}U_{\mathrm{s}}(s)$$

因此，在 $0<t<\frac{l}{v}$ 内，传输线的电压表达式为

$$U(x,\ s)=F^+(s)\mathrm{e}^{-\frac{x}{v}s}=U_1(s)\mathrm{e}^{-\frac{x}{v}s}=\frac{Z_{\mathrm{c}}}{Z_1(s)+Z_{\mathrm{c}}}U_{\mathrm{s}}(s)\mathrm{e}^{-\frac{x}{v}s} \qquad \left(0<t<\frac{l}{v}\right) \tag{21-3-3}$$

电压发出波为

$$u(x,\ t)=\mathscr{L}^{-1}\left[U_1(s)\mathrm{e}^{-\frac{x}{v}s}\right]=\mathscr{L}^{-1}\left[\frac{Z_{\mathrm{c}}}{Z_1(s)+Z_{\mathrm{c}}}U_{\mathrm{s}}(s)\mathrm{e}^{-\frac{x}{v}s}\right] \qquad \left(0<t<\frac{l}{v}\right)$$

电流发出波为

$$i(x,\ t)=\frac{u(x,\ t)}{Z_{\mathrm{c}}} \qquad \left(0<t<\frac{l}{v}\right)$$

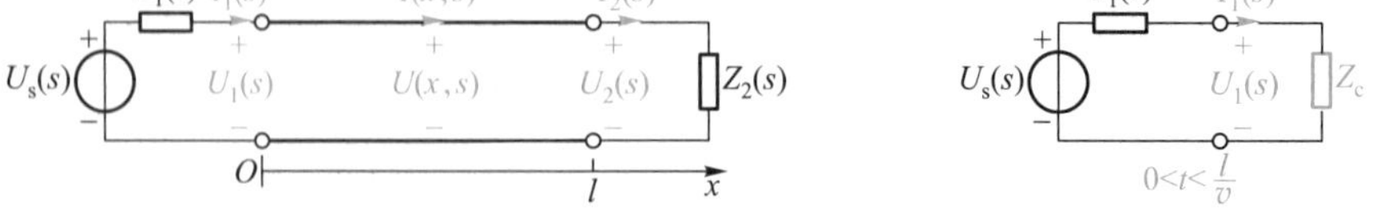

(a) 接通任意电压源时的复频域电路　　(b) 计算始端电压的等效电路

图 21-3-4 无损耗线接通任意电压源

（3）零状态线接通电源时发出波的计算步骤

式(21-3-1)、式(21-3-3)表明，无论始端电源如何，发出波的象函数为 $U(x,s)=U_1(s)\mathrm{e}^{-\frac{x}{v}s}$。

由拉氏变换的时域延迟性质(见表 17-2-2)可知,$U(x, s)$的原函数 $u(x, t)$,就是 $U_1(s)$的原函数延迟$\frac{x}{v}$。因此,只要确定了在 $0<t<\frac{l}{v}$内始端电压 $u_1(t)$,将 $u_1(t)$延迟$\frac{x}{v}$就得到 $u(x, t)$,即将 $u_1(t)$中的 t 换为 $t-\frac{x}{v}$。

可见,计算发出波的关键是确定在 $0<t<\frac{l}{v}$内的始端电压 $u_1(t)$。$u_1(t)$由始端等效电路确定,等效电路中,传输线等效为电阻 Z_c,如图 21-3-4(b)所示。

$u(x, t)$的分布图也可由 $u_1(t)$的波形变换而得。图 21-2-1 说明了由 $f^+(t)\varepsilon(t)$变为 $f^+\left(t-\frac{x}{v}\right)\varepsilon\left(t-\frac{x}{v}\right)$的过程,照此思路将 $u_1(t)$的波形变换为 $u(x,t)$的波形。先画出 $u_1(t)$的波形,将其横轴 t 变量换为 x 变量,再将波形沿纵轴翻转并伸缩后,朝 $+x$ 方向行进,就是行波 $u(x, t)$的分布图。电流的分布图与电压相似。

零状态线接通电源时发出波的计算步骤

1. 将传输线等效为电阻 Z_c,画出始端等效电路,由此计算始端电压 $u_1(t)$;
2. 将 $u_1(t)$中的 t 替换为 $t-\frac{x}{v}$,得到电压行波 $u(t,x)$;
3. 由电压行波与电流行波之比等于波阻抗确定电流行波,即 $i(t,x)=\frac{u(t,x)}{Z_c}$;
4. 画出 $u_1(t)$的波形,将横轴 t 更换为 x,将波形翻转并伸缩后朝 $+x$ 方向行进,就是电压分布图,电流分布图与电压分布图相似。

例 21-3-1 长度为 l、波阻抗为 Z_c、波速为 v 的无损耗线,始端在 $t=0$ 时接通电压为 U、内阻为 R_1 的直流电压源,终端负载为 R_2,如图 21-3-5(a)所示。确定 $0<t<\frac{l}{v}$内传输线的电压和电流分布。

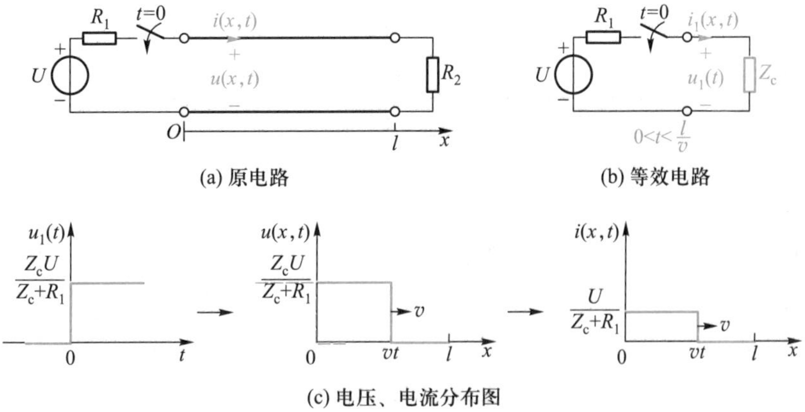

图 21-3-5 例 21-3-1 图

解:(1) 计算始端电压。当 $0<t<\dfrac{l}{v}$ 时,传输线上只有正向行波,传输线对电源而言等效为 Z_c 的电阻,如图 21-3-5(b)所示。始端电压为

$$u_1(t)=\frac{Z_cU}{Z_c+R_1}\varepsilon(t)$$

(2) 确定电压行波。$u_1(t)$ 延迟 $\dfrac{x}{v}$ 得到 $u(x,t)$,即

$$u(x,\ t)=\frac{Z_cU}{Z_c+R_1}\varepsilon\left(t-\frac{x}{v}\right)\qquad\left(0<t<\frac{l}{v}\right)$$

(3) 确定电流行波。由电压行波与电流行波的关系得

$$i(x,\ t)=\frac{1}{Z_c}u(x,\ t)=\frac{U}{Z_c+R_1}\varepsilon\left(t-\frac{x}{v}\right)\qquad\left(0<t<\frac{l}{v}\right)$$

(4) 绘制电压、电流分布图。将 $u_1(t)$ 波形的横轴 t 换为 x,波形沿纵轴翻转并伸缩后朝 $+x$ 方向行进,就是 $u(x,\ t)$ 的分布图,由 $u(x,\ t)$ 的分布图得 $i(x,\ t)$ 的分布图。如图 21-3-5(c)所示。

目标 2 检测:掌握零状态无损耗线上发出波的计算方法

测 21-4 波阻抗为 Z_c、波速为 v 的无限长无损耗线,始端($x=0$ 处)在 $t=0$ 时接通电压为 U、内阻为 R 的直流电压源。对 $t>0$,确定传输线的电压 $u(x,\ t)$、电流 $i(x,\ t)$,并画出分布图。

答案:$u(x,\ t)=\dfrac{Z_cU}{Z_c+R}\varepsilon\left(t-\dfrac{x}{v}\right)$,$i(x,\ t)=\dfrac{U}{Z_c+R}\varepsilon\left(t-\dfrac{x}{v}\right)$。

例 21-3-2 图 21-3-6(a)所示电路中,零状态无损耗线的波阻抗为 100 Ω、波速为 10^8 m/s。在 $t=0$ 时开关闭合,确定 $0<t<50$ μs 内传输线的电压和电流,画出分布图。

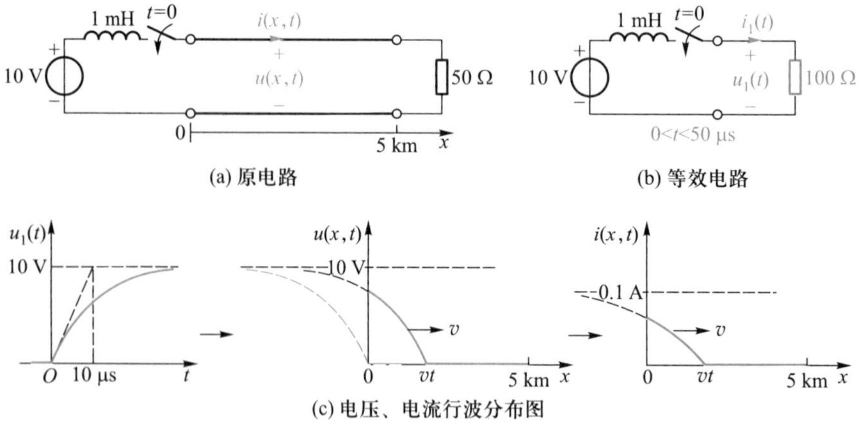

图 21-3-6 例 21-3-2 图

解:发出波从始端达到终端所需时间为

$$T=\frac{l}{v}=\frac{5\times10^{3}}{10^{8}}\ \mathrm{s}=50\ \mu\mathrm{s}$$

在 $0<t<50\ \mu\mathrm{s}$ 内,发出波的波前还未抵达终端,传输线上只有正向行波。

(1) 计算始端电压 $u_1(t)$。传输线等效为电阻 Z_c,如图 21-3-6(b)所示,为一阶电路,可用三要素法或复频域分析法确定 $u_1(t)$。这里用三要素法较易得出 $i_1(t)$,再由 $i_1(t)$ 得到 $u_1(t)$。$i_1(t)$ 的三要素为

$$i_1(0_+)=0,\quad i_1(\infty)=\frac{10}{100}\ \mathrm{A}=0.1\ \mathrm{A},\quad \tau=\frac{10^{-3}}{100}\ \mathrm{s}=10^{-5}\ \mathrm{s}$$

因此

$$i_1(t)=0.1(1-\mathrm{e}^{-10^5t})\varepsilon(t)\ \mathrm{A}$$

$$u_1(t)=100i_1(t)=10(1-\mathrm{e}^{-10^5t})\varepsilon(t)\ \mathrm{V}$$

(2) 由 $u_1(t)$ 确定行波 $u(x,t)$。将 $u_1(t)$ 中的 t 替换为 $t-\frac{x}{v}=t-10^{-8}x$,就是 $u(x,t)$,即

$$u(x,t)=10[1-\mathrm{e}^{-10^5(t-10^{-8}x)}]\varepsilon(t-10^{-8}x)\ \mathrm{V}$$

(3) 确定行波 $i(x,t)$。在 $0<t<50\ \mu\mathrm{s}$ 内只有正向行波,因此

$$i(x,t)=\frac{u(x,t)}{Z_c}=0.1[1-\mathrm{e}^{-10^5(t-10^{-8}x)}]\varepsilon(t-10^{-8}x)\ \mathrm{A}$$

(4) 绘制 $u(x,t)$、$i(x,t)$ 的分布图。画出 $u_1(t)$ 的波形,将其横轴 t 变量换为 x 变量,波形沿纵轴翻转并伸缩后朝 $+x$ 方向行进,就是 $u(x,t)$ 的分布图。电流 $i(x,t)$ 分布图与 $u(x,t)$ 相似。如图 21-3-6(c)所示。

目标 2 检测:掌握零状态无损耗线上发出波的计算方法

测 21-5 图 21-3-6(a)所示电路中的电感换成 0.1 μF 的电容,其他条件不变,确定 $0<t<50\ \mu\mathrm{s}$ 内传输线的电压、电流,画出分布图,并与图 21-3-6(c)对照。

答案:$u(x,t)=10\mathrm{e}^{-10^5(t-10^{-8}x)}\varepsilon(t-10^{-8}x)\ \mathrm{V}$,$i(x,t)=0.1\mathrm{e}^{-10^5(t-10^{-8}x)}\varepsilon(t-10^{-8}x)\ \mathrm{A}$。

---

*21.3.2 非零状态线上的发出波

稳态工作下的传输线,如果突然接通或断开负载,在负载处会产生发出波。为了简单,以工作于直流稳态下的无损耗线接通或断开负载为例,来分析这类情况下的发出波。

(1) 接通负载

图 21-3-7(a)中,波阻抗为 Z_c、波速为 v、长度为 l 的终端开路无损耗线,工作于直流稳态下,在 $t=0$ 时接通终端负载 R_2。将开关闭合用电压源串联来模拟,用叠加定理确定因开关操作产生的发出波。分为以下 4 步。

第 1 步:确定 $t<0$ 时的稳态电压和电流。回想一下传输线的微分段电路模型,即图 20-2-4,直流稳态下,$L_0\mathrm{d}x$ 相当于短路,$C_0\mathrm{d}x$ 相当于开路,再加上无损耗条件 $R_0=0$、$G_0=0$,可得

$$u(x,t)=U,\quad i(x,t)=0\quad(t<0)$$

第 2 步:用电压源串联模拟开关闭合。开关的电压 u 在闭合前等于 U、闭合后等于零。图 21-3-7(b)中,电压源 U 和 $U\varepsilon(t)$ 串联的总电压,在 $t<0$ 时等于 U、$t>0$ 后等于零,与开关闭合的效果相同。

第 3 步:用叠加定理确定因开关闭合产生的发出波。图 21-3-7(b)中,电压为 U 的两个电源一起作用,如图 21-3-7(c)所示,阶跃电源 $U\varepsilon(t)$ 单独作用,如图 21-3-7(d)所示。图 21-3-7(c)为稳态电路,因此

$$u'(x,\ t)=U,\quad i'(x,\ t)=0\qquad \left(0<t<\frac{l}{v}\right)$$

图 21-3-7(d)中,传输线终端的阶跃电源产生发出波,从终端向始端传播。用 21.3.1 小节确定始端接通电压源时发出波的确定方法,确定图 21-3-7(d)的发出波。由此

$$u''(x,\ t)=\frac{Z_c}{R_2+Z_c}(-U)\,\varepsilon\left(t-\frac{l-x}{v}\right)\qquad \left(0<t<\frac{l}{v}\right)$$

由电压行波得到电流行波,注意到 $i''(x,\ t)$ 的方向与行波行进方向相反,因此

$$i''(x,\ t)=-\frac{u''(x,\ t)}{Z_c}=\frac{U}{R_2+Z_c}\varepsilon\left(t-\frac{l-x}{v}\right)\qquad \left(0<t<\frac{l}{v}\right)$$

在 $0<t<\dfrac{l}{v}$ 内,传输线的电压、电流为

$$u(x,\ t)=u'(x,\ t)+u''(x,\ t)=U-\frac{Z_c}{R_2+Z_c}U\varepsilon\left(t-\frac{l-x}{v}\right)\qquad \left(0<t<\frac{l}{v}\right)$$

$$i(x,\ t)=i'(x,\ t)+i''(x,\ t)=\frac{U}{R_2+Z_c}\varepsilon\left(t-\frac{l-x}{v}\right)\qquad \left(0<t<\frac{l}{v}\right)$$

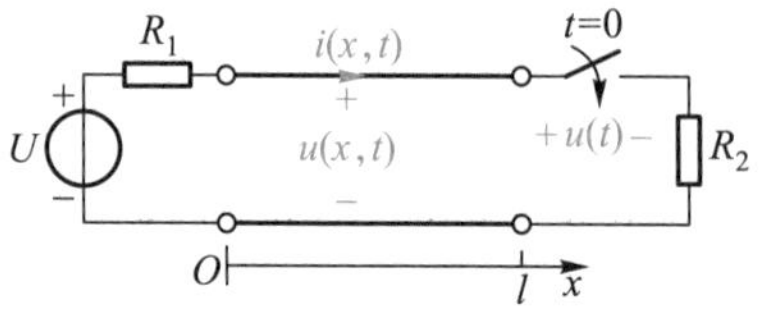

(a) 直流稳态下的无损耗线接通负载

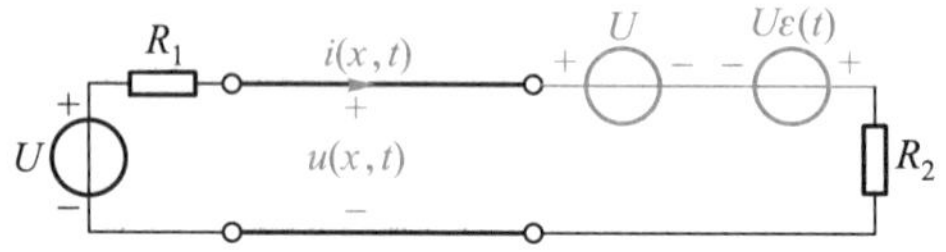

(b) 用电压源串联来模拟开关闭合

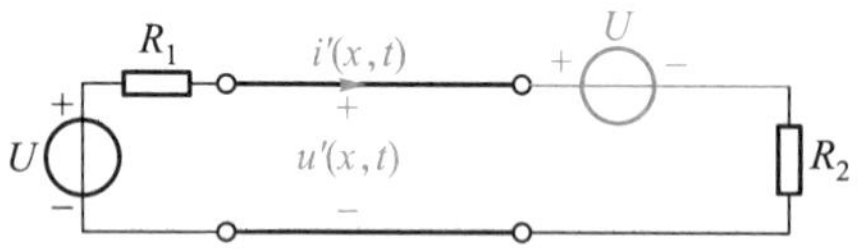

(c) 直流电压源作用

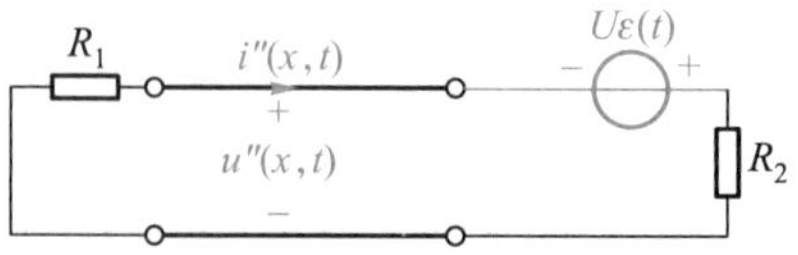

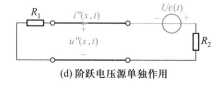

(d) 阶跃电压源单独作用

图 21-3-7 直流稳态下的无损耗线接通负载时的发出波

(2) 断开负载

图 21-3-8(a)中,波阻抗为 Z_c、波速为 v、长度为 l、终端接负载 R_2 的无损耗线,工作于直流稳态下,在 $t=0$ 时断开负载 R_2。

图 21-3-8(a)在 $t<0$ 时的稳态电压和电流为

$$u(x,\ t)=\frac{R_2U}{R_1+R_2}=U_0\qquad (t<0)$$

$$i(x,\ t)=\frac{U}{R_1+R_2}=I_0 \qquad (t<0)$$

开关打开用电流源并联来模拟，如图 21-3-8(b)所示。用叠加定理将图 21-3-8(b)分解为图 21-3-8(c)和图 21-3-8(d)。因此

$$u'(x,\ t)=\frac{R_2U}{R_1+R_2}=U_0 \qquad \left(0<t<\frac{l}{v}\right)$$

$$i'(x,\ t)=\frac{U}{R_1+R_2}=I_0 \qquad \left(0<t<\frac{l}{v}\right)$$

分析图 21-3-8(d)时，先确定容易得出的电流行波，即

$$i''(x,\ t)=-I_0\varepsilon\left(t-\frac{l-x}{v}\right) \qquad \left(0<t<\frac{l}{v}\right)$$

于是，电压行波为

$$u''(x,\ t)=-Z_c i''(x,\ t)=I_0Z_c\varepsilon\left(t-\frac{l-x}{v}\right) \qquad \left(0<t<\frac{l}{v}\right)$$

叠加得

$$u(x,\ t)=u'(x,\ t)+u''(x,\ t)=U_0+I_0Z_c\varepsilon\left(t-\frac{l-x}{v}\right) \qquad \left(0<t<\frac{l}{v}\right)$$

$$i(x,\ t)=i'(x,\ t)+i''(x,\ t)=I_0-I_0\varepsilon\left(t-\frac{l-x}{v}\right) \qquad \left(0<t<\frac{l}{v}\right)$$

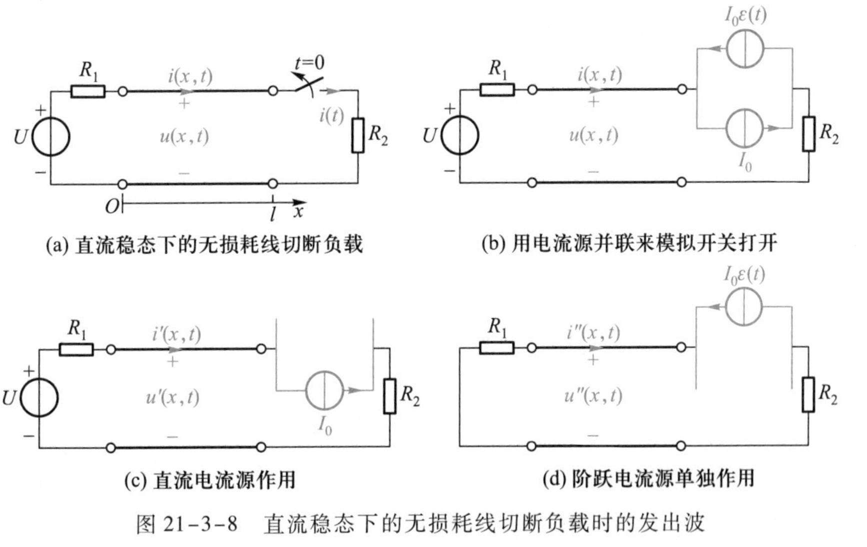

(a) 直流稳态下的无损耗线切断负载　(b) 用电流源并联来模拟开关打开

(c) 直流电流源作用　(d) 阶跃电流源单独作用

图 21-3-8　直流稳态下的无损耗线切断负载时的发出波

非零状态无损耗线接通或断开负载时发出波的计算步骤

1. 确定稳态工作电压和电流；
2. 开关闭合用电压源串联模拟，开关打开用电流源并联模拟；
3. 用叠加定理计算传输线的电压和电流；
4. 行波从开关处、在开关动作时刻发出。

检测：非零状态无损耗线上发出波的计算方法

测 21-6 测 21-6 图所示电路中，无损耗线的波阻抗为 Z_c、波速为 v。$t=0$ 时负载出现短路故障，确定在 $0<t<\frac{l}{v}$ 内传输线的电压、电流，画出分布图。

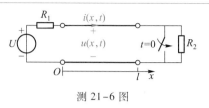

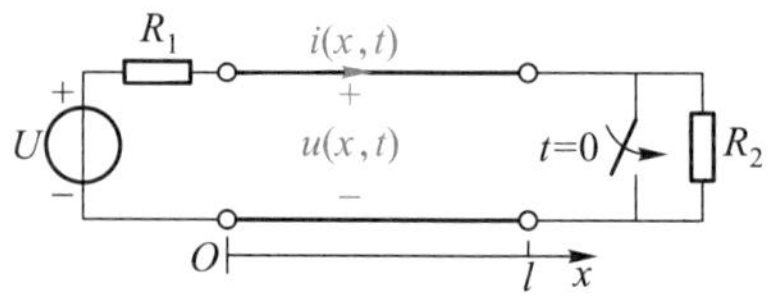

测 21-6 图

答案：$u(x,t)=\frac{R_2U}{R_1+R_2}-\frac{R_2U}{R_1+R_2}\varepsilon\left(t-\frac{l-x}{v}\right)$，$i(x,t)=\frac{U}{R_1+R_2}+\frac{R_2U}{(R_1+R_2)Z_c}\varepsilon\left(t-\frac{l-x}{v}\right)$。

21.4 无损耗线上的反射与透射

21.4.1 反射

图 21-4-1 所示电路中，始端发出波在行进过程中，电压和电流保持 $u^+(x,t)=Z_c i^+(x,t)$ 的关系，行进到终端时，终端电压 $u_2(t)$、电流 $i_2(t)$ 必满足 $u_2(t)=R_2 i_2(t)$ 的关系。若终端阻抗 $R_2=Z_c$，则 $u_2(t)=R_2 i_2(t)$ 与 $u^+(x,t)=Z_c i^+(x,t)$ 不矛盾，终端不产生反射。若 $R_2\neq Z_c$，则终端产生反射。如何确定反射波呢？

彼德生法则（Peterson's Rule）是计算终端反射波的简单方法。其思路是：首先确定入射波抵达终端且产生反射后终端的等效电路，然后由等效电路确定终端反射电压或电流，并由此得出反射波。

图 21-4-1 所示终端接负载的无损耗线，$t=0$ 时始端，发出波为

$$u^+(x,t)=f^+\left(t-\frac{x}{v}\right)\varepsilon\left(t-\frac{x}{v}\right) \tag{21-4-1}$$

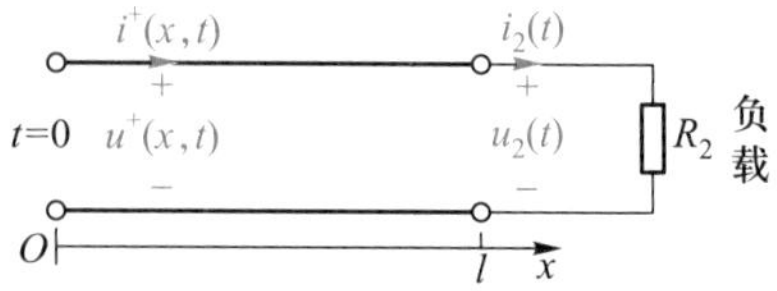

图 21-4-1 终端接负载的无损耗线

当 $t=\frac{l}{v}$ 时，$u^+(x,t)$ 抵达终端，负载 $R_2\neq Z_c$，终端电压 $u_2(t)$ 包含入射分量和反射分量，电流 $i_2(t)$ 亦如此。将 $u_2(t)$ 和 $i_2(t)$ 写为入射分量和反射分量之和，即

$$\begin{cases}u_2(t)=u_2^+(t)+u_2^-(t)\\ i_2(t)=i_2^+(t)-i_2^-(t)=\dfrac{u_2^+(t)}{Z_c}-\dfrac{u_2^-(t)}{Z_c}\end{cases} \tag{21-4-2}$$

由于无损耗线上行波幅值无衰减，$u_2(t)$ 的入射分量由式（21-4-1）得，为

$$u_2^+(t)=f^+\left(t-\frac{l}{v}\right)\varepsilon\left(t-\frac{l}{v}\right) \tag{21-4-3}$$

为了确定反射分量 $u_2^-(t)$，先确定 $u_2(t)$。将式（21-4-2）中的 $u_2^-(t)$ 消除，得到

$$\boxed{u_2(t)=2u_2^+(t)-Z_c i_2(t)} \tag{21-4-4}$$

式(21-4-4)为由传输线决定的 $u_2(t)$ 和 $i_2(t)$ 的关系，取决于传输线的特性和入射波，与终端负载无关。图 21-4-1 中，由负载决定的 $u_2(t)$ 和 $i_2(t)$ 的关系为

$$\boxed{u_2(t)=R_2 i_2(t)} \tag{21-4-5}$$

联立式(21-4-4)和式(21-4-5)解得 $u_2(t)$。从 $u_2(t)$ 中减去 $u_2^+(t)$ 得到 $u_2^-(t)$，将 $u_2^-(t)$ 中的 t 替换为 $t-\dfrac{x'}{v}=t-\dfrac{l-x}{v}$，就是在 $\dfrac{l}{v}<t<\dfrac{2l}{v}$ 内传输线上的反射波 $u^-(x,\ t)$。

确定 $u_2(t)$ 的上述过程，可转换为求解一个集中参数电路。式(21-4-4)是一条戴维南支路的电压、电流关系，这条戴维南支路如图 21-4-2 中左边所示。图 21-4-2 中右边保留了与式(21-4-5)对应的负载。联立式(21-4-4)和式(21-4-5)求解 $u_2(t)$，等价于由图 21-4-2 解得 $u_2(t)$。

称图 21-4-2 为彼德生电路。相比于由式(21-4-4)和式(21-4-5)解得 $u_2(t)$，由彼德生电路来确定 $u_2(t)$ 更直观，尤其是负载不为纯电阻的情况下。彼德生电路中的电压源 $2u_2^+(t)$ 带阶跃函数 $\varepsilon\left(t-\dfrac{l}{v}\right)$，表明激励在 $t=\dfrac{l}{v}$ 时开始作用于电路，而 $t<\dfrac{l}{v}$ 时电路处于零状态，这恰好说明入射波在 $t=\dfrac{l}{v}$ 时抵达终端。当负载包含电容或电感时，计算彼德生电路就是计算一种零状态响应。

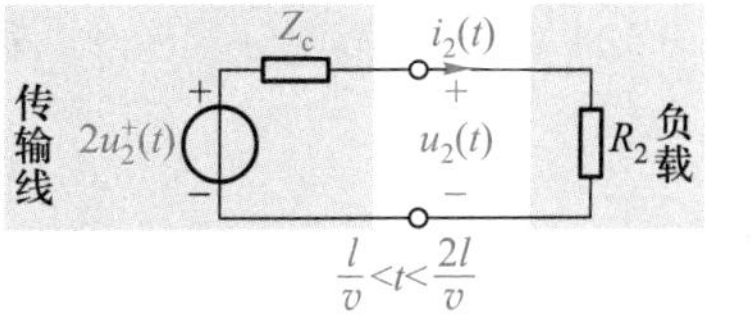

图 21-4-2　图 21-4-1 的彼德生电路

传输线终端反射波的计算步骤

1. 由始端发出波 $u^+(x,t)$ 确定入射到传输线终端的电压 $u_2^+(t)$；
2. 由彼德生电路计算终端电压 $u_2(t)$（也可计算终端电流 $i_2(t)$）；
3. 计算终端反射电压 $u_2^-(t)$：$u_2^-(t)=u_2(t)-u_2^+(t)$；
4. 将终端反射电压 $u_2^-(t)$ 的变量 t 换成 $t-\dfrac{l-x}{v}$，成为反射波 $u^-(x,t)$；
5. 在 $\dfrac{l}{v}<t<\dfrac{2l}{v}$ 内，电压和电流表达式为

$$u(x,t)=u^+(x,t)+u^-(x,t) \qquad i(x,t)=\frac{u^+(x,t)}{Z_c}-\frac{u^-(x,t)}{Z_c}$$

6. 将 $u_2(t)$、$i_2(t)$ 的波形分别朝 $-x$ 方向行进，就是 $u(x,t)$、$i(x,t)$ 的波形。

例 21-4-1　图 21-4-3 中，零状态无损耗传输线长度为 l、波阻抗为 Z_c、波速为 v，且 $R_2>Z_c$。$t=0$ 时有高度为 U 的矩形电压波从始端发出。确定在 $0<t<\dfrac{2l}{v}$ 内传输线的电压和电流。

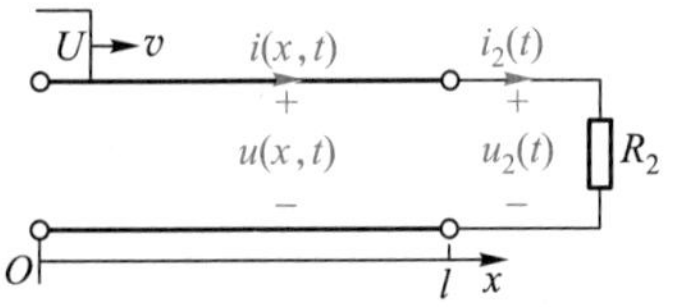

图 21-4-3　例 21-4-1 图

解:在 $0<t<\frac{l}{v}$ 内,传输线上只有发出波;在 $\frac{l}{v}<t<\frac{2l}{v}$ 内,传输线上除了发出波还有终端第一次反射波。因此,应先确定发出波,再确定终端第一次反射波。

(1) 确定终端入射电压 $u_2^+(t)$。$0<t<\frac{l}{v}$ 时,传输线上的电压和电流为

$$\begin{aligned} u(x,\ t)&=U\varepsilon\left(t-\frac{x}{v}\right) \qquad \left(0<t<\frac{l}{v}\right)\\ i(x,\ t)&=\frac{U}{Z_c}\varepsilon\left(t-\frac{x}{v}\right) \qquad \left(0<t<\frac{l}{v}\right)\end{aligned} \tag{21-4-6}$$

在 $\frac{l}{v}<t<\frac{2l}{v}$ 内,发出波已抵达终端,终端电压 $u_2(t)=u_2^+(t)+u_2^-(t)$,入射分量为

$$u_2^+(t)=u(l,\ t)=U\varepsilon\left(t-\frac{l}{v}\right)$$

(2) 确定终端电压 $u_2(t)$。彼德生电路如图 21-4-2 所示,由此得

$$u_2(t)=\frac{R_2}{R_2+Z_c}\times 2u_2^+(t)=\frac{2R_2U}{R_2+Z_c}\varepsilon\left(t-\frac{l}{v}\right)$$

(3) 确定终端电压的反射分量 $u_2^-(t)$。终端电压反射分量为

$$u_2^-(t)=u_2(t)-u_2^+(t)=\frac{2R_2U}{R_2+Z_c}\varepsilon\left(t-\frac{l}{v}\right)-U\varepsilon\left(t-\frac{l}{v}\right)=\frac{R_2-Z_c}{R_2+Z_c}U\varepsilon\left(t-\frac{l}{v}\right)$$

(4) 确定电压反向行波 $u^-(x,\ t)$。$u_2^-(t)$ 由终端向始端行进就是反向行波。将 $u_2^-(t)$ 延迟 $t-\frac{x'}{v}$ 得到 $u^-(x,\ t)$,即将 $u_2^-(t)$ 中的 t 换为 $t-\frac{x'}{v}=t-\frac{l-x}{v}$。这与由 $u_1(t)$ 延迟 $\frac{x}{v}$ 得到 $u(x,\ t)$ 的道理相同。电压反向行波为

$$u^-(x,\ t)=\frac{R_2-Z_c}{R_2+Z_c}\times U\varepsilon\left(t-\frac{l}{v}-\frac{l-x}{v}\right)$$

式中,$\frac{R_2-Z_c}{R_2+Z_c}=n_2$,为终端反射系数,是实常数,故用小写字母表示。显然,当 $R_2=Z_c$ 时(匹配负载下),$n_2=0$,则 $u^-(x,\ t)=0$,终端无反射。

(5) 写出传输线的电压、电流表达式。在 $\frac{l}{v}<t<\frac{2l}{v}$ 内,传输线的电压、电流为

$$u(x,\ t)=u^+(x,\ t)+u^-(x,\ t)=U\varepsilon\left(t-\frac{x}{v}\right)+\frac{R_2-Z_c}{R_2+Z_c}\times U\varepsilon\left(t-\frac{l}{v}-\frac{l-x}{v}\right) \qquad \left(\frac{l}{v}<t<\frac{2l}{v}\right) \tag{21-4-7}$$

$$\begin{aligned} i(x,\ t)&=i^+(x,\ t)-i^-(x,\ t)=\frac{u^+(x,\ t)}{Z_c}-\frac{u^-(x,\ t)}{Z_c}\\ &=\frac{U}{Z_c}\varepsilon\left(t-\frac{x}{v}\right)-\frac{R_2-Z_c}{R_2+Z_c}\times\frac{U}{Z_c}\varepsilon\left(t-\frac{l}{v}-\frac{l-x}{v}\right) \qquad \left(\frac{l}{v}<t<\frac{2l}{v}\right)\end{aligned} \tag{21-4-8}$$

引入终端反射系数 n_2 后,电压、电流写为

$$u(x,\ t)=U\varepsilon\left(t-\frac{x}{v}\right)+n_2U\varepsilon\left(t-\frac{l}{v}-\frac{l-x}{v}\right) \qquad \left(\frac{l}{v}<t<\frac{2l}{v}\right) \tag{21-4-9}$$

$$i(x,\ t)=\frac{U}{Z_c}\varepsilon\left(t-\frac{x}{v}\right)-n_2\frac{U}{Z_c}\varepsilon\left(t-\frac{l}{v}-\frac{l-x}{v}\right)\qquad\left(\frac{l}{v}<t<\frac{2l}{v}\right)\tag{21-4-10}$$

(6) 画出分布图。在 $R_2>Z_c$ 的条件下，$0<n_2<1$，电压和电流分布图如图 21-4-4 所示，图中 $I=U/Z_c$。

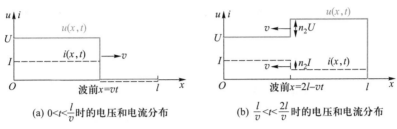

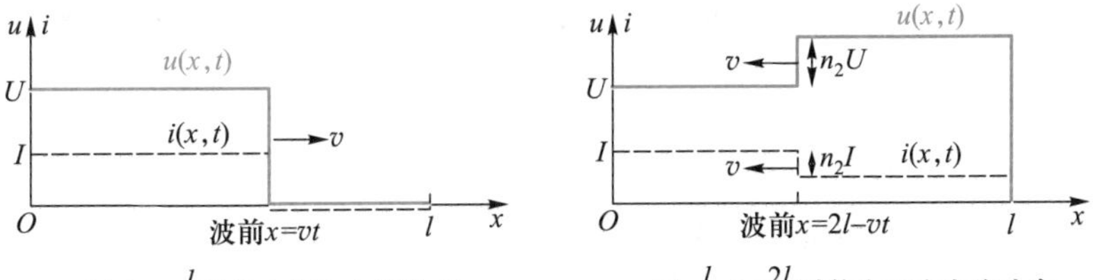

(a) $0<t<\frac{l}{v}$ 时的电压和电流分布　　(b) $\frac{l}{v}<t<\frac{2l}{v}$ 时的电压和电流分布

图 21-4-4　例 21-4-1 的电压、电流分布图

目标 2 检测：掌握用彼德生法则计算反射波

测 21-7　零状态无损耗传输线长度为 l、波阻抗为 Z_c、波速为 v，在 $t=0$ 时始端接通电压为 U 的理想电压源。分别对以下 3 种情况，确定在 $0<t<\frac{2l}{v}$ 内传输线的电压和电流，并画出分布图。(1) 终端短路；(2) 终端开路；(3) 终端负载为波阻抗 Z_c。

例 21-4-2　将例 21-4-1 中的电阻负载换为感性负载，如图 21-4-5(a) 所示。分析在 $\frac{l}{v}<t<\frac{2l}{v}$ 内传输线电压和电流分布。矩形电压波在 $t=0$ 时从始端发出。

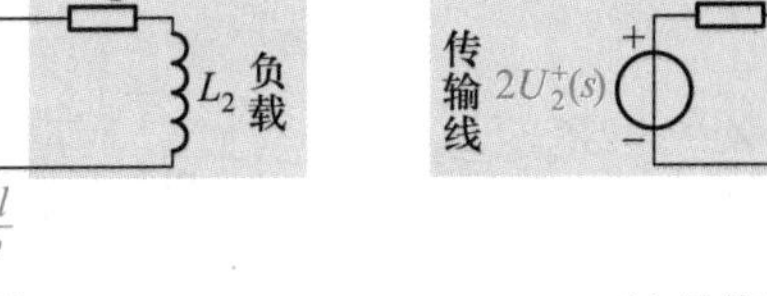

(a) 原电路

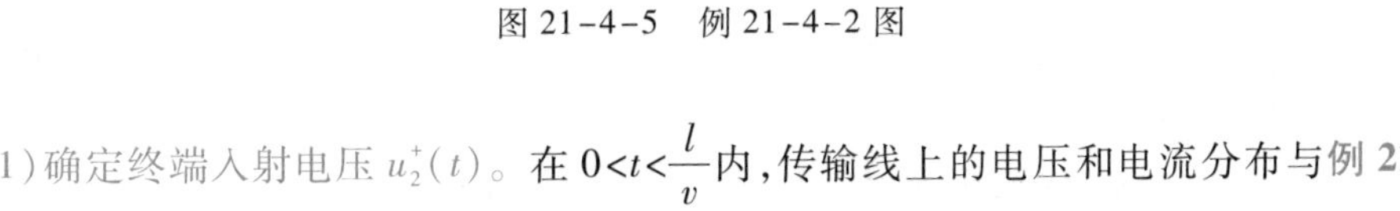

(b) 彼德生电路　　(c) 彼德生电路的 s 域模型

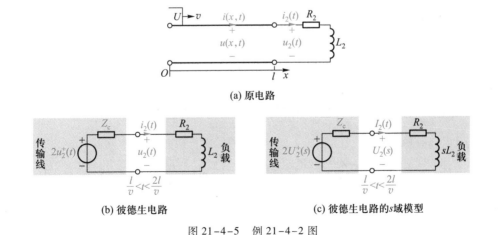

图 21-4-5　例 21-4-2 图

解：(1) 确定终端入射电压 $u_2^+(t)$。在 $0<t<\frac{l}{v}$ 内，传输线上的电压和电流分布与例 21-4-1 相

同,因此

$$u_2^+(t)=U\varepsilon\left(t-\frac{l}{v}\right)$$

(2) 确定终端电压 $u_2(t)$。入射波抵达终端时,彼德生电路如图 21-4-5(b)所示。彼德生电路中,电压源 $2u_2^+(t)=2U\varepsilon\left(t-\frac{l}{v}\right)$,是阶跃函数,$u_2(t)$为阶跃电源激励下的零状态响应,可用三要素法或复频域分析法求得。

用复频域分析法确定 $u_2(t)$。图 21-4-5(b)的复频域模型如图 21-4-5(c)所示。图 21-4-5(c)中,$U_2^+(s)=\mathscr{L}[u_2^+(t)]=\mathscr{L}\left[U\varepsilon\left(t-\frac{l}{v}\right)\right]=\frac{U}{s}e^{-\frac{l}{v}s}$。由分压关系得

$$U_2(s)=\frac{R_2+sL_2}{R_2+Z_c+sL_2}\times 2U_2^+(s)=\frac{2(R_2+sL_2)}{R_2+Z_c+sL_2}\times\frac{U}{s}e^{-\frac{l}{v}s}$$

拉氏反变换

$$u_2(t)=\mathscr{L}^{-1}[U_2(s)]=\mathscr{L}^{-1}\left[\frac{2(R_2+sL_2)}{R_2+Z_c+sL_2}\times\frac{U}{s}e^{-\frac{l}{v}s}\right]=\mathscr{L}^{-1}\left[2U\times\left(\frac{\frac{R_2}{R_2+Z_c}}{s}+\frac{\frac{Z_c}{R_2+Z_c}}{s+\frac{R_2+Z_c}{L_2}}\right)\times e^{-\frac{l}{v}s}\right]$$

$$=2U\left[\frac{R_2}{R_2+Z_c}+\frac{Z_c}{R_2+Z_c}e^{-\tau^{-1}\left(t-\frac{l}{v}\right)}\right]\varepsilon\left(t-\frac{l}{v}\right)\qquad\left(\tau^{-1}=\frac{R_2+Z_c}{L_2}\right)$$

(3) 确定终端反射电压 $u_2^-(t)$。$u_2(t)$中的反射电压为

$$u_2^-(t)=u_2(t)-u_2^+(t)=U\left[\frac{R_2-Z_c}{R_2+Z_c}+\frac{2Z_c}{R_2+Z_c}e^{-\tau^{-1}\left(t-\frac{l}{v}\right)}\right]\varepsilon\left(t-\frac{l}{v}\right)$$

(4) 确定电压反向行波。终端反射电压将 $u_2^-(t)$变换为行波 $u^-(x,t)$,在$\frac{l}{v}<t<\frac{2l}{v}$内,电压反向行波为

$$u^-(x,t)=U\left[\frac{R_2-Z_c}{R_2+Z_c}+\frac{2Z_c}{R_2+Z_c}e^{-\tau^{-1}\left(t-\frac{l}{v}-\frac{l-x}{v}\right)}\right]\varepsilon\left(t-\frac{l}{v}-\frac{l-x}{v}\right)$$

电流反向行波为

$$i^-(x,t)=\frac{1}{Z_c}u^-(x,t)=\frac{U}{Z_c}\left[\frac{R_2-Z_c}{R_2+Z_c}+\frac{2Z_c}{R_2+Z_c}e^{-\tau^{-1}\left(t-\frac{l}{v}-\frac{l-x}{v}\right)}\right]\varepsilon\left(t-\frac{l}{v}-\frac{l-x}{v}\right)$$

(5) 写出电压、电流表达式。在$\frac{l}{v}<t<\frac{2l}{v}$内,电压、电流表达式为

$$\begin{aligned}u(x,t)&=u^+(x,t)+u^-(x,t)\\&=U\varepsilon\left(t-\frac{x}{v}\right)+U\left[\frac{R_2-Z_c}{R_2+Z_c}+\frac{2Z_c}{R_2+Z_c}e^{-\tau^{-1}\left(t-\frac{l}{v}-\frac{l-x}{v}\right)}\right]\varepsilon\left(t-\frac{l}{v}-\frac{l-x}{v}\right)\qquad\left(\frac{l}{v}<t<\frac{2l}{v}\right)\end{aligned}$$

$$\begin{aligned}i(x,t)&=i^+(x,t)-i^-(x,t)=\frac{u^+(x,t)}{Z_c}-\frac{u^-(x,t)}{Z_c}\\&=\frac{U}{Z_c}\varepsilon\left(t-\frac{x}{v}\right)-\frac{U}{Z_c}\left[\frac{R_2-Z_c}{R_2+Z_c}+\frac{2Z_c}{R_2+Z_c}e^{-\tau^{-1}\left(t-\frac{l}{v}-\frac{l-x}{v}\right)}\right]\varepsilon\left(t-\frac{l}{v}-\frac{l-x}{v}\right)\qquad\left(\frac{l}{v}<t<\frac{2l}{v}\right)\end{aligned}$$

(6) 画出分布图。图 21-4-6 所示为 $R_2=3Z_c$ 时 $u(x,t)$、$i(x,t)$以及 $u_2(t)$、$i_2(t)$的波形。

在$\frac{l}{v}<t<\frac{2l}{v}$内，终端电压和电流波形向始端推进，就是电压和电流分布图。

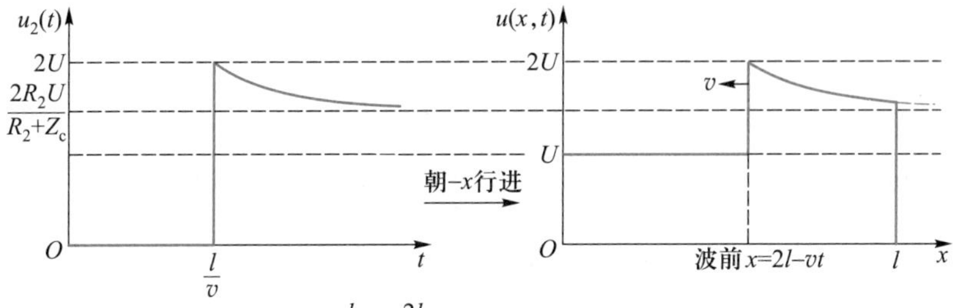

(a) $\frac{l}{v}<t<\frac{2l}{v}$内传输线电压分布图

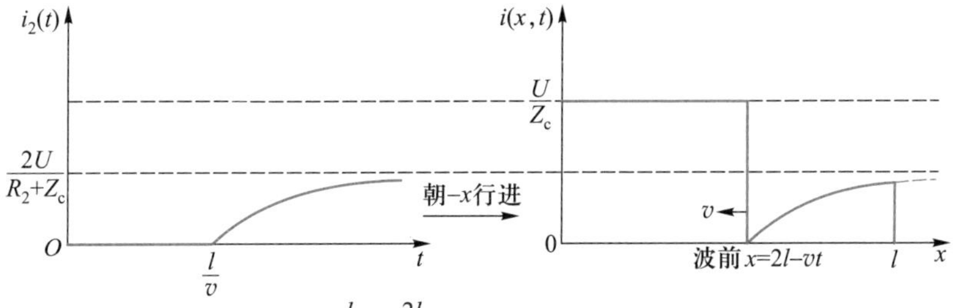

(b) $\frac{l}{v}<t<\frac{2l}{v}$内传输线电流分布图

图 21-4-6　例 21-4-2 的电压、电流分布图

目标 2 检测：掌握用彼德生法则计算反射波

测 21-8　零状态无损耗传输线长度为 l、波阻抗为 Z_c、波速为 v，在 $t=0$ 时始端接通电压为 U 的理想电压源，终端接电容 C。确定 $0<t<\frac{2l}{v}$内传输线的电压和电流，画出分布图。

答案：$u(x,\ t)=U\varepsilon\left(t-\frac{x}{v}\right)+U\left[1-2e^{-\frac{1}{Z_cC}\left(t-\frac{l}{v}-\frac{l-x}{v}\right)}\right]\varepsilon\left(t-\frac{l}{v}-\frac{l-x}{v}\right)$。

21.4.2 透射

图 21-4-7(a)中，波阻抗分别为 Z_{ca}、Z_{cb}的 a、b 两条无损耗传输线相连接，由于 $Z_{ca}\neq Z_{cb}$，发出波行进到连接处时，不仅产生反射，在 a 线上出现反向行波，而且有波传输到 b 线上。传输到 b 线上的波称为透射波(transmission wave)。连接处的反射和透射均可用彼德生法则确定。

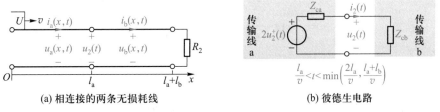

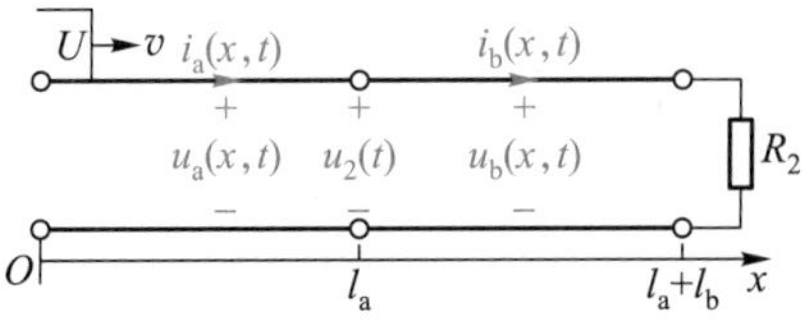

(a) 相连接的两条无损耗线

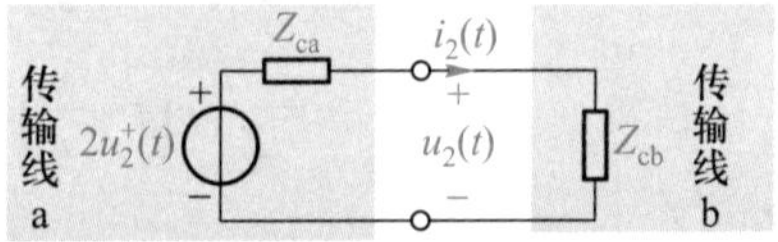

$\frac{l_a}{v}<t<\min\left(\frac{2l_a}{v},\frac{l_a+l_b}{v}\right)$

(b) 彼德生电路

图 21-4-7　透射波

图 21-4-7(a)中,假定 $t=0$ 时波从始端发出,则当 $0<t<\frac{l_a}{v}$时,两线的电压、电流为

$$u_a(x,\ t)=U\varepsilon\left(t-\frac{x}{v}\right)\ ,\quad i_a(x,\ t)=\frac{U}{Z_{ca}}\varepsilon\left(t-\frac{x}{v}\right)$$

$$u_b(x,\ t)=0,\quad i_b(x,\ t)=0$$

发出波行进到连接处,在$\frac{l_a}{v}<t<\min\left(\frac{2l_a}{v},\ \frac{l_a+l_b}{v}\right)$内,a 线上的反射波还未抵达其始端、b 线上只有正向行波,此时,b 线对于 a 线而言等效为电阻 Z_{cb},彼德生电路如图 21-4-7(b)所示,图中$u_2^+(t)=U\varepsilon\left(t-\frac{l_a}{v}\right)$。求解彼德生电路得

$$u_2(t)=\frac{2Z_{cb}}{Z_{ca}+Z_{cb}}U\varepsilon\left(t-\frac{l_a}{v}\right)$$

$u_2(t)$往 b 线行进,即为透射波。以 a 线的始端为 x 坐标的起点,在$\frac{l_a}{v}<t<\min\left(\frac{2l_a}{v},\ \frac{l_a+l_b}{v}\right)$内,将 $u_2(t)$延迟$\frac{x-l_a}{v}$变成行波,就是 b 线的电压,即

$$u_b(x,\ t)=\frac{2Z_{cb}}{Z_{ca}+Z_{cb}}U\varepsilon\left(t-\frac{l_a}{v}-\frac{x-l_a}{v}\right)=\frac{2Z_{cb}}{Z_{ca}+Z_{cb}}U\varepsilon\left(t-\frac{x}{v}\right)$$

b 线的电流为

$$i_b(x,\ t)=\frac{u_b(x,\ t)}{Z_{cb}}=\frac{2}{Z_{ca}+Z_{cb}}U\varepsilon\left(t-\frac{x}{v}\right)$$

连接处的反射电压为

$$u_2^-(t)=u_2(t)-u_2^+(t)=\left(\frac{2Z_{cb}}{Z_{ca}+Z_{cb}}U-U\right)\varepsilon\left(t-\frac{l_a}{v}\right)=\frac{Z_{cb}-Z_{ca}}{Z_{cb}+Z_{ca}}U\varepsilon\left(t-\frac{l_a}{v}\right)$$

将 $u_2^-(t)$变换为 a 线的反向行波,即

$$u_a^-(x,\ t)=\frac{Z_{cb}-Z_{ca}}{Z_{cb}+Z_{ca}}U\varepsilon\left(t-\frac{l_a}{v}-\frac{l_a-x}{v}\right)$$

a 线的电压、电流为

$$u_a(x,\ t)=U\varepsilon\left(t-\frac{x}{v}\right)+\frac{Z_{cb}-Z_{ca}}{Z_{cb}+Z_{ca}}\times U\varepsilon\left(t-\frac{l_a}{v}-\frac{l_a-x}{v}\right)$$

$$=U\varepsilon\left(t-\frac{x}{v}\right)+n_2U\varepsilon\left(t-\frac{l_a}{v}-\frac{l_a-x}{v}\right)$$

$$i_a(x,\ t)=\frac{U}{Z_{ca}}\varepsilon\left(t-\frac{x}{v}\right)-\frac{Z_{cb}-Z_{ca}}{Z_{cb}+Z_{ca}}\times\frac{U}{Z_{ca}}\varepsilon\left(t-\frac{l_a}{v}-\frac{l_a-x}{v}\right)$$

$$=\frac{U}{Z_{ca}}\varepsilon\left(t-\frac{x}{v}\right)-n_2\frac{U}{Z_{ca}}\varepsilon\left(t-\frac{l_a}{v}-\frac{l_a-x}{v}\right)$$

式中,$n_2=\frac{Z_{cb}-Z_{ca}}{Z_{cb}+Z_{ca}}$为终端反射系数。

在$\frac{l_a}{v}<t<\min\left(\frac{2l_a}{v},\ \frac{l_a+l_b}{v}\right)$内且 $0<n_2<1$ 时,电压、电流分布图如图 21-4-8 所示。

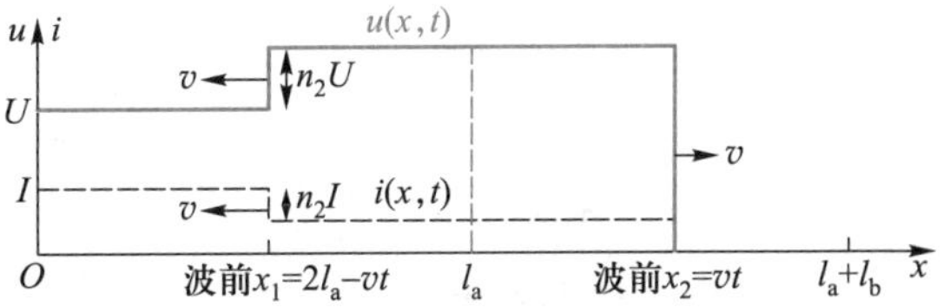

图 21-4-8 电压、电流分布图

透 射 波

1. 透射波是由一条传输线传入到另一条传输线的电压波与电流波；
2. 计算透射波的关键是确定被透射传输线的始端电压与电流；
3. 将被透射传输线的始端电压与电流变成行波，就是透射波。

目标 3 检测：掌握用彼德生法则计算反射波与透射波

测 21-9 测 21-9 图中，两段相同的且长度相等的零状态无损耗线相连接，高度为 $U=30$ V 的矩形电压波在 $t=0$ 时从 $x=0$ 处发出，达到连接处所需时间为 2 ms，无损耗线的波阻抗为 50 Ω，波速为 2×10^8 m/s。确定在 2 ms<t<4 ms 内传输线的电压，画出分布图。

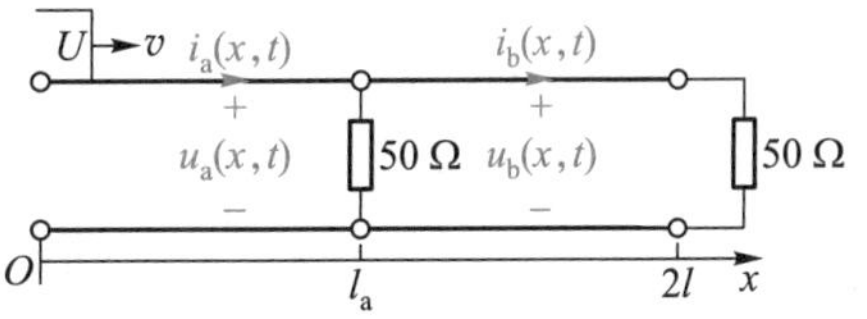

测 21-9 图

答案：$u_a(x,t)=30\varepsilon(t-5\times10^{-9}x)-10\varepsilon(t-4\times10^{-3}+5\times10^{-9}x)$ V，$u_b(x,t)=20\varepsilon(t-5\times10^{-9}x)$ V。

例 21-4-3 无损耗线的波阻抗 $Z_c=50$ Ω，长度 $2l=400$ km，中点处串入 $L=0.1$ H 的电感，如图 21-4-9(a)所示。在始端有 $U=100$ V 的矩形电压波发出，波速为 $v=2\times10^8$ m/s。以入射波抵达电感处的时刻为 $t=0$，确定在 0<t<1 ms 内传输线的电压和电流。

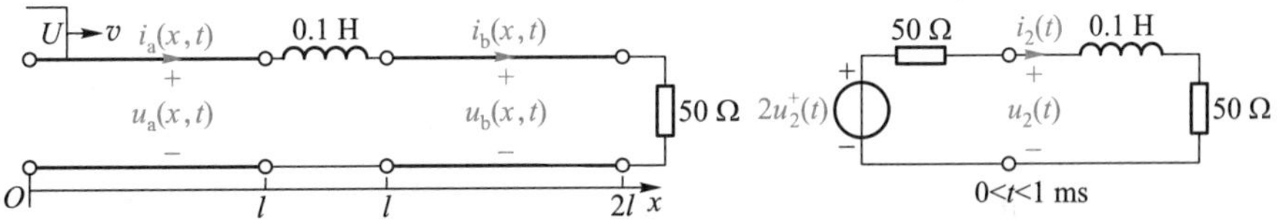

(a) 原电路　　(b) 彼德生电路

图 21-4-9 例 21-4-3 图

解：由于 $2l/v=2$ ms 且入射波抵达电感处的时刻为 $t=0$，因此，当 0<t<1 ms 时，入射波已在电感处产生反射和透射。但反射波的波前还未抵达始端，透射波的波前也未抵达终端。

(1) 确定入射到连接处的电压。入射到电感处的电压为

$$u_2^+(t)=100\varepsilon(t)\ \text{V}$$

(2) 确定连接处的电流。接电感处的彼德生电路如图 21-4-9(b)所示，计算电流比计算电压方便。$i_2(t)$ 为电感前的传输线的终端电流，用三要素法计算。三要素分别为

$$i_2(0_+)=0,\quad i_2(\infty)=\frac{2U}{Z_c+Z_c}=\frac{U}{Z_c}=2\ \text{A},\quad \tau=\frac{L}{2Z_c}=10^{-3}\ \text{s}$$

因此

$$i_2(t)=2(1-e^{-1\,000t})\varepsilon(t)\ \text{A}$$

（3）确定连接处的透射。$i_2(t)$也是透射到电感后的电流，用 $i_{b1}(t)$表示电感后的传输线的始端电流，则

$$i_{b1}(t)=2(1-e^{-1\,000t})\varepsilon(t)\ \text{A}$$

透射到电感后的电压 $u_{b1}(t)$为

$$u_{b1}(t)=Z_c i_{b1}(t)=100(1-e^{-1\,000t})\varepsilon(t)\ \text{V}$$

将 $u_{b1}(t)$、$i_{b1}(t)$延迟$\frac{x-l}{v}$，就是 $0<t<1$ ms 时 b 线的电压、电流行波，为

$$u_b(x,\ t)=100\left[1-e^{-1\,000\left(t-\frac{x-l}{v}\right)}\right]\varepsilon\left(t-\frac{x-l}{v}\right)\ \text{V}$$

$$i_b(x,t)=2\left[1-e^{-1\,000\left(t-\frac{x-l}{v}\right)}\right]\varepsilon\left(t-\frac{x-l}{v}\right)\ \text{A}$$

（4）确定连接处的反射。电感前的反射电流 $i_2^-(t)$由 $i_2(t)$求得，先由 $u_2^+(t)$确定连接处的入射电流，即

$$i_2^+(t)=\frac{u_2^+(t)}{Z_c}=\frac{100}{50}\varepsilon(t)=2\varepsilon(t)\ \text{A}$$

反射电流

$$i_2^-(t)=i_2^+(t)-i_2(t)=2\varepsilon(t)-2(1-e^{-1\,000t})\varepsilon(t)=2e^{-1\,000t}\varepsilon(t)\ \text{A}$$

连接处的反射电压

$$u_2^-(t)=Z_c i_2^-(t)=100e^{-1\,000t}\varepsilon(t)\ \text{V}$$

$u_2^-(t)$延迟$\frac{l-x}{v}$，就是 a 线的电压反向行波，即

$$u_a^-(x,\ t)=100e^{-1\,000\left(t-\frac{l-x}{v}\right)}\varepsilon\left(t-\frac{l-x}{v}\right)\ \text{V}$$

a 线的正向电压行波

$$u_a^+(x,\ t)=100\varepsilon\left(t+\frac{l-x}{v}\right)\ \text{V}\quad \left(在\ t=-\frac{l}{v}时从始端发出\right)$$

$0<t<1$ ms 时，a 线的电压、电流为

$$u_a(x,\ t)=u_a^+(x,\ t)+u_a^-(x,\ t)$$
$$=100\varepsilon\left(t+\frac{l-x}{v}\right)+100e^{-1\,000\left(t-\frac{l-x}{v}\right)}\varepsilon\left(t-\frac{l-x}{v}\right)\ \text{V}$$

$$i_a(x,t)=\frac{u_a^+(x,\ t)}{Z_c}-\frac{u_a^-(x,\ t)}{Z_c}$$
$$=2\varepsilon\left(t+\frac{l-x}{v}\right)-2e^{-1\,000\left(t-\frac{l-x}{v}\right)}\varepsilon\left(t-\frac{l-x}{v}\right)\ \text{A}$$

（5）画出分布图。由 $u_a(x,\ t)$、$u_b(x,\ t)$的表达式得，$0<t<1$ ms 时的电压分布如图 21-4-10 所示。

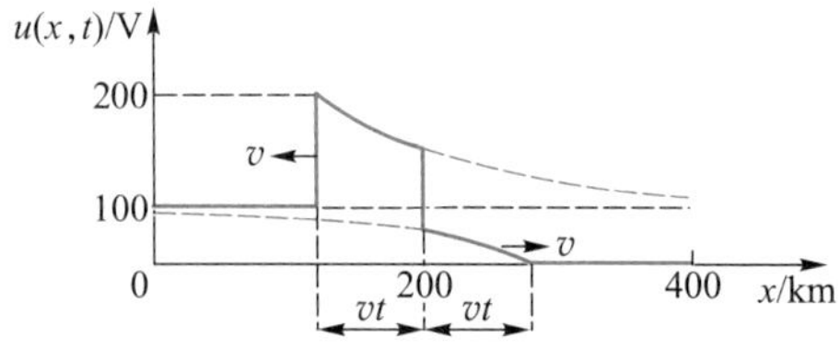

图 21-4-10　例 21-4-3 的电压分布图

目标 3 检测：掌握用彼德生法则计算反射波与透射波

测 21-10 测 21-10 图中，两段相同的且长度相等的零状态无损耗线相连接，如测 21-6 图所示，高度为 $U=30$ V 的矩形波从 $x=0$ 处发出，经历 2 ms 抵达连接处，抵达连接处的时刻设为 $t=0$。无损耗线的波阻抗为 50 Ω，波速为 2×10^8 m/s。(1)确定 $0<t<2$ ms 内传输线的电压，画出分布图；(2)确定 $0<t<2$ ms 内传输线的电流。

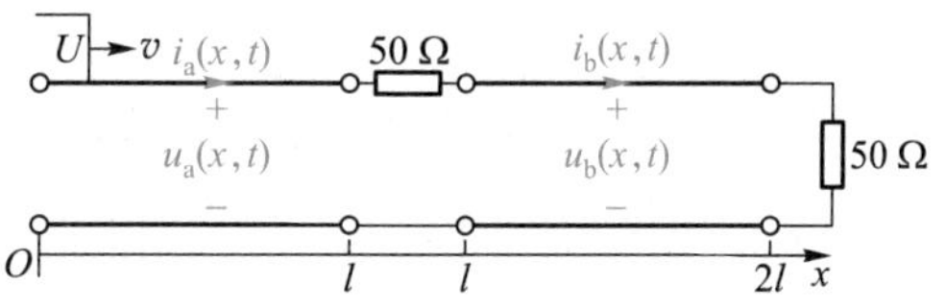

测 21-10 图

答案：$u_a(x,t)=30\varepsilon(t-5\times10^{-9}x)+10\varepsilon(t-4\times10^{-3}+5\times10^{-9}x)$ V，$u_b(x,t)=20\varepsilon(t-5\times10^{-9}x)$ V。

21.4.3 多次反射

多次反射发生在始端和终端均不匹配的情况下。图 21-2-1 中，如果 $Z_1(s)$ 和 $Z_2(s)$ 分别为电阻 R_1 和 R_2 且始端电源为直流电源，其多次反射过程相对简单，我们对此展开讨论，加深对波过程的理解。在这种情况下，反射系数为常数，即

$$N_1(s)=\frac{R_1-Z_c}{R_1+Z_c}=n_1,\quad N_2(s)=\frac{R_2-Z_c}{R_2+Z_c}=n_2$$

且

$$U_s(s)=U/s$$

式(21-2-14)变为

$$\boxed{U(x,s)=\frac{Z_cU\left(e^{-\frac{x}{v}s}+n_2e^{-\frac{2l-x}{v}s}\right)}{s(R_1+Z_c)\left(1-n_1n_2e^{-\frac{2l}{v}s}\right)},\quad I(x,s)=\frac{U\left(e^{-\frac{x}{v}s}-n_2e^{-\frac{2l-x}{v}s}\right)}{s(R_1+Z_c)\left(1-n_1n_2e^{-\frac{2l}{v}s}\right)}}\tag{21-4-11}$$

由于 $|n_1|\leqslant1$、$|n_2|\leqslant1$，因此，$\left|n_1n_2e^{-\frac{2l}{v}s}\right|<1$。利用级数

$$\frac{1}{1-y}=1+y+y^2+\cdots\qquad(|y|<1)$$

将式(21-4-11)中的 $\dfrac{1}{1-n_1n_2e^{-\frac{2l}{v}s}}$ 展开为

$$\frac{1}{1-n_1n_2e^{-\frac{2l}{v}s}}=1+n_1n_2e^{-\frac{2l}{v}s}+n_1^2n_2^2e^{-\frac{4l}{v}s}+\cdots$$

于是

$$U(x,s)=\frac{Z_cU}{s(R_1+Z_c)}\left(e^{-\frac{x}{v}s}+n_2e^{-\frac{2l-x}{v}s}+n_1n_2e^{-\frac{2l+x}{v}s}+n_1n_2^2e^{-\frac{4l-x}{v}s}+n_1^2n_2^2e^{-\frac{4l+x}{v}s}+\cdots\right)\tag{21-4-12}$$

$$I(x,s)=\frac{U}{s(R_1+Z_c)}\left(e^{-\frac{x}{v}s}-n_2e^{-\frac{2l-x}{v}s}+n_1n_2e^{-\frac{2l+x}{v}s}-n_1n_2^2e^{-\frac{4l-x}{v}s}+n_1^2n_2^2e^{-\frac{4l+x}{v}s}-\cdots\right)\tag{21-4-13}$$

为方便表达，令

$$U_0=\frac{Z_cU}{R_1+Z_c}$$

$$I_0=\frac{U}{R_1+Z_c}$$

对式(21-4-12)和(21-4-13)进行拉氏反变换,得

$$u(x,\ t)=U_0\left[\varepsilon\left(t-\frac{x}{v}\right)+n_2\varepsilon\left(t-\frac{2l-x}{v}\right)+n_1n_2\varepsilon\left(t-\frac{2l+x}{v}\right)+n_1n_2^2\varepsilon\left(t-\frac{4l-x}{v}\right)+n_1^2n_2^2\varepsilon\left(t-\frac{4l+x}{v}\right)+\cdots\right]$$

$$i(x,\ t)=I_0\left[\varepsilon\left(t-\frac{x}{v}\right)-n_2\varepsilon\left(t-\frac{2l-x}{v}\right)+n_1n_2\varepsilon\left(t-\frac{2l+x}{v}\right)-n_1n_2^2\varepsilon\left(t-\frac{4l-x}{v}\right)+n_1^2n_2^2\varepsilon\left(t-\frac{4l+x}{v}\right)-\cdots\right]$$

在 $u(x,\ t)$、$i(x,\ t)$ 的表达式中,第 1 项为发出波,第 2 项为发出波抵达终端引起的终端第 1 次反射波,第 3 项为终端第 1 次反射波抵达始端产生的始端第 1 次反射波,依此类推。这个过程可用折线图形象描述,如图 21-4-11 所示。

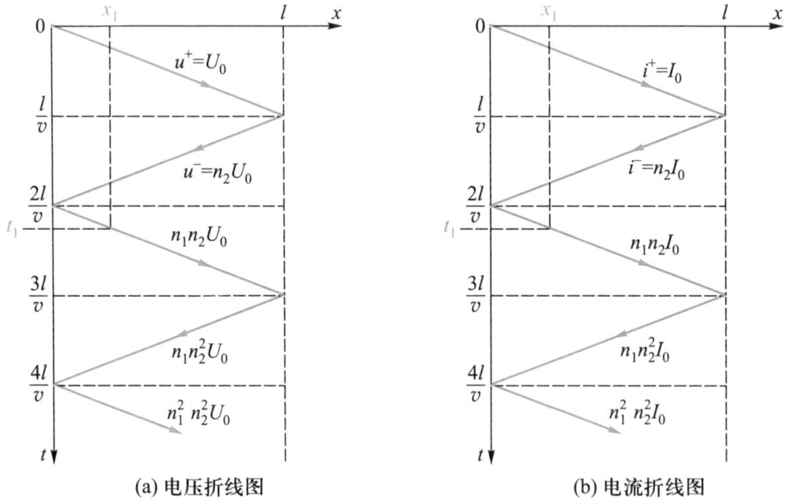

图 21-4-11 多次反射折线图

(1) 由折线图确定 t_1 时刻传输线的电压或电流分布。图 21-4-11(a)中,在 t_1 处做水平线,找出坐标 x_1,由图可知,在 t_1 时刻,波前位于 x_1 处。在 $0<x<x_1$ 段内,发出波、终端第 1 次反射波和始端第 1 次反射波叠加,而在 $x_1<x<l$ 段内,发出波和终端第 1 次反射波叠加。传输线电压分布为

$$u(x,\ t_1)=\begin{cases}U_0+n_2U_0+n_1n_2U_0=(1+n_2+n_1n_2)U_0 & (0<x<x_1)\\ U_0+n_2U_0=(1+n_2)U_0 & (x_1<x<l)\end{cases}$$

$$i(x,\ t_1)=\begin{cases}I_0-n_2I_0+n_1n_2I_0=(1-n_2+n_1n_2)I_0 & (0<x<x_1)\\ I_0-n_2I_0=(1-n_2)I_0 & (x_1<x<l)\end{cases}$$

t_1 时刻的电压分布如图 21-4-12 所示。

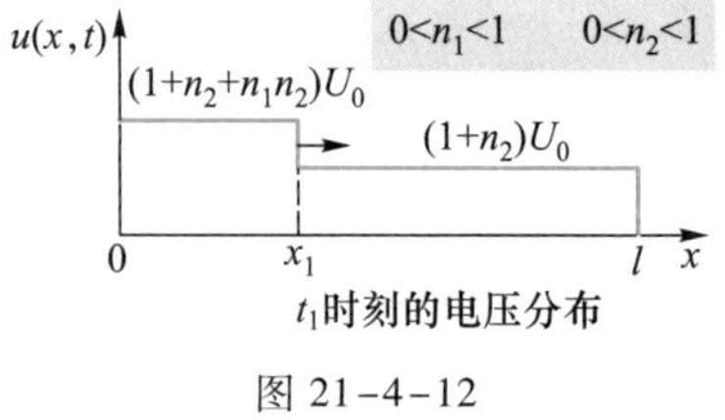

图 21-4-12

(2) 由折线图确定 x_1 处的电压或电流随时间变化的波形。图 21-4-11(a)中:在 $0<t<\frac{x_1}{v}$ 内,发出波未抵达 x_1,x_1 处的电压为零;在 $\frac{x_1}{v}<t<\frac{l}{v}+\frac{l-x_1}{v}$ 内,发出波在 x_1 处形成电压

U_0，但终端第1次反射波还未抵达 x_1，这段时间内，x_1 处的电压维持为 U_0；在 $\frac{l}{v}+\frac{l-x_1}{v}<t<\frac{l}{v}+\frac{l}{v}+\frac{x_1}{v}$ 内，终端第一次反射波已经过 x_1，x_1 处的电压变为 $U_0+n_2U_0$，此电压维持到 $t=\frac{l}{v}+\frac{l}{v}+\frac{x_1}{v}$。依此类推，$x_1$ 处的电压波形如图21-4-13所示。

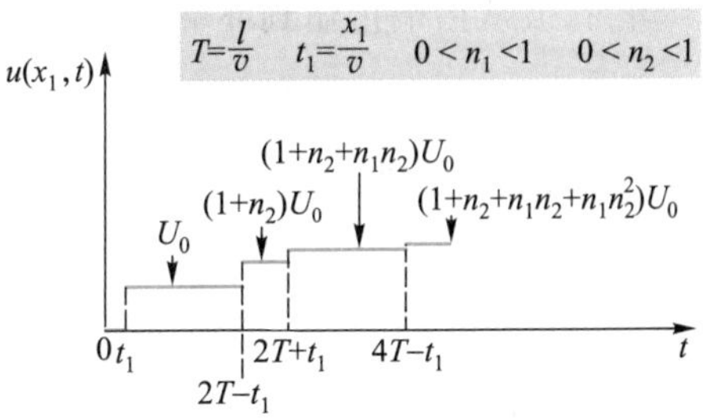

图21-4-13 x_1 处的电压波形

当始端和终端中有一端匹配时，传输线上不会出现多次反射。若 $R_2=Z_c$，则无反射，传输线上只有入射波，入射波抵达终端后，传输线的电压、电流分布在 $t=l/v$ 时达到稳定状态，稳态电压为 U_0，稳态电流为 I_0。若 $R_1=Z_c$、$R_2\neq Z_c$，则终端产生反射，反射波抵达始端后，不再产生新的反射，传输线的电压、电流分布在 $t=2l/v$ 时达到稳态，稳态电压为 $(1+n_2)U_0$，稳态电流为 $(1-n_2)I_0$。若 $R_1\neq Z_c$、$R_2\neq Z_c$，理论上存在无穷多次反射，传输线的电压、电流分布将无法达到稳态。但只要 $|n_1|$ 和 $|n_2|$ 不同为1，就有

$$\lim_{k\to\infty}|n_1n_2|^k=0$$

反射波的幅值不断减小，直至趋于零，传输线的电压、电流分布达到稳态，稳态电压为 $\frac{R_2U}{R_1+R_2}$，稳态电流为 $\frac{U}{R_1+R_2}$。

例21-4-4 无损耗线的波阻抗 $Z_c=50\ \Omega$、长度为 $l=400$ m、波速为 $v=2\times10^8$ m/s，如图21-4-14(a)所示。确定在 $t=5\ \mu s$ 时的电压分布及 $8\ \mu s$ 内传输线中点处的电压波形。

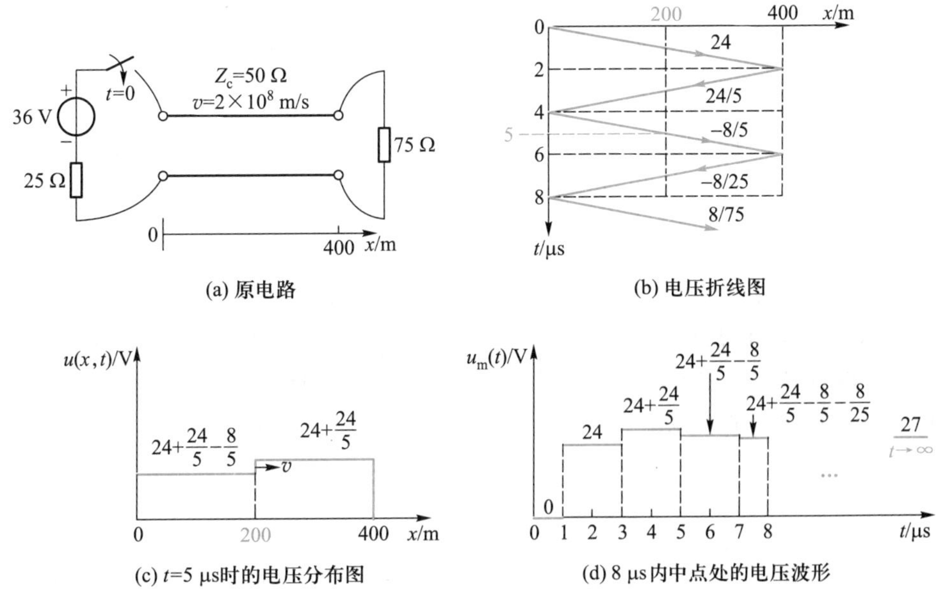

图21-4-14 例21-4-4图

解：行波从始端传输到终端所需时间 $T=\frac{l}{v}=\frac{400}{2\times10^{8}}=2\ \mu s$。在 $t<8\ \mu s$ 内产生了 3 次反射，用折线图分析。

（1）计算发出波。始端电压

$$u_1(t)=\frac{36\times50}{50+25}\varepsilon(t)=24\varepsilon(t)\ V$$

电压发出波为

$$u^{+}(x,\ t)=24\varepsilon\left(t-\frac{x}{v}\right)\ V$$

（2）画出电压折线图。始端、终端反射系数分别为

$$n_1=\frac{R_1-Z_c}{R_1+Z_c}=\frac{25-50}{25+50}=-\frac{1}{3},\quad n_2=\frac{R_2-Z_c}{R_2+Z_c}=\frac{75-50}{75+50}=\frac{1}{5}$$

电压折线图如图 21-4-14(b)所示。发出波为 24 V，终端第 1 次反射波为 $24\times\frac{1}{5}=\frac{24}{5}$ V，始端第 1 次反射波为$\frac{24}{5}\times\left(-\frac{1}{3}\right)=-\frac{8}{5}$ V，终端第 2 次反射波为$-\frac{8}{5}\times\frac{1}{5}=-\frac{8}{25}$ V，始端第 2 次反射波为$-\frac{8}{25}\times\left(-\frac{1}{3}\right)=\frac{8}{75}$ V，…

（3）由电压折线图确定 $t=5\ \mu s$ 时的电压分布。$t=5\ \mu s$ 时，波前位于传输线的中点。中点前为 3 项行波叠加$\left(24\ V\text{ 的发出波、}\frac{24}{5}\ V\text{ 的终端第 1 次反射波、}-\frac{8}{5}\ V\text{ 的始端第 1 次反射波}\right)$，中点后为 2 项行波叠加$\left(24\ V\text{ 的发出波、}\frac{24}{5}\ V\text{ 的终端第 1 次反射波}\right)$。电压分布图如图 21-4-14(c)所示。

（4）由电压折线图确定 8 μs 内中点处的电压波形。中点处的电压阶跃变化，发出波在 1 μs后达到中点，随后每隔 2 μs 出现一次阶跃变化。8 μs 内中点处的电压波形如图 21-4-14(d)所示。

目标 1 检测：了解多次反射过程

测 21-10 波阻抗 $Z_c=50\ \Omega$、长度 $l=100$ km、波速 $v=2\times10^{8}$ m/s 的无损耗线，始端在 $t=0$ 时接通电压 $U=30$ V、内阻 $R_s=75\ \Omega$ 的直流电压源，终端负载 $R_L=25\ \Omega$。确定在 $0<t<3$ ms 内终端负载上的电压、始端电源提供的电流。

答案：$u_2(t)=\begin{cases}0; & 0<t<0.5\ ms\\ 8\ V; & 0.5\ ms<t<1.5\ ms\\ 7.47\ V; & 1.5\ ms<t<2.5\ ms\\ 7.50\ V; & 2.5\ ms<t<3\ ms\end{cases}$，$i_1(t)=\begin{cases}240\ mA; & 0<t<1\ ms\\ 304\ mA; & 1\ ms<t<2\ ms\\ 299.7\ mA; & 2\ ms<t<3\ ms\end{cases}$。

21.5 拓展与应用

电缆广泛用于信号传输、电能传输。由于本身质量问题、施工过程不规范、外力机械损伤，以及逐年腐蚀、老化等原因，电缆会出现特性变化、断线、短路等故障。快速检测出电缆故障，减少故障历时，是一项非常重要的工作。电桥法和脉冲反射法是电缆故障定位的基本方法。

21.5.1 电缆故障定位——电桥法

三相电力电缆截面如图 20-2-2(d)所示，三相芯线之间、芯线与外包金属铠之间彼此绝缘，金属铠通常接大地。掩埋在地下的电缆如出现故障，需先依靠技术手段定位故障，再进行维修。图 21-5-1(a)为电桥法定位电缆故障接线图。在电缆的一端，将故障相 c 相和非故障相 b 相短接，另一端接成惠斯登电桥。低压直流稳态下，电缆单位长度的电导 $G_0\approx 0$。假定电缆长度为 l，c 相发生接地故障，故障点距电桥连接端为 x，电缆单位长度的电阻为 R_0，则连接到电桥两臂的电阻为 $R_0(2l-x)$ 和 R_0x，如图 21-5-1(b)所示。

R_1、R_2 为标准电阻，调节 R_2 使电桥平衡。平衡条件为

$$\frac{R_1}{R_2}=\frac{R_0(2l-x)}{R_0x}$$

由此得

$$\boxed{x=\frac{2R_2}{R_1+R_2}l} \tag{21-5-1}$$

惠斯登电桥用来测量中值电阻(1 Ω ~ 1 MΩ)。$R_0(2l-x)$ 和 R_0x 不宜太小，否则定位准确度不高。

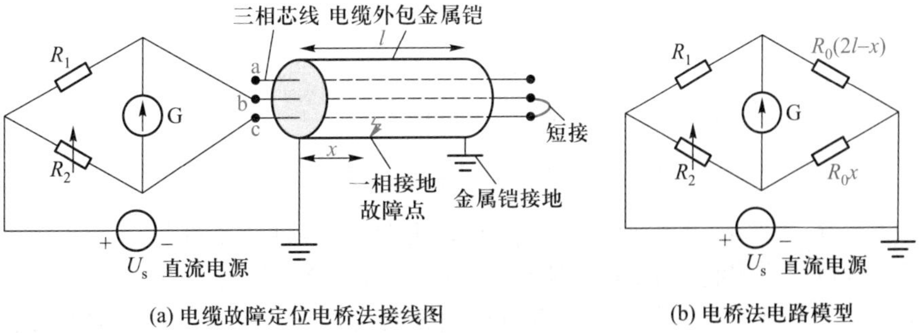

图 21-5-1　电缆故障定位的电桥法

21.5.2 电缆故障定位——脉冲反射法

脉冲反射法是电缆故障定位的又一种方法。它是在故障电缆的始端施加脉冲电压，利用发送脉冲与故障点反射脉冲间的时间差来定位故障，是通信电缆故障定位的主要手段。

电缆故障类型如图 21-5-2 所示。包括：

（1）两线中有一条断开，为开路故障；

（2）两线间绝缘完全失效，导致两线短接，为短路故障；

（3）两线间绝缘没有完全失效，等效为两线通过电阻 R_f 相连，当 R_f 低（$R_f<100\ \Omega$）时，为低阻短路故障，否则为高阻短路故障；

（4）电缆接头也会出现松脱故障，等效为接头处串联电阻 R_j。

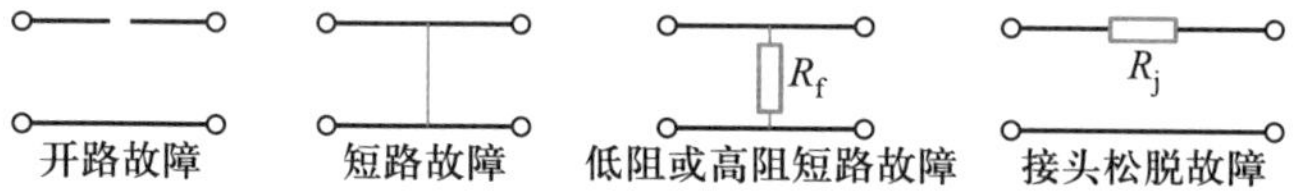

图 21-5-2 电缆故障类型

图 21-5-3(a) 为行波法定位电缆故障的测量电路原理图。在故障电缆的始端接脉冲电压源 $u_s(t)$，始端和终端均实现阻抗匹配。测量始端电压 $u_1(t)$ 的波形，由此确定故障点的位置 x 和故障类型。

$u_1(t)$ 的波形中包含发出波、故障处的反射波。故障电缆终端接了匹配阻抗，透射波不产生反射。$u_1(t)$ 发出波与反射波的时间差反映出故障点位置，反射波的形态反映出故障的类型。

对于入射波而言，故障与故障处后面的电缆等效为电阻 R_2，如图 21-5-3(b) 所示。$R_2=0$ 为短路故障；$R_2\to\infty$ 为开路故障；低阻故障时，R_f 小（$R_f<100\ \Omega$），电缆的波阻抗为 50 Ω ~ 75 Ω，$R_2=R_f /\!/ Z_c<Z_c$；高阻故障时，R_f 大，$R_2=R_f /\!/ Z_c\approx Z_c$；接头松脱时，$R_2=R_j+Z_c>Z_c$。

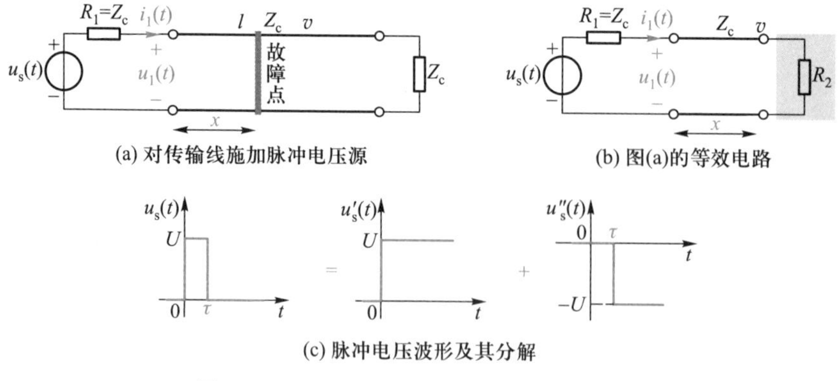

图 21-5-3 行波法定位电缆故障的电路模型

为了确定 $u_1(t)$ 的波形，电缆近似为无损耗线，并将 $u_s(t)$ 进行如图 21-5-3(c) 所示的分解，$u_s(t)=u_s'(t)+u_s''(t)$。应用叠加定理，分别确定 $u_s'(t)$、$u_s''(t)$ 单独作用下的 $u_1'(t)$、$u_1''(t)$ 的波形，由 $u_1(t)=u_1'(t)+u_1''(t)$ 得到 $u_1(t)$ 的波形。$u_s'(t)$ 单独作用的情况与例 21-4-4 类似，是 $n_1=0$、$n_2=\dfrac{R_2-Z_c}{R_2+Z_c}$、电源为直流的情况，能用折线图分析。下面分析不同故障类型下 $u_1(t)$ 的波形。

（1）$R_2\to\infty$（开路故障）时，$n_1=0$、$n_2=1$，$u_1'(t)$ 的波形为图 21-5-4(a) 中第 1 个波形，图中 $T=x/v$。由于 $u_s''(t)$ 是 $-u_s'(t)$ 延迟 τ 的结果，由线性与非时变特性可知，$u_1''(t)$ 是 $-u_1'(t)$ 延迟 τ 的结果，为图 21-5-4(a) 中第 2 个波形。将 $u_1'(t)$、$u_1''(t)$ 的波形叠加，得到 $u_1(t)$ 的波形，为图 21-5-4(a) 中第 3 个波形。$u_1(t)$ 有两个正脉冲，在 $t=0$ 出现的是发出脉冲，在 $t=2T$ 出现的是故障点反射回来的脉冲，测得这两个脉冲的时间差 Δt，则有

$$\Delta t=\frac{2x}{v}$$

故障点的位置

$$\boxed{x=\frac{v\Delta t}{2}} \tag{21-5-2}$$

（2）$R_2=0$（短路故障）时，$n_1=0$、$n_2=-1$，用相同的方法得到 $u_1(t)$，波形如图 21-5-4(b)所示。此时，$u_1(t)$有一个正脉冲、一个负脉冲，它们幅值相同。

（3）$R_2>Z_c$（接头松脱故障）时，$n_1=0$、$0<n_2<1$，$u_1(t)$的波形与 $R_2\to\infty$ 的情况相似，但反射脉冲的幅值低于发出脉冲。

（4）$R_2<Z_c$（低阻短路故障）时，$n_1=0$、$-1<n_2<0$，$u_1(t)$的波形与 $R_2=0$ 的情况相似，但反射脉冲的幅值低于发出脉冲。

（5）$R_2\approx Z_c$（高阻短路故障）时，$n_1=0$、$n_2\approx 0$，没有反射脉冲，无法定位。

以上结果在无损耗条件下得出。而实际电缆是有损耗、有畸变的，因而，反射脉冲的幅值总低于发出脉冲，且波形形态上与发出脉冲有差别。但是，依据反射脉冲的极性就可以将故障分为两类。在开路或接头松脱故障下，反射脉冲与发出脉冲极性相同；在短路或低阻短路故障下，反射脉冲与发出脉冲极性相反。损耗与畸变对反射脉冲与发出脉冲相距的时间 Δt 没有影响，故障位置总是 $x=v\Delta t/2$。

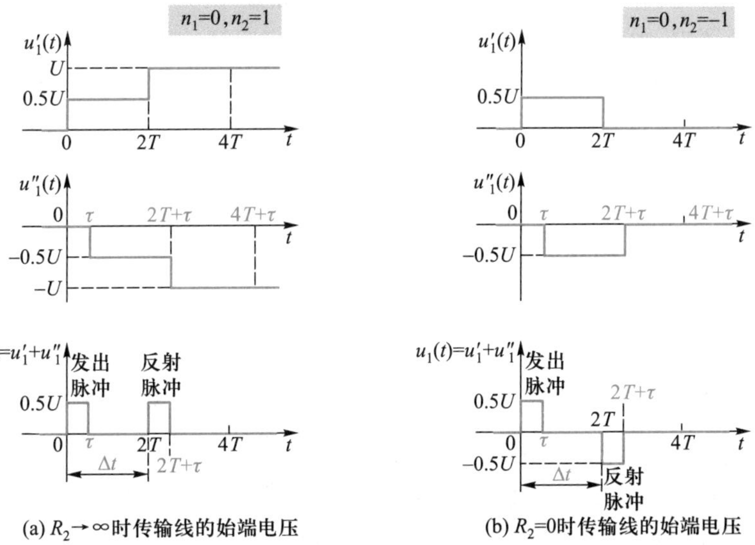

图 21-5-4 对故障电缆施加单脉冲时的始端电压波形

图 21-5-4 为对故障电缆施加单脉冲的情况。为了能测得稳定的 $u_1(t)$波形，$u_s(t)$必须是周期为 T_s 的脉冲序列，如图 21-5-5(a)所示。要能准确区分发出脉冲和反射脉冲，$u_s(t)$的周期 T_s 要满足

$$\boxed{T_s>\frac{2l}{v}} \tag{21-5-3}$$

此时，无论 x 为何值($0<x<l$)，都有

$$\Delta t=\frac{2x}{v}<T_s$$

即反射脉冲紧跟在发出脉冲之后，且幅值低于发出脉冲。$u_s(t)$ 为脉冲序列且 $R_2=0$ 时，$u_1(t)$ 的波形如图 21-5-5(b)所示。

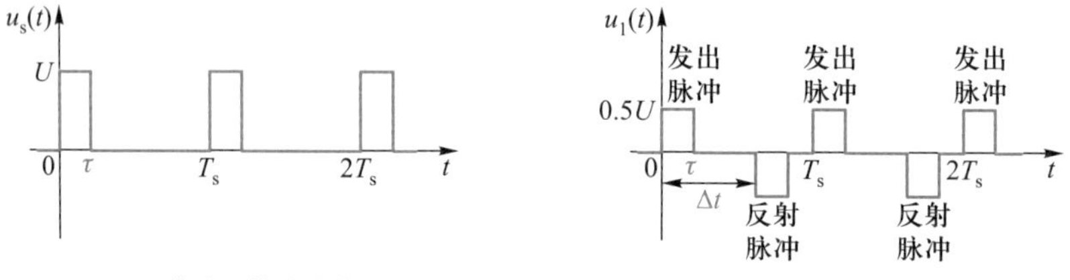

(a) 周期为T_s的脉冲序列　　(b) $R_2=0$时传输线的始端电压

图 21-5-5　对故障电缆施加脉冲序列

习题 21

无损耗线上的发出波(21.3 节)

21-1　无损耗线的长度 $l=50$ km，参数 $L_0=2.2$ mH/km、$C_0=5.12\times10^{-9}$ F/km，接至 $U=35$ kV 的理想直流电压源上。求：(1)电流从始端发出又反射到始端所需要的时间；(2)发出波在每公里传输线上所存储的电场能量和磁场能量；(3)若电压源的内阻为 100 Ω，再求第(2)问。

*21-2　题 21-2 图中，无损耗线的波阻抗为 50 Ω、波速为 1.5×10^8 m/s，工作于直流稳态。在 $t=0$ 时一条线在中点处发生开路故障。确定 $t>0$ 后传输线上的电压和电流。

*21-3　题 21-3 图中，无损耗线的波阻抗为 50 Ω、波速为 1.5×10^8 m/s，工作于直流稳态。在 $t=0$ 时接通负载。确定在 $0<t<0.2$ ms 内传输线上的电压和电流。

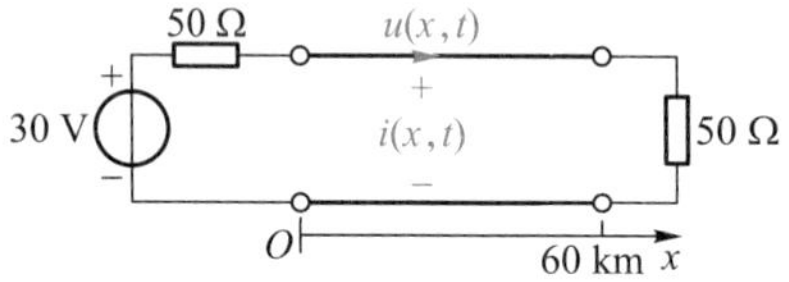

题 21-2 图

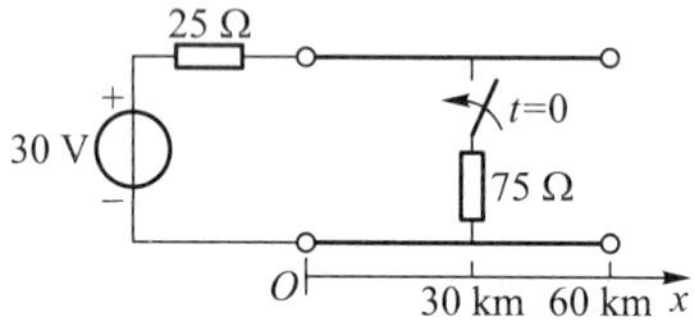

题 21-3 图

无损耗线上的反射与透射(21.4 节)

21-4　波阻抗 $Z_c=50$ Ω、长度为 l、波速为 v 的无损耗线，始端在 $t=0$ 时接通电压 $U=30$ V、内阻 $R_s=50$ Ω 的直流电压源，终端负载 $R_L=25$ Ω。求：(1)始端发出的电压、电流波；(2)终端负载上的电压、始端电源提供的电流($t>0$)。

21-5　题 21-5 图所示电路中，无损耗线的波速为 v，终端短路。(1)求 $0<t<l/v$ 时，线路的电压表达式；(2)求 $l/v<t<2l/v$ 时线路的电压、电流表达式；(3)画出 $l/v<t<2l/v$ 时电压分布图。

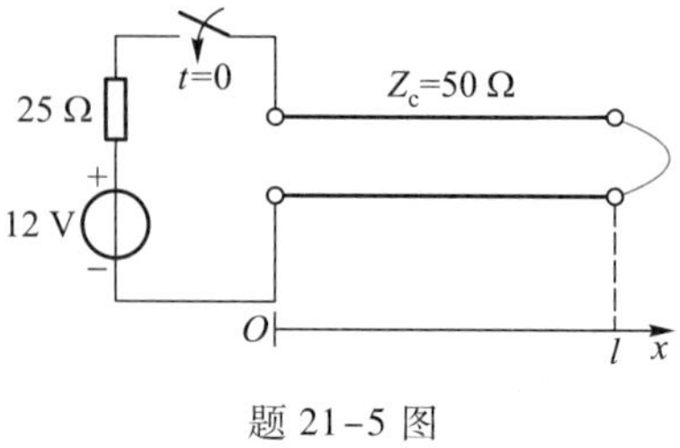

题 21-5 图

21-6　长度 $l=100$ km、波阻抗 $Z_c=400$ Ω、波速 $v=3\times10^8$ m/s 的无损耗传输线，终端接由电阻 $R_2=100$ Ω 和电感 $L_2=0.5$ H

串联的负载。在 $t=0$ 时，在传输线始端接通 $U=35$ kV 的理想直流电压源。求：(1) 入射波抵达终端时，终端电压、电流随时间变化的表达式；(2) 在第一次反射波已向始端方向推进了 30 km 这一瞬间，负载端的电压及电流值。

21-7 高度为 100 kV 的矩形电压波，从波阻抗为 500 Ω 的第一条传输线推进到第二、第三条传输线的共同连接处，第二及第三条传输线的波阻抗分别为 400 Ω 和 600 Ω，如题 21-7 图所示，传输线的波速均为 v。计算：(1) 透射到第二和第三条传输线的电压与电流值；(2) 第一条线上反射波波前经过之处的电压与电流值。

21-8 发电机输出线路与电网的输电线路相连接，如题 21-8 图所示。反射产生的反向行波由电网传入发电机。出于对发电机的保护，在连接处加一保护电容器，把进入发电机的电压波波前削平。若电容器近似为 $C=0.5$ μF 的电容元件，输电线路的波阻抗 $Z_{c1}=400$ Ω，发电机输出线路的波阻抗 $Z_{c2}=1\ 000$ Ω，矩形电压波 $U=200$ kV。假定波前抵达连接处的时间为 $t=0$，确定：(1) 连接处的透射电压、电流；(2) 连接处的反射电压、电流。

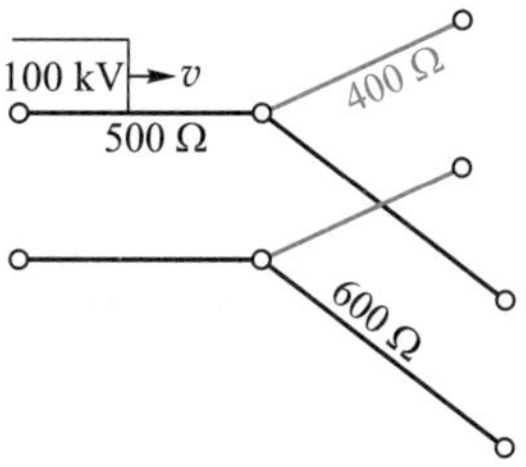

题 21-7 图

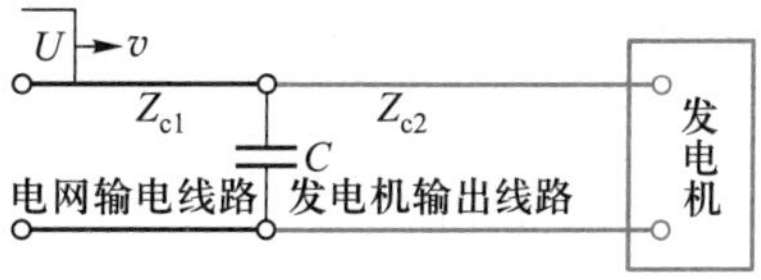

题 21-8 图

21-9 题 21-9 图所示电路中，波阻抗分别为 $Z_{c1}=400$ Ω 和 $Z_{c2}=600$ Ω 的两副长度、波速相同的无损耗线间串入 1 μF 的电容，始端接阶跃电压源，行波由电源传输到连接处所需时间为 1 ms。计算 1 ms<t<2 ms 内传输线上的电压。

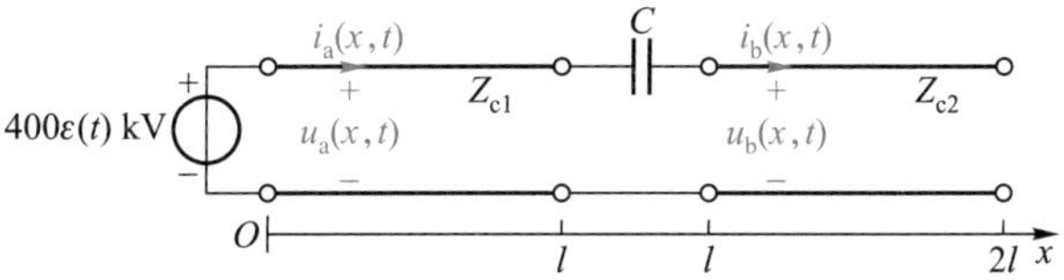

题 21-9 图

21-10 无损耗线的波阻抗为 Z_c，终端开路。在 $t=0$ 时，始端接通内阻为零、电压为 U 的直流电压源。波从传输线始端推进到终端所需时间为 T_0。确定：(1) $0<t<5T_0$ 内传输线中点及终端处的电压和电流随时间变化的波形；(2) $t=4.5T_0$ 时传输线的电压分布图。

21-11 波阻抗 $Z_c=50$ Ω、长度为 l、波速为 v 的无损耗线，始端在 $t=0$ 时接通电压 $U=10$ V、内阻 $R_s=25$ Ω 的直流电压源，终端负载 $R_L=25$ Ω。画出 $0<t<\frac{8l}{v}$ 内终端负载的电压、始端电源提供的电流波形。

▶ 综合检测

21-12 题 21-12 图所示电路中，两条无损耗线波阻抗为 50 Ω、波速为 1.5×10^8 m/s，$l=10$ km。对 $t>0$，确定图中各电压与电流。

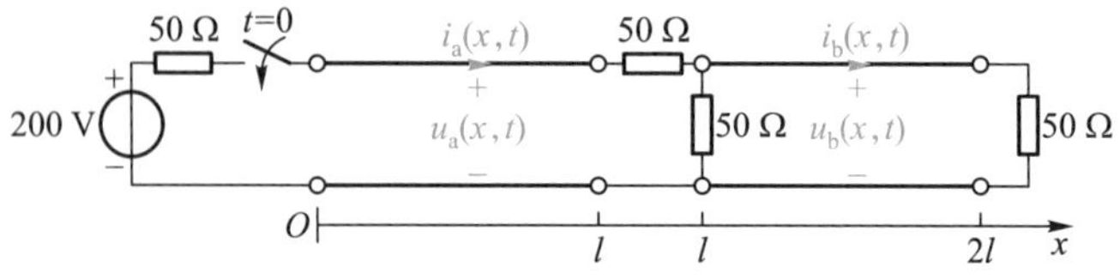

题 21-12 图

21-13 题 21-13 图中，高度为 $U=200$ kV、持续时间 $\tau=50$ μs 的矩形脉冲电压波，在波阻抗 $Z_{c1}=400$ Ω 的架空线上传播，经过限制短路电流的电感 $L=0.02$ H（L 能限制在线路发生短路故障时的电流），进入波阻抗 $Z_{c2}=400$ Ω 的另一架空线，如题 21-13 图所示。计算矩形脉冲完全经过电感后：(1) 电感前的电压 $u_{a2}(t)$；(2) 电感后的电压 $u_{b1}(t)$。

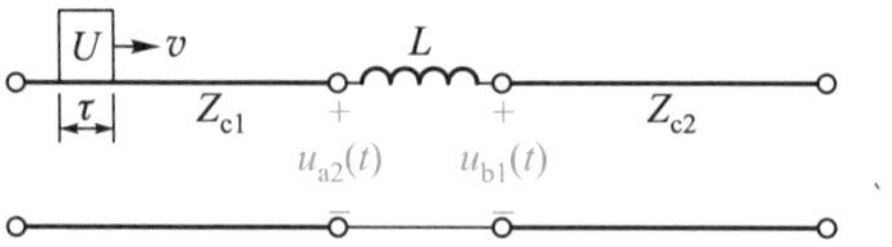

题 21-13 图

21-14 题 21-14 图所示电路中，两条无损耗线的波速均为 v，终端开路。(1) 求 $0<t<l/v$ 时，线路的电压表达式；(2) 求 $l/v<t<2l/v$ 时线路的电压表达式；(3) 画出 $l/v<t<2l/v$ 时电压分布图，要求标明坐标轴和关键点的坐标值。

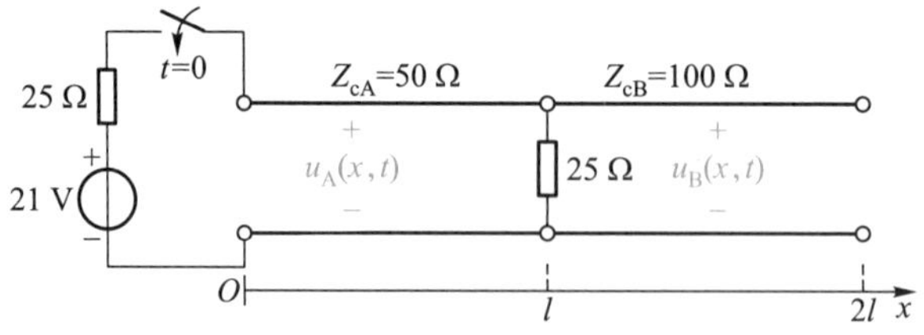

题 21-14 图

习题 21 参考答案

主要参考文献

[1] 陈崇源，孙亲锡，颜秋容．高等电路[M]．武汉：武汉大学出版社，2000.

[2] 陈希有．电路理论教程[M]．北京：高等教育出版社，2013.

[3] 颜秋容，谭丹．电路理论[M]．北京：电子工业出版社，2009.

[4] 邱关源，罗先觉．电路[M]．第五版．北京：高等教育出版社，2006.

[5] 周守昌．电路原理[M]．北京：高等教育出版社，2004.

[6] 江辑光．电路原理[M]．北京：清华大学出版社，1997.

[7] 于歆杰，朱桂萍，陆文娟．电路原理[M]．北京：清华大学出版社，2007.

[8] 肖达川．线性与非线性电路[M]．北京：科学出版社，1992.

[9] 邱关源．现代电路理论[M]．北京：科学出版社，2001.

[10] Charles K. Alexander, Matthew N. O. Sadiku. Fundamentals of Electric Circuits[M]．北京：清华大学出版社，2000.

[11] James W. Nilsson, Susan A. Riedel. Electric Circuits[M]. Ninth Edition. 北京：电子工业出版社，2013

[12] William H. Hayt Jr., Jack E. Kemmerty, Steven M. Durbin. Engineering Circuit Analysis [M]. Sixth Edition. 北京：电子工业出版社，2002.

[13] 沈熙宁．电磁场与电磁波[M]．北京：科学出版社，2006.

[14] 冯慈璋．电磁场[M]．第二版．北京：高等教育出版社，1983.

[15] William H. Hayt Jr., John A. Buck. Engineering Electromagnetics[M]. Sixth Edition. 北京：机械工业出版社，2002.

[16] 童诗白，华成英．模拟电子技术基础[M]．第三版．北京：高等教育出版社，2001.

[17] 郑君理，应启珩，杨为理．信号与系统[M]．第二版．北京：高等教育出版社，2000.

[18] 何仰赞，温增银．电力系统分析[M]．武汉：华中科技大学出版社，2002.

[19] 熊信银，张步涵．电气工程基础[M]．武汉：华中科技大学出版社，2005.

[20] 颜秋容．实现最大功率传输的阻抗变换方法研究[J]．电气电子教学学报，2011，33(3)：40-44.

[21] 颜秋容．传输线场、路模型的一致性探讨[J]．电气电子教学学报，2014，36(4)：4-7.

[22] 颜秋容．传输线无畸变传输条件的教学方法[J]．电气电子教学学报，2015，37(3)：51-53.

[23] 颜秋容．双口网络串联与并联有效性条件的研究．电气电子教学学报，1999，21(1)：25-27.

[24] 颜秋容．电路理论课程中图论的教学目标与教学方法[J]．电气电子教学学报，2014，36(5)：38-41.

[25] 颜秋容，徐勋建. 铁路信号电缆网络故障在线检测系统设计[J]. 仪表技术与传感器，2007，4:45-46.

[26] 颜秋容，刘欣. 基于小波理论的电力变压器振动信号特征研究[J]. 高电压技术，2007，33(1):165-168.

[27] 颜秋容，葛加伍. 一种新型混合滤波器的控制策略及其特性研究[J]. 水电能源科学，2007，25(3)：103-106.

[28] 颜秋容，葛加伍. 基于瞬时无功功率理论的谐波检测方法之误差分析[J]. 电气传动，2007，37(5)：57-60.